전기자기학

서울대학교 명예교수

우 형 주 저

문운당

머리말

전기전자공학의 가장 기초가 되는 전기자기학의 완전한 이해는 앞으로 전공할 과목의 해득(解得)과 응용에 큰 밑거름이 될 것이다. 본 교재는 전기 및 자기에 관한 여러 현상의 이론적 탐구보다는 개념확립과 공학도로서의 응용에 중점을 두었다. 즉, 각 절마다 기초이론으로 풀 수 있는 약 200여 개에 달하는 예제를 해설하고 그 응용예를 제시하여 전기자기학의 해석과 응용에 자신을 갖도록 하였다.

1장 벡터해석에 원통 및 구좌표계(球座標系)를 삽입하여 전기 및 자기현상의 해석방법을 넓혔으며, 벡터해석을 토대로 정전계(靜電界)와 정상전류계(定常電流界) 및 정상자계(定常磁界)를 풀이한 후, 이에 시변함수(時變函數)를 도입한 Maxwell의 전자방정식과 평면전자파의 전파특성을 풀이하고, 전자파의 발생원천의 하나인 쌍극자안테나에서의 전자파 복사이론과 구형도파관에서의 TE_{10} 모드의 전송 등의 순으로 풀이하였으며, 전체에 걸쳐 MKSA 합리화단위계를 채택하였다. 그리고 각 장에서 비교적 어렵다고 생각되는 문제는 예제를 들어 정리하였으므로 경우에 따라 이를 생략하여도 전체의 해석에는 큰 지장이 없도록 하였다.

1941년부터 시작한 오랜 교수생활에서 오직 전기자기학만을 담당하며 40여 년을 지내오는 동안, 우리나라의 현실에 적합하고 우리의 전기전자공학도에게 알맞은 교재를 내기 위하여 힘써왔다. 즉, 1950년대 중반에 한양공대 이윤종 교수와 공저로 발행한 교재를 서울공대 전기공학과에서 강의하면서 수차에 걸쳐 개정보완해 왔지만 미흡한 부분이 많았다.

1980년 2월 정년을 맞이한 후 시간과 마음의 여유를 갖고 경험과 모아놓은 자료를 토대로 신편 전기자기학(1982년 2월)과 증보판(1985년 2월)를 내놓았다. 그리고 오랫동안 본 교재를 채택하여 주신 교수님과 학생제군의 많은 조언들을 모아, 대폭 개정 보완하고 각 장의 연습문제에 대한 풀이를 권말에 수록하여 학생들의 학습에 도움이 되도록 개편하여 1990년판을 내놓아 많을 사랑을 받아왔다.

그런데 우리의 과학기술, 특히 전기전자분야의 급속한 발전으로 교재의 일부를 오늘에 맞는 내용으로 개정 보완하여 1995년판으로 개편하였다. 이를 2005년 좀더 이해하기 쉽도록 한글로 다시 편집하고 뜻에 혼돈을 줄 수 있는 용어는 괄호 안에 한자를 병기하여 학생들의 공부에 도움이 될 수 있도록 새로운 개정판을 출간하게 되었다. 본 교재가 우리 민족의 앞날의 주인이 될 여러분의 자기 위상 설정과 전공분야에 대한 기초 확립에 도움이 될 수 있기를 기원하는 바이다.

끝으로 본 교재를 채택하여 주신 교수님과 학생제군 그리고 본 교재의 출판을 위하여 힘써 주신 문운당의 여러분께 심심한 감사를 드리는 바이다.

저자 우 형 주

차 례

제 1 장 서 론

제 2 장 정전계와 Coulomb의 법칙

제 3 장 전 위

제 4 장 Gauss의 법칙

제 5 장 유전체와 정전계

제 6 장 도체계와 정전계

제 7 장 경계값문제

제 8 장 정 상 전 류

제 9 장 정 상 자 계

제 10 장 자성체와 자기회로

제 11 장 전자유도, Inductance

제 12 장 전 자 계

제 13 장 전자파의 전파

부 록

Chapter 1

서 론

1.1 역사적 고찰

전기가 우리들의 일상생활 및 공업생산면에서는 물론 자원탐사 및 우주개발에서도 중요한 위치를 차지하고 있는 것에 대해서는 새삼스럽게 설명할 필요가 없다. 더욱이 오늘날의 첨단과학 기술분야의 발전과 산업시설의 자동화, 그리고 정보화 시대에 있어서 전기의 역할을 감안할 때 그 중요성과 절대성은 그 누구도 부인할 수 없을 것이다. 이와 같이 전기가 우리들에게 절대적으로 필요하게 된 것은 많은 선배학자들의 부단한 연구의 결과이므로, 전기공학의 기초가 되는 전기이론을 공부함에 있어서 선배제위의 업적을 회고하는 것도 큰 의의가 있다고 생각된다. 따라서 전기에 관한 여러 현상 중 중요한 것을 우리나라의 과학기술 발전과 더불어 연대순으로 부록 표 **부-1**에 나타내었다.

이와 같은 발전과정을 지나 오늘과 같은 전기 및 전자시대가 이루어졌는데, 1900년대까지는 각종 현상에 대한 이론을 실용화하는 데 50년 이상의 기간이 소요되었지만, 최근에는 이론의 실용화가 5년 이하로 단축되었으며, 앞으로는 매 5년마다 10배의 비율로 기술 발전이 거듭될 것으로 생각된다.

일반적으로 전기공학 중 전기자기학은 비교적 이해하기 어려운 학문으로 생각된다. 즉, 전기 및 자기는 우리의 감각으로 직접 느낄 수 없으므로 이의 해득은 먼저 극히 간단한 현상을 취급하여 명확한 개념을 얻은 후, 보다 더 복잡한 문제를 취급하도록 하는 방향으로 나아가는 것이 이상적인 방법이라 할 것이다. 따라서 우리들은 가장 기초적인 정전기(靜電氣)에서 시작하여 그 결과를 종합한 후 Maxwell의 기본방정식을 유도하고 이를 더욱 발전시키는 방식을 취하기로 한다. 한편 전기자기학의 기초를 확립하는 데에는 현실적인 예제와 연습문제를 많이 풀어 확고한 자신을 갖도록 하는 것이 가장 유효한 방법이라고 생각된다.

1.2 MKSA 단위계

자연현상의 과학적 연구는 정성적(定性的)인 검토를 거친 후 정량적(定量的)인 취급, 즉 측정에 토대를 두고 있다. 정량적 측정에는 반드시 측정량과 동종의 기준량을 정하고 이것과 비교하여야 하는데 이 기준량을 **단위**(unit)라 한다.

우리가 취급하는 물리적 양은 종류가 매우 많기 때문에 단위의 종류도 많으나 이들 각 양의 상호간의 관계는 3개의 기본량, 즉 **길이**(length), **질량**(mass) 및 **시간**(time)으로 구성되어 있음을 알 수 있다. 이 구성요소를 그 단위의 **차원**(次元, dimension)이라 한다.

공학분야 및 일상생활면에서 **길이**, **질량** 및 **시간**의 단위로 [**m**] (meter), [**kg**] (kilogram), [**s**] (second)를 기준으로 하는 **MKS 단위계**(MKS unit system)를 사용하고 있는데, 다른 공학분야의 MKS 단위계와 구별하기 위하여 전기공학분야에서는 전류의 단위 [A]를 첨가하여 **MKSA 단위계**의 국제(SI)단위(the International System of Unit, 1960년 국제도량형총회 제정)을 이용하고 있다.

전기공학에서 흔히 사용되는 단위들과 CGS 단위계를 비교하면 표 1-1과 같다.

표 1-1에서 열량의 단위 [Cal] (kilocalorie)는 1 [kg]의 순수한 물(1 liter $=10^3$ [cm^3])을 1℃ 상승시키는 데 필요한 열량으로, 이것을 일의 단위 [J]과 비교하면

$$1\,[\mathrm{Cal}] = 4200\,[\mathrm{J}], \qquad 1\,[\mathrm{cal}] = 4.2\,[\mathrm{J}]$$
$$1\,[\mathrm{J}] = 0.24\,[\mathrm{cal}]$$

표 1-1 MKS와 CGS 단위

명 칭	MKS	CGS
길 이	[m]	10^2 [cm]
질 량	[kg]	10^3 [g]
시 간	[s]	[s]
면 적	[m^2]	10^4 [cm^2]=10^6 [mm^2]
속 도	[m/s]	10^2 [cm/s]
가 속 도	[m/s^2]	10^2 [cm/s^2]
힘	[N] [newton]=[kg×m/s^2]	10^5 [gcm/s^2]=10^5 [dyne]
일	[J] (joule)=[N×m]	10^7 [dyne×cm^2]=10^7 [erg]
전 력	[W] (watt)=[J/s]	
마 력	[hp] (horse power)=746 [W]	
전 력 량	[kWh] (kilowatt hour)	3.6×10^6 [J]
열 량	[Cal]	10^3 [cal]

의 관계가 있다. 따라서 1 [kW]의 전력이 1 [h](시간) 연속적으로 행한, 즉 전력량 [kWh]과 열량 [Cal] 사이에는

$$1\,[\mathrm{kWh}] = 3.6\times10^6\times\frac{1}{4200} = 860\,[\mathrm{cal}]$$

의 관계가 얻어진다.

◆ 예제 1-1

1 [kg]의 무게 [kgf]에 해당하는 힘은 몇 [N]인가?

풀이 중력에 의한 가속도 9.8 [m/s^2]이므로 Newton의 운동법칙에 의하여

$$1\,[\mathrm{kgf}] = 1\,[\mathrm{kg}]\times9.8\,[\mathrm{m/s^2}] = 9.8\,[\mathrm{N}]$$

가 되며

$$10\,[\mathrm{N}] = 1.02\,[\mathrm{kgf}]$$

가 된다. 그리고 압력의 국제단위인 SI 단위

$$1\,[\mathrm{Pa}]\,(\mathrm{pascal}) = 1\,[\mathrm{N/m^2}]$$

를 이용하면 다음과 같이 된다.

$$1\,[\mathrm{kgf/mm^2}] = 9.8\times10^6\,[\mathrm{Pa}]$$

◆ **예제 1-2**

한국인 한 사람이 매일 식량에서 섭취하는 평균열량이 2700 [Cal]라 할 때 이를 전력으로 환산하라.

풀이) 인간은 이 열량을 섭취하고 24시간을 생활하므로 이를 전력으로 환산하면

$$P = \frac{2700 \times 4200}{24 \times 60 \times 60} = 131\ [\mathrm{J/s} = \mathrm{W}] = \frac{1}{5.7}\ [\mathrm{hp}]$$

가 되며, 이 인간기계가 1일에 소비하는 전력량은

$$131\ [\mathrm{W}] \times 24\ [\mathrm{h}] = 3.2\ [\mathrm{kWh}]$$

가 되므로, 이를 전력요금(100 [원/kWh])으로 환산하면 320원 꼴이 된다. 그러나 인간은 창조의 능력이 있으므로 이 값에 비교할 수 없는 많은 일을 할 수 있으며 해야 한다.

1.3 벡터해석

물리현상을 풀이함에 있어서 **스칼라**(scalar)량과 **벡터**(vector)량을 다 같이 사용하지만, 전기자기현상에서는 벡터량을 이용하는 것이 여러 현상을 간단히 정리할 수 있으므로 벡터해석의 기초를 재확립할 필요가 있다.

여기서는 전기자기현상의 해석에 필요한 벡터계산법을 물리적 의의에 중점을 두어 정리하기로 한다.

【1】 스칼라와 벡터 및 계(界)

일반적으로 길이, 속력, 질량, 온도, 에너지, 전력, 전압, 저항 등과 같이 크기만으로 성격이 완전히 표시되는 양은 스칼라량에 속하며 변위, 가속도, 힘(중력, 전계, 자계) 등과 같이 크기와 방향을 겸하여야 그 상태를 완전히 표현할 수 있는 양은 벡터량에 속한다.

그리고 위의 각 양으로 공간의 각 점의 상태를 결정할 때 이 공간을 그 양에 대한 계(界 또는 場, field)라 하며, 이 양이 스칼라 또는 벡터인가에 따라 **스칼라계**(scalar field) 또는 **벡터계**(vector field)라 한다.

즉, 실내 각 점의 상태를 그 점에 대한 온도(또는 위치에너지)로 표시할 때, 이 실내의 공간은 온도(또는 위치에너지)에 대한 스칼라계가 되며, 한

편 전기력(또는 자기력)이 작용하는 상태로 표시할 때 이 공간을 전계(電界 또는 磁界)라 하며 벡터계에 속한다. 그리고 위에서 생각하는 각 점의 위치는 직교좌표인 경우 흔히 xyz 좌표로 주어지므로, 벡터계 및 스칼라계는 고찰점의 위치에 따라 변하는 위치함수(x, y, z)로 표시된다.

벡터계 내에서 한 점의 상태를 표시하는 벡터량의 표시법에는 그림 1-1에서와 같이 선분의 길이로 크기를, 화살표로 방향을 가리키는 도시법과 $\boldsymbol{A}$, $\boldsymbol{B}$, $\boldsymbol{a}$, $\boldsymbol{i}$ 등과 같이 볼드(bold)체로 표시하는 방법 등이 이용되고 있다.

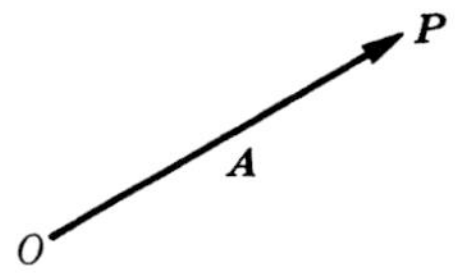

그림 1-1 벡 터

【2】 단위벡터와 기본벡터

크기가 1(unit)인 방향만을 갖는 벡터를 **단위벡터**(unit vector)라 하며 방향표시에 이용된다. 벡터 $\boldsymbol{A}$ 방향의 단위벡터를 $\boldsymbol{a}_0$라 하면 벡터 $\boldsymbol{A}$는 크기 A와 $\boldsymbol{a}_0$의 곱으로 주어질 것이므로

$$\left.\begin{aligned} \boldsymbol{A} &= A\boldsymbol{a}_0 \\ \boldsymbol{a}_0 &= \frac{\boldsymbol{A}}{A} \end{aligned}\right\} \tag{1.1}$$

가 되며 A를 벡터 $\boldsymbol{A}$의 $\boldsymbol{a}_0$방향 성분(component)이라 한다.

공간의 한 점의 위치를 표시하기 위한 직교직선좌표계(cartesian or rectangular coordinate system)에서 그림 1-2와 같은 x, y, z 좌표축을 취하였을 때 x, y, z 각 축방향의 단위벡터 $\boldsymbol{i}$, $\boldsymbol{j}$, $\boldsymbol{k}$(또는 $\boldsymbol{a}_x$, $\boldsymbol{a}_y$, $\boldsymbol{a}_z$)를 특히 **기본벡터**(fundamental vector)라 한다. 이 경우 각 축방향의 관계는 x축에서 y축 방향으로 회전할 때 z축 방향을 정(正)으로 취하는 **우수계**(右手系, right hand system)를 원칙으로 한다.

따라서 x, y, z 각 축방향 성분 (A_x, A_y, A_z)를 갖는 위치벡터 $\boldsymbol{A}$는 각 축방향 성분벡터 $\boldsymbol{i}A_x$, $\boldsymbol{j}A_y$, $\boldsymbol{k}A_z$의 벡터합이 될 것이므로

$$\boldsymbol{A} = \boldsymbol{i}A_x + \boldsymbol{j}A_y + \boldsymbol{k}A_z \tag{1.2}$$

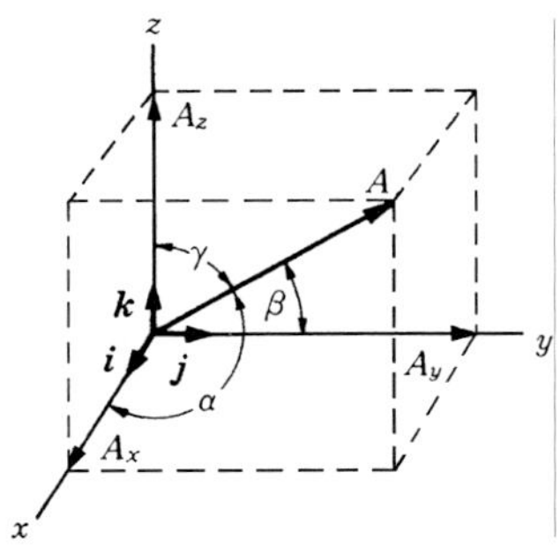

그림 1-2 기본벡터

가 되며, 벡터 $\boldsymbol{A}$의 크기 A는

$$A = |\boldsymbol{A}| = \sqrt{A_x^2 + A_y^2 + A_z^2} \tag{1.3}$$

이며, 벡터 $\boldsymbol{A}$ 방향의 단위벡터 $\boldsymbol{a}_0$는

$$\boldsymbol{a}_0 = \frac{\boldsymbol{A}}{A} = \boldsymbol{i}\frac{A_x}{A} + \boldsymbol{j}\frac{A_y}{A} + \boldsymbol{k}\frac{A_z}{A} \tag{1.4}$$

로 주어진다.

한편 벡터 $\boldsymbol{A}$가 각 축과 이루는 각을 α, β, γ라 하면 벡터 $\boldsymbol{A}$의 **방향여현**(方向餘弦, direction cosines)은

$$\left.\begin{aligned} \cos\alpha &= l = \frac{A_x}{A} \\ \cos\beta &= m = \frac{A_y}{A} \\ \cos\gamma &= n = \frac{A_z}{A} \end{aligned}\right\} \tag{1.5}$$

가 되므로 단위벡터는 식 (1.4)에서 다음과 같이 표시된다.

$$\boldsymbol{a}_0 = \boldsymbol{i}l + \boldsymbol{j}m + \boldsymbol{k}n \tag{1.6}$$

◆ 예제 1-3

원점에서 점 A(4, −4, 7) [m]로 향하는 단위벡터를 구하라.

풀이 점 A의 위치벡터 및 크기는

$$\boldsymbol{A} = 4\boldsymbol{i} - 4\boldsymbol{j} + 7\boldsymbol{k}\ [\text{m}], \qquad A = 9\ [\text{m}]$$

이므로 단위벡터는

$$\boldsymbol{a}_0 = \frac{4}{9}\boldsymbol{i} - \frac{4}{9}\boldsymbol{j} + \frac{7}{9}\boldsymbol{k} = 0.444\boldsymbol{i} - 0.444\boldsymbol{j} + 0.778\boldsymbol{k}$$

가 되며, 벡터 $\boldsymbol{A}$가 각 축과 이루는 각은 다음과 같이 된다(작도로 확인하라).

$$\alpha = \cos^{-1}\left(\frac{4}{9}\right) = 63.6°, \qquad \beta = \cos^{-1}\left(-\frac{4}{9}\right)^2 = 116.4°$$

$$\gamma = \cos^{-1}\left(\frac{7}{9}\right) = 38.9°$$

【3】 벡터의 가감법

임의의 두 벡터 $\boldsymbol{A}$, $\boldsymbol{B}$의 합은 그림 1-3에서와 같이, 두 벡터의 시점을 원점 O와 일치시킨 후 $\boldsymbol{A}$, $\boldsymbol{B}$를 양변으로 하는 평행사변형을 그렸을 때 대각선 $\boldsymbol{C}$로 주어지므로

$$\boldsymbol{A} + \boldsymbol{B} = \boldsymbol{C} \tag{1.7a}$$

가 되며, 한편 $\boldsymbol{A}$에서 $\boldsymbol{B}$를 감한 것은 $\boldsymbol{A}$에 $-\boldsymbol{B}$를 가한 것과 같으므로 $\boldsymbol{A}$, $\boldsymbol{B}$의 종점을 연결하는 대각선에 점 A로 향하는 화살표를 붙인 벡터 $\boldsymbol{D}$가 된다.

$$\boldsymbol{A} - \boldsymbol{B} = \boldsymbol{A} + (-\boldsymbol{B}) = \boldsymbol{D} \tag{1.7b}$$

이러한 작도법을 **평행사변형의 법칙**이라 한다.

그런데 벡터 $\boldsymbol{A}$, $\boldsymbol{B}$를 식 (1.2)와 같이 성분벡터로 표시하면

$$\boldsymbol{A} = \boldsymbol{i}A_x + \boldsymbol{j}A_y + \boldsymbol{k}A_z, \qquad \boldsymbol{B} = \boldsymbol{i}B_x + \boldsymbol{j}B_y + \boldsymbol{k}B_z$$

의 가감계산은 성분별로

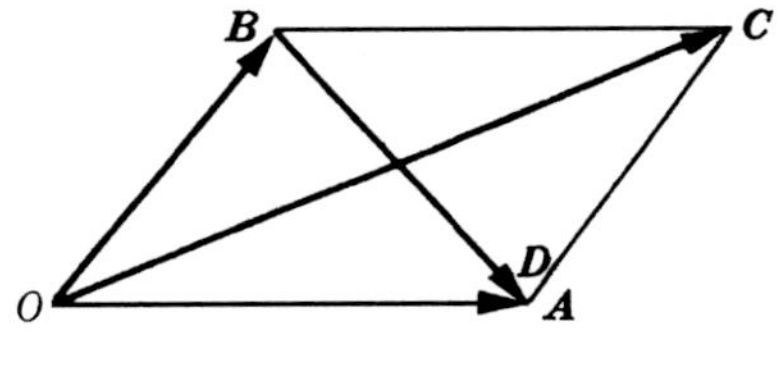

그림 1-3 벡터의 합성

$$\boldsymbol{A} \pm \boldsymbol{B} = \boldsymbol{i}(A_x \pm B_x) + \boldsymbol{j}(A_y \pm B_y) + \boldsymbol{k}(A_z \pm B_z)$$
$$= \boldsymbol{i}C_x + \boldsymbol{j}C_y + \boldsymbol{k}C_z \qquad (1.8)$$

와 같이 행한다.

◆ **예제 1-4**

질점이 점 A(1, −2, 3) [m]에서 점 B(3, 2, 1) [m]로 이동하였을 때의 변위를 구하라.

풀이 점 A, B의 위치벡터는 각각

$$\boldsymbol{A} = \boldsymbol{i} - 2\boldsymbol{j} + 3\boldsymbol{k}\,[\mathrm{m}], \qquad \boldsymbol{B} = 3\boldsymbol{i} + 2\boldsymbol{j} + \boldsymbol{k}\,[\mathrm{m}]$$

이므로 변위벡터 $\boldsymbol{D}$와 이동거리는

$$\boldsymbol{D} = \boldsymbol{B} - \boldsymbol{A} = 2\boldsymbol{i} + 4\boldsymbol{j} - 2\boldsymbol{k}\,[\mathrm{m}]$$
$$D = 4.9\,[\mathrm{m}]$$

가 되며, 변위방향의 단위벡터는

$$\boldsymbol{a}_D = \frac{1}{4.9}(2\boldsymbol{i} + 4\boldsymbol{j} - 2\boldsymbol{k}) = 0.408\boldsymbol{i} + 0.816\boldsymbol{j} - 0.408\boldsymbol{k}$$

이며 각 축과 이루는 각은 다음과 같이 된다(작도로 확인하라).

$$\alpha = 65.8°, \qquad \beta = 35.3°, \qquad \gamma = 114.1°$$

【4】 벡터의 곱셈

(1) 내적 또는 스칼라적

힘 $\boldsymbol{F}$ [N]에 의하여 질점이 그림 1-4와 같이 힘과 각 θ의 방향으로 $\boldsymbol{l}$ [m]만큼 변위하였을 때 질점의 변위에 대한 힘의 유효성분은 $F\cos\theta$ [N]이 되므로 힘이 행한 일은 $F\cos\theta l$ [J]이 된다.

이 경우 벡터량 $\boldsymbol{F}$ [N]과 $\boldsymbol{l}$ [m] 및 스칼라량인 일 W [J] 사이의 관계를

$$W = \boldsymbol{F} \cdot \boldsymbol{l} = F\cos\theta l\,[\mathrm{J}]$$

로 표시하며, 이러한 물리적 현상을 수학적(벡터해석법)으로 표시하는 방법을 **스칼라적** 또는 **내적**(內積, scalar product, inner product or dot product)이라 한다.

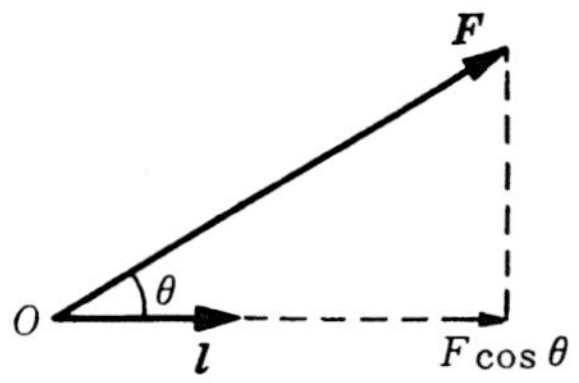

그림 1-4 힘과 일

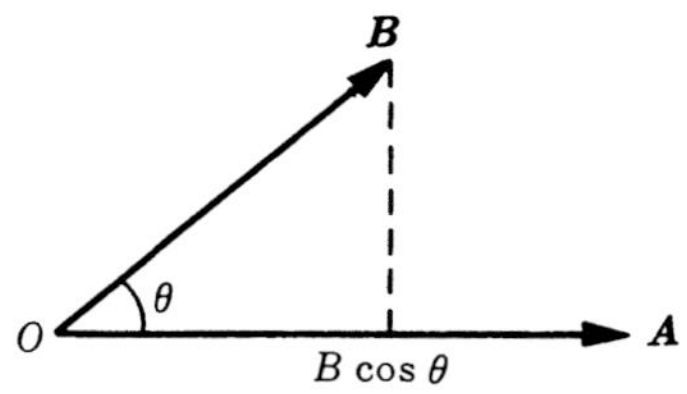

그림 1-5 벡터의 내적

일반적으로 그림 1-5와 같이 임의의 두 벡터 $\boldsymbol{A}$, $\boldsymbol{B}$의 내적은

$$\boldsymbol{A} \cdot \boldsymbol{B} = (\boldsymbol{AB}) = AB\cos\theta$$

로 주어지며

$$\boldsymbol{A} \cdot \boldsymbol{B} = \boldsymbol{B} \cdot \boldsymbol{A}$$

$$\boldsymbol{A} \cdot (\boldsymbol{B} + \boldsymbol{C}) = \boldsymbol{A} \cdot \boldsymbol{B} + \boldsymbol{A} \cdot \boldsymbol{C}$$

의 교환법칙 및 분배법칙이 성립한다. 이러한 정의를 기본벡터에 적용하면

$$\left.\begin{aligned} \boldsymbol{i} \cdot \boldsymbol{i} = \boldsymbol{j} \cdot \boldsymbol{j} = \boldsymbol{k} \cdot \boldsymbol{k} = 1 \\ \boldsymbol{i} \cdot \boldsymbol{j} = \boldsymbol{j} \cdot \boldsymbol{k} = \boldsymbol{k} \cdot \boldsymbol{i} = 0 \end{aligned}\right\} \tag{1.10}$$

가 되므로, 다음 두 벡터

$$\boldsymbol{A} = \boldsymbol{i}A_x + \boldsymbol{j}A_y + \boldsymbol{k}A_z, \qquad \boldsymbol{B} = \boldsymbol{i}B_x + \boldsymbol{j}B_y + \boldsymbol{k}B_z$$

의 내적은 다음과 같이 된다.

$$\boldsymbol{A} \cdot \boldsymbol{B} = A_x B_x + A_y B_y + A_z B_z \tag{1.11}$$

◆ 예제 1-5

질점이 힘 $\boldsymbol{F}(2, -3, 4)$ [N]에 의하여 점 A(1, 2, 3) [m]에서 점 B(3, 4, 5) [m]로 이동하였을 때 힘이 행한 일을 구하라.

풀이 질점의 변위는

$$\boldsymbol{l} = \boldsymbol{B} - \boldsymbol{A} = 2\boldsymbol{i} + 2\boldsymbol{j} + 2\boldsymbol{k}\ [\text{m}]$$

이므로 힘이 행한 일은

$$\boldsymbol{W} = \boldsymbol{F} \cdot \boldsymbol{l} = (2\boldsymbol{i} - 3\boldsymbol{j} + 4\boldsymbol{k}) \cdot (2\boldsymbol{i} + 2\boldsymbol{j} + 2\boldsymbol{k}) = 6\ [\text{J}]$$

이 된다.

(2) 외적 또는 벡터적

물체가 힘 $\boldsymbol{F}$에 의하여 그림 1-6과 같이 회전운동을 일으킬 때 회전에 대한 힘의 유효성분은 $F\sin\theta$ [N]이며, 한편 회전축에서 힘의 작용점까지의 거리 r [m]일 때 회전력(torque)의 크기는

$$T = F\sin\theta r\,[\mathrm{N\cdot m}]$$

로 주어진다.

그런데 회전에는 좌우 두 방향뿐이므로 우회전(반시계방향)을 정(正)방향으로 취하면 회전력을 벡터량으로 취급할 수 있다. 즉, $\boldsymbol{F}$ [N]과 작용점의 위치벡터 $\boldsymbol{r}$ [m]의 두 벡터로 회전력을

$$\boldsymbol{T} = \boldsymbol{r}\times\boldsymbol{F}\,[\mathrm{N\cdot m}] \tag{1.12}$$

와 같이 벡터로 표시할 수 있다. 즉, 회전력 $\boldsymbol{T}$를 그림 1-6의 $\boldsymbol{r}$ 방향에서 $\boldsymbol{F}$ 방향으로 회전할 때 오른나사의 진행방향을 회전의 정방향으로 삼고 $F\sin\theta r$ [N·m]을 크기로 취한다. 이러한 물리현상의 벡터해석 표시방법을 **벡터적** 또는 **외적**(外積, vector product, outer or cross product)이라 한다.

일반적으로 그림 1-7과 같은 두 벡터 $\boldsymbol{A}$, $\boldsymbol{B}$의 외적은

$$\left.\begin{aligned}\boldsymbol{A}\times\boldsymbol{B} &= [\,\boldsymbol{AB}\,] = \boldsymbol{C}\\ |\boldsymbol{A}\times\boldsymbol{B}| &= AB\sin\theta\end{aligned}\right\} \tag{1.13}$$

로 주어지며, 그 크기는 $\boldsymbol{A}$, $\boldsymbol{B}$ 두 벡터로 형성되는 평행사변형의 면적이 되고, $\boldsymbol{C}$의 방향은 $\boldsymbol{A}$, $\boldsymbol{B}$ 두 벡터와 우수계(右手系)의 관계를 형성한다. 따라서

$$\boldsymbol{A}\times\boldsymbol{B} = -\boldsymbol{B}\times\boldsymbol{A}$$

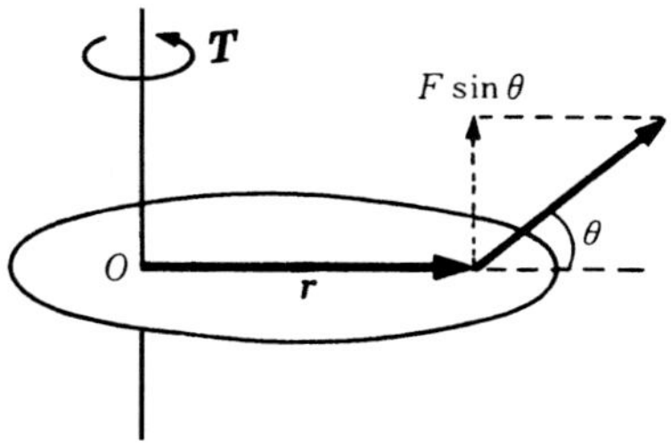

그림 1-6 회 전 력

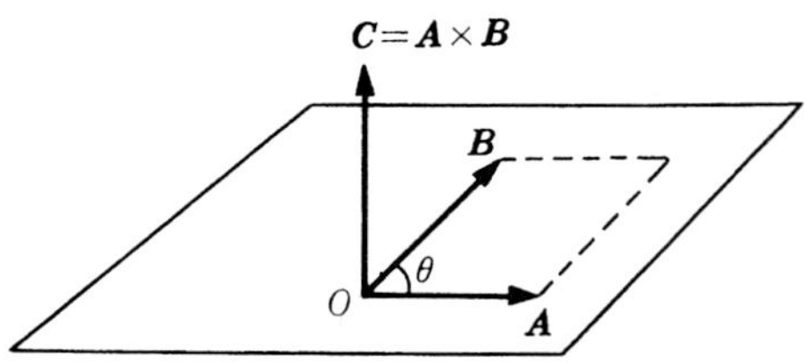

그림 1-7 벡터의 외적

가 되어 교환법칙이 성립되지 않는다.

이상의 정의를 기본벡터에 적용하면

$$\left.\begin{aligned} \boldsymbol{i}\times\boldsymbol{j} &= -\boldsymbol{j}\times\boldsymbol{i}=\boldsymbol{k} \\ \boldsymbol{j}\times\boldsymbol{k} &= -\boldsymbol{k}\times\boldsymbol{j}=\boldsymbol{i} \\ \boldsymbol{k}\times\boldsymbol{i} &= -\boldsymbol{i}\times\boldsymbol{k}=\boldsymbol{j} \\ \boldsymbol{i}\times\boldsymbol{i} &= \boldsymbol{j}\times\boldsymbol{j}=\boldsymbol{k}\times\boldsymbol{k}=0 \end{aligned}\right\} \tag{1.14}$$

가 되므로

$$\begin{aligned} \boldsymbol{A}\times\boldsymbol{B} &= (\boldsymbol{i}A_x+\boldsymbol{j}A_y+\boldsymbol{k}A_z)\times(\boldsymbol{i}B_x+\boldsymbol{j}B_y+\boldsymbol{k}B_z) \\ &= \boldsymbol{i}(A_yB_z-A_zB_y)+\boldsymbol{j}(A_zB_x-A_xB_z)+\boldsymbol{k}(A_xB_y-A_yB_x) \\ &= \begin{vmatrix} \boldsymbol{i} & \boldsymbol{j} & \boldsymbol{k} \\ A_x & A_y & A_z \\ B_x & B_y & B_z \end{vmatrix} \end{aligned} \tag{1.15}$$

와 같이 행렬식으로 표시된다.

◆ 예제 1-6

점 O(0, 0, 0), A(3, 4, 1), B(−2, 4, 3) [m]를 세 정점으로 하는 삼각형의 면적을 구하라.

풀이 원점에 대한 두 점 A, B의 위치벡터는

$$\boldsymbol{A}=3\boldsymbol{i}+4\boldsymbol{j}+\boldsymbol{k}\,[\mathrm{m}], \qquad \boldsymbol{B}=-2\boldsymbol{i}+4\boldsymbol{j}+3\boldsymbol{k}\,[\mathrm{m}]$$

이며

$$\boldsymbol{A}\times\boldsymbol{B}=8\boldsymbol{i}-11\boldsymbol{j}+20\boldsymbol{k}\,[\mathrm{m}^2], \qquad |\boldsymbol{A}\times\boldsymbol{B}|=24.2\,[\mathrm{m}^2]$$

이므로 삼각형의 면적은 다음과 같이 된다.

$$S=\frac{1}{2}|\boldsymbol{A}\times\boldsymbol{B}|=12.1\,[\mathrm{m}^2]$$

◆ 예제 1-7

$\boldsymbol{A}(A_x,\ A_y,\ A_z)$, $\boldsymbol{B}(B_x,\ B_y,\ B_z)$, $\boldsymbol{C}(C_x,\ C_y,\ C_z)$의 3벡터에 대한 $\boldsymbol{A}\cdot[\boldsymbol{BC}]$를 구하라.

풀이 이 경우 외적 계산 후 내적의 계산을 행하여야 하므로

$$\boldsymbol{A}\cdot[\boldsymbol{BC}] = (\boldsymbol{i}A_z + \boldsymbol{j}A_y + \boldsymbol{k}A_z)\cdot\begin{vmatrix} \boldsymbol{i} & \boldsymbol{j} & \boldsymbol{k} \\ B_x & B_y & B_z \\ C_x & C_y & C_z \end{vmatrix}$$

$$= \begin{vmatrix} A_x & A_y & A_z \\ B_x & B_y & B_z \\ C_x & C_y & C_z \end{vmatrix} \tag{1.16}$$

가 얻어진다. 그런데 행렬식에서 행을 순환적으로 교환하여도 값이 변하지 않으므로

$$\boldsymbol{A}\cdot[\boldsymbol{BC}] = \boldsymbol{B}\cdot[\boldsymbol{CA}] = \boldsymbol{C}\cdot[\boldsymbol{AB}] = -\boldsymbol{B}\cdot[\boldsymbol{AC}] \tag{1.17}$$

의 관계가 성립한다.

한편 세 벡터 $\boldsymbol{A}$, $\boldsymbol{B}$, $\boldsymbol{C}$를 그림 1-8과 같이 취하면 $\boldsymbol{A}\times\boldsymbol{B}\cdot\boldsymbol{C}$는 이들 세 벡터로 형성되는 평행육면체의 체적을 표시함을 알 수 있다.

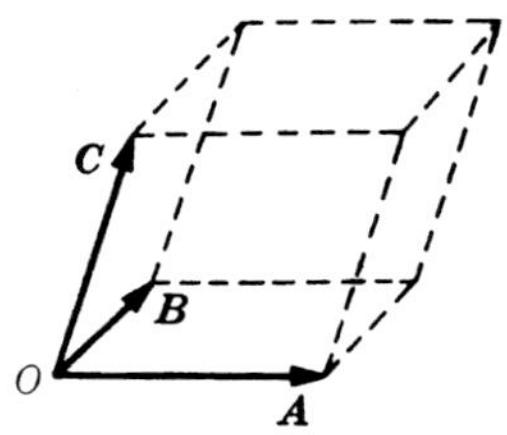

그림 1-8 세 벡터의 곱

그런데 A, B, C 세 점이 동일 평면상에 있다면 체적이 0이 될 것이므로

$$\boldsymbol{A}\times\boldsymbol{B}\cdot\boldsymbol{C} = (\boldsymbol{ABC}) = 0$$

는 평면조건을 만족하는 평면방정식이라 할 수 있다.

【5】 벡터의 미분

벡터의 미분계산에는

$$\boldsymbol{i}\frac{\partial}{\partial x} + \boldsymbol{j}\frac{\partial}{\partial y} + \boldsymbol{k}\frac{\partial}{\partial z} = \nabla \tag{1.18}$$

로 주어지는 벡터 미분연산자(del 또는 nabla 또는 Hamilton's operator라 함)가 많이 이용된다.

(1) gradient(경도)

V를 좌표(xyz)로 정해지는 스칼라량(온도, 위치에너지, 높이 등)이라 할 때

$$\nabla V = \boldsymbol{i}\frac{\partial V}{\partial x} + \boldsymbol{j}\frac{\partial V}{\partial y} + \boldsymbol{k}\frac{\partial V}{\partial z} \tag{1.19a}$$

는 $V_{(xyz)}$의 x, y, z 각 방향의 길이에 대한 변화율, 즉 **기울기**(구배, 경사도, gradient)의 벡터합으로 그 물리적 의의를 참작하여

$$\nabla V = \text{grad } V \tag{1.19b}$$

로 표시하며 이것은 벡터량이다. 이 관계식은 같은 두께(거리)에 대한 온도차(높이차), 즉 온도구배(溫度句配, temperature gradient, 山의 경사)가 심한 곳에서 열의 흐름(물의 흐름)이 큼을 나타내는 자연현상을 수식화하는 데 이용된다.

◆ 예제 1-8

위치에너지(스칼라계)와 중력(벡터계)의 관계식을 유도하라.

풀이 그림 1-9 (a)에서와 같이 중력 F_x [N]이 작용하는 중력장 내 한 점 P의 위치에너지를 W_x [J]라 할 때 F_x에 의하여 점 P가 dx [m]만큼 내려왔다면 위치에너지의 감소량 $-dW$ [J]는 중력이 행한 일과 같을 것이므로

$$-dW = F_x dx \text{ [J]}$$

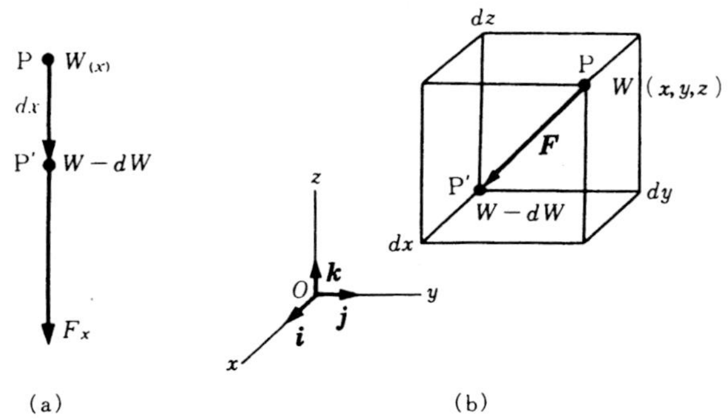

그림 1-9 위치에너지와 중력

가 성립한다. 따라서 점 P에 작용하는 힘은 다음과 같이 계산된다.

$$F_x = -\frac{dW}{dx} \text{ [N]} \tag{1.20}$$

이와 같이 위치변화에 따른 위치에너지의 변화량으로 힘을 구하는 방법을 **가상변위**(또는 **일**)**의 원리**(principle of virtual displacement or principle of work)라 한다.

그림 1-9(b)와 같이 직각좌표$(x,\ y,\ z)$ [m]로 주어지는 점 P의 위치에너지를 $W_{(xyz)}$ [J]라 할 때 각 축방향의 힘 F_x, F_y, F_z [N]은 식 (1.20)을 적용하여

$$F_x = -\frac{\partial W}{\partial x}, \quad F_y = -\frac{\partial W}{\partial y}, \quad F_z = -\frac{\partial W}{\partial z}\ [\mathrm{N}]$$

가 될 것이므로, 점 P에 작용하는 힘 $\boldsymbol{F}$ [N]의 벡터량은 식 (1.18)과 (1.19)에서

$$\begin{aligned}\boldsymbol{F} &= \boldsymbol{i}F_x + \boldsymbol{j}F_y + \boldsymbol{k}F_z = -\left(\boldsymbol{i}\frac{\partial}{\partial x} + \boldsymbol{j}\frac{\partial}{\partial y} + \boldsymbol{k}\frac{\partial}{\partial z}\right)W \\ &= -\nabla W = -\mathrm{grad}\ W\ [\mathrm{N}] \qquad (1.21)\end{aligned}$$

로 계산된다.

이와 같이 위치함수로 주어지는 스칼라량(위치에너지, 전위 등)에 ▽의 벡터 미분연산을 행하고 부(負)의 부호를 붙이면, 그 공간에 작용하는 힘(중력, 전계 등)의 벡터량이 얻어지는데, 이 관계는 정전기현상의 수식화에 많이 이용된다.

◆ 예제 1-9

$\boldsymbol{r} = \boldsymbol{i}x + \boldsymbol{j}y + \boldsymbol{k}z$일 때 $\nabla\left(\frac{1}{r}\right)$을 구하라.

풀이 $r = |\boldsymbol{r}| = (x^2 + y^2 + z^2)^{1/2}$이며

$$\frac{\partial}{\partial x}\left(\frac{1}{r}\right) = -\frac{x}{r^3}, \quad \frac{\partial}{\partial y}\left(\frac{1}{r}\right) = -\frac{y}{r^3}$$

$$\frac{\partial}{\partial z}\left(\frac{1}{r}\right) = -\frac{z}{r^3}$$

이므로

$$\nabla\left(\frac{1}{r}\right) = -\frac{\boldsymbol{r}}{r^3} = -\frac{1}{r^2}\boldsymbol{r}_0 \qquad (1.22)$$

가 얻어지는데 여기서 $\boldsymbol{r}_0$는 위치벡터 $\boldsymbol{r}$방향의 단위벡터이다.

(2) divergence(벡터의 발산)

위치함수로 주어지는 벡터량

$$\boldsymbol{E}_{(xyz)} = \boldsymbol{i}E_x + \boldsymbol{j}E_y + \boldsymbol{k}E_z$$

와 ∇의 내적의 미분계산은

$$\begin{aligned}\nabla \cdot \boldsymbol{E} &= \left(\boldsymbol{i}\frac{\partial}{\partial x} + \boldsymbol{j}\frac{\partial}{\partial y} + \boldsymbol{k}\frac{\partial}{\partial z}\right) \cdot (\boldsymbol{i}E_x + \boldsymbol{j}E_y + \boldsymbol{k}E_z) \\ &= \frac{\partial E_x}{\partial x} + \frac{\partial E_y}{\partial y} + \frac{\partial E_z}{\partial z} \qquad (1.23a)\end{aligned}$$

가 되며, 이 관계식은 벡터 $\boldsymbol{E}$ 방향으로 그려진 지력선(指力線, 또는 전기력선)의 단위체적에서 발산(發散, divergence)하는 양을 표시하는 물리적 의의를 가지므로(4.4절 참조)

$$\nabla \cdot \boldsymbol{E} = \text{div}\ \boldsymbol{E}\ [\text{lines/m}^3] \qquad (1.23b)$$

$$\text{div}\ \boldsymbol{E} = \lim_{\Delta v \to 0} \frac{\oint\!\!\oint_S \boldsymbol{E} \cdot \boldsymbol{n}dS}{\Delta v}\ [\text{lines/m}^3] \qquad (1.23c)$$

로 주어지며, $\oint\!\!\oint \boldsymbol{E} \cdot \boldsymbol{n}dS$는 폐곡면 S를 통하여 나가는($\boldsymbol{n}$은 S에 대한 외향법선 단위벡터) 지력선의 총수이며 Δv는 폐곡면 S 내의 체적이다. div $\boldsymbol{E}$는 공간전하분포에서 발산되는 전력선의 수를 분석할 때 이용된다.

(3) curl(벡터의 회전)

위치함수로 주어지는 벡터량

$$\boldsymbol{H}_{(xyz)} = \boldsymbol{i}H_x + \boldsymbol{j}H_y + \boldsymbol{k}H_z$$

와 ∇의 외적의 미분계산은

$$\begin{aligned}\nabla \times \boldsymbol{H} &= \left(\boldsymbol{i}\frac{\partial}{\partial x} + \boldsymbol{j}\frac{\partial}{\partial y} + \boldsymbol{k}\frac{\partial}{\partial z}\right) \times (\boldsymbol{i}H_x + \boldsymbol{j}H_y + \boldsymbol{k}H_z) \\ &= \boldsymbol{i}\left(\frac{\partial H_z}{\partial y} - \frac{\partial H_y}{\partial z}\right) + \boldsymbol{j}\left(\frac{\partial H_x}{\partial z} - \frac{\partial H_z}{\partial x}\right) + \boldsymbol{k}\left(\frac{\partial H_y}{\partial x} - \frac{\partial H_x}{\partial y}\right) \\ &= \begin{vmatrix} \boldsymbol{i} & \boldsymbol{j} & \boldsymbol{k} \\ \dfrac{\partial}{\partial x} & \dfrac{\partial}{\partial y} & \dfrac{\partial}{\partial z} \\ H_x & H_y & H_z \end{vmatrix} \qquad (1.24a)\end{aligned}$$

로 계산되며, 이것은 $\boldsymbol{H}$ 방향으로 그려진 지력선(전류에 의한 자력선 등)이 **회전**(rotation, curl)하고 있다는 물리적 의의를 가지므로(9-4절 참조)

$$\nabla \times \boldsymbol{H} = \text{rot}\, \boldsymbol{H} = \text{curl}\, \boldsymbol{H} \tag{1.24b}$$

로 표시하며 회전의 성격을 갖는 벡터량이다. 이의 수학적 정의는

$$(\text{rot}\, \boldsymbol{H})_n = \lim_{\Delta S \to \infty} \frac{\oint_c \boldsymbol{H} \cdot d\boldsymbol{l}}{\Delta S} \tag{1.24c}$$

로 주어진다. 여기서 $\oint_c \boldsymbol{H} \cdot d\boldsymbol{l}$은 미소면적 ΔS의 주변 C에 대한 $\boldsymbol{H}$의 선적분(우수계)이며, $\boldsymbol{n}$은 ΔS에 세워진 법선방향의 단위벡터이다. curl $\boldsymbol{H}$는 전류에 의한 자력선이 회전하는 모양을 수식화하는 데 이용된다(curl의 기호는 J. C. Maxwell이 처음 사용함. 9-4절 참조).

(4) Laplacian ∇^2

스칼라함수 $V_{(xyz)}$에 ∇의 이중미분연산 $\nabla \cdot \nabla$을 행하면

$$\begin{aligned} \nabla \cdot \nabla V &= \nabla^2 V \\ &= \left(\boldsymbol{i}\frac{\partial}{\partial x} + \boldsymbol{j}\frac{\partial}{\partial y} + \boldsymbol{k}\frac{\partial}{\partial z} \right) \cdot \left(\boldsymbol{i}\frac{\partial}{\partial x} + \boldsymbol{j}\frac{\partial}{\partial y} + \boldsymbol{k}\frac{\partial}{\partial z} \right) V \\ &= \frac{\partial^2 V}{\partial x^2} + \frac{\partial^2 V}{\partial y^2} + \frac{\partial^2 V}{\partial z^2} \end{aligned} \tag{1.25}$$

가 얻어지는데 ∇^2를 Laplacian이라 하며 ∇로도 표시한다. 이 계산은 공간전하분포에 의한 전위를 구할 때 이용된다(7.2절 참조).

◆ 예제 1-10

스칼라 ϕ가 xyz의 위치함수일 때 rot grad $\phi = \nabla \times \nabla \phi = 0$이 됨을 증명하라.

풀이 grad $\phi = \boldsymbol{A}$라 놓으면 식 (1.19)에서

$$A_x = \frac{\partial \phi}{\partial x}, \quad A_y = \frac{\partial \phi}{\partial y}, \quad A_z = \frac{\partial \phi}{\partial z}$$

가 되며, 식 (1.24a)에서

$$\text{rot}\, \boldsymbol{A} = \boldsymbol{i}\left(\frac{\partial A_z}{\partial y} - \frac{\partial A_y}{\partial z} \right) + \boldsymbol{j}\left(\frac{\partial A_x}{\partial z} - \frac{\partial A_z}{\partial x} \right) + \boldsymbol{k}\left(\frac{\partial A_y}{\partial x} - \frac{\partial A_x}{\partial y} \right)$$

가 되므로 rot $\boldsymbol{A}$의 x 성분은

$$(\text{rot}\,\boldsymbol{A})_x = \frac{\partial A_z}{\partial y} - \frac{\partial A_y}{\partial z} = \frac{\partial^2 \phi}{\partial y \partial z} - \frac{\partial^2 \phi}{\partial y \partial z} = 0$$

가 되며, y, z 성분에 대해서도 같은 계산으로 0이 되므로 다음 식이 얻어진다.

$$\nabla \times \nabla \phi = \text{rot grad}\,\phi = 0 \tag{1.26}$$

◆ 예제 1-11

벡터 $\boldsymbol{A}$가 x, y, z의 위치함수일 때 $\nabla \times \nabla \times \boldsymbol{A} = \text{rot rot}\,\boldsymbol{A}$를 계산하라.

풀이 식 (1.24)를 이용하여 x 성분을 먼저 계산한다.

$$\begin{aligned}(\text{rot rot}\,\boldsymbol{A})_x &= \frac{\partial}{\partial y}(\text{rot}\,\boldsymbol{A})_z - \frac{\partial}{\partial z}(\text{rot}\,\boldsymbol{A})_y \\ &= \frac{\partial}{\partial y}\left(\frac{\partial A_y}{\partial x} - \frac{\partial A_x}{\partial y}\right) - \frac{\partial}{\partial z}\left(\frac{\partial A_x}{\partial z} - \frac{\partial A_z}{\partial_x}\right) \\ &= \frac{\partial}{\partial x}\left(\frac{\partial A_x}{\partial x} + \frac{\partial A_y}{\partial y} + \frac{\partial A_z}{\partial_z}\right) \\ &\quad - \left(\frac{\partial^2 A_x}{\partial x^2} + \frac{\partial^2 A_x}{\partial y^2} + \frac{\partial^2 A_x}{\partial z^2}\right) \\ &= \frac{\partial}{\partial x}(\text{div}\,\boldsymbol{A}) - \nabla^2 A_x\end{aligned}$$

마찬가지 계산을 y, z 성분에 대하여 행한 후 종합하면 다음 결과가 얻어진다.

$$\begin{aligned}\therefore\ \text{rot rot}\,\boldsymbol{A} &= \nabla \times \nabla \times \boldsymbol{A} \\ &= \nabla\nabla \cdot \boldsymbol{A} - \nabla^2 \boldsymbol{A} = \text{grad div}\,\boldsymbol{A} - \nabla^2 \boldsymbol{A}\end{aligned} \tag{1.27}$$

이 벡터공식은 전류에 의한 자위를 구할 때 사용된다(예제 9-19 참조).

◆ 예제 1-12

벡터 $\boldsymbol{A}$가 xyz의 위치함수일 때 $\nabla \cdot \nabla \times \boldsymbol{A} = \text{div rot}\,\boldsymbol{A} = 0$임을 증명하라.

풀이 식 (1.23), (1.24)에서

$$
\begin{aligned}
\text{div rot}\,\boldsymbol{A} &= \nabla \cdot (\nabla \times \boldsymbol{A}) \\
&= \frac{\partial}{\partial y}(\text{rot}\,\boldsymbol{A})_x + \frac{\partial}{\partial y}(\text{rot}\,\boldsymbol{A})_y + \frac{\partial}{\partial z}(\text{rot}\,\boldsymbol{A})_z \\
&= \frac{\partial}{\partial x}\left(\frac{\partial A_z}{\partial y} - \frac{\partial A_y}{\partial z}\right) + \frac{\partial}{\partial y}\left(\frac{\partial A_x}{\partial z} - \frac{\partial A_z}{\partial x}\right) \\
&\quad + \frac{\partial}{\partial z}\left(\frac{\partial A_y}{\partial x} - \frac{\partial A_x}{\partial y}\right) \\
&= \frac{\partial^2 A_z}{\partial x \partial y} - \frac{\partial^2 A_y}{\partial x \partial z} + \frac{\partial^2 A_x}{\partial y \partial z} - \frac{\partial^2 A_z}{\partial y \partial x} \\
&\quad + \frac{\partial^2 A_y}{\partial z \partial x} - \frac{\partial^2 A_x}{\partial z \partial y} = 0
\end{aligned}
$$

이 벡터공식은 자속밀도의 연속성을 풀이할 때 이용된다(예제 9-19 참조).

【6】 곡선직교좌표계

전기자기현상을 풀이하는 데 있어서 지금까지의 직선직교좌표계(cartecian coordinate system)보다는 원통좌표계(cylindrical coordinate system) 및 구좌표계(spherical coordinate system)를 이용하는 것이 더욱 편리한 경우가 많으므로, 이들 좌표계에 대한 정의와 상호간의 좌표변환을 알 필요가 있다.

(1) 원통좌표계

xyz을 좌표축으로 하는 점 P(xyz)를 그림 1-10에서와 같이 $r = \sqrt{x^2+y^2}$을 반지름으로 하는 원통상의 점 P(r, ϕ, z)로 표시하는 것을 원통좌표계라 한다.

이 경우 각 방향의 단위벡터는 그림에서와 같이 $\boldsymbol{a}_r$, $\boldsymbol{a}_\phi$, $\boldsymbol{a}_z$로 주어지며 서로 직교하므로

$$\boldsymbol{a}_r \times \boldsymbol{a}_\phi = \boldsymbol{a}_z, \qquad \boldsymbol{a}_z \times \boldsymbol{a}_r = \boldsymbol{a}_\phi, \qquad \boldsymbol{a}_\phi \times \boldsymbol{a}_z = \boldsymbol{a}_r$$

의 관계가 얻어지며 $\boldsymbol{i}$, $\boldsymbol{j}$, $\boldsymbol{k}$와의 사이에는

$$\left.\begin{aligned}
\boldsymbol{i} \cdot \boldsymbol{a}_r &= \cos\phi, & \boldsymbol{i} \cdot \boldsymbol{a}_\phi &= -\sin\phi, & \boldsymbol{i} \cdot \boldsymbol{a}_z &= 0 \\
\boldsymbol{j} \cdot \boldsymbol{a}_r &= \sin\phi, & \boldsymbol{j} \cdot \boldsymbol{a}_\phi &= \cos\phi, & \boldsymbol{j} \cdot \boldsymbol{a}_z &= 0
\end{aligned}\right\} \tag{1.29}$$

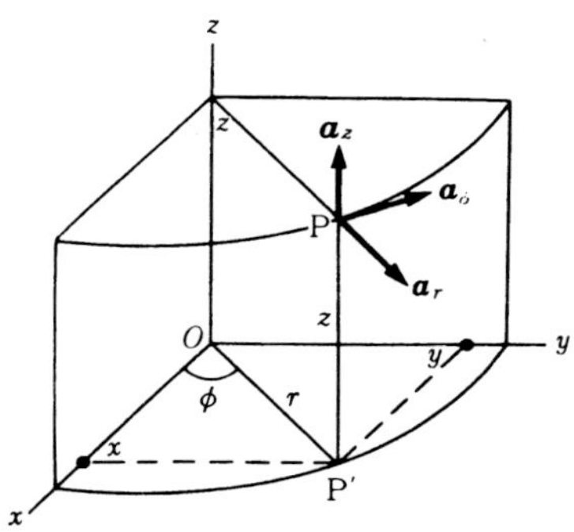

그림 1-10 원통좌표

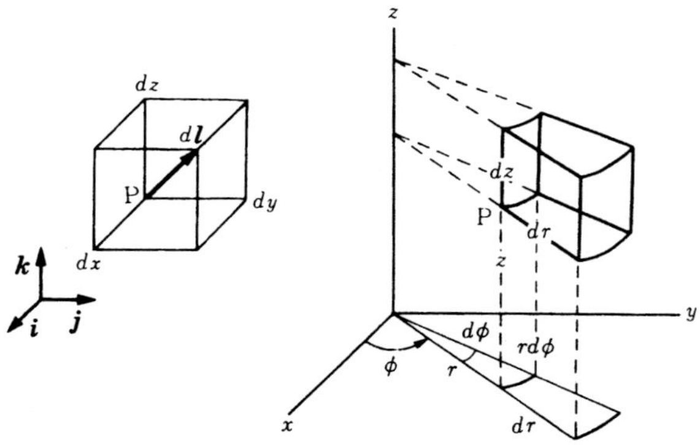

그림 1-11 체적소(원통좌표)

의 관계가 성립한다. 그리고 양 좌표계 사이에는

$$\left.\begin{array}{lll} x = r\cos\phi, & y = r\sin\phi, & z = z \\ r = \sqrt{x^2+y^2}, & \phi = \tan^{-1}\dfrac{y}{x}, & z = z \end{array}\right\} \tag{1.30}$$

의 변환(transformation)관계가 성립한다.

직선직교좌표계와 원통좌표계에서의 미소체적소는 그림 1-11과 같이 주어지므로 각 경우의 미소변위와 면적소(面積素) 및 체적소(體積素)는 직선직교좌표계

$$\left.\begin{array}{l} d\boldsymbol{l} = \boldsymbol{i}dx + \boldsymbol{j}dy + \boldsymbol{k}dz \\ dl^2 = dx^2 + dy^2 + dz^2 \\ dS = dxdy,\ dydz,\ dzdx \\ dv = dxdydz \end{array}\right\} \tag{1.31a}$$

원통좌표계

$$\left.\begin{array}{l} d\boldsymbol{l} = \boldsymbol{a}_r dr + \boldsymbol{a}_\phi r d\phi + \boldsymbol{a}_z dz \\ dl^2 = dr^2 + (rd\phi)^2 + dz^2 \\ dS = rd\phi dz,\ drdz,\ rd\phi dr \\ dv = rd\phi drdz \end{array}\right\} \tag{1.31b}$$

로 주어진다.

(2) 구좌표계

점 P(xyz)를 그림 1-12에서와 같이 $r = (x^2 + y^2 + z^2)^{1/2}$을 반지름으로

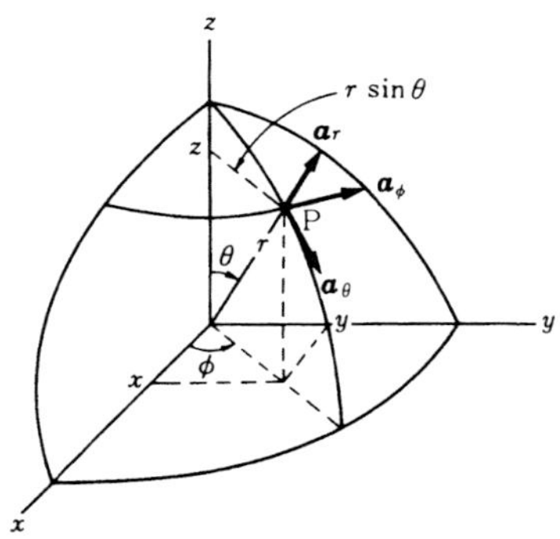

그림 1-12 구 좌 표

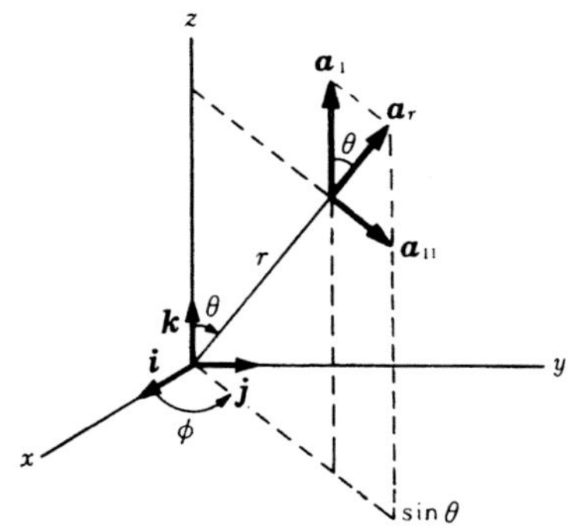

그림 1-13 $\boldsymbol{a}_r$, $\boldsymbol{a}_\theta$, $\boldsymbol{a}_\phi$와 $\boldsymbol{i}$, $\boldsymbol{j}$, $\boldsymbol{k}$의 내적

하는 구면상의 점 P(r, θ, ϕ)로 표시하는 것을 구좌표계라 한다.

이 경우 r, θ, ϕ 각 방향의 단위벡터는 그림에서와 같이 $\boldsymbol{a}_r$, $\boldsymbol{a}_\theta$, $\boldsymbol{a}_\phi$로 주어지며 서로 직교하므로

$$\boldsymbol{a}_r \times \boldsymbol{a}_\theta = \boldsymbol{a}_\phi, \quad \boldsymbol{a}_\theta \times \boldsymbol{a}_\phi = \boldsymbol{a}_r, \quad \boldsymbol{a}_\phi \times \boldsymbol{a}_r = \boldsymbol{a}_\theta$$

의 관계가 있다. 그리고 $\boldsymbol{a}_r$, $\boldsymbol{a}_\theta$, $\boldsymbol{a}_\phi$와 $\boldsymbol{i}$, $\boldsymbol{j}$, $\boldsymbol{k}$ 사이의 내적계산은 그림 1-13과 같이 r방향의 단위벡터 $\boldsymbol{a}_r$을 먼저 xy평면에 수직과 평행의 두 성분벡터로 분해한다.

$$\boldsymbol{a}_r = \boldsymbol{a} + \boldsymbol{a}_{11}$$

이 경우 $\boldsymbol{i} \cdot \boldsymbol{a} = 0$이며 $\boldsymbol{a}_{11}$의 크기는 $\sin\theta$가 되므로

$$\boldsymbol{a}_r \cdot \boldsymbol{i} = \boldsymbol{a}_{11} \cdot \boldsymbol{i} = \sin\theta\cos\phi$$

가 된다. 같은 계산방식을 각 기본벡터에 대하여 적용하면

$$\left.\begin{array}{lll} \boldsymbol{a}_r \cdot \boldsymbol{i} = \sin\theta\cos\phi, & \boldsymbol{a}_r \cdot \boldsymbol{j} = \sin\theta\sin\phi, & \boldsymbol{a}_r \cdot \boldsymbol{k} = \cos\theta \\ \boldsymbol{a}_\theta \cdot \boldsymbol{i} = \cos\theta\cos\phi, & \boldsymbol{a}_\theta \cdot \boldsymbol{j} = \cos\theta\sin\phi, & \boldsymbol{a}_\theta \cdot \boldsymbol{k} = -\sin\theta \\ \boldsymbol{a}_\phi \cdot \boldsymbol{i} = -\sin\phi, & \boldsymbol{a}_\phi \cdot \boldsymbol{j} = \cos\phi, & \boldsymbol{a}_\phi \cdot \boldsymbol{k} = 0 \end{array}\right\} \tag{1.32}$$

가 얻어진다.

그리고 양 좌표계 사이의 변환은

$$x = r\sin\theta\cos\phi, \quad y = r\sin\theta\sin\phi, \quad z = r\cos\theta$$
$$r = \sqrt{x^2+y^2+z^2}, \quad \theta = \cos^{-1}\frac{z}{r}, \quad \phi = \tan^{-1}\frac{y}{z} \tag{1.33}$$

와 같이 된다.

구좌표계에서의 미소체적소는 그림 1-14와 같으므로 미소변위와 면적소 및 체적소는 다음과 같이 주어진다.

$$\left.\begin{aligned} d\boldsymbol{l} &= dr\boldsymbol{a}_r + rd\theta\boldsymbol{a}_\theta + r\sin\theta\, d\phi\boldsymbol{a}_\phi \\ dl^2 &= dr^2 + (rd\theta)^2 + (r\sin\theta d\phi)^2 \\ dS &= r^2\sin\theta\, d\theta d\phi,\ rd\theta dr,\ r\sin\theta\, d\phi dr \\ dv &= r^2\sin\theta\, drd\theta d\phi \end{aligned}\right\} \tag{1.34}$$

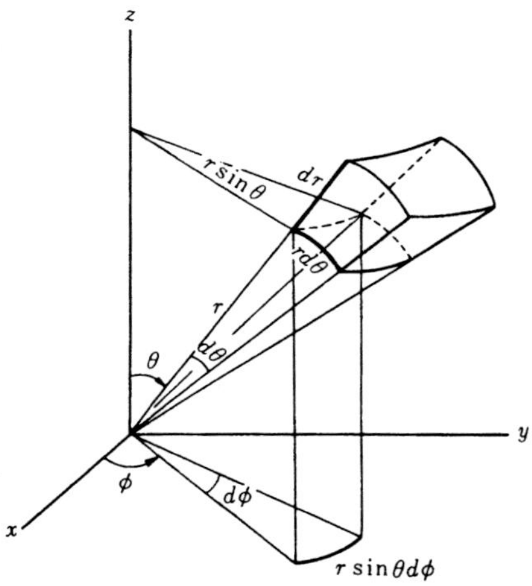

그림 1-14 체적소(구좌표)

◆ 예제 1-13

점 P(3, 4, −5) [m]에 대한 원통 및 구좌표를 구하라.

풀이 식 (1.30) 및 (1.33)을 이용한다.

원통좌표 : $r = \sqrt{3^2+4^2} = 5\ [\text{m}], \quad \phi = \tan^{-1}\frac{4}{3} = 53.1°$

$z = -5\ [\text{m}]$

구 좌 표 : $r = \sqrt{3^2+4^2+(-5)^2} = 7.07\ [\text{m}]$

$\theta = \cos^{-1}\frac{-5}{7.07} = 135°, \quad \phi = \tan^{-1}\frac{4}{3} = 53.1°$

◆ 예제 1-14

점 P(4, 60°, 30°)에서 점 P′(6, 4, 1) [m]로 향하는 단위벡터를 구하라.

풀이 식 (1.33)에서

$$\mathrm{P}(4,\ 60°,\ 30°) = \mathrm{P}(3,\ \sqrt{3},\ 2)\ [\mathrm{m}]$$

가 되므로

$$\overrightarrow{\mathrm{PP}'} = (6-3)\,\boldsymbol{i} + (4-\sqrt{3})\,\boldsymbol{j} + (1-2)\,\boldsymbol{k} = 3\,\boldsymbol{i} + 2.268\,\boldsymbol{j} - \boldsymbol{k}\ [\mathrm{m}]$$

$$\overrightarrow{\mathrm{PP}'} = 3.892\ [\mathrm{m}]$$

에서 단위벡터는 다음과 같이 된다.

$$\boldsymbol{a}_0 = \frac{1}{3.892}(3\,\boldsymbol{i} + 2.268\,\boldsymbol{j} - \boldsymbol{k}) = 0.771\,\boldsymbol{i} + 0.583\,\boldsymbol{j} - 0.257\,\boldsymbol{k}$$

$$\alpha = 39.6°,\quad \beta = 54.3°,\quad \gamma = 104.9°$$

◆ 예제 1-15

식 (1.34)를 사용하여 지구의 표면적과 체적을 구하라.

풀이 지구의 반지름은 $R \fallingdotseq \dfrac{4\times 10^4}{2\pi} = 6366$ [km]로 계산된다.

표면적 : $S = R^2 \int_0^{\pi} \sin\theta\, d\theta \int_0^{2\pi} d\phi = 4\pi R^2 = 5.1\times 10^8\ [\mathrm{km}^2]$

체 적 : $V = \int_0^{R} r^2 dr \int_0^{\pi} \sin\theta\, d\theta \int_0^{2\pi} d\phi = \dfrac{4}{3}\pi R^3 = 6.9\times 10^{12}\ [\mathrm{km}]$

◆ 예제 1-16

$\boldsymbol{A} = A_x\,\boldsymbol{i} + A_y\,\boldsymbol{j} + A_z\,\boldsymbol{k}$를 $\boldsymbol{A}_{(r,\phi,z)}$와 $\boldsymbol{A}_{(r,0,\phi)}$로 변환하라.

풀이 $\boldsymbol{A}$의 원통좌표의 세 성분은

$$A_r = \boldsymbol{A}\cdot\boldsymbol{a}_r,\quad A_\phi = \boldsymbol{A}\cdot\boldsymbol{a}_\phi,\quad A_z = \boldsymbol{A}\cdot\boldsymbol{a}_z$$

이므로 식 (1.29)를 적용하면

$$\begin{aligned}\boldsymbol{A}_{(r,\phi,z)} &= A_r\,\boldsymbol{a}_r + A_\phi\,\boldsymbol{a}_\phi + A_z\,\boldsymbol{a}_z \\ &= (A_x\cos\phi + A_y\sin\phi)\,\boldsymbol{a}_r \\ &\quad + (-A_x\sin\phi + A_y\cos\phi)\,\boldsymbol{a}_\phi + A_z\,\boldsymbol{a}_z \qquad (1.35\mathrm{a})\end{aligned}$$

가 얻어지며, 한편 식 (1.32)를 적용하면 다음 식이 얻어진다.

$$\begin{aligned}\boldsymbol{A}_{(r,\theta,\phi)} &= A_r \boldsymbol{a}_r + A_\theta \boldsymbol{a}_\theta + A_\phi \boldsymbol{a}_\phi \\ &= (A_x \sin\theta\cos\phi + A_y \sin\theta\sin\phi + A_z \cos\theta)\boldsymbol{a}_r \\ &\quad + (A_x \cos\theta\cos\phi + A_y \cos\theta\sin\phi - A_z \sin\theta)\boldsymbol{a}_\theta \\ &\quad + (-A_x \sin\phi + A_y \cos\phi)\boldsymbol{a}_\phi \qquad (1.35\text{b})\end{aligned}$$

◆ 예제 1-17

$\boldsymbol{A}_{(r,\phi,z)}$와 $\boldsymbol{A}_{(r,\theta,\phi)}$를 $\boldsymbol{A}_{(xyz)}$로 변환하라.

풀이 (1) $\boldsymbol{A}_{(r,\phi,z)} \rightarrow \boldsymbol{A}_{(xyz)}$: 식 (1.29), 식 (1.30)에서

$$A_x = \boldsymbol{A}_{(r,\phi,z)} \cdot \boldsymbol{i} = \frac{1}{r}(A_r x - A_\phi y)$$

$$A_y = \frac{1}{r}(A_r y + A_\phi x), \qquad A_z = A_z$$

$$\therefore \boldsymbol{A}_{(xyz)} = \frac{1}{r}(A_r x - A_\phi y)\boldsymbol{i} + \frac{1}{r}(A_r y + A_\phi x)\boldsymbol{j} + A_z \boldsymbol{k} \qquad (1.36\text{a})$$

가 되며, 여기서 $r = \sqrt{x^2 + y^2}$이다.

(2) $\boldsymbol{A}_{(r,\phi,z)} \rightarrow \boldsymbol{A}_{(xyz)}$: 식 (1.32), (1.33)에서

$$\begin{aligned}\boldsymbol{A}_{(xyz)} &= \left(\frac{x}{r}A_r + \frac{xz}{rr'}A_\theta - \frac{y}{r'}A_\phi\right)\boldsymbol{i} \\ &\quad + \left(\frac{y}{r}A_r + \frac{yz}{rr'}A_\theta + \frac{x}{r'}A_\phi\right)\boldsymbol{j} \\ &\quad + \left(\frac{z}{r}A_r - \frac{r'}{r}A_\theta\right)\boldsymbol{k} \qquad (1.36\text{b})\end{aligned}$$

가 되며, 여기서 $r = \sqrt{x^2 + y^2 + z^2}$, $r' = \sqrt{x^2 + y^2}$이다.

연 습 문 제

1-1 다음 단위를 MKS 단위로 환산하라.

(1) $[\mathrm{kgf/cm^2}]$ (2) $[\mathrm{bar}]$ $(1\,[\mathrm{bar}] = 10^6\,[\mathrm{dyne/cm^2}])$

답 9.8×10^4, $10^5\,[\mathrm{N/m^2}]$

1-2 $\boldsymbol{A} = 3\boldsymbol{i}+4\boldsymbol{j}+5\boldsymbol{k}$, $\boldsymbol{B} = 2\boldsymbol{i}-4\boldsymbol{j}+3\boldsymbol{k}$일 때 다음을 구하라.

(1) $|\boldsymbol{A}|$ (2) $|\boldsymbol{B}|$ (3) $|\boldsymbol{A}+3\boldsymbol{B}|$

답 (1) 7.071, (2) 5.385, (3) 18.466

1-3 $\boldsymbol{A} = \boldsymbol{i}+2\boldsymbol{j}+3\boldsymbol{k}$, $\boldsymbol{B} = 2\boldsymbol{i}-\boldsymbol{j}-2\boldsymbol{k}$일 때 다음을 구하라.

(1) $\boldsymbol{A}$, $\boldsymbol{B}$의 단위벡터 (2) $\boldsymbol{A}$의 $\boldsymbol{B}$ 방향성분 (3) $|\boldsymbol{A}+\boldsymbol{B}|$

(4) $\boldsymbol{A}\cdot\boldsymbol{B}$ (5) $\boldsymbol{A}\times\boldsymbol{B}$ (6) $\boldsymbol{B}$의 $\boldsymbol{A}$ 방향의 성분벡터

답 (1) $\boldsymbol{a}_a = 0.267\boldsymbol{i}+0.534\boldsymbol{j}+0.801\boldsymbol{k}$, (2) 2, (3) 5.92, (4) -6

(5) $7\boldsymbol{i}+4\boldsymbol{j}-5\boldsymbol{k}$, (6) $0.429\boldsymbol{i}+0.857\boldsymbol{j}+1.287\boldsymbol{k}$

1-4 점 A(−2, 4, 3)에서 B(1, 4, 1)에 이르는 변위벡터 및 이의 단위벡터를 구하라.

답 $0.277(3\boldsymbol{i}-2\boldsymbol{k})$

1-5 $4\boldsymbol{A}-3\boldsymbol{B}=2\boldsymbol{i}+3\boldsymbol{j}-\boldsymbol{k}$, $2\boldsymbol{A}+\boldsymbol{B}=-\boldsymbol{i}-\boldsymbol{j}+2\boldsymbol{k}$일 때 $\boldsymbol{A}$, $\boldsymbol{B}$ 및 $|\boldsymbol{A}+\boldsymbol{B}|$, $|\boldsymbol{A}-\boldsymbol{B}|$를 구하라.

1-6 $\boldsymbol{A} = 2\boldsymbol{i}-5\boldsymbol{j}+3\boldsymbol{k}$일 때 다음을 구하라.

(1) $\boldsymbol{k}\times\boldsymbol{A}$ (2) $\boldsymbol{i}\times(\boldsymbol{j}\times\boldsymbol{A})$ (3) $\boldsymbol{i}\times(\boldsymbol{A}\times\boldsymbol{k})$

1-7 점 A(2, −1, 4), B(1, 3, 2) 및 C(−4, 2, 4) 들에 대한 다음을 구하라.

(1) B에서 A로 향하는 변위 (2) B, C 사이의 거리

(3) AB의 중점에서 C로 향하는 단위벡터

답 (1) $\boldsymbol{i}-4\boldsymbol{j}+2\boldsymbol{k}$, (2) 5.48, (3) $-0.97\boldsymbol{i}+0.176\boldsymbol{j}+0.176\boldsymbol{k}$

1-8 문제 1-7의 3점 A, B, C를 정점으로 하는 삼각형의 면적을 구하라.

답 12.5

1-9 평행사변형의 두 대각선벡터가 $\boldsymbol{A} = 2\boldsymbol{i}+3\boldsymbol{j}-5\boldsymbol{k}$, $\boldsymbol{B} = -4\boldsymbol{i}+\boldsymbol{j}+5\boldsymbol{k}$일 때 두 변을 표시하는 벡터를 구하라.

답 $-\boldsymbol{i}+2\boldsymbol{j}$, $3\boldsymbol{i}+\boldsymbol{j}-5\boldsymbol{k}$

1-10 $\boldsymbol{A} = 5x\boldsymbol{i}-3y\boldsymbol{j}+10\boldsymbol{k}$, $\boldsymbol{B} = y\boldsymbol{i}-x\boldsymbol{j}+z\boldsymbol{k}$인 두 벡터의 점(2, 1, 5)에서의 교각을 구하라.

답 33.5°

1-11 질점이 $\boldsymbol{F}=5\boldsymbol{i}+10\boldsymbol{j}+5\boldsymbol{k}$ [N]에 의하여 점 A(1, 2, 3) [cm]에서 점 B(3, −1, −4) [cm]로 이동할 때 힘이 행한 일을 구하라.

답 −0.55 [J], 즉 힘에 반하여 일이 행해졌다.

1-12 축에서 $0.5\boldsymbol{i}$ [m]인 점에 $\boldsymbol{F}=4\boldsymbol{i}+3\boldsymbol{j}$ [N]의 힘이 작용할 때 회전력을 구하라.

답 $1.5\boldsymbol{k}$ [N·m], 반시계방향

1-13 $\boldsymbol{A}=2\boldsymbol{i}-3\boldsymbol{j}+\boldsymbol{k}$, $\boldsymbol{B}=3\boldsymbol{i}+3\boldsymbol{j}-\boldsymbol{k}$, $\boldsymbol{C}=4\boldsymbol{i}-2\boldsymbol{j}+\boldsymbol{k}$일 때 다음을 계산하라.

(1) $\boldsymbol{A}\cdot[\boldsymbol{BC}]$　(2) $[\boldsymbol{AB}]\cdot\boldsymbol{C}$　(3) $(\boldsymbol{AB})\cdot\boldsymbol{C}$

(4) $(\boldsymbol{AB})\cdot(\boldsymbol{AB})$　(5) $[\boldsymbol{AB}]\cdot[\boldsymbol{BA}]$　(6) $[\boldsymbol{AB}]\cdot[\boldsymbol{AB}]$

답 (1) 5, (2) 5, (3) $-16\boldsymbol{i}+8\boldsymbol{j}-4\boldsymbol{k}$, (4) 16, (5) −250, (6) 0

1-14 $\boldsymbol{r}=\boldsymbol{i}x+\boldsymbol{j}y+\boldsymbol{k}z$일 때 다음을 구하라.

(1) $\nabla\cdot\boldsymbol{r}$　(2) $\nabla\times\boldsymbol{r}$　(3) $\nabla^2\left(\frac{1}{r}\right)$

(4) $\nabla\left(\ln\frac{1}{r}\right)$　(5) $\nabla^2\left(\ln\frac{1}{r}\right)$

답 (1) 3, (2) 0, (3) 0, (4) $-\frac{\boldsymbol{r}}{r^2}$, (5) $-\frac{1}{r^2}$

1-15 $\boldsymbol{D}=2xyz\boldsymbol{i}+x^2z^2\boldsymbol{j}+3x^2yz^3\boldsymbol{k}$일 때 (3, 2, 1)에서의 div $\boldsymbol{D}$와 rot $\boldsymbol{D}$를 구하라.

답 166, $9\boldsymbol{i}-24\boldsymbol{j}$

1-16 원통좌표계에서 다음 두 면의 교차선을 그려라.

(1) $r=4$ [m]와 $\phi=45$℃　(2) $r=4$ [m]와 $z=3$ [m]

(3) $\phi=120°$와 $z=3$ [m]

1-17 구좌표계에서 다음 2면의 교차선을 그려라.

(1) $r=4$ [m], $\theta=60°$　(2) $r=4$ [m], $\phi=120°$

(3) $\theta=60°$, $\phi=45°$

1-18 다음 각 점에 대한 (xyz)를 구하라.

(1) (5, 30°, 2)　(2) (5, 120°, −2)

(3) (5, 30°, 60°)　(4) (5, −30°, 120°)

1-19 다음 두 점 사이의 거리를 구하라.

(1) (3, 30°, 4)와 (6, 120°, 5)　(2) (3, 30°, 0°)와 (6, 120°, 120°)

답 (1) 6.78, (2) 8.27

1-20 $\boldsymbol{A} = y\boldsymbol{i} - x\boldsymbol{j} + z\boldsymbol{k}$를 (1) 원통좌표계, (2) 구좌표계로 변환하라.

답 (1) $-r\boldsymbol{a}_\phi + z\boldsymbol{a}_z$, (2) $r\cos^2\theta\,\boldsymbol{a}_r - r\sin\theta\cos\theta\,\boldsymbol{a}_\theta - r\sin\theta\,\boldsymbol{a}_\phi$

1-21 다음 각 경우의 표면적 및 체적을 식 (1.31), (1.34)를 이용하여 구하고 작도하라.

(1) $0 \le r = 6$ [m], $0 \le 6$, $0 \le \phi \le \dfrac{\pi}{2}$

(2) $0 \le r \le 6$ [m], $0 \le \theta \le \dfrac{\pi}{2}$, $0 \le \phi \le \dfrac{\pi}{2}$

답 (1) 185.1 [m^2], 169.65 [m^3], (2) 141.37 [m^2], 113.1 [m^3]

1-22 $\boldsymbol{A}(\sqrt{3}, 2, 1)$, $\boldsymbol{B}(2\sqrt{2}, 45°, 30°)$에 대한 다음 값을 구하라.

(1) $\boldsymbol{A} + \boldsymbol{B}$ (2) $\boldsymbol{A} \cdot \boldsymbol{B}$ (3) $\boldsymbol{A} \times \boldsymbol{B}$

답 (1) $2\sqrt{3}\,\boldsymbol{i} + 3\boldsymbol{j} + 3\boldsymbol{k}$, (2) 7, (3) $3\boldsymbol{i} - \sqrt{3}\,\boldsymbol{j} - \sqrt{3}\,\boldsymbol{k}$

1-23 삼각형의 세 정점이 A(4, 5, 1), B(2, 6, 1), C(2, 5, 4) [m]일 때 다음을 구하라.

(1) 삼각형의 면적 (2) (1)에 대한 법선단위벡터

(3) 삼각형의 각 좌표면에 대한 투영면적

답 (1) 3.5 [m^2], (2) $\pm\dfrac{1}{7}(3\boldsymbol{i} + 6\boldsymbol{j} + 2\boldsymbol{k})$, (3) 1.5, 3, 1 [$m^2$]

1-24 점 A(8, 2, 1)와 B(−2, 7, 4)에 대한 다음 벡터를 원통좌표로 표시하라.

(1) 점 A에 대한 $\overrightarrow{AB}$ (2) 점 B에 대한 $\overrightarrow{BA}$

답 (1) $-8.49\,\boldsymbol{a}_r + 7.28\,\boldsymbol{a}_\phi + 3\boldsymbol{a}_z$, (2) $7.55\,\boldsymbol{a}_r - 8.25\,\boldsymbol{a}_\phi - 3\boldsymbol{a}_z$

1-25 벡터계 $\boldsymbol{A} = (x^2 - y^2)\,\boldsymbol{a}_y + xz\,\boldsymbol{a}_z$에 대한 다음 변환을 구하라.

(1) 점 P(6, 60°, −4)에서의 $\boldsymbol{A}(r, \phi, z)$

(2) 점 Q(4, 30°, 120°)에서의 $\boldsymbol{A}(r, \theta, \phi)$

답 (1) $-15.59\,\boldsymbol{a}_r - 9.02\,\boldsymbol{a}_\phi - 12\,\boldsymbol{a}_z$, (2) $-3.87\,\boldsymbol{a}_r + 0.23\,\boldsymbol{a}_\theta + \boldsymbol{a}_\phi$

1-26 $\boldsymbol{A} = 10\,\boldsymbol{a}_r - 3\,\boldsymbol{a}_\theta + 5\,\boldsymbol{a}_\phi$, $\boldsymbol{B} = 2\,\boldsymbol{a}_r + 5\,\boldsymbol{a}_\theta + 3\,\boldsymbol{a}_\phi$에 대한 다음을 구하라.

(1) $\boldsymbol{A} \cdot \boldsymbol{B}$ (2) $\boldsymbol{A} \times \boldsymbol{B}$ (3) $\boldsymbol{A}$의 $\boldsymbol{B}$ 방향 스칼라성분

(4) $\boldsymbol{A}$의 $\boldsymbol{B}$ 방향 성분벡터 (5) $\boldsymbol{A}$, $\boldsymbol{B}$에 수직되는 단위벡터

답 (1) 20, (2) $-34\,\boldsymbol{a}_r - 20\,\boldsymbol{a}_\theta + 56\,\boldsymbol{a}_\phi$, (3) 3.244, (4) $\pm(1.05\,\boldsymbol{a}_r + 2.63\,\boldsymbol{a}_\theta + 1.58\,\boldsymbol{a}_\phi)$

1-27 원점에서 평면 $2x + 3y + 4z = 12$에 수직으로 향하는 단위벡터를 구하라.

답 $0.371\,\boldsymbol{i} + 0.557\,\boldsymbol{j} + 0.743\,\boldsymbol{k}$

Chapter 2

정전계와 Coulomb의 법칙

2.1 대전현상

【1】 마찰전기

두 종의 물체를 마찰하면 물체 상호간 또는 주위의 가벼운 물체가 끌리는 힘을 받는다. 이러한 현상은 이미 2600년 전 희랍시대의 철인 Thales의 시에 기록된 바 있으며, 17세기 중반에 이르러 마찰에 의하여 물체에 전기(electricity)가 발생된 결과라는 것을 알았다. 이 경우 발생된 전기를 **마찰전기**(摩擦電氣, triboelectricity)라 하며 물체가 갖는 전기의 양을 **전기량**(電氣量, electric quantity) 또는 **전하**(電荷, electric charge)라 한다.

그 후 많은 실험결과 마찰에 의하여 발생된 전기 상호간에 인력(引力) 또는 척력(斥力)이 작용하는 현상으로부터 전기에는 성질이 다른 두 종이 있으며, 「동종의 전하 사이에는 척력, 이종의 전하 사이에는 인력이 작용한다」는 결론을 얻었다. 그리고 두 종의 전하를 각각 **정**(正, 양, positive)전기와 **부**(負, 음, negative)전기로 구별하였다(1734년 Du Fay, 프랑스).

마찰에 의하여 발생하는 전하의 크기와 종류는 물질의 종류와 마찬조건에 따라 다른데, 다음 **마찰전기계열**(triboelectric series)의 임의의 두 종을 마찰하면 좌측이 정, 우측이 부로 대전된다. 이 계열의 순서는 온도, 습도 등의 영향을 받아 바뀌는 경우가 있다.

+ 모피, 유리, 운모, 명주, 면, 나무, 호박, 수지, 금속, 황 −

【2】 도체와 절연체

마찰전기계열 중 금속을 제외한 모든 물질은 마찰에 의하여 발생된 전하가 그 자리에 정지하고 있는 데 대하여, 금속은 발생된 전하가 순간적으로 전체에 퍼진다. 이 경우 후자에 속하는 물질을 **도체**(導體, conductor), 전자에 속하는 것을 **부도체**(不導體, non conductor) 또는 **절연체**(絶緣體, insulator, 1792년 S. Gray, 영국)라 하며, 도체의 대표적인 예로서 금속, 인체, 전해액, 대지 등이, 절연체에는 공기, 애자(碍子), 고무, 종이, 목재, 합성수지 등이 있다. 그런데 절연체는 일반적으로 가열, 흡습 등의 영향으로 도전성(導電性)이 되는 경우가 있으므로 도체와 절연체는 절대적인 것이라 할 수 없다.

도체와 부도체의 중간에 속하는 물질을 **반도체**(半導體, semiconductor)라 하며, 산화구리 또는 게르마늄, 실리콘 등의 단결정이 대표적인 예로 특이한 전기특성을 갖는다.

【3】 정 전 유 도

대전(帶電)하지 않은 절연도체 가까이에 대전체를 놓으면 그림 2-1과 같이 가까운 부분에 이종의 전기, 먼 곳에 동종의 전기가 발생하는데 이러한 현상을 **정전유도**(靜電誘導) 또는 **정전감응**(靜電感應, electrostatic induction)이라 한다(1753년 J. Canton, 영국).

그런데 이 경우 대전체를 멀리 하면 도체에 발생하였던 정부(正負)의 전하가 중화되어 무대전(無帶電)상태가 되므로 정전유도에 의하여 발생된 정부의 전하는 등량인 것을 알 수 있다. 따라서 대전체가 주위의 가벼운 물체를 끈다는 것은 이 유도작용에 의하여 발생된 두 종의 전하 중 가까운 곳에 있는 이종의 전하와 사이에 작용하는 인력이 먼 곳에 있는 동종의 전하와 사이에 작용하는 척력보다 크기 때문이다.

정전유도작용을 이용하여 물체의 대전 여부, 대전전하의 종류 및 대전전하의 크기 등을 판별할 수 있는 장치의 하나인 **검전기**(檢電器, electroscope, 1786년 Bennet, 영국)가 개발되어 전하의 정량적 취급이 가능해졌다. 이로부터 전하로서 존재할 수 있는 최소량인 전기소량이 원자(atom) 내의 전자(electron) 및 양자(proton)가 갖는 전하임을 알게 되었다.

그림 2-1 정 전 유 도

$$\text{전하}\begin{cases}\text{전자} & -1.602\times10^{-19}\,[\mathrm{C}]\\ \text{양자} & +1.602\times10^{-19}\,[\mathrm{C}]\end{cases}$$

$$\text{질량}\begin{cases}\text{전자} & 9.107\times10^{-31}\,[\mathrm{kg}]\\ \text{양자} & 1.6725\times10^{-27}\,[\mathrm{kg}]\end{cases}$$

즉, 전기의 본질은 원자를 구성하는 전자 및 양자가 갖는 전하로, 물체를 마찰하면 접촉점에 발생된 열에너지에 의하여 외각전자가 다른 물체로 이동한 결과 정부(正負)로 대전된다고 보며, 이 경우 두 물체에 발생한 정부의 전하는 등량이다.

일반적으로 도체에 전하를 주면 전하 상호간의 반발력에 의하여 도체 내를 이동하게 되는데, 상호간의 힘이 평형되면 전하분포는 그 상태에서 정지하게 된다. 이러한 정지상태의 전기현상을 논하는 학문의 분야를 **정전기학**(靜電氣學, electrostatics)이라 하며 7장까지 자유공간 및 절연체 내부에 대한 정전기 상태의 여러 현상을 풀이한다.

2.2 Coulomb의 법칙

대전체 사이에 작용하는 힘을 정량적으로 확립하기 위하여 Charles Coulomb(토목기술대령, 1736~1806, 프랑스)은 자기가 고안한 비틀림저울(torsional balance)을 이용한 정교한 실험으로 다음과 같은 Coulomb의 법칙(coulomb's law)을 얻었다(1785년). 이 경우 대전체 상호간의 거리를 정확하게 하기 위하여 거리에 비하여 극히 미소한 대전체를 가정하고 이것을 **점전하**(點電荷, point charge)라 하였다.

즉, 두 점전하 Q_1, Q_2 사이에 작용하는 힘 F는 전하량에 각각 비례하고 상호거리 r의 제곱에 반비례함을 확인하고 다음의 관계식을 얻을 수 있다.

$$F = k\frac{Q_1 Q_2}{r^2}$$

그런데 동일한 전하 및 거리에 대해서도 주위 매질에 따라 힘의 크기가 변하므로, k는 주위 매질 및 각 양에 대한 단위의 선정에 의하여 정해지는 비례상수이다. 그리고 힘 F는 그림 2-2에서와 같이 두 점전하를 연결하는

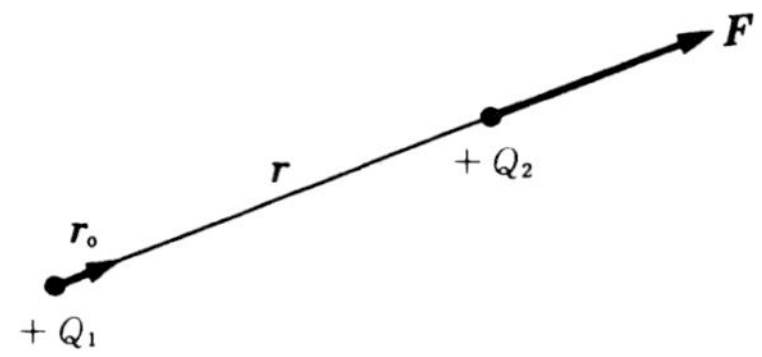

그림 2-2 Coulomb의 법칙

직선상에 있는 벡터량이다.

MKSA 단위계에서는 진공 중에 같은 양의 두 점전하를 1 [m] 거리에 놓았을 때 작용하는 힘이 9×10^9 [N]이 될 때의 전하를 단위로 하여 1 [C] (coulomb)으로 정하였으므로, 이 단위계에 의하면 $Q_1=Q_2=1$ [C], $r=$ 1 [m], $F=9\times10^9$ [N]이 되어 $k=9\times10^9$이 된다.

따라서 진공 중에서의 Coulomb의 법칙은

$$F = 9\times10^9 \frac{Q_1 Q_2}{r^2} \text{ [N]} \tag{2.1}$$

가 되며, 여기서

$$9\times10^9 = \frac{1}{4\pi\varepsilon_0} \tag{2.2}$$

라 놓으면 식 (2.1)은

$$F = \frac{1}{4\pi\varepsilon_0}\frac{Q_1 Q_2}{r^2} \text{ [N]} \tag{2.3}$$

가 된다. 한편 식 (2.2)에서

$$\varepsilon_0 = \frac{1}{36\pi\times10^9} = 8.854\times10^{-12} \text{ [F/m]} \tag{2.4}$$

로 표시되는 ε_0를 **진공에 대한 유전율**(誘電率, dielectric constant 또는 permitivity of free space)이라 하며 단위는 [F(farad)/m]이다. 여기서 4π의 인자를 붙인 것은 전기자기현상을 합리적으로 표현하기 위함이다. 즉, 이렇게 함으로써 원주율 π가 평판커패시터 용량식 $\left(C=\dfrac{\varepsilon_0 S}{d}\text{ [F]}\right)$에 포함되지 않고 구형커패시터 용량식($C=4\pi\varepsilon_0 a$ [F])에 포함되기 때문이다(6-2절 참조). 따라서 이 단위계를 MKSA 합리화(유리화) 단위계

(rationalized MKSA unit system)라 한다.

Coulomb의 법칙을 벡터형식으로 표시하면(그림 2-2)

$$\boldsymbol{F} = \frac{1}{4\pi\varepsilon_0}\frac{Q_1 Q_2}{r^2}\boldsymbol{r}_0 = \frac{1}{4\pi\varepsilon_0}\frac{Q_1 Q_2}{r^3}\boldsymbol{r}\,[\mathrm{N}] \tag{2.5}$$

가 되는데 여기서 $\boldsymbol{r}_0$는 힘방향의 단위벡터이다. 그런데 $\boldsymbol{r}_0$의 방향은 그림 2-2와 같이 Q_1, Q_2 [C]이 동종의 전하이면 정(正)이나 이종이면 부(負)가 된다.

◆ 예제 2-1

공기 중에서 ±1 [C]의 두 점전하가 1 [m] 거리에 놓였을 때 작용하는 힘을 구하라.

풀이 공기의 유전율은 진공인 경우와 같다고 놓을 수 있다(표 5-1 참조). 식 (2.3)에서

$$F = \frac{1}{4\pi\varepsilon_0}\frac{Q_1 Q_2}{r^2} = -9\times10^9\,[\mathrm{N}]$$

$$\fallingdotseq -9\times10^8\,[\mathrm{kgf}] = -9\times10^5\,[\mathrm{tonf}]$$

의 인력이 작용하므로 정전상태의 1 [C]이 얼마나 큰 힘을 발휘하는지 알 수 있다. 따라서 정전기학에서는 1 [μC] $=10^{-6}$ [C], 1 [nC] $=10^{-9}$ [C] 등의 미소전하를 예제에서 다루고 있다. 그리고 −1 [C]의 전하는 약 6.25×10^{18}개의 전자가 갖는 전기량과 같다.

◆ 예제 2-2

점 A(1, 2, 3) [m]의 점전하 200 [μC]이 점 B(3, 6, −1) [m]의 점전하 −500 [μC]에 미치는 Coulomb의 힘을 구하라.

풀이 점 A에 대한 점 B의 위치벡터 및 단위벡터는

$$\boldsymbol{r} = (3-1)\boldsymbol{i} + (6-2)\boldsymbol{j} + (-1-3)\boldsymbol{k} = 2\boldsymbol{i} + 4\boldsymbol{j} - 4\boldsymbol{k}\,[\mathrm{m}]$$

$$r = \sqrt{2^2 + 4^2 + (-4)^2} = 6\,[\mathrm{m}]$$

$$\therefore\ \boldsymbol{r}_0 = \frac{1}{3}(\boldsymbol{i} + 2\boldsymbol{j} - 2\boldsymbol{k}), \qquad |\boldsymbol{r}_0| = 1$$

이므로, 점 B에 작용하는 힘은 식 (2.5)에서

$$\boldsymbol{F}_{\mathrm{B}} = 9\times10^9\frac{200\times10^{-6}\times(-500)\times10^{-6}}{6^2}\times\frac{1}{3}(\boldsymbol{i}+2\boldsymbol{j}-2\boldsymbol{k})$$

$$= 25\times\frac{1}{3}(-\boldsymbol{i}-2\boldsymbol{j}+2\boldsymbol{k})\ [\mathrm{N}]$$

$$F_{\mathrm{B}} = 25\ [\mathrm{N}]$$

가 되며 힘의 방향은 다음과 같이 된다.

$$-\boldsymbol{r}_0 = \frac{1}{3}(\boldsymbol{i}+2\boldsymbol{j}-2\boldsymbol{k})$$

한편 점 B의 점전하가 점 A의 점전하에 작용하는 힘 $\boldsymbol{F}_{\mathrm{A}}$는 $+\boldsymbol{r}_0$ 방향이 될 것이다. 이들의 관계를 좌표로 표시하라.

◆ 예제 2-3

점 A(−2, 1, 0), B(4, 1, 0), C(1, 5, 0) [m]에 각각 +5, −3, +1 [μC]의 점전하가 있을 때 점 C에 작용하는 Coulomb의 힘을 구하라.

풀이 각 점전하에 대한 점 C의 위치벡터와 거리 및 단위벡터는

$$\overrightarrow{\mathrm{AC}} = 3\boldsymbol{i}+4\boldsymbol{j}\ [\mathrm{m}],\quad \overline{\mathrm{AC}} = 5\ [\mathrm{m}],\quad \boldsymbol{r}_a = 0.6\boldsymbol{i}+0.8\boldsymbol{j}$$

$$\overrightarrow{\mathrm{BC}} = -3\boldsymbol{i}+4\boldsymbol{j}\ [\mathrm{m}],\quad \overline{\mathrm{BC}} = 5\ [\mathrm{m}],\quad \boldsymbol{r}_b = -0.6\boldsymbol{i}+0.8\boldsymbol{j}$$

이므로 식 (2.5)에서 각각의 힘은

$$\boldsymbol{F}_{\mathrm{A}} = 9\times10^9\times\frac{5\times10^{-12}}{5^2}(0.6\boldsymbol{i}+0.8\boldsymbol{j})$$

$$= (1.08\boldsymbol{i}+1.44\boldsymbol{j})\times10^{-3}\ [\mathrm{N}]$$

$$\boldsymbol{F}_{\mathrm{B}} = 9\times10^9\times\frac{-3\times10^{-12}}{5^2}(-0.6\boldsymbol{i}+0.8\boldsymbol{j})$$

$$= (0.648\boldsymbol{i}-0.864\boldsymbol{j})\times10^{-3}\ [\mathrm{N}]$$

가 되며, 점 C에 작용하는 합력은

$$\boldsymbol{F}_{\mathrm{C}} = \boldsymbol{F}_a+\boldsymbol{F}_b = (1.728\boldsymbol{i}+0.576\boldsymbol{j})\times10^{-3}\ [\mathrm{N}]$$

$$F_{\mathrm{C}} = 1.821\times10^{-3}\ [\mathrm{N}]$$

이며 합력방향의 단위벡터는

$$\boldsymbol{r}_c = 0.949\boldsymbol{i}+0.316\boldsymbol{j},\quad \alpha = 18.4°,\quad \beta = 71.6°$$

가 된다. 이들의 관계를 그림으로 표시하라.

2.3 전　계

대전체 주위의 전하는 Coulomb의 법칙에 따른 전기력을 받는다. 이와 같이 전기력이 작용하는 공간을 그 대전체에 의한 **전계**(電界 또는 電場, electric field)라 하며, 특히 정전기학에서 취급하는 정지상태의 전하분포에 의한 전계를 **정전계**(靜電界, electrostatic field)라 한다.

그리고 전계 내의 한 점에 단위정전하를 놓았을 때 이에 작용하는 힘을 그 점에 대한 **전계의 세기**(intensity of electric field)라 한다. 여기서 주의할 점은 단위정전하에 의한 전계가 본래의 전계에 영향을 미치면 전계의 결정이 무의미해지므로, 본래의 전계에 하등의 영향도 주지 않는다고 생각할 수 있는 미소전하를 가정하고 이를 **검전하**(檢電荷, test charge)라 한다.

따라서 전계 내의 한 점에 ΔQ_t [C]의 검전하를 놓았을 때 작용하는 힘을 $\Delta \boldsymbol{F}$ [N]라 하면 이 점의 전계의 세기는 다음과 같이 정의된다.

$$\left.\begin{aligned} \boldsymbol{E} &= \lim_{\Delta Q_t \to 0} \frac{\Delta \boldsymbol{F}}{\Delta Q_t} \ [\mathrm{N/C}] \\ E &= \lim_{\Delta Q_t \to 0} \frac{\Delta F}{\Delta Q_t} \ [\mathrm{N/C}] \end{aligned}\right\} \tag{2.6}$$

즉, 전계의 세기는 단위정전하 1 [C]에 작용하는 힘 자체가 아니고 검전하에 작용하는 힘을 단위전하에 대한 힘으로 환산한 값이다. 그리고 단위는 [N/C]보다는 [V/m](3.3절 참조)를 흔히 사용한다. 그리고 전계의 세기 $\boldsymbol{E}$ [N/C=V/m]가 되는 점에 ΔQ_t [C]의 검전하를 놓았을 때 이에 작용하는 힘은 다음과 같이 주어진다.

$$\boldsymbol{F} = \boldsymbol{E} \Delta Q_t \ [\mathrm{N}] \tag{2.7}$$

전계의 원천이 그림 2-3에서와 같이 점전하 Q [C]일 때 $\boldsymbol{r}$ [m]가 되는 점 P의 전계의 세기 $\boldsymbol{E}$ [N/C]는 식 (2.5)와 (2.7)에서 다음과 같이 주어진다.

$$\left.\begin{aligned} \boldsymbol{E} &= \frac{\boldsymbol{F}}{Q_t} = \frac{1}{4\pi\varepsilon_0} \frac{Q}{r^2} \boldsymbol{r}_0 \ [\mathrm{N/C=V/m}] \\ E &= \frac{1}{4\pi\varepsilon_0} \frac{Q}{r^2} \ [\mathrm{N/C=V/m}] \end{aligned}\right\} \tag{2.8}$$

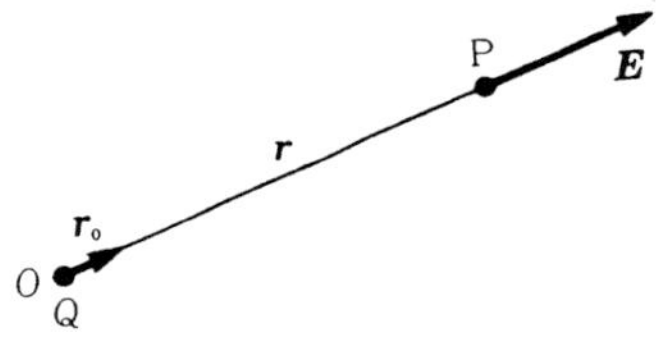

그림 2-3 점전하와 전계

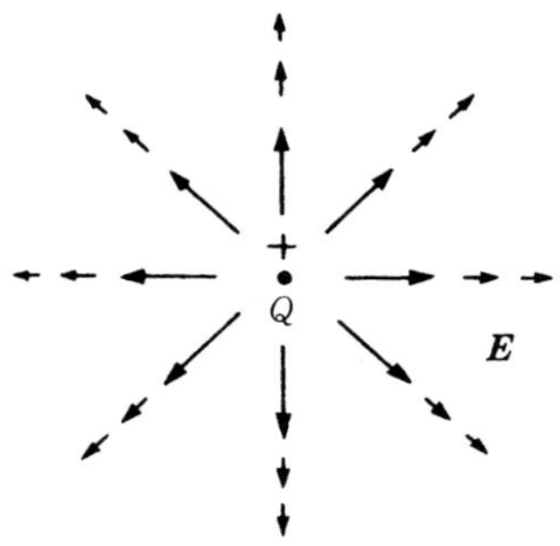

그림 2-4 점전하와 전계분포

이 경우 전계 $\boldsymbol{E}$의 방향은 그림 2-4에서와 같이 $Q > 0$이면 외향방사상으로, $Q < 0$이면 내향분포가 되며 전계의 크기 E는 거리 r^2에 반비례하여 증감한다.

한편 전계의 세기 $\boldsymbol{E}$ [V/m]는 위치에 따라 크기와 방향이 변하는 벡터 위치함수이므로 전계 내에 직선직교좌표계를 설정하고, 그림 2-5와 같이 점 P(xyz)에서의 전계의 세기 $\boldsymbol{E}$의 각 축 방향성분을 E_x, E_y, E_z [V/m]라 하면 식 (1.2)에서와 같이 다음의 관계가 성립한다.

$$\boldsymbol{E} = \boldsymbol{i}E_x + \boldsymbol{j}E_y + \boldsymbol{z}E_z \text{ [V/m]} \tag{2.9}$$

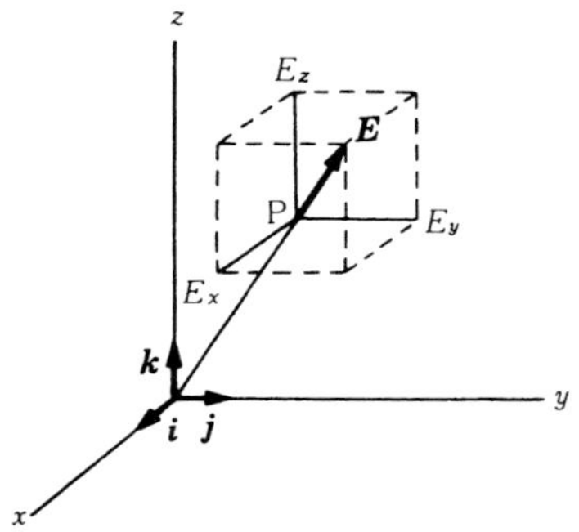

그림 2-5 전계와 성분

◆ 예제 2-4

공기 중 원점의 점전하 49 [nC]에 의한 점 P(20, 30, 60) [cm]의 전계를 구하라.

풀이 점 P의 위치벡터 및 단위벡터는

$$\boldsymbol{r} = 0.2\boldsymbol{i} + 0.3\boldsymbol{j} + 0.6\boldsymbol{k} \text{ [m]}, \quad r = 0.7 \text{ [m]}$$

$$\boldsymbol{r}_0 = \frac{1}{7}(2\,\boldsymbol{i}+3\boldsymbol{j}+6\boldsymbol{k})$$

가 되므로 점 P의 전계는

$$\boldsymbol{E} = 9\times10^9\,\frac{49\times10^{-9}}{0.7^2}\,\frac{1}{7}\,(2\,\boldsymbol{i}+3\boldsymbol{j}+6\boldsymbol{k})$$

$$= 900\times\frac{1}{7}\,(2\,\boldsymbol{i}+3\boldsymbol{j}+6\boldsymbol{k})\,[\text{V/m}]$$

가 되며, 전계의 크기 및 각 축성분은

$$E = 900\,[\text{V/m}]$$

$$E_x = 900\times\frac{2}{7} = 257.14\,[\text{V/m}],\qquad E_y = 385.71\,[\text{V/m}]$$

$$E_z = 771.43\,[\text{V/m}]$$

가 되며, 한편 $\boldsymbol{E}$가 각 축과 이루는 각은 다음과 같이 된다.

$$\alpha = \cos^{-1}\frac{2}{7} = 73.4^\circ,\qquad \beta = 64.6^\circ,\qquad \gamma = 31^\circ$$

◆ 예제 2-5

공기 중에서 점 A(2, −3, 6) [m]의 점전하 1 [μC]에 의한 점 B(4, −5, 7) [m]의 전계를 구하라.

풀이 점 A에 대한 점 B의 위치벡터는

$$\boldsymbol{r} = (4-2)\boldsymbol{i}+(-5+3)\boldsymbol{j}+(7-6)\boldsymbol{k} = 2\boldsymbol{i}-2\boldsymbol{j}+\boldsymbol{k}\,[\text{m}]$$

$$r = 3\,[\text{m}]$$

$$\boldsymbol{r}_0 = \frac{1}{3}(2\,\boldsymbol{i}-2\boldsymbol{j}+\boldsymbol{k})$$

가 되므로 전계의 세기는

$$\boldsymbol{E} = \frac{1}{4\pi\varepsilon_0}\,\frac{Q}{r^2}\,\boldsymbol{r}_0 = 1000\times\frac{1}{3}(2\,\boldsymbol{i}-2\boldsymbol{j}+\boldsymbol{k})\,[\text{m}]$$

이며, 크기와 방향은 다음과 같다.

$$E = 1000\,[\text{V/m}],\quad E_x = 667,\quad E_y = -667,\quad E_z = 333\,[\text{V/m}]$$

$$\alpha = 48.2^\circ,\qquad \beta = 131.8^\circ,\qquad \gamma = 70.5^\circ$$

2.4 전하분포와 전계

(1) 점전하계

여러 개의 점전하(點電荷)들에 의한 전계 내 한 점의 전계의 세기는 각 점전하에 의한 전계를 벡터식으로 합성하면 된다. 즉, 그림 2-6의 경우 합성전계는 다음과 같이 주어진다.

$$\begin{aligned} \boldsymbol{E} &= \boldsymbol{E}_1 + \boldsymbol{E}_2 \\ &= \frac{1}{4\pi\varepsilon_0}\frac{Q_1}{{r_2}^2}\boldsymbol{r}_{01} + \frac{1}{4\pi\varepsilon_0}\frac{Q_2}{{r_2}^2}\boldsymbol{r}_{02} \\ &= \frac{1}{4\pi\varepsilon_0}\sum_{i=1}^{n=2}\frac{Q_i}{{r_i}^2}\boldsymbol{r}_{0i} \end{aligned} \tag{2.10}$$

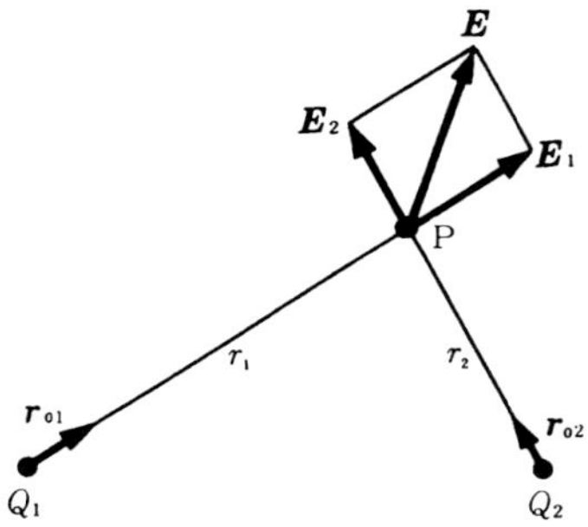

그림 2-6 점전하계와 전계

◆ 예제 2-6

공기 중에서 원점과 점 A(4, 2, 0) [m]에 각각 7 [μC], 1 [μC]의 점전하가 있을 때 점 P(6, 3, 2) [m]의 전계를 구하라.

풀이 원점의 점전하에 의한 점 P의 전계는

$$\overrightarrow{\mathrm{OP}} = \boldsymbol{r}_0 = 6\boldsymbol{i}+3\boldsymbol{j}+2\boldsymbol{k}\,[\mathrm{m}], \qquad r_0 = 7\,[\mathrm{m}]$$

$$\boldsymbol{r}_0 = \frac{1}{7}(6\boldsymbol{i}+3\boldsymbol{j}+2\boldsymbol{k})$$

$$\begin{aligned} \boldsymbol{E}_0 &= 9\times10^9\times\frac{7\times10^{-6}}{7^2}\times\frac{1}{7}(6\boldsymbol{i}+3\boldsymbol{j}+2\boldsymbol{k}) \\ &= 1102.04\boldsymbol{i}+551.02\boldsymbol{j}+367.35\boldsymbol{k}\,[\mathrm{V/m}] \end{aligned}$$

가 되며, 점 A의 점전하에 의한 전계는

$$\overrightarrow{\mathrm{AP}} = \boldsymbol{R}_{\mathrm{A}} = 2\boldsymbol{i} + \boldsymbol{j} + 2\boldsymbol{k}\,[\mathrm{m}], \qquad R_a = 3\,[\mathrm{m}]$$

$$\boldsymbol{r}_a = \frac{1}{3}(2\boldsymbol{i} + \boldsymbol{j} + 2\boldsymbol{k})$$

$$\boldsymbol{E}_{\mathrm{A}} = 9 \times 10^9 \times \frac{10^{-6}}{3^2} \times \frac{1}{3}(2\boldsymbol{i} + \boldsymbol{j} + 2\boldsymbol{k})$$

$$= 666.67\boldsymbol{i} + 333.33\boldsymbol{j} + 666.67\boldsymbol{k}\,[\mathrm{V/m}]$$

가 된다. 따라서 합성전계는

$$\boldsymbol{E}_{\mathrm{P}} = \boldsymbol{E}_0 + \boldsymbol{E}_{\mathrm{A}} = 1769.07\boldsymbol{i} + 884.35\boldsymbol{j} + 1034.02\boldsymbol{k}\,[\mathrm{V/m}]$$

가 되며, 전계의 크기와 단위벡터는

$$E_{\mathrm{P}} = \sqrt{1769.07^2 + 884.35^2 + 1034.02^2} = 2231.79\,[\mathrm{V/m}]$$

$$\boldsymbol{r}_{\mathrm{P}} = \frac{\boldsymbol{E}_{\mathrm{P}}}{E_{\mathrm{P}}} = 0.793\boldsymbol{i} + 0.396\boldsymbol{j} + 0.463\boldsymbol{k}$$

이며, 합성전계 $\boldsymbol{E}_{\mathrm{P}}$가 각 축과 이루는 각은

$$\alpha = \cos^{-1} 0.793 = 37.5°, \qquad \beta = 66.7°, \qquad \gamma = 62.4°$$

가 된다. 이들의 관계를 그림으로 표시하라.

(2) 선전하분포

선전하(線電荷)의 전하밀도를 ρ_l [C/m]라 할 때 미소부 dl [m]의 전하 $\rho_l dl$ [C]을 점전하로 보고, 고찰점의 전계를 식 (2.10)을 확대하여 벡터식 적분계산으로 구한다.

$$\boldsymbol{E} = \frac{1}{4\pi\varepsilon_0}\int_l \frac{\rho_l\,dl}{r^2}\,\boldsymbol{r}_0\,[\mathrm{V/m}] \tag{2.11}$$

여기서 l [m]은 선전하의 길이이다.

◆ **예제 2-7**

유한직선 전하분포에 의한 전계를 구하라.

풀이 유한직선전하를 z축으로 하는 원통좌표계를 그림 2-7과 같이 취하고 선전하밀도를 ρ_l [C/m]라 했을 때, $\rho_l dz$ [C]을 점전하로 볼 수 있으므로 점 P(r, ϕ, 0)의 전계는 식 (2.8)에서

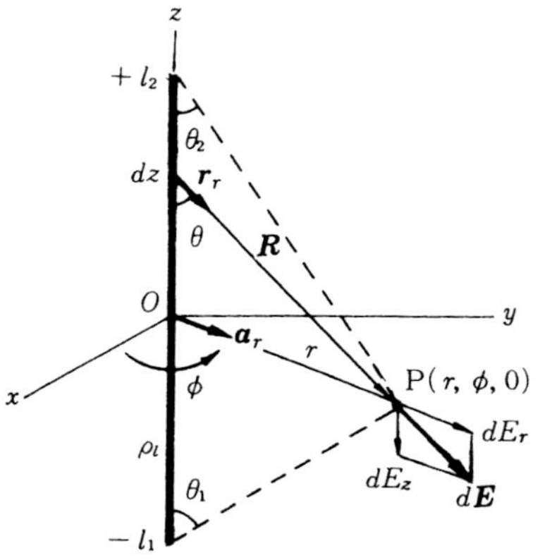

그림 2-7 선전하와 전계

$$dE = \frac{1}{4\pi\varepsilon_0}\frac{\rho_l dz}{R^2}\boldsymbol{r}_0\ [\text{V/m}]$$

로 표시할 수 있다. 그런데 그림에서

$$\boldsymbol{R} = r\boldsymbol{a}_r - z\boldsymbol{a}_z, \quad R^2 = r^2 + z^2$$

$$\boldsymbol{r}_0 = \frac{1}{R}(r\boldsymbol{a}_r - z\boldsymbol{a}_z)$$

이므로

$$d\boldsymbol{E} = \frac{\rho_l}{4\pi\varepsilon_0}\frac{(r\boldsymbol{a}_r - z\boldsymbol{a}_z)}{R^3}dz\ [\text{V/m}]$$

가 얻어진다. 여기서 먼저 $\boldsymbol{a}_r$ 성분을 계산하면

$$dE_r = \frac{\rho_l}{4\pi\varepsilon_0}\frac{r}{R^3}dz\ [\text{V/m}]$$

가 되므로 그림의 관계를 참작할 때

$$z = r\cot\theta, \quad dz = -r\,\mathrm{cosec}^2\theta d\theta = \frac{-R^2}{r}d\theta, \quad \sin\theta = \frac{r}{R}$$

가 되어

$$dE_r = \frac{-\rho_l}{4\pi\varepsilon_0 r}\sin\theta d\theta\ [\text{V/m}]$$

가 된다. 한편 $\boldsymbol{a}_z$ 성분은 마찬가지 계산으로

$$dE_z = \frac{\rho_l}{4\pi\varepsilon_0 r}\cos\theta d\theta\ [\text{V/m}]$$

가 된다. 따라서 유한직선전하 및 무한직선전하 전체에 의한 점 P의 전계는

$$\left.\begin{aligned} \boldsymbol{E} &= \int_{\pi-\theta_1}^{\theta_2} d\boldsymbol{E} \\ &= \frac{\rho_l}{4\pi\varepsilon_0 r}\left[(\cos\theta_1+\cos\theta_2)\boldsymbol{a}_r \right. \\ &\quad \left. -(\sin\theta_1-\sin\theta_2)\boldsymbol{a}_z\right] \text{[V/m]} \\ \boldsymbol{E}_\infty &= \frac{\rho_l}{2\pi\varepsilon_0 r}\boldsymbol{a}_r \text{ [V/m]} \end{aligned}\right\} \tag{2.12}$$

가 되며, 무한직선전하에 의한 전계는 선전하에 수직되는 방사방향이다. 이 경우 전계는 축대칭이므로 ϕ성분은 생각할 필요가 없으며, 한편 무한직선전하인 경우 전계는 점 P의 z에 대한 영향을 무시할 수 있다.

(3) 면전하분포

면전하의 전하밀도를 ρ_s [C/m^2]라 할 때 미소면적 dS [m^2]의 전하 $\rho_s dS$ [C]를 점전하로 보고 고찰점의 전계를 대전면(帶電面) 전체에 대하여 벡터적으로 적분하여 구한다.

$$\boldsymbol{E} = \frac{1}{4\pi\varepsilon_0}\iint_s \frac{\rho_s dS}{r^2}\boldsymbol{r}_0 \text{ [V/m]} \tag{2.13}$$

◆ 예제 2-8

반지름 a [m]의 원판 표면에 전하밀도 ρ_s [C/m^2]가 균일 분포되어 있을 때 중심축상 한 점의 전계를 구하라.

풀이 그림 2-8과 같이 원통좌표계를 취한 후 미소면적 $dS = r d\phi dr$ [m^2]의 전하 $\rho_s dS$ [C]를 점전하로 보고 점 P(0, 0, z)의 전계를 생각할 때, 축대칭성에 의하여 전계의 z성분만 남게 되므로 이에 대한 스칼라 적분계산을 행한다.

$$dE_z = \frac{1}{4\pi\varepsilon_0}\frac{\rho_s dS}{R^2}\cos\theta = \frac{\rho_s}{4\pi\varepsilon_0}\frac{r dr d\phi}{R^2}\cos\theta \text{ [V/m]}$$

여기서 예제 2-7의 계산방식을 적용하면

$$dE_z = \frac{\rho_s}{4\pi\varepsilon_0}\sin\theta d\theta d\phi \text{ [V/m]}$$

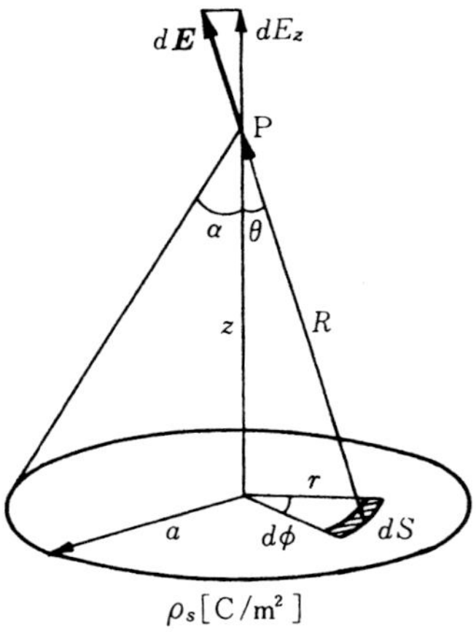

그림 2-8 면전하와 전계

가 되므로 원판전하 전체에 의한 전계는

$$E_z = \frac{\rho_s}{4\pi\varepsilon_0}\int_0^{2\pi} d\phi \int_0^{\alpha} \sin\theta\, d\theta = \frac{\rho_s}{2\varepsilon_0}(1-\cos\alpha)$$

$$= \frac{\rho_s}{2\varepsilon_0}\left(1-\frac{z}{\sqrt{a^2+z^2}}\right)[\text{V/m}]$$

$$\boldsymbol{E} = \frac{\rho_s}{2\varepsilon_0}\left(1-\frac{z}{\sqrt{a^2+z^2}}\right)\boldsymbol{a}_z\,[\text{V/m}] \tag{2.14}$$

가 되어 원판에 수직방향이다.

만일 원판이 무한히 큰 평판전하분포라면 $\alpha = 90°$ 또는 $a = \infty$가 되므로

$$\boldsymbol{E} = \frac{\rho_s}{2\varepsilon_0}\boldsymbol{a}_z\,[\text{V/m}] \tag{2.15a}$$

가 된다. 그리고 $\pm\rho_s\,[\text{C/m}^2]$의 정부(正負)로 대전된 무한평면전하가 평행으로 대치된 공간(평행판 콘덴서 극판 사이)의 전계는 정부전하에 의한 전계의 합이 될 것이므로 다음과 같다.

$$\boldsymbol{E} = \frac{\rho_s}{\varepsilon_0}\boldsymbol{a}_z\,[\text{V/m}] \tag{2.15b}$$

◆ 예제 2-9

반지름 a [m]의 구 표면에 $\rho_s\,[\text{C/m}^2]$가 균일하게 분포된 경우 점 P(0, 0, d) [m]의 전계를 구하라.

풀이 $d > a$인 경우 그림 2-9와 같이 구좌표를 취하고 구면상의 미소면적

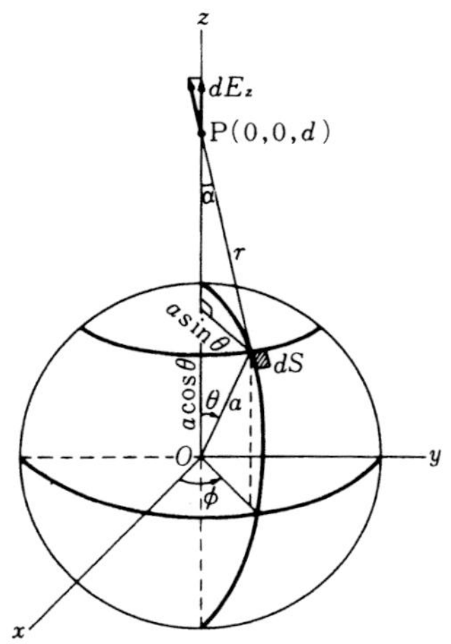

그림 2-9 구면전하와 전계

$$dS = ad\theta a \sin\theta d\phi \, [\mathrm{m}^2]$$

에서의 미소전하 $\rho_s dS$ [C]를 점전하로 보고 중심축대칭성을 고려하면, 점 P의 전계는 z 성분인 dE_z 만을 계산하면 된다. 즉,

$$dE_z = \frac{1}{4\pi\varepsilon_0}\frac{\rho_s dS}{r^2}\cos\alpha = \frac{\rho_s a^2}{4\pi\varepsilon_0}\frac{\sin\theta d\theta d\phi}{r^2}\cos\alpha \, [\mathrm{V/m}]$$

가 얻어지는데, 이 식의 변수를 정리하면 그림의 관계에서

$$r^2 = a^2 + d^2 - 2ad\cos\theta, \qquad \sin\theta d\theta = \frac{rdr}{ad}$$

$$\cos\alpha = \frac{d - a\cos\theta}{r} = \frac{d^2 - a^2 + r^2}{2rd}$$

가 얻어지므로 dE_z 는

$$dE_z = \frac{\rho_s a}{8\pi\varepsilon_0 d^2}\left\{(d^2 - a^2)\frac{1}{r^2} + 1\right\} dr d\phi \, [\mathrm{V/m}]$$

로 정리된다. 이것은 구 표면 전체에 대하여 적분하면

$$E_z = \frac{\rho_s a}{8\pi\varepsilon_0 d^2}\int_{d-a}^{d+a}\left\{(d^2 - a^2)\frac{1}{r^2} + 1\right\} dr \int_0^{2\pi} d\phi$$

$$= \frac{1}{4\pi\varepsilon_0}\frac{\rho_s 4\pi a^2}{d^2} = \frac{1}{4\pi\varepsilon_0}\frac{Q}{d^2} \, [\mathrm{V/m}]$$

가 얻어지며, 여기서 $Q = \rho_s 4\pi a^2$ [C]은 구가 갖는 전(全)전하이다.

즉, 구면전하분포에 의한 구외(球外) 한 점의 전계는 전전하가 구심(球心)에 집중된 점전하의 경우와 등가이다. 그리고 $d < a$ 인 경우, 즉 구면

내부의 전계는 0이 됨을 유도할 수 있으며, 한편 구내(球內)에 체적전하분포가 채워져 있을 경우에 대한 전계계산에서도 위와 같은 결과가 얻어진다.

2.5 전기력선

전계 내의 전계의 세기 $\boldsymbol{E}$ [V/m=N/C]을 알면 그 점에 대한 전기력이 작용하는 모양을 알 수 있다. 그런데 전계 $\boldsymbol{E}$의 수치적 해석만으로는 그 모양을 판단하기 곤란하므로, 이를 직시적으로 표현하여 전계상태를 보다 쉽게 이해시킬 목적으로 **전기력선**(電氣力線) 또는 **전력선**(電力線, line of electric force)을 M. Faraday(1791~1867, 영국)가 제안하였다.

즉, 전력선은 전계 내에서 단위정전하(검전하)가 아무 저항없이 전기력에 따라 이동할 때 그려지는 선 또는 기하적으로 전계 내 임의의 선상의 절선방향이 그 점에서의 전계방향과 일치하는 선으로 정의한다.

따라서 전력선은 서로 반발하며 정(正)전하에서 부(負)전하로 향한다. 그리고 전력선수의 결정은 전력선에 수직되는 단위면적(1 [m^2])을 지나는 전력선수가 그 점에서의 전계의 세기 E [V/m=N/C]와 같도록, 즉 전력선밀도 [lines/m^2]를 그 점에 대한 전계의 세기 E와 같도록 정의하여 전력선수를 유한하게 제한하고 있다.

그림 2-10 (a)에서 전력선에 수직되는 미소면적 $\varDelta S$ [m^2]를 지나는 전력선수를 $\varDelta N$ [lines]라 할 때

$$\lim_{\varDelta S \to 0} \frac{\varDelta N}{\varDelta S} = \frac{dN}{dS}\ [\mathrm{lines/m^2}] = E\ [\mathrm{N/C=V/m}] \tag{2.16}$$

가 되도록 정의한다.

따라서 전계 $\boldsymbol{E}$ [V/m]인 점에서 $\boldsymbol{E}$에 수직되는 면적 dS [m^2]를 지나는 전력선속(電力線束)은

$$dN = E\,dS\ [\mathrm{lines}]$$

가 되며, 그림 2-10 (b)와 같이 dS가 $\boldsymbol{E}$에 대하여 각 θ만큼 기울어졌을 경우 dS를 통과하는 전력선밀도의 유효성분은 $E\cos\theta\, dS$ [lines/m^2]가 되므로

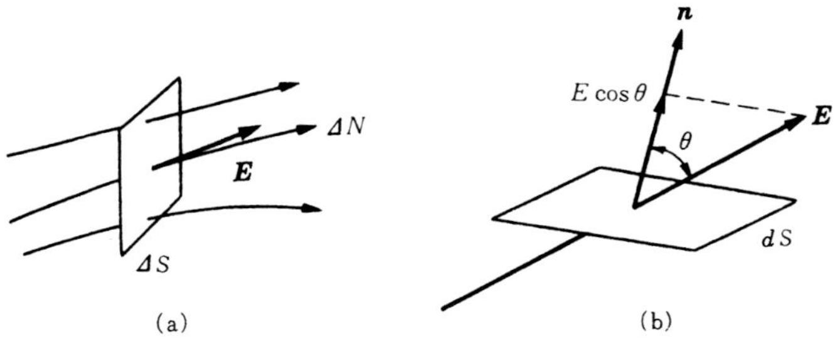

그림 2-10 전기력선

$$dN = E\cos\theta dS = \boldsymbol{E}\cdot\boldsymbol{n}dS\ [\text{lines}] \tag{2.17}$$

가 되며, 여기서 $\boldsymbol{n}$은 dS에 대한 법선단위벡터이다.

전력선을 작도하기 위한 전력선방정식은 전력선의 기하학적 정의에 따라 다음과 같이 구한다. 전력선은 3차원 공간에 분포되지만 그림 2-11에서와 같이 xy 평면에 대하여 구한다. 즉, 전력선상 임의의 점 P에서의 전계 $\boldsymbol{E}$와 미소절선 선분벡터 $d\boldsymbol{l}$은 각각

$$\boldsymbol{E} = \boldsymbol{i}E_x + \boldsymbol{j}E_y\ [\text{V/m}], \qquad d\boldsymbol{l} = \boldsymbol{i}d_x + \boldsymbol{j}d_y\ [\text{m}]$$

가 되는데, 전력선 정의에 의하여

$$\boldsymbol{E} /\!/ d\boldsymbol{l}$$

이므로 다음과 같은 전력선방정식이 얻어진다.

$$\left.\begin{aligned} &E_x : E_y = dx : dy \\ &\frac{dx}{E_x} = \frac{dy}{E_y} \end{aligned}\right\} \tag{2.18}$$

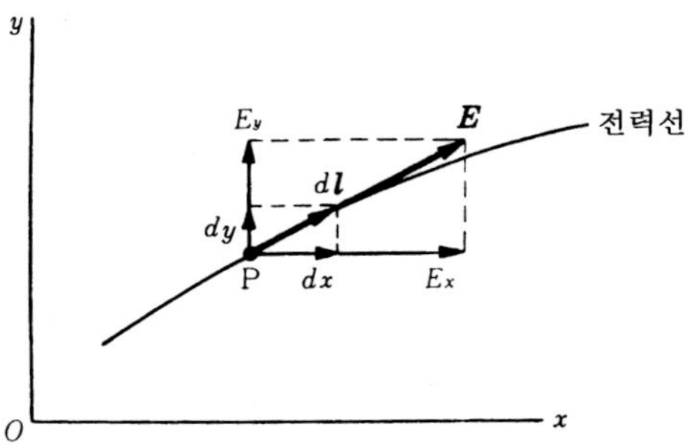

그림 2-11 전력선방정식

◆ 예제 2-10

점전하 Q [C]에 의한 전력선방정식을 구하라.

풀이 원점의 점전하에 의한 임의의 점 P(x, y)에 대한 전계의 x, y 성분은

$$E_x = \frac{1}{4\pi\varepsilon_0}\frac{Q}{r^2}\frac{x}{r}, \quad E_y = \frac{1}{4\pi\varepsilon_0}\frac{Q}{r^2}\frac{y}{r} \ [\text{V/m}]$$

$$r^2 = x^2 + y^2$$

가 되므로, 식 (2.18)에서

$$\frac{dx}{x} = \frac{dy}{y}, \quad \ln x = \ln y + C'$$

$$x = Cy \tag{2.19}$$

가 되어 전력선은 원점을 통과하는 직선이 된다. 상수 C의 값 (0, 1, −1, ∞)에 따라 그림 2-12의 전력선들이 얻어진다.

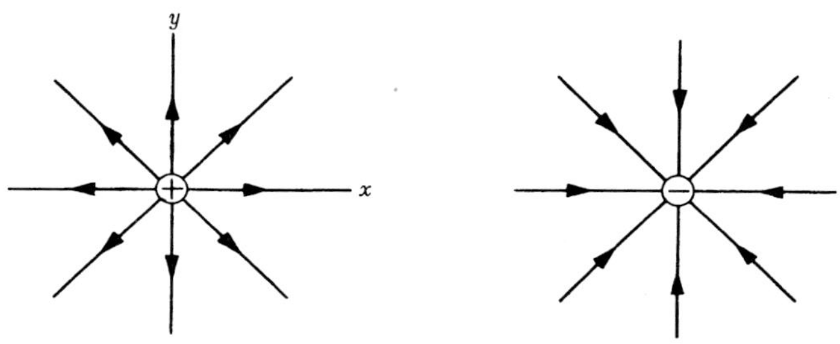

(a) 정의 점전하 (b) 부의 점전하

그림 2-12 점전하와 전력선

◆ 예제 2-11

동종 등량의 두 점전하에 의한 전력선방정식을 구하라.

풀이 두 점전하 $+Q$ [C]이 그림 2-13과 같이 배치되었을 때 점 A의 $+Q$ [C]에서 발산하는 임의의 전력선상의 한 점 P(x, y)에 대한 전계의 x, y 성분을 취하면

$$\left.\begin{aligned} E_x &= \frac{1}{4\pi\varepsilon_0}\left(\frac{Q}{r_1^2}\frac{x-a}{r_1} + \frac{Q}{r_2^2}\frac{x+a}{r_2}\right) [\text{V/m}] \\ E_y &= \frac{1}{4\pi\varepsilon_0}\left(\frac{Q}{r_1^2}\frac{y}{r_1} + \frac{Q}{r_2^2}\frac{y}{r_2}\right) \end{aligned}\right\} [\text{V/m}]$$

가 되며, 여기서

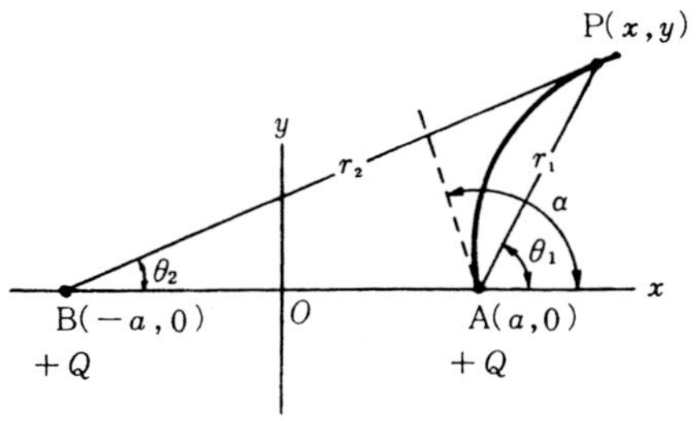

그림 2-13 등량, 동종의 점전하에 의한 전력선

$$r_1 = \{(x-a)^2 + y^2\}^{1/2}, \qquad r_2 = \{(x+a)^2 + y^2\}^{1/2}\ [\mathrm{m}]$$

이다. 이것을 전력선방정식 (2.18)에 적용하여 정리하면

$$\frac{(x-a)\dfrac{dy}{dx} - y}{\{(x-a)^2 + y^2\}^{3/2}} = -\frac{(x+a)\dfrac{dy}{dx} - y}{\{(x+a)^2 + y^2\}^{3/2}}$$

가 된다. 한편

$$\left.\begin{aligned} \frac{d}{dx}\left(\frac{x+a}{y}\right) &= \frac{1}{y^2}\left\{y - (x+a)\frac{dy}{dx}\right\} \\ \frac{d}{dx}\left(\frac{x-a}{y}\right) &= \frac{1}{y^2}\left\{y - (x-a)\frac{dy}{dx}\right\} \end{aligned}\right\}$$

의 관계가 있으므로

$$\frac{d\left(x - \dfrac{a}{y}\right)}{\left\{1 + \left(\dfrac{x-a}{y}\right)^2\right\}^{3/2}} = \frac{d\left(x + \dfrac{a}{y}\right)}{\left\{1 + \left(\dfrac{x+a}{y}\right)^2\right\}^{3/2}}$$

가 얻어지는데, 이 식을 적분하면

$$(x+a)\{(x+a)^2 + y^2\}^{-1/2} + (x-a)\{(x-a)^2 + y^2\}^{-1/2} = C$$

즉 $$\frac{x+a}{r_2} + \frac{x-a}{r_1} = C$$

가 되며, 이것을 극좌표로 고치면

$$\cos\theta_2 + \cos\theta_1 = C \tag{2.20}$$

의 전력선방정식이 얻어진다. 여기서 θ_1, θ_2는 선 AP, PB가 x축과 이루는 각으로 점 P의 위치를 결정짓는 각이다. 이 식의 적분상수 C는 다음과 같이 구한다.

즉, 전력선이 점 A에서 출발할 때 x축과 이루는 각을 α라 하면, 점 P

를 점 A까지 무한접근시켰을 때 $\theta_2=0$, $\theta_1=\alpha$가 되므로 식 (2.20)에서

$$C = 1 + \cos\alpha$$

가 되어 x축에 대하여 각 α로 출발하는 전력선방정식은

$$\cos\theta_1 + \cos\theta_2 = 1 + \cos\alpha \tag{2.21a}$$

가 된다. 만일 등량, 이종(異種)의 두 점전하일 경우의 전력선방정식은

$$\cos\theta_1 - \cos\theta_2 = 1 - \cos\alpha \tag{2.21b}$$

가 된다. 전력선의 작도는 먼저 점 A에서 출발하는 각 α(예 30°, 45°, 60°, 75°, 90°, 105°, 120°, 135°, 150°, 165°, 180° 등등)를 정한 후 식 (2.21)을 만족하는 θ_1에 대한 θ_2를 구하여 얻어지는 점 P의 궤적을 그리면 그림 2-14 (a), (b)의 전력선분포를 얻을 수 있다.

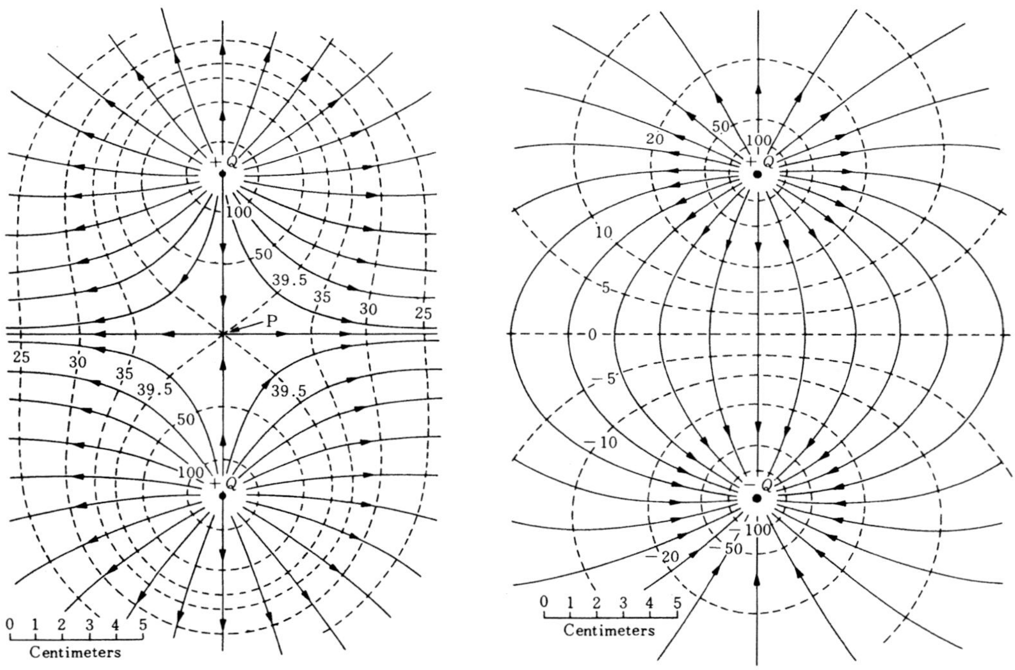

(a) 정점전하에 의한 전력선 ($Q=1.4\times10^{-10}$ [C], 12.7 [cm])

(b) 정, 부점전하에 의한 전력선 ($Q=1.4\times10^{-10}$ [C], 12.7 [cm])

그림 2-14 두 점전하와 전력선

◆ 예제 2-12

다음 전계에서 점 (2, 4) [m]를 통과하는 전력선방정식을 구하고 작도하라.

(1) $\boldsymbol{E} = \dfrac{2}{x}\boldsymbol{i} + \dfrac{2}{y}\boldsymbol{j}$ [V/m] (2) $\boldsymbol{E} = \dfrac{2}{x}\boldsymbol{i} - \dfrac{4}{y}\boldsymbol{j}$ [V/m]

풀이 (1) 식 (2.18)에서

$$\frac{xdx}{2} = \frac{ydy}{2}, \quad x^2 - y^2 = C$$

점 (2, 4)에서 $C = -12$이므로 다음과 같은 쌍곡선이 얻어진다.

$$y^2 - x^2 = 12$$

(2) $\dfrac{1}{2}xdx = -\dfrac{1}{4}ydy, \quad 2x^2 + y^2 = C|_{(2,4)} = 24$

$$\therefore\ 2x^2 + y^2 = 24$$

의 타원전력선이 얻어진다. 전력선의 작도는 각자에 위임한다.

연 습 문 제

2-1 진공에 대한 유전율 ε_0 [F/m]의 정확한 정의에 대하여 설명하라.

2-2 Bohr의 원자모형에 따른 수소원자의 기저궤도의 반지름은 0.528 [Å]이다. 궤도전자에 작용하는 전기력은 만유인력의 몇 배가 되는가? 단, 중력 상수 $G = 6.664 \times 10^{-11}$ [m^3/kg·s^2]이다.

답 2.276×10^{39} 배

2-3 AB = CD = 30 [cm], BC = DA = 40 [cm]되는 직사각형의 정점 A, C에 각각 +1 [μC], B, D에 각각 −1 [μC]의 점전하가 있다. 직사각형의 중심 및 BC의 중점에 있는 +1 [μC]에 작용하는 힘을 구하라.

답 (1) 0, (2) 0.374 [N] (CB 방향)

2-4 $Q_1 = 6 \times 10^{-8}$, $Q_2 = -12 \times 10^{-8}$ [C]의 두 점전하가 50 [cm] 떨어져 있을 때 다음을 구하라.

(1) 두 점전하의 중점에 있는 10^{-6} [C]에 작용하는 힘
(2) 전기력이 0인 점의 위치

답 (1) 2.592×10^{-2} [N], (2) Q_1에서 −1.207 [m]

2-5 공기 중 (0, 0, ±4) [m]에 ±1 [nC]의 두 점전하가 있다. 이 두 점전하에서 각각 5 [m]되는 점($y > 0$)의 5×10^{-11} [C]에 작용하는 힘을 구하라.

답 $-28.8\,\boldsymbol{k}$ [pN]

2-6 수평면에 대하여 60°로 경사진 절연튜브 속에서 자유롭게 움직일 수 있는 2개의 적은 구에 1 [μC]의 전하를 각각 주었을 때 두 구 사이의 거리를 구하라. 단, 구의 질량은 100 [mg]이다.

답 3.256 [m]

2-7 2 [m] 거리에 놓여진 두 점 A, B에 각각 3 [μC]의 점전하가 있다. $\overline{AP} = \overline{BP}$, ∠APB = 90°가 되는 점 P의 1 [μC]에 작용하는 힘을 구하라.

답 19.09 [mN]

2-8 자유공간의 각 점 (0, 0), (3, 0), (0, 4) [m]에 각각 $+5 \times 10^{-8}$, $+4 \times 10^{-8}$, -6×10^{-8} [C]의 점전하가 있다.

(1) 점 (3, 4) [m]에서의 전계를 구하라.
(2) (0, 0)를 중심으로 한 반지름 5 [m]의 구면을 통과하는 전력선 총수를 구하라.

답 (1) $E = -49.2\,\boldsymbol{i} + 36.9\,\boldsymbol{j}$ [V/m], (2) 1080π [lines]

2-9 진공 중에서 -1, -1, 2 [nC]의 세 점전하들은 점 (1, 0), (2, 0), (3, 0) [m]에 어떻게 배치하면, 원점에서 전계의 크기를 최대로 할 수 있으며 이 경우 전계의 크기는 얼마인가?

답 $-14.75\,\boldsymbol{i}$ [V/m]

2-10 자유공간 중 원점에 -1.6 [nC], 점 (0, 3, 4) [m]에 1.2 [nC]의 두 점전하가 있을 때, 점 A(0, 0, 4) 및 점 B(0, 6, 8) [m]에서의 전계 $\boldsymbol{E}$ [V/m]를 각각 구하라.

답 $-(1.2\boldsymbol{j}+0.9\boldsymbol{k})$, $0.173\boldsymbol{j}+0.23\boldsymbol{k}$ [V/m]

2-11 원점에 -1 [nC]의 점전하가 있을 때, 다음 각 점의 전계 $\boldsymbol{E}$ [V/m]를 구하라.

(1) (1, 0, 0) [m]　(2) (1, 1, 0) [m]　(3) (-1, -1, -1) [m]

답 (1) $-9\boldsymbol{i}$, (2) $-3.182(\boldsymbol{i}+\boldsymbol{j})$, (3) $+\sqrt{3}(\boldsymbol{i}+\boldsymbol{j}+\boldsymbol{k})$ [V/m]

2-12 지름 100 [mm]인 도체구에 5×10^{-7} [C]의 전하가 주어졌을 때 다음을 구하라.

(1) 표면전하밀도　(2) 도체표면의 전계

(3) 도체에서 5 [cm] 떨어진 점의 전계

답 (1) 1.59×10^{-5} [C/m^2], (2) 1.8×10^{5} [V/m], (3) 450 [kV/m]

2-13 공기 중 (±1, 0, 0) [m]인 두 점에 ±1 [μC]의 두 점전하가 있을 때 점 (0, 1, 0) [m]의 전계 $\boldsymbol{E}$ [V/m]를 구하라.

답 $-6.364\,\boldsymbol{i}$ [kV/m]

2-14 공기 중 (±1, ±1, 0)인 4점에 각각 1 [μC]의 점전하들이 있을 때 점 (0, 0, 4) [m]의 전계 $\boldsymbol{E}$ [V/m]를 구하고, 원점에 4 [μC]의 점전하가 있을 때의 전계와 비교하라.

답 $1.89\times10^{3}\boldsymbol{k}$, $2.25\times10^{3}\boldsymbol{k}$ [V/m]

2-15 공기 중에서 선전하밀도 $\rho_l=20$ [nC/m]가 분포된 무한직선전하가 z축에 놓여 있다. 다음 각 점의 전계 $\boldsymbol{E}$ [V/m]를 구하라.

(1) (3, 4, 0) [m]　(2) (3, 4, 5) [m]

답 $43.2\boldsymbol{i}+57.6\boldsymbol{j}$ [V/m]

2-16 자유공간 내에서 (0, ±1, 0) [m]에 z축방향으로 선전하밀도 ±10 [nC/m]의 두 무한직선전하가 있다. 다음 각 점의 전계 $\boldsymbol{E}$ [V/m]를 구하라.

(1) (0, 0, 0) [m]　(2) (1, 0, 0) [m]　(3) (1, 1, 0) [m]

(4) (1, 1, 1) [m]

답 (1) $-360\boldsymbol{j}$, (2) $-180\boldsymbol{j}$, (4) $144\boldsymbol{i}-72\boldsymbol{j}$ [V/m]

2-17 진공 중에서 $-b \le z \le +b$ [m]인 유한직선에 선전하밀도 ρ_l [C/m]이 분포되어 있을 때 점 (a, 45°, 0) [m]의 전계 $\boldsymbol{E}$ [V/m]를 구하라.

답 $\dfrac{\rho_l b}{2\pi\varepsilon_0 a\sqrt{a^2+b^2}}\boldsymbol{a}_r$ [V/m]

2-18 진공 중에서 $b < z < c$ [m], ρ_l [C/m]인 유한직선전하에 의한 점 (a, 90°, 0) [m]에서의 전계 $\boldsymbol{E}$ [V/m]를 구하라(예제 2-7 참조).

답 $E_r = \dfrac{\rho_l}{4\pi\varepsilon_0 a}\left(\dfrac{c}{\sqrt{a^2+c^2}} - \dfrac{b}{\sqrt{a^2+b^2}}\right)$ [V/m]

$E_z = \dfrac{\rho_l}{4\pi\varepsilon_0 a}\left(\dfrac{a}{\sqrt{a^2+c^2}} - \dfrac{a}{\sqrt{a^2+b^2}}\right)$ [V/m]

2-19 문제 2-18에서 $3 \le z \le 9$ [cm], $\rho_l = 1$ [nC/m]일 때, 점 (4, 90°, 0) [cm]에서의 전계를 구하라.

답 $\boldsymbol{E} = 70.65\boldsymbol{a}_r - 88.62\boldsymbol{a}_z = 113.3\angle -51.5°$ [V/m]

2-20 진공 중에서 $0 \le x \le \infty$, $0 \le y \le \infty$인 두 반(半)무한직선전하의 선전하밀도 ρ_l [C/m]일 때 점 (a, a, 0)의 전계 $\boldsymbol{E}$ [V/m]를 구하라.

답 $\dfrac{\rho_l}{2\pi\varepsilon_0 a}(\boldsymbol{i}+\boldsymbol{j})$ [V/m]

2-21 진공 중에서 $z=0$, $r=a$ [m]의 원형도선에 ρ_l [C/m]의 선전하가 분포되어 있을 때 점 (0, 0, z) [m]의 전계를 구하라.

답 $\dfrac{\rho_l a z}{2\varepsilon_0(a^2+z^2)^{3/2}}\boldsymbol{a}_z$ [V/m]

2-22 $z=0$, $r=3$ [m]인 원둘레 중 $0 \le \phi \le 90°$, $180° \le \phi \le 270°$인 부분에 1 [nC/m]의 선전하가 균일 분포되어 있을 때 점 (0, 45°, 4) [m]에 대한 전계 $\boldsymbol{E}$ [V/m]를 구하라.

답 $2.714\boldsymbol{a}_z$ [V/m]

2-23 표면전하밀도 ρ_s [C/m^2]가 균일하게 분포되어 있는 무한평면판에서 a [m] 거리에 있는 점 P의 전계 중 반이 점 P에서 $2a$ [m] 이내에 있는 판전하에 의한 것임을 증명하라.

2-24 점전하 $\pm Q$ [C]이 점 ($\mp a$, 0) [m]에 놓여 있을 때 점 (0, h) [m]를 지나는 전력선이 x축과 이루는 각을 구하라.

답 $\cos\alpha = \dfrac{2a}{\sqrt{a^2+h^2}} - 1$

2-25 등량 동부호의 두 점전하가 x축에 대하여 0°, 90°, 180°로 발산할 때 무한원(無限遠)에서 x축과 이루는 각을 구하라.

답 0°, 60°, 90°

2-26 $\boldsymbol{E}=\dfrac{4}{x}\,\boldsymbol{i}\pm\dfrac{1}{y}\,\boldsymbol{j}$ [V/m]의 전계분포를 갖는 2개의 전력선방정식을 구하고, $C=0$, 1, 4에 대한 전력선을 작도하라.

답 $\dfrac{x^2}{4}\pm\dfrac{y^2}{1}=C$

2-27 $\boldsymbol{E}=\cos x\,\boldsymbol{i}-\sin x\,\boldsymbol{j}$ [V/m]에 대한 전력선방정식을 구하고, 원점을 통과하는 전력선을 작도하라.

답 $y=\ln\cos x+C$

2-28 대기 중의 지표면에는 지면으로 향하는 전계 100 [V/m]가 존재한다. 지표면의 전하밀도 및 전전하와 대기 중에 미소물방울에 1개의 전자가 부착되었을 때 대기 중에 떠 있기 위한 물방울의 반지름을 구하라.

답 0.885 [nC/m^2], -4.5×10^5 [C], 0.73 [μm]

Chapter 3

전 위

3.1 전 위

전하분포에 의한 전계의 벡터계를 보다 쉽게 풀이하는 방법으로 에너지의 개념을 도입하여, 전계 내의 전하가 갖는 전기적 위치에너지인 전위(電位)의 스칼라계를 이용한다.

중력 $\boldsymbol{F}$[N]이 작용하는 중력장에서 질점을 중력에 반하여 $\Delta \boldsymbol{l}$[m]만큼 상승시키는 데 필요한 일은 $-\boldsymbol{F}\cdot\Delta\boldsymbol{l}$[J]이 되며, 이로 인하여 질점의 위치에너지는 ΔW[J]만큼 증가할 것이므로

$$\Delta W = -\boldsymbol{F}\cdot\Delta\boldsymbol{l}\,[\mathrm{J}]$$

의 관계가 얻어진다.

마찬가지로 전계 $\boldsymbol{E}$[N/C=V/m] 내에서 단위정전하(檢電荷) +1 [C]을 전계에 반하여 $d\boldsymbol{l}$[m]만큼 운반할 때 **소요되는 일**은 $-\boldsymbol{E}\cdot d\boldsymbol{l}$[J/C]가 되며, 이로 인하여 이 전하의 전기적 위치에너지가 dV[J/C]만큼 증가할 것이므로

$$dV = -\boldsymbol{E}\cdot d\boldsymbol{l}\,[\mathrm{J/C=V}] \tag{3.1}$$

의 관계가 얻어진다.

이와 같이 전계 내에서 단위정전하가 가지는 전기적 위치에너지를 **전위**

(電位, electric potential)라 하며 V(volt)=[J/C]의 단위로 표시한다. 따라서 전계 $\boldsymbol{E}$[V/m] 내에서 단위정전하를 점 A에서 점 B까지 운반할 때 소요되는 일은

$$V_{\mathrm{BA}} = -\int_{\mathrm{A}}^{\mathrm{B}} \boldsymbol{E} \cdot d\boldsymbol{l}\,[\mathrm{V}] \tag{3.2}$$

가 된다. 이 계산결과가 $V_{\mathrm{BA}} > 0$이면 점 B의 **전위**가 점 A보다 V_{BA}만큼 높다고 하며, V_{BA}를 점 A, B 사이의 **전위차**(電位差, potential difference)라 한다.

◆ 예제 3-1

점전하(點電荷) Q[C]에 의한 전계 중에서 단위정전하(正電荷)를 점 A에서 점 B까지 운반하는 데 소요되는 일, 즉 AB 사이의 전위차를 구하라.

풀이 그림 3-1에서와 같이 경로 1을 따라 운반하는 경우를 생각하자. 경로상 임의의 점 P의 전계를 $\boldsymbol{E}$[V/m]라 할 때 변위 $d\boldsymbol{l}$[m]만큼 운반하는 데 소요되는 일은

$$dV = -\boldsymbol{E} \cdot d\boldsymbol{l} = -\frac{1}{4\pi\varepsilon_0}\frac{Q}{r^2}\,\boldsymbol{r}_0 \cdot d\boldsymbol{l}\,[\mathrm{V}]$$

가 되는데, 그림의 경우 $\boldsymbol{r}_0 \cdot d\boldsymbol{l} = dl\cos\theta = dr$이므로 결국 AB 사이의 전위차는

$$\begin{aligned} V_{\mathrm{BA}} &= -\int_{\mathrm{A}}^{\mathrm{B}} \boldsymbol{E} \cdot d\boldsymbol{l} \\ &= -\int_a^b \frac{1}{4\pi\varepsilon_0}\frac{Q}{r^2}\,dr = \frac{Q}{4\pi\varepsilon_0}\left(\frac{1}{b} - \frac{1}{a}\right)[\mathrm{V}] \end{aligned} \tag{3.3}$$

로 주어지며 이 결과는 경로 2를 통과하는 경우에도 마찬가지가 된다(예제 3-2 참조).

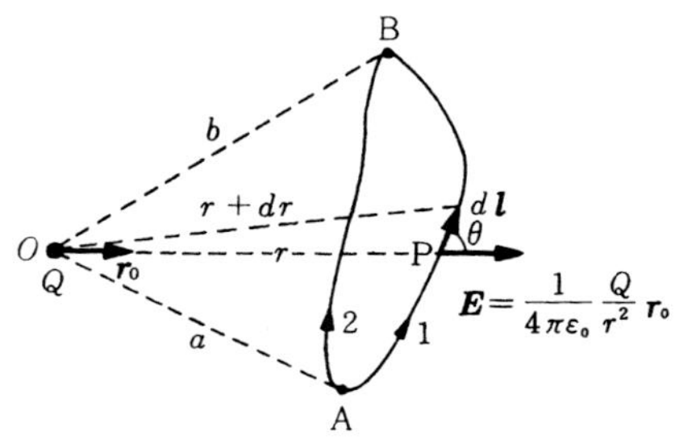

그림 3-1 점전하전계 내의 전위차

여기서 $a > b$이면 $V_{BA} > 0$이 되어 처음 생각한 바와 같이 일을 필요로 하므로 점 A보다 점 B의 전위가 높아지며, 반대로 $a < b$이면 $V_{BA} < 0$이 되어 전계가 일을 하므로 점 A보다 점 B의 전위가 낮아진다.

이 예제에서 보는 바와 같이 전계 내에서 단위정전하를 운반하는 데 소요되는 일은 출발점과 종점의 위치만에 의하여 결정되고, 도중의 경로 여하에는 관계가 없다는 것을 알 수 있다. 즉,

$$-\int_{\mathrm{A1B}} \boldsymbol{E} \cdot d\boldsymbol{l} = -\int_{\mathrm{A2B}} \boldsymbol{E} \cdot d\boldsymbol{l}$$

의 관계가 얻어지며, 이로부터

$$-\int_{\mathrm{A1B}} \boldsymbol{E} \cdot d\boldsymbol{l} + \int_{\mathrm{A2B}} \boldsymbol{E} \cdot d\boldsymbol{l} = 0$$

$$\oint_{\mathrm{A1B2A}} \boldsymbol{E} \cdot d\boldsymbol{l} = \oint_{C} \boldsymbol{E} \cdot d\boldsymbol{l} = 0 \tag{3.4}$$

가 얻어진다.

이 관계식은 「**전계 내에서 단위정전하를 임의의 폐곡선 C를 따라 1주시킬 때 전계가 행하는 일은 항상 0이다**」. 즉 전계 내 한 점의 전위는 하나의 값(유일식)으로 정해짐을 의미하며, 이러한 성질을 갖는 계를 **보존계**(保存界, conservative field)라 하며 정전계(靜電界)가 이에 속한다. 그리고 식 (3.4)의 관계를 특히 Kirchhoff의 전압법칙이라고도 한다.

◆ 예제 3-2

자유공간에서 점전하 $Q = 4\pi\varepsilon_0$ [C]에 의한 전계 내에서의 점 A(1, 1, 0) [m]와 B(2, 2, 0) [m] 사이의 전위차는 단위정전하를 운반하는 경로에 무관함을 증명하라.

풀이 전계 내에서 단위정전하를 점 A(1, 1, 0), C(2, 1, 0), B(2, 2, 0) [m]의 순으로 운반할 경우를 생각하자. 그림 3-2에서 경로 ACB 위의 임의의 점 (x, y)의 전계 및 미소변위는

$$\boldsymbol{E} = \frac{1}{4\pi\varepsilon_0}\frac{Q}{r^2}\boldsymbol{r}_0 = \frac{1}{r_3}(x\boldsymbol{i} + y\boldsymbol{j}) \text{ [V/m]}$$

$$d\boldsymbol{l} = \boldsymbol{i}dx + \boldsymbol{j}dy \text{ [m]}, \qquad r = \sqrt{x^2 + y^2} \text{ [m]}$$

가 되므로, 이 운반에서 전계가 행한 일은

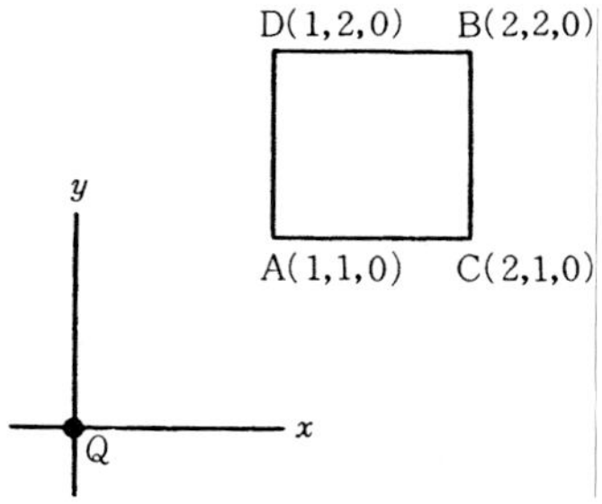

그림 3-2 전계의 보존성

$$\int_{ACB} \boldsymbol{E} \cdot d\boldsymbol{l} = \int_{A(1,1,0)}^{C(2,1,0)} \frac{xdx}{r^3} + \int_{C(2,1,0)}^{B(2,2,0)} \frac{ydy}{r^3}$$

$$= -\frac{1}{\sqrt{x^2+y^2}}\Bigg|_{(1,1)}^{(2,1)} - \frac{1}{\sqrt{x^2+y^2}}\Bigg|_{(2,1)}^{(2,2)}$$

$$= \frac{1}{2\sqrt{2}} = 0.354\ [\mathrm{J/C=V}]$$

가 된다. 경로를 ADB 또는 AB의 순으로 취하여도

$$\int_{ADB} \boldsymbol{E} \cdot d\boldsymbol{l} = \int_{AB} \boldsymbol{E} \cdot d\boldsymbol{l} = 0.354\ [\mathrm{V}]$$

가 얻어진다.

즉, 전계 내의 두 점 사이의 전위는 두 점의 위치만으로 정해짐을 알 수 있으며 위의 두 식에서

$$\oint_{ACBDA} \boldsymbol{E} \cdot d\boldsymbol{l} = 0$$

인 전계의 보전성을 유도할 수 있다. 물론 단위정전하의 운반에서 마찰 등에 의한 에너지손실은 없다고 생각한다.

이러한 성질은 위치함수로 주어지는 정전계 또는 중력장에 대해서도 성립하는 것으로, 만일 전계가 시간적으로 변화할 경우에는 자계가 발생하여 (전자유도현상) 식 (3.4)의 보존성은 성립하지 않는다(11.2절 참조).

전위의 기준은 이론적 계산에서 전계가 0이 되는 무한원점으로 취하고 그 값을 0으로 한다. 따라서 무한원점을 기준으로 한 전계 내 임의의 점 P의 전위는 식 (3.2)에서

$$V_P = -\int_{\infty}^{P} \boldsymbol{E} \cdot d\boldsymbol{l} = \int_{P}^{\infty} \boldsymbol{E} \cdot d\boldsymbol{l}\ [\mathrm{V}] \tag{3.5}$$

가 된다.

따라서 전계 내 한 점 P의 전위는 **「단위정전하를 전계 0인 무한원점에서 점 P까지 운반할 때 소요되는 일, 또는 점 P에서 무한원점까지 단위정전하를 운반할 때 전계가 행한 일」**로 정의된다. 그러나 실제에 있어서는 우리 주위에서 가장 큰 물체인 지구를 전위의 기준(零電位)으로 삼고 모든 전기장치를 접지하여 안전을 기하고 있다.

이상을 종합하면 정전하는 전계에 의하여 고전위의 점에서 저전위의 점으로 이동하는데, 이때 전계는 일을 하게 되므로 정전하는 그 자신의 위치에너지가 감소하게 된다. 따라서 전계 내의 전하는 자신의 위치에너지가 최소로 되는 분포상태에서 안정(즉 정지상태, Thomson의 정리)을 유지한다고 볼 수 있는데 이러한 상태의 전하분포에 의한 전계가 정전계(靜電界)이다.

◆ 예제 3-3

공기 중의 점전하 Q [C]에서 a [m]되는 점 P의 전위를 구하라.

풀이 점전하에서 $r(>a)$ [m]되는 점 P′에서의 전계 및 전위는

$$\boldsymbol{E} = \frac{1}{4\pi\varepsilon_0}\frac{Q}{r^2}\boldsymbol{r}_0\ [\text{V/m}], \qquad d\boldsymbol{l} = \boldsymbol{r}_0 d\boldsymbol{r}\ [\text{m}]$$

이므로 식 (3.5)에서

$$V_{\text{P}} = -\int_{\infty}^{\text{P}} \boldsymbol{E}\cdot d\boldsymbol{l} = \frac{-Q}{4\pi\varepsilon_0}\int_{\infty}^{a}\frac{dr}{r^2} = \frac{1}{4\pi\varepsilon_0}\frac{Q}{a}\ [\text{V}] \quad (3.6)$$

가 되며 전위는 거리에 반비례함을 알 수 있다. 이 경우 $Q=1$ [μC], $a=50$ [cm]이면 $V_{\text{P}}=18$ [kV]가 된다.

◆ 예제 3-4

공기 중에서 원점에 점전하 1.5 [nC]이 있다. 다음 각 경우에 대한 점 A($r=1$ [m])의 전위를 구하라.

(1) $r=\infty$: $V=0$ (2) $r=2$ [m] : $V=15$ [V]

(3) $r=0.75$ [m] : $V=0$

풀이 식 (3.6) 및 (3.3)을 적용한다.

(1) $V_{\text{A}} = -\int_{\infty}^{\text{A}} \boldsymbol{E}\cdot d\boldsymbol{l} = \frac{1}{4\pi\varepsilon_0}\frac{Q}{r_a} = 9\times10^9\times1.5\times10^{-9} = 13.5\ [\text{V}]$

(2) $V_{AB} = \dfrac{Q}{4\pi\varepsilon_0}\left(\dfrac{1}{r_a} - \dfrac{1}{r_b}\right) = 9\times1.5\left(1-\dfrac{1}{2}\right) = 6.75$ [V]

$\therefore\ V_A = V_B + V_{AB} = 15 + 6.75 = 21.75$ [V]

(3) $V_{AC} = \dfrac{Q}{4\pi\varepsilon_0}\left(\dfrac{1}{r_a} - \dfrac{1}{r_c}\right) = 9\times1.5\left(1-\dfrac{1}{0.75}\right) = -4.5$ [V]

$\therefore\ V_A = V_C + V_{AC} = 0 - 4.5 = -4.5$ [V]

3.2 전하분포와 전위

전위는 위치에 따라 정해지는 스칼라량이며 원천전하량에 비례하므로 중첩의 원리를 적용시킬 수 있다.

자유공간의 점전하 Q [C]에 의한 전계 내의 한 점 P의 전위는 식 (3.6)에서

$$V = \frac{1}{4\pi\varepsilon_0}\frac{Q}{r}\ \text{[V]}$$

가 되며, 여기서 r [m]는 점전하에서 점 P까지의 거리이다.

따라서 Q_1, Q_2, Q_3 [C] 등의 점전하계에 의한 전계 내 한 점 P의 전위는 각 점전하에 의한 전위의 대수합이 될 것이므로

$$\begin{aligned} V_P &= \frac{1}{4\pi\varepsilon_0}\frac{Q_1}{r_1} + \frac{1}{4\pi\varepsilon_0}\frac{Q_2}{r_2} + \frac{1}{4\pi\varepsilon_0}\frac{Q_3}{r_3} \\ &= \frac{1}{4\pi\varepsilon_0}\sum_{i=1}^{3}\frac{Q_i}{r_i}\ \text{[V]} \end{aligned} \tag{3.7}$$

가 될 것이다. 여기서 r_1, r_2, r_3 [m]는 각 점전하에서 점 P까지의 거리이다.

그림 3-3에서와 같이 선전하밀도 ρ_l [C/m], 면전하밀도 ρ_s [C/m^2], 체적전하밀도 ρ [C/m^3]의 연속전하가 분포되어 있을 때, 각각의 미소부 dl [m], dS [m^2], dv [m^3]의 전하 $\rho_l dl$, $\rho_s dS$, ρdv [C]을 점전하로 볼 수 있도록 취하면, 식 (3.7)을 적용하여 이들 전하분포에 의한 전위를 다음과 같이 구할 수 있다.

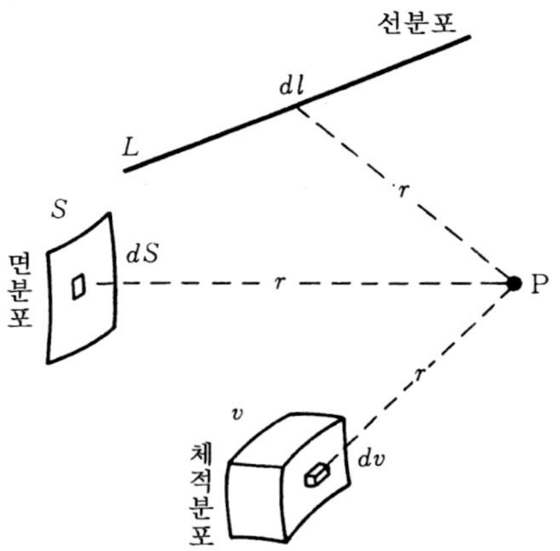

그림 3-3 연속분포전하에 의한 전위

$$V = \frac{1}{4\pi\varepsilon_0}\left(\int_l \frac{\rho_l}{r}\,dl + \iint_s \frac{\rho_s}{r}\,dS + \iiint_v \frac{\rho}{r}\,dv\right)\ [\text{V}] \tag{3.8}$$

여기서 r [m]는 각 원천전하소에서 고찰점 P까지의 거리이며, l [m], S [m^2], v [m^3]는 각 연속전하 전체의 길이, 면적 및 체적이다.

◆ 예제 3-5

점전하 $Q_1 = 0.1$ [nC], $Q_2 = -1$ [nC]과 선밀도 $\rho_l = 1$ [nC/m]의 선전하가 그림 3-4와 같이 1 [m] 정방형의 두 정점과 한 변에 분포되었을 때 중심 P의 전위를 구하라.

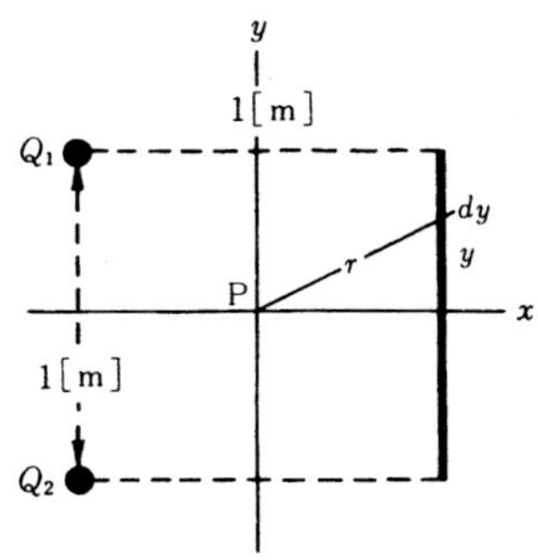

그림 3-4 점 및 선전하분포에 의한 전위

풀이 점전하 $Q_1 = 10^{-10}$ [C], $Q_2 = -10^{-9}$ [C]과 점 P의 거리는 0.707 [m]이므로 점전하에 의한 점 P의 전하는

$$V_P = 9\times10^9\left(\frac{10^{-10}}{0.707} - \frac{10^{-9}}{0.707}\right) = -11.5\ [\text{V}]$$

이며 선전하에 의한 전위는

$$r = \sqrt{y^2 + 0.5^2}\ [\text{m}]$$

이므로 식 (3.8)에서

$$V_L = 9\times10^9 \int_{-0.5}^{+0.5} \frac{10^{-9}}{\sqrt{y^2+0.5^2}}\,dy$$
$$= 9\times\left[\ln\left(y+\sqrt{y^2+0.5^2}\right)\right]_{-0.5}^{+0.5} = +15.9\ [\text{V}]$$

가 되어 점 P의 합성전위는 다음과 같이 된다.

$$V = V_\text{P} + V_L = +4.4\ [\text{V}]$$

◆ 예제 3-6

선전하밀도 ρ_l [C/m]의 무한직선전하에서 r_1, $r_2(>r_1)$ [m]되는 두 점 A, B 사이의 전위차를 구하라.

풀이 무한직선전하에 의한 전계는 식 (2.12)에서

$$\boldsymbol{E} = \frac{1}{2\pi\varepsilon_0}\frac{\rho_l}{r}\boldsymbol{a}_r\ [\text{V/m}], \qquad d\boldsymbol{l} = dr\boldsymbol{a}_r\ [\text{m}]$$

이므로 두 점 사이의 전위차는

$$V_\text{AB} = -\int_\text{B}^\text{A} \boldsymbol{E}\cdot d\boldsymbol{l} = -\frac{\rho_l}{2\pi\varepsilon_0}\int_{r_2}^{r_1}\frac{dr}{r} = \frac{\rho_l}{2\pi\varepsilon_0}\ln\frac{r_2}{r_1}\ [\text{V}] \tag{3.9}$$

가 되어 점 A의 전위가 점 B보다 V_AB [V]만큼 높음을 알 수 있다.

이때 만일 $r_2\to\infty$이면 $V_\text{AB}\to\infty$가 되므로 전하가 무한원까지 존재하는 경우에는 식 (3.5)와 같이 무한원점을 전위의 기준으로 삼을 수 없다. 따라서 전하가 무한원까지 분포된 경우에는 전위의 기준을 별도로 정하여야 한다.

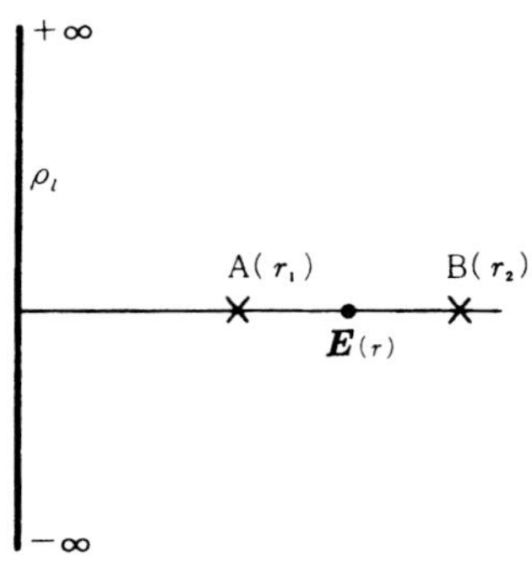

그림 3-5 무한직선전하와 전위차

◆ 예제 3-7

반지름 a [m]의 원판에 ρ_s [C/m^2]의 면전하가 분포되었을 때 수직축상 한 점의 전위를 구하라.

풀이 그림 2-8에서

$$R = \sqrt{r^2+z^2}\ [\mathrm{m}], \qquad dS = rd\phi dr\,[\mathrm{m}^2]$$

이므로 식 (3.8)에서

$$\begin{aligned} V &= \frac{\rho_s}{4\pi\varepsilon_0}\int_{r=0}^{a}\int_{\phi=0}^{2\pi}\frac{rdr}{R}\,d\phi \\ &= \frac{\rho_s}{2\varepsilon_0}\int_0^a \frac{rdr}{\sqrt{r^2+z^2}} = \frac{\rho_s}{2\varepsilon_0}\,(r^2+z^2)^{1/2}\Big|_0^a \\ &= \frac{\rho_s}{2\varepsilon_0}\,[\sqrt{a^2+z^2}-z]\,[\mathrm{V}] \end{aligned} \tag{3.10}$$

가 얻어진다. 이 경우 $\rho_s = 1\,[\mu\mathrm{C/m^2}]$, $a=3$ [cm], $z=4$ [cm]라면

$$V = \frac{10^{-6}}{2}\times 36\pi\times 10^9\,[\sqrt{3^2+4^2}-4]\times 10^{-2} = 180\pi = 565.5\,[\mathrm{V}]$$

가 된다.

◆ 예제 3-8

예제 2-9에 대한 점 P의 전위를 구하라.

풀이 그림 2-9에서 구면상 미소부 dS [m^2]의 전하 $\rho_s dS$ [C]에 의한 전위는 식 (3.8)을 이용하면

$$\begin{aligned} dV &= \frac{1}{4\pi\varepsilon_0}\frac{\rho_s dS}{r} = \frac{\rho_s}{4\pi\varepsilon_0}\frac{a^2\sin\theta d\theta d\phi}{r} \\ &= \frac{\rho_s}{4\pi\varepsilon_0}\frac{a}{d}\,drd\phi\,[\mathrm{V}] \end{aligned}$$

가 되므로 구표면의 전하분포 전체에 의한 전위는

$$V = \frac{\rho_s a}{4\pi\varepsilon_0 d}\int_{d-a}^{d+a}dr\int_0^{2\pi}d\phi = \frac{1}{4\pi\varepsilon_0}\frac{\rho_s 4\pi a^2}{d} = \frac{1}{4\pi\varepsilon_0}\frac{Q}{d}\,[\mathrm{V}]$$

가 된다. 여기서 $Q = \rho_s 4\pi a^2$ [C]은 구가 가지는 전(全)전하이다. 즉, 전

하가 균일하게 분포되어 있는 구대전체에 의한 전위는 전전하가 구심에 집중된 점전하인 경우와 등가임을 알 수 있다.

◆ 예제 3-9

등전위면과 전력선이 직교함을 증명하라.

풀이 전계 내에서 전위의 값이 같은 점을 연결하여 얻어지는 면을 **등전위면**(equipotential surface)이라 한다. 등고선의 분포로 지형의 위험도(중력효과)를 판단할 수 있음과 같이, 등전위면의 분포상황으로 전계의 크기를 판별할 수 있으므로 전계의 분석에 등전위면이 많이 이용된다.

이와 같이 정의한 등전위면상의 임의의 두 점 사이의 전위차는 항상 0이 될 것이다.

등전위면상의 전계를 $\boldsymbol{E}$ [V/m], 면상의 미소변위를 $d\boldsymbol{l}$ [m]라 하고, $\boldsymbol{E}$와 $d\boldsymbol{l}$ 사이의 각을 θ라 하면 식 (3.1)에서

$$dV = -\boldsymbol{E}\cdot d\boldsymbol{l} = -E\cos\theta dl = 0$$

가 되는데, 여기서 $E \neq 0$, $dl \neq 0$이므로

$$\theta = 90°$$

가 되어 전계, 즉 전력선과 등전위면은 항상 직교함을 알 수 있다.

◆ 예제 3-10

자유공간에서 점전하 $Q = 10$ [pC]에 의한 등전위면을 구하라.

풀이 점전하에 의한 전위의 식 (3.6)에서

$$V = \frac{1}{4\pi\varepsilon_0}\frac{Q}{r} = 9\times10^{-2}\frac{1}{r}\ \text{[V]}$$

$$r = \frac{9}{100V}\ \text{[m]}$$

가 얻어지므로, V=3, 5, 10, 20 [V]에 대한 각각의 등전위면은 그림 3-6과 같은 동심구의 점선 원들이 되며, 그림에서의 실선은 전력선이다(그림 2-12 참조).

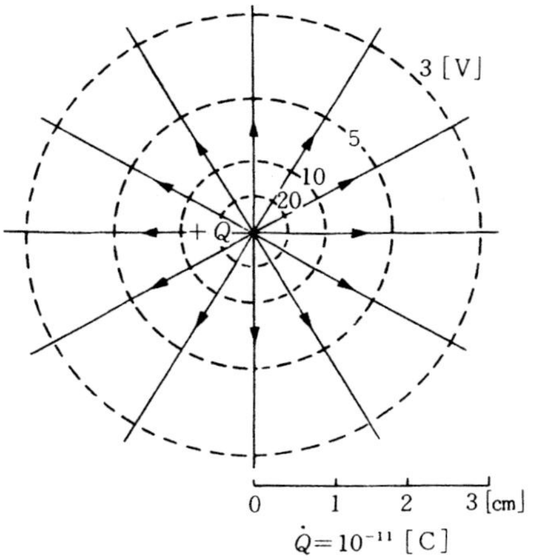

그림 3-6 점전하와 등전위면

◆ **예제 3-11**

점전하 $Q=\pm 1$ [μC]이 3 [m] 떨어져 있는 위치에 있을 때 등전위선을 구하라.

풀이 정부(正負) 각 점전하에 의한 등전위선(점선원)을 각각 그리고, 각 등전위선의 교점 중 전위의 대수합이 같은 점을 연결하면 두 점전하에 의한 등전위선(실선)이 얻어진다. 그런데 +3000 [V]와 −1000 [V] 및

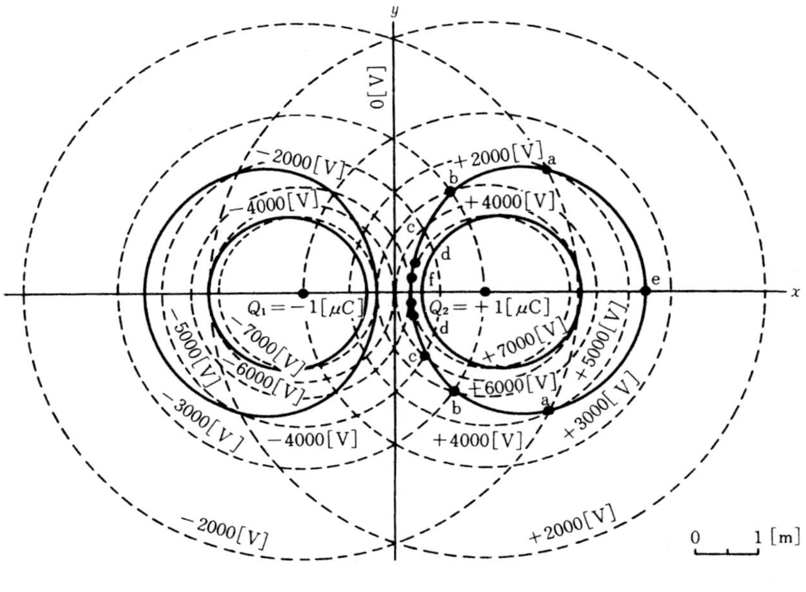

그림 3-7 두 점전하와 등전위선

+8000 [V]와 −6000 [V]의 원들은 교차하지 않으므로, x축 위에 존재할 +2000 [V]의 두 점 e, f의 위치 3.97, 0.24 [m]는 식 (3.7)에서 산출하여야 한다.
이러한 방법으로 구한 등전위선들이 그림 2-14의 점선들이다.

3.3 전위경도

전하분포에 의한 전계에서 전위를 구하는 선적분의 계산방법〔식 (3.2)〕을 풀이하였으나, 실제문제에서는 주어진 조건하의 전위분포에서 전계를 구하는 연산법(예제 1-8)이 많이 이용된다.

직각좌표계 내의 한 점 $\mathrm{P}_{(xyz)}$의 전위를 $V_{(xyz)}$ [V], 전계를

$$\boldsymbol{E}_{(xyz)} = \boldsymbol{i}E_x + \boldsymbol{j}E_y + \boldsymbol{k}E_z \ [\mathrm{V/m}]$$

라 할 때, 단위정전하 +1 [C]을 E_x [V/m=N/C]에 의하여 dx [m]만큼 이동하였다면 식 (3.1)에 의하여 전위가 $-dV$ [J/C=V]만큼 감소할 것이므로(그림 1-9 참조)

$$-dV = E_x\,dx \ [\mathrm{V}]$$

$$\therefore\ E_x = -\frac{dV_{(x)}}{dx} = -\frac{\partial V_{(xyz)}}{\partial x} \ [\mathrm{V/m}]$$

의 관계가 얻어진다. 같은 연산을 y, z축 방향에 대하여 각각 행하면

$$E_y = -\frac{\partial V}{\partial y}, \quad E_z = \frac{\partial V}{\partial y} \ [\mathrm{V/m}]$$

가 얻어질 것이므로, 점 $\mathrm{P}_{(xyz)}$의 전계는

$$\boldsymbol{E}_{(xyz)} = \boldsymbol{i}E_x + \boldsymbol{j}E_y + \boldsymbol{k}E_z = -\left(\boldsymbol{i}\frac{\partial V}{\partial x} + \boldsymbol{j}\frac{\partial V}{\partial y} + \boldsymbol{k}\frac{\partial V}{\partial z}\right)$$

$$= -\left(\boldsymbol{i}\frac{\partial}{\partial x} + \boldsymbol{j}\frac{\partial}{\partial y} + \boldsymbol{k}\frac{\partial}{\partial z}\right)V_{(xyz)} \ [\mathrm{V/m}] \qquad (3.11\mathrm{a})$$

로 표시할 수 있다. 여기서 식 (1.21)을 적용하면

$$\boldsymbol{i}\frac{\partial V}{\partial x}+\boldsymbol{j}\frac{\partial V}{\partial y}+\boldsymbol{k}\frac{\partial V}{\partial z}=\nabla V=\text{grad } V \tag{3.12}$$

는 전위 $V_{(xyz)}$의 x, y, z축 방향에 대한 변화율을 벡터적으로 합성한, 즉 전위의 길이에 대한 경도를 벡터로 표시한 것으로 **전위경도**(電位傾度, electric potential gradient)라 한다. 따라서 식 (3.11a)는

$$\boldsymbol{E}=-\nabla V=-\text{grad } V\,[\text{V/m}] \tag{3.11b}$$

가 되므로, 전계는 부(負)의 전위경도로 주어지며 여기서 부의 기호는 전계(전력선)가 전위의 낮아지는 방향으로 향함을 의미한다. 식 (3.11)의 관계는 같은 거리에 대한 전위차(또는 온도차)가 크면 전계(또는 열의 흐름)가 강하게 작용한다는 물리현상을 수식화한 것이라 할 수 있다.

이러한 해석은 열역학, 유체역학 등 벡터해석이 적용되는 모든 분야에서 서로 관련되는 스칼라량과 벡터량 사이의 양적 관계를 추구하는 데 이용된다(예제 1-8 참조).

◆ 예제 3-12

grad V와 등전위면의 관계에 대하여 설명하라.

풀이 전위 $V_{(xyz)}$ [V]의 등전위면상의 한 점 $\mathrm{P}_{(xyz)}$에서 임의의 방향의 미소 변위 $d\boldsymbol{l}=dl\boldsymbol{a}_0$ [m]에 대한 V의 변화율은 Taylor의 급수에서

$$\begin{aligned}\frac{dV}{dl}&=\frac{\partial V}{\partial x}\frac{dx}{dl}+\frac{\partial V}{\partial y}\frac{dy}{dl}+\frac{\partial V}{\partial z}\frac{dz}{dl}\\&=\left(\boldsymbol{i}\frac{\partial V}{\partial x}+\boldsymbol{j}\frac{\partial V}{\partial y}+\boldsymbol{k}\frac{\partial V}{\partial z}\right)\cdot\left(\boldsymbol{i}\frac{dx}{dl}+\boldsymbol{j}\frac{dy}{dl}+\boldsymbol{k}\frac{dz}{dl}\right)[\text{V/m}]\end{aligned}$$

로 주어지는데, 여기서 식 (3.12)와 (1.6)을 적용하면

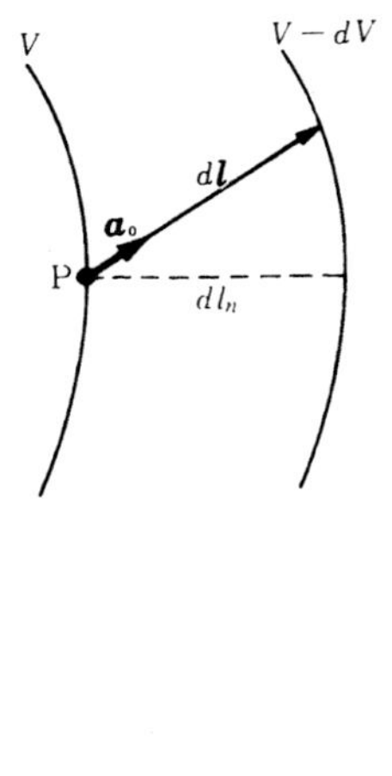

그림 3-8 등전위면과 grad V

$$\frac{dV}{dl} = \text{grad } V \cdot \boldsymbol{a}_0$$

가 되며 $\boldsymbol{a}_0$는 변위방향의 단위벡터이다.

이 관계식에서 grad V의 성질을 들면

① grad V는 등전위면과 직교한다.

미소변위 $d\boldsymbol{l} = dl\,\boldsymbol{a}_0$을 등전위면 위에 취하면 $dV=0$이 되므로

$$\frac{dV}{dl} = \text{grad } V \cdot \boldsymbol{a}_0 = 0 \quad i.e. \quad \text{grad } V \perp \boldsymbol{a}_0(\text{등전위면})$$

가 되어야 한다.

② grad V의 크기는 V의 최대변화방향일 때의 값이다.

변위방향 $\boldsymbol{a}_0$를 등전위면에 수직으로 취하면 그림 3-8에서

$$\left(\frac{dV}{dl}\right)_{\max} = \frac{dV}{dl_n} = \text{grad } V \cdot \boldsymbol{a}_0 = |\text{grad } V|$$

가 되므로 grad V는 등전위면에 수직일 때 최대값이 된다. 즉, 전계 $\boldsymbol{E}$ [V/m]는 등전위면에 수직일 때 최대가 되며 전위의 낮아지는 방향으로 향한다.

③ grad V의 크기는 등전위면의 간격이 좁을수록 커진다.

◆ 예제 3-13

grad V를 원통좌표로 유도하라.

풀이 원통좌표의 미소변위는 식 (1.31b)에서

$$d\boldsymbol{l} = \boldsymbol{a}_r\,dr + \boldsymbol{a}_\phi\,r\,d\phi + \boldsymbol{a}_z\,dz$$

이므로 전계의 각 축성분은

$$E_r = -\frac{\partial V}{\partial r}, \quad E_\phi = -\frac{\partial V}{r\partial \phi}, \quad E_z = -\frac{\partial V}{\partial z} \ [\text{V/m}]$$

가 된다. 따라서

$$\boldsymbol{E} = E_r\boldsymbol{a}_r + E_\phi\boldsymbol{a}_\phi + E_z\boldsymbol{a}_z$$
$$= -\left(\frac{\partial V}{\partial r}\boldsymbol{a}_r + \frac{\partial V}{r\partial \phi}\boldsymbol{a}_\phi + \frac{\partial V}{\partial z}\boldsymbol{a}_z\right) [\text{V/m}] \tag{3.13}$$

가 되므로, 원통좌표계의 grad V는 다음과 같이 된다.

$$\text{grad } V_{(r\phi Z)} = \frac{\partial V}{\partial r}\boldsymbol{a}_r + \frac{\partial V}{r\partial \phi}\boldsymbol{a}_\phi + \frac{\partial V}{\partial z}\boldsymbol{a}_z \tag{3.14a}$$

마찬가지 계산을 구좌표에 대하여 행하면 다음과 같다.

$$\text{grad } V_{(r\theta\phi)} = \frac{\partial V}{\partial r}\boldsymbol{a}_r + \frac{1}{r}\frac{\partial V}{\partial \theta}\boldsymbol{a}_\theta + \frac{1}{r\sin\theta}\frac{\partial V}{\partial \phi}\boldsymbol{a}_\phi \tag{3.14b}$$

◆ 예제 3-14

원점의 점전하 Q [C]에 의한 점 $\mathrm{P}_{(xyz)}$의 전위에서 전계를 구하라.

풀이 점 P의 전위는

$$V = \frac{1}{4\pi\varepsilon_0}\frac{Q}{r}\ [\mathrm{V}], \qquad r = (x^2+y^2+z^2)^{1/2}\ [\mathrm{m}]$$

이므로 식 (1.22)와 식 (3.11)에서

$$\boldsymbol{E} = -\nabla V = -\frac{Q}{4\pi\varepsilon_0}\nabla\left(\frac{1}{r}\right) = \frac{1}{4\pi\varepsilon_0}\frac{Q}{r^2}\boldsymbol{r}_0\ [\mathrm{V/m}]$$

가 되어 Coulomb의 법칙에서 유도된 식 (2.8)과 같아진다. 이 경우 식 (3.14b)의 구좌표를 이용하여도 같은 결과가 얻어진다.

◆ 예제 3-15

전위함수 $V=x^2+y^2$ [V]일 때 점 (3, 4) [m]에 대한 다음 각 양을 구하라.

(1) 전위경도 (2) 전계 (3) 등전위선 (4) 전력선

풀이 (1) $\text{grad } V = \dfrac{\partial V}{\partial x}\boldsymbol{i} + \dfrac{\partial V}{\partial y}\boldsymbol{j} = 2x\boldsymbol{i} + 2y\boldsymbol{j}\,|_{(3,4)} = 6\boldsymbol{i} + 8\boldsymbol{j}$ [V/m]

(2) $\boldsymbol{E} = -\text{grad } V = -2(x\boldsymbol{i} + y\boldsymbol{j})\,|_{(3,4)}$

$$= -(6\boldsymbol{i} + 8\boldsymbol{j}) = -10(0.6\boldsymbol{i} + 0.8\boldsymbol{j})\ [\mathrm{V/m}]$$

$E = 10$ [V/m], $\boldsymbol{a}_0 = -(0.6\boldsymbol{i} + 0.8\boldsymbol{j})$

(3) 등전위선은 $x^2+y^2=5^2$에서 반지름 5 [m]의 원이 된다.

(4) 전력선방정식은 (2)항과 식 (2.19)에서

$$x = \frac{3}{4}y$$

가 되어 원점을 통과하는 직선이 되므로 등전위선과 직교한다.
각 항을 그림으로 표시하라.

3.4 전기쌍극자

정부(正負)의 두 점전하 $\mp Q$ [C]이 미소거리 δ [m]만큼 떨어져 있는 한 쌍의 전하계를 **전기쌍극자**(電氣雙極子, electric dipole)라 하며, δQ [C·m]를 **쌍극자능률**(雙極子能率, electric dipole moment), $-Q$에서 $+Q$로 향하는 선을 쌍극자의 축이라 한다. 전기쌍극자에 의한 전계의 개념은 절연재료 또는 반도체 내의 전계를 풀이할 때 중요하게 이용된다.

그림 3-9의 전기쌍극자의 양극에서 각각 r_1, r_2 [m] 거리인 점 P의 전위는 식 (3.7)에서 다음과 같이 된다.

$$V = \frac{Q}{4\pi\varepsilon_0}\left(\frac{1}{r_2} - \frac{1}{r_1}\right) [\mathrm{V}]$$

전기쌍극자의 중심에서 점 P까지의 거리를 r [m], r이 축과 이루는 각을 θ라 하면 $r \gg \delta$이므로 근사적으로

$$r_1 \fallingdotseq r + \frac{\delta}{2}\cos\theta, \qquad r_2 \fallingdotseq r - \frac{\delta}{2}\cos\theta\ [\mathrm{m}]$$

로 놓을 수 있으며, 따라서 전위는

$$V = \frac{1}{4\pi\varepsilon_0}\frac{Q\delta\cos\theta}{r^2}\ [\mathrm{V}]$$

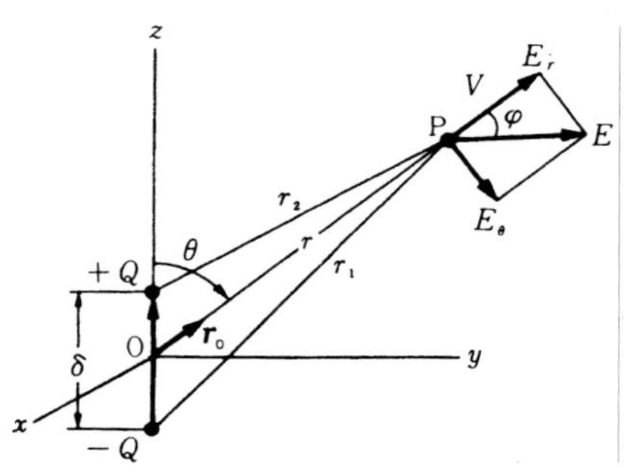

그림 3-9 전기쌍극자

로 정리된다. 여기서 전기쌍극자능률을 μ의 기호로 표시하면

$$\mu = Q\delta\,[\mathrm{C\cdot m}] \tag{3.15a}$$

가 되며, $-Q$에 대한 $+Q$의 위치벡터를 $\boldsymbol{\delta}$[m]로 나타내면

$$\boldsymbol{\mu} = Q\boldsymbol{\delta}\,[\mathrm{C\cdot m}] \tag{3.15b}$$

로 쌍극자능률을 벡터량으로 취급할 수 있다. 따라서 점 P의 전위는

$$\left.\begin{aligned} V &= \frac{1}{4\pi\varepsilon_0}\frac{\mu\cos\theta}{r^2}\,[\mathrm{V}] \\ V &= \frac{1}{4\pi\varepsilon_0}\frac{\boldsymbol{\mu}\cdot\boldsymbol{r}_0}{r^2}\,[\mathrm{V}] \end{aligned}\right\} \tag{3.16}$$

가 되며 $\boldsymbol{r}_0$는 OP 방향의 단위벡터이다.

식 (3.16)에서 전위 V는 $(r,\ \theta)$의 구함수이므로 식 (3.14b)를 적용하면 점 P의 전계는

$$\boldsymbol{E} = -\,\mathrm{grad}\,V = -\left(\frac{\partial V}{\partial r}\boldsymbol{a}_r + \frac{\partial V}{r\partial\theta}\boldsymbol{a}_\theta\right) = E_r\boldsymbol{a}_r + E_\theta\boldsymbol{a}_\theta\,[\mathrm{V/m}]$$

로 놓을 수 있으며, 여기서 $\boldsymbol{a}_r$, $\boldsymbol{a}_\theta$는 r와 θ 방향의 단위벡터이다. 따라서

$$\left.\begin{aligned} E_r &= -\frac{\partial V}{\partial r} = \frac{1}{4\pi\varepsilon_0}\frac{2\mu\cos\theta}{r^3}\,[\mathrm{V/m}] \\ E_\theta &= \frac{1}{r}\frac{\partial V}{\partial\theta} = \frac{1}{4\pi\varepsilon_0}\frac{\mu\sin\theta}{r^3}\,[\mathrm{V/m}] \end{aligned}\right\} \tag{3.17}$$

가 되므로 전계는

$$\boldsymbol{E} = \frac{\mu}{4\pi\varepsilon_0 r^3}(2\cos\theta\,\boldsymbol{a}_r + \sin\theta\,\boldsymbol{a}_\theta)\,[\mathrm{V/m}] \tag{3.18}$$

가 되며, 전계의 크기 E는

$$E = \sqrt{E_r^2 + E_\theta^2} = \frac{1}{4\pi\varepsilon_0}\frac{\mu}{r^3}\sqrt{1+3\cos^2\theta}\,[\mathrm{V/m}] \tag{3.19a}$$

가 된다. 그리고 $\boldsymbol{r}$ 방향에 대한 $\boldsymbol{E}$ 방향의 각을 φ라 하면 다음과 같이 된다.

$$\tan\varphi = \frac{E_\theta}{E_r} = \frac{1}{2}\tan\theta \tag{3.19b}$$

◆ 예제 3-16

전기쌍극자모멘트 $400\pi\varepsilon_0$ [C·m]에 의한 다음 각 점의 전계를 구하라.

(1) $r=10$ [m], $\theta=0°$ (2) $r=10$ [m], $\theta=60°$

(3) $r=10$ [m], $\theta=90°$

풀이 식 (3.17)에서

$$E_r=\frac{1}{4\pi\varepsilon_0}\frac{2\times400\pi\varepsilon_0}{10^3}\cos\theta=0.2\cos\theta\,[\mathrm{V/m}]$$

$$E_\theta=\frac{1}{4\pi\varepsilon_0}\frac{400\pi\varepsilon_0}{10^3}\sin\theta=0.1\sin\theta\,[\mathrm{V/m}]$$

가 얻어지므로

(1) $\boldsymbol{E}=0.2\,\boldsymbol{a}_r\,[\mathrm{V/m}]$

(2) $E_r=0.2\times\frac{1}{3}=0.1\,[\mathrm{V/m}],\ E_\theta=0.1\times\frac{\sqrt{3}}{2}=0.087\,[\mathrm{V/m}]$

$\therefore\ \boldsymbol{E}=0.1\,\boldsymbol{a}_r+0.087\,\boldsymbol{a}_\theta\,[\mathrm{V/m}]$

(3) $\boldsymbol{E}=0.1\,\boldsymbol{a}_\theta\,[\mathrm{V/m}]$

이 예제에서 $V=100$ [V], 10 [V]일 때 z축 위의 r를 구하라.

◆ 예제 3-17

전기쌍극자에 의한 전력선 및 등전위면의 방정식을 구하라.

풀이 구좌표계에서의 전력선방정식은 식 (2.18)에서

$$\frac{dr}{E_r}=\frac{rd\theta}{E_\theta} \tag{3.20}$$

가 되므로, 식 (3.17)을 적용하면

$$\frac{dr}{r}=2\cot\theta d\theta$$

가 되어 전기쌍극자에 의한 전력선방정식은 다음과 같이 된다.

$$r=C_1\sin^2\theta \tag{3.21a}$$

한편 등전위면방정식은 식 (3.16)에서 $V=$ const.로 취하면 다음과 같이 나타낼 수 있다.

$$r = C_2\sqrt{\cos\theta} \tag{3.21b}$$

식 (3.21a, b)에서 C_1, C_2의 값에 따라 그림 3-10과 같은 전력선 및 등전위선들이 그려진다(그림 3-10은 $\mu = 4\pi\varepsilon_0$ [C·m]때의 $C_1 = 1$, 1.5, 2, 2.5에 대한 전력선과, 전압 $V = \pm 0.2$, ± 0.4, ± 0.6, ± 0.8, ± 1 [V]에 대한 등전위선들이다). 여기서 전력선〔식 (3.21a)〕과 등전위선〔식 (3.21b)〕이 서로 직교함을 증명할 수 있다(문제 3-33 참조).

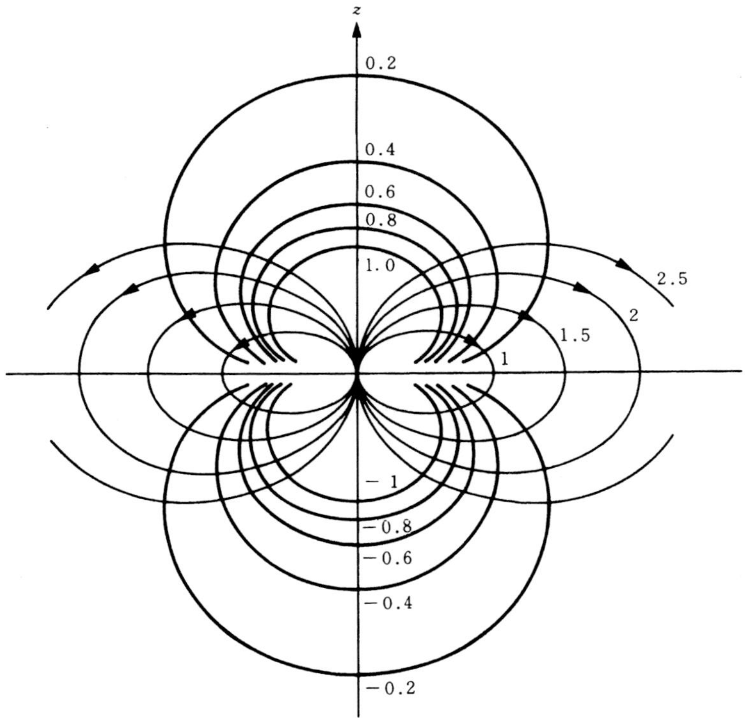

그림 3-10 전기쌍극자의 전력선과 등전위선분포

◆ 예제 3-18

진공 중에서 직선 위에 밀접하게 배열된 지름 a [m]의 원자들이 있다. 직선방향전계 E [V/m]에 의하여 각 원자가 μ [C·m]의 쌍극자모멘트를 가질 때 임의의 원자에 작용하는 전계를 구하라.

풀이 그림 3-11에서 원자 A에 의한 원자 B의 중심에서의 E 방향 전계는 식 (3.17)에서

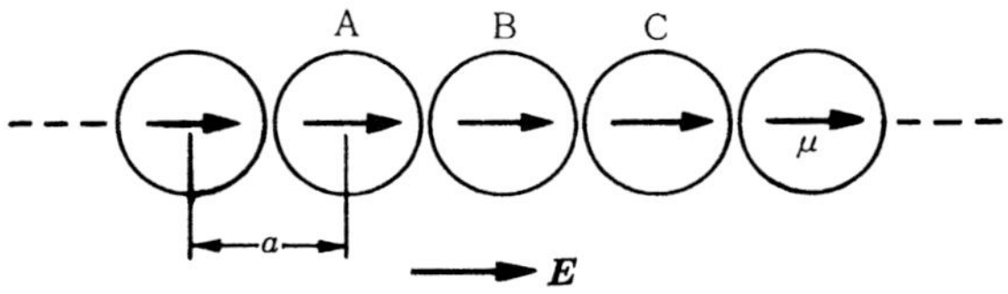

그림 3-11 쌍극자와 전계

$$E_{\mathrm{B}} = \frac{\mu}{2\pi\varepsilon_0 a^3} \ [\mathrm{V/m}]$$

가 되며 원자 C에 대한 것도 마찬가지로 구해진다.

이와 같은 계산을 좌우에 배열된 모든 원자에 대하여 적용하면 다음과 같다.

$$E_{\mathrm{B}} = E + \left(\frac{\mu}{\pi\varepsilon_0 a^3}\right) \sum_{n=1}^{\infty} \frac{1}{n^3} = E + 1.2\left(\frac{\mu}{\pi\varepsilon_0 a^3}\right) [\mathrm{V/m}] \tag{3.22a}$$

한편 식 (5.3)에서 원자의 분극도는 $P = \frac{\mu}{a^3}$ [C/m^2]가 되므로 원자들이 3차원 정입방분포를 갖는 경우 외부전계 E [V/m]에 의한 유전체 내부의 전계(Lorentz 전계)는

$$E_i = E + \frac{\mu}{3\varepsilon_0 a^3} = E + \frac{P}{3\varepsilon_0} \ [\mathrm{V/m}] \tag{3.22b}$$

가 됨을 유도할 수 있다(참고문헌 12의 3.9절 참조).

연 습 문 제

3-1 전계 $\boldsymbol{E}=10\boldsymbol{i}$ [V/m]일 때 다음 두 점 사이의 전위차를 구하라(모든 공간은 자유공간으로 생각한다).

(1) (0, 0) → (2, 0) [m] (2) (0, 0) → (−2, 0) (3) (2, 0) → (4, 0)

(4) (0, 0) → (0, 2) (5) (2, 2) → (4, 4)

3-2 두 점 $(\pm a, 0)$ [m]에 각각 $+1$ [μC] 및 $+1$ [μC]의 점전하가 있을 때 원점에서의 전계 및 전위를 구하라.

답 (1) 0, $\frac{18}{a}$ [kV], (2) $-\frac{18}{a^2}$ [kV/m], 0

3-3 $\boldsymbol{E}=y\boldsymbol{i}+x\boldsymbol{j}$ [V/m]의 전계 내에서 다음 경로에 따른 점 (1, 1) [m]에 대한 점 (4, 2) [m]의 전위를 구하라.

(1) 직선 $x=3y-2$ (2) 포물선 $y^2=x$ (3) 쌍곡선 $x(7-3y)=4$

(4) 직선 (1, 1) → (4, 1) → (4, 2) 및 (1, 1) → (2, 1) → (4, 2)

답 −7 [V]

3-4 $\boldsymbol{F}=(y-1)\boldsymbol{i}+x\boldsymbol{j}$ [N]의 벡터계로 질점을 다음 경로에 따라 이동할 때의 일을 비교하라.

(1) (0, 0) → (1, 0) → (1, 1) (2) (0, 0) → (0, 1) → (1, 1) [m]

답 0 [J]

3-5 $\boldsymbol{E}=x^2\boldsymbol{i}+y\boldsymbol{j}$ [V/m]의 전계 내에서 다음 경로에 따른 점 (2, 0)에 대한 점 (0, 2) [m]의 전위를 구하라.

(1) 직선 $y=2-x$ (2) 쌍곡선 $(x+1)(y+1)=3$ (3) 원

답 0.67 [V]

3-6 원통좌표계의 전계 $\boldsymbol{E}=\frac{10}{r}\boldsymbol{a}_\phi+2\boldsymbol{a}_z$ [V/m]에서 다음 경로에 따른 점 (2, 90°, 1)에 대한 점 (2, 0, 0) [m]의 전위를 구하라.

(1) $r=2,\ z=\frac{2}{\pi}\phi$ [m], $\left(0\le\phi\le\frac{\pi}{2}\right)$

(2) $(2, 0, 0)\leftarrow(2, 0, 1)\leftarrow\left(2, \frac{\pi}{2}, 1\right)$ [m]

답 17.7 [V]

3-7 전계가 다음과 같을 때 점 (1, 90°, 90°) [m]의 전위를 구하라.

(1) $\boldsymbol{E}=\dfrac{10}{r}\,\boldsymbol{a}_r$ (2) $\boldsymbol{E}=\dfrac{10}{r^2}\,\boldsymbol{a}_r$ (3) $\boldsymbol{E}=\dfrac{10r}{(r^2+1)^2}\,\boldsymbol{a}_r$ [V/m]

답 (2) 10 [V], (3) 2.5 [V]

3-8 점 (16, 0), (−9, 0) [m]에 각각 −200, +400 [nC]의 점전하가 있을 때 다음 각 경우에 대한 점 (0, 12) [m]의 전위를 구하라.

(1) $V_{(\infty)}=0$ (2) $V_{(0,0)}=0$ (3) $V_{(0,0)}=-15$ [V]

답 (1) 150 [V], (2) −137.5 [V], (3) −152.5 [V]

3-9 문제 2-16에 대한 각 점의 전위를 구하라.

3-10 문제 2-17에 대한 전위를 구하라.

3-11 문제 2-21에 대한 전위와 전계 및 이들의 분포곡선을 그려라.

3-12 선전하밀도 −5 [μC/m]의 유한직선전하가 점 (−3, 0)와 (−1, 0) [m] 사이에 놓여 있다. 점 (0, 2) [m]의 전위를 0으로 하기 위한 원점의 점전하를 구하라.

답 7.136 [μC]

3-13 다음의 균일전하분포에 의한 점 (0, 0, 15) [m]의 전위를 구하라.

(1) $\rho_l=1$ [μC/m], $z=3$, $r=5$, $320°\le\phi\le45°$ [m]

(2) $\rho_l=1$ [μC/m], $z=3$, $-2\le x\le +2$, $y=-5$ [m]

(3) $\rho_s=1$ [μC/m^2], $z=3$, $0\le r\le5$, $30°\le\phi\le60°$ [m]

답 (1) 5136, (2) 2758, (3) 4712.4 [V]

3-14 원점에 4 [nC/m], 점 (0, ±4, 0) [m]에 각각 −2 [nC/m]의 z 방향 무한직선전하가 있을 때 다음 두 점 사이의 전위차를 구하라.

(1) (3, 0, 0)와 (5, 0, 0) (2) (0, 2, 0)와 (0, 6, 0) [m]

답 (1) 18.97 [V], (2) 60.71 [V]

3-15 전위 5, 10 [V]이며 반지름 2, 4 [cm]인 2개의 독립된 구를 도선으로 연결하였을 때의 전위를 구하라.

답 8.3 [V]

3-16 반구도체 ($r=a$ [m], $0\le\theta\le\pi/2$, $0\le\phi=2\pi$) 표면에 전하 Q [C]이 평균분포되어 있을 때 점 (0, 0, d) [m]의 전위와 Q [C]이 중심점에 있을 때의 전위를 비교하라.

3-17 표면전하밀도 $\rho_s=\rho_0\dfrac{r}{a}$ [C/m^2]의 원판 ($z=0$, $0\le r\le a$, $0\le\phi\le 2\pi$ [m])에 의한 점 (0, 0, z) [m]의 전위 및 전계를 구하라.

3-18 표면전하밀도 $\pm\rho_s$ [C/m^2]로 대전된 전기이중층원판 $\left(0 \le r \le a,\ 0 \le \phi \le 2\pi,\ -\frac{t}{2} \le z \le +\frac{t}{2}\right)$ [m]에 의한 다음 점의 전위 및 전계를 구하라.

(1) $z = h(\gg t)$ [m]　　(2) 임의의 점

답 (1) $V = \frac{\rho_s t}{2\varepsilon_0}\left(1 - \frac{h}{\sqrt{a^2+h^2}}\right)$, (2) $\frac{\rho_s t}{2\varepsilon_0}\omega$ [V]

3-19 원점의 점전하 4 [nC]에 의한 점 (0, 0, 9) [m]의 전위와 같은 값을 주는 원형도선 ($z=0$, $r=1$, $0 \le \phi \le 2\pi$ [m])의 전하를 구하라.

답 4.024 [nC]

3-20 문제 2-28의 조건에 대한 지구 표면의 전위와 낙뢰전하가 100 [C]일 때 지구전위의 상승값을 구하라(참고 : 낙뢰전하 0.05~200 [C], 시간 10^{-3}~1초 범위이다).

답 1.414×10^5 [V]

3-21 전위함수가 다음과 같이 주어졌을 때 점 A(0, 0, 1), B(2, 0, 0), C(0, 4, 0), D(−2, +4, −1) [m]의 전위와 전계를 구하라.

(1) $6x+3$　　(2) $7y^2-12x$　　(3) $\frac{5}{x^3+y+z^2}$

3-22 전위함수가 다음과 같이 주어졌을 때 점 (2, −2, 1) [m]의 전위와 전계를 구하라.

(1) $r^{1/2}\sin\phi e^z$　　(2) $\frac{1}{r}\sin\theta\sin\phi$　　(3) $\frac{1}{r^2}\cos\theta$

답 (1) -3.23 [V], $0.57\boldsymbol{a}_r - 1.14\boldsymbol{a}_\phi + 3.23\boldsymbol{a}_z$ [V/m]

(2) -0.22 [V], $-0.07\boldsymbol{a}_r - 0.03\boldsymbol{a}_\theta - 0.04\boldsymbol{a}_\phi$ [V/m]

3-23 전위계 V에 대한 $\nabla V_{(r,\phi,z)}$와 $\nabla V_{(r,\theta,\phi)}$를 유도하라.

3-24 점 (0, 0, $\pm d$) [m]에 각각 $+\frac{Q}{2}$ [C], 원점에 $-Q$ [C]의 점전하가 있을 때 점 P(r, θ, ϕ)의 전위를 구하라.

답 $\frac{Q}{4\pi\varepsilon_0}\frac{d^2\cos^2\theta}{r^3}$ [V]

3-25 쌍극자 $400\pi\varepsilon_0$ [C·m]에 의한 다음 전위에 대한 z축 위의 r값을 구하라.

(1) 100　　(2) 10　　(3) 1 [V]

답 (1) ±1 [m], (2) ±3.16 [m], (3) ±10 [m]

3-26 문제 3-25의 쌍극자 극간거리가 10 [cm]일 때 r의 정확한 값을 구하라.

3-27 전위계 $V=(x-2)^2(y+2)^2(z-1)^3$ [V]일 때 전계 $\boldsymbol{E}_{(0,0,0)}$ [V/m]를 구하라.

답 $16(-\boldsymbol{i}+\boldsymbol{j}+3\boldsymbol{k})$ [V/m]

3-28 $z=0$, $r=a$ [m], $0\leq\phi\leq 2\pi$인 도선에 선전하 ρ_l [C/m]이 분포되어 있다. z축 위에서 전위 및 전계가 최대로 되는 점과 그 값을 구하라. 그리고 z에 대한 이들의 분포곡선을 그려라.

답 $z=0$: $V_{\max}=\dfrac{\rho_l}{2\varepsilon_0}$ [V]

$z=\pm\dfrac{a}{\sqrt{2}}$ [m] : $E_{\max}=\dfrac{\rho_l}{3\sqrt{3}\,a\varepsilon_0}$ [V/m]

3-29 $z=0$, $r=a$ [m], $\pi\leq\phi\leq 2\pi$의 도선에 선전하 ρ_l [C/m]이 분포되었을 때 중심에서의 전위 및 전계를 구하라.

답 $\boldsymbol{E}=\dfrac{\rho_l}{4\varepsilon_0 a}\boldsymbol{j}$ [V/m]

3-30 자유공간 내에서 점 A(1, 2, −3)와 점 B(3, 5, 2) [m]에 각각 9, 1[nC]의 두 점전하가 있을 때 점 P(5, 6, 4) [m]의 전위를 구하라.

답 $\boldsymbol{E}=1.1\boldsymbol{i}+0.8\boldsymbol{j}+1.4\boldsymbol{k}$ [V/m], 12 [V]

3-31 공기 중의 전기쌍극자 (μ [C·m])에 의한 전위

$$V=\frac{1}{4\pi\varepsilon_0}\frac{\boldsymbol{\mu}\cdot\boldsymbol{r}}{r^3}\ \text{[V]}$$

일 때 다음을 구하라.

(1) 점 P(r, θ, ϕ)에 대한 전계의 성분

(2) x축상에 a [m] 간격으로 무한배열된 $+x$ 방향 쌍극자들에 의한 원점의 전계

(3) 외부전계 $\boldsymbol{E}$ [V/m] 방향으로 유기된 쌍극자들에 의한 (2)의 경우 원점에 대한 내부전계 $\boldsymbol{E}_i$, 단 이 경우 분극률은 α이며 $\boldsymbol{\mu}=\alpha\boldsymbol{E}_i$ [C·m]이다.

답 (2) $\dfrac{1.2}{\pi\varepsilon_0 a^3}\mu$ [V/m], (3) $\boldsymbol{E}_i=\dfrac{\boldsymbol{E}}{1-\dfrac{1.2\alpha}{\pi\varepsilon_0 a^3}}$ [V/m]

3-32 컬러 TV의 전자총 양전극간 전압 27 [kV](흑백은 17 [kV])일 때 형광면에 도착하는 전자의 속도를 구하라.

답 9.7×10^7 [m/s]

3-33 원점의 전기쌍극자 $\left(\mu=\dfrac{1}{9}\boldsymbol{k}\text{ [nC·m]}\right)$에 의한 전계에서 점 $(0,\ \sqrt{3},\ 1)$

[m]에 대한 다음 각 항을 구하라.
(1) 전력선과 등전위선 방정식
(2) 전력선과 등전위선의 직교증명
(3) 전위와 전계의 크기 및 방향

답 (1) $r = \frac{8}{3}\sin^2\theta$, $r^2 = 8\cos\theta$, (3) 0.125 [V], 0.165 [V/m], $\boldsymbol{a}_0 = 0.758\boldsymbol{a}_r + 0.655\boldsymbol{a}_\theta$ 또는 $\theta = 79.1°$

3-34 전기쌍극자(그림 3-10)에서 발산하는 전력선이 z축에 수직되는 점의 각을 구하라.

답 $\theta = 54.7°$

Chapter 4

Gauss의 법칙

4.1 Gauss의 법칙

점전하를 기초로 한 Coulomb의 법칙을 일반화하여 일반전하분포에 의한 전계를 간단히 풀이하기 위한 방법으로 제시된 것이 **Gauss의 법칙**(Gauss's law, K. F. Gauss, 1777~1855, 독일)이다. 이 법칙을 유도함에는 입체각의 개념을 확립시킬 필요가 있다.

◆ 예제 4-1

입체각에 대하여 설명하라.

풀이 (1) **평면각** : 두 직선의 교점을 중심으로 하며 임의의 길이 r을 반지름으로 하는 원을 그렸을 때, 교각 θ는 r에 반비례하고 호의 길이 l에 비례하므로 다음과 같다.

$$\theta = k\frac{l}{r}$$

이때 $r=l$이 되는 각을 단위로 정하여 1 [rad](radian)으로 정하는 단위계를 취하면 $k=1$이 되어

$$\theta = \frac{l}{r}\ [\text{rad}]$$

이 되며, 이러한 방법을 호도법(弧度法, radian method)이라 한다.

이는 다음과 같은 관계가 있다.

$$l = 2\pi r(\text{전원주}) : \ 2\pi\,[\text{rad}] = 360°$$
$$l = \pi r(\text{반원주}) : \ \pi\,[\text{rad}] = 180°$$

(2) **입체각** : 한 직선이 임의의 점을 정점으로 회전하였을 때 형성되는 원추각을 **입체각**(立體角, solid angle)이라 하며 이의 크기는 다음과 같이 정의한다.

즉, 정점을 중심으로 임의의 길이 r를 반지름으로 하는 구면을 그렸을 때 원추면과 구면이 만나는 면적을 S라 하면, 입체각 ω는 S에 비례하고 r^2에 반비례할 것이므로 다음과 같이 놓을 수 있다.

$$\omega = k\frac{S}{r^2}$$

$S = r^2$인 경우의 ω를 단위로 하여 1입체 라디안[sr](steradian)으로 정의하는 단위계를 취하면 $k = 1$이 되어

$$\omega = \frac{S}{r^2}\ [\text{sr}] \tag{4.1}$$

이 되며, 이 입체각은 입체적 공간의 각을 측정하는 데 이용된다. 만일 S가 전(全)구면이 될 경우 $S = 4\pi r^2$이 되므로 전공간 및 반공간이 한 점에 대하여 이루는 입체각은 각각 다음과 같이 주어진다.

$$\omega_0 = \frac{4\pi r^2}{r^2} = 4\pi\,[\text{sr}], \qquad \omega_0 = 2\pi\,[\text{sr}]$$

그림 4-1에서와 같이 미소면적 dS가 점 O에 대하여 이루는 입체각 $d\omega$는 점 O를 중심으로 임의의 길이 r를 반지름으로 하는 구면 위에 dS를 투영시킨 면적을 dS'라 하면

$$d\omega = \frac{dS'}{r^2}\ [\text{sr}]$$

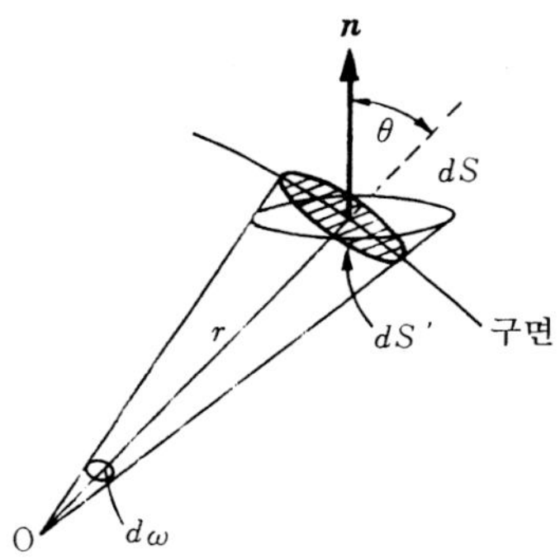

그림 4-1 입 체 각

가 된다. 그런데 dS에 세운 법선단위벡터 $\boldsymbol{n}$과 r방향이 이루는 각을 θ라 하면 $dS' = dS\cos\theta$이므로

$$d\omega = \frac{dS\cos\theta}{r^2} = \frac{\boldsymbol{n}\cdot\boldsymbol{r}_0}{r^2}dS\,[\mathrm{sr}] \tag{4.2}$$

가 된다. 여기서 $\boldsymbol{r}_0$는 r방향의 단위벡터이다.

◆ 예제 4-2

반지름 a[m]의 원판(또는 원)이 중심축 위 한 점 P에 대하여 이루는 입체각을 구하라.

풀이 그림 4-2에서와 같이 점 P와 원둘레 위의 한 점 C를 연결하는 선분 PC $= r$[m]를 반지름으로 하는 구면 위에서, 먼저 까만 환의 면적을 구하면

$$dS = 2\pi(r\sin\alpha)\,rd\alpha\,[\mathrm{m}^2]$$

가 되므로, 원판을 구면 위에 투영한 전(全)면적은

$$S = \int_{\alpha=0}^{\theta} 2\pi(r\sin\alpha)\,rd\alpha = 2\pi r^2(1-\cos\theta)\,[\mathrm{m}^2]$$

가 되어 구하는 입체각은

$$\omega = \frac{S}{r^2} = 2\pi(1-\cos\theta) = 2\pi\left(1-\frac{x}{\sqrt{x^2+a^2}}\right)[\mathrm{sr}] \tag{4.3}$$

이 된다. 여기서 $\theta = 90°$이면 반구의, $\theta = 180°$이면 전공간의 입체각이 된다.

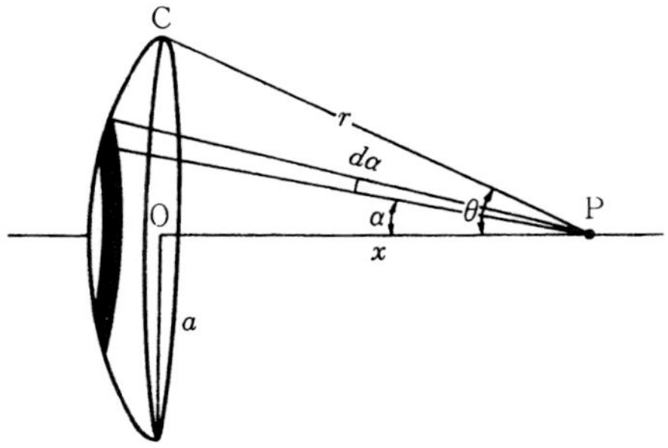

그림 4-2 원판의 입체각

Gauss의 법칙은 전계를 전하에서 발산하는 전력선밀도〔식 (3.16)〕로 취급하여 전하와 전계의 관계를 수식화한 것이다.

그림 4-3에서와 같이 진공 중의 점전하 Q[C]에 의한 전계 내에서 Q를 포위하는 임의의 폐곡면 S를 취하고, S 위의 한 점 P의 전계를 $\boldsymbol{E}$ [V/m=lines/m^2]라 할 때 미소면적 dS [m^2]를 통과하는 전력선속(電力線束)은 식 (2.8), (2.17), (4.2)에서

$$\boldsymbol{E}\cdot\boldsymbol{n}\,dS=\frac{Q}{4\pi\varepsilon_0}\frac{\boldsymbol{r}_0\cdot\boldsymbol{n}}{r^2}\,dS=\frac{Q}{4\pi\varepsilon_0}\,d\omega\ [\text{lines}]$$

가 된다. 여기서 $\boldsymbol{n}$은 dS에 대한 외향법선 단위벡터이며 $d\omega$는 dS가 점 O에 대하여 이루는 입체각이다.

따라서 점전하 Q[C]에서 발산하여 폐곡면 S를 통하여 나가는 전력선 총수는

$$\oiint_S \boldsymbol{E}\cdot\boldsymbol{n}\,dS=\frac{Q}{4\pi\varepsilon_0}\oiint_S\frac{\cos\theta}{r^2}\,dS=\frac{Q}{4\pi\varepsilon_0}\oint d\omega\ [\text{lines}]$$

가 되는데

$$\oint_{\text{전공간}} d\omega=4\pi\ [\text{sr}]$$

이므로

$$\oiint_S \boldsymbol{E}\cdot\boldsymbol{n}\,dS=\frac{Q}{\varepsilon_0}\ [\text{lines}] \tag{4.4}$$

즉 **「진공 중의 전계 내에서 임의의 폐곡면을 통하여 나가는 전력선총수는 폐곡면 내에 존재하는 총전하의 $\frac{1}{\varepsilon_0}$ 배와 같다」**라는 Gauss의 법칙이 유도되었다. 이 법칙은 전하의 분포상태에 관계없이 성립되는 일반성을 가지며, 이 경우의 폐곡면을 특히 **Gauss 표면**(Gaussian surface)이라 한다.

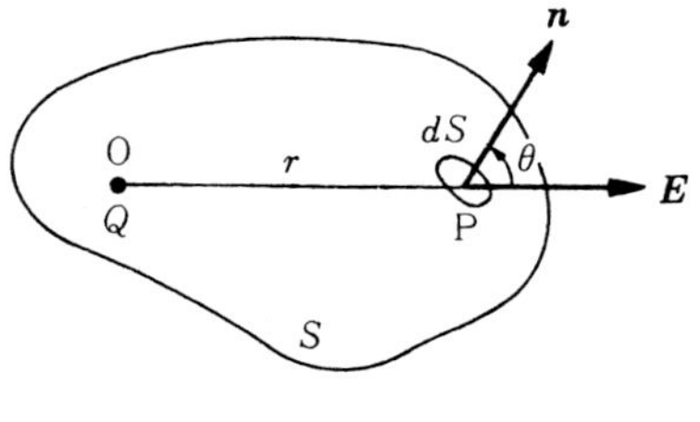

그림 4-3 Gauss의 법칙

폐곡면 내의 전하분포가 점전하계 Q_i [C], 선전하밀도 ρ_l [C/m], 면전하밀도 ρ_s [C/m^2], 체적전하밀도 ρ [C/m^3] 등의 연속분포일 경우 식 (4.4)의 전하 Q [C]은 다음과 같이 주어진다.

$$\left.\begin{aligned} Q &= \sum_{i=1}^{n} Q_i\,[\mathrm{C}], & Q &= \int_l \rho_l\, dl\,[\mathrm{C}] \\ Q &= \iint_s \rho_s\, dS\,[\mathrm{C}], & Q &= \iiint_v \rho\, dv\,[\mathrm{C}] \end{aligned}\right\} \tag{4.5}$$

만일 폐곡면 내에 전하분포가 없다면

$$\oiint_S \boldsymbol{E}\cdot \boldsymbol{n}\, dS = 0 \tag{4.6}$$

가 되어 폐곡면 S를 통하여 유출하는 전력선이 없다는 것을 의미하는데, 이것은 전력선이 있다면 유출하는 만큼의 전력선이 유입함을 의미하므로, 식 (4.6)은 전계(전력선)가 폐곡면 S에 대하여 연속적임을 표시하는 연속 벡터적분방정식이다. 이상을 종합하면 진공 중에서

$$\textbf{(폐곡면 } S\textbf{를 통하여 나가는 전력선총수)} = \frac{1}{\varepsilon_0}\textbf{(폐곡면 } S \textbf{ 내의 전전하)} \tag{4.7}$$

로 정리할 수 있다. 그리고 Gauss의 법칙은 Coulomb의 법칙에서 유도한 것이므로 동일한 것이나 일반전하분포에 적용할 수 있으므로 보다 일반적이라 할 수 있다.

◆ 예제 4-3

지름 8 [cm], 높이 20 [cm]의 깡통 속에 −1 [nC/m]로 대전된 길이 14 [cm]의 볼펜과 20 [nC]를 갖는 토큰이 있을 때 깡통에서 발산하는 전력선총수를 구하라.

풀이 깡통 속의 총전하는

$$Q = 20\times 10^{-9} - 10^{-9}\times 0.14 = 19.86\times 10^{-9}\,[\mathrm{C}]$$

이므로 식 (4.4)에서 구하는 전력선총수는 다음과 같이 된다.

$$\oiint_{S(\text{깡통})} \boldsymbol{E}\cdot \boldsymbol{n}\, dS = \frac{Q}{\varepsilon_0} = 36\pi\times 10^{9}\times 19.86\times 10^{-9} = 2246\,[\mathrm{lines}]$$

◆ 예제 4-4

면전하밀도 $\rho_s = 1\,[\mu\text{C/cm}^2]$를 갖는 반지름 20 [cm]의 원판전하에서 발산되는 전력선의 총수를 구하라.

풀이 그림 2-8에서 $dS = r\,d\phi\,dr\,[\text{m}^2]$이므로 식 (4.5)에서 원판의 전전하는

$$Q = \iint \rho_s\,dS = 10^{-6}\int_0^{2\pi} d\phi \int_0^{20} r\,dr = 1.257\ [\text{mC}]$$

가 되므로 이 전하에서 발산되는 전력선총수는

$$\oiint_S \boldsymbol{E}\cdot\boldsymbol{n}\,dS = \frac{Q}{\varepsilon_0} = \frac{1.257\times 10^{-3}}{8.854\times 10^{-12}} = 1.421\times 10^8\ [\text{lines}]$$

가 된다. 여기서 Gauss 표면 S는 원판을 포위하는 임의의 폐곡면을 생각한다.

◆ 예제 4-5

반지름 $a\,[\text{m}]$의 구 내에 체밀도 $\rho = \rho_0\left(\dfrac{r}{a}\right)^{3/2}\,[\text{C/m}^3]$의 전하가 분포되어 있을 때 구 표면에서 발산하는 전력선총수를 구하라.

풀이 구좌표에서의 미소체적은 식 (1.34)에서 $dv = r^2 dr \sin\theta\, d\theta\, d\phi\,[\text{m}^3]$이므로 구 내의 전전하 $Q\,[\text{C}]$은

$$Q = \iiint_{구} \rho\,dv = \rho_0 a^{-3/2}\int_0^a r^{3/2} r^2\,dr \int_0^{\pi}\sin\theta\,d\theta \int_0^{2\pi} d\phi$$

$$= \frac{8}{9}\pi\rho_0 a^3\ [\text{C}]$$

가 된다. 따라서 전력선총수는 식 (2.26)에서

$$\oiint_S \boldsymbol{E}\cdot\boldsymbol{n}\,dS = \frac{Q}{\varepsilon_0} = 32\,\pi^2\rho_0 a^3\times 10^9\ [\text{lines}]$$

가 되는데, 이 경우 $\rho_0 = 10^{-6}\,[\text{C/m}^3]$, $a = 10\,[\text{cm}]$이면, 약 315.8 [lines]의 전력선이 발산하게 되며 표면에서의 전계는 $800\pi\,[\text{V/m}]$가 된다.

◆ 예제 4-6

Gauss의 법칙을 이용하여 직선상의 점전하들에 의한 전력선방정식을 구하라.

풀이 점전하 Q_1, Q_2, Q_3 [C]이 그림 4-4와 같이 직선 위에 놓여 있을 때 이들에 의한 전계(전력선)분포는 직선에 대칭적일 것이므로, 직선을 포함하는 임의의 평면 위의 전계(전력선)를 구하고, 이것을 직선을 축으로 회전하면 전공간의 전계를 알 수 있다.

그림 4-4 (a)의 선 PP′를 전(全)점전하에 의한 전력선이라면 전력선은 서로 교차하지 않으므로 PP′가 직선을 축으로 회전할 때 만들어지는 통형곡면의 단면 PQ로 유입되는 전력선속은 일정한 값을 가질 것이며 이것이 전력선방정식의 조건이 된다.

이때 PQ를 지름으로 하는 원이 점 A에 대하여 이루는 입체각을 ω_1 [sr]이라 하면 점전하 Q_1 [C]에서 발산하는 전력선 $\dfrac{Q_1}{\varepsilon_0}$ [lines] 중 이 원으로 유입되는 것은

$$\phi_1 = \frac{Q_1}{\varepsilon_0}\frac{1}{4\pi}2\pi(1-\cos\theta_1) = \frac{Q_1}{2\varepsilon_0}(1-\cos\theta_1)\ [\text{lines}]$$

가 되며, 같은 이치로 Q_2, Q_3 [C]에서 발산하는 전력선 중 PQ 원으로 유입되는 전력선은

$$\phi_2 = \frac{Q_2}{2\varepsilon_0}(1-\cos\theta_2), \qquad \phi_3 = \frac{Q_3}{2\varepsilon_0}(1-\cos\theta_3)\ [\text{lines}]$$

가 된다. 그런데 전력선 PP′는 전점전하에 의하여 형성된 것이므로 PQ 원으로 유입되는 전력선의 총수는

$$\sum_{i=1}^{3}\frac{Q_i}{2\varepsilon_0}(1-\cos\theta_i) = \Sigma\frac{Q_i}{2\varepsilon_0} - \frac{1}{2\varepsilon_0}\Sigma Q_i\cos\theta_i\ [\text{lines}]$$

가 된다. 그런데 주어진 전하분포에 대한 $\dfrac{1}{2\varepsilon_0}\Sigma Q_i$는 일정할 것이므로 이 경우의 전력선방정식은

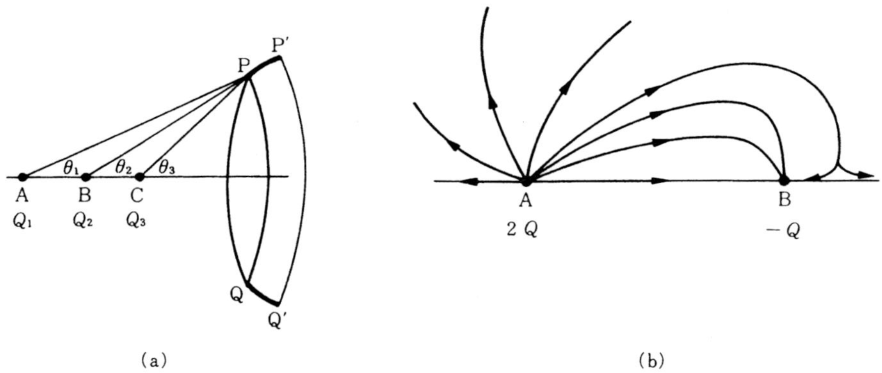

그림 4-4 점전하들과 전력선

$$\Sigma Q_i \cos\theta_i = Q_1\cos\theta_1 + Q_2\cos\theta_2 + Q_3\cos\theta_3 = \text{const.} \quad (4.8)$$

가 되어 이로부터 예제 2-11과 같은 결과가 얻어진다.

예로 그림 4-4(b)인 경우 전력선방정식은 식 (4.8)에서

$$2\cos\theta_1 - \cos\theta_2 = C$$

가 되며, $2Q$[C]에서 발산하는 전력선 중 $-Q$에 수직으로 유입하는 전력선은 조건

$$\mathrm{P}\rightarrow\mathrm{B} : \ \theta_1 = 0, \ \theta_2 = 90°\text{에서} \ \ C = 2$$

가 되므로, 이 전력선의 방정식은

$$2\cos\theta_1 - \cos\theta_2 = 2$$

가 된다. 따라서 그림 4-4(b)의 경우 점 A에서 발산하는 전력선 중 점 B로 수직 유입되는 한계의 각 α는 조건 $\mathrm{P}\rightarrow\mathrm{A}$에서 다음과 같이 된다.

$$2\cos\alpha + 1 = 2, \qquad \therefore\ \alpha = \cos^{-1}\frac{1}{2} = 60°$$

4.2 Gauss의 법칙의 계산예

전하분포에 의한 전계를 구하기 위하여는 Gauss의 법칙의 적분계산을 행하여야 하는데, 계산이 가능한 것은 전하분포가 대칭성인 경우로 대표적 예를 들면 다음과 같다.

【1】 점대칭 전하분포(구대전체)

(1) 구외(球外)의 전계

그림 4-5에서와 같이 반지름 a[m]의 구에 Q[C]의 전하가 주어졌을 경우 대칭성에 의하여 전력선은 방사상으로 발산할 것이다.

반지름 $r(>a)$[m]의 동심구면 S를 Gauss 표면으로 취하면 구면 위의 전계 $\boldsymbol{E}$는 구면에 수직이며 크기가 일정할 것이므로

$$\oiint_S \boldsymbol{E}\cdot\boldsymbol{n}dS = \oiint_S E dS = E4\pi r^2$$

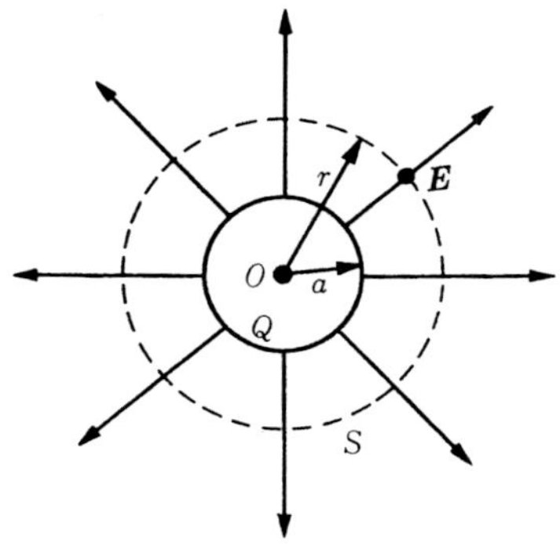

그림 4-5 구와 전계

가 되며, 이것은 Gauss의 법칙에 의하여 S 구내의 전전하 Q [C]의 $1/\varepsilon_0$ 배가 되므로

$$E4\pi r^2 = \frac{Q}{\varepsilon_0}$$

즉,

$$\left.\begin{aligned} E &= \frac{1}{4\pi\varepsilon_0}\frac{Q}{r^2}\ [\text{V/m}] \\ \boldsymbol{E} &= \frac{1}{4\pi\varepsilon_0}\frac{Q}{r^2}\ \boldsymbol{a}_r\,[\text{V/m}] \end{aligned}\right\} \tag{4.9}$$

가 된다. 여기서 $\boldsymbol{a}_r$는 방사방향 단위벡터이다.

이 결과는 중심에 점전하 Q [C]이 있는 경우의 전계〔식 (2.8)〕와 같으므로 중심대칭으로 분포된 전하에 의한 전계는 전전하가 중심에 집중된 점전하인 경우와 등가이다. 같은 결과를 예제 2-9와 비교할 때 Gauss의 법칙의 간편함을 알 수 있다.

(2) 구내(球內)의 전계

구내의 전하분포가 중심대칭이면 구내의 전력선도 방사상분포를 가질 것이다.

구내의 반지름 $r(<a)$ [m]의 구면을 Gauss 표면으로 취하고 r 구내의 전하를 Q' [C]이라 하면, r 구면 위의 전계 E_i는 식 (4.9)에 의하여 Q'가 중심에 집중된 점전하인 경우와 등가일 것이므로

$$E_i = \frac{1}{4\pi\varepsilon_0}\frac{Q'}{r^2}\ [\text{V/m}]$$

가 얻어지며, 이 경우 Q' [C]은

$$Q' = \frac{Q}{\frac{4}{3}\pi a^3} \times \frac{4}{3}\pi r^3 = \frac{Q}{a^3} r^3 \text{ [C]}$$

가 되므로

$$\left.\begin{aligned} E_i &= \frac{1}{4\pi\varepsilon_0}\frac{Q}{a^3} r \text{ [V/m]} \\ \boldsymbol{E}_i &= \frac{1}{4\pi\varepsilon_0}\frac{Q}{a^3} r\boldsymbol{a}_r \text{ [V/m]} \end{aligned}\right\} \tag{4.10}$$

가 된다. 여기서 $\boldsymbol{a}_r$는 중심에서 고찰점으로 향하는 방사방향 단위벡터이다. 이 경우 $r(<a)$ 구 외부의 외각전하는 내부의 전계에 영향을 미치지 못한다.

(3) 각 점의 전위

① **구외전위** : 식 (4.7)과 식 (3.5)에서

$$V = -\int_{\infty}^{r} \boldsymbol{E} \cdot d\boldsymbol{l} = \frac{1}{4\pi\varepsilon_0}\frac{Q}{r} \text{ [V]} \quad (a < r < \infty)$$

② **구 전 위**

$$V = -\int_{\infty}^{a} \boldsymbol{E} \cdot d\boldsymbol{l} = \frac{1}{4\pi\varepsilon_0}\frac{Q}{a} \text{ [V]} \quad (a = r)$$

③ **구내전위**

$$V_i = -\int_{\infty}^{a} \boldsymbol{E} \cdot d\boldsymbol{l} - \int_{a}^{r} \boldsymbol{E}_i \cdot d\boldsymbol{l} = \frac{1}{4\pi\varepsilon_0}\frac{Q}{a} - \frac{Q}{4\pi\varepsilon_0 a^3}\int_{a}^{r} r dr$$

$$= \frac{1}{4\pi\varepsilon_0}\frac{Q}{a}\left(\frac{3}{2} - \frac{r^2}{2a^2}\right) \text{ [V]}$$

따라서 중심대칭 대전구 중심의 전위는 구전위의 1.5배가 된다.

④ **동심구도체 사이의 전위차** : 반지름 a, $b(>a)$ [m]인 동심구 내구에 Q [C]의 전하를 주었을 때 내외 구도체 사이의 전위차는 다음과 같다.

$$V_{ab} = -\int_{b}^{a} \boldsymbol{E} \cdot d\boldsymbol{l} = \frac{Q}{4\pi\varepsilon_0}\left(\frac{1}{a} - \frac{1}{b}\right) \text{ [V]} \tag{4.11}$$

◆ 예제 4-7

반지름 a [m]인 구내에 $\rho = \rho_0 \left(\frac{r}{a} \right)^{1/2}$ [C/m^3]의 전하가 분포되어 있을 때 다음 각 점의 전계 및 전위를 구하라.

(1) $r = a$　　　(2) $r = \frac{a}{2}$　　　(3) $r = 0$ [m]

풀이 (1) 구내의 전전하는 식 (1.34)에서

$$Q = \int \rho dv = \rho_0 a^{-1/2} \int_0^a r^{1/2} r^2 dr \int_0^\pi \sin\theta d\theta \int_0^{2\pi} d\phi$$
$$= \frac{8}{7} \pi a^3 \rho_0 \text{ [C]}$$

가 되므로, 구면의 전계 및 전위는 다음과 같다.

$$E_a = \frac{1}{4\pi\varepsilon_0} \frac{Q}{a^2} \boldsymbol{a}_r = \frac{2\rho_0}{7\varepsilon_0} a \boldsymbol{a}_r \text{ [V/m]}$$

$$V_a = \frac{1}{4\pi\varepsilon_0} \frac{Q}{a} = \frac{2\rho_0}{7\varepsilon_0} a^2 \text{ [V]}$$

(2) 반지름 $r(< a)$ [m] 구내의 전하는

$$Q_i = \int \rho dv = \rho_0 a^{-1/2} \int_0^r r^{1/2} r^2 dr \int_0^\pi \sin\theta d\theta \int_0^{2\pi} d\phi$$
$$= \frac{8\pi\rho_0}{7} a^3 \left(\frac{r}{a} \right)^{7/2} \text{ [C]}$$

가 되며, 이 구내의 전계 및 전위는

$$\boldsymbol{E}_i = \frac{1}{4\pi\varepsilon_0} \frac{Q_i}{r^2} \boldsymbol{a}_r = \frac{2\rho_0}{7\varepsilon_0} a \left(\frac{r}{a} \right)^{3/2} \boldsymbol{a}_r \text{ [V/m]} \quad (0 < r < a)$$

$$V_i = V_a - \int_a^r \boldsymbol{E}_i \cdot d\boldsymbol{l} = V_a \left[\frac{7}{5} - \frac{2}{5} \left(\frac{r}{a} \right)^{5/2} \right] \text{[V]} \quad (0 < r < a)$$

가 된다. 따라서 $r = \frac{a}{2}$ [m]에서의 전계 및 전위는 다음과 같다.

$$\boldsymbol{E}_b = \frac{2\rho_0}{7\varepsilon_0} a \times 2^{-3/2} \boldsymbol{a}_r = 0.354 \, \boldsymbol{E}_a \text{ [V/m]}$$

$$V_b = \frac{2\rho_0}{7\varepsilon_0} a^2 \left(\frac{7}{5} - \frac{1}{5\sqrt{2}} \right) = 1.259 \, V_a \text{ [V]}$$

(3) 구심에서의 전계는 0이 되나 전위는 $V_0 = \dfrac{2\rho_0}{5\varepsilon_0} a^2$ [V]가 되어 구면전위의 1.4배가 된다.

【2】 축대칭 전하분포

(1) 무한장 직선전하와 전계

선전하밀도 ρ_l [C/m]이 분포되어 있는 무한장(無限長) 직선전하에 의한 전계(전력선)는 직선을 축으로 하는 방사상분포를 가질 것이므로, 그림 4-6에서와 같이 길이 l [m], 반지름 r [m]의 원통 S를 Gauss 표면으로 취하면 원통의 상하면을 관통하는 전력선은 없을 것이다. 따라서 직선전하에서 r [m]가 되는 점의 전계 $\boldsymbol{E}$ [V/m]는 식 (2.26)에서

$$\oiint_S \boldsymbol{E} \cdot \boldsymbol{n}\, dS = E 2\pi r l = \frac{\rho_l l}{\varepsilon_0} \tag{4.12a}$$

$$\left.\begin{aligned} \therefore\ E &= \frac{\rho_l}{2\pi\varepsilon_0 r}\ [\text{V/m}] \\ \boldsymbol{E} &= \frac{\rho_l}{2\pi\varepsilon_0 r}\ \boldsymbol{a}_r\ [\text{V/m}] \end{aligned}\right\} \tag{4.12b}$$

가 되어 식 (2.12)와 같은 결과가 얻어지며 전위는 예제 3-7을 참조하기 바란다. 그리고 유한직선전하에 의한 전계는 비대칭이므로 Coulomb의 법칙에 의한 예제 2-7의 방법을 이용한다.

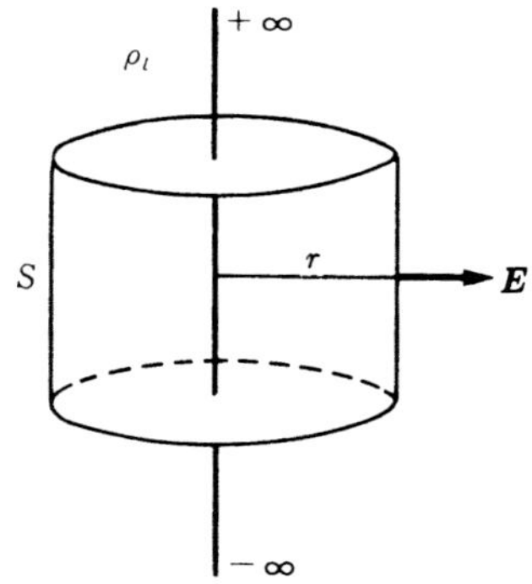

그림 4-6 무한장 직선전하와 전계

(2) 원주형 전하분포와 전계

반지름 a [m]의 무한장 원주형 대전체에 ρ_l [C/m]의 전하밀도가 균일하게 분포되어 있을 경우의 전계는 축대칭원리에 의하여 방사상분포를 가질 것이다.

① **대전체 외부전계** : 그림 4-7과 같이 Gauss의 표면을 취하고 Gauss의 법칙을 적용하면

$$\left.\begin{aligned} E &= \frac{1}{2\pi\varepsilon_0}\frac{\rho_l}{r}\ [\mathrm{V/m}] \\ \boldsymbol{E} &= \frac{1}{2\pi\varepsilon_0}\frac{\rho_l}{r}\boldsymbol{a}_r\ [\mathrm{V/m}] \end{aligned}\right\} \tag{4.12c}$$

가 얻어지는데, 이와 같이 전하분포가 축대칭일 경우의 전계는 전하분포가 축에 집중된 직선전하분포인 경우와 등가이다.

② **동축원통 사이의 전위차** : 반지름 a, $b(>a)$ [m]의 동축 내외원통에 $\pm\rho_l$ [C/m]의 전하를 주었을 때 내외원통 사이의 전위차는 식 (3.9)를 이용하여 다음과 같이 된다.

$$V_{ab} = \frac{\rho_l}{2\pi\varepsilon_0}\ln\frac{b}{a}\ [\mathrm{V}] \tag{4.13}$$

③ **원주대전체 내부전계** : 대전체 내에 $r(<a)$ [m], 길이 l [m]의 동축원통 S를 Gauss 표면으로 취하였을 때 이 S 내의 선전하밀도는

$$\rho_l' = \frac{r^2}{a^2}\rho_l\,[\mathrm{C/m}]$$

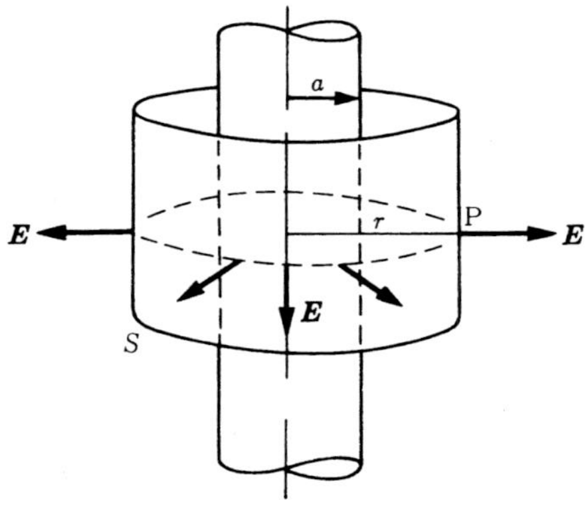

그림 4-7 원주형 전하와 전계

가 되므로, Gauss의 법칙을 S에 적용하여

$$\left.\begin{aligned} E_i &= \frac{1}{2\pi\varepsilon}\frac{\rho_l'}{r} = \frac{1}{2\pi\varepsilon_0}\frac{\rho_l}{a^2}r\,[\mathrm{V/m}] \\ \boldsymbol{E}_i &= \frac{1}{2\pi\varepsilon_0}\frac{\rho_l}{a^2}r\boldsymbol{a}_r\,[\mathrm{V/m}] \end{aligned}\right\} \tag{4.14}$$

가 얻어진다. 만일 원주형 대전체 내부에 전하분포가 없다면 $\boldsymbol{E}_i=0$이 되는데 정전계인 경우 완전도체가 이에 해당한다.

◆ 예제 4-8

무한직선전하에 의한 전력선방정식을 구하라.

풀이 (1) **단일직선전하인 경우** : z축 위의 무한직선전하 ρ_l[C/m]에 의한 전력선(전계)은 축대칭일 것이므로 xy 평면 위에서 방사상분포를 갖는다. 점 P(x, y, 0) [m]의 전계는 식 (2.23)에서

$$E = \frac{\rho_l}{2\pi\varepsilon_0}\frac{1}{r}\ [\mathrm{V/m}], \qquad r=\sqrt{x^2+y^2}\ [\mathrm{m}]$$

$$E_x = E\frac{x}{r}, \qquad E_y = \frac{y}{r}\ [\mathrm{V/m}]$$

이므로 전력선방정식은 식 (2.18)에서

$$\frac{dx}{x} = \frac{dy}{y}$$

가 되어 예제 2-10과 같은 전력선분포를 갖는다.

(2) **평행직선전하인 경우** : 직선전하들을 z축에 평행으로 놓으면 xy 평면 위의 전력선분포로 전체의 모양을 알 수 있다.
그림 4-8과 같이 ρ_{l_1}, ρ_{l_2} [C/m]의 평행직선전하에 의한 전력선을 PP′라 할 때, 각 선전하에서 발산되는 전력선 중 깊이 1 [m]의 미소선분 PP′를 지나는 전력선은 각각

$$d\phi_1 = \frac{\rho_{l_1}}{\varepsilon_0}\frac{1}{2\pi}d\theta_1, \qquad d\phi_2 = \frac{\rho_{l_2}}{\varepsilon_0}\frac{1}{2\pi}d\theta_2\ [\mathrm{lines/m}]$$

가 되며, 전전력선은

$$d\phi = \frac{1}{2\pi\varepsilon_0}(\rho_{l_1}d\theta_1 + \rho_{l_2}d\theta_2)\ [\mathrm{lines/m}]$$

가 된다. 그런데 전력선은 서로 교차하지 않는다는 조건으로부터

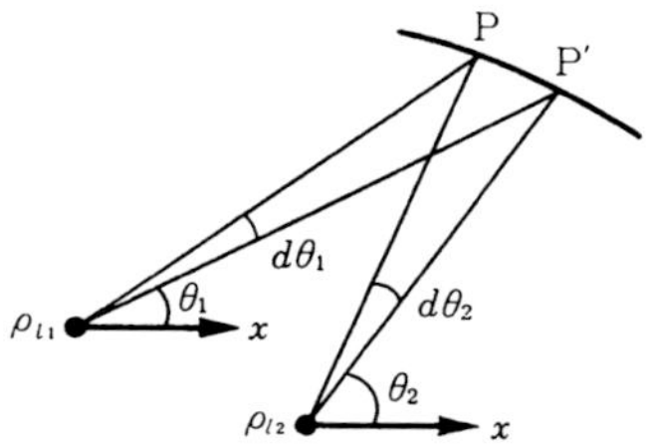

그림 4-8 직선전하와 전력선

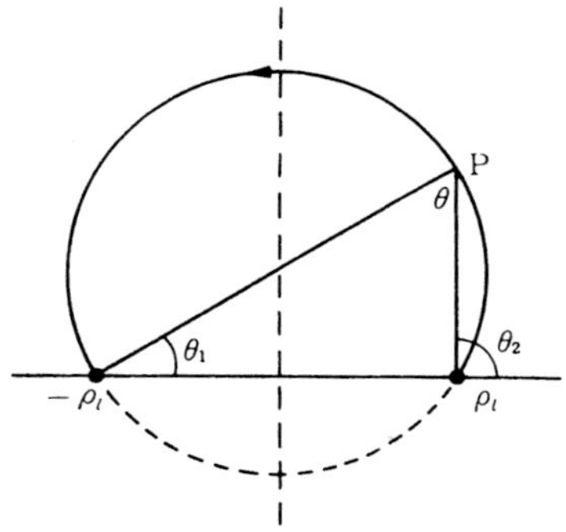

그림 4-9 두 선전하와 전력선

$d\phi=0$이 되어야 하므로

$$\rho_{l_1}\theta_1+\rho_{l_2}\theta_2 = \text{const.} \tag{4.15a}$$

의 전력선방정식이 얻어진다. 여기서 θ_1, θ_2는 전력선 위의 한 점과 x축이 이루는 각이다.

따라서 $\pm\rho_l$ [C/m]의 두 무한장 평행직선전하에 의한 전력선방정식은

$$-\theta_1+\theta_2 = C = \text{const.} = \theta \tag{4.15b}$$

가 되며, 이 경우의 전력선은 그림 4-9와 같이 선전하 사이의 거리를 현으로 하는 원이 된다.

◆ 예제 4-9

진공 중 두 점 $\left(\pm\dfrac{d}{2},\ 0,\ 0\right)$[m]에 놓여진 선전하밀도 $\pm\rho_l$ [C/m]의 z방향 무한장 평행직선전하에 의한 전력선 및 등전위선을 구하라.

풀이 (1) **전력선** : 그림 4-10의 전력선 위에서 점 P를 선 A에 무한접근시키면

$$\theta_1=0,\quad \theta_2=\alpha$$

가 되어, 이 경우의 전력선방정식은 식 (4.15b)에서

$$\theta_2-\theta_1=\alpha \tag{4.16}$$

가 되며, 그림 4-10에서와 같이 선분 AB를 현으로 하는 원이 된다. 따라서 그림 4-10의 원형 전력선에서 중심 $O'(0,\ y)$ 및 반지름 r_0를 구하면

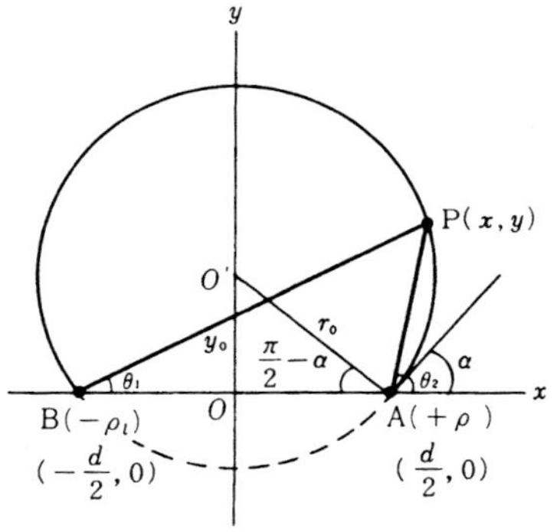

그림 4-10 전력선의 중심과 반지름

$$\left.\begin{aligned} y_0 &= \frac{d}{2}\tan\left(\frac{\pi}{2}-\alpha\right) = \frac{d}{2\tan\alpha} \\ r_0 &= \frac{d}{2\sin\alpha} \end{aligned}\right\} \tag{4.17a}$$

가 얻어지므로 전력선의 방정식은

$$x^2 + \left(y - \frac{d}{2\tan\alpha}\right)^2 = \left(\frac{d}{2\sin\alpha}\right)^2 \tag{4.17b}$$

와 같은 원의 방정식이 된다. 따라서 각 α(30°, 60°, 90°, 120°, 150° 등)에 대한 θ_1, θ_2 값으로 많은 전력선(그림 4-12의 점선원)들을 얻을 수 있다.

(2) 등전위선 : 그림 4-11의 $\pm\rho_l$ [C/m] 선전하분포에서 점 O(영전위)에 대한 점 P의 전위는 식 (3.9)에서 각각

$$V_+ = \frac{\rho_l}{2\pi\varepsilon_0}\ln\frac{d}{2r_1}\ [\mathrm{V}], \qquad V_- = \frac{-\rho_l}{2\pi\varepsilon_0}\ln\frac{d}{2r_2}\ [\mathrm{V}]$$

이므로 두 선전하에 의한 합성전위는

$$V = V_+ + V_- = \frac{\rho_l}{2\pi\varepsilon_0}\ln\frac{r_2}{r_1} = \frac{\rho_l}{4\pi\varepsilon_0}\ln\frac{r_2^2}{r_1^2}\ [\mathrm{V}]$$

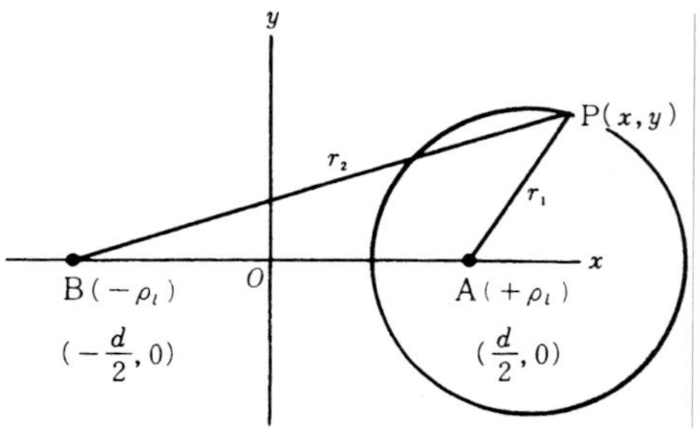

그림 4-11 정부(正負)선전하와 전위

$$r_1^2 = \left(x - \frac{d}{2}\right)^2 + y^2, \quad r_2^2 = \left(x + \frac{d}{2}\right)^2 + y^2$$

이 된다. 따라서 $V = V_1$ [V]의 등전위선에서

$$e^{\frac{4\pi\varepsilon_0 V_1}{\rho_l}} = A_1 \text{이라면 } r_2^2 = A_1 r_1^2$$

가 되므로 등전위선방정식은

$$\left(x + \frac{d}{2}\right)^2 + y^2 = A_1\left\{\left(x - \frac{d}{2}\right)^2 + y^2\right\}$$

즉,

$$\left.\begin{aligned} &\left(x - \frac{d}{2}\frac{A_1 + 1}{A_1 - 1}\right)^2 + y^2 = \left(\frac{d\sqrt{A_1}}{A_1 - 1}\right)^2 \\ &(x - h)^2 + y^2 = b^2 \end{aligned}\right\} \tag{4.18a}$$

가 되어 등전위선은 x축 위에 중심을 갖는 원으로

$$\text{중심 : } \left(h = \frac{d}{2}\frac{A_1 + 1}{A_1 - 1},\ 0\right) \qquad \text{반지름 : } b = \frac{d\sqrt{A_1}}{A_1 - 1} \tag{4.18b}$$

을 만족하는 원통의 단면들이 된다.

그림 4-12는 $\rho_l = \pm 1$ [μC/m], $d = 1$ [m]인 경우의 전력선(점선)

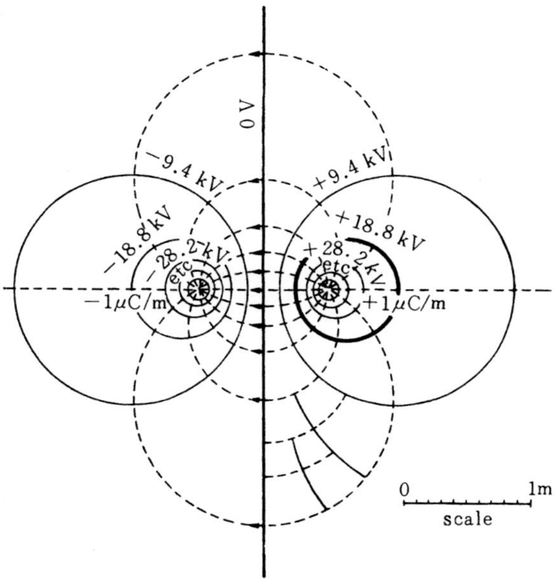

그림 4-12 정, 부의 무한장 평행직선전하에 의한 전력선과 등전위선

과 등전위선(실선)분포이며, 여기서 등전위선 중심의 위치 $(h, 0, 0)$는 선전하의 위치 $\left(\frac{d}{2}, 0, 0\right)$와 일치하지 않는다.

【3】 평판전하분포와 전계

무한히 넓은 평면판에 $\rho_s\,[\mathrm{C/m^2}]$의 면전하밀도가 분포되어 있을 경우의 전계는 그림 4-13에서와 같이 평판 양면에서 수직방향으로 발산한다.

판에 수직한 원통을 Gauss 표면으로 취하고 Gauss의 법칙을 적용하면

$$\oint\!\!\oint_S \boldsymbol{E}\cdot\boldsymbol{n}\,dS = 2ES = \frac{\rho_s S}{\varepsilon_0}$$

$$\left.\begin{aligned} \therefore\ E &= \frac{\rho_s}{2\varepsilon_0}\ [\mathrm{V/m}] \\ \boldsymbol{E} &= \frac{\rho_s}{2\varepsilon_0}\boldsymbol{n}\,[\mathrm{V/m}] \end{aligned}\right\} \tag{4.19}$$

가 되어 식 (2.15a)와 같은 결과가 얻어지며 여기서 $\boldsymbol{n}$은 판에 수직되는 단위벡터이다. 이와 같이 크기와 방향이 일정한 전계를 평등전계라 한다.

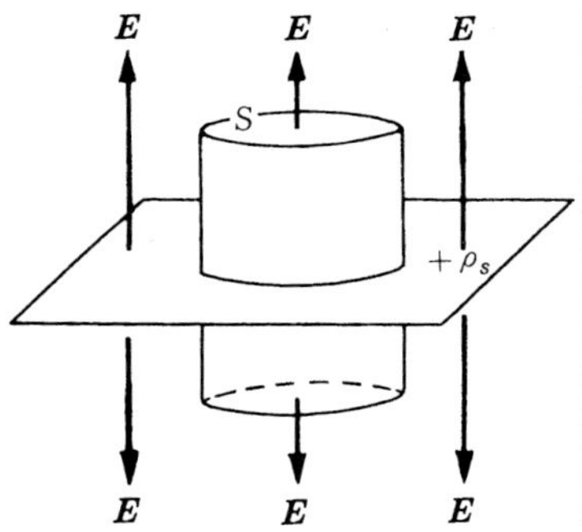

그림 4-13 평판전하

◆ **예제 4-10**

진공 중에서 $\pm\rho_s\ [\mathrm{C/m^2}]$로 대전된 무한히 큰 평행판 사이의 전계를 구하라.

풀이 xy 평면에 평행한 위의 평면대전판($z=0,\ a\,[\mathrm{m}]$)에 $\pm\rho_s\,[\mathrm{C/m^2}]$를 주면 $0 < z < a\,[\mathrm{m}]$ 공간에서의 전계는

$$\boldsymbol{E}_+ = \frac{\rho_s}{2\varepsilon_0}\boldsymbol{k}\,[\mathrm{V/m}], \qquad \boldsymbol{E}_- = \frac{-\rho_s}{2\varepsilon_0}\boldsymbol{k}\,[\mathrm{V/m}]$$

$$\boldsymbol{E} = \boldsymbol{E}_+ + \boldsymbol{E}_- = \frac{\rho_s}{\varepsilon_0}\boldsymbol{k}\,[\mathrm{V/m}] \tag{4.20}$$

가 되며, $z < 0$, $z > a$의 공간에서는

$$\boldsymbol{E} = 0$$

가 된다. 이 관계식은 평행판커패시터의 용량을 구할 때 중요하게 이용된다.

◆ 예제 4-11

그림 4-14와 같은 무한평행도체판 중 B에 $\rho_s\,[\mathrm{C/m^2}]$의 면전하가 분포되어 있다. 다음을 구하라.

(1) 판 A, C의 유도전하 (2) 각 부의 전계 (3) 판 B의 전위

풀이 (1) 판 B 양면의 전하를 ρ_{sa}, $\rho_{sc}\,[\mathrm{C/m^2}]$라 하면

$$\rho_s = \rho_{sa} + \rho_{sc}\,[\mathrm{C/m^2}]$$

가 되며, 각 부의 전계는

$$E_a = \frac{\rho_{sa}}{\varepsilon_0}, \qquad E_b = \frac{\rho_{sc}}{\varepsilon_0}\,[\mathrm{V/m}]$$

가 된다. 그리고 판 A와 C에 대한 판 B의 전위는 동일하므로

$$E_a x = E_b(d-x)\,[\mathrm{V}]$$

가 성립한다. 위 세 식에서 다음과 같은 결과가 얻어진다.

$$\rho_{sa} = \frac{d-x}{d}\rho_s, \qquad \rho_{sc} = \frac{x}{d}\rho_s\,[\mathrm{C/m^2}]$$

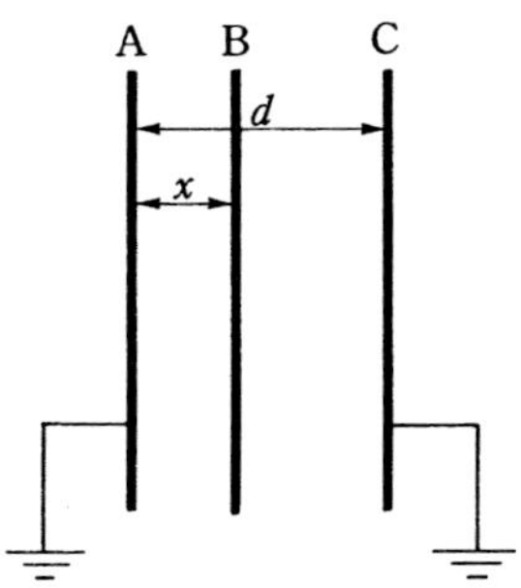

그림 4-14 평행판 전하

(2) 각 부의 전계는 다음과 같이 된다.

$$E_a = \frac{\rho_s}{\varepsilon_0}\frac{d-x}{d}, \quad E_b = \frac{\rho_s}{\varepsilon_0}\frac{x}{d}\ [\text{V/m}]$$

(3) 판 B의 전위는 다음과 같이 된다.

$$V_{ba} = E_a x = \frac{\rho_s}{\varepsilon_0}\frac{d-x}{d}x\ [\text{V}]$$

4.3 도체와 정전계

도체는 전하가 자유로이 이동할 수 있는 물체이며 전하의 이동은 전계에 의하여 발생한다. 그런데 정전기학에서는 전하의 이동이 없는 정지상태에서의 여러 현상을 대상으로 하고 있으므로, 정전계에서는 도체 내에 전하의 이동, 즉 전계가 존재할 수 없다.

따라서 정전계는 도체 내의 전계를 0으로 하는 전하분포에 의한 전계라 할 수 있다. 이러한 기본적인 성질을 토대로 정전계에 대한 다음 몇 가지 특성을 들 수 있다.

① 도체 내부에는 전하가 존재하지 않는다.

도체 내에 임의의 폐곡면을 취하고 이에 Gauss의 법칙을 적용하였을 때, 도체 내에서는 $\boldsymbol{E}=0$이므로 식 (4.4)에 의하여 폐곡면 내의 전하가 0이 된다. 이 관계는 폐곡면을 도체의 표면까지 확장하여도 성립할 것이므로 도체 내부에는 전하가 존재할 수 없다. 따라서

② 대전도체의 전하는 전부 표면에만 존재한다.

③ 도체표면은 등전위면이다.

④ 정전유도현상은 도체 내의 합성전계를 0으로 하기 위한 정부(正負)등량전하가 도체 양단에 발생하는 현상으로 생각할 수 있다.

◆ 예제 4-12

공기 중에 놓여진 대전도체 표면의 전계를 구하라.

풀이 도체의 전하는 전부 표면에만 분포하며 등전위면이므로 전계(전력선)는 도체표면에 수직이 되며 도체 내부의 전계는 0이 된다.

도체표면 임의의 점의 표면전하밀도를 ρ_s [C/m^2], 그 점의 전계를 $\boldsymbol{E}$ [V/m=lines/m^2]라 하고, 그림 4-15와 같이 표면에 수직되는 원통을 Gauss 표면으로 취하면, 원통 측면을 지나는 전력선은 존재하지 않을 것이므로 Gauss의 법칙에 의하여

$$\left.\begin{aligned} E &= \frac{\rho_s}{\varepsilon_0} \text{ [V/m]} \\ \boldsymbol{E} &= \frac{\rho_s}{\varepsilon_0}\boldsymbol{n} \text{ [V/m]} \end{aligned}\right\} \tag{4.21}$$

가 얻어진다. 여기서 $\boldsymbol{n}$은 도체표면에 대한 외향법선단위벡터이다.
이 관계는 전계가 도체표면에 수직되는 평등전계 조건하에서 성립되는 중요한 식으로 **Coulomb의 등식**이라고도 한다.

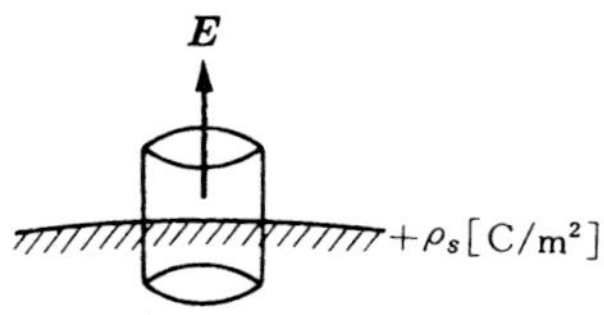

그림 4-15 Coulomb의 등식

◆ 예제 4-13

대전도체표면의 첨단부에서 전계의 세기가 가장 강함을 증명하라.

풀이 반지름 R [m]의 구도체에 Q [C]의 전하가 주어졌다면 Q는 표면에만 균일하게 분포될 것이므로 구표면 전하밀도 ρ_s [C/m^2]는

$$\rho_s = \frac{Q}{4\pi R^2} \text{ [C/m}^2\text{]}$$

가 될 것이다.
따라서 일정량의 전하가 주어졌을 때 도체표면의 곡률(曲率)이 크면 표면전하밀도가 커짐을, 즉 도체의 첨단부에 전하가 집중함을 알 수 있으며, 식 (4.21)에 의하여 이 점의 전계의 세기도 커진다. 그런데 공기의 절연파괴의 세기는 E_a=30 [kV/cm]이므로 대전도체 첨단의 전계가 E_a 보다 커지면 공기의 절연이 파괴되어 불꽃방전이 발생하게 된다.
피뢰침은 이 원리를 이용하여 전하를 서서히 방출시키므로 건물의 전하를 없게 하여 낙뢰를 피하도록 한 것이다. 고전압 전기기기 또는 정밀전자기기의 설계제작시에는 첨단부를 되도록 없이 하여 방전에 의한 절연물의 손상을 막도록 하고 있다(표 5-2 참조).

◆ 예제 4-14

공기 중의 대전도체표면에 작용하는 정전응력을 구하라.

풀이 도체에 주어진 전하는 표면에 분포된 후 상호간의 반발력에 의하여 외부로 향하는 압력을 받는데 이것을 **정전압력**(靜電壓力) 또는 **정전응력**(靜電應力, electrostatic stress)이라 한다.

그림 4-16 (a)와 같이 표면전하밀도 $\rho_s\,[\mathrm{C/m^2}]$의 전하분포를 갖는 표면의 한 점 P의 전계는 식 (4.12)에 의하여 다음과 같이 주어진다.

$$\boldsymbol{E}=\frac{\rho_s}{\varepsilon_0}\,\boldsymbol{n}\;[\mathrm{V/m=N/C}]$$

점 P 부근에 미소표면적 $\Delta S\,[\mathrm{m^2}]$를 취하고 E를 ΔS부〔그림 (b)〕와 ΔS 이외의 부〔그림 (c)〕에 의한 전계 E_1, E_2로 분리하여 생각하자. 그런데 그림 (b)에서 점 P의 대칭점을 P′라 하면 ΔS의 전하분포에 의한 전계는 점 P의 E_1과 점 P′의 $-E_1$이 되며, ΔS 이외 부분의 전하분포에 의한 점 P, P′의 전계 E_2는 같은 크기로 그림 (c)와 같이 같은 방향이 될 것이다.

따라서 점 P에서는

$$E_1+E_2=E=\frac{\rho_s}{\varepsilon_0}\;[\mathrm{N/C}]$$

가 되며, 점 P′는 도체 내부에 있으므로

$$-E_1+E_2=0$$

이 된다. 그러므로 다음과 같은 결과가 얻어진다.

$$E_2=\frac{E}{2}=\frac{\rho_s}{2\varepsilon_0}\;[\mathrm{N/C}]$$

따라서 ΔS부의 전전하 $\rho_s\Delta S\,[\mathrm{C}]$가 ΔS 이외 부(負)의 전하에 의하여 받는 힘은 식 (2.7)에서

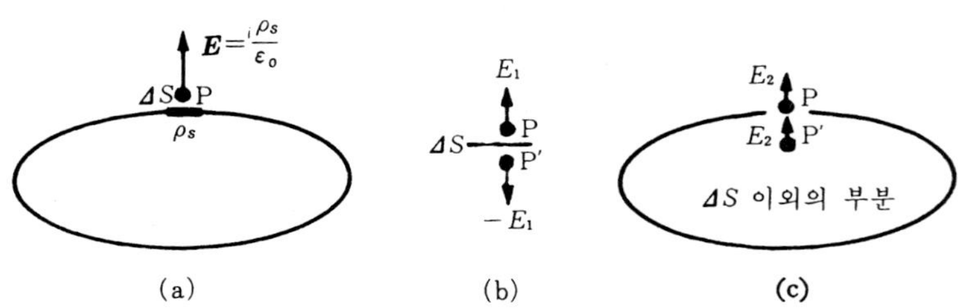

그림 4-16 정전응력

$$\Delta F = (\rho_s \Delta S) E_2 = \frac{1}{2} \frac{\rho_s^2}{\varepsilon_0} \Delta S \, [\mathrm{N}]$$

가 되며, 표면의 단위면적에 작용하는 정전응력은 다음과 같이 된다.

$$f = \frac{\Delta F}{\Delta S} = \frac{1}{2} \frac{\rho_s^2}{\varepsilon_0} = \frac{1}{2} \varepsilon_0 E^2 \, [\mathrm{N/m}] \tag{4.22}$$

이 힘은 ρ_s^2 또는 E^2에 비례하므로 대전전하의 정부에 관계없이 항상 정으로 외향하며 이로 인하여 대전체 표면이 외향하는 장력을 받기도 한다. 그리고 이 정전응력이 주위 매질의 절연내력을 초과하면 절연파괴 현상이 발생하게 된다.

◆ 예제 4-15

공기 중에서 Q[C]로 대전된 반지름 a[m]의 구각도체를 반분했을 때 이를 접합하기 위한 힘을 구하라.

풀이 그림 4-17의 점 P(a, θ, ϕ)에서 구면에 수직으로 외향하는 힘은 식 (4.22)에서

$$df_n = \frac{\rho_s^2}{2\varepsilon_0} \, [\mathrm{N/m^2}], \qquad \rho_s = \frac{Q}{4\pi a^2} \, [\mathrm{C/m^2}]$$

가 되는데, df_n를 그림에서와 같이 분해하면 대칭성에 의하여 $\theta = \frac{\pi}{2}$ 및 $\phi = \frac{\pi}{2}$ 방향성분

$$df_1 = df_n \sin\theta, \qquad df_2 = df_1 \sin\phi \, [\mathrm{N/m^2}]$$

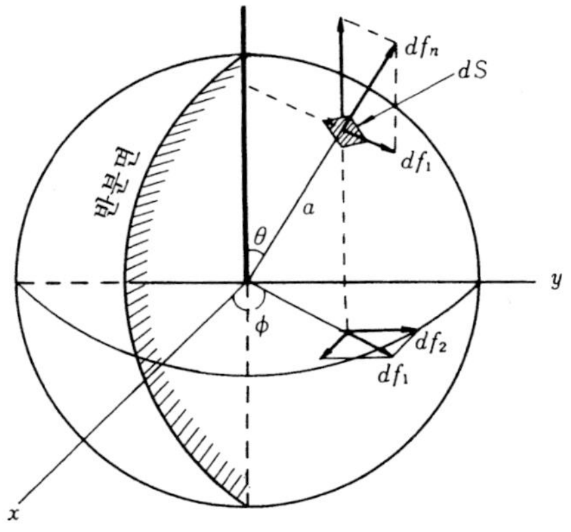

그림 4-17 정전응력의 계산예

의 반발력만 남게 된다. 따라서 구를 $\phi=0$ 면으로 반분했을 때 이를 접합시키기 위한 힘은 다음과 같이 된다.

$$F=\iint_{(\text{반구면})} df_2 dS=\frac{{\rho_s}^2}{2\varepsilon_0}a^2\int_0^{\pi}\sin^2\theta d\theta\int_0^{\pi}$$

$$\sin\phi d\phi=\frac{Q^2}{32\pi\varepsilon_0 a^2}=\frac{1}{4\pi\varepsilon_0}\frac{Q^2}{(2\sqrt{2}\,a)^2}\ [\text{N}]$$

4.4 전계의 발산

Gauss 법칙의 적분형〔식 (4.4)〕은 적분계산이 가능한 대칭분포에 대하여 적용할 수 있었는데, 비대칭분포에 대한 일반해법으로는 다음의 미분연산을 도입한 미분형을 이용한다.

체적밀도 $\rho\,[\text{C/m}^3]$의 전하가 공간적으로 분포된 전계 내에 그림 4-18과 같이 직각좌표를 정하고 임의의 점 $P_{(xyz)}$를 중심으로 하는 미소체적 $\Delta v=\Delta x\Delta y\Delta z\ [\text{m}^3]$를 취하였을 때 점 P의 전계를

$$\boldsymbol{E}_{(xyz)}=\boldsymbol{i}E_x+\boldsymbol{j}E_y+\boldsymbol{k}E_z\ [\text{V/m}=\text{lines/m}^2]$$

라 하면, 면 ABCD와 면 abcd를 통하여 유입 및 유출하는 전력선속은 각각

$$-d\phi_{(-\Delta x/2)}=-\left\{E_x+\frac{\partial E_x}{\partial x}\left(-\frac{\Delta x}{2}\right)\right\}\Delta y\Delta z\ [\text{lines}]$$

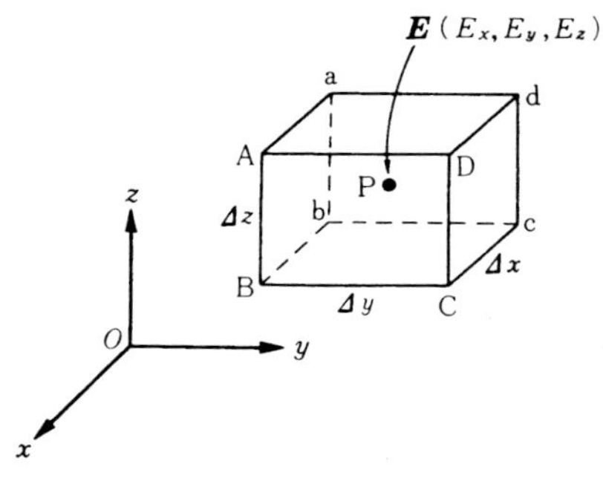

그림 4-18 전계의 발산

$$+d\phi_{(+\Delta x/2)} = \left\{E_x + \frac{\partial E_x}{\partial x}\left(\frac{\Delta x}{2}\right)\right\}\Delta y \Delta z \text{ [lines]}$$

가 될 것이다. 여기서 $\dfrac{\partial E_x}{\partial x}$는 미소체적 내의 전하분포에 의한 E_x의 변화율이다. 따라서 x 방향으로 새로 생성되어 발산유출하는 전력선속은

$$-\left(E_x - \frac{\partial E_x}{\partial x}\frac{\Delta x}{2}\right)\Delta y \Delta z + \left(E_x + \frac{\partial E_x}{\partial x}\frac{\Delta x}{2}\right)\Delta y \Delta z$$

$$= \frac{\partial E_x}{\partial x}\Delta v \text{ [lines]}$$

가 되며, 마찬가지로 y 및 z 방향의 것은

$$\frac{\partial E_y}{\partial y}\Delta v, \qquad \frac{\partial E_z}{\partial z}\Delta v \text{ [lines]}$$

가 된다. 따라서 미소체적의 전표면 S를 통하여 발산하는 총전력선속은

$$\oiint_S \boldsymbol{E} \cdot \boldsymbol{n}\, dS = \left(\frac{\partial E_x}{\partial x} + \frac{\partial E_y}{\partial y} + \frac{\partial E_z}{\partial z}\right)\Delta v \text{ [lines]} \tag{4.23}$$

가 되며, 여기서 $\boldsymbol{n}$은 미소체적의 각 표면에 대한 외향법선단위벡터이다. 그런데 식 (1.23)에서

$$\frac{\partial E_x}{\partial x} + \frac{\partial E_y}{\partial y} + \frac{\partial E_z}{\partial z} = \nabla \cdot \boldsymbol{E} = \text{div}\, \boldsymbol{E} \tag{4.24}$$

로 표시했으며, $\nabla \cdot \boldsymbol{E}$의 수학적 정의는 식 (4.23)에서

$$\text{div}\, \boldsymbol{E} = \nabla \cdot \boldsymbol{E} = \lim_{\Delta v \to 0} \frac{\oiint_S \boldsymbol{E} \cdot \boldsymbol{n}\, dS}{\Delta v} \text{ [lines/m}^3\text{]} \tag{4.25}$$

가 되므로, 물리적으로는 단위체적에서 발산(divergence)되는 전력선수를 의미한다.

한편 그림 4-17의 경우 미소체적 내의 총전하는 $\rho \Delta v$ [C]이 되므로 Gauss의 법칙에서

$$\oiint_S \boldsymbol{E} \cdot \boldsymbol{n}\, dS = \text{div}\, \boldsymbol{E} \Delta v = \frac{1}{\varepsilon_0}\rho \Delta v$$

가 성립되며, 이를 단위체적에 대한 값으로 환산하면

$$\mathrm{div}\,\boldsymbol{E} = \nabla \cdot \boldsymbol{E} = \frac{\rho}{\varepsilon_0}\ [\text{lines/m}^3] \tag{4.26}$$

가 얻어진다. 이 관계식은 공간전하분포 내의 한 점에서 **「벡터계인 전계**(전력선)**의 단위체적에 대한 발산은 그 점에서의 전하밀도 ρ의 $1/\varepsilon_0$배와 같다」**는 것을 의미하며, 이것을 **Gauss의 법칙의 미분형**(point form of Gauss's law)이라 한다.

만일 우리가 생각하는 고찰점에 전하가 없다($\rho = 0$)면

$$\mathrm{div}\,\boldsymbol{E} = \nabla \cdot \boldsymbol{E} = 0 \tag{4.27}$$

가 된다. 이것은 전하가 없는 곳에는 전력선의 발산이 없다는, 즉 전계(전력선)의 연속성을 표시하는 식 (4.6)의 미분형이 된다.

◆ 예제 4-16

공기 중에서 전계분포 $\boldsymbol{E} = x^2\boldsymbol{i} + y^3\boldsymbol{j} + z^2\boldsymbol{k}$ [V/m]의 원천이 되는 점 (2, 2, 1) [m]에서 부피 1 [mm³] 내의 전하를 구하라.

풀이

$$\mathrm{div}\,\boldsymbol{E} = (2x + 3y^2 + 2z)\ [\text{lines/m}^3]$$

이므로 점 (2, 2, 1) [m]에 대한 전계의 원천전하는 식 (4.26)에서

$$\rho = \varepsilon_0\,\mathrm{div}\,\boldsymbol{E} = 8.854 \times 10^{-12} \times 18\ [\text{C/m}^3] = 1.6 \times 10^{-19}\ [\text{C/mm}^3]$$

가 되어 1 [mm³]에 양자 1개 꼴이 되는데, 전자가 있을 경우에는 전계(전력선)를 흡수하는 흡구(吸口, sink)가 될 것이다.

◆ 예제 4-17

전기력선의 성질을 정리하고 대응하는 관계식과 비교하라.

풀이 정전계에 관한 전력선(전계)의 성질을 종합하면 다음 각 항을 들 수 있는데 이들의 수식적 표현은 각자 정리하기 바란다.

(1) 전력선의 방향은 그 점의 전계의 방향과 일치하며, 전력선밀도는 그 점에서의 전계의 크기와 같다.

(2) 전력선은 정(正)전하에서 시작하여 부(負)전하에서 그친다.

(3) 전하가 없는 데서는 전력선의 발생·소멸이 없다. 즉, 연속성이다.

(4) 단위전하에서는 $1/\varepsilon_0$개의 전력선이 출입한다.

(5) 전력선은 전위가 높은 점에서 낮은 점으로 향한다.

(6) 전력선은 그 자신만으로 폐곡선이 되는 일이 없다.
(7) 전계가 0이 아닌 곳에서는 2개의 전력선이 교차하는 일이 없다.
(8) 전력선은 등전위면과 직교한다. 단, 전계가 0인 곳에서는 이 조건은 만족되지 않는다.
(9) 전력선은 도체표면에 수직으로 출입한다. 그러나 전계가 0인 경우에는 이 조건은 만족되지 않는다.
(10) 도체 내부에는 전력선이 없다.
(11) 전력선 중에는 무한원점에서 끝나든가 또는 무한원점에서 오는 것이 있을 수 있다.
(12) 무한원점에 있는 전하까지 합쳐서 생각하면 전하의 총량은 항상 0이다.

◆ 예제 4-18

원통좌표계에서의 $\operatorname{div}\boldsymbol{E}_{(r\phi z)}$를 구하라.

풀이 $\rho\,[\mathrm{C/m^3}]$의 공간전하분포에 의한 전계 내에 그림 1-13 및 식 (1.31)과 같이 원통좌표계의 미소체적 $dv = rdrd\phi dz\,[\mathrm{m^3}]$를 취하고 그 점에서의 전계를

$$\boldsymbol{E}_{(r\phi z)} = E_r\boldsymbol{a}_r + E_\phi\boldsymbol{a}_\phi + E_z\boldsymbol{a}_z\ [\mathrm{V/m = lines/m^2}]$$

라 할 때, $\boldsymbol{a}_r$ 방향으로 유입 및 유출하는 전력선속은 각각

$$\begin{aligned} -d\phi_r &= -E_r rd\phi dz\,[\mathrm{lines}] + \left[d\phi_r + \frac{\partial(d\phi_r)}{\partial r}dr\right] \\ &= \left[E_r + \frac{1}{r}\frac{\partial(rE_r)}{\partial r}dr\right]rd\phi dz\,[\mathrm{lines}] \end{aligned}$$

가 된다. 따라서 $\boldsymbol{a}_r$ 방향으로 생성되어 발산하는 전력선속은

$$\frac{1}{r}\frac{\partial(rE_r)}{\partial r}dv\,[\mathrm{lines}]$$

가 되며, 같은 계산을 $\boldsymbol{a}_\phi$, $\boldsymbol{a}_z$ 방향에 대하여 행한 후 식 (4.25)를 적용하면

$$\operatorname{div}\boldsymbol{E}_{(r\phi z)} = \frac{1}{r}\frac{\partial(rE_r)}{\partial r} + \frac{1}{r}\frac{\partial E_\phi}{\partial\phi} + \frac{\partial E_z}{\partial z}\ [\mathrm{lines/m^3}] \quad (4.28\mathrm{a})$$

가 얻어진다. 구좌표계에 대하여 위에서와 같은 계산을 행하면 다음 식

이 얻어진다.

$$\operatorname{div} \boldsymbol{E}_{(r\phi z)} = \frac{1}{r^2}\frac{\partial}{\partial r}(r^2 E_r) + \frac{1}{r\sin\theta}\frac{\partial}{\partial\theta}(\sin\theta E_\theta) + \frac{1}{r\sin\theta}\frac{\partial E_\phi}{\partial\phi} \ [\text{lines/m}^3] \tag{4.28b}$$

◆ **예제 4-19**

다음 벡터계의 발산을 구하라.

(1) $\boldsymbol{E}_{(2,90°,3)} = \frac{1}{r}\boldsymbol{a}_r$, $\boldsymbol{E}_{(2,90°,30°)} = \frac{1}{r^2}\boldsymbol{a}_r$

(2) $\boldsymbol{E}_{(2,90°,3)} = \frac{1}{r^2}\boldsymbol{a}_r$, $\boldsymbol{E}_{(2,90°,30°)} = \frac{1}{r}\boldsymbol{a}_r$

풀이 (1) 각 경우 발산은 0으로 그 점에서의 벡터계는 연속성이다.

(2) 이 경우의 발산은 각각 $-\frac{1}{8}$, $\frac{1}{4}$ [lines/m^3]가 된다.

4.5 발산정리

전계 $\boldsymbol{E}$ [V/m=lines/m^2]의 벡터계에서 그림 4-19의 미소체적 Δv_1 [m^3] 내에서 발산하여 그 표면 S_1을 통하여 유출하는 전력선은 식 (4.23)에서

$$\oiint_{S_1} \boldsymbol{E}_1 \cdot \boldsymbol{n}_1 dS_1 = \operatorname{div} \boldsymbol{E}_1 \Delta v_1$$

이 될 것이다. 여기서 $\boldsymbol{n}_1$은 표면 S_1에 대한 외향법선단위벡터이다. 마찬가지 계산을 Δv_2, Δv_3의 미소체적에 대하여 행하면 각각

$$\oiint_{S_2} \boldsymbol{E}_2 \cdot \boldsymbol{n}_2 dS_2 = \operatorname{div} \boldsymbol{E}_2 \Delta v_2$$

$$\oiint_{S_3} \boldsymbol{E}_3 \cdot \boldsymbol{n}_3 dS_3 = \operatorname{div} \boldsymbol{E}_3 \Delta v_3$$

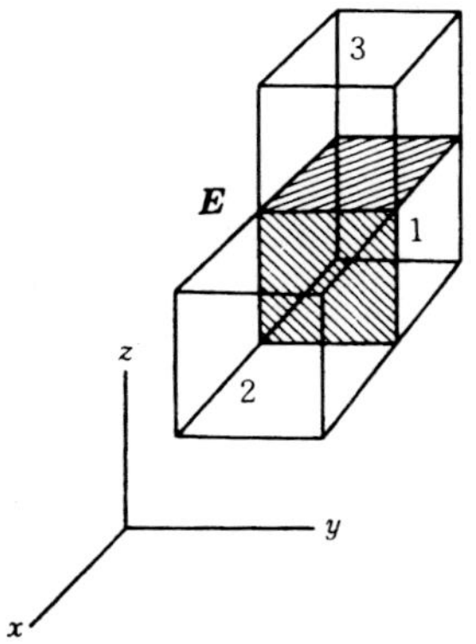

그림 4-19 발산정리

가 성립한다. 이들의 양변을 합하였을 때 좌변은 인접한 경계면에서 각각의 전력선 유출방향이 반대가 되어 상쇄되므로, 세 미소육면체의 바깥쪽 표면 S에 대한 적분만 남게 되고, 좌변은 세 미소육면체의 체적에 대한 합이 되어

$$\oiint_S \boldsymbol{E} \cdot \boldsymbol{n} dS = \sum_{i=1}^{3} \operatorname{div} \boldsymbol{E}_i \Delta v_i$$

가 얻어진다. 따라서 공간전하분포에 의한 전계 $\boldsymbol{E}_{(xyz)}$ 내에 임의의 폐곡면을 취하고 내부를 미소체적으로 분할한 다음 위의 계산방식을 적용한 후 총합을 구하면

$$\oiint_S \boldsymbol{E} \cdot \boldsymbol{n} dS = \iiint_v \operatorname{div} \boldsymbol{E} dv \tag{4.29}$$

의 관계식을 얻을 수 있다. 여기서 $\boldsymbol{n}$은 폐곡면 S에 대한 외향법선단위벡터이고 v는 S 내의 전체적이다.

이 식의 물리적 표현은 「**임의의 폐곡면 내의 단위체적에서 발산하는 전력선의 체적에 대한 총합은 이 체적의 전표면**(폐곡면)**을 통하여 유출하는 양과 같다**」로 정리할 수 있으며 이것을 발산정리(divergence theorem) 또는 **Gauss의 선속정리**(線束定理)라고도 한다. 이 관계식은 전계의 벡터계뿐만 아니라 좌표함수로 주어지는 모든 벡터계에 대하여 일반적으로 성립되는 것으로, 체적에 대한 3중적분을 표면에 대한 2중적분으로 또는 역으로 변환하므로, 내부(또는 외부)에 대한 문제를 외부(또는 내부)에서 해결할 수 있는 방법을 제시하는 중요한 정리이다.

◆ 예제 4-20

$\boldsymbol{E}=\dfrac{3}{8}x^3y^2\boldsymbol{i}$ [V/m]인 전계 중에서 원점에 중심을 갖는 각 변의 길이가 4 [m]이며, 모든 변들이 좌표축에 평행되는 입방체에 대하여 발산정리가 성립함을 증명하라.

풀이 입방체의 6개 면 중에서 4개 면은 $\boldsymbol{E}$와 평행이므로 $x=\pm 2$ [m]의 두 면에 대한 계산만 행하면 된다.

$$x=-2\text{ [m]의 면 } S_-:\ \iint_{S_-}\boldsymbol{E}\cdot\boldsymbol{n}dS$$
$$=(-2)^3\int_{-2}^{2}\int_{-2}^{2}\frac{3}{8}y^2\boldsymbol{i}\cdot(-\boldsymbol{i})dydz$$
$$=3\int_{-2}^{2}y^2dy\int_{-2}^{2}dz=64$$

$$x=+2\text{ [m]의 면 : } S_+\iint_{S_+}\boldsymbol{E}\cdot\boldsymbol{n}dS$$
$$=(2)^3\int_{-2}^{2}\int_{-2}^{2}\frac{3}{8}y^2\boldsymbol{i}\cdot\boldsymbol{i}dydz=64$$

$$\therefore\ \oiint_S\boldsymbol{E}\cdot\boldsymbol{n}dS=64+64=128\text{ [lines]}$$

한편

$$\nabla\cdot\boldsymbol{E}=\frac{\partial}{\partial x}\left(\frac{3}{8}x^3y^2\right)=\frac{9}{8}x^2y^2\text{ [lines/m}^3]$$
$$\therefore\ \iiint\nabla\cdot\boldsymbol{E}dv=\int_{-2}^{2}\int_{-2}^{2}\int_{-2}^{2}\frac{9}{8}x^2y^2dxdydz$$
$$=\frac{9}{8}\int_{-2}^{2}x^2dx\int_{-2}^{2}y^2dy\int_{-2}^{2}dz$$
$$=128\text{ [lines]}$$

따라서 발산정리가 성립함이 입증되었다. 이 경우 정육면체 내의 전하량은 Gauss의 법칙에 의하여 $128\varepsilon_0$ [C] = 1.13 [nC]이 된다.

◆ 예제 4-21

발산정리를 이용하여 Gauss의 법칙의 미분형을 유도하라.

풀이 Gauss의 법칙의 적분형〔식 (4.4)〕에서 전계의 원천인 전하가 공간전하 분포 ρ [C/m^3]일 경우 식 (4.5)에서

$$Q = \iiint_v \rho \, dv \ [\mathrm{C}]$$

가 되며, 한편 발산정리의 식 (4.26)에 의하여

$$\oint\!\!\!\oint_S \boldsymbol{E} \cdot \boldsymbol{n} \, dS = \iiint_v \operatorname{div} \boldsymbol{E} \, dv$$

가 얻어지는데, 여기서 $v\,[\mathrm{m}^3]$는 원천전하분포를 포함하는 전체적이며 $S\,[\mathrm{m}^2]$는 전체적의 표면적이다. 위의 두 식에서 공간전하분포에 의한 전계 내의 한 점에서

$$\operatorname{div} \boldsymbol{E} = \nabla \cdot \boldsymbol{E} = \frac{\rho}{\varepsilon_0}$$

가 성립함을 유도할 수 있다.

연 습 문 제

4-1 $r=3$, $10° \le \theta \le 70°$, $0 \le \phi \le 2\pi$의 원환표면이 중심에 대하여 이루는 입체각을 구하라.

답 4.04 [sr]

4-2 낙뢰에 대한 피뢰침의 유효각이 $\theta=45°$일 때 피뢰침이 보호할 수 있는 공간의 입체각을 구하라.

답 1.84 [sr]

4-3 점전하 $+4Q$ [C]에서 $-Q$ [C]로 유입하는 전력선들의 $4Q$에서 발산하는 한계의 입체각을 구하라.

답 π [sr]

4-4 -1 [μC/m]가 점 (0, 1, 0) [m]에, 3 [μC/m]가 $-5 \le z \le +7$ [m]에, 5 [$\mu C/m^2$]가 $-2 \le x \le +2$, $y=4$, $-3 \le x \le +5$ [m]에 분포되어 있을 때, 다음 각 경우에 대한 폐곡면을 나가는 전력선을 구하라.

(1) 원점에 중심을 갖는 반지름 5 [m]의 구

(2) z축을 축으로 하는 $r=5$, $-2 \le x \le 4$ [m]의 원통

(3) 중심이 (0, 2, 0) [m]에 있으며, 한 변의 길이가 3 [m]이며, 모든 변이 좌표축에 평행인 입방체

답 (1) 14.5, (2) 22.3, (3) 15.5 [Mlines]

4-5 중심에 1 [μC]의 점전하가 있을 때 반지름 2 [m]의 구면에서 다음 부분을 지나는 전력선수를 구하라.

(1) $0° \le \theta \le 90°$, $45° \le \phi \le 135°$　　(2) $0° \le \theta \le 180°$, $0° \le \phi \le 45°$

답 1.412×10^4 [lines]

4-6 다음 전하분포에서 반지름 3 [m] 구면을 통과하는 전력선을 구하라.

(1) $\rho_l = 1.2z^2$ [C/m], $-3 \le z \le 5$ [m] 선전하

(2) $\rho_s = 1.2e^{-r}$ [C/m^2], $z=2$, $0 \le r \le 3$, $0 \le \phi \le 2\pi$ 원판전하

(3) $\rho = 1.2r^{-3/2}$ [C/m^3], 구전하

답 (1) 2.44×10^{12}, (2) 5.57×10^{13}, (3) 5.9×10^{12} [lines]

4-7 $\rho = \varepsilon_0 \left(\dfrac{r}{a}\right)^{3/2}$ [C/m^3]인 전하분포에 대한 반지름 a [m] 구면 위의 전계 및 전위를 구하라.

답 $\dfrac{a}{4.5}\,\boldsymbol{a}_r$ [V/m], $0.22a^2$ [V]

4-8 자유공간 내의 $z=\pm 3$ [m]에 $\rho_s=3.5$ [nC/m^2]의 매우 큰 대전판이 있다. 다음 점의 전계를 구하라.

(1) (2, 2, ±2) [m]　　(2) (2, −2, ±4) [m]

답 (1) 0, (2) 395 [V/m]

4-9 구좌표계에서 $0\le r\le 3$ [m] 영역에 2 [nC/m^3], $5\le r\le 6$에 −1 [nC/m^3]의 전하분포가 있다. 다음 각 점의, 전계 및 전위를 구하라.

(1) $r=7$　　(2) $r=5.5$　　(3) $r=4$　　(4) $r=2$ [m]

답 (1) −28.5 [V/m], −199.3 [V], (2) 15.7 [V/m], −112.7 [V]
(3) 127.2 [V/m], 396.3 [V], (4) 150.8 [V/m], 698 [V]

4-10 반지름 a, b [m]의 동축원통이 있다. 내원통면에 ρ_s [C/m^2]의 면전하가 분포되었을 때 원통 사이의 전계를 구하라.

답 $\dfrac{\rho_s a}{\varepsilon_0 r}$ [V/m]

4-11 내외 반지름 5, 10 [m]의 원통 사이에 100 [V]를 가했을 때 각 원통면의 면전하밀도를 구하라.

답 25.51, 12.76 [nC/m^2]

4-12 반지름 a, b [m]의 동축원통 사이에 V [V]를 가했을 때 내원통면의 전계가 최소되기 위한 a와 최소전계를 구하라.

답 $a=be^{-1}$ [m], $E_{\min}=2.72\dfrac{V}{b}$ [V/m]

4-13 구좌표계의 div $\boldsymbol{E}_{(r,\theta,\phi)}$를 유도하라.

4-14 점전하에 의한 전계의 발산이 0이 됨을 증명하라.

4-15 다음 벡터함수의 점 (4, 2, 4)에서의 발산을 구하라.

(1) $3x\boldsymbol{i}+4y^2\boldsymbol{j}+5z\boldsymbol{k}$　　(2) $2xy^2z\boldsymbol{i}-4x^2y^3\boldsymbol{j}+3xz\boldsymbol{k}$

(3) $\sin\phi\,\boldsymbol{a}_r+\cos\phi\,\boldsymbol{a}_\phi+z^2\boldsymbol{a}_z$　　(4) $2r^{1/2}\boldsymbol{a}_r-\sin^2\phi\,\boldsymbol{a}_\phi+7z\boldsymbol{a}_z$

(5) $6r^{-1}\boldsymbol{a}_r+3\sin\theta\sin\phi\,\boldsymbol{a}_\theta-12\sin\theta\sin\phi\,\boldsymbol{a}_z$

답 24, −628, 8, −1.324

4-16 자유공간의 다음 전계분포에서 $-1\le x\le +1$, $-2\le y\le +2$, $-3\le z\le +3$ [m]인 정사면체 내의 전하를 구하라.

(1) $\boldsymbol{E}=(1+x)\boldsymbol{i}+(2+y)\boldsymbol{j}+(3+z)\boldsymbol{k}$ [V/m]

(2) $\boldsymbol{E}=xyz\boldsymbol{i}+x^2y^2z^2\boldsymbol{j}+x^3y^3z^3\boldsymbol{k}$ [V/m]

답 (1) 1.275 [nC], (2) 0

4-17 벡터함수 $\boldsymbol{A}=2r^2\boldsymbol{a}_r$의 다음 공간에 대하여 발산정리가 성립함을 증명

하라.

(1) $r=5$의 구　　(2) $r=3$, $-1 \le z \le +1$의 원통

4-18 자유공간 중에 $\rho_l=\pi$[nC/m] ($x=0, 2\le y\le 4, z=0$ [m]), $\rho_l=3$[nC/m] ($r=2$, $+10° \le \phi \le +70°$, $z=0$), $\rho_s=4$ [nC/m^2] ($1\le r\le 2$, $-10° \le \phi \le -70°$, $z=0$)와 같은 3종의 전하분포가 존재할 때 다음을 구하라.

(1) 전전하　　(2) 점 (0, 0, 5) [m]의 전위

답 (1) 18.85 [nC], (2) 30.95 [V]

4-19 전계 $\boldsymbol{E}=(2x+1)y^2\boldsymbol{i}+2x(x+1)y\boldsymbol{j}$ [V/m] 중에서 다음 면을 지나는 전력선을 구하라.

(1) $x=5$, $-2\le y\le 2$, $-2\le z\le 2$ [m]

(2) $r=4$, $0\le\phi\le\pi$, $0\le z\le 1$ [m]

(3) $r=4$, $0\le\theta\le\dfrac{\pi}{2}$, $30°\le\phi\le 120°$ [m]

답 (1) ±235, (2) 402, (3) 414.9 [lines]

4-20 벡터함수 $\boldsymbol{A}=\dfrac{0.1}{r}\cos\theta\,\boldsymbol{a}_\theta$의 공간 ($2\le r\le 5$ [m], $0\le\theta\le\dfrac{\pi}{4}$, $0\le\phi\le 2\pi$)에 대하여 발산정리가 성립함을 증명하라.

4-21 벡터함수 $\boldsymbol{E}=x\,\boldsymbol{i}-2y\boldsymbol{j}$ [V/m]에 대한 다음을 구하라.

(1) $\boldsymbol{E}$가 정전계임을 증명　　(2) 등전계면의 식

(3) 등전위면의 식　　(4) 전력선의 식

(5) (2), (3), (4)를 각각 그림으로 표시하라.

답 (2) $x^2+4y^2=C$, (3) $x^2-2y^2=C$, (4) $x^2y=C$

4-22 전계 $\boldsymbol{E}=\dfrac{20}{r}\cos\dfrac{1}{2}\phi\boldsymbol{a}_\phi$ [V/m]일 때 영역 ($1\le r\le 2$, $0\le\phi\le\pi$, $0\le z\le 2.5$ [m]) 내의 전하를 두 방법으로 구하라.

답 −0.31 [nC]

4-23 자유공간에 1 [mm^3]마다 10개의 전자가 균일분포되어 있을 때 다음 공간에서 발산하는 전력선을 구하라.

(1) $-2\le x, y, z\le +2$ [m]

(2) $0°\le r\le 5$, $0°\le\phi\le 30°$, $-3\le z\le +2$ [m]

(3) $0\le r\le 5$ [m], $0°\le\theta\le 60°$, $0°\le\phi\le 45°$

답 (1) 11.6 [klines], (2) 5.9 [klines], (3) 2.96 [klines]

Chapter 5

유전체와 정전계

5.1 유전체와 분극

지금까지 자유공간에서의 정전계에 대하여 논하였는데 여기서는 전기장치의 구성요소의 하나인 절연체 내에서의 정전계 이론에 대하여 설명하고자 한다.

절연체에는 전하의 이동원이 되는 자유전자가 없다고 보지만, 이 물질을 구성하는 원자 내의 전자(구속전자) 및 양자가 외부전계를 받았을 때, 이들 정부(正負)전하들은 서로간에 약간의 변위를 일으켜 **분극**(分極, polarization)이 발생하여 전기쌍극자를 형성하므로 새로운 전계가 발생하게 된다. 이와 같이 절연체 중에서도 전기작용이 발생하므로 절연체를 **유전체**(誘電體, dielectric material)라고 한다.

유전체에 속하는 물질에는 이를 구성하는 분자 중에 전기적 극성이 없는 **무극성 분자**(nonpolar molecules, CO_2, polyethylene 등)와 처음부터 전기쌍극자모멘트를 갖고 있는 유극성 분자(polar molecules, H_2O, CO, HCI 등)가 있다. 무극성 물질에 전계를 가하면 이를 구성하는 정부(正負)의 이온들이 변위를 일으키므로, 인접한 정부이온이 전기쌍극자가 되어 물질 전체에 분극이 발생하게 되는데, 이를 이온분극(ionic polarization, NaCl, TiO_2, 유리, 애자 등)이라 한다. 이에 대하여 원자 내의 전자들이 전계에 의하여 분극되는 경우를 **전자분극**(電子分極, electron polarization)이라 한다.

한편 유극성 물질에 전계를 가하면 이를 구성하는 쌍극자들이 전계방향으로 회전하여 전체에 분극이 발생하게 되는데 이를 **전위분극**(轉位分極, orientational polarization)이라 한다.

따라서 유전체에 전계를 가하면 이들의 종합된 분극현상이 그림 5-1에서와 같이 유전체 내부 및 표면에 발생하게 되는데, 이를 양적으로 취급하기 위하여 유전체 내 한 점에서 분극방향에 수직되는 단위면적을 지나는 분극전하량을 그 점에 대한 분극도(분극의 세기, intensity of polarization)로 정의한다.

미소면적 $\Delta S\,[\mathrm{m}^2]$를 수직으로 지나는 분극전하량을 $\sum Q'$ [C](Q'는 분자 1개의 분극전하)라 하면 분극도 P는

$$P = \lim_{\Delta s \to 0} \frac{\sum Q'}{\Delta S} \ [\mathrm{C/m^2}] \tag{5.1a}$$

로 주어지며 표면에서는

$$P = \rho_s' \ [\mathrm{C/m^2}] \tag{5.1b}$$

가 된다. 여기서 ρ_s'는 표면에 나타나는 분극전하밀도이다.

한편 분극된 정부전하간 거리를 $\delta\,[\mathrm{m}]$라 하면, 이들의 전기쌍극자모멘트는 식 (3.16)에서

$$\mu = Q'\delta\,[\mathrm{C/m}], \qquad \boldsymbol{\mu} = Q'\boldsymbol{\delta}\,[\mathrm{C \cdot m}]$$

이므로 식 (5.1)의 분극도는

$$\left.\begin{aligned} P &= \lim_{\Delta S \to 0} \frac{\sum Q'\delta}{\Delta S\delta} = \lim_{\Delta v \to 0} \frac{1}{\Delta v} \sum_{i=1}^{n\Delta v} \mu_i\,[\mathrm{C/m^2}] \\ \boldsymbol{P} &= \lim_{\Delta v \to 0} \frac{1}{\Delta v} \sum_{i=1}^{n\Delta v} \boldsymbol{\mu}_i\,[\mathrm{C/m^2}] \end{aligned}\right\} \tag{5.2}$$

로 표시할 수 있다. 여기서 n은 단위체적당 전기쌍극자의 수이며 $\Delta v = \Delta S\delta\,[\mathrm{m}^2]$는 미소체적이다.

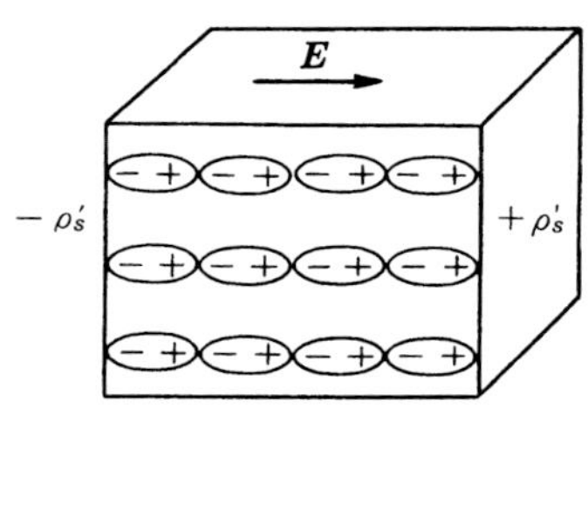

그림 5-1 분 극

따라서 분극도는 단위체적에 대한 전기쌍극자모멘트로 정의할 수 있으며, 벡터계로도 취급할 수 있다. $\boldsymbol{P}$ 방향으로 그려진 선을 **분극선**이라 하고, 전계 $\boldsymbol{E}\,[\mathrm{V/m=lines/m^2}]$에서와 같이 분극선밀도를 분극도 $P\,[\mathrm{C/m^2=lines/m^2}]$와 같도록 취급하고 있다.

◆ 예제 5-1

전력선과 분극선을 비교하라.

풀이 (1) 전력선은 자유공간 중의 정전하에서 출발하여 부전하에서 끝난다.
(2) 분극선은 유전체 내의 분극부전하에서 출발하여 분극정전하에서 끝난다.
(3) 전력선은 진공 중의 $+1\,[\mathrm{C}]$에서 $1/\varepsilon_0\,[\mathrm{lines}]$이 발산하는데〔식 (4.4) 참조〕, 분극선은 $-1\,[\mathrm{C}]$의 분극전하에서 $1\,[\mathrm{line}]$이 발산한다〔식 (5.1b) 참조〕.

◆ 예제 5-2

원자의 전자분극으로 인한 전기쌍극자모멘트를 구하라.

풀이 원자번호 Z의 기체원자(He, Ar 등)에 있어서 Z개의 전자는 핵을 중심으로 대칭분포되어 있는 반지름 $R\,[\mathrm{m}]$의 전자운구로 볼 수 있다.

외부전계 $\boldsymbol{E}=0$일 때 원자는 핵과 전자운(電子雲)의 중심이 그림 5-2 (a)와 같이 중복된 중성상태이나, 전계 $\boldsymbol{E}\,[\mathrm{V/m=N/C}]$가 가해지면 핵과 전자운의 전하 $\pm Ze\,[\mathrm{C}]$ $(e=-1.6\times10^{-19}\,[\mathrm{C}])$이 그림 5-2 (b)와 같이 변위되어 쌍극자를 형성한다. 변위 $x\,[\mathrm{m}]$는 전계에 의하여 핵이 받는 힘 $ZeE\,[\mathrm{N}]$과 반지름 $x\,[\mathrm{m}]$가 되는 구내의 전하 $-Ze\dfrac{x^3}{R^3}\,[\mathrm{C}]$에 의한 Coulomb 인력이 평형되는 거리이므로

$$ZeE=\frac{1}{4\pi\varepsilon_0}\frac{Ze\left(Ze\dfrac{x^3}{R^3}\right)}{x^2}$$

의 평형식에서 다음과 같이 된다.

$$x=\left(4\pi\varepsilon_0\frac{R^3}{Ze}\right)E\,[\mathrm{m}]$$

따라서 이 원자의 전자분극에 의한 전기쌍극자모멘트는

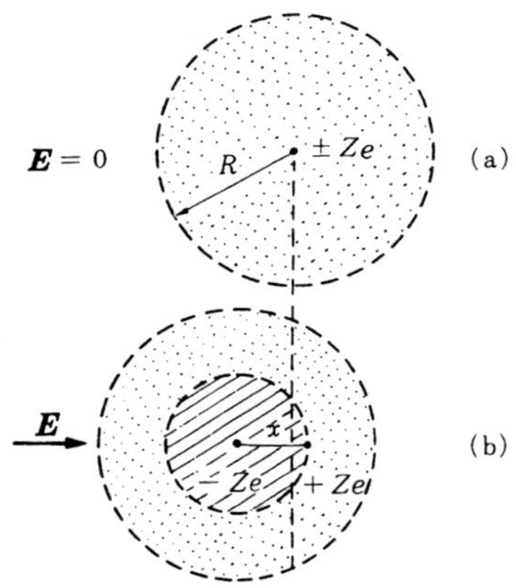

그림 5-2 전자분극

$$\mu = Zex = 4\pi\varepsilon_0 R^3 E = \alpha_e E \text{ [C m]} \tag{5.3}$$

가 되며, 여기서 α_e [F m^2]를 전자분극률(electron polarizability)이라 한다. 따라서 Ne 원소($Z = 10$, $R \fallingdotseq 10^{-10}$ [m])에 $E = 10^5$ [V/m]의 전계를 가한 경우 $x = 6.94 \times 10^{-18}$ [m], $\mu \fallingdotseq 1,11 \times 10^{-35}$ [C m]가 된다. 그리고 다원자 유전체에서는 이온분극과 전위분극 등에 의한 분극률도 생각해야 한다.

5.2 분극도와 전계

분극도(分極度)와 전계의 관계를 그림 5-3과 같은 간단한 모형에서 유도한다. 면전하밀도 $\pm\rho_s$ [C/m^2]로 충전된 전극판 사이의 공간이 진공일 경우 점 P의 전계는 식 (4.20)에서

$$E_0 = \frac{\rho_s}{\varepsilon_0} \text{ [V/m]}$$

가 되며, 그림 5-3 (b)와 같이 유도체가 있으면 유전체 양면에 $\mp\rho_s'$ [C/m^2]의 분극전하가 발생하므로 극판전하는 $\rho_s - \rho_s'$ [C/m^2]로 감소하였다고 볼 수 있다. 따라서 극판전하의 감소는 유전체를 진공으로 치환한 것과 등가로 볼 수 있으므로 유전체 내의 전계는 식 (5.1b)를 적용하여

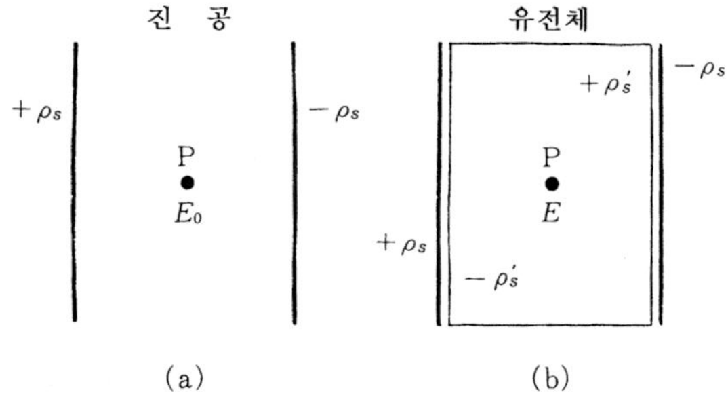

그림 5-3 분극도와 전계

$$E = \frac{\rho_s - \rho_s'}{\varepsilon_0} = \frac{\rho_s - P}{\varepsilon_0} \ [\mathrm{C/m^2}] \tag{5.4}$$

가 된다. 그런데 분극전하 ρ_s'는 유전체에 의한 것이므로

$$\rho_s - \rho_s' = \frac{\rho_s}{\varepsilon_r} \ [\mathrm{C/m^2}] \ \ (\varepsilon_r \geq 1)$$

로 놓을 수 있다. 여기서 ε_r은 유전체의 종류에 따라 정해지는 양으로 비유전율(比誘電率, relative permitivity of specific dielectric constant)이라 하며 표 5-1에서와 같이 항상 1보다 크다.

따라서 유전체 내의 전계는 진공인 경우에 비하여

$$E = \frac{E_0}{\varepsilon_r} = \frac{\rho_s}{\varepsilon_0 \varepsilon_r} \ [\mathrm{V/m^2}] \tag{5.5}$$

가 되므로, 진공인 경우의 $\dfrac{1}{\varepsilon_r}$ 배로 감소함을 알 수 있다. 그리고 ρ_s를 **자유전하**(free charge or true charge), $\rho_s - \rho_s'$를 **겉보기의 전하**(apparent charge)라 한다.

한편 식 (5.4)와 (5.5)에서 전계와 분극도 사이에

$$\left.\begin{aligned} P &= \varepsilon_0(\varepsilon_r - 1) E \ [\mathrm{C/m^2}] \\ \boldsymbol{P} &= \varepsilon_0(\varepsilon_r - 1) \boldsymbol{E} \ [\mathrm{C/m^2}] \end{aligned}\right\} \tag{5.6}$$

의 관계식이 얻어진다. 여기서

$$\varepsilon_r - 1 = \chi_s, \qquad \varepsilon_0 \chi_s = \chi \ [\mathrm{F/m}]$$

로 놓으면

$$\boldsymbol{P} = \varepsilon_0 \chi_s \boldsymbol{E} = \chi \boldsymbol{E} \ [\mathrm{C/m^2}] \tag{5.7a}$$

가 얻어지는데, 여기서 χ, χ_s를 유전체에 대한 **전화율**(電化率, electric susceptibility) 및 **비전화율**(比電化率, specific electric susceptibility)이라 한다.

한편 유전체(기체원자)의 단위체적당 원자수를 n[원자/m^3]라 하면 식 (5.2)와 (5.3)에서 분극도는

$$P = n\mu = n\alpha_e E \ [\mathrm{C/m^2}] \tag{5.7b}$$

가 되며, 식 (5.6)과 비교하므로

$$\varepsilon_0(\varepsilon_r - 1) = n\alpha_e \ [\mathrm{F/m}]$$

가 얻어져 유전체의 거시적 양인 비유전율과 미시적 양인 분극률 사이의 관계식이 얻어진다.

한편 식 (5.6)과 (5.7)의 관계는 $\boldsymbol{P}$와 $\boldsymbol{E}$가 선형관계를 갖는 등방성 유전체에서 전계가 그리 크지 않은 경우에 성립하는 것이다. 이에 대하여 이방성 결정체에서는 $\boldsymbol{P}$와 $\boldsymbol{E}$의 방향이 다를 수 있으며, 특히 $\boldsymbol{P}$와 $\boldsymbol{E}$가 비선형인 강유전체(ferro electric material, $BaTiO_3$, 로셀염 등)에서는 이력효과가 있어 식 (5.6)과 (5.7)을 그대로 적용할 수 없다(10-5절 참조).

본 교재에서는 선형관계가 성립하는 경우에 대하여 생각하기로 한다.

표 5-1 비유전율

물 질	ε_r	물 질	ε_r
진 공	1.000000	지 류	2.0~2.6
공 기	1.000586	베이클라이트	4.5~5.5
변압기유	2.2~2.4	운 모	5.5~6.6
물	80	금 강 석	16.5
파 라 핀	2.1~2.5	장석자기	6~7
고 무	2.5~3.5	산화티탄(TiO_2) 자기	100
황	3.6~4.2	티탄산염($BaTiO_3$) 자기	1000~5000
건조한 나무	1.5~4	합성수지	2~3

◆ 예제 5-3

두께 2 [cm]의 평판애자(비유전율 $\varepsilon_r = 6.2$) 양면에 10 [kV]를 가했을 경우 다음을 구하여라.
(1) 애자의 분극도와 표면의 분극전하
(2) 애자 내부에 존재하는 기포 내의 전계를 구하라.

풀이 애자 내의 전계는

$$E = \frac{V}{d} = \frac{10^4}{2 \times 10^{-2}} = 5 \times 10^5 \text{ [V/m]}$$

(1) 식 (5.6)과 (5.2)에서

$$P = \rho_s' = \varepsilon_0 (\varepsilon_r - 1) E$$
$$= 8.854 \times 10^{-12} \times (6.2 - 1) \times 5 \times 10^5 = 0.023 \text{ [mC/m}^2\text{]}$$

(2) 기포 중의 전계는 식 (5.6)에서

$$E_0 = \varepsilon_r E = 6.2 \times 5 \times 10^5 = 3.1 \times 10^6 \text{ [V/m]}$$

가 된다. 그런데 공기의 절연파괴의 세기는 $E_{\text{air}} = 3 \times 10^6$ [V/m]이므로 기포 내 공기의 절연이 파괴되어 불꽃방전이 일어나 애자가 파손하게 된다. 즉, 절연체 내에 잔존하는 기포는 절연에 극히 나쁜 영향을 주는데, 그 정도는 유전체의 비유전율이 클수록 심하다. 따라서 고전압 전기기기에서는 절연물 중에 기포가 생기지 않도록 특수한 절연처리를 행하여 절연성능을 높이도록 한다.

◆ 예제 5-4

분자밀도 2×10^{20} [개/m³]이며 $E = 10^5$ [V/m]일 때, 각 분자가 2×10^{-27} [C·m]의 쌍극자모멘트를 갖는 물질의 비유전율을 구하라.

풀이 분극도는 식 (5.7b)에서

$$P = 2 \times 10^{20} \times 2 \times 10^{-27} = 4 \times 10^{-7} \text{ [C/m}^2\text{]}$$

이므로 비유전율은 식 (5.6)에서

$$\varepsilon_r = \frac{P}{\varepsilon_0 E} + 1 = \frac{4 \times 10^{-7}}{8.854 \times 10^{-12} \times 10^5} + 1 = 1.45$$

가 얻어진다. 그리고 비전화율은 $\chi_s = 0.45$가 된다.

5.3 전속밀도

유전체 내의 전계문제를 풀이하기 위하여 Michael Faraday(영국 과학원장, 1791~1867년)는 동심금속구 내구에 $+Q$ [C]을 주고 구 사이에 유전체(황)를 채웠을 때 외구에 $-Q$ [C]이 유도됨을 관찰하고, 전하의 전달은 유전체의 **변위**(displacement) 또는 **전속**(電束, electric flux)에 의한 것으로 생각하였다(1837년).

그리고 이 전속 ψ는 내구의 전하 Q에 비례함을 확인하고 $Q=1$ [C]일 때 $\psi=1$이 되는 단위계를 채택하여 전속의 단위를 [C]로 정의하므로

$$\psi = Q\,[\mathrm{C}]$$

의 관계를 얻었다. 그리고 내구 표면에서 발산하는 전속의 표면밀도를 **전속밀도**(電束密度, electric flux density)라 하고 방향성을 갖는 벡터량 $\boldsymbol{D}$ [C/m²]로 표시하면 다음과 같이 된다.

$$\boldsymbol{D} = \frac{Q}{4\pi a^2}\,\boldsymbol{a}_r\,[\mathrm{C/m^2}] \tag{5.8}$$

한편 전계 중에 놓여진 유도체 내에는 내부전계 $\boldsymbol{E}$ [V/m]와 분극으로 인한 분극도 $\boldsymbol{P}$ [C/m²]의 두 벡터계가 공존하므로 이를 종합한 것을 전속밀도 $\boldsymbol{D}$ [C/m²]의 벡터계로 놓았다. 따라서 이들 사이에는

$$\boldsymbol{D} = \varepsilon_0 \boldsymbol{E} + \boldsymbol{P}\,[\mathrm{C/m^2}] \tag{5.9}$$

의 관계가 있으며, 여기서 ε_0 [F/m]는 양변의 단위를 통일시키기 위한 것이다. 식 (5.9)에 식 (5.6)을 대입하면

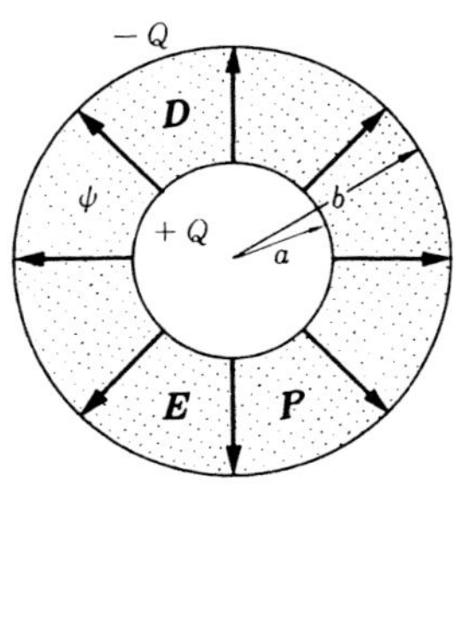

그림 5-4 전하와 전속

$$D = \varepsilon_0 E + \varepsilon_0(\varepsilon_r - 1)E = \varepsilon_0 \varepsilon_r E\,[\mathrm{C/m^2}]$$

가 되며, 여기서

$$\varepsilon_0 \varepsilon_r = \varepsilon\,[\mathrm{F/m}], \qquad \varepsilon_r = \frac{\varepsilon}{\varepsilon_0} \tag{5.10}$$

로 놓으면

$$D = \varepsilon E\,[\mathrm{C/m^2}] \tag{5.11}$$

가 얻어지는데, 여기서 ε를 유전체의 **유전율**(誘電率, dielectric constant or permitivity)이라 하며 단위는 [F/m]이다.

유전체가 등방성이며 전계가 크지 않을 경우 전속밀도 $D\,[\mathrm{C/m^2}]$는 전계 $E\,[\mathrm{V/m}]$와 같은 방향을 갖는데, D의 벡터계방향으로 그려지는 선을 **전속선**이라 하며, 전력선에서와 같이 전속선밀도[lines/m²]를 전속밀도 [C/m²]와 같도록 정의한다. 그리고 전계 $E\,[\mathrm{V/m = N/C}]$는 힘을 표시하는 벡터량이지만 전속밀도 $D\,[\mathrm{C/m^2}]$는 힘이 아닌 전속의 방향을 표시하는 벡터량이다.

만일 주위 공간이 진공일 경우에는 식 (5.9)에서 $P = 0$일 것이므로

$$D = \varepsilon_0 E\,[\mathrm{C/m^2}] \tag{5.12}$$

가 되어 D와 E는 항상 같은 방향으로 향하며 1 [line]의 전속선은 $\frac{1}{\varepsilon_0} = 36\pi \times 10^9$ [lines]의 전력선에 대응한다.

◆ 예제 5-5

유전율 $\varepsilon = \varepsilon_0 \varepsilon_r\,[\mathrm{F/m}]$의 유전체 속에 놓여진 반지름 $a\,[\mathrm{m}]$의 도체구에 $Q\,[\mathrm{C}]$의 전하를 주었을 때 구면상의 전속밀도를 구하라.

풀이 구면상의 전계는 식 (4.9)와 (5.5), (5.10)에서

$$E = \frac{1}{4\pi\varepsilon_0\varepsilon_r}\frac{Q}{a^2}\,a_r = \frac{\rho_s}{\varepsilon}\,a_r\,[\mathrm{V/m}] \tag{5.13a}$$

가 되며, 전속밀도는 식 (5.8)에서

$$D = \frac{Q}{4\pi a^2}\,a_r = \rho_s\,a_r\,[\mathrm{C/m^2}] \tag{5.13b}$$

가 되어 식 (5.11)이 만족된다. 여기서 ρ_s [C/m^2]는 구면상의 진전하밀도로 전속밀도는 유전체에 관계없이 진전하만에 의하여 정해짐을 알 수 있다. 이 경우 $a=5$ [cm], $Q=2\pi\times10^{-8}$ [C]의 도체구가 $\varepsilon_r=2.2$의 절연유 중에 놓였다면

$$D=2\times10^{-6}\ [\text{C/m}],\qquad E_{\text{oil}}=1.03\times10^5\ [\text{V/m}]$$

가 되며, 공기 중에 있다면 다음과 같이 된다.

$$D=2\times10^{-6}\ [\text{C/m}^2],\qquad E_{\text{air}}=2.26\times10^5\ [\text{V/m}]$$

◆ 예제 5-6

절연유($\varepsilon_r=2.2$) 속에 있는 대전도체 표면의 전속밀도 $\boldsymbol{D}=5\boldsymbol{i}-3\boldsymbol{j}+2\boldsymbol{k}$ [μC/m^2]일 때 다음을 구하라.

(1) 표면전하밀도 (2) 표면에 수직방향의 단위벡터 (3) 표면의 전계

풀이 (1) 식 (5.13b)에서

$$\rho_s=D=\sqrt{5^2+3^2+2^2}\times10^{-6}=6.164\ [\mu\text{C/m}^2]$$

(2) $\boldsymbol{a}_n=\dfrac{\boldsymbol{D}}{D}=0.811\boldsymbol{i}-0.487\boldsymbol{j}+0.324\boldsymbol{k}$

(3) 식 (5.11)에서

$$E=\frac{D}{\varepsilon_0\varepsilon_r}=\frac{6.164\times10^{-6}}{8.854\times10^{-12}\times2.2}=3.164\times10^5\ [\text{V/m}]$$

$$\therefore\ \boldsymbol{E}=E\boldsymbol{a}_n=(2.566\boldsymbol{i}-1.541\boldsymbol{j}+1.025\boldsymbol{k})\times10^5\ [\text{V/m}]$$

◆ 예제 5-7

유도체 내에서의 전계에 관한 여러 법칙을 유도하라.

풀이 유전체의 유전율 $\varepsilon=\varepsilon_0\varepsilon_r$ [F/m]일 때

(1) **Coulomb의 법칙** : $\boldsymbol{F}=\dfrac{1}{4\pi\varepsilon}\dfrac{Q_1Q_2}{r^2}\boldsymbol{a}_r$ [N] (5.14)

이 경우 Coulomb의 힘은 그 크기가 주위 매질에 따라 달라지는데 이것은 전기력이 주위 매질을 통하여 전달(매달설)됨을 의미한다.

(2) **Gauss의 법칙** : 유전체 중에서는 전하 Q [C]에서 발산되는 전력선

이 진공인 경우의 $\dfrac{1}{\varepsilon_r}$ 배가 될 것이므로 전력선 총수는

$$\oiint_S \boldsymbol{E}\cdot \boldsymbol{n}dS = \frac{Q}{\varepsilon_0\varepsilon_r} = \frac{Q}{\varepsilon}\ [\text{lines}] \tag{5.15a}$$

가 되며 전속선의 총수는

$$\oiint_S \boldsymbol{D}\cdot \boldsymbol{n}dS = Q\ [\text{lines} = \text{C}] \tag{5.15b}$$

가 된다. 위의 Gauss의 법칙의 적분형에 발산정리를 적용하면 공간 전하분포 $\rho\,[\text{C/m}^3]$에 의한 Gauss의 법칙의 미분형은

$$\oiint_S \boldsymbol{D}\cdot \boldsymbol{n}dS = \iiint_v \text{div}\,\boldsymbol{D}\,dv\ [\text{lines}]$$

$$Q = \iiint_v \rho\,dv\ [\text{C}]$$

에서

$$\left.\begin{aligned} \text{div}\,\boldsymbol{D} &= \nabla\cdot\boldsymbol{D} = \rho\ [\text{C/m}^3 = \text{lines/m}^3] \\ \text{div}\,\boldsymbol{E} &= \nabla\cdot\boldsymbol{E} = \frac{\rho}{\varepsilon}\ [\text{lines/m}^3] \end{aligned}\right\} \tag{5.16}$$

와 같이 된다. 식 (5.16)을 **Maxwell의 방정식**이라고도 한다(12-3절 참조).

◆ 예제 5-8

$\boldsymbol{D} = x^2\boldsymbol{i} + y^2\boldsymbol{j} + z^2\boldsymbol{k}\ [\mu\text{C/m}^2]$의 전계에서 점 P(2, 2, 3) [m]을 중심으로 하는 4 [cm^3] 내의 전하량을 구하라.

풀이 식 (5.16)에서 점 P의 전하밀도는

$$\rho = \text{div}\,\boldsymbol{D} = 2x + 2y + 2z\,|_{(2,2,3)} = 14\ [\mu\text{C/m}^3]$$

가 되므로 4 [cm^3] 안의 전하량은

$$\rho\Delta v = 14\times10^{-6}\times4\times10^{-6} = 56\ [\text{pC}]$$

가 된다. 이 육면체 표면을 통하여 발산되는 전속선은 식 (5.15)에서 56×10^{-12} [lines]가 되며 자유공간인 경우 전력선은 6.33 [lines]가 된다.

5.4 경계조건

전기장치는 각종 절연재를 복합사용하는데 여기에 전계를 가했을 때 경계면에서의 전계현상을 검토할 필요가 있다.

유전율이 각각 ε_1, ε_2 [F/m]인 두 유전체가 그림 5-5와 같이 접해 있을 때, 각 유전체 중의 전계 및 전속밀도를 각각 $\boldsymbol{E}_1$, $\boldsymbol{E}_2$ [V/m] 및 $\boldsymbol{D}_1$, $\boldsymbol{D}_2$ [C/m^2], 경계면에 대한 입사각 및 굴절각을 θ_1, θ_2라 하면 다음 경계조건이 얻어진다.

$$\left.\begin{aligned} E_1 \sin\theta_1 = E_2 \sin\theta_2, \qquad E_{1t} = E_{2t} \\ D_1 \cos\theta_1 = D_2 \cos\theta_2, \qquad D_{1n} = D_{2n} \end{aligned}\right\} \tag{5.17}$$

여기서 E_t 및 D_n은 경계면에 대한 절선성분(切線成分) 및 법선성분(法線成分)이다.

전계의 보존성〔식 (3.4)〕은 유전체에서도 성립할 것이며, 경계면상의 공통되는 두 점 A, B간의 전위차는 항상 동일할 것이다. 따라서

$$\boldsymbol{E}_1 \cdot \overrightarrow{\mathrm{AB}} = \boldsymbol{E}_2 \cdot \overrightarrow{\mathrm{AB}}$$

$$E_1 \sin\theta_1 = E_2 \sin\theta_2$$

가 얻어진다.

그림 5-5 (b)에서와 같이 경계면에 수직되는 미소원통을 Gauss 표면으로 취하였을 때 원통 내에 진전하(眞電荷)가 없다면

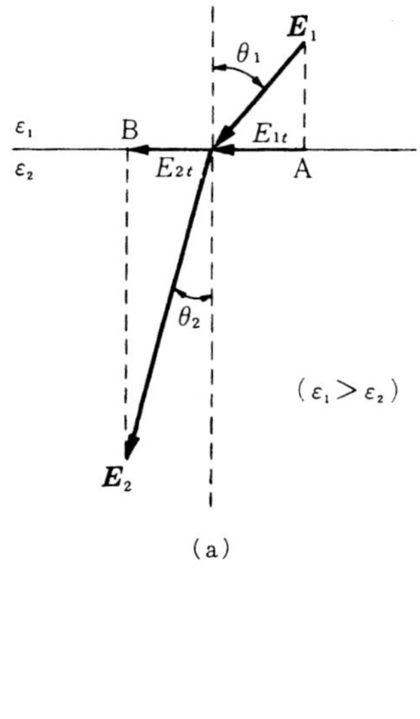

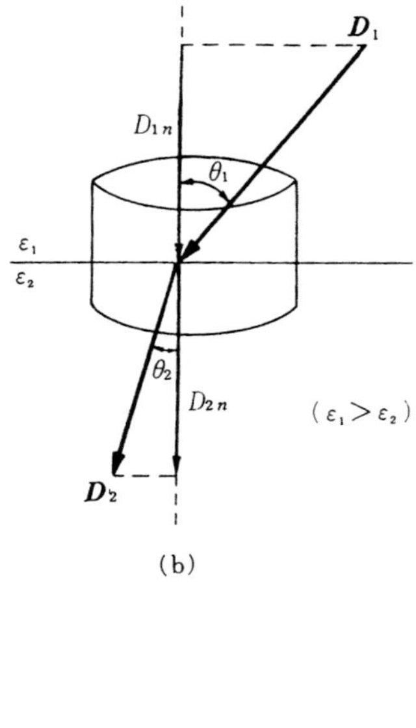

그림 5-5 경계조건

$$\oiint_{S(\text{원통})} \boldsymbol{D} \cdot \boldsymbol{n} dS = 0$$

에서

$$\boldsymbol{D}_1 \cdot \boldsymbol{n}_1 + \boldsymbol{D}_2 \cdot \boldsymbol{n}_2 = 0$$

$$D_1 \cos\theta_1 = D_2 \cos\theta_2$$

가 얻어진다. 여기서 $\boldsymbol{n}$은 원통표면에 세워진 외향법선 단위벡터이다. 이 경우 전계에 의하여 각 유전체에는 분극전하가 생기지만 전속밀도와는 무관하며, 만일 경계면에 ρ_s [C/m^2]의 진전하분포가 있다면 다음과 같은 식이 얻어진다.

$$D_{2n} - D_{1n} = \rho_s \text{ [C/m}^2\text{]} \tag{5.18}$$

한편 식 (5.11)에서

$$D_1 = \varepsilon_1 E_1, \quad D_2 = \varepsilon_2 E_2 \text{ [C/m}^2\text{]}$$

가 얻어지므로 식 (5.17)에서

$$\frac{\tan\theta_1}{\tan\theta_2} = \frac{\varepsilon_1}{\varepsilon_2} \tag{5.19}$$

의 **굴절의 법칙**(refraction law)이 얻어진다.

따라서 그림 5-5에서와 같이 전계가 유전율이 작은 유전체(예 : 애자에서 공기)로 입사하면 식 (5.19)에서

$$\varepsilon_1 > \varepsilon_2 : \ \theta_2 < \theta_1$$

가 되어 굴절각이 작아짐과 아울러 식 (5.17)에서 전계는 커지고 전속밀도는 작아진다. 따라서 전속선은 유전율이 큰 유전체로 모이는 성질이 있다.

특별한 경우로 전계가 경계면에 수직이면

① $\boldsymbol{E}$, $\boldsymbol{D}$의 선은 굴절하지 않는다.

② $\boldsymbol{D}_1 = \boldsymbol{D}_2$로 전속밀도는 연속적이다.

③ $E_1 / E_2 = \varepsilon_2 / \varepsilon_1$로 전계는 불연속적이다.

의 특성이 있으며, 한편 식 (5.19)에서 $\varepsilon_2 \to \infty$일 때 $\theta_1 = 0$이 되므로 전계는 경계면에 수직으로 출입한다. 이 성질은 ε_2의 유전체가 도체일 경우와

동일하므로 정전계에서는 도체표면의 전계의 경계조건을 풀이할 때 도체를 유전율이 무한대가 되는 유전체로 생각하기도 한다.

◆ 예제 5-9

전계 2.5 [kV/m]가 폴리스티렌($\varepsilon_r = 2.6$)에서 공기로 입사각 20°로 진입할 때 다음을 구하라.

(1) 굴절각 (2) 전계 (3) 전속밀도

풀이 (1) 식 (5.19)에서

$$\tan\theta_2 = \frac{1}{2.6}\tan 20°, \qquad \theta_2 = 8°$$

(2) 식 (5.17)에서

$$E_2 = E_1 \frac{\sin\theta_1}{\sin\theta_2} = 2500 \times \frac{\sin 20°}{\sin 8°} = 6.15\ [\text{kV/m}]$$

(3) 식 (5.11)에서

$$D_1 = \varepsilon_1 E_1 = 8.854 \times 10^{-12} \times 2.6 \times 2500 = 57.5\ [\text{nC/m}^2]$$

$$D_2 = \varepsilon_2 E_2 = 8.854 \times 10^{-12} \times 6150 = 54.3\ [\text{nC/m}^2]$$

이들의 관계는 그림 5-6과 같다.

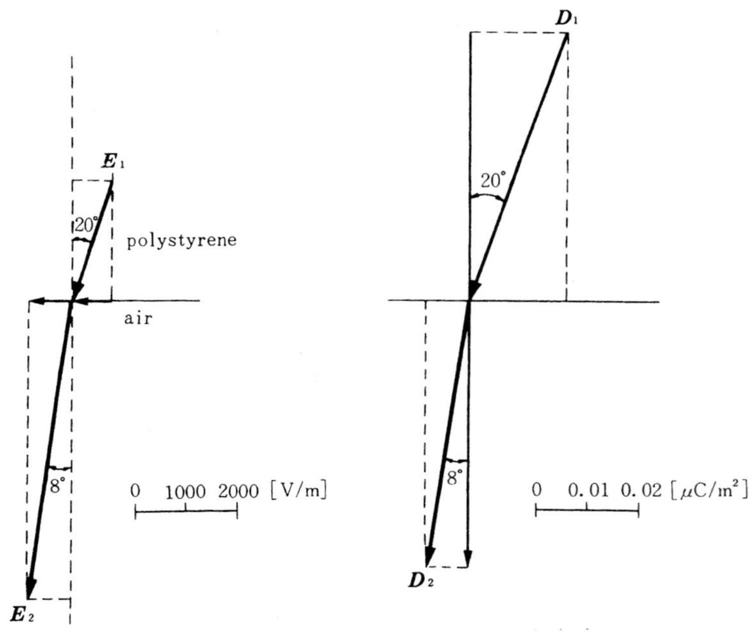

그림 5-6 경계면 양측의 전계 및 전속밀도

◆ 예제 5-10

yz 면을 경계로 하는 유전체 $\varepsilon_{r1} = 3(x>0)$, $\varepsilon_{r2} = 5(x<0)$ 중에서 전계 $\boldsymbol{E}_2 = 2\boldsymbol{i} + 3\boldsymbol{j} - 4\boldsymbol{k}$ [V/m]에 대한 다음 각 항을 구하라.

(1) $\boldsymbol{D}_2$ (2) $\boldsymbol{E}_1$ (3) θ_2, θ_1

풀이 (1) 식 (5.11)에서

$$\boldsymbol{D}_2 = \varepsilon_0 \varepsilon_{r2} \boldsymbol{E}_2 = \varepsilon_0 (10\,\boldsymbol{i} + 15\boldsymbol{j} - 20\boldsymbol{k})\ [\mathrm{C/m^3}]$$

(2) 전계의 절선성분은 식 (5.17)에서

$$\boldsymbol{E}_{2t} = \boldsymbol{E}_{1t} = 3\boldsymbol{j} - 4\boldsymbol{k}\ [\mathrm{V/m}]$$

가 되며 법선성분에 대한 경계조건에서

$$\boldsymbol{E}_{1n} = \frac{\varepsilon_2}{\varepsilon_1} \boldsymbol{E}_{2n} = \frac{5}{3} \times 2\boldsymbol{i} = \frac{10}{3}\boldsymbol{i}\ [\mathrm{V/m}]$$

이므로 다음과 같이 된다.

$$\boldsymbol{E}_1 = \boldsymbol{E}_{1t} + \boldsymbol{E}_{1n} = \frac{10}{3}\boldsymbol{i} + 3\boldsymbol{j} - 4\boldsymbol{k}\ [\mathrm{V/m}]$$

$$\therefore\ \boldsymbol{D}_1 = \varepsilon_0 \varepsilon_{r1} \boldsymbol{E}_1 = \varepsilon_0 (10\,\boldsymbol{i} + 9\boldsymbol{j} - 12\boldsymbol{k})\ [\mathrm{C/m^2}]$$

(3) 입사각 θ_2는 $\boldsymbol{E}_2$가 x축과 이루는 각이 될 것이므로

$$\cos\theta_2 = \frac{Ex}{E} = \frac{2}{\sqrt{2^2 + 3^2 + 4^2}}, \qquad \theta_2 = 68.2°$$

가 되며, 굴절각은 식 (5.19)에서 다음과 같이 된다.

$$\tan\theta_1 = \frac{\varepsilon_1}{\varepsilon_2} \tan\theta_2 = \frac{3}{5} \tan 68.2 = 1.5, \qquad \theta_1 = 56.3°$$

5.5 정전에너지

점전하가 분포되어 있는 전계 내 각 점의 전하는 이 전하들을 무한원에서 각 점까지 운반하기 위한 일이 요구되며, 이 일 즉 각 점전하가 갖는 전기적 위치에너지가 **정전에너지**(electrostatic energy)이다.

그림 5-7과 같은 점분포에서 전하가 전혀 없을 경우 전계는 존재하지 않

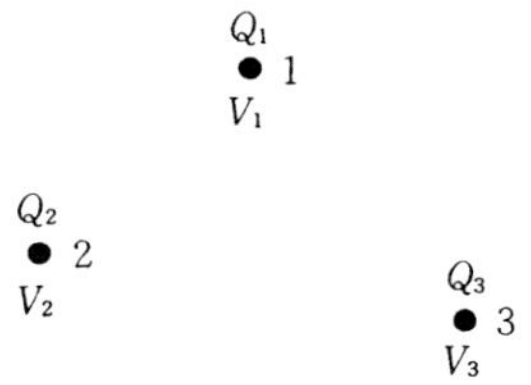

그림 5-7 점전하계의 정전에너지

으므로 점전하 Q_1 [C]을 운반하는 데 일이 필요없다. 그러나 Q_1에 의한 전계 내에서 Q_2 [C]을 운반할 때는 Q_1에 의한 점 2의 전위 V_{21} [V=J/C]에 Q_2 [C]를 곱한 $Q_2 V_{21}$ [J]의 일이 필요하다. 마찬가지로 Q_3 [C]의 점전하를 운반할 경우 $Q_3(V_{31}+V_{32})$ [J]의 일이 필요하게 된다. 따라서 이 점전하계의 전체 정전에너지는

$$W_A = Q_2 V_{21} + Q_3(V_{31} + V_{32}) \text{ [J]}$$

가 된다. 다음 점전하를 운반해 오는 과정을 2, 1, 3의 순으로 바꾸면

$$W_B = Q_1 V_{12} + Q_3(V_{31} + V_{32}) \text{ [J]}$$

가 되며 동일한 조건하에서는 $W_A = W_B$가 된다. 그런데

$$Q_3 V_{31} = Q_3 \frac{Q_1}{4\pi\varepsilon r_{31}} = Q_1 \frac{Q_3}{4\pi\varepsilon r_{13}} = Q_1 V_{13}$$

등의 관계가 성립하므로, 전체의 정전에너지는

$$\begin{aligned} W &= \frac{1}{2}(W_A + W_B) \\ &= \frac{1}{2}\{Q_1(V_{12}+V_{13}) + Q_2(V_{21}+V_{23}) + Q_3(V_{31}+V_{32})\} \\ &= \frac{1}{2}(Q_1 V_1 + Q_2 V_2 + Q_3 V_3) \\ &= \frac{1}{2}\sum_{i=1}^{3} Q_i V_i \text{ [J]} \end{aligned} \tag{5.20}$$

가 된다. 여기서 V_1, V_2, V_3 [V]는 각 점에 Q_1, Q_2, Q_3 [C]의 점전하를 주었을 때의 각 점의 전위이다. 이 결과는 대전도체계에 대하서도 구하여진다(예제 6-11).

Faraday는 이 정전에너지를 전하 자신보다는 전하분포에 의한 전계 내에 저장된다고 생각하였다. 즉, 연속적인 공간전하분포인 경우 전하밀도

ρ [C/m^3]에 의한 전계 내 한 점의 전위를 V [V]라 하면, 그 점의 미소 체적 dv [m^3]의 전하 ρdv [C]가 갖는 정전에너지는 식 (5.20)에서

$$dW = \frac{1}{2} V\rho dv \text{ [J]}$$

가 된다. 따라서 공간전하 전체가 갖는 정전에너지는 다음과 같이 주어진다.

$$W = \frac{1}{2} \iiint_v V\rho dv \text{ [J]} \tag{5.21}$$

식 (5.20)과 (5.21)의 전하가 갖는 정전에너지를 전하에 의한 전계 내의 에너지로 환산하는 데 있어서, 전계 내의 전속밀도를 $\boldsymbol{D}$ [C/m^2]라 하면 Maxwell의 방정식 식 (5.16)에서 $\rho = \nabla \cdot \boldsymbol{D}$ [C/m^2]가 얻어지므로 식 (5.21)은

$$W = \frac{1}{2} \iiint_v V(\nabla \cdot \boldsymbol{D})\, dv \text{ [J]}$$

와 같이 전하 대신 전위와 전속밀도로 변형된다. 한편 벡터공식(부록 Ⅳ-5-6)에서

$$\nabla \cdot (V\boldsymbol{D}) = V(\nabla \cdot \boldsymbol{D}) + \boldsymbol{D} \cdot (\nabla V)$$

의 관계가 있으므로

$$W = \frac{1}{2} \iiint_v \nabla \cdot (V\boldsymbol{D})\, dv - \frac{1}{2} \iiint_v \boldsymbol{D} \cdot (\nabla V)\, dv \text{ [J]}$$

가 얻어지는데, 우변 제 1항에 발산정리 식 (4.29)를 적용하면

$$\iiint_v \nabla \cdot (V\boldsymbol{D})\, dv = \oiint_S (V\boldsymbol{D}) \cdot \boldsymbol{n} dS$$

가 되며, 여기서 S는 전계가 존재하는 전공간 v의 표면적으로 무한원까지 나가야 한다. 그런데 유한전하분포인 경우 $V \propto \dfrac{1}{r}$, $D \propto \dfrac{1}{r^2}$, $S \propto r^2$의 관계가 있으므로 S를 무한원까지 취하면 이 항은 소멸하여 버린다. 따라서 위의 정전에너지의 관계식에 식 (3.11b)를 적용하면

$$\begin{aligned} W &= \frac{1}{2} \iiint_v \boldsymbol{D} \cdot (-\nabla V)\, dv \\ &= \frac{1}{2} \iiint_v \boldsymbol{D} \cdot \boldsymbol{E} dv \text{ [J]} \end{aligned} \tag{5.22}$$

가 되어 전하계가 갖는 에너지를 전계 내에 저장되는 정전계에너지로 표시할 수 있다. 식 (5.22)에서 전계가 존재하는 공간〔유전율 ε [F/m]의 유전체〕에 저장되는 정전에너지의 단위체적에 대한 밀도를 구하면

$$w = \frac{1}{2}\boldsymbol{D}\cdot\boldsymbol{E} = \frac{1}{2}\varepsilon\boldsymbol{E}^2 = \frac{1}{2}\frac{\boldsymbol{D}^2}{\varepsilon}\ [\mathrm{J/m^3}] \tag{5.23}$$

가 된다. 이러한 에너지는 전계에 의하여 유전체가 분극될 때 받는 일이 유전체 내에 저장되는 것으로 생각할 수 있다.

◆ 예제 5-11

진공 중에서 $x = 1, 2, 3, 4$ [m]인 각 점에 1, 2, 3, 4 [nC]의 점전하가 있을 때, 이들에 의한 전계 내에 저장되는 정전에너지를 구하라.

풀이 각 점의 전위를 구하면

$$V_1 = \frac{1}{4\pi\varepsilon_0}\left(\frac{2}{1}+\frac{3}{2}+\frac{4}{3}\right)\times 10^{-9} = 43.5\ [\mathrm{V}]$$

$$V_2 = \frac{1}{4\pi\varepsilon_0}\left(\frac{1}{1}+\frac{3}{1}+\frac{4}{2}\right)\times 10^{-9} = 54\ [\mathrm{V}]$$

$$V_3 = \frac{1}{4\pi\varepsilon_0}\left(\frac{1}{2}+\frac{2}{1}+\frac{4}{1}\right)\times 10^{-9} = 58.5\ [\mathrm{V}]$$

$$V_4 = \frac{1}{4\pi\varepsilon_0}\left(\frac{1}{3}+\frac{2}{2}+\frac{3}{1}\right)\times 10^{-9} = 39\ [\mathrm{V}]$$

가 되므로 총정전에너지는 식 (5.20)에서 다음과 같이 된다.

$$W = \frac{1}{2}(1\times 43.5 + 2\times 54 + 3\times 58.5 + 4\times 39)\times 10^{-9} = 241.5\ [\mathrm{nJ}]$$

◆ 예제 5-12

폴리에틸렌($\varepsilon_r = 2.3$)으로 채워진 동축케이블 내에 저장되는 정전에너지를 구하라.

풀이 동축케이블의 내외반지름을 a, b [m], 내부도체의 전하밀도를 ρ_l [C/m]이라 하면

$$\boldsymbol{E} = \frac{\rho_l}{2\pi\varepsilon r}\boldsymbol{a}_r\ [\mathrm{V/m}], \qquad \boldsymbol{D} = \frac{\rho_l}{2\pi\varepsilon r}\boldsymbol{a}_r\ [\mathrm{C/m^2}]\ \ (a < r < b)$$

이므로 식 (5.23)에서 에너지밀도는

$$w = \frac{1}{2}\frac{\rho_l^2}{(2\pi)^2\varepsilon}\frac{1}{r^2}\ [\mathrm{J/m^3}]$$

가 된다. 따라서 길이 l[m]의 전(全)정전에너지는

$$W = \iiint_v w dv = \frac{\rho_l^2}{8\pi^2\varepsilon}\int_a^b \frac{1}{r^2} r dr \int_0^{2\pi} d\phi \int_{-1/2}^{+1/2} dz$$

$$= \frac{\rho_l{}^2 l}{4\pi\varepsilon}\ln\frac{b}{a}\ [\mathrm{J}] \tag{5.24}$$

가 된다. 한편 내외도체 사이의 전위차는 식 (4.13)에서

$$V_{ab} = -\int_b^a \boldsymbol{E}\cdot d\boldsymbol{l} = \frac{\rho_l}{2\pi\varepsilon}\ln\frac{b}{a}\ [\mathrm{V}]$$

이며, 길이 l[m]의 전하는

$$Q = \rho_l l\ [\mathrm{C}]$$

이므로

$$W = \frac{1}{2}QV_{ab}\ [\mathrm{J}]$$

가 되어 식 (5.20)이 유도된다.

5.6 Maxwell의 응력

전계 내에 존재하는 유전체 경계면에서는 매질에 따른 분극전하의 차이로 상호간에 힘이 작용하는데 이를 **Maxwell의 응력**(Maxwell's stress)이라 한다.

【1】 전계가 경계면에 수직인 경우

전계가 그림 5-8에서와 같이 ε_1, ε_2[F/m]인 두 유전체의 경계면에 수직으로 작용할 때, 이 면을 Δx[m]만큼 오른쪽으로 변위했다고 가정한다면, 사선부분의 에너지밀도는 처음의 w_2 [J/m^3]에서 w_1 [J/m^3]로 바뀐다. 따라서 경계면의 단위면적 1 [m^2]당 전에너지 변화량은 $(w_1 - w_2)\Delta x \times$ 1 [J]이 되므로, 경계면 단위면적당에 작용하는 수직력 f_n은 식 (1.20)에서

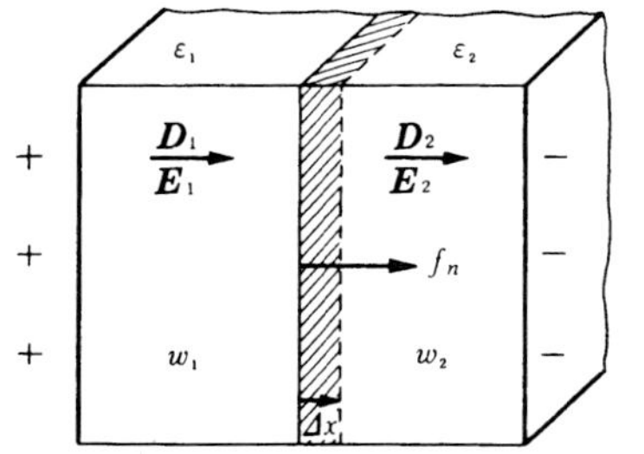

그림 5-8 전계가 면에 수직인 경우

$$f_n = -\frac{(w_1 - w_2)\Delta x}{\Delta x} = w_2 - w_1 = \frac{1}{2}E_2 D_2 - \frac{1}{2}E_1 D_1 \text{ [N/m}^2\text{]} \tag{5.25a}$$

가 된다. 그런데 식 (5.17)에서 $D_1 = D_2$이므로 이것을 D라 하면

$$f_n = \frac{1}{2}(E_2 - E_1)D = \frac{1}{2}\left(\frac{1}{\varepsilon_2} - \frac{1}{\varepsilon_1}\right)D^2 \text{ [N/m}^2\text{]} \tag{5.25b}$$

가 된다. 따라서 $\varepsilon_2 < \varepsilon_1$이면 $f_n > 0$이 되므로 유전율이 큰 유전체가 유전율이 작은 유전체쪽으로 끌리는 힘을 받는다.

【2】 전계가 경계면에 평행인 경우

그림 5-9와 같이 간격 d [m]의 극판 사이에 ε_1, ε_2 [F/m]의 두 유전체를 채우고 V [V]의 전압을 가했을 때 극판 사이의 전계는

$$E_1 = E_2 = \frac{V}{d} = E \text{ [V/m]}$$

가 되며, 전속밀도는 다음과 같이 된다.

$$D_1 = \varepsilon_1 E_1, \quad D_2 = \varepsilon_2 E_2 \text{ [C/m}^2\text{]}$$

지면에 수직이 되는 깊이 1 [m]의 경계면(사선부)을 Δx [m]만큼 변위했다면

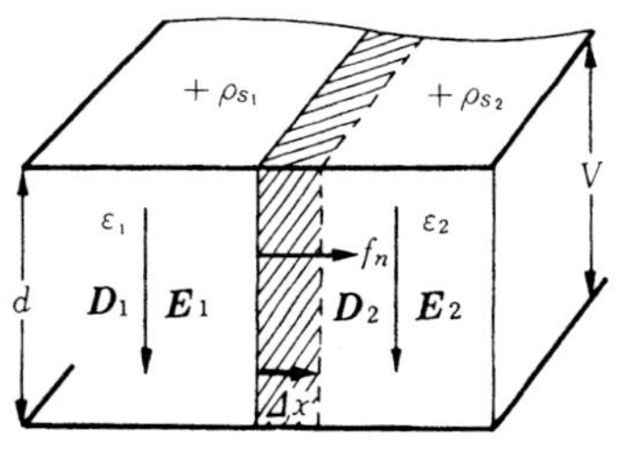

그림 5-9 전계가 면에 평행인 경우

$$\Delta W' = (w_1 - w_2)\, d\Delta x \times 1 \text{ [J]}$$

만큼의 에너지가 변한다. 그런데 경계면의 변위 때 전속밀도 및 극판의 전하밀도가

$$D_2 = \rho_{s2} \text{ [C/m}^2\text{]에서} \qquad D_1 = \rho_{s1} \text{ [C/m}^2\text{]}$$

로 변하므로, 이에 따른 전계에너지의 변화는

$$\begin{aligned}\Delta W'' &= V(\rho_{s1} - \rho_{s2})\Delta x \times 1 = V(D_1 - D_2)\Delta x \\ &= E(D_1 - D_2)\, d\Delta x \text{ [J]}\end{aligned}$$

만큼 발생하게 된다. 따라서 변위에 따른 위치에너지의 순수한 변화는

$$\begin{aligned}\Delta W &= \Delta W' - \Delta W'' \\ &= \{(w_1 - w_2) - E(D_1 - D_2)\}\, d\Delta x \text{ [J]}\end{aligned}$$

가 되므로, 경계면의 단위면적에 작용하는 힘은 식 (1.20)에서

$$\begin{aligned}f_n &= -\frac{\Delta W}{\Delta x}\frac{1}{d \times 1} = E(D_1 - D_2) - (w_1 - w_2) \\ &= \frac{1}{2}(E_1 D_1 - E_2 D_2) = \frac{1}{2}(\varepsilon_1 - \varepsilon_2)E_2 \text{ [N/m}^2\text{]}\end{aligned} \tag{5.25c}$$

가 된다. 이 경우 $\varepsilon_1 > \varepsilon_2$이면 $f_n > 0$가 되어 유전율이 큰 유전체가 작은 유전체로 끌리는 힘을 받는다.

식 (5.25a)와 (5.25c)의 힘을 그림 5-10에서와 같이 분해하면 그림 5-10 (a)의 경우 유전체는 전계방향으로 $\frac{1}{2}\boldsymbol{E}\cdot\boldsymbol{D}$ [N/m^2]의 **인장응력**(tensile stress)을, 그림 (b)의 경우는 유전체가 전계에 수직방향으로 **압축응력**(compressive stress)을 받고 있다고 볼 수 있다.

Faraday와 Maxwell은 이러한 응력이 전계를 받는 유전체 내의 모든 점에서 발생한다고 생각하고 정부(正負)전하 사이의 Coulomb의 인력이 유

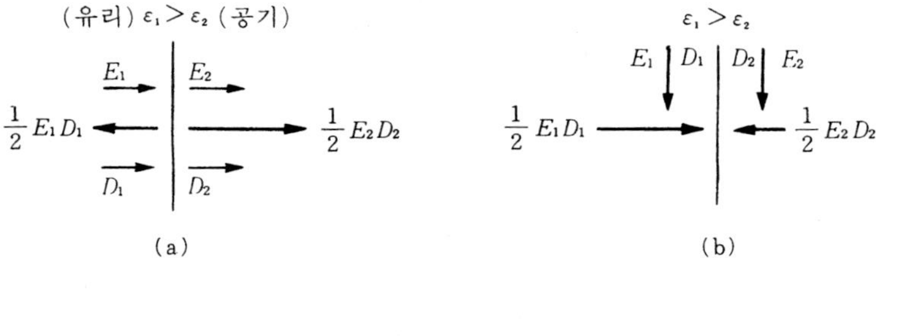

그림 5-10 경계면에 작용하는 힘의 분해

전체의 각 단면을 통하여 전달되는 것으로 설명하였다. 이러한 현상은 잡아당긴 고무줄과 같은 탄성체가 가늘어지며(압축과 장력) 동시에 줄어들면서(인장력) 양단의 물체를 잡아당기는 것과 같다고 볼 수 있다.

◆ 예제 5-13

평행판 공기커패시터 사이에 유리판($\varepsilon_r = 4$)을 끼웠을 때 유리판에 작용하는 힘을 구하라. 단, 극판 사이의 전위경도는 30 [kV/cm]이며 유리판의 두께는 판 간격과 같다.

풀이 식 (5.25)를 적용하면

$$f_n = \frac{\varepsilon_0}{2}(\varepsilon_r - 1)E^2 = 119.4\ [\mathrm{N/m^2}]$$

의 힘으로 유리판이 공기측으로 끌린다.

그림 5-11 유리판과 Maxwell 응력

◆ 예제 5-14

Maxwell의 응력을 이용하여 대전도체 표면에 작용하는 힘을 구하라.

풀이 도체 표면의 전계 E [V/m]는 경계면에 수직이므로 식 (5.25b)를 적용한다. 도체 내에서는 $E_1 = 0$이며, 주위 유전체의 유전율을 ε [F/m], 도체표면 전하밀도를 ρ_s [C/m^2]라 하면

$$f_n = \frac{1}{2}\frac{D^2}{\varepsilon} = \frac{\varepsilon}{2}E^2 = \frac{1}{2}\frac{{\rho_s}^2}{\varepsilon}\ [\mathrm{N/m^2}]$$

가 되어 식 (4.22)와 같은 결과가 얻어진다.

여기서 도체 주위의 유전체가 공기인 경우 3 [kV/mm]에서 스파크가 발생하여 공기의 절연이 파괴되므로 이 전계를 **절연파괴의 세기**(dielectric strength)라 하며, 이 값은 표 5-2와 같이 유전체의 종류에 따라 결정된다.

표 5-2 절연파괴의 세기

유 전 체	절연파괴의 세기 [kV/mm]	유 전 체	절연파괴의 세기 [kV/mm]
공 기	3	rubber(hard)	21
절 연 유	15	bakelite	25
절 연 지	15	glass	30
PVC	20	mica	100

◆ 예제 5-15

유전성(절연성) 액체를 그림 5-12와 같이 U형관에 넣고 한편에 전계 E [V/m]를 가했더니 액면이 h [m] 상승하였다. 액체의 비유전율을 구하라.

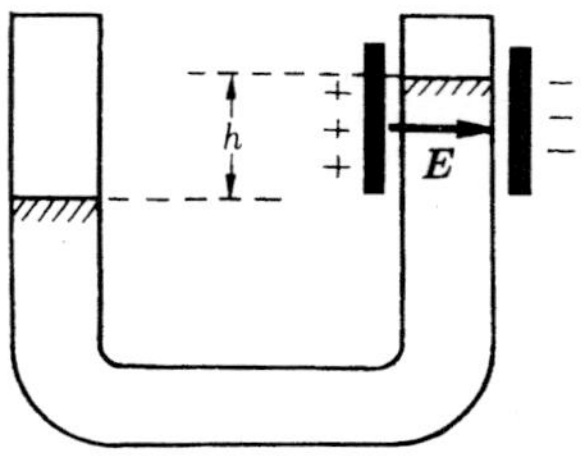

그림 5-12 비유전율 측정

풀이 액면의 상승응력은 식 (5.25c)에서

$$f = \frac{1}{2}(\varepsilon_r - 1)\varepsilon_0 E^2 \ [\mathrm{N/m^2}]$$

이며, 상승액체가 받는 중력은 $f_g = h\rho g$ [N/m^2]가 되므로 평형조건에서

$$\varepsilon_r = 1 + \frac{2\rho g h}{\varepsilon_0 E^2}$$

가 얻어진다. 여기서 ρ [kg/m^3]는 액체의 질량밀도이며 $g = 9.8$ [m/s^2] 이다.

연 습 문 제

5-1 표준상태에서의 Ar 원자의 밀도 2.7×10^{25} [atoms/m^3], 분극률 1.43×10^{-40} [F·m^2]일 때, Argon의 비유전율 ε_r과 전계 10^5 [V/m]를 가했을 때 분극도 P 및 쌍극자모멘트 μ를 구하라.

답 1.000436, 0.386 [nC/m^2], 1.43×10^{-35} [C·m]

5-2 쌍극자모멘트 10^{-34} [C·m], 밀도 10^{25} [분자/m^3]인 유극성 분자물질에 전계 5 [kV/m]를 가했을 때, 전분자의 3 %만이 전계방향으로 전위하였다. 이 경우의 P, ε_r, D를 구하라.

답 30 [pC/m^2], 1.000678, 44.3 [nC/m^2]

5-3 매우 넓은 평행도체판 사이에 두께 2 [mm]의 유리($\varepsilon_r=4$)와 3 [mm]의 공기층이 있다. 도체판 사이에 500 [V]를 가했을 때 다음을 구하라.

(1) 도체판의 ρ_s (2) 각 부의 E와 D

(3) 유리의 분극전하 ρ_s' (4) 유리판의 흡인력

답 (1) 1.26 [μC/m^2], (2) 142.8, 35.7 [kV/m], 1.26 [μC/m^2], (3) 0.95 [μC/m^2], (4) 0.068 [N/m^2]

5-4 점 (1, 0, 0) [m]에 2 [μC]의 점전하, z축 위에 3 [μC/m]의 무한직선전하, $y=\pm5$ [m]에 ±5 [μC/m^2]의 무한평면전하가 있을 때 점 (0, 1, 0) [m]의 전속밀도를 구하라.

답 $-(0.056\,\boldsymbol{i}+4.41\,\boldsymbol{j})$ [μC/m^2]

5-5 $\rho=\rho_0\left(\dfrac{r}{a}\right)^{3/2}$ [C/m^2]의 전하분포일 때 다음을 구하라.

(1) $a=3$ [cm] 구 내의 전하와 구면의 $\boldsymbol{D}$

(2) $a=7$, $-a\le z\le a$ [cm] 내의 원통전하와 $a=7$, $z=\dfrac{1}{2}\boldsymbol{a}$ [cm]의 $\boldsymbol{D}$

답 (1) $24\pi\rho_0$ [μC], $\dfrac{20}{3}\rho_0\,\boldsymbol{a}_r$ [mC/m^2], (2) $392\pi\rho_0$ [μC], $20\rho_0\,\boldsymbol{a}_r$ [mC/m^2]

5-6 전속밀도 $\boldsymbol{D}$ [C/m^2]의 다음 분포에 대하여 면 S를 지나는 전속선을 구하라.

(1) $\boldsymbol{D}=8.5r^{-2}$ [C/m^2] :

$$S\left(r=2\text{ [m]},\ -\frac{\pi}{4}\le\theta\le\frac{\pi}{4},\ -\frac{\pi}{4}\le\phi\le\frac{\pi}{4}\right)$$

(2) $\boldsymbol{D} = 8.5r\boldsymbol{a}_\phi$ [C/m^2] : $S(0 \le r \le 3,\ \phi = 45°,\ -2 \le z \le +2$ [m])

(3) $\boldsymbol{D} = 2xy^2\boldsymbol{i} + 3yz^2\boldsymbol{j} + 4zx^2\boldsymbol{k}$ [C/m^2] :
$S(y = 3,\ -3 \le x \le 3,\ -3 \le z \le 3$ [m])

답 (1) 0, (2) 153, (3) 972 [lines]

5-7 절연내력 5 [kV/mm]의 절연유($\varepsilon_r = 3$)를 채운 동축케이블은 공기절연인 경우에 비하여 몇 배의 전압을 더 가할 수 있는가? 단, 공기절연내력은 3 [kV/mm]이다.

답 약 1.7배

5-8 반지름 5, 10 [cm]의 동심구(외구접지) 사이에 절연유($\varepsilon_r = 2.5$)를 채운 경우 내구전위를 100 [V]로 하기 위한 내구전하를 구하라.

답 2.78 [nC]

5-9 가교 폴리에틸렌($\varepsilon_r = 2.3$)절연 동축케이블(반지름 0.5, 2 [cm])에 30 [kV]의 전압을 가했을 때 축에서 1.5 [cm]인 점의 전속밀도를 구하고 절연체 내의 전계분포를 그려라.

5-10 베이클라이트($\varepsilon_r = 4.5$)판 내의 전속밀도가 4.3 [μC/m^2]일 때 다음을 구하라.

(1) 분극도 (2) 공극 내의 전계 (3) 전화율

답 (1) 3.34 [μC/m^2], (2) 4.86 [kV/cm], (3) 3.5

5-11 $2a$ [m] 두께의 유전체(ε_r)를 씌운 반지름 a [m] 도체구에 전하 Q [C]을 주었을 때 구전위를 구하라.

답 $\dfrac{Q}{12\pi\varepsilon_0 a}\left(1 + \dfrac{2}{\varepsilon_r}\right)$ [V]

5-12 전하 Q [C]을 갖는 반지름 a [m]의 구도체에 반지름 $b(>a) \le r \le c$ [m]의 유전체(ε_r) 동심구를 씌웠을 때 각 부의 전위를 구하라.

답 $\dfrac{Q}{4\pi\varepsilon_0 r}$ [V] $(c < r < \infty)$, $\dfrac{Q}{4\pi\varepsilon_0}\dfrac{(\varepsilon_r - 1)r + c}{\varepsilon_r cr}$ [V] $(b \le r \le c)$

$\dfrac{Q}{4\pi\varepsilon_0}\left[\dfrac{(\varepsilon_r - 1)b + c}{\varepsilon_r bc} + \dfrac{b - r}{rb}\right)$ [V] $(a \le r \le b)$

$\dfrac{Q}{4\pi\varepsilon_0}\left[\dfrac{(\varepsilon_r - 1)b + c}{\varepsilon_r bc} + \dfrac{b - a}{ab}\right)$ [V] $(r = a)$

5-13 $\boldsymbol{D} = x\boldsymbol{i} + y\boldsymbol{j} + z\boldsymbol{k}$ [C/m^2]의 전계에 대하여 다음 공간에서 발산하는 전속선을 구하라.

(1) $r = 3$ [m] 구

(2) $1 \le r \le 4,\ -10° \le \phi \le 10°,\ -3 \le z \le 3$ [m]

(3) $r = 3$ [m], $30° \leq \theta \leq 60°$, $0 \leq \phi \leq 2\pi$ (동심원추)

답 (1) 108π, (2) 51.3, (3) 62.2 [lines=C]

5-14 공기 중의 평등전계 $\boldsymbol{E}$ [V/m]가 유전체(ε_r)면에 θ의 각으로 입사할 때 유전체 내의 전계를 구하라.

답 $\boldsymbol{E}\sqrt{\sin^2\theta + \left(\frac{1}{\varepsilon_r}\right)^2 \cos^2\theta}$ [V/m], 굴절각 $\tan^{-1}(\varepsilon_r \tan\theta)$

5-15 공기 중에 놓여진 지름 6 [cm]인 원주형 애자 ($\varepsilon_r = 6$)의 표면 안쪽($r = 3^-$ [cm], $\phi = 90°$, $z = 0$) 전계가 $\boldsymbol{E} = 20\boldsymbol{i} + 20\boldsymbol{j} - 10\boldsymbol{k}$ [V/m]일 때, 바깥쪽($r = 3^+$ [cm], $\phi = 90°$, $z = 0$)에서의 전계를 구하라.

답 $20\boldsymbol{i} + 120\boldsymbol{j} - 10\boldsymbol{k}$ [V/m]

5-16 전계 30 [kV/m]가 공기 중에서 유리 ($\varepsilon_r = 4$)판에 32°의 각으로 입사할 때 유리 내부의 전속밀도 및 굴절각을 구하라. 또 유리판을 지나온 전계의 크기와 방향을 구하라.

답 0.607 [μC/m^2], 68.2°

5-17 영역 $0 \leq x \leq 2$ [m]에 $\varepsilon_r = 2$, 영역 $2 \leq x \leq 4$에 $\varepsilon_r = 3$의 유전체가 있다. $x \leq 0(\varepsilon_r = 1)$에 전계 $\boldsymbol{E}_1 = 3\boldsymbol{i} + 4\boldsymbol{j} + 5\boldsymbol{k}$ [V/m]가 작용할 때 $\boldsymbol{E}_2$, $\boldsymbol{D}_2$, $\boldsymbol{E}_3$, $\boldsymbol{D}_3$, $\boldsymbol{P}_3$을 구하라.

답 $\boldsymbol{E}_2 = 1.5\boldsymbol{i} + 4\boldsymbol{j} + 5\boldsymbol{k}$ [V/m], $\boldsymbol{D}_2 = \varepsilon_0(3\boldsymbol{i} + 8\boldsymbol{j} + 10\boldsymbol{k})$ [C/m^2]
$\boldsymbol{P}_3 = \varepsilon_0(2\boldsymbol{i} + 8\boldsymbol{j} + 10\boldsymbol{k})$ [C/m^2]

5-18 전하 2 [μC]을 갖는 $r = 15$ [cm] 구도체에 의한 전공간의 정전에너지를 다음 경우에 대하여 구하라.

(1) 공기

(2) 절연유($\varepsilon_r = 2.5$)

(3) $20 \leq r \leq 30$ [cm]의 PVC($\varepsilon_r = 3.5$) 동심구

답 (1) 0.12, (2) 0.048, (3) 0.0986 [J]

5-19 반지름 0.5, 2 [cm] 동축케이블에 유전체($\varepsilon_r = 2$, $r = 1$ [cm], $\varepsilon_r = 4$)를 채우고 20 [kV]를 가했을 때 단위길이당 저장되는 에너지 [J/m]를 구하라.

답 2.14 [J/m]

5-20 절연유 (ε_r)중에 $\pm Q$ [C]의 두 점전하가 두 점 $(0, 0, \pm a)$ [m]에 놓여 있다. xy 평면상에 작용하는 Maxwell 응력의 총화가 Coulomb 인력과 같음을 유도하라.

답 $\dfrac{Q^2}{16\pi\varepsilon a^2}$ [N]

5-21 다음 물질에 대한 분극도를 구하라.

(1) $\boldsymbol{E} = 15\ [\mathrm{kV/m^2}]$에서 $\boldsymbol{D} = 1.5\ [\mu\mathrm{C/m^2}]$일 때

(2) $\boldsymbol{E} = 10^5\ [\mathrm{V/m}]$에서 쌍극자모멘트 $1.5 \times 10^{-26}\ [\mathrm{C \cdot m}]$이며 분자밀도 10^{20} [분자/$\mathrm{m^3}$]일 때

답 (1) 1.37, (2) $1.5\ [\mu\mathrm{C/m^2}]$

Chapter 6

도체계와 정전계

6.1 정전용량

여러 개의 도체(導體)가 가까이 있어 하나의 도체계를 구성할 경우 각 도체에 주어진 전하들에 의한 전계는 상호간에 영향을 줄 것이므로, 각 도체의 전하 또는 전위는 도체계 전체를 대상으로 생각하여야 한다.

도체가 전하를 저장할 수 있는 능력을 그 도체의 **정전용량**(靜電容量, electrostatic capacity or capacitance)이라 하며 전하를 저장하는 장치를 **축전기**(蓄電器, condenser or capacitor : Lyden병, 1745, 네덜란드)라 한다. 그리고 정전용량은 다음 네 가지 방법으로 구할 수 있다.

도체에 전하 Q[C]를 주었을 때 전위가 V[V]만큼 상승하였다면 정전용량 C는

$$C = \frac{Q}{V} \text{ [F]} \tag{6.1}$$

로 주어지며, 그 단위는 전위를 1 [V] 상승시키는 데 1 [C]의 전하를 필요로 하는 용량을 단위로 하여 1 [F] (farad)로 정하고, 보조단위로 1 [μF] = 10^{-6} [F], 1 [pF] = 10^{-12} [F] 등이 흔히 사용된다.

이상은 1개의 도체인 경우이나 A, B 두 도체가 접근해 있을 경우 각 도체의 전하가 각각 $+Q$ [C]일 때 각각의 전위 V_a, V_b [V]라면 두 도체간의 정전용량은 다음과 같이 주어진다.

$$C = \frac{Q}{V_a - V_b} \text{ [F]} \tag{6.2}$$

두 도체가 유전율 ε [F/m]의 유전체 중에 놓여 있으며 도체간의 전계를 $\boldsymbol{E}$ [V/m]라 하면 두 도체간의 정전용량은 식 (5.15), 식 (3.2) 및 식 (6.1)에서

$$C = \frac{\oiint_S \varepsilon \boldsymbol{E} \cdot \boldsymbol{n} dS}{-\int_-^+ \boldsymbol{E} \cdot d\boldsymbol{l}} \text{ [F]} \tag{6.3}$$

로 주어진다. 여기서 S는 정전하도체를 포위하는 폐곡면이다.

그리고 전압 V [V]로 충전된 용량 C [F]의 커패시터에 저장되는 정전에너지에 유도되는 정전용량은 식 (5.20)과 (6.1) 및 (6.2)에서 다음과 같이 주어진다.

$$W = \frac{1}{2} QV = \frac{1}{2} CV^2 = \frac{1}{2} \frac{Q^2}{C} \text{ [J]}$$

$$C = \frac{2W}{V^2} = \frac{Q^2}{2W} \text{ [F]} \tag{6.4}$$

그리고 정전용량은 도체의 크기, 상호위치 및 주위 유전체에 따라 정해지는 기하학적 양으로 전하와 전위의 값에 무관하다. 한편 두 도체만인 경우 정전하에서 발산한 전력선은 전부 부전하에 도달하므로, 정전용량은 전력선으로 연결된 도체간에는 항상 존재한다고 볼 수 있다. 따라서 도체계의 문제는 한 쌍씩의 도체로 구성되는 커패시터의 집합으로 풀이할 수 있다(6.4절 참조).

◆ 예제 6-1

용량 C_1, C_2 [F]인 커패시터들의 합성용량을 구하라.

풀이 (1) **병렬연결** : 그림 6-1의 경우 합성용량은

$$C = C_1 + C_2 \text{ [F]} \tag{6.5a}$$

가 되며, 각 커패시터에 분배되는 전하는 각각 다음과 같이 된다.

$$Q_1 = \frac{C_1}{C} Q, \quad Q_2 = \frac{C_2}{C} Q \text{ [C]} \tag{6.5b}$$

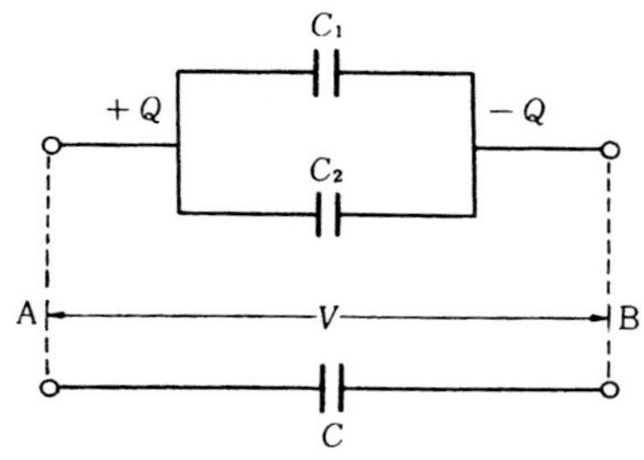

그림 6-1 병렬연결

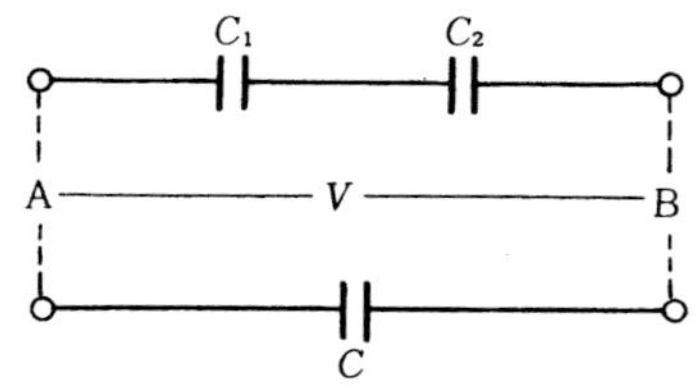

그림 6-2 직렬연결

(2) **직렬연결** : 그림 6-2의 경우 합성용량은

$$\frac{1}{C} = \frac{1}{C_1} + \frac{1}{C_2}\left[\frac{1}{\mathrm{F}}\right] \tag{6.6a}$$

가 되며 각 커패시터에 분배되는 전압은 각각 다음과 같이 된다.

$$V_1 = \frac{C}{C_1}V, \qquad V_2 = \frac{C}{C_2}V\,[\mathrm{V}] \tag{6.6b}$$

◆ 예제 6-2

용량 $C_1 = 1\,[\mu\mathrm{F}]$, $C_2 = 2\,[\mu\mathrm{F}]$, $C_3 = 4\,[\mu\mathrm{F}]$의 3 커패시터를 그림 6-3과 같이 연결하고 $V = 70\,[\mathrm{V}]$를 가할 때, 각 커패시터에 대한 전위차, 전하 및 저장되는 정전에너지를 구하라.

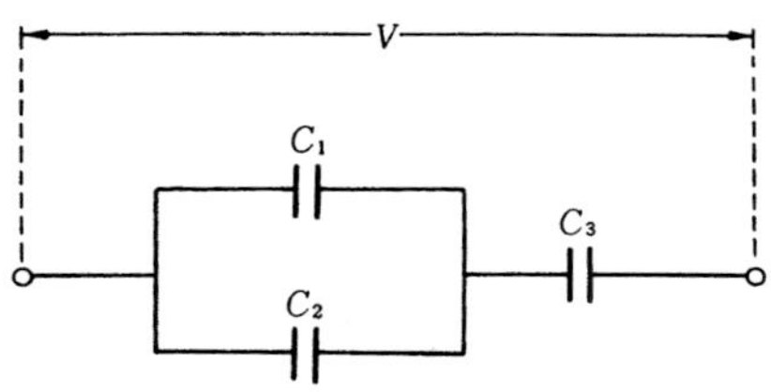

그림 6-3 직병렬연결

풀이 전위차와 전하는 식 (6.5), (6.6)에서

$$V_1 = V_2 = 40\,[\mathrm{V}], \quad V_3 = 30\,[\mathrm{V}]$$

$$Q_1 = 40\,[\mu\mathrm{C}], \quad Q_2 = 80\,[\mu\mathrm{C}], \quad Q_3 = 120\,[\mu\mathrm{C}]$$

가 되며, 식 (6.4)에서 커패시터에 저장되는 정전에너지는

$$W_1 = 0.8\,[\mathrm{mJ}], \quad W_2 = 1.6\,[\mathrm{mJ}], \quad W_3 = 1.8\,[\mathrm{mJ}], \quad W = 4.2\,[\mathrm{mJ}]$$

가 된다.

6.2 정전용량의 계산예

【1】 평행판 커패시터

유전체(유전율 ε [F/m])가 채워진 간격 d [m]의 무한히 넓은 평행판 전극에 각각 $\pm\rho_s$ [C/m^2]의 전하를 주면, 그림 6-4와 같이 판간의 전계는 전극에 항상 수직이 되므로 식 (5.5)에서

$$\boldsymbol{E} = -\frac{\rho_s}{\varepsilon}\boldsymbol{k}\,[\mathrm{V/m}]$$

로 평등전계(平等電界)가 되며, 전극간 전위차는

$$V = -\int_{-}^{+}\boldsymbol{E}\cdot d\boldsymbol{l} = +\frac{\rho_s}{\varepsilon}\int_0^d dz = \frac{\rho_s}{\varepsilon}d\,[\mathrm{V}]$$

가 된다. 따라서 단위면적당 정전용량은

$$C_0 = \frac{\rho_s}{V} = \frac{\varepsilon}{d}\ [\mathrm{F/m^2}] \tag{6.7a}$$

가 되며, 면적 S [m^2]의 커패시터에 대한 정전용량은

$$C = \frac{\varepsilon S}{d} = \frac{\varepsilon_0\varepsilon_r S}{d}\ [\mathrm{F}] \tag{6.7b}$$

가 된다. 따라서 극판 사이에 비유전율이 큰 유전체를 박막으로 끼우면 용량을 매우 크게 함과 동시에 소형화할 수 있다. 흔히 사용되는 유전체에 종이, 운모, TiO_2, $BaTiO_3$, 각종 플라스틱 필름($d=2$ [μm] 정도) 등이 있다.

이상의 계산은 극판간 전계를 균일하다고 생각한 경우지만 일반적으로 면적이 작고 극간 거리가 큰 경우, 극판단부의 전계가 그림 7-21 (a)와 같이 균일하지 못한 **단부효과**(端部效果, fringing effect)가 있으므로 정밀장

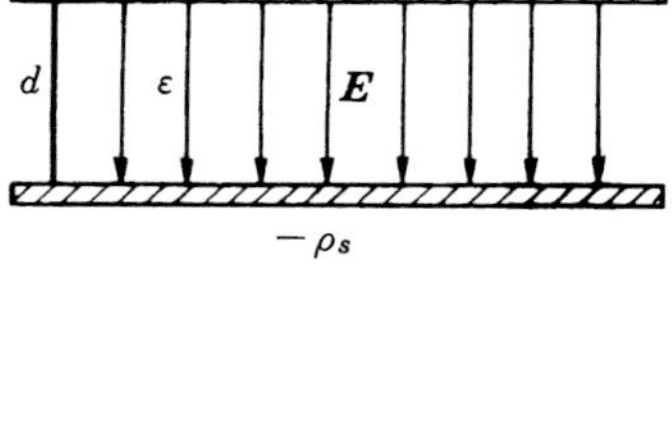

그림 6-4 평행판 커패시터

치에서는 이에 대한 보완이 필요하다(그림 7-21 참조).

그리고 평행판 커패시터에 저장되는 정전에너지는 식 (5.22)에서

$$W = \frac{1}{2}\iiint \varepsilon E^2 dv = \frac{1}{2}\int_0^s \int_0^d \frac{\rho_s^2}{\varepsilon}\, dz\, dS = \frac{1}{2}\frac{\rho_s^2}{\varepsilon} Sd$$

$$= \frac{1}{2}CV^2 = \frac{1}{2}QV = \frac{1}{2}\frac{Q^2}{C}\ [\mathrm{J}]$$

가 되어 식 (6.4)와 같아지며, 여기서 $Q = \rho_s S\,[\mathrm{C}]$이다.

◆ 예제 6-3

면적 $S\,[\mathrm{m}^2]$, 간격 $d\,[\mathrm{m}]$인 평행판 커패시터에 그림 6-5와 같이 두께 d_1, $d_2\,[\mathrm{m}]$이며 유전율 ε_1, $\varepsilon_2\,[\mathrm{F/m}]$의 두 유전체를 극판에 평행으로 채웠을 때 정전용량을 구하라. 단, 단부효과는 무시한다.

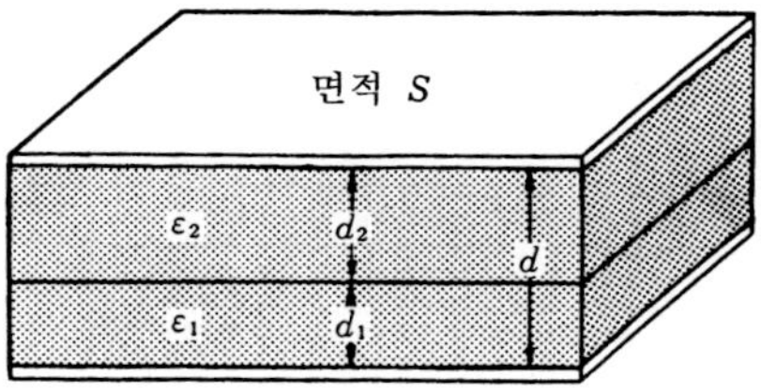

그림 6-5 유전체 평행판 커패시터

풀이 양극 사이에 전위차 $V\,[\mathrm{V}]$를 가했을 때 각 유전체 내의 전계를 E_1, $E_2\,[\mathrm{V/m}]$라 하면

$$V = E_1 d_1 + E_2 d_2\ [\mathrm{V}]$$

가 되며, 경계조건 식 (5.17)에서

$$\varepsilon_1 E_1 = \varepsilon_2 E_2\ [\mathrm{C/m^2}]$$

가 성립하므로 위의 두 식에서 다음과 같은 식이 얻어진다.

$$\left.\begin{aligned} E_1 &= \frac{V}{d_1 + \dfrac{\varepsilon_2}{\varepsilon_1} d_2}\ [\mathrm{V/m}] \\ E_2 &= \frac{V}{d_2 + \dfrac{\varepsilon_2}{\varepsilon_1} d_1}\ [\mathrm{V/m}] \end{aligned}\right\} \qquad (6.8)$$

한편 극판의 전하밀도 $\rho_s\,[\mathrm{C/m^2}]$는 식 (5.13)에서

$$\rho_s = \varepsilon_1 E_1 = \frac{V}{\dfrac{d_1}{\varepsilon_1} + \dfrac{d_2}{\varepsilon_2}} \ [\mathrm{C/m^2}]$$

가 되므로 합성정전용량은 다음과 같이 된다.

$$C = \frac{\rho_s S}{V} = \frac{1}{\dfrac{d_1}{\varepsilon_1 S} + \dfrac{d_2}{\varepsilon_2 S}} \ [\mathrm{F}] \tag{6.9}$$

[별해] 각 유전체에 대한 정전용량은 식 (6.7)에서

$$C_1 = \frac{\varepsilon_1 S}{d_1}, \quad C_2 = \frac{\varepsilon_2 S}{d_2} \ [\mathrm{F}]$$

이므로, 합성용량은

$$C = \frac{1}{\dfrac{1}{C_1} + \dfrac{1}{C_2}} = \frac{S}{\dfrac{d_1}{\varepsilon_1} + \dfrac{d_2}{\varepsilon_2}} \ [\mathrm{F}]$$

가 되어 식 (6.9)와 같이 된다.

커패시터 극판 사이에 ε_1, ε_2 [F/m]의 두 유전체가 S_1, S_2 [$\mathrm{m^2}$]의 면적으로 극판과 접해 있을 경우의 전용량은

$$C = \frac{\varepsilon_1 S_1 + \varepsilon_2 S_2}{d} = C_1 + C_2 \ [\mathrm{F}] \tag{6.10}$$

가 되며, C_1, C_2는 각 유전체가 있는 부분의 정전용량이다.

◆ 예제 6-4

예제 6-3에서 $\varepsilon_{r1} = 2$, $\varepsilon_{r2} = 5$, $d_1 = d_2 = 0.5$ [mm], $S = 10$ [$\mathrm{cm^2}$]로 극판 사이에 100 [V]를 가할 때 다음을 구하라.

(1) 전극판의 ρ_s (2) E_1과 E_2의 비 (3) 유전체 1의 양면간 전위차

(4) 각 유전체에 저장되는 에너지 (5) 경계면의 분극전하

풀이 예제 6-3의 결과를 이용하여

(1) $$\rho_s = \frac{V}{\dfrac{d_1}{\varepsilon_1} + \dfrac{d_2}{\varepsilon_2}} = \frac{V}{d_1}\frac{\varepsilon_1\varepsilon_2}{\varepsilon_1 + \varepsilon_2}$$

$$= \frac{100}{5\times10^{-4}} \times \frac{2\times5}{2+5} \times 8.854\times10^{-12} = 2.53 \ [\mu\mathrm{C/m^2}]$$

(2) $E_1 = \dfrac{\rho_s}{\varepsilon_1} = \dfrac{2.53\times10^{-6}}{2\times8.854\times10^{-12}} = 1.43\times10^4\ [\mathrm{V/m}]$

$E_2 = \dfrac{\rho_s}{\varepsilon_2} = \dfrac{2.53\times10^{-6}}{5\times8.854\times10^{-12}} = 0.572\times10^5\ [\mathrm{V/m}]$

$E_1/E_2 = 2.5$

가 되어, ε의 값이 작은 유전체의 전계가 커진다. 이 결과는 식 (6.8)에서도 얻어진다(예제 5-3 참조).

(3) $V_1 = E_1 d_1 = 71.5\ [\mathrm{V}]$, $V_2 = 28.6\ [\mathrm{V}]$

(4) 각 유전체의 정전용량은

$C_1 = 4\varepsilon_0 = 35.42\ [\mathrm{pF}]$, $\quad C_2 = 10\varepsilon_0 = 88.54\ [\mathrm{pF}]$

합성용량 $C = 2.53\ [\mathrm{pF}]$

가 되므로, 정전에너지는 식 (6.4)에서 각각 다음과 같이 된다.

$W_1 = 90.5\ [\mathrm{nJ}]$, $\quad W_2 = 36.2\ [\mathrm{nJ}]$

(5) 식 (5.1b)와 (5.6)에서

$\rho'_{s1} = \varepsilon_0(\varepsilon_r - 1)E_1 = 1.27\ [\mu\mathrm{C/m^2}]$, $\quad \rho'_{s2} = -2.03\ [\mu\mathrm{C/m^2}]$

$\therefore\ \rho'_s = \rho'_{s1} + \rho'_{s2} = -0.76\ [\mu\mathrm{C/m^2}]$

가 되며, 극판에서의 겉보기의 전하는 각각 다음과 같이 된다.

$\rho_s - \rho'_{s1} = 1.26$, $\ -\rho_s + \rho'_{s2} = -0.5\ [\mu\mathrm{C/m^2}]$

【2】 동심구 커패시터

반지름 a, b, c [m]의 그림 6-6과 같은 동심구도체 내구(內球)에 $+Q$ [C]의 전하를 주면 외구 내외면에 $\mp Q$ [C]의 전하가 유도되며, 양 구간의 전위차는 식 (4.9)에서

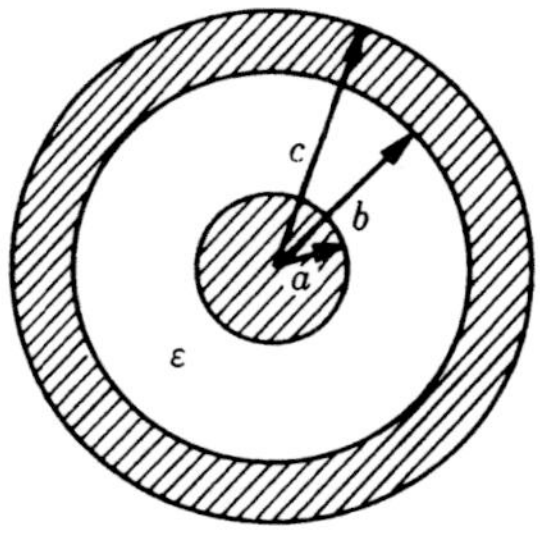

그림 6-6 동심구 커패시터

$$V_{ab} = \frac{Q}{4\pi\varepsilon}\left(\frac{1}{a} - \frac{1}{b}\right) [\mathrm{V}]$$

가 되므로, 정전용량은

$$C = \frac{Q}{V_{ab}} = 4\pi\varepsilon\frac{ab}{b-a} \ [\mathrm{F}] \tag{6.11}$$

가 된다. 만일 $b=\infty$이면 반지름 $a\,[\mathrm{m}]$의 구(球)커패시터가 되는데 그 용량은

$$C = 4\pi\varepsilon a \, [\mathrm{F}] \tag{6.12a}$$

가 되며 주위 공간이 공기이면

$$C = 4\pi\varepsilon_0 a = \frac{a}{9\times 10^9} \ [\mathrm{F}] \tag{6.12b}$$

가 되므로, 1 [F]의 정전용량을 갖는 구의 반지름은 9×10^6 [km]로 매우 큰 값이다. 우리 주위에서 가장 큰 물체인 지구의 반지름은 약 $a = \frac{4\times 10^7}{2\pi}$ $= 6366$ [km]이므로 지구의 정전용량은 707 [μF]가 된다.

◆ 예제 6-5

자유공간 내의 반지름 $a\,[\mathrm{m}]$의 도체구에 두께 $t\,[\mathrm{m}]$의 유전체(ε [F/m])를 씌웠을 때 정전용량을 구하라.

풀이 도체구에 $Q\,[\mathrm{C}]$을 주었을 때의 구전위는 다음과 같이 되므로

$$\begin{aligned} V &= -\frac{Q}{4\pi\varepsilon_0}\int_{\infty}^{a+t}\frac{dr}{r^2} - \frac{Q}{4\pi\varepsilon}\int_{a+t}^{a}\frac{dr}{r^2} \\ &= \frac{Q}{4\pi}\left[\frac{1}{\varepsilon_0}\frac{1}{a+t} + \frac{1}{\varepsilon}\left(\frac{1}{a} - \frac{1}{a+t}\right)\right] [\mathrm{V}] \end{aligned}$$

용량은 다음과 같다.

$$C = \frac{4\pi}{\frac{1}{\varepsilon_0}\frac{1}{a+t} + \frac{1}{\varepsilon}\left(\frac{1}{a} - \frac{1}{a+t}\right)} \ [\mathrm{F}]$$

【3】 무한장 동축커패시터

(1) 단일유전체인 경우

반지름 a, $b(>a)$ [m]의 동축 내외 원통도체에 $\pm\rho_l$ [C/m]의 전하를 주었을 때 내외 원통 사이의 전위차는 식 (4.11)에서

$$V_{ab} = \frac{\rho_l}{2\pi\varepsilon} \ln\frac{b}{a} \ [\mathrm{V}]$$

가 되므로, 단위길이 및 길이 l [m]의 정전용량은 다음과 같이 된다.

$$\left.\begin{aligned} C_0 &= \frac{\rho_l}{V} = \frac{2\pi\varepsilon}{\ln\frac{b}{a}} \ [\mathrm{F/m}] \\ C &= C_0 l = \frac{2\pi\varepsilon l}{\ln\frac{b}{a}} \ [\mathrm{F}] \end{aligned}\right\} \tag{6.13b}$$

◆ 예제 6-6

반지름 $a=0.5$, $b=2$ [cm], $-\frac{1}{2} \le z \le +\frac{1}{2}$ [m]의 동축케이블에 유전체가 다음과 같이 채워졌을 때 정전용량을 구하라(단부효과는 무시함).

(1) $\varepsilon_r=3$만인 경우 (2) $0 \le \phi \le \pi$: $\varepsilon_r=3$, $\pi \le \phi \le 2\pi$: $\varepsilon_r=1$

(3) $-\frac{1}{2} \le z \le 0$ [m] : $\varepsilon_r=3$, $0 \le z \le \frac{1}{2}$ [m] : $\varepsilon_r=1$

풀이 $a=5\times10^{-3}$ [m], $b=2\times10^{-2}$ [m], $l=1$ [m]이므로 식 (6.7)에서

(1) $C_a = \dfrac{2\pi\varepsilon_0\times3\times1}{\ln\dfrac{2}{0.5}} = 0.12$ [nF]

(2) $\varepsilon_r=3$과 $\varepsilon_s=1$의 각 부 용량을 각각 C_1, C_2 [F]라면

$$C_1 = \frac{1}{2}C_a, \quad C_2 = \frac{1}{3}C_1 = \frac{1}{6}C_a \ [\mathrm{F}]$$

가 되므로 전체 용량은 다음과 같다.

$$C_b = C_1 + C_2 = 80 \ [\mathrm{pF}]$$

(3) 이 경우에도 다음과 같이 된다.

$$C_1 = \frac{1}{2}C_a, \quad C_2 = \frac{1}{3}C_1 = \frac{1}{6}C_a\,[\mathrm{F}]$$

$$\therefore\ C_c = C_1 + C_2 = 80\,[\mathrm{pF}]$$

(2) 복합유전체인 경우

동축원통 도체 사이에 ε_1, ε_2 [F/m]의 두 유전체가 그림 6-7과 같이 채워져 있을 경우, 내(內)원통 도체에 ρ_l [C/m]의 전하를 주었을 때 반지름 $r(a<r<c)$ [m]가 되는 점의 전속밀도는 Gauss의 법칙에 의하여

$$D = \frac{\rho_l}{2\pi r}\ [\mathrm{C/m^2}]\quad (a<r<c)$$

가 되므로, 각 유전체에서의 전계는

$$\left.\begin{aligned} E_1 &= \frac{D}{\varepsilon_1} = \frac{\rho_l}{2\pi\varepsilon_1 r}\ [\mathrm{V/m}]\quad (a<r<b) \\ E_2 &= \frac{D}{\varepsilon_2} = \frac{\rho_l}{2\pi\varepsilon_2 r}\ [\mathrm{V/m}]\quad (b<r<c) \end{aligned}\right\} \tag{6.14}$$

가 되며, 내외원통 도체 사이의 전위차는

$$V_{ac} = \int_a^b E_1\,dr + \int_b^c E_2\,dr = \frac{\rho_l}{2\pi}\left(\frac{1}{\varepsilon_1}\ln\frac{b}{a} + \frac{1}{\varepsilon_2}\ln\frac{c}{b}\right)[\mathrm{V}]$$

가 되므로, 동축원통의 단위길이당 정전용량은

$$C_0 = \frac{\rho_l}{V} = \frac{2\pi}{\frac{1}{\varepsilon_1}\ln\frac{b}{a} + \frac{1}{\varepsilon_2}\ln\frac{c}{b}}\ [\mathrm{F/m}] \tag{6.15}$$

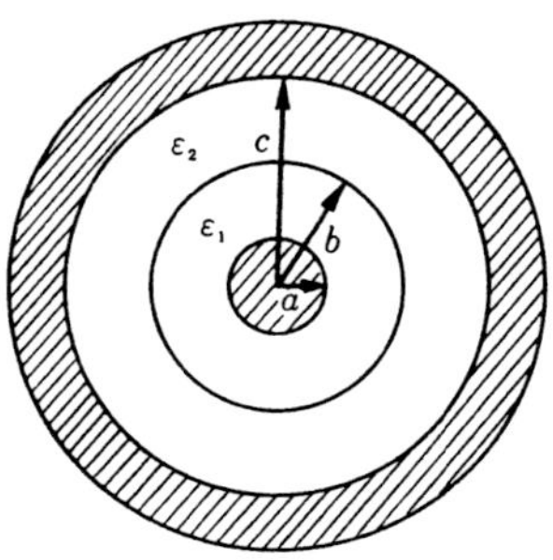

그림 6-7 동축원통

가 된다. 이 결과는 두 유전체(ε_1, ε_2 [F/m])를 갖는 2개의 원통커패시터의 직렬연결인 경우와 같다. 그리고 원통 사이에 V [V]의 전압을 가했을 때 각 유전체에서의 전계는 식 (6.15)와 (6.14)에서

$$\left.\begin{aligned} E_1 &= \frac{C_0 V}{2\pi\varepsilon_1 r}\ [\mathrm{V/m}] \quad (a < r < b) \\ E_2 &= \frac{C_0 V}{2\pi\varepsilon_2 r}\ [\mathrm{V/m}] \quad (b < r < c) \end{aligned}\right\} \tag{6.16}$$

가 되며, $\varepsilon_1 > \varepsilon_2$인 경우의 전계분포는 그림 6-8과 같이 된다.

그림의 점선은 한 종류의 유전체만을 채운 경우의 전계분포인데, 두 종류의 유전체 ε_1과 ε_2를 사용하면 같은 전위차에 대한 최대전계의 크기가 한 종류인 경우보다 낮아져 절연효과가 높아지므로 보다 높은 전압을 가할 수 있다(연습문제 6-5 참조). 이러한 원리를 이용한 케이블의 절연방식을 단절연(段絶緣, graded insulation)이라 하며, 30 [kV]급 이상의 고전압 송배전케이블 등에 이 원리가 이용되고 있다.

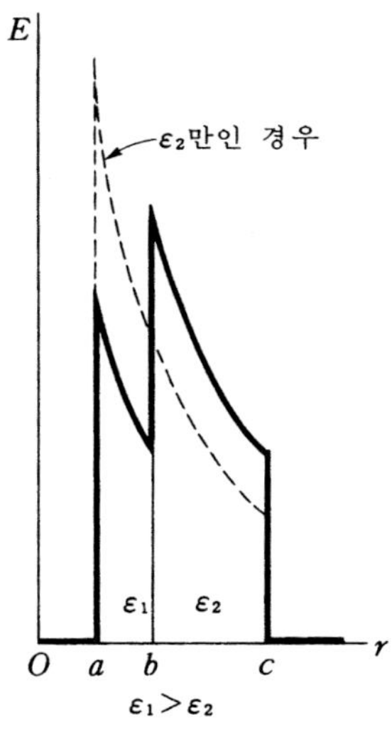

그림 6-8 단절연과 전계분포

◆ **예제 6-7**

단심케이블을 같은 두께의 두 유전체(ε_1, ε_2 [F/m])로 그림 6-8과 같이 절연하고자 한다. 다음 각 경우에 대한 최대사용전압을 구하라.

(1) ε_1을 심선 가까이 채운 경우　(2) ε_2를 심선 가까이 채운 경우

단, ε_1, ε_2의 비유전율과 절연파괴의 세기는 각각 $\varepsilon_{s1}=5$, $E_{1\max}=40$ [kV/cm], $\varepsilon_{s2}=3$, $E_{2\max}=50$ [kV/cm]이며, $a=1$ [cm], $c=3$ [cm]이다.

풀이 (1) 심선의 선전하밀도를 ρ_l [C/m]라 하면 식 (6.14)에서

$$E_1=\frac{\rho_l}{2\pi\varepsilon_0\times 5\times r}\ [\text{V/m}]\quad (0.01<r<0.02\ [\text{m}])$$

이며, $r=0.01$ [m]에서 $E_{1\max}=4\times 10^6$ [V/m]이어야 하므로

$$4\times 10^6=\frac{\rho_l}{2\pi\varepsilon_0\times 5\times 0.01}\qquad \therefore\ \rho_l=4\pi\varepsilon_0\times 10^5\ [\text{C/m}]$$

가 되어야 한다. 따라서 내외도체 사이에는

$$V=\int_a^b E_1\,dr+\int_b^c E_2\,dr$$
$$=\frac{\rho_l}{2\pi\varepsilon_0}\left(\int_{0.01}^{0.02}\frac{dr}{5r}+\int_{0.02}^{0.03}\frac{dr}{3r}\right)=54.8\ [\text{kV}]$$

의 최대전압을 걸 수 있다.

(2) 마찬가지의 계산을 행하므로 다음과 같은 최대전압이 얻어진다.

$$V=46.8\ [\text{kV}]$$

따라서 유전율이 큰 유전체를 안쪽에 채우면 보다 높은 전압을 가할 수 있다.

【4】 평행도선간 커패시터

반지름 a [m]의 매우 긴 두 평행도선이 d [m]의 간격으로 그림 6-9와 같이 배선되었을 때 $d\gg a$라면, 각 도선의 선전하 $\pm\rho_l$ [C/m]을 각 선의 축에 집중된 선전하로 볼 수 있으므로 점 P의 전계는 다음과 같이 된다.

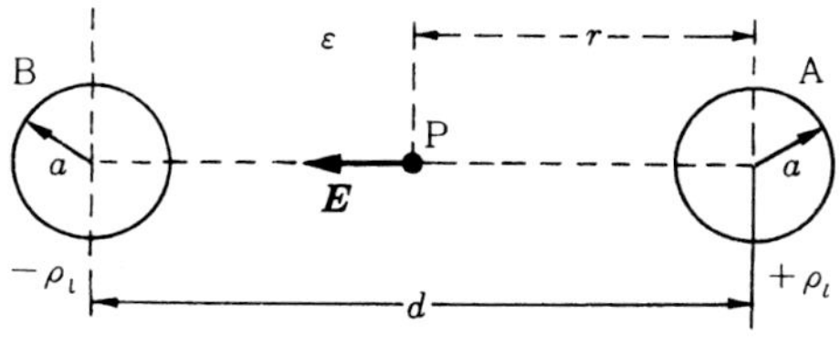

그림 6-9 평행도선의 정전용량($d\gg a$)

$$E = \frac{\rho_l}{2\pi\varepsilon}\left(\frac{1}{r} + \frac{1}{d-r}\right) [\text{V/m}]$$

따라서 A, B 두 도선 사이의 전위차는

$$V_{ab} = \frac{\rho_l}{2\pi\varepsilon}\int_a^{d-a}\left(\frac{1}{r} + \frac{1}{d-r}\right)dr$$

$$= \frac{\rho_l}{\pi\varepsilon}\ln\frac{d-a}{a} \fallingdotseq \frac{\rho_l}{\pi\varepsilon}\ln\frac{d}{a}\ [\text{V}]$$

가 되므로, 평행도선 사이의 단위길이에 대한 정전용량은

$$C_0 = \frac{\pi\varepsilon}{\ln\dfrac{d-a}{a}} \fallingdotseq \frac{\pi\varepsilon}{\ln\dfrac{d}{a}}\ [\text{F/m}] \tag{6.17}$$

가 된다. 이 관계식은 송배전선로의 선간 정전용량을 구할 때 이용된다.

◆ 예제 6-8

반지름 a [m]인 평행도선의 선간거리 d [m]가 a에 비하여 크지 않을 경우의 양도선간 정전용량을 구하라.

풀이 선간거리가 반지름에 비해 크지 않을 경우($d/a < 10$) 도선에 분포된 선전하 $\pm\rho_l$ [C/m]는 상호간의 Coulomb 인력에 의하여 전하분포의 중심이 그림 6-10에서와 같이 약간 접근하게 된다(이 현상을 근접효과(proximity effect)라 한다).

도선축을 A, B, 전하분포의 집중축을 A′, B′라 하면 임의의 점 P의 전위는(예제 4-9 그림 4-11 참조) 다음과 같이 된다.

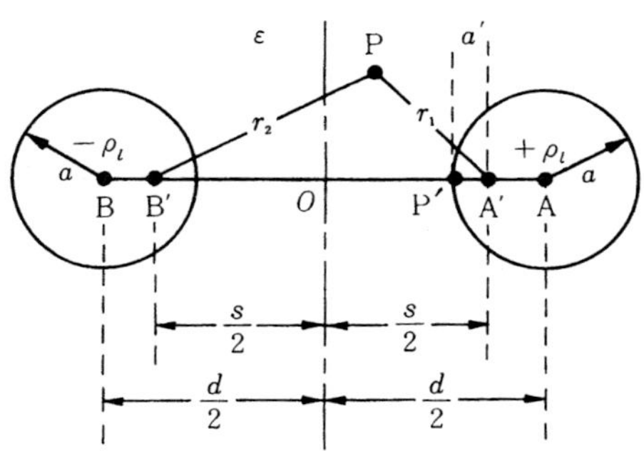

그림 6-10 평행도선의 정전용량($d > a$)

$$V = \frac{\rho_l}{2\pi\varepsilon} \ln \frac{r_2}{r_1} \text{ [V]}$$

한편 각 도선표면은 등전위면일 것이므로 그 값을 V_a, V_b라 하면 윗식에서

$$V_a = \frac{\rho_l}{2\pi\varepsilon} \ln \frac{s-a'}{a'} \text{ [V]}, \qquad V_b = \frac{\rho_l}{2\pi\varepsilon} \ln \frac{a'}{s-a'} \text{ [V]}$$

가 된다. 여기서 s [m]는 근접전하축 A′, B′ 사이의 거리 a' [m]는 축 A′와 도선표면 사이의 거리이다.

s를 구하기 위하여 V_a의 식에서

$$\frac{s-a'}{a'} = e^{\frac{2\pi\varepsilon V}{\rho l}} = A_a$$

라 하면(예제 4-9 등전위선 참조), 등전위선 A의 중심과 반지름은 식 (4.18b)에서

$$\text{중심 : } \left\{\frac{d}{2} = \frac{s}{2}\left(\frac{A_a^2+1}{A_a^2-1}\right),\ 0\right\}, \qquad \text{반지름 : } a = \frac{sA_a}{A_a^2-1} \text{ [m]}$$

가 되며, 이들로부터 다음 식이 구해진다.

$$s = \sqrt{d^2-(2a)^2}, \qquad A_a = \frac{d}{2a} + \sqrt{\left(\frac{d}{2a}\right)^2 - 1}$$

한편 양 도선 사이의 전위차는

$$V_{ab} = V_a - V_b = \frac{\rho_l}{\pi\varepsilon} \ln \frac{s-a'}{a'} = \frac{\rho_l}{\pi\varepsilon} \ln A_a$$

$$= \frac{\rho_l}{\pi\varepsilon} \ln\left[\frac{d}{2a} + \sqrt{\left(\frac{d}{2a}\right)^2 - 1}\right] \text{[V]}$$

가 되므로, 단위길이의 도선간 정전용량은

$$C_0 = \frac{\rho_l}{V_{ab}} = \frac{\pi\varepsilon}{\ln \dfrac{d+\sqrt{d^2-(2a)^2}}{2a}}$$

$$= \frac{\pi\varepsilon}{\cosh^{-1}\left(\dfrac{d}{2a}\right)} \text{ [F/m]} \qquad (6.18)$$

가 된다(연습문제 6-28 참조). 이 경우 $d \gg a$이면 식 (6.17)이 얻어진다. 그림 6-10에서 중점 O를 지나는 수직이등분면은 영전위의 등전위면이므

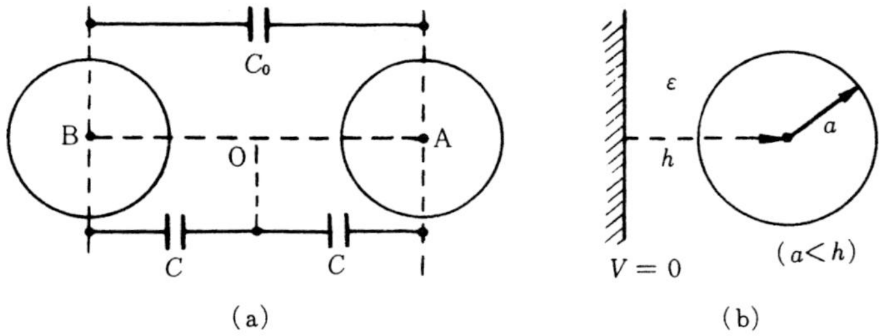

그림 6-11 평면도체와 도선 사이의 정전용량

로, 도선 AB 사이의 용량은 그림 6-11 (a)와 같이 중점 O에 대한 도선 A와 B의 두 용량의 직렬연결로 생각할 수 있다. 따라서 그림 (b)와 같이 무한평면도체(영전위)에 평행으로 배치된 반지름 $a(<h)$ [m] 도선의 평면도체에 대한 정전용량은 식 (6.18)에서

$$C=\frac{\pi\varepsilon}{\ln\dfrac{h+\sqrt{h^2-a^2}}{a}}=\frac{2\pi\varepsilon}{\cosh^{-1}\left(\dfrac{h}{a}\right)}\ [\mathrm{F/m}] \tag{6.19a}$$

가 되며, $a \ll h$일 경우에는

$$C=\frac{2\pi\varepsilon}{\ln\dfrac{2h}{a}}\ [\mathrm{F/m}] \tag{6.19b}$$

가 된다. 이 결과는 식 (6.17)에서도 구할 수 있다. 식 (6.19)는 전자장치의 케이스와 배선간의 용량 또는 송전선의 대지용량 등을 구할 때 이용된다.

그림 6-10과 6-11 (b)인 경우의 전계(전력선 및 등전위선)분포는 그림 4-12와 같다. 즉, 오른쪽의 굵은 원이 영전위의 무한평면도체 앞의 도체 단면이 되어 도선의 중심축과 전하축의 위치가 상이함을 알 수 있다.

예로 평면도체에서 13 [cm] 떨어진 곳에 반지름 5 [cm]의 도선이 평행 배치되었을 때 평면도체에 대한 정전용량은 식 (6.19a)에서

$$C=\frac{2\pi\varepsilon_0}{\ln 5}=\frac{2\pi\varepsilon_0}{\cosh^{-1}\left(\dfrac{13}{5}\right)}=34.57\ [\mathrm{pF/m}]$$

가 되며, 도선의 전하축은 중심축에서 도체쪽으로 1 [cm] 접근한다. 이에 대하여 도선이 먼 위치일 경우에는 식 (6.19b)에서 33.74 [pF/m]가 얻어진다.

6.3 도체계와 정전에너지

여러 개의 도체로 구성되는 도체계(導體系)에서 각 도체의 전하 및 전위 분포와 전계 내 각 점의 전위 및 전계분포는 하나의 값으로(유일성) 정해지며(7-3절 참조), 상호간에 비례관계가 있으므로 도체계 문제를 다음 방식으로 풀이한다.

【1】 전위계수

그림 6-12와 같이 3개의 도체가 일정 위치에 배치된 도체계에서, 도체 1에만 +1 [C]의 전하를 주고 다른 도체에는 전하를 주지 않았을 때〔1의 전하에 의하여 도체 2, 3에 정부(正負)의 전하가 유도되지만 그 합은 0이다〕 각 도체의 전위를 각각

$$p_{11},\ p_{21},\ p_{31}\ [\mathrm{V/C}]$$

라 하면, 도체 1에 Q_1 [C]을 주었을 때의 각 도체의 전위는

$$p_{11}Q_1,\ p_{21}Q_1,\ p_{31}Q_1\ [\mathrm{V}]$$

가 될 것이다. 마찬가지로

$$Q_2 = 1\ [\mathrm{C}], \qquad Q_1 = Q_3 = 0$$

일 때 각 도체의 전위를

$$p_{12},\ p_{22},\ p_{32}\ [\mathrm{V/C}]$$

이라면 도체 2에 Q_2 [C]의 전하를 주었을 때의 각 도체의 전위는

$$p_{12}Q_2,\ p_{22}Q_2,\ p_{32}Q_2\ [\mathrm{V}]$$

가 되며, 마찬가지로

$$Q_3 = 1\ [\mathrm{C}], \qquad Q_1 = Q_2 = 0$$

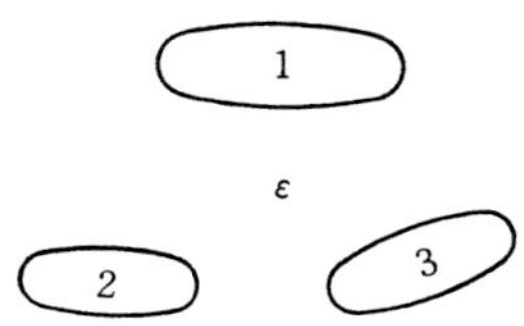

그림 6-12 도 체 계

인 경우의 각 도체의 전위를

$$p_{13},\ p_{23},\ p_{33}\ [\mathrm{V/C}]$$

이라면 도체 3에 Q_3 [C]의 전하를 주었을 때의 각 도체의 전위는

$$p_{13}Q_3,\ p_{23}Q_3,\ p_{33}Q_3\ [\mathrm{V}]$$

가 된다. 따라서 각 도체에 Q_1, Q_2, Q_3 [C]의 전하를 주었을 때의 각 도체의 전위는

$$\left.\begin{aligned} V_1 &= p_{11}Q_1 + p_{12}Q_2 + p_{13}Q_3\ [\mathrm{V}] \\ V_2 &= p_{21}Q_1 + p_{22}Q_2 + p_{23}Q_3\ [\mathrm{V}] \\ V_3 &= p_{31}Q_1 + p_{32}Q_2 + p_{33}Q_3\ [\mathrm{V}] \end{aligned}\right\} \tag{6.20}$$

과 일반식 $V_s = \sum_{i=1}^{n} p_{sr}Q_r\ [\mathrm{V}]$

로 주어진다.

여기서 p_{11}, p_{23}, …의 계수는 특정한 도체에 단위정전하를 주었을 때 각 도체의 전위로, 도체의 크기와 상호간의 배치상태 및 주위의 매질에 따라 정해지는 상수로 **전위계수**(電位係數, coefficient of potential)라 하며, [1/F]의 단위를 가지며 다음과 같은 성질이 있다.

도체 1에만 +1 [C]의 전하를 주었다면 1에서 나온 전력선의 일부는 다른 도체에 도달하고 일부는 무한원(0 [V])으로 직접 갈 것이므로 도체 1의 전위가 가장 높은 값을 가진다. 그리고 도체 2가 도체 1속에 있을 경우는 전위가 같아질 것이므로

$$p_{11} \geq p_{21} > 0, \quad \text{일반으로} \quad p_{rr} \geq p_{sr} > 0$$

의 성질이 있으며, 도체 상호간의 위치와 크기가 정해져 있을 경우

$$p_{21} = p_{12}, \quad \text{일반으로} \quad p_{rs} = p_{sr} \tag{6.21}$$

의 관계가 성립한다. 여기서 r, s는 도체의 번호를 표시하는 기호이다(예제 6-11 참조).

◆ 예제 6-9

반지름 a [m]인 접지구도체의 중심에서 $d(>a)$ [m]인 곳에 점전하 Q [C]이 있을 때 구에 유도되는 전하를 구하라.

풀이 구도체와 점전하를 각각 1, 2의 도체로 보고 식 (6.20)을 적용하면

$$\left.\begin{aligned} V_1 &= p_{11}Q_1 + p_{12}Q_2 \\ V_2 &= p_{21}Q_1 + p_{22}Q_2 \end{aligned}\right\} \tag{6.22}$$

가 된다. 그런데 $Q_1 = 1$ [C], $Q_2 = 0$일 때

$$V_1 = p_{11}\times 1 + p_{12}\times 0 = \frac{1}{4\pi\varepsilon}\frac{1}{a} \text{ [V]}$$

$$V_2 = p_{21}\times 1 + p_{22}\times 0 = \frac{1}{4\pi\varepsilon}\frac{1}{d} \text{ [V]}$$

이므로 다음과 같이 된다.

$$p_{11} = \frac{1}{4\pi\varepsilon}\frac{1}{a}, \qquad p_{21} = p_{12} = \frac{1}{4\pi\varepsilon}\frac{1}{d} \text{ [1/F]}$$

점전하 Q [C]에 의한 접지구도체($V_1 = 0$)의 유도전하를 Q' [C]이라 하면 식 (6.21)에서

$$0 = p_{11}Q' + p_{12}Q$$

$$\therefore\ Q' = -\frac{a}{d}Q \text{ [C]} \tag{6.23}$$

가 되어 유도전하는 원천전하(점전하)보다 작으며 부호가 반대로 된다.
점전하가 구 내부에 있을 경우에는

$$Q_1 = 1 \text{ [C]},\ Q_2 = 0 \quad \text{및} \quad Q_2 = 1 \text{ [C]},\ Q_1 = 0$$

가 되며 전위는 같은 값을 가질 것이므로

$$p_{11} = p_{12} = \frac{1}{4\pi\varepsilon a} \text{ [1/F]}$$

가 된다. 따라서 접지구($V_1 = 0$)에 유도된 전하를 Q' [C]이라면 식 (6.22)에서

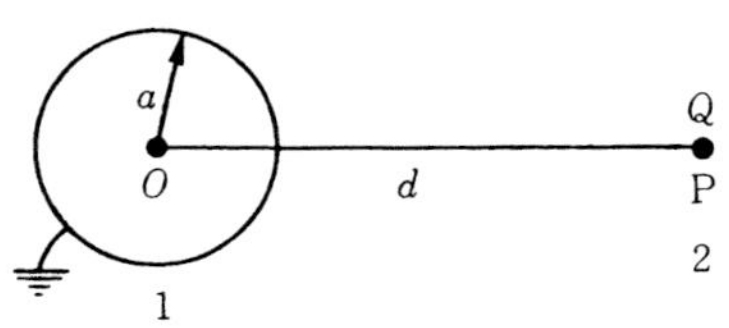

그림 6-13 점전하와 구도체

$$0 = p_{11}Q' + p_{12}Q$$

$$\therefore\ Q' = -Q$$

와 같이 되어 완전유도 상태가 된다.

【2】 용량계수와 유도계수

그림 6-12에서 도체 2, 3의 전위를 0(접지)으로 하고, 도체 1의 전위를 $+1$ [V]로 하기 위한 전하를 q_{11} [C/V], 도체 2, 3에 유도되는 전하를 각각 q_{21}, q_{31} [C/V]라 하면 도체 1을 V_1 [V]로 한 경우의 각 도체의 전하는

$$q_{11}V_1,\ q_{21}V_1,\ q_{31}V_1\ [\text{C}]$$

가 되며, 마찬가지로

$$V_2 = 1\ [\text{V}], \qquad V_1 = V_3 = 0$$

일 경우의 각 도체의 전하를

$$q_{22},\ q_{12},\ q_{32}\ [\text{C/V}]$$

라면 도체 2의 전위를 V_2 [V]로 하기 위한 각 도체의 전하는 다음과 같이 된다.

$$q_{12}V_2,\ q_{22}V_2,\ q_{32}V_2\ [\text{C}]$$

도체 3에 대해서도 마찬가지로

$$V_3 = 1\ [\text{V}], \qquad V_1 = V_2 = 0$$

인 경우의 전하를

$$q_{33},\ q_{13},\ q_{23}\ [\text{C/V}]$$

라면 도체 3의 전위를 V_3 [V]로 한 경우 각각의 전하는 다음과 같이 된다.

$$q_{13}V_3,\ q_{23}V_3,\ q_{33}V_3\ [\text{C}]$$

따라서 각 도체의 전위를 V_1, V_2, V_3 [V]로 하기 위한 각각의 전하는

$$\left.\begin{aligned} Q_1 &= q_{11}V_1 + q_{12}V_2 + q_{13}V_3\,[\mathrm{C}] \\ Q_2 &= q_{21}V_1 + q_{22}V_2 + q_{23}V_3\,[\mathrm{C}] \\ Q_3 &= q_{31}V_1 + q_{32}V_2 + q_{33}V_3\,[\mathrm{C}] \\ \text{과 일반식}\quad Q_s &= \sum_{i=1}^{n} q_{sr}V_r\,[\mathrm{C}] \end{aligned}\right\} \tag{6.24}$$

로 주어진다.

여기서 q_{11}, q_{22}, q_{33} 등은 자기 자신의 전위를 $+1$ [V]로 하기 위한 전하로 **용량계수**(coefficient of capacity)라 하며, q_{21}, q_{31}, … 등의 계수는 도체 1에 의하여 다른 도체에 유도되는 전하를 표시하므로 **유도계수**(**誘導係數**, coefficient of induction)라 하며 단위는 [F]가 된다. 이들 계수는 도체의 크기, 모양, 상호간의 배치상태 및 주위 매질에 따라 결정되는 상수로 다음과 같은 성질이 있다.

용량계수는 자기 자신의 전위를 $+1$ [V]로 하기 위한 전하이므로 항상 정(正)이다.

$$q_{11},\ q_{22},\ q_{33} > 0, \qquad \text{용량계수 } q_{rr} > 0$$

유도계수는 q_{11}(q_{22}, q_{33} 등) [C/V]의 전하에 의하여 다른 접지도체 ($V=0$)에 유도되는 전하이므로 항상 부(負)로

$$q_{12},\ q_{21},\ q_{31},\ \cdots \le 0, \qquad \text{유도계수 } q_{sr} \le 0$$

의 성질이 있으며, $q_{r1}=0$의 경우는 도체 1과 도체 r는 전력선의 연결이 없는 경우로 상호간의 거리가 무한히 멀든가, 또는 다른 도체에 의하여 차단되어 있는 경우이다. 그리고 도체 1에서 나온 전력선은 2, 3의 도체 ($V=0$)와 무한원($V=0$)으로 향할 것이므로

$$\left.\begin{aligned} & q_{11} \ge -(q_{21}+q_{31}) \\ & q_{11}+q_{21}+q_{31} \ge 0 \end{aligned}\right\}$$

의 관계가 있다. 그리고 $p_{12}=p_{21}$의 관계가 있으므로

$$q_{12} = q_{21}, \qquad \text{일반으로 } q_{rs} = q_{sr}$$

의 관계가 성립한다.

한편 식 (6.20)에서 식 (6.24)를 직접 유도하므로 전위계수와 용량계수

및 유도계수의 상호관계를 얻을 수 있다.

◆ 예제 6-10

반지름 a, b, c [m]인 동심구 도체(외구 두께 $c-b$ [m])의 외구에 전압 V [V]를 가했을 때 접지된 내구에 유도되는 전하를 구하라.

풀이 내외구를 1, 2도체라 하면 식 (6.24)에서

$$\left.\begin{aligned} Q_1 &= q_{11}V_1 + q_{12}V_2 \\ Q_2 &= q_{21}V_1 + q_{22}V_2 \end{aligned}\right\}$$

가 되며, 이 경우

$$q_{11} = \frac{4\pi\varepsilon}{\dfrac{1}{a}-\dfrac{1}{b}} \text{ [F]}, \qquad q_{21} = -q_{11} \text{ [F]}$$

이므로, 내구의 유도전하는 $V_1 = 0$, $V_2 = V$ [V]의 조건에서

$$Q_1 = q_{12}V = -\frac{4\pi\varepsilon V}{\dfrac{1}{a}-\dfrac{1}{b}} \text{ [C]}$$

가 된다. 그리고 외구의 안쪽 및 바깥쪽에 분배되는 전하는 각각 다음과 같이 된다.

$$Q_{2(\text{내})} = \frac{4\pi\varepsilon V}{\dfrac{1}{a}-\dfrac{1}{b}} \text{ [C]}, \qquad Q_{2(\text{외})} = 4\pi\varepsilon cV \text{ [C]}$$

◆ 예제 6-11

대전도체계에 저장되는 정전에너지를 구하라.

풀이 그림 6-12의 도체계에서 먼저 도체 1만이 Q [C]으로 충전되었을 때의 전위를 V [V=J/C]라 하고, 이에 dQ [C]을 더 주기 위한 일을 dW_1 [J]이라 하면

$$dW_1 = VdQ \text{ [J]}$$

가 되며, 한편 식 (6.20)에서 $V = p_{11}Q$ [V]이므로 도체 1의 전하를 무대

전상태에서 Q_1 [C]까지 충전하는 데 소요되는 전(全)에너지는 다음과 같이 된다.

$$W_1 = \int_0^{Q_1} V dQ = \frac{1}{2} p_{11} Q_1^2 \text{ [J]}$$

다음 도체 2에 Q [C]을 주었을 때 전위는 식 (6.20)에서

$$V = p_{21} Q_1 + p_{22} Q \text{ [V]}$$

가 되므로 Q_2 [C]을 주기 위한 전체 에너지는 다음과 같이 된다.

$$W_2 = \int_0^{Q_2} V dQ = \int_0^{Q_2} (p_{21} Q_1 + p_{22} Q) dQ$$
$$= p_{21} Q_1 Q_2 + \frac{1}{2} p_{22} Q_2^2 \text{ [J]}$$

마찬가지 방법으로 도체 3을 Q_3 [C]까지 충전할 때의 전체 에너지는

$$W_3 = p_{31} Q_1 Q_3 + p_{32} Q_2 Q_3 + \frac{1}{2} p_{32} Q_3^2 \text{ [J]}$$

가 되므로, 도체계 전체를 충전하는 데 소요되는 총정전에너지는

$$\begin{aligned} W &= W_1 + W_2 + W_3 \\ &= \frac{1}{2} p_{11} Q_1^2 + p_{21} Q_1 Q_2 + \frac{1}{2} p_{22} Q_2^2 + p_{31} Q_1 Q_3 \\ &\quad + p_{32} Q_2 Q_3 + \frac{1}{2} p_{33} Q_3^2 \text{ [J]} \end{aligned}$$

가 된다. 그런데 여기에 식 (6.21)과 (6.20) 및 (6.24)를 적용하면

$$\left.\begin{aligned} W &= \frac{1}{2} \sum_{r=1}^{3} \sum_{s=1}^{3} p_{rs} Q_r Q_s \\ &= \frac{1}{2} \sum_{r=1}^{3} V_r Q_r \\ &= \frac{1}{2} \sum_{r=1}^{n} \sum_{s=1}^{n} q_{rs} V_r V_s \text{ [J]} \end{aligned}\right\} \tag{6.25}$$

가 얻어지므로 도체계의 정전에너지는 점전하계의 정전에너지 식 (5.20)과 같은 형식을 취함을 알 수 있다.

◆ 예제 6-12

대전도체 사이에 작용하는 정전인력을 구하라.

풀이 (1) 각 도체의 전하가 일정할 경우 : 임의의 한 도체를 $\varDelta x$ [m]만큼 이동할 때 힘 F_x [N]가 행한 일 $F_x \varDelta x$ [J]은 도체계의 정전에너지〔식 (6.25)〕의 감소분

$$-\varDelta W = -\frac{1}{2}\Sigma\Sigma \varDelta p_{rs} Q_r Q_s \text{ [J]}$$

와 같을 것이므로, 임의의 도체에 대한 정전인력은

$$F_x = -\left(\frac{\partial W}{\partial x}\right)_Q = -\frac{1}{2}\sum_{r=1}^{3}\sum_{s=1}^{3}\frac{\partial p_{rs}}{\partial x} Q_r Q_s \text{ [N]} \quad (6.26a)$$

가 되어 도체 상호간의 미소변위 $\varDelta x$ [m]에 따른 전위함수의 변화상태를 구하면 된다.

예로 용량 C [F]의 커패시터 극판 사이의 정전인력은 식 (6.26a)와 (6.4)에서

$$F_x = -\left(\frac{\partial W}{\partial x}\right)_Q = -\frac{Q^2}{2}\frac{\partial}{\partial x}\left(\frac{1}{C}\right) = \frac{Q^2}{2C^2}\frac{\partial C}{\partial x} \text{ [N]}$$

가 되며, 회전력은 다음과 같이 된다.

$$T = -\left(\frac{\partial W}{\partial \theta}\right)_Q = \frac{Q^2}{2C^2}\frac{\partial C}{\partial \theta} \text{ [N·m]} \quad (6.26b)$$

(2) 각 도체의 전위가 일정할 경우 : 도체를 $\varDelta x$ [m]만큼 이동하면 각 도체의 전위가 변화하므로, 전위를 처음의 값으로 일정하게 유지하기 위하여 각 도체에 $\varDelta Q_1$, $\varDelta Q_2$, $\varDelta Q_3$ [C]의 전하를 주어야 한다. 이 경우 전하 증가에 따른 정전에너지의 증가분 $\varDelta W_e$ [J]을 외부전원에서 공급하여야 한다.

$$\varDelta W_e = \Sigma V_r \varDelta Q_r = \Sigma\Sigma \varDelta q_{rs} V_r V_s \text{ [J]}$$

〔여기서 $\varDelta Q_r = \Sigma q_{rs} V_s$ [C] (식 6.24 참조)〕

한편 변위에 따른 도체계의 에너지변화량은 힘 F_x [N]가 행한 일 $F_x \varDelta_x$ [J]과 식 (6.25)에서의 정전에너지의 변화

$$\varDelta W = \frac{1}{2}\Sigma\Sigma \varDelta q_{rs} V_r V_s \text{ [J]}$$

와의 합이 된다. 따라서 $\varDelta W_e = \varDelta W + F_x \varDelta x$ [J]의 관계가 얻어지며

위의 관계에서

$$F_x \Delta x = \Delta W_e - \Delta W = \frac{1}{2}\Sigma\Sigma \Delta q_{rs} V_r V_s = \Delta W \,[\mathrm{J}]$$

가 얻어지므로 다음과 같이 된다.

$$F_x = \left(\frac{\partial W}{\partial x}\right)_V = \frac{1}{2}\sum_{r=1}^{3}\sum_{s=1}^{3}\frac{\partial q_{rs}}{\partial x} V_r V_s \,[\mathrm{N}] \tag{6.27a}$$

즉, 도체계의 전위를 일정하게 유지하기 위하여 공급된 에너지 ΔW_e 중 반이 도체계의 보유에너지 ΔW가 되고, 나머지 반이 외부에 대하여 행하는 기계적 에너지(즉, 정전인력에 의한 일)가 됨을 알 수 있다. 예로 일정전위로 충전된 커패시터 극판 사이의 정전인력 및 회전력은 식 (6.27a)와 식 (6.4)에서 다음과 같이 구할 수 있다.

$$\left.\begin{aligned} F_x &= \left(\frac{\partial W}{\partial x}\right)_V = \frac{V^2}{2}\frac{\partial C}{\partial x}\,[\mathrm{N}] \\ T &= \left(\frac{\partial W}{\partial \theta}\right)_V = \frac{V^2}{2}\frac{\partial C}{\partial \theta}\,[\mathrm{N\cdot m}] \end{aligned}\right\} \tag{6.27b}$$

◆ 예제 6-13

다음 각 경우의 정전에너지 및 정전인력을 구하라.

(1) 면적 $S\,[\mathrm{m}^2]$, 간격 $d\,[\mathrm{m}]$의 평행판 커패시터에 $\pm Q\,[\mathrm{C}]$의 전하를 충전할 경우

(2) 반지름 $a\,[\mathrm{m}]$의 구도체에 $Q\,[\mathrm{C}]$을 주었을 경우

(3) (1)의 커패시터에 일정전압 $V\,[\mathrm{V}]$을 가했을 경우

풀이 (1) 정전에너지는 식 (6.4), (6.7)에서

$$W = \frac{1}{2}\frac{Q^2}{C} = \frac{Q^2 d}{2\varepsilon_0 S}\,[\mathrm{J}]$$

이며 정전인력은 식 (6.26b)에서

$$F = -\frac{\partial W}{\partial d} = -\frac{Q^2}{2\varepsilon_0 S}\,[\mathrm{N}]$$

가 되는데, 여기서 부(負)의 부호는 d의 감소, 즉 인력을 의미한다.

(2) 식 (6.12)에서

$$C = 4\pi\varepsilon_0 a\,[\mathrm{F}]$$

$$W = \frac{1}{2}\frac{Q^2}{C} = \frac{Q^2}{8\pi\varepsilon_0 a} \text{ [J]}$$

$$F = -\frac{\partial W}{\partial a} = \frac{Q^2}{4\pi\varepsilon_0 a^2} \text{ [N]}$$

(3) 식 (6.4)에서

$$W = \frac{1}{2}CV^2 = \frac{\varepsilon_0 SV^2}{2d} \text{ [J]}$$

가 되므로 식 (6.27b)에서 정전인력은 다음과 같은 인력이 된다.

$$F = \frac{\partial W}{\partial d} = -\frac{\varepsilon_0 S}{2}\left(\frac{V}{d}\right)^2 \text{ [N]}$$

◆ 예제 6-14

정전차폐에 대하여 설명하라.

풀이 도체계에서 임의의 도체를 일정전위(영전위)의 도체로 완전 포위하면 내외 상호간의 전계를 완전차폐할 수 있는데 이 경우를 **정전차폐**(靜電遮蔽, electrostatic shielding)라 한다.

도체 1을 그림 6-14와 같이 영전위의 도체 2로 포위하면 식 (6.24)에서

$$q_{21} = -q_{11}, \quad q_{31} = 0, \quad V_2 = 0$$

가 되므로

$$\left.\begin{aligned} Q_1 &= q_{11}V_1 \text{ [C]} \\ Q_2 &= q_{21}V_1 + q_{23}V_3 \text{ [C]} \\ Q_3 &= +q_{33}V_3 \text{ [C]} \end{aligned}\right\}$$

가 되어 도체 1과 도체 3은 전기적으로 완전차단상태이다.

즉, 도체 3에서 발산한 전력선은 2에서 그치고 도체 1에 도달하지 못한다. 이러한 정전차폐 현상은 두 도체 사이의 정전유도를 차단하는 데 이용되는데, 실제에 있어서는 도체 사이의 전계간섭을 차단하기 위한 실드

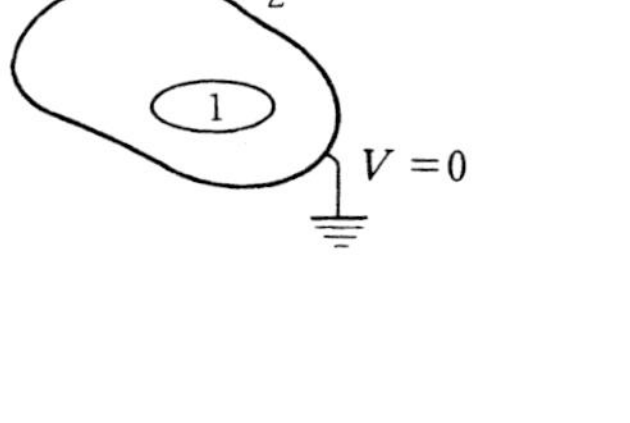

그림 6-14 정전차폐

선(shield wire), 뇌운에서의 낙뢰를 피하기 위한 피뢰침 및 송전선의 철탑정상을 연결하는 가공지선 등을 들 수 있다.

정전차폐는 도체 내에 전력선(전계)이 존재할 수 없기 때문에 차단효과가 완전하나, 자성체에서는 내부에 자력선이 존재하므로 자계의 완전차폐는 불가능하다(10-2절 참조). 따라서 송전선 또는 전철(교류전원인 경우)과 평행가설된 통신선은 강대(鋼帶) 등의 도체를 씌우더라도 자력선이 침투되어(전력선은 완전차단됨) 통신선에 전압이 유기되므로 통신에 지장을 주는 유도장해가 발생한다. 이러한 장해를 예방하기 위하여 서울의 지하철은 직류전원(1500 [V])을 사용하고 있다.

6.4 도체계와 등가용량

도체계를 도체 및 도체간의 기하학적 조건으로 표현할 수 있는 커패시터군으로 대체하면 복잡한 도체계의 문제를 쉽게 풀이할 수 있다.

도체계에 관한 식 (6.24)를 고쳐 쓰면

$$\left.\begin{aligned} Q_1 &= (q_{11}+q_{12}+q_{13})(V_1-0)+(-q_{12})(V_1-V_2) \\ &\quad +(-q_{13})(V_1-V_3) \\ &= C_{11}(V_1-0)+C_{12}(V_1-V_2)+C_{13}(V_1-V_3)\ [\mathrm{C}] \\ Q_2 &= C_{21}(V_2-V_1)+C_{22}(V_2-0)+C_{23}(V_2-V_3)\ [\mathrm{C}] \\ Q_3 &= C_{31}(V_3-V_1)+C_{32}(V_2-V_3)+C_{33}(V_3-0)\ [\mathrm{C}] \end{aligned}\right\} \quad (6.28)$$

와 같이 되며, 여기서

$$C_{11}=q_{11}+q_{12}+q_{13},\quad C_{22}=q_{21}+q_{22}+q_{23},\quad C_{33}=q_{31}+q_{32}+q_{33}\ [\mathrm{F}]$$

$$C_{21}=C_{12}=-q_{12},\qquad C_{23}=C_{32}=-q_{23},\qquad C_{31}=C_{13}=q_{13}\ [\mathrm{F}]$$

등의 계수는 식 (6.2)와 비교할 때 정전용량의 단위를 갖는 양으로 **등가용량**(等價容量, equivalent capacitance) 또는 **부분용량**(部分容量, partial capacitance)이라 한다.

즉, 식 (6.28)은 전위 V_1 [V] 도체의 전하 Q_1 [C]에서 발산하는 전력선 중 전위 V_2, V_3 [V]의 도체와 대지 또는 무한원점($V=0$ [V])으로 분배되는 분배전하(또는 전력선)를 표시하며, 전력선으로 연결되는 도체 사이의 관계를 도체의 크기, 상호위치 및 주위 매질을 포함하는 C_{11}, C_{12}, ⋯ 등의 등가용량으로 대체하여, 도체계를 등가용량의 커패시터군으로 풀이할 수 있다.

이와 같은 방법을 이용하면 도체 상호간의 관계를 개별적으로 관찰할 수 있다. 그림 6-15(a)는 그림 6-12의 도체계를 등가커패시터군으로 표시한 것으로, 만일 무한원 또는 대지로 향하는 전력선이 없으면

$$C_1 = C_{22} = C_{33} = 0$$

이 될 것이므로 그림 6-15(b)와 같은 커패시터군이 된다.

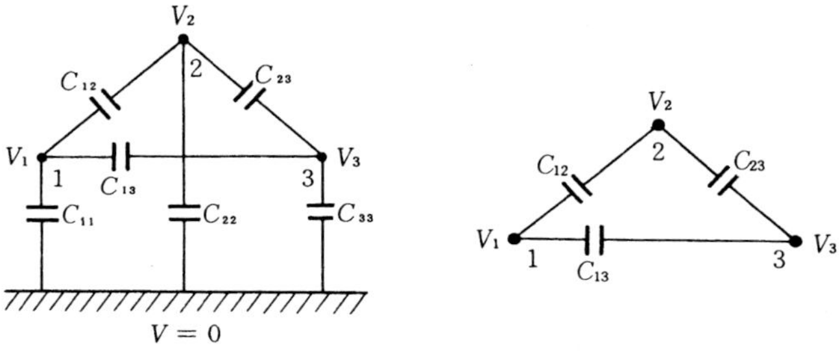

그림 6-15 등가용량

◆ 예제 6-15

대지전압 V[V]의 송전선을 그림 6-16(a)와 같이 3개의 현수애자로 절연하였을 때 각 애자에 걸리는 전압 V_1, V_2, V_3[V]를 구하라.

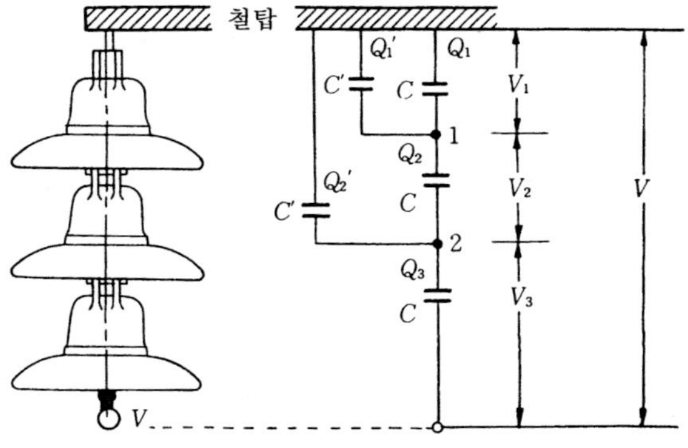

그림 6-16 현수애자군

풀이 현수애자 및 애자와 철탑 사이의 등가용량을 C, C' [F]라 하고, 그림 6-16(a)의 등가회로 및 각 애자에 대한 전압, 전하를 그림 6-16(b)와 같이 취하면

$$Q_1 = CV_1, \quad Q_2 = CV_2, \quad C_3 = CV_3$$

$$Q_1' = C'V, \quad Q_2' = C'(V_1 + V_2)$$

$$Q_1 + Q_1' = Q_2, \quad Q_2 + Q_2' = Q_3$$

의 관계가 성립하므로, 다음 세 식이 얻어진다.

$$(C + C')V_1 - CV_2 = 0$$

$$C'V_1 + (C + C')V_2 - CV_3 = 0$$

$$V_1 + V_2 + V_3 = V$$

이 세 연립방정식에서

$$V_1 = \frac{C^2}{C_0} V\,[\mathrm{V}]$$

$$V_2 = \frac{C(C + C')}{C_0} V\,[\mathrm{V}]$$

$$V_3 = \frac{(C + C')^2 + CC'}{C_0} V\,[\mathrm{V}]$$

$$C_0 = (3C + C')(C + C')\,[\mathrm{F}]$$

가 구해진다. 일반으로 현수애자의 내전압이 20 [kV] 정도이므로 각 애자에 걸리는 전압 V_1, V_2, V_3가 내전압 이하가 되도록 가설하여야 절연효과를 높일 수 있다.

◆ 예제 6-16

대칭 3심강피 케이블(그림 6-17)의 심선 1, 2, 3을 묶은 것과 강피와의 용량 C_1(그림 a)과 2, 3을 강피와 묶은 것과 1과의 용량 C_2(그림 b)를 측정하였다. 심선 한 줄의 용량을 구하라.

풀이 그림 6-17과 같이 심선과 강피 사이 및 3심과 중성선 사이의 등가용량을 C_b, C_a라 하면 다음이 얻어진다.

그림 (a)의 경우 : $C_1 = 3C_b$

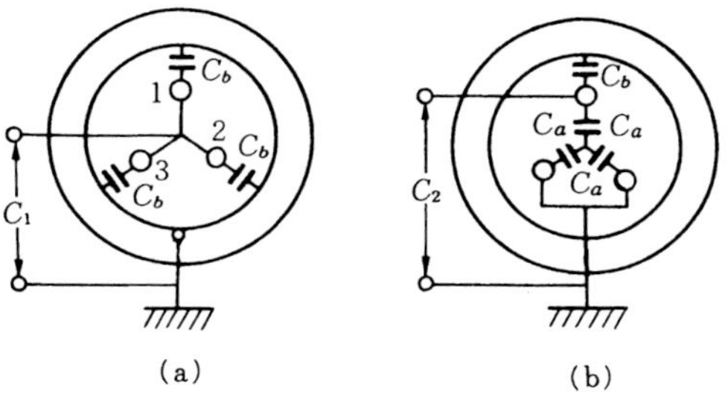

그림 6-17 3심케이블

그림 (b)의 경우 : $C_2 = C_b + \dfrac{1}{\dfrac{1}{C_a} + \dfrac{1}{2C_a}} = C_b + \dfrac{2}{3} C_a$

$$\therefore\ C_b = \frac{C_1}{3}, \qquad C_a = \frac{3}{2}\left(C_2 - \frac{C_1}{3}\right)$$

그림 (b)에서 중성점과 강피(鋼被)의 전위는 영전위이므로 심선 한 줄의 용량 C는 C_a와 C_b의 병렬연결에 해당되므로 다음과 같이 된다.

$$C = C_a + C_b = \frac{1}{6}(9\,C_2 - C_1)$$

연 습 문 제

6-1 견사(절연재)에 매단 도체구($r=1$ [cm]) A를 깡통 B 속에 넣었을 때 AB 상호간의 용량이 50 [pF]이다. A에 전하를 주었을 때 AB 사이의 전위차 200 [V]인 경우 A를 깡통에서 꺼냈을 때의 전위를 구하라.

답 9000 [V]

6-2 $C=500$ [pF], $S=8$ [cm^2], $d=0.05$ [mm]인 평판커패시터 내의 유전체의 비유전율을 구하라.

답 3.5

6-3 정전용량 50 [pF/m]의 동축커패시터에 20 [kV]를 가할 때 최대전위경도가 30 [kV/cm]를 넘지 않게 하기 위한 내외도체의 반지름을 구하라.

답 6, 18.2 [mm]

6-4 최대용량 C [F]인 라디오용 바리콘에 V [V]의 전압을 가할 때 회전자에 작용하는 회전력을 구하라.

답 $\frac{C}{2\pi}V^2$ [N·m]

6-5 반지름 2, 10 [mm]의 지절연($\varepsilon_r=2$) 동축케이블 심선에 2 [mm] 두께의 운모($\varepsilon_r=5$)를 감았을 때 다음을 구하라.

(1) 단위길이의 용량 (2) 내외도체간 전압이 100 [V]일 때 각 부 전계

(3) (2)에 대한 지절연(紙絶緣)만인 경우의 전계

(4) 반지름에 대한 전계분포곡선

답 (1) 93.2 [pF/m], (2) $E_5=\frac{33.5}{r}$ [V/m] : ($2<r<4$ [mm]), $E_2=\frac{83.8}{r}$ [V/m] : ($4<r<10$ [mm]), $E=0$: ($0<r<2$, $10<r$ [mm]), (3) $E_2=31.1$, $E_{10}=6.2$ [kV/m]

6-6 Y 결선된 C_1, C_2, C_3 [F]와 등가인 Δ 결선의 3용량을 구하라.

6-7 용량 1, 2, 4 [μF]의 3커패시터를 연결하여 얻을 수 있는 모든 경우의 합성용량을 구하라.

6-8 면적 200×200 [mm^2], 간극 10 [mm]의 평행판 공기커패시터 극판 사이에 유전체(TiO_2 자기 $\varepsilon_r=95$)판을 다음 두께 t로 평행 삽입할 때 용량 C를 구하고 t와 C의 관계를 도시하라. 단, 단부효과는 무시하고 $t=1$, 2, 4, 6, 8, 10 [mm]이다.

6-9 문제 6-8의 극판 사이에 100 [V]을 가할 때 다음을 구하라.

(1) 각 경우의 정전에너지　　(2) 유전체와 공기 중의 에너지밀도

6-10 유전율 $\varepsilon = \varepsilon_0 e^{x/d}$ [F/m]의 유전체가 평행판($x=0$, d [m]) 사이에 존재할 때 정전용량은 진공인 경우의 몇 배인가?

답 1.582배

6-11 평행판 공기커패시터 극판 사이에 1000 [V]를 가하고, 극간거리를 배로 증가하기 위한 에너지를 구하라.

6-12 연피안지름 10 [cm]의 단심케이블을 절연내력 20 [kV/mm]인 두 종의 유전체($\varepsilon_r = 2$, 3.5)로 단절연하고자 한다. 다음을 구하라.

(1) 심선 및 안쪽 유전체의 반지름　(2) 케이블에 가할 수 있는 최대전압

답 1.44, 2.52 [cm], 5.04×10^5 [V]

6-13 반지름 2.5 [cm] 도체구의 용량을 2배로 증가시키기 위한 폴리에틸렌($\varepsilon_r = 2.25$)의 두께를 구하라.

6-14 지름 3.2 [mm]의 경동선을 40 [cm] 간극으로 평행가설한 8 [km]의 도시배전선의 선간용량을 구하라.

답 40.3 [nF]

6-15 공기 중의 반지름 2.5 [mm] 도선과 다음 도체 사이의 정전용량 [F/m]을 구하라.

(1) 중심간 거리 10 [cm] 및 2 [cm]로 가설된 반지름 2.5 [mm] 도선

(2) 도선 중심에서 1.5 [cm] 상거한 평면도체

6-16 폴리에틸렌($\varepsilon_r = 2.5$)으로 절연한 지름 1.2 [mm]의 평형전선의 정전용량 45 [pF/m]일 때 선간거리를 구하라.

답 2.94 [mm]

6-17 전위계수 및 유도계수에 대하여 $p_{rs} = p_{sr}$, $q_{rs} = q_{sr}$의 관계가 성립함을 증명하라.

6-18 지구의 전위계수 및 용량계수를 구하라.

6-19 전위계수를 이용하여 다음을 구하라.

(1) Q [C]을 갖는 도체 1에 도체 2를 접촉하였을 때 도체 2에 분배된 전하

(2) 반지름 a, $b(>a)$ [m]의 동심구 내구를 접지한 경우의 정전용량

답 (1) $\dfrac{p_{11} - p_{12}}{p_{11} - 2p_{12} + p_{22}} Q$ [C], (2) $4\pi\varepsilon\left(b + \dfrac{ab}{b-a}\right)$ [F]

6-20 반지름 a [m]이며 전하 Q [C]을 갖는 2개의 물방울이 1개의 물방울이 되었을 때 다음을 구하라.

(1) 전위의 상승비　　　　　　(2) 정전에너지의 변화 및 그 원인

답 (1) 1.587배, (2) 58.7 % 증가. 반발하는 물방울을 합하기 위한 일이다.

6-21 전위 4, 5, 6 [V]로 대전된 반지름 1, 2, 3 [cm]의 독립구도체들을 용량이 무시되는 가는 도선으로 연결한 경우 다음을 구하라.

(1) 전전하　　　　(2) 전용량　　　　(3) 전위

답 (1) 35.56 [pC], (2) 6.67 [pF], (3) 5.3 [V]

6-22 면적 100 [cm^2], 간극 0.5 [cm]의 평판운모커패시터($\varepsilon_r=6$)의 극판 사이에 1000 [V]를 가했을 때 다음을 구하라. 단, 단부효과는 무시한다.

(1) 판간전계　　　　　　(2) 판간의 축적에너지

(3) 운모의 분극전하　　　　(4) 극판의 흡인력

6-23 면적 S [m^2]의 3도체판을 그림 6-18과 같이 평행으로 배치하고 판 A에 전하 Q [C]을 주었을 때 판 A에 작용하는 힘을 구하라. 단, 단부효과는 무시한다.

답 $F_x = \dfrac{Q^2}{2\varepsilon_0 Sd}(2x-d)$ [N]

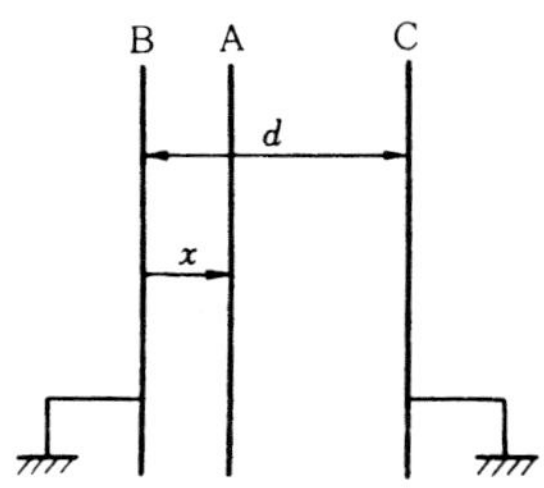

그림 6-18 문제 6-23

6-24 V_0 [V]로 충전된 용량 C [F]의 커패시터를 용량 C_0 [F]의 커패시터로 n회 방전시킨 후의 전위를 구하라.

답 $V_n = V_0\left\{1-\left(\dfrac{C_0}{C_0+C}\right)^n\right\}$ [V]

6-25 극간거리 1 [cm]의 평판커패시터 극판 사이에 3종의 유전체($\varepsilon_r=1$, 2, 3)를 판에 평행하게 d_1, d_2, d_3 [cm]의 두께를 채웠을 때, 다음 경우의 d_1, d_2, d_3 및 전용량을 구하라.

(1) 각 유전체의 전위차가 같을 때

(2) 각 유전체에 저장되는 정전에너지가 같을 때

답 $\frac{1}{6}, \frac{1}{3}, \frac{1}{2}$ [cm], $C = 6\varepsilon_0 \times 10^{-2}$ [F/m²]

6-26 반지름 a [m], 선간거리 d [m]의 평행도선간에 V [V]의 전압을 가했을 때 양선간에 작용하는 힘을 구하라.

답 (1) $d \gg a$: $\dfrac{-\pi\varepsilon_0 V^2}{2d\left(\ln \dfrac{d}{a}\right)^2}$ [N/m]

(2) $d > a$: $-\dfrac{\pi\varepsilon_0 V^2}{2\sqrt{d^2-4a^2}\left(\cosh^{-1}\dfrac{d}{2a}\right)^2}$ [N/m]

6-27 1 [nC]의 전하를 갖는 반지름 1 [cm]의 도체구를 유(油, $\varepsilon_r = 3$) 중에서 공기로 끌어올리는 데 필요한 일을 구하라. 단, 중력은 무시한다.

답 3 [nJ]

6-28 식 (6.18)의 변환관계를 유도하라.

Chapter 7

경계값문제

지금까지는 전하분포에 의한 전계 및 전위를 Coulomb의 법칙(점전하분포) 및 Gauss의 법칙(대칭전하분포)을 토대로 풀이하였는데, 실제에 있어서는 매우 복잡한 전하분포인 경우가 많으므로 이러한 문제해결을 위하여 다음 방법들이 이용되고 있다.

7.1 전기영상법

도체계가 그림 7-1과 같이 ΣQ[C]과 $\Sigma Q'$[C]의 전하분포를 가질 때 폐곡면 S를 이들 전하분포에 의한 전위 V[V]의 등전위면이라 하면, S를 전위 V[V]의 도체면으로 치환하여도 S 내외공간의 전계에는 하등의 변화가 일어나지 않을 것이다. 따라서 면 S 내외의 전하 ΣQ와 $\Sigma Q'$에 의한 전계문제를 $\Sigma Q'$(또는 ΣQ)와 전위 V의 폐곡면 S와의 전계문제로 풀이할 수 있다.

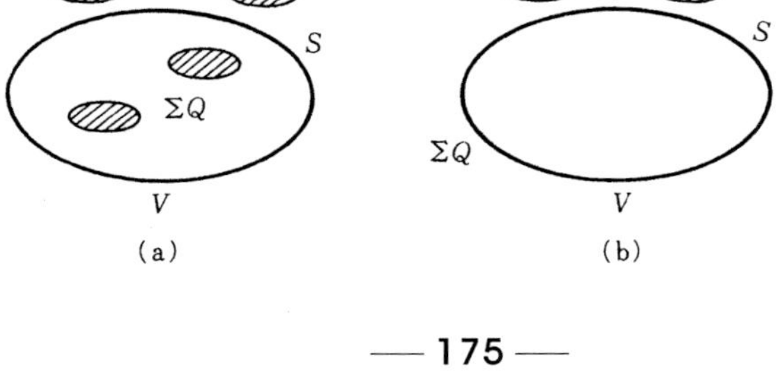

그림 7-1 전기영상

이때 $\sum Q'$ (또는 $\sum Q$)를 S에 대한 $\sum Q$(또는 $\sum Q'$)의 전기영상(electric image)이라 한다. 그리고 S를 Green의 등가대전면(等價帶電面)이라고도 하며, 전위 V[V]의 등전위면 S에는 $\sum Q$(또는 $\sum Q'$) [C]의 전하가 분포되어 있다고 생각할 수 있다.

【1】 평면도체와 점전하

두 점전하 $\pm Q$ [C]이 그림 7-2(a)와 같이 점 P(a, 0) [m]와 P′($-a$, 0) [m]에 놓여 있을 때 yz 평면은 영전위의 등전위면〔그림 2-14(b) 참조〕이 되므로, yz 면을 무한평면도체(영전위)로 치환하여도 $0 < x$ 공간의 전계(전력선)분포에는 하등의 변화도 없을 것이다.

따라서 두 점전하의 문제를 평면도체와 점전하 $+Q$ [C]의 문제로, 또는 평면도체(영전위)와 점전하의 문제를 두 점전하의 문제로 풀이할 수 있다. 그리고 $-Q$ [C]은 $+Q$ [C]의 무한평면도체에 대한 전기영상이 된다. 이 관계는 점광원 앞에 평면거울이 있을 때의 광선분포(밝기)를 점광원과 영상광원(허상)의 문제로 풀이하는 것과 같다.

그림 7-2(a)의 점(x, y)의 전위를 V라 하면

$$V = \frac{Q}{4\pi\varepsilon}\left\{\frac{1}{\sqrt{(a-x)^2+y^2}} - \frac{1}{\sqrt{(a+x)^2+y^2}}\right\} \text{[V]}$$

가 되며, 도체면 위의 전계는 식 (3.11)에서

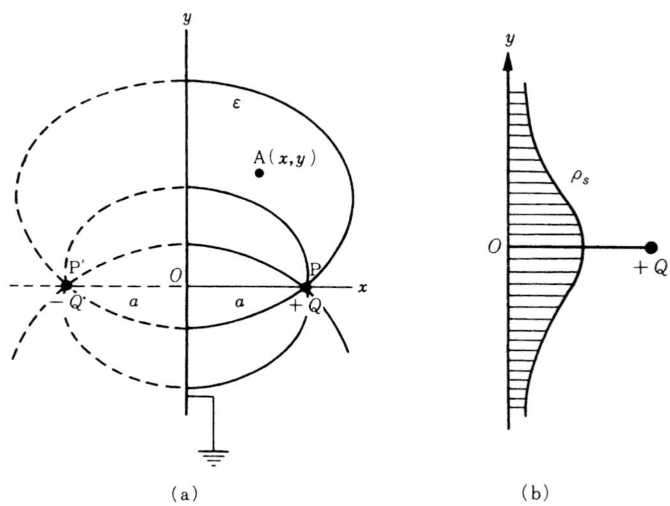

그림 7-2 평면도체와 점전하

$$E_x = -\left(\frac{\partial V}{\partial x}\right)_{x=0} = -\frac{aQ}{2\pi\varepsilon}\frac{1}{(a^2+y^2)^{3/2}} \ [\text{V/m}]$$

$$E_y = 0$$

가 되므로, 도체면에 유도되는 부전하의 면전하밀도 ρ_s는 식 (4.21)에서

$$\rho_s = \varepsilon E_x = -\frac{aQ}{2\pi}\frac{1}{(a^2+y^2)^{3/2}} \ [\text{C/m}^2] \tag{7.1a}$$

로 주어진다. 그리고 이 ρ_s를 평면도체 표면에 대하여 전부 모으면 영상전하 $-Q$ [C]이 될 것이다(연습문제 7-3 참조).

그림 7-2 (b)는 위치에 따른 ρ_s의 분포곡선으로 $y=0$에서 최대가 된다. 그리고 점전하 $+Q$ [C]과 평면도체 사이의 Coulomb 인력은

$$F = -\frac{Q^2}{4\pi\varepsilon(2a)^2} = -\frac{Q^2}{16\pi\varepsilon a^2} \ [\text{N}] \tag{7.1b}$$

가 되며, 이 힘은 도체표면에 유도된 ρ_s [C/m^2]에 의한 정전압력〔식 (4.22)〕을 평면도체 전체에 대하여 적분함으로써 구할 수 있다.

【2】 접지구도체와 점전하

반지름 a [m]의 접지구도체 중심에서 $d(>a)$ [m]되는 점 P에 점전하 $+Q$ [C]이 있을 경우 전계분포는 그림 7-3 (a)와 같이 영상전하 Q' [C]를 생각하여 풀이한다. 즉, 점전하 Q와 Q'에 의한 구면의 전위는

$$V = \frac{1}{4\pi\varepsilon}\left(\frac{Q}{r_1} + \frac{Q'}{r_2}\right) [\text{V}]$$

가 되는데, $V=0$(접지)이 되어야 하므로

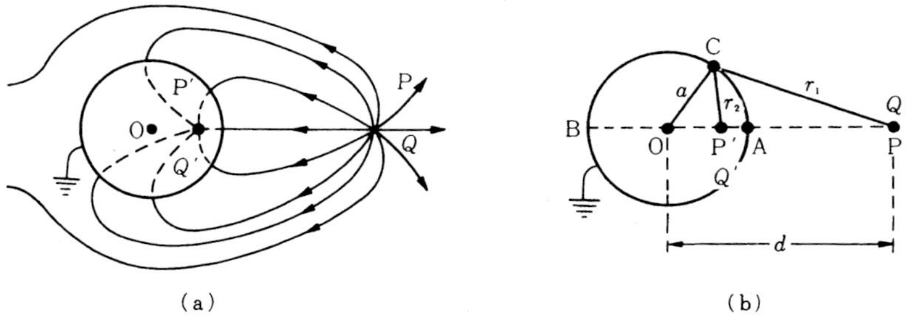

그림 7-3 접지구도체와 점전하

$$\frac{r_1}{r_2} = -\frac{Q}{Q'}$$

의 조건이 얻어지며, 이 관계는 구면의 모든 점에서 만족할 것이므로 그림 7-3(b)의 점 A, B를 취하면

$$\frac{r_1}{r_2} = \frac{\text{PA}}{\text{P}'\text{A}} = \frac{\text{PB}}{\text{P}'\text{B}} = \frac{d-a}{a-\text{OP}'} = \frac{d+a}{a+\text{OP}'}$$

의 관계가 성립한다. 이 식에서

$$\text{OP} \cdot \text{OP}' = a^2$$

가 얻어지므로 영상점 P′의 위치는

$$\text{OP}' = \frac{a^2}{d} \text{ [m]} \tag{7.2a}$$

가 되며, 영상전하의 크기는

$$Q' = -\frac{a}{d} Q \text{ [C]} \tag{7.2b}$$

가 되어 식 (6.23)과 같은 결과가 얻어진다.

따라서 점전하와 접지구도체 사이의 전계는 두 점전하 $+Q$, $-\frac{a}{d}Q$ [C]에 의한 문제로 풀이할 수 있으며, 그림 7-3(a)는 이 경우의 전계분포로 Q [C]에서 발산하는 전력선 중 $-\frac{a}{d}Q$ [C]에 해당한 것만이 구에 도달하고 나머지는 무한원으로 향한다.

한편 점전하와 접지구도체 사이의 Coulomb 인력은 다음과 같다.

$$F = \frac{1}{4\pi\varepsilon}\left|\frac{QQ'}{\text{PP}'^2}\right| = -\frac{1}{4\pi\varepsilon}\frac{ad}{(d^2-a^2)^2}Q^2 \text{ [N]} \tag{7.3}$$

◆ 예제 7-1

점전하에 의하여 접지구도체 표면에 유도되는 전하분포를 구하라.

풀이 그림 7-4(a)의 점 $A_{(r,\theta)}$의 전위를 구하면

$$V = \frac{1}{4\pi\varepsilon}\left\{\frac{Q}{r_1} + \frac{1}{r_2}\left(\frac{-a}{d}Q\right)\right\} \text{ [V]}$$

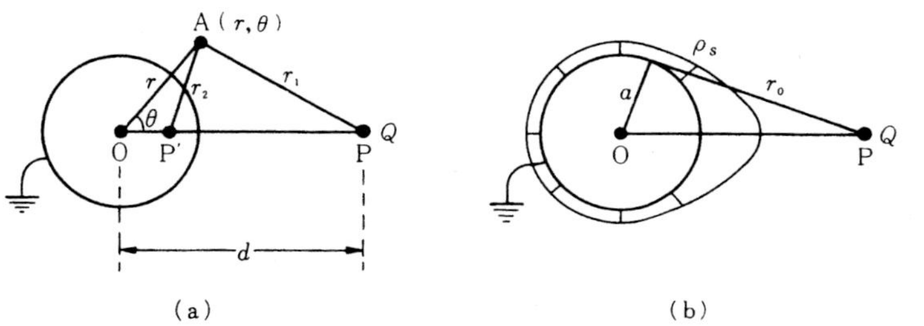

그림 7-4 접지구 표면전하분포

가 되며, 여기서

$$r_1^2 = r^2 + d^2 - 2rd\cos\theta, \qquad r_2^2 = r^2 + \left(\frac{a^2}{d}\right)^2 - 2r\left(\frac{a^2}{d}\right)\cos\theta$$

이다. 식 (3.11) 및 (4.21)에서 구표면의 전하밀도는

$$\rho_s = -\varepsilon\frac{\partial V}{\partial r}\bigg|_{r=a} = -\frac{Q}{4\pi a}\frac{d^2-a^2}{r_0^3} \ [\mathrm{C/m^2}] \qquad (7.4)$$

가 되며, 여기서 r_0는 점 P와 구면 위의 임의의 점 사이의 거리로 그림 7-4(b)의 계란모양은 ρ_s의 분포곡선이다. 이 경우 $\rho_s\,[\mathrm{C/m^2}]$를 구면 전체에 대하여 적분하면 영상전하 $-\frac{a}{d}Q\,[\mathrm{C}]$이 될 것이다. 그리고 구면상 전하밀도의 최대값과 최소값의 비는 다음과 같이 된다.

$$\frac{\rho_{s\max}}{\rho_{s\min}} = \left(\frac{d+a}{d-a}\right)^3$$

◆ 예제 7-2

무한대의 공간도체 중에 있는 반지름 $a\,[\mathrm{m}]$의 공동구 내에 그림 7-5와 같이 점전하 $Q\,[\mathrm{C}]$이 있을 때 공동(空洞) 내의 전계를 구하라.

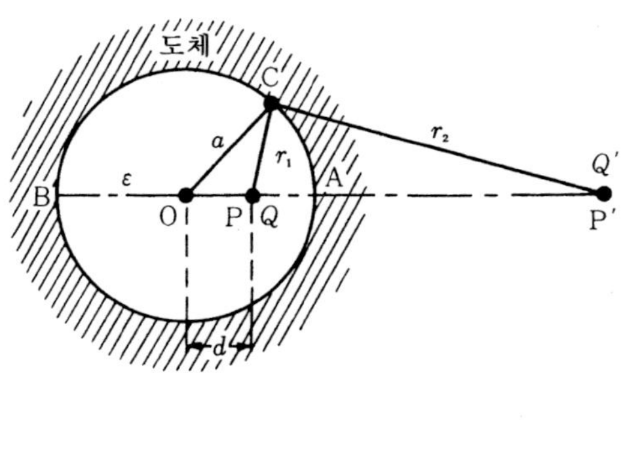

그림 7-5 공동과 점전하

풀이 공동구면은 영전위일 것이므로 영상전하 Q' [C]과 Q [C]에 의한 구면의 전위는

$$V_c = \frac{1}{4\pi\varepsilon_0}\left(\frac{Q}{r_1} + \frac{Q'}{r_2}\right) = 0$$

가 된다. 이 결과는 점 A, B에 대하여도 성립할 것이므로

$$-\frac{Q'}{Q} = \frac{r_2}{r_1} = \frac{\mathrm{OP}' - a}{a - d} = \frac{\mathrm{OP}' + a}{a + d}$$

가 얻어지며, 이 식에서

$$\left.\begin{aligned} \mathrm{OP}' &= \frac{a^2}{d}\ [\mathrm{m}] \\ Q' &= -\frac{a}{d}Q\,[\mathrm{C}] \end{aligned}\right\} \qquad (7.5a)$$

와 같이 영상전하의 크기와 위치가 구해진다.

따라서 공동 내의 전계는 두 점전하 Q, $-\frac{a}{d}Q$ [C]의 문제로 풀이할 수 있다. 그리고 점전하 Q [C]에 작용하는 Coulomb 인력은 다음과 같이 된다.

$$F = \frac{1}{4\pi\varepsilon_0}\frac{QQ'}{\mathrm{PP}'^2} = -\frac{1}{4\pi\varepsilon_0}\frac{ad}{(a^2 - d^2)^2}Q^2\,[\mathrm{N}] \qquad (7.5b)$$

【3】 평면도체와 선전하

무한평면도체에서 h [m] 높이에 선전하밀도 ρ_l [C/m]를 갖는 반지름 $a(\ll h)$ [m]의 무한직선도선 A가 평행으로 놓여 있을 때의 전계는, 평면도체가 영전위이므로 그림 4-12와 같은 분포를 가지므로, 그림 7-6과 같이 대칭위치에 $-\rho_l$ [C/m]의 영상전하선 B와 도선 A의 문제로 풀이할 수 있다. 이 경우 선전하는 도선중심축에 집중되었다고 본다.

도선 A, B의 $\pm\rho_l$ [C/m]에 의한 점 P$(x,\ 0)$ [m]의 전계를 구하면

$$E_{\mathrm{P}} = \frac{\rho_l}{\pi\varepsilon_0}\frac{h}{h^2 + x^2}\ [\mathrm{V/m}]$$

가 되므로, 이 점에서의 표면밀도는 식 (4.17)에서

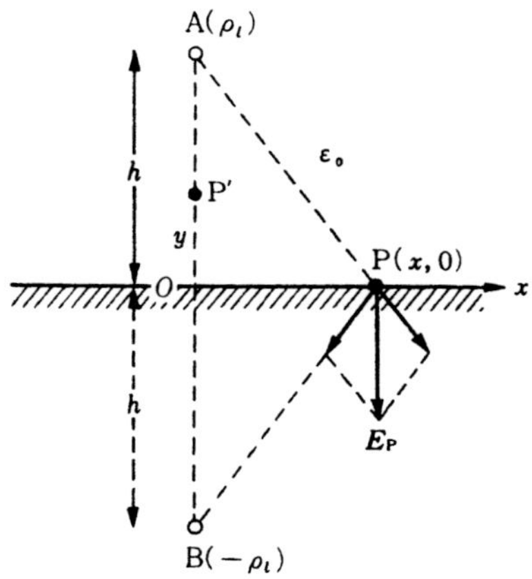

그림 7-6 평면도체와 선전하

$$\rho_s = -\varepsilon_0 E_{\rm P} = -\frac{\rho_l h}{\pi(h^2+x^2)} \ [\mathrm{C/m^2}]$$

이 된다. 따라서 단위길이의 도선전하가 평면도체에 유도된 전하분포에 의하여 받는 Coulomb 인력은 식 (4.22)에서 다음과 같이 된다.

$$F = \frac{1}{2\varepsilon}\int_{-\infty}^{+\infty} \rho_s{}^2 dx = \frac{\rho_l^2 h^2}{2\pi^2\varepsilon_0}\int_{-\infty}^{+\infty} - \frac{dx}{(h^2+x^2)^2}$$

$$= \frac{\rho_l^2}{4\pi\varepsilon_0 h} \ [\mathrm{N/m}] \tag{7.6a}$$

한편 그림 7-6에서 점 P′의 전계는

$$E_{\rm P'} = \frac{\rho_l}{2\pi\varepsilon_0}\left(\frac{1}{h-y} + \frac{1}{h+y}\right) [\mathrm{V/m}]$$

가 되므로, 선 A의 대지전위 및 지면상 점 O의 전계는

$$V_{\rm A} = \int_0^{h-a} E_{\rm P'} dy = \frac{\rho_l}{2\pi\varepsilon_0} \ln\frac{2h-a}{a} \fallingdotseq \frac{\rho_l}{2\pi\varepsilon_0} \ln\frac{2h}{a} \ [\mathrm{V}]$$

$$E_0 = \frac{2V}{h \ln(2h/a)} \ [\mathrm{V/m}]$$

가 된다. 그리고 선 A의 대지정전용량은

$$C_0 = \frac{V_A}{\rho_l} = \frac{2\pi\varepsilon_0}{\ln\dfrac{2h}{a}} \ [\mathrm{F/m}] \tag{7.6b}$$

가 되어 식 (6.19b)와 같은 결과가 얻어진다.

◆ 예제 7-3

지상 h [m] 높이의 대지에 평행가설된 길이 l [m], 반지름 $a(a \ll h,\ l)$ [m]의 유한장공중선(有限長空中線)의 대지정전용량을 구하라.

풀이 그림 7-7과 같이 영상법을 이용하여 풀이하는데 $a \ll (h,\ l)$이므로 공중선의 선전하 ρ_l [C/m]은 균일하며 공중선축에 집중되었다고 생각한다. 공중선의 dx [m] 부분의 전하 $\rho_l dx$ [C]에 의한 공중선 표면에 무한히 접근한 점 P의 전위를 구하면

$$dV = \frac{\rho_l dx}{4\pi\varepsilon_0}\left(\frac{1}{r_1} - \frac{1}{r_2}\right)$$

$$\fallingdotseq \frac{\rho_l}{4\pi\varepsilon_0}\left(\frac{1}{\sqrt{x^2+a^2}} - \frac{1}{\sqrt{x^2+(2h)^2}}\right)dx \text{ [V]}$$

가 된다. 이를 전(全)길이에 대하여 적분하면

$$V = \int_{-l/2}^{+l/2} dV = \frac{\rho_l}{2\pi\varepsilon_0} \ln\left(\frac{l}{a}\frac{4h}{l+\sqrt{l^2+16h^2}}\right) \text{ [V]}$$

가 되는데, 이 전위는 공중선의 대지전위로 볼 수 있으므로 공중선의 대지정전용량은 다음과 같이 된다.

$$C = \frac{\rho_l l}{V} = \frac{2\pi\varepsilon_0 l}{\ln\left(\frac{l}{a}\frac{4h}{l+\sqrt{l^2+16h^2}}\right)} \text{ [F]}$$

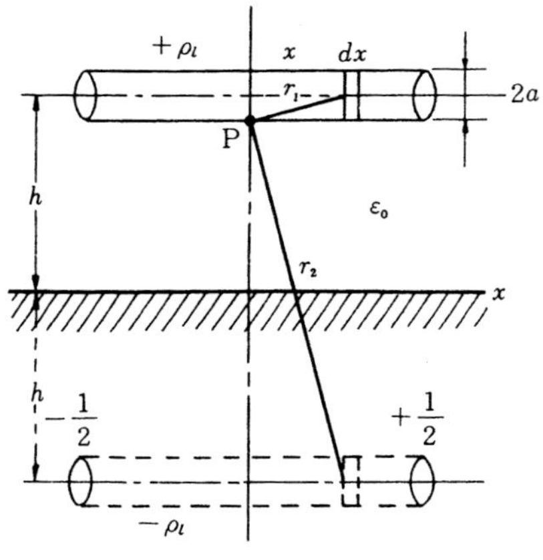

그림 7-7 공중선의 정전용량

【4】 유전체와 점전하

유전율 ε_1, ε_2 [F/m]의 두 균질성 유전체가 그림 7-8 (a)와 같이 평면으로 접해 있을 때 ε_1 내의 점 P에 $+Q$ [C]의 점전하가 있을 경우, 전력선(전계)은 경계면에 발생하는 분극전하에 의하여 그림 7-8 (a)와 같은 분포를 가질 것이다. 따라서 ε_1 내의 전계는 그림 7-8 (b)와 같이 영상점 P′에 $-Q'$ [C]의 영상전하가 있을 경우와 등가로, ε_2 내의 전계는 그림 7-8 (c)와 같이 점 P에 $+Q''$ [C]의 점전하가 있는 경우와 등가로 놓을 수 있다. 이 경우의 점전하 Q, Q'는 경계면에 대한 경계조건 식 (5.17)에서 구할 수 있다. 즉, 그림 7-8 (b)와 같이 경계면 위 ε_1측에 점 A를 취하고 점전하 Q, Q'에 의한 점 A에서의 E_{1t} [V/m], D_{1n} [C/m^2]를 구하면

$$E_{1t} = \frac{1}{4\pi\varepsilon_1}\left(\frac{Q}{r^2}\sin\theta + \frac{Q'}{r^2}\sin\theta\right)$$

$$= \frac{1}{4\pi\varepsilon_1}(Q+Q')\frac{\sin\theta}{r^2} \ \text{[V/m]}$$

$$D_{1n} = \frac{1}{4\pi}\left(\frac{Q}{r^2}\cos\theta - \frac{Q'}{r^2}\cos\theta\right)$$

$$= \frac{1}{4\pi}(Q-Q')\frac{\cos\theta}{r^2} \ [\text{C/m}^2]$$

가 된다. 그리고 그림 7-8 (c)의 ε_2쪽의 점 B에 대하여는 점전하 Q''에 의한 것뿐으로 각각 다음과 같이 된다.

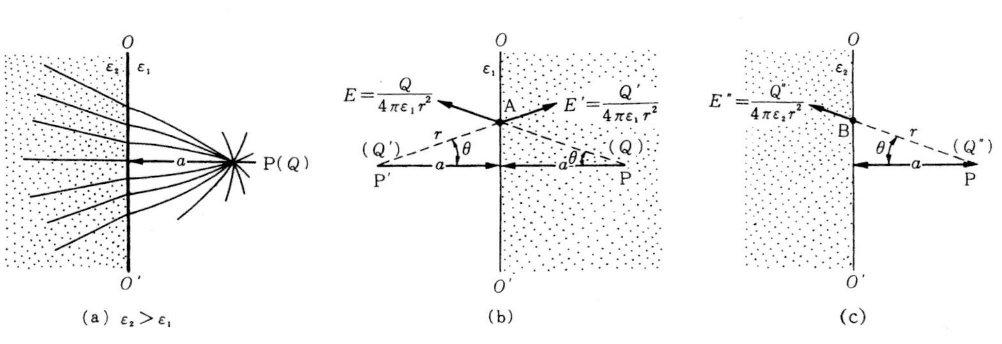

그림 7-8 유도체와 점전하

$$E_{2t} = \frac{1}{4\pi\varepsilon_2} \frac{Q''}{r^2} \sin\theta$$

$$D_{2n} = \frac{1}{4\pi} \frac{Q''}{r^2} \cos\theta$$

가 된다. 따라서 경계조건의 식 (5.17)을 만족하기 위해서는

$$\left.\begin{aligned} &\frac{1}{\varepsilon_1}(Q+Q') = \frac{1}{\varepsilon_2} Q'' \\ &Q - Q' = Q'' \end{aligned}\right\}$$

가 성립하여야 한다. 따라서 이 두 식에서 다음과 같은 식을 얻을 수 있다.

$$\left.\begin{aligned} Q' &= \frac{\varepsilon_1 - \varepsilon_2}{\varepsilon_1 + \varepsilon_2} Q\,[\mathrm{C}] \\ Q'' &= \frac{2\varepsilon_2}{\varepsilon_1 + \varepsilon_2} Q\,[\mathrm{C}] \end{aligned}\right\} \tag{7.7a}$$

즉, 그림 7-8(a)와 같은 경우의 전계분포는 ε_1쪽에서는 Q와 Q'에 의하여, ε_2쪽에서는 Q''에 의하여 구해진다. 그리고 점전하 Q[C]과 유도체 ε_2 사이에 작용하는 Coulomb 인력은 Q와 Q'간의 힘과 등가이므로

$$F = \frac{1}{4\pi\varepsilon_1} \frac{QQ'}{(2a)^2} = -\frac{1}{4\pi\varepsilon_1} \frac{\varepsilon_2 - \varepsilon_1}{\varepsilon_2 + \varepsilon_1} \frac{Q^2}{(2a)^2}\ [\mathrm{N}] \tag{7.7b}$$

이 된다. 따라서 $\varepsilon_2 > \varepsilon_1$이면 인력이, $\varepsilon_2 < \varepsilon_1$이면 반발력이 작용함을 알 수 있다.

7.2 Poisson 및 Laplace 방정식

전하분포에 의한 전계문제를 지금까지 점전하계인 경우 Coulomb의 법칙을, 대칭전하분포인 경우 Gauss의 법칙을 그리고 전위를 도입하여 풀이하였다. 그러나 실제문제에서는 매우 복잡한 전하분포인 경우가 많으므로 다음과 같은 미분방정식을 세우고 이에서 도출한 전위함수에서 전계를 구하는 방법을 이용하고 있다.

유전율 ε [F/m]의 유전체 내에 분포된 공간전하 ρ [C/m^2]에서 발산하는 전계는 식 (5.16)에서

$$\text{div}\,\boldsymbol{D} = \Delta\boldsymbol{D} = \rho\ [\text{C/m}^2] \tag{7.8a}$$

가 되며, 식 (5.11)에서

$$\boldsymbol{D} = \varepsilon\boldsymbol{E}\ [\text{C/m}^2] \tag{7.8b}$$

가 성립하므로 전계와 전위함수 $V_{(xyz)}$ [V] 사이에는 식 (3.11)에서

$$\boldsymbol{E} = -\text{grad}\,V = -\nabla V\ [\text{V/m}] \tag{7.8c}$$

와 같은 관계식이 얻어진다.

위의 세 식으로부터 원천전하분포 ρ와 전위함수 V 사이 관계식을 구하면

$$\text{div}\cdot\text{grad}\,V = \nabla\cdot(\nabla V) = \nabla^2 V = -\frac{\rho}{\varepsilon} \tag{7.9a}$$

가 되며, 이 관계는 전하밀도 ρ [C/m^3]가 공간적으로 분포되어 있을 때 전하분포 내 한 점의 전위 V [V]를 구하는 일반식으로 **Poisson의 방정식**(Poisson's equation, 1781~1840, 프랑스)이라 한다.

식 (7.9a)에 식 (1.25)를 적용하면 Poisson의 방정식을

$$\frac{\partial^2 V}{\partial x^2} + \frac{\partial^2 V}{\partial y^2} + \frac{\partial^2 V}{\partial z^2} = -\frac{\rho}{\varepsilon} \tag{7.9b}$$

의 2계 편미분방정식으로 전개할 수 있다.

이에 대하여 전하분포 영역 밖의 한 점의 전위 $V_{(xyz)}$ [V]를 생각할 때 그 점에는 전하가 없으므로 $\rho = 0$이 되어 식 (7.9)는

$$\left.\begin{aligned} &\nabla^2 V = 0 \\ &\frac{\partial^2 V}{\partial x^2} + \frac{\partial^2 V}{\partial y^2} + \frac{\partial^2 V}{\partial z^2} = 0 \end{aligned}\right\} \tag{7.10}$$

와 같이 되는데 이 관계식을 **Laplace의 방정식**(Laplace's equation, 1749~1827, 프랑스, 1782년)이라 한다.

참고로 원통좌표계 및 구좌표계에 대한 Laplace 방정식을 전개하면

$$\nabla^2 V_{(r,\phi,z)} = \frac{1}{r}\frac{\partial}{\partial r}\left(r\frac{\partial V}{\partial r}\right) + \frac{1}{r^2}\frac{\partial^2 V}{\partial \phi^2} + \frac{\partial^2 V}{\partial z^2} = 0 \quad (7.11a)$$

$$\nabla^2 V_{(r,\theta,\phi)} = \frac{1}{r^2}\frac{\partial}{\partial r}\left(r^2\frac{\partial V}{\partial r}\right) + \frac{1}{r^2 \sin\theta}\frac{\partial}{\partial \theta}\left(\sin\theta\frac{\partial V}{\partial \theta}\right)$$

$$+ \frac{1}{r^2\sin^2\theta}\frac{\partial^2 V}{\partial \phi^2} = 0 \quad (7.11b)$$

가 얻어지는데 이들은 식 (4.28)과 (3.14)에서 유도할 수 있다.

정전계의 전위함수는 식 (7.9) 및 (7.10)을 만족하는 분포를 가지며, 전하분포에 의한 전계는 주어진 경계조건을 이들 방정식에 적용하여 얻어진 전위함수에 식 (7.8c)를 적용하여 구할 수 있다.

◆ 예제 7-4

다음 전위함수는 Laplace 방정식을 만족하는가?

(1) $V = A(x^2+y^2+z^2)^{-1/2}$ (2) $V = Ar\phi z$ (3) $V = Cr^{-1}\theta\phi$

풀이 (1) $\dfrac{\partial^2 V}{\partial x^2} + \dfrac{\partial^2 V}{\partial y^2} + \dfrac{\partial^2 V}{\partial z^2} = 0$이므로 Laplace 방정식을 만족한다(문제 1-14-3 참조).

(2) 식 (7.11a)를 적용하면

$$\frac{1}{r}\frac{\partial}{\partial r}\left(r\frac{\partial V}{\partial r}\right) = \frac{A\phi z}{r}, \quad \frac{\partial^2 V}{\partial \phi^2} = 0, \quad \frac{\partial^2 V}{\partial z^2} = 0$$

가 되어 Laplace 방정식을 만족하지 않는다.

(3) 식 (7.11b)를 적용하면

$$\frac{\partial}{\partial r}\left(r\frac{\partial V}{\partial r}\right) = 0, \quad \frac{\partial}{\partial \theta}\left(\sin\theta\frac{\partial V}{\partial \theta}\right) \neq 0, \quad \frac{\partial^2 V}{\partial \phi^2} = 0$$

가 되어 Laplace 방정식을 만족하지 않는다.

7.3 해의 유일성

Laplace 및 Poisson 방정식의 주어진 경계조건에 대한 해에서 얻어지는 전위값은 유일값을 가지므로, 그 해는 어떠한 방법으로 구하든 이 방정식의 해답이 된다. 그러한 관계를 해의 **유일성 정리**(唯一性定理, uniqueness theorem)라 하며 다음과 같이 증명할 수 있다.

그림 7-9와 같은 임의의 공간의 어떤 경계면의 전위를 V_b라 하고, 임의의 점 P에 대한 Laplace 방정식의 해가 V_1, V_2의 값을 갖는다고 가정하면

$$\left.\begin{aligned} &\nabla^2 V_1 = 0, \qquad \nabla^2 V_2 = 0 \\ \text{따라서} \quad &\nabla^2 (V_1 - V_2) = 0 \end{aligned}\right\} \tag{7.12a}$$

가 성립할 것이다. 한편 이들의 해 V_1, V_2는 점 P를 경계면 S_1 위로 무한접근시키면

$$\left.\begin{aligned} &V_{b1} = V_{b2} = V_b \\ \text{즉} \quad &V_{b1} - V_{b2} = 0 \end{aligned}\right\} \tag{7.12b}$$

가 얻어진다.

임의의 스칼라함수 V와 벡터함수 $\boldsymbol{D}$를

$$V = V_1 - V_2, \qquad \boldsymbol{D} = \nabla (V_1 - V_2)$$

라 놓고 벡터공식(부록 Ⅳ-5-6)

$$\nabla \cdot (V\boldsymbol{D}) = V(\nabla \cdot \boldsymbol{D}) + \boldsymbol{D} \cdot \varDelta V$$

에 적용하면

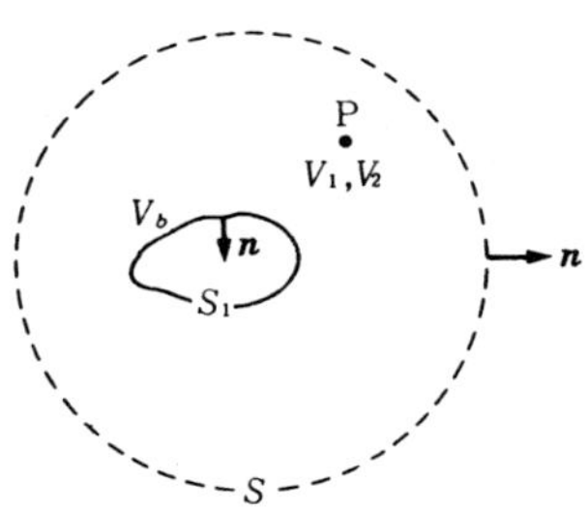

그림 7-9 유일성 정리

$$\nabla \cdot [(V_1 - V_2)\nabla(V_1 - V_2)]$$
$$= (V_1 - V_2)\nabla^2(V_1 - V_2) + |\nabla(V_1 - V_2)|^2$$

가 된다.

이 수학공식에 전계의 물리적 조건을 적용하기 위하여 윗식 양변의 전위함수를 경계면 S_1과 S 사이의 전공간에 대하여 체적적분하면

$$\iiint_v \nabla \cdot [(V_1 - V_2)\nabla(V_1 - V_2)]\,dv$$
$$= \iiint_v [(V_1 - V_2)\nabla^2(V_1 - V_2)]\,dv + \iiint_v |\nabla(V_1 - V_2)|^2\,dv \tag{7.12c}$$

가 되는데 좌변은 발산정리에 의하여

$$\iiint_{\text{vol}} \nabla[(V_1 - V_2)\nabla(V_1 - V_2)]\,dv$$
$$= \oiint_{S_1+S}[(V_1 - V_2)\nabla(V_1 - V_2)] \cdot \boldsymbol{n}dS$$

가 되며 경계면 S_1에 대한 표면적분은 경계조건식 (7.12b)에 의하여

$$\oiint_{S_1}[(V_{b1} - V_{b2})\nabla(V_{b1} - V_{b2})] \cdot \boldsymbol{n}dS = 0$$

가 된다. 그리고 표면 S는 무한원까지 이르는데 $V_1 - V_2$는 $\dfrac{1}{r}$에, $\nabla(V_1 - V_2)$는 $\dfrac{1}{r^2}$에, 표면적은 r^2에 비례하므로 무한원에서는

$$\oiint_{S\to\infty}[(V_1 - V_2)\nabla(V_1 - V_2)] \cdot \boldsymbol{n}dS = 0$$

가 된다. 한편 식 (7.12c)의 우변 제1항은 경계조건 식 (7.12a)에 의하여 0이 되므로

$$\iiint_v |\nabla(V_2 - V_2)|^2\,dv = 0$$

가 되어야 하며, 이 식에서

$$\nabla(V_1 - V_2) = \text{grad}(V_1 - V_2) = 0$$

가 얻어진다. 즉, 모든 점에서 $V_1 - V_2$의 경도가 없으므로〔식 (3.12) 참조〕

$$V_1 - V_2 = C_{\text{const.}}$$

가 되어야 하는데, 이 관계는 경계면 S_1 위에서도 만족할 것이므로 경계조건 식 (7.12b)에서 다음과 같이 되므로

$$C = V_1 - V - 2 = V_{b1} - V_{b2} = 0$$

$$V_1 = V_2$$

가 되어 정전계 내의 전위함수는 유일값으로 결정됨을 알 수 있다.

7.4 Laplace 방정식의 해법예

Laplace 방정식의 해법에는 여러 가지 방법이 있으나 먼저 전위가 1차원적 함수관계를 갖는 직접적분방법에 대하여 풀이하기로 한다.

[예 1] $V = f(x)$**인 경우**

이 경우의 Laplace 방정식은

$$\nabla^2 V_{(x)} = \frac{\partial^2 V}{\partial x^2} = \frac{d^2 V}{dx^2} = 0$$

가 되므로 이를 적분하면

$$V = Ax + B$$

가 얻어지며, 여기서 A, B는 적분상수이다. 경계조건으로

$$x = 0 : V = 0, \quad x = d : V = V_\theta$$

를 취하면 다음과 같이 되어

$$A = \frac{V_0}{d}, \quad B = 0$$

다음의 해가 얻어진다.

$$V = \frac{V_0}{d} x \,[\text{V}] \tag{7.13a}$$

x축에 수직으로 $x = 0$, $d\,[\text{m}]$에 배치된 평행판 커패시터의 정전용량을 구하자.

(1) 극판 사이의 전계는

$$\boldsymbol{E} = -\nabla V = -\frac{V_0}{d}\,\boldsymbol{i}\,[\mathrm{V/m}] \tag{7.13b}$$

(2) 극판 위의 전속밀도는

$$\boldsymbol{D} = \varepsilon \boldsymbol{E}_{(x=0)} = -\varepsilon\frac{V_0}{d}\,\boldsymbol{i}\,[\mathrm{C/m^2}] \tag{7.13c}$$

(3) 극판 위의 전하밀도는

$$\rho_s = D = -\varepsilon\frac{V_0}{d}\ [\mathrm{C/m^2}]$$

(4) 정전용량은

$$C_0 = \frac{|\rho_s|}{V_0} = \frac{\varepsilon}{d}\ [\mathrm{F/m^2}],\qquad C = \frac{\varepsilon S}{d}\ [\mathrm{F}]$$

가 되며 여기서 $S\,[\mathrm{m^2}]$는 극판면적이다.

[예 2] 원통좌표계

(a) $V = f(r)$인 경우

이 경우 Laplace 방정식은 식 (7.11a)에서

$$\nabla^2 V_{(r)} = \frac{1}{r}\frac{d}{dr}\left(r\frac{dV}{dr}\right) = 0$$

가 되며, 이를 적분하면

$$V = A\ln r + B$$

가 얻어진다. 이 경우 $r=0$은 제외한다.

경계조건으로 $r=a : V=V_0$, $r=b(>a) : V=0$이 되는 동축커패시터를 취하면 다음과 같은 전위함수가 얻어진다.

$$V = V_0\frac{\ln(b/r)}{\ln(b/a)}\ [\mathrm{V}]\quad (a \le r \le b) \tag{7.14a}$$

(1) 원통 사이 전계는

$$\boldsymbol{E} = -\nabla V = -\frac{dV}{dr}\boldsymbol{a}_r = \frac{V_0}{r}\frac{1}{\ln(b/a)}\boldsymbol{a}_r\,[\mathrm{V/m}] \tag{7.14b}$$

(2) 내원통 표면전하밀도는

$$\rho_s = D_{r(r=a)} = \varepsilon E_{r(r=a)} = \frac{\varepsilon V_0}{a \ln\left(\dfrac{b}{a}\right)} \ [\mathrm{C/m^2}]$$

(3) 길이 l [m]가 갖는 전하는

$$Q = \rho_s 2\pi a l = \frac{2\pi\varepsilon V_0 l}{\ln(b/a)} \ [\mathrm{C}]$$

(4) 동축커패시터 정전용량은

$$C = \frac{2\pi\varepsilon l}{\ln(b/a)} \ [\mathrm{F}]$$

가 되어 식 (6.13)과 같은 결과가 얻어진다.

(b) $V = f(\phi)$인 경우

이 경우 Laplace 방정식은 식 (7.11a)에서

$$\nabla^2 V_{(\phi)} = \frac{1}{r^2}\frac{d^2 V}{d\phi^2} = 0$$

가 되며 $r=0$을 제외하면 다음과 같은 식이 얻어진다.

$$V = A\phi + B$$

경계조건으로

$$\phi = 0 : \ V = 0, \qquad \phi = \alpha : \ V = V_0$$

의 그림 7-10과 같은 방사면을 취하면 방사면 사이의 전위함수

$$V = V_0 \frac{\phi}{\alpha} \ [\mathrm{V}] \quad (0 \le \phi \le \alpha) \tag{7.15a}$$

가 얻어지며, 방사면 사이의 전계는 다음과 같이 된다.

$$\boldsymbol{E} = -\nabla V = -\frac{dV}{r d\phi}\boldsymbol{a}_\phi = -\frac{V_0}{ar}\boldsymbol{a}_\phi \ [\mathrm{V/m}] \tag{7.15b}$$

예로 $10^{-3} < r < 1$ [m], $0 < z < 1$ [m]의 2평판도체가 $\phi = 0, \ \dfrac{\pi}{2}$ [rad]로 대치할 때 정전용량을 구한다.

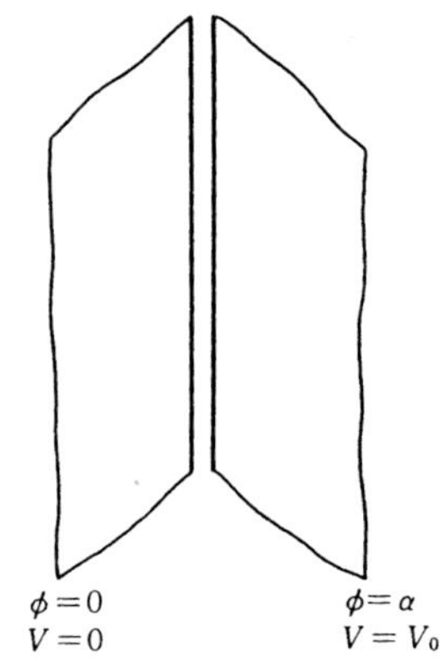

그림 7-10 방사면과 전위

(1) 식 (7.15b)에서 방사면 사이 전계는 $\alpha=\dfrac{\pi}{2}$ [rad]이므로

$$E_\phi = -\frac{2V_0}{\pi}\frac{1}{r}\ [\mathrm{V/m}]$$

(2) 극판 위의 전하밀도 및 전하는

$$\rho_s = D_\phi = \varepsilon_0 E_\phi = -\frac{2\varepsilon_0 V_0}{\pi}\frac{1}{r}\ [\mathrm{C/m^2}]$$

$$Q = \int_{z=0}^{1}\int_{r=-10^{-3}}^{1}\rho_s\,dr\,dz = -\frac{2\varepsilon_0 V_0}{\pi}\ln 10^3\ [\mathrm{C}]$$

(3) 정전용량은 그림 7-11에서 다음과 같이 된다.

$$C_{내} = \frac{|Q|}{V_0} = \frac{2\varepsilon_0}{\pi}\times 6.91\ [\mathrm{F}]$$

$$C_{외} = \frac{1}{3}C_{내}$$

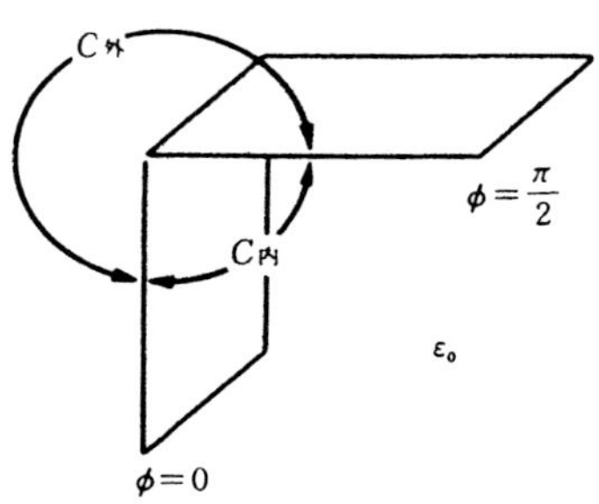

그림 7-11 방사면 커패시터

$$\therefore\ C = \left(1 + \frac{1}{3}\right) C_{내} = 51.93\ [\mathrm{pF}]$$

[예 3] 구 좌 표 계

(a) $V = f(r)$인 경우

이 경우 Laplace 방정식은 식 (7.11b)에서

$$\nabla^2 V_{(r)} = \frac{1}{r^2} \frac{d}{dr}\left(r^2 \frac{dV}{dr}\right) = 0$$

가 되며, $r = 0$을 제외한 모든 점에서

$$V = -\frac{A}{r} + B\ [\mathrm{V}]$$

가 얻어진다. 경계조건으로

$$r = a : V = V_0\ [\mathrm{V}], \qquad r = \infty :\ V = 0$$

의 구를 취하면 $A = -aV_0$, $B = 0$이므로 전위함수

$$V = \frac{a}{r} V_0\ [\mathrm{V}] \tag{7.16a}$$

가 얻어지며, 구외의 전계는

$$\boldsymbol{E} = -\nabla V_{(r)} = -\frac{dV}{dr} \boldsymbol{a}_r = \frac{a}{r^2} V_0 \boldsymbol{a}_r\ [\mathrm{V/m}] \tag{7.16b}$$

가 된다. 따라서 구면 위의 전하밀도 및 전하는

$$\rho_s = \varepsilon_0 E_r|_{r=a} = \varepsilon_0 \frac{V_0}{a}\ [\mathrm{C/m^2}], \qquad Q = 4\pi\varepsilon_0 a V_0\ [\mathrm{C}] \tag{7.16c}$$

이 되므로 구도체의 정전용량은 다음과 같은 식이 얻어진다.

$$C = 4\pi\varepsilon_0 a\ [\mathrm{F}]$$

그리고 식 (7.16a, b)와 (7.16c)에서

$$\boldsymbol{E} = \frac{1}{4\pi\varepsilon_0} \frac{Q}{r^2} \boldsymbol{a}_r\ [\mathrm{V/m}], \qquad V = \frac{1}{4\pi\varepsilon_0} \frac{Q}{r}\ [\mathrm{V}]$$

가 되어 Laplace 방정식에서 Coulomb의 법칙이 도출된다.

(b) $V=f(\phi)$인 경우

이 경우 Laplace 방정식은 식 (7.11b)에서

$$\nabla^2 V_{(\phi)} = \frac{1}{r^2 \sin^2\theta}\frac{d^2 V}{d\phi^2} = 0$$

가 되며, $r=0$, $\theta=0$, π를 제외한 모든 공간의 전위함수는

$$V = A\phi + B\,[\mathrm{V}]$$

가 된다. 경계조건으로 다음과 같은 식을 취하면

$$\phi = 0 : V = V_0, \qquad \phi = \alpha : V = 0$$

$0 \le \phi \le \alpha$ 사이의 전위함수는 다음과 같다.

$$V = V_0 - \frac{V_0}{\alpha}\phi\,[\mathrm{V}] \tag{7.17a}$$

전계는 식 (3.15b)에서 다음과 같이 된다.

$$\boldsymbol{E} = -\frac{1}{r\sin\theta}\frac{dV}{d\phi}\boldsymbol{a}_\phi = \frac{1}{r\sin\theta}\frac{V_0}{\alpha}\boldsymbol{a}_\phi\,[\mathrm{V/m}] \tag{7.17b}$$

예로 $10 \le r \le 30$ [cm], $30° \le \theta \le 150°$의 부채꼴(합죽선) 모양의 두 도체판이 $\phi = 0°$, $30°$로 대치할 경우 도체판 위의 전하밀도 및 전하는

$$\rho_s = \varepsilon_0 E_\phi = \frac{\varepsilon_0 V_0}{\alpha}\frac{1}{r\sin\theta}\ [\mathrm{C/m^2}]$$

$$Q = \frac{\varepsilon_0 V_0}{30°}\int_{0.1}^{0.3}\frac{1}{r}\,rdr\int_{30°}^{150°}\frac{d\theta}{\sin\theta}$$

$$= \frac{\varepsilon_0 V_0}{30°}\times 0.2\times \ln\left(\tan\frac{\theta}{2}\right)\Bigg|_{30°}^{150°} = \varepsilon_0 V_0\,[\mathrm{C}]$$

가 되므로, 도체판 사이의 정전용량은 다음과 같은 식이 된다.

$$C = \varepsilon_0\,[\mathrm{F}]$$

◆ 예제 7-5

자유공간에서 다음 각 도체 사이의 전계 $\boldsymbol{E}_{(1,1,1)}$ [V/m]를 구하라.

(1) $r = 0.5$, 2 [m]에서 $V = 100$, 0 [V]인 동축원통간

(2) $\phi = \dfrac{\pi}{2}$, 0에서 $V = 100,\ 0$ [V]인 방사평면간

(3) $r = 0.5,\ 2$ [m]에서 $V = 100,\ 0$ [V]인 동심구간

(4) $\theta = 30°,\ 60°$에서 $V = 100,\ 0$ [V]인 동축원추간

풀이 (1) 식 (7.11a)

$$\nabla^2 V_{(r)} = r\frac{d}{dr}\left(r\frac{dV}{dr}\right) = 0$$

에서 $V = A \ln r + B$

가 얻어지는데, 경계조건을 적용하면

$$A = -\frac{50}{\ln 2} = -72.13, \qquad B = 50$$

$$\therefore\ V = -72.13 \ln r + 50\ [\mathrm{V}]$$

가 되며, 전계는 다음과 같이 된다.

$$\boldsymbol{E} = -\frac{\partial V}{\partial r}\boldsymbol{a}_r = 72.13\frac{1}{r}\boldsymbol{a}_r\ [\mathrm{V/m}]$$

$$\therefore\ \boldsymbol{E}_{(1,1,1)} = 72.13\frac{1}{r}\Big|_{r=\sqrt{2}}\boldsymbol{a}_r = 51\,\boldsymbol{a}_r\ [\mathrm{V/m}]$$

(2) 식 (7.11a)에서

$$\nabla^2 V_{(\phi)} = \frac{1}{r^2}\frac{d^2 V}{d\phi^2} = 0, \qquad V = A\phi + B$$

가 되며, 경계조건을 적용하면

$$A = \frac{200}{\pi}, \qquad B = 0$$

$$\therefore\ V = \frac{200}{\pi}\phi\ [\mathrm{V}]$$

의 전위함수가 얻어지며 전계는 다음과 같이 된다.

$$\boldsymbol{E}_{(1,1,1)} = -\frac{1}{r}\frac{\partial V}{\partial \phi}\boldsymbol{a}_\phi = -\frac{1}{r}\frac{200}{\pi}\Big|_{r=\sqrt{2}}\boldsymbol{a}_\phi$$

$$= -45\,\boldsymbol{a}_\phi\ [\mathrm{V/m}]$$

(3) 식 (7.11b)에서

$$\nabla^2 V_{(r)} = \frac{1}{r^2}\frac{d}{dr}\left(r^2\frac{V}{dr}\right) = 0, \qquad V = -\frac{A}{r} + B\ [\mathrm{V}]$$

가 되며, 경계조건에서

$$A = -\frac{V_0}{\dfrac{1}{a}-\dfrac{1}{b}} = -\frac{200}{3}, \qquad B = \frac{A}{b} = \frac{200}{6}$$

$$\therefore\ V = \frac{V_0}{\dfrac{1}{a}-\dfrac{1}{b}}\left(\frac{1}{r}-\frac{1}{b}\right) = \frac{200}{3}\left(\frac{1}{r}-\frac{1}{2}\right)\,[\mathrm{V}]$$

의 전위함수가 얻어지며, 전계는 다음과 같이 된다.

$$\boldsymbol{E} = -\frac{\partial V}{\partial r}\boldsymbol{a}_r = \frac{200}{3}\frac{1}{r^2}\boldsymbol{a}_r\,[\mathrm{V/m}]$$

$$\therefore\ \boldsymbol{E}_{(1,1,1)} = \frac{200}{3}\frac{1}{r^2}\bigg|_{r=\sqrt{3}}\boldsymbol{a}_r = 22.2\boldsymbol{a}_r\,[\mathrm{V/m}]$$

(4) 식 (7.11b)

$$\nabla^2 V_{(\theta)} = \frac{1}{r^2\sin\theta}\frac{d}{d\theta}\left(\sin\theta\frac{dV}{d\theta}\right) = 0$$

에서 전위함수

$$V = A\ln\left(\tan\frac{\theta}{2}\right) + B\,[\mathrm{V}]$$

가 얻어지는데, 여기에 경계조건을 적용하면

$$A = 100/\ln(\tan 15^\circ/\tan 30^\circ) = -130.4$$
$$B = +130.4\ln(\tan 30^\circ) = -71.6$$
$$\therefore\ V = -130.4\ln\left(\tan\frac{\theta}{2}\right) - 71.6\bigg|_{(1,1,1)} = 14.3\,[\mathrm{V}]$$

가 되어 등전위면은 원추면이 되며, 전계는 다음과 같이 된다.

$$\boldsymbol{E}_{(\theta)} = -\frac{1}{r}\frac{\partial V}{\partial\theta}\boldsymbol{a}_\theta = \frac{130.4}{r}\frac{1}{\sin\theta}\boldsymbol{a}_\theta\,[\mathrm{V/m}]$$

한편 $(1,\ 1,\ 1) = (\sqrt{3},\ \sin\theta = \sqrt{2/3},\ 45^\circ)$ [m]이므로 다음과 같이 된다.

$$\boldsymbol{E}_{(1,1,1)} = 92.2\boldsymbol{a}_\theta\,[\mathrm{V/m}]$$

7.5 Laplace 방정식의 일반해

전위함수를 구하는 Laplace 방정식의 일반해법에 **변수분리법**(method of separation of variables 또는 method of product solution)을 도입하여 각 좌표계에 대한 문제를 풀이하는 방법이 있다. 원통 및 구좌표계에 대한 전위계의 해에는 Bessel 함수 및 Legendre 함수 등의 고등함수가 필요하므로 여기서는 간단한 직교직선좌표계의 2차원 문제를 취급하기로 한다.

전위 V가 x, y만의 함수일 때 Laplace 방정식은

$$\frac{\partial^2 V}{\partial x^2}+\frac{\partial^2 V}{\partial y^2}=0 \tag{7.18}$$

가 되는데, V를 x만의 함수 $X=X(x)$와 y만의 함수 $Y=Y(y)$의 곱

$$V=XY \tag{7.19}$$

으로 가정한다. 이것을 식 (7.18)에 대입하여 정리하면

$$\frac{1}{X}\frac{\partial^2 X}{\partial x^2}+\frac{1}{Y}\frac{\partial^2 Y}{\partial y^2}=0 \tag{7.20}$$

가 되며, 각 항은 x와 y만의 함수가 된다.

상수 α를 생각하고

$$\left.\begin{aligned}\frac{1}{X}\frac{\partial^2 X}{\partial x^2}&=\alpha^2\\ \frac{1}{Y}\frac{\partial^2 y}{\partial y^2}&=-\alpha^2\end{aligned}\right\} \tag{7.21}$$

라 놓으면 식 (7.20)이 만족된다. 이와 같이 식 (7.18)의 미분방정식을 식 (7.21)과 같은 2 개의 간단한 미분방정식으로 분리할 수 있으므로 α를 **분리상수**(分離常數, separation constant)라 한다.

식 (7.21)의 각 미분방정식의 해는

$$\left.\begin{aligned}X&=A\cosh\alpha x+B\sinh\alpha x\\ Y&=C\cos\alpha y+D\sin\alpha y\end{aligned}\right\} \tag{7.22}$$

가 되므로〔이들을 식 (7.21)에 대입함으로써 증명할 수 있다〕, Laplace 방

정식의 일반해는

$$V_{(xy)} = (A \cosh \alpha x + B \sinh \alpha x)(C \cos \alpha y + D \sin \alpha y) \qquad (7.23)$$

가 되며, 여기서 적분상수 A, B, C, D는 주어진 경계조건으로 결정한다.

◆ 예제 7-6

그림 7-12의 경계조건을 갖는 구형단면상의 전위분포를 구하라.

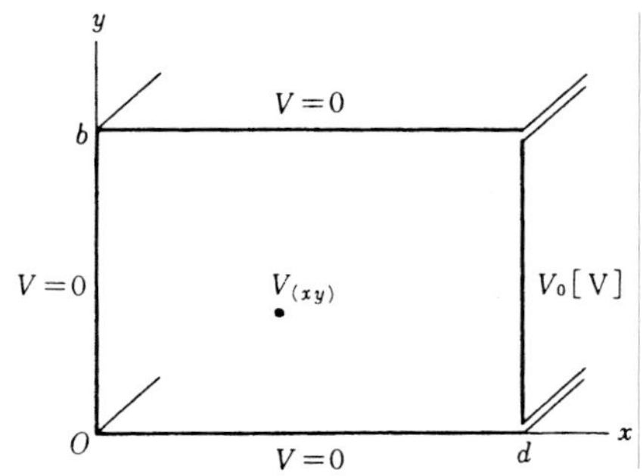

그림 7-12 구형관 단면의 전위분포

풀이 xy 평면상의 2차원문제이므로 전위함수는 식 (7.23)의

$$V_{(xy)} = (A \cosh \alpha x + B \sinh \alpha x)(C \cos \alpha y + D \sin \alpha y) \text{ [V]}$$

로 주어지며, 적분상수 A, B, C, D는 주어진 경계조건에서 다음과 같이 결정한다.
그런데

$$\sinh \alpha x = \frac{1}{2}(e^{\alpha x} - e^{-\alpha x}), \qquad \cosh \alpha x = \frac{1}{2}(e^{\alpha x} + e^{-\alpha x})$$

이므로

(1) 경계조건 $x=0$: $V=0$에서 $\cosh \alpha x|_{x=0} \neq 0$이므로 $A=0$이 되어야 한다.

(2) 경계조건 $y=0$: $V=0$에서 $\cosh \alpha y|_{y=0} \neq 0$이므로 $C=0$이 되어야 한다. 따라서 전위함수는 다음과 같이 된다.

$$V_{(xy)} = BD \sinh \alpha x \sin \alpha y = V_1 \sinh \alpha x \sin \alpha y \text{ [V]}$$

(3) 경계조건 $y=b$: $V=0$을 식 (7.24a)에 적용하면

$$0 = V_1 \sinh \alpha x \sin \alpha b$$

가 되는데, 이 경우 $y=2b$에서도 $V=0$이므로 $0 < y < b$의 범위만을 취한다. 따라서 조건 $y=b$: $V=0$을 만족하기 위한 α의 값은

$$a = \frac{m\pi}{b} \quad (0 < y < b,\ m = 1,\ 2,\ 3,\ \cdots)$$

가 되어야 하므로 전위함수는

$$V_{(xy)} = V_1 \sinh \frac{m\pi}{b} x \sin \frac{m\pi}{b} y\,[\mathrm{V}] \quad (m = 1,\ 2,\ 3,\ \cdots) \tag{7.24b}$$

가 된다. 이 관계는 m의 모든 값에 대하여 만족하므로 전위함수는

$$V_{(xy)} = \sum_{m=1}^{\infty} V_m \sinh \frac{m\pi}{b} x \sin \frac{m\pi}{b} y\,[\mathrm{V}] \tag{7.24c}$$

의 Fourier 급수로 표시할 수 있다.

(4) 경계조건 $x = d$: $V = V_0$을 식 (7.24c)에 적용하면

$$\begin{aligned} V_0 &= \sum_{m=1}^{\infty} V_m \sinh \frac{m\pi}{b} d \sin \frac{m\pi}{b} y \\ &= \sum_{m=1}^{\infty} C_m \sin \frac{m\pi}{b} y\,[\mathrm{V}] \quad (0 < y < b,\ m = 1,\ 2,\ \cdots) \end{aligned} \tag{7.24d}$$

가 얻어지며, 여기서

$$C_m = V_m \sinh \frac{n\pi}{b} d \tag{7.24e}$$

는 m만의 함수로 다음과 같이 구한다. 즉, 식 (7.24d)의 양변에 대하여

$$\int_0^b V_0 \sin \frac{n\pi}{b} y dy = \sum_{m=1}^{\infty} \int_a^b C_m \sin \frac{m\pi}{b} y \sin \frac{n\pi}{b} y dy \tag{7.24f}$$

의 적분을 취하였을 때

$$\int_0^b \sin \frac{m\pi}{b} y \sin \frac{n\pi}{b} y dy = \begin{cases} \dfrac{b}{2} & (n = m) \\ 0 & (n \neq m) \end{cases} \tag{7.24g}$$

의 결과가 얻어지므로 식 (7.24f)는

$$V_0 \int_0^b \sin \frac{m\pi}{b} y by = C_m \frac{b}{2} \quad (n = m)$$

가 되며, 한편

$$\int_0^b \sin \frac{m\pi}{b} y dy = -\frac{b}{n\pi} \left| \cos \frac{m\pi}{b} y \right|_0^b$$

$$= \begin{cases} \dfrac{2b}{m\pi} & (m = 1, 3, 5, \cdots) \\ 0 & (m = 0, 2, 4, \cdots) \end{cases} \tag{7.24h}$$

의 관계가 있으므로(문제 7-24 참조) 식 (7.24f)에서

$$C_m = \frac{2}{b} V_0 \frac{2b}{m\pi} = \frac{4V_0}{m\pi}$$

가 얻어지는데, 이것을 식 (7.24e)에 대입하면 다음과 같은 식이 구해진다.

$$V_m = \frac{4V_0}{m\pi \sinh(m\pi d/b)} \text{ [V]} \quad (m = 1, 3, 5, \cdots)$$

따라서 이 결과를 식 (7.24c)에 대입하면 그림 7-2의 구형단면상의 전위함수

$$V_{(xy)} = \frac{4V_0}{\pi} \sum_{m=1,3,5}^{\infty} \frac{1}{m} \frac{\sinh(m\pi x/b)}{\sinh(m\pi d/b)} \sin \frac{m\pi}{b} y \text{ [V]}$$

$$(m = 1, 3, 5, \cdots) \tag{7.25}$$

의 결과식이 얻어진다.

그림 7-13과 같은 정방형관 단면에서 점 $P\left(x=\frac{b}{4},\ y=\frac{b}{2}\right)$의 전위를 구하면

$$V_{(b/4,\, b/2)} = \frac{400}{\pi} \sum_{m=1,3,5,\cdots}^{\infty} \frac{1}{m} \frac{\sinh(m\pi/4)}{\sinh(m\pi)} \sin\left(\frac{m\pi}{2}\right)$$

$$= \frac{400}{\pi}\left(\frac{\sinh(\pi/4)}{\sinh \pi} - \frac{1}{3}\frac{\sinh(3\pi/4)}{\sinh(3\pi)} + \frac{1}{5}\frac{\sinh(5\pi/4)}{\sinh(5\pi)} \cdots\right)$$

$$= \frac{400}{\pi}\left(\frac{0.8687}{11.549} - \frac{5.228}{3\times 6195.8} + \frac{25.367}{5\times 3317812} - \cdots\right)$$

$$= 9.541 \text{ [V]}$$

가 된다. 이러한 계산을 그림 7-13의 각 격자교점에 대하여 행하면 단면에서의 각 점에 대한 전위분포를 구할 수 있다(그림 7-15 참조).

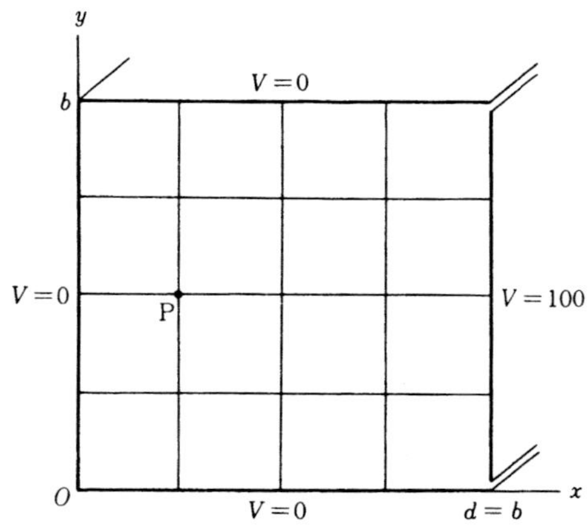

그림 7-13 정방형관 단면의 전위분포

7.6 반 복 법

전위분포에 대한 경계조건이 복잡할 경우 Laplace 방정식의 해를 근사 산술평균계산방법을 이용한 **반복법**(反復法) 또는 **축차법**(逐次法, iteration method or point to point method)으로 구할 수 있다.

xy 평면 위의 전위 $V_{(xy)}$를 구하는 2차원 문제에 있어서 Laplace 방정식

$$\frac{\partial^2 V}{\partial x} + \frac{\partial^2 V}{\partial y^2} = 0$$

는 다음과 같이 변형한다.

$$\frac{\partial}{\partial x}\left(\frac{\partial V}{\partial x}\right) + \frac{\partial}{\partial y}\left(\frac{\partial V}{\partial y}\right) = 0$$

그림 7-14와 같이 2차원 영역을 한 변의 길이가 h인 정방형으로 나누고, 인접한 5점의 전위를 각각 V_0, V_1, V_2, V_3, V_4라 하면 점 a, b, c, d 각 점에 대한 전위의 편미분계수의 근사값은

$$\left.\frac{\partial V}{\partial x}\right|_a \fallingdotseq \frac{V_0 - V_1}{h}, \qquad \left.\frac{\partial V}{\partial x}\right|_c \fallingdotseq \frac{V_3 - V_0}{h}$$

가 되며, 2차 편미분계수는

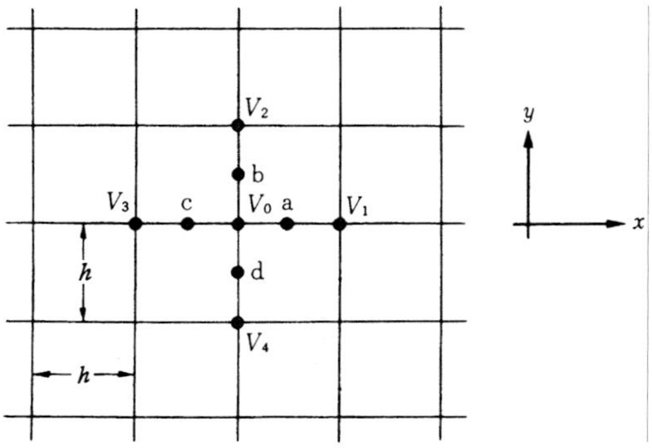

그림 7-14 반 복 법

$$\left.\frac{\partial^2 V}{\partial x^2}\right|_0 \doteqdot \frac{\left.\frac{\partial V}{\partial x}\right|_c \left.\frac{-\partial V}{\partial x}\right|_a}{h} \doteqdot \frac{V_3 - V_0 - V_0 + V_1}{h^2}$$

가 된다. 마찬가지로

$$\left.\frac{\partial^2 V}{\partial y^2}\right|_0 \doteqdot \frac{V_4 - V_0 - V_0 + V_3}{h^2}$$

가 얻어지므로 점 O에 대한 Laplace 방정식

$$\frac{\partial^2 V}{\partial x^2} + \frac{\partial^2 V}{\partial y^2} \doteqdot \frac{(V_1 + V_2 + V_3 + V_4) - 4V_0}{h^2} = 0$$

에서 점 O의 전위가 다음과 같이 구해진다.

$$V_0 \doteqdot \frac{1}{4}(V_1 + V_2 + V_3 + V_4) \tag{7.26}$$

이 결과식은 한 점의 전위가 인접한 4점의 전위의 산술평균값과 같다는 것을 의미하며 h를 적게 잡을수록 정확한 전위값이 얻어진다.

식 (7.26)을 이용하여 주어진 경계조건에 대한 영역 내의 모든 정방형의 각 격자점의 전위를 일정값에 도달할 때까지 반복계산하면, 정확한 전위분포가 얻어진다. 이러한 반복계산을 전자계산기로 행하면 단시간 내에 가장 정확한 전위분포를 구할 수 있다.

◆ 예제 7-7

예제 7-6과 같은 경계조건을 갖는 정방형 단면 각 격자점의 전위를 반복법으로 구하라.

풀이 그림 7-15의 경계조건에서 100 [V]와 0 [V] 사이 점의 전위를 50 [V]로 놓고 식 (7.26)을 이용하여 각 점의 첫 번째 전위의 추정값을

$$V_1 = \frac{1}{4}(100+0+0+0) = 25\ [\mathrm{V}]$$

$$V_2 = \frac{1}{4}(50+100+25+0) = 48.8\ [\mathrm{V}]$$

$$V_3 = \frac{1}{4}(0+25+0+0) = 6.3\ [\mathrm{V}]$$

$$V_4 = \frac{1}{4}(0+43.8+25+6.3) = 18.8\ [\mathrm{V}]$$

$$V_5 = \frac{1}{4}(43.8+100+43.8+25) = 53.2\ [\mathrm{V}]$$

$$V_6 = \frac{1}{4}(6.2+25+6.2+0) = 9.4\ [\mathrm{V}]$$

의 순으로 구한 후, 이 값을 이용하여 각 점(2, 5, 4, …의 순으로)에 대한 전위의 수정값을 반복(4회 정도) 계산하면, $V_2 = 42.9$, $V_5 = 52.7$, $V_4 = 18.8$, $V_1 = 25$, $V_6 = 9.5$, $V_3 = 7.2$ [V] 등의 비교적 정확한 값이 얻어진다〔모든 전위값이 불변할 때까지 계산을 반복하여 식 (7.25)를 이용한 정확값 $V_5 = 54.05$, $V_1 = 25$, $V_6 = 9.54$ [V]와 비교하라〕.

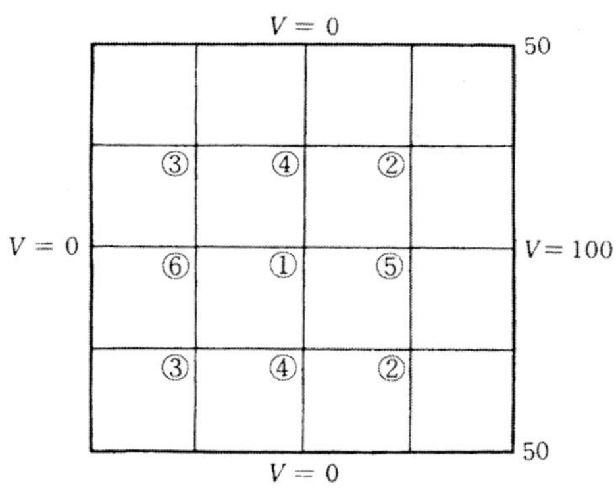

그림 7-15 반복법과 전위분포

7.7 곡선정방형법

전위계의 경계조건이 복잡한 기하학적 구조를 갖는 실제문제에서는 상기 해석적 방법의 적용이 불가능하므로, 도시방법의 하나인 **곡선정방형**(曲線正

方形, curvilinear squares)을 이용한 **사상도**(寫像圖, field mapping)로 풀이한다. 2차원 문제에 있어서 이 방법을 적용하기 위한 조건으로

① 도체의 경계면은 등전위면이다.

② 전계 및 전속밀도의 유선은 등전위면과 직교한다.

③ 전하가 없는 균일유전체 중의 전속선은 연속적이다.

등을 기초로 삼고 있다.

유전율 ε [F/m]의 공간 내에 z축으로 무한히 길게 배치된 전위 V_1, V_2 [V]의 도체단면을 xy평면 위에서 그림 7-16 (a)와 같이 취한다. 미소면적 $z=1$ [m], Δl_x [m]에서의 전하 ΔQ [C]에서 발산하는 전속을 $\Delta\phi$ [lines=C]라 하면, 그림의 전속관 내의 전속밀도는

$$D=\frac{\Delta\phi}{\Delta l_x\times 1}=\frac{\Delta Q}{\Delta l_x}\ [\mathrm{C/m^2}]$$

가 되며 전계는 다음과 같이 된다.

$$E=\frac{D}{\varepsilon}=\frac{1}{\varepsilon}\frac{\Delta Q}{\Delta l_x}\ [\mathrm{V/m}]$$

한편 미소길이 Δl_y [m] 사이의 전위차를 ΔV [V]라 하면 전계는

$$E=\frac{\Delta V}{\Delta l_y}\ [\mathrm{V/m}]$$

가 되므로, 전계에 관한 위의 두 식에서

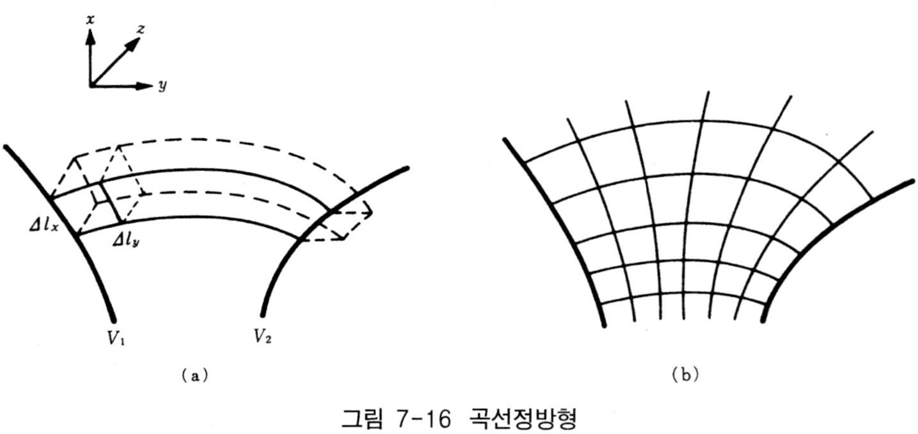

그림 7-16 곡선정방형

$$\frac{1}{\varepsilon}\frac{\Delta Q}{\Delta l_x}=\frac{\Delta V}{\Delta l_y} \tag{7.27a}$$

즉, 다음과 같은 식이 얻어진다.

$$\frac{\Delta Q}{\Delta V}=\varepsilon\frac{\Delta l_x}{\Delta l_y}$$

두 도체 사이를 적당한 값 ΔV[V]의 등전위면으로 구분하고, 이에 수직되는 전속선을

$$\frac{\Delta l_x}{\Delta l_y}=1, \quad \Delta l_x=\Delta l_y \tag{7.27b}$$

의 조건을 만족하는 곡선정방형이 되도록 그림 7-16 (b)와 같이 작도하면, 도체 1의 깊이 1 [m]가 갖는 전전하는

$$Q=N_Q\Delta Q\,[\mathrm{C/m}]$$

가 되며, 두 도체 사이의 전위차는

$$V_1-V_2=N_V\Delta V\,[\mathrm{V}]$$

가 된다. 여기서 N_Q는 두 도체를 연결하는 전속관수, N_V는 두 도체 사이의 전위증분수를 의미한다.

따라서 두 도체 사이에 작도한 곡선정방형의 수로 두 도체 사이의 정전용량은 식 (7.27)에서 다음과 같이 된다.

$$C=\frac{Q}{V_1-V_2}=\frac{N_Q\Delta Q}{N_V\Delta V}=\varepsilon\frac{N_Q}{N_V}\ [\mathrm{F/m}] \tag{7.28}$$

◆ 예제 7-8

다음 각 경우의 정전용량을 곡선정방형법을 이용하여 구하라.

(1) 동축원통〔그림 7-17 (a)〕

(2) 동축통형도체〔그림 7-17 (b)〕

풀이 곡선정방형법을 적용함에 있어서 도체전극 모양에 따라 먼저 등전위선(또는 전속선)을 적당히 그리고, 이와 직교하는 전속선(또는 등전위선)을 가능한 한 정방형에 가깝도록 작도하는데, 이때 정방형의 크기는 장소에 따라 변할 수 있다. 작도에 있어서 정방형의 크기를 작게 잡을수록 정확한 값에 가까워지는데 정확값에 가까운 값을 얻도록 작도를 여러 번 반

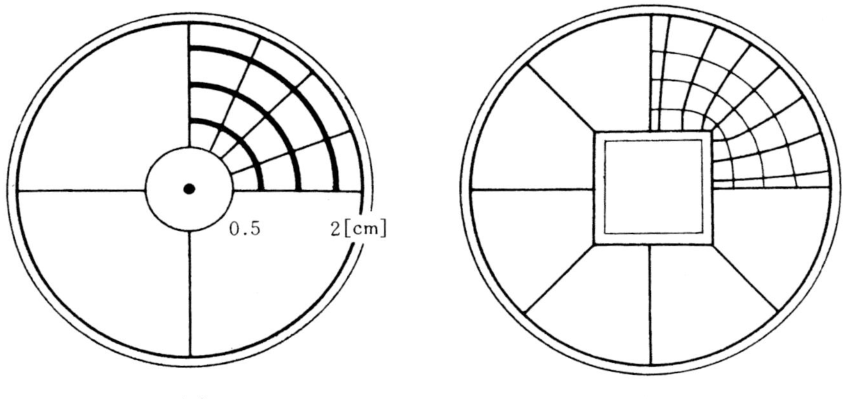

그림 7-17 곡선정방형과 정전용량

복할 필요가 있다.

(1) **동축원통** : 그림 7-17(a)에서와 같이 5줄의 전속선을 먼저 그리고 곡선정방형을 만족하는 등전위선을 작도한다.
그림의 경우 전체의 전속관수는 $N_Q = 4\times4 = 16$이며 이에 대응하는 전위증분수 $N_V = 3.4$가 그려지므로, 유전체($\varepsilon_r = 3$)가 채워진 동축원통 단위길이당 정전용량은 식 (7.28)에서 다음과 같이 된다〔예제 6-6(1)과 비교하라〕.

$$C = \varepsilon_0 \times 3 \times \frac{16}{3.4} = 0.125\ [\text{nF/m}]$$

(2) **동축통형도체** : 그림 7-17(b)의 단면구조를 갖는 통형도체인 경우 먼저 도체 사이를 일정값의 전위증분에 해당한 등전위선을 그리고, 곡선정방형 조건을 만족하는 전속선을 작도한다. 이 경우 전위증분수는 $N_V = 4$이며 전체 전속관수 $N_Q = 3.25\times8 = 26$이 되므로 공기 절연인 경우의 단위길이당 정전용량은 다음과 같이 된다.

$$C = \varepsilon_0 \frac{3.25\times8}{4} = 57.6\ [\text{pF/m}]$$

곡선정방형법에 의한 보다 정확한 해를 얻기 위하여는 작도에 대한 많은 연습이 필요하다. 이 사상도법은 복잡한 형상을 갖는 도체의 전기저항 또는 전류분포를 구할 경우에도 이용된다. 곡선정방형법으로도 풀이할 수 없는 복잡한 경계조건에 대하여는 유체역학을 이용한 실험적 방법(Fluid flow mapping method, Morr A. D. 교수) 및 유한요소법(Finite element method, FEM)이 이용된다.

7.8 등각사상

2차원 문제를 취급함에 있어서 xy 평면 위에 취한 복소수 표시방법을 이용하는 경우가 있다. 복소수 $z=x+jy$의 해석함수 W의 실수 및 허수부를 U, V라 하면

$$\left.\begin{aligned} &z = x + jy, \quad j = \sqrt{-1} \\ &W = f(z) = U + jV \end{aligned}\right\} \tag{7.29}$$

라 놓을 수 있으며 U, V는 x, y의 함수이므로

$$\frac{\partial W}{\partial x} = \frac{df}{dz}\frac{\partial z}{\partial x} = f'(z) = \frac{\partial U}{\partial x} + j\frac{\partial V}{\partial x}$$

$$\frac{\partial W}{\partial y} = \frac{\partial U}{\partial y} + j\frac{\partial V}{\partial y} = \frac{df}{dz}\frac{\partial z}{\partial y} = jf'(z) = j\frac{\partial U}{\partial x} - j\frac{\partial V}{\partial x}$$

가 얻어지며, 이 식 양변의 실수부와 허수부로부터

$$\frac{\partial U}{\partial x} = \frac{\partial V}{\partial y}, \qquad \frac{\partial V}{\partial x} = -\frac{\partial U}{\partial y} \tag{7.30a}$$

의 Cauchy-Riemann의 미분방정식이 유도된다. 식 (7.30a)에서

$$\frac{\partial U}{\partial x}\frac{\partial V}{\partial x} + \frac{\partial U}{\partial y}\frac{\partial V}{\partial y} = 0 \tag{7.30b}$$

의 U, V 곡선의 직교조건과 식 (7.30a)에서

$$\frac{\partial^2 V}{\partial x^2} = -\frac{\partial^2 U}{\partial x \partial y}, \qquad \frac{\partial^2 V}{\partial y^2} = \frac{\partial^2 U}{\partial x \partial y}$$

$$\frac{\partial^2 U}{\partial x^2} = -\frac{\partial^2 V}{\partial x \partial y}, \qquad \frac{\partial^2 U}{\partial y^2} = \frac{\partial^2 V}{\partial x \partial y}$$

가 얻어지며, 이로부터

$$\left.\begin{aligned} &\frac{\partial^2 V}{\partial x^2} + \frac{\partial^2 V}{\partial y^2} = 0 \\ &\frac{\partial^2 U}{\partial x^2} + \frac{\partial^2 U}{\partial y^2} = 0 \end{aligned}\right\} \tag{7.31}$$

의 Laplace 방정식이 유도되므로, U, V 함수는 전위함수로 볼 수 있다. 그런데 식 (7.30b)에서 $U=U(xy)$, $V=V(xy)$의 두 곡선계는 서로 직교하므로, V(또는 U)를 전위함수(등전위선)라 하면 U(또는 V)는 유선함수(전력선)로 표시할 수 있다.

한편 $W=f(z)$에 대한 식 (7.29)의 관계에서 x, y를 좌표축으로 하는 **z 평면** 위의 한 점 z_0는 U, V를 좌표축으로 하는 **W 평면** 위의 한 점 W_0에 대응하므로, 그림 7-18에서와 같이 z 평면 위의 점 z_0에서 만나는 두 곡선 C_1, C_2는 W 평면 위의 점 W_0에서 만나는 두 곡선 S_1, S_2에 대응하게 된다. 그리고 S_1, S_2의 두 곡선이 이루는 각은 C_1, C_2의 두 곡선이 이루는 각과 같은 것이 증명되므로 이러한 관계를 **등각사상**(等角寫像, conformal representation)이라 하며 $W=f(z)$을 **사상함수**라고도 한다.

그리고 W 평면 위의 $U=$const., $V=$const.는 각 축에 평행되는 직교직선이므로 이에 대응하는 z 평면 위에 사상된 두 곡선도 직교할 것이다. 따라서 이들 두 곡선계를 각각 전력선 및 등전위선으로 생각하므로 전계 및 전위계를 해석할 수 있다.

사상함수 $W=f(z)$의 대표예를 들면 다음과 같다.

[예 1] $W=z^2$인 경우

$$W=U+jV=(x+jy)^2=x^2-y^2+j2xy$$

$$\therefore\ U=x^2-y^2, \qquad V=2xy$$

이므로 V를 전위함수라 하면 U는 유선함수가 된다.

그림 7-19의 W 평면 위의 V_1, V_2의 두 직선은 z 평면 위의 대응하는 직각쌍곡선 V_1, V_2가 되며, U_1, U_2, U_3, U_4 등의 직선들은 z 평면 위의 쌍곡선군과 대응한다. 이 경우 V_1, V_2를 z-평면 위의 등전위면(xy 평면에

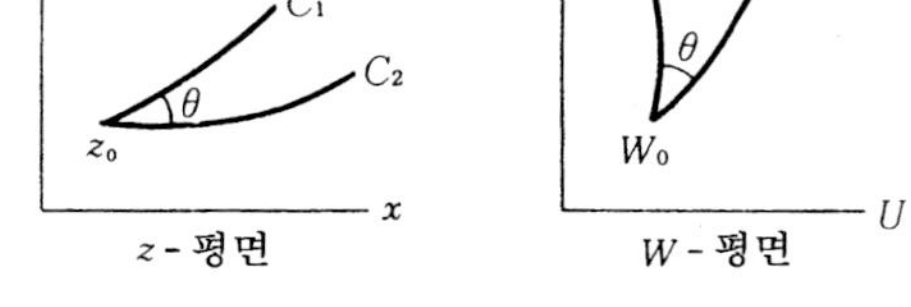

그림 7-18 등각사상

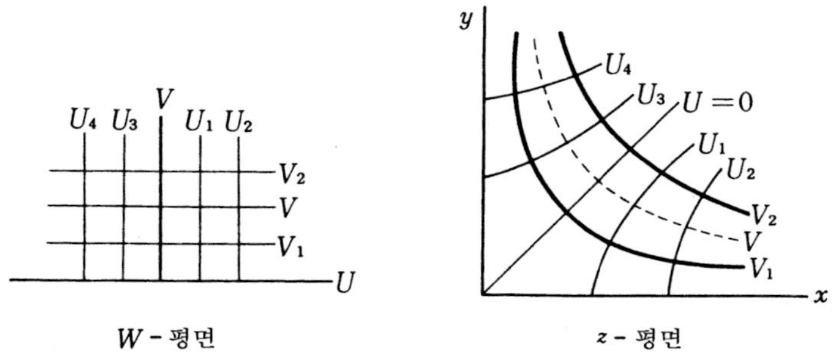

그림 7-19 $W=z^2$ 에 대한 사상

수직되는 쌍곡선형 전극면)이라면 U선들은 전극면 사이의 전력선분포가 된다.

[예 2] $W=z^{-1}$**인 경우**

$$W=U+jV=\frac{1}{x+jy}=\frac{x}{x^2+y^2}-j\frac{y}{x^2+y^2}$$

$$\therefore \begin{cases} U=\dfrac{x}{x^2+y^2} \rightarrow \left(x-\dfrac{1}{2U}\right)^2+y^2=\left(\dfrac{1}{2U}\right)^2 \\ V=\dfrac{-y}{x^2+y^2} \rightarrow x^2-\left(y+\dfrac{1}{2V}\right)^2=\left(\dfrac{1}{2V}\right)^2 \end{cases}$$

와 같은 원의 방정식들이 얻어지므로, W-평면 위의 $V=$const. 및 $U=$ const.의 직선군은 z-평면 위에서 그림 7-20과 같이

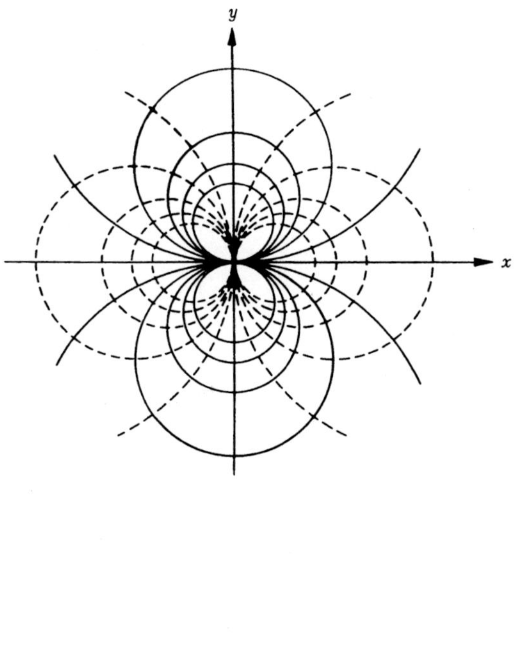

그림 7-20 선상 전기쌍극자에 의한 전계

$$y\text{축 : 중심}\left(0,\ \frac{1}{2V}\right),\quad \text{반지름}\ \ \frac{1}{2V}\ (\text{실선원})$$

$$x\text{축 : 중심}\left(\frac{1}{2U},\ 0\right),\quad \text{반지름}\ \ \frac{1}{2U}\ (\text{점선원})$$

의 두 군의 원들이 얻어진다. 이것은 z축방향으로 무한히 길게 배치된 2 선전하(선상전기쌍극자)에 의한 전계전위분포를 표시한다(예제 4-9 참조).

[예 3] $z = W + e^{w}$**인 경우**

$$x + jy = U + jV + e^{U}(\cos V + j\sin V)$$

$$\therefore\ \left.\begin{aligned} x &= U + e^{U}\cos V \\ y &= V + e^{U}\sin V \end{aligned}\right\}$$

가 얻어진다.

이 경우 $V=0$일 때 $x = U + e^{U}$, $y=0$가 되므로 W평면의 U축은 z평면의 x축에, $U=0$점은 점 $x=1$에 대응한다. $V=\pm\pi$일 때 $x = U - e^{U}$, $y=\pm\pi$이므로 W평면 위의 $V=\pm\pi$ 직선은 z평면의 $y=\pm\pi$ 직선에 대응하는데, U가 $-\infty \to 0 \to +\infty$로 변할 때 x는 $-\infty \to -1 \to -\infty$로 변하여 그림 7-21 (a)의 평행실선과 같이 점$(-1,\ \pm\pi)$에서 반전하는 반무한직선이 된다. 그리고 W평면의 $-\pi < V < \pi$ 범위의 $V=$const.와

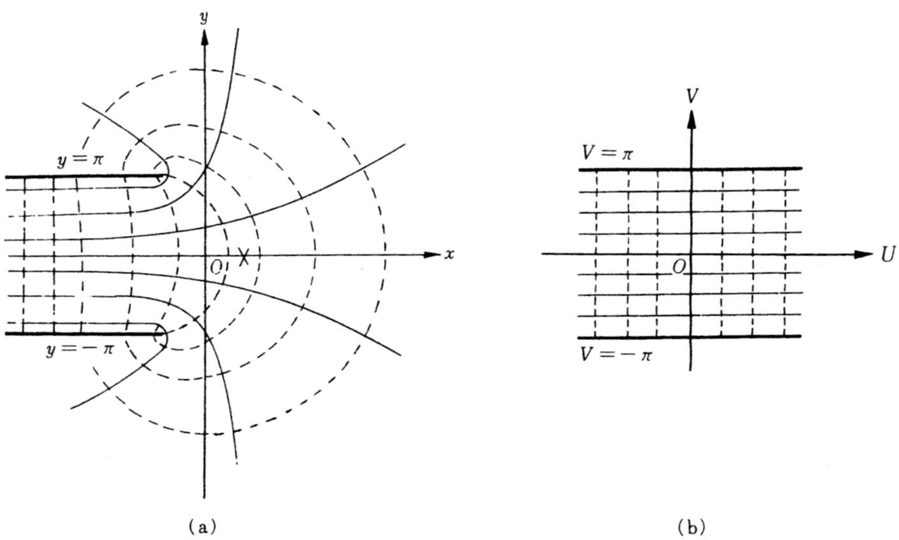

그림 7-21 평행판 커패시터 단부의 전계

U=const. 직선부들은 z 평면상에서 그림과 같은 실선군(등전위선)과 점선군(전력선)에 대응한다.

여기서 U가 매우 클 경우에는 사상함수를 $z \doteqdot e^W$로 놓을 수 있으므로 등전위선은 y/x=const.로 전력선은 x^2+y^2=const.가 되어 외부전계 및 전위분포가 얻어지며, U가 음의 값으로 매우 클 경우에는 $z \doteqdot W$로 놓을 수 있으므로 평행선 내부의 평등전계가 얻어진다.

이상의 결과는 평행판 커패시터 단부에서의 전계 및 전위계 해석에 이용된다(6.2절 참조).

연 습 문 제

7-1 진공 중에서 평면도체 앞 10^{-8} [m] 거리의 전자가 받는 힘과 전자를 무한원까지 운반하는 일을 구하라.

7-2 지상 20 [m]에 가설된 반지름 15 [mm]의 수평송전선(154 [kV]) 단선의 대지용량 [F/m] 및 대지인력 [N/m]을 구하라.

7-3 무한평면도체 앞에 놓여진 점전하 Q [C]에 의하여 도체면에 유도된 전 전하가 $-Q$ [C]이 됨을 유도하라.

7-4 점 $P_{(a,b,0)}$ [m]의 점전하 Q [C]에 의한 xz 및 yz 평면도체에서 x, y축 상의 유도전하밀도를 구하라.

답 $\rho_{s0y} = -\varepsilon_0 E_{0y} = -\dfrac{aQ}{2\pi}\left\{\dfrac{1}{\{a^2+(b-y)^2\}^{3/2}} - \dfrac{1}{a^2+(b+y)^{3/2}}\right\}$ [C/m^2]

$\rho_{s0x} = -\varepsilon E_{0x} = -\dfrac{bQ}{2\pi}\left\{\dfrac{1}{\{(a-x)^2+b^2\}^{3/2}} - \dfrac{1}{\{(a+x^2)^2+b^2\}^{3/2}}\right\}$ [C/m^2]

7-5 반지름 a [m]의 절연구도체 중심에서 $d(>a)$ [m]되는 곳에 점전하 Q[C]이 있을 때 구표면의 유도전하분포 및 점전하가 받는 힘을 구하라.

답 $\rho_s = \dfrac{Q}{4\pi a}\left(\dfrac{1}{d} - \dfrac{d^2-a^2}{{r_0}^3}\right)$ [C/m^2], $F = \dfrac{aQ^2}{4\pi\varepsilon}\left\{\dfrac{d}{(d^2-a^2)^2} - \dfrac{1}{d^3}\right\}$ [N]

(r_0는 그림 7-4 참조)

7-6 무한도체 내 공동(반지름 a [m])의 중심에서 $d(<a)$ [m]인 곳에 있는 점전하 Q [C]에 작용하는 힘과 공동내면상의 유도전하밀도를 구하라.

답 $-\dfrac{1}{4\pi\varepsilon_0}\dfrac{adQ^2}{(a^2-d^2)^2}$ [N]

7-7 반지름 a [m]의 구도체 중심 O에서 $5a$되는 점 P에 $-5Q$ [C]의 점전하가 있을 때 OP 선상의 중심에서 $2a$되는 점 A와 구도체의 전위를 구하라.

답 $-\dfrac{5Q}{2\pi\varepsilon a}$ [V]

7-8 서로 직교하는 반지름 a, b [m]의 두 구면으로 형성된 도체의 정전용량을 구하라.

답 $4\pi\varepsilon_0\left(a+b-\dfrac{ab}{\sqrt{a^2+b^2}}\right)$ [F]

7-9 지면상 h [m] 높이에서 지면에 수직으로 가설된 길이 l [m], 반지름 $a(\ll h, l)$ [m]의 수직공중선의 대지 정전용량을 구하라.

답 $\dfrac{2\pi\varepsilon_0 l}{\ln\left(\dfrac{l}{a}\sqrt{\dfrac{4h+l}{4h+3l}}\right)}$ [F]

7-10 반지름 a [m]의 절연 원주도체축에서 $d(>a)$ [m]되는 곳에 ρ_l [C/m]의 선전하가 평행배치되었다. 이때의 전계는 선전하 ρ_l과 축에서 $\dfrac{a^2}{d}$ 거리의 영상전하 $-\rho_l$과 축 위의 $+\rho_l$과의 3선전하에 의한 것과 같음을 증명하라.

7-11 예제 6-8의 정전용량을 영상법을 이용하여 구하라.

7-12 2심 연피케이블의 단위장당 심선간 정전용량을 구하라. 단, 심선반지름 a [m], 선간거리 $2d(>a)$ [m], 연피케이블의 내반지름은 $b(>2d)$ [m]이다.

답 $C=\dfrac{\pi\varepsilon_0}{\ln\dfrac{2d(b^2-d^2)}{a(b^2+d^2)}}$ [F/m]

7-13 Laplace 방정식을 이용하여 동심구의 정전용량을 구하라.

7-14 원추도체 ($\theta=20°$, $40°$)의 전위 10, 3 [V]일 때 다음을 구하라.

(1) 도체 사이의 전위

(2) 도체 사이의 매질($\sigma=20$ [mS/m], $10°\le\phi\le90°$, $10\le r\le20$ [cm])을 통한 전류

답 (1) $-6.8-9.7\ln\left(\tan\dfrac{\theta}{2}\right)$ [V], (2) 30.4 [mA]

7-15 무한장 직선전하(ρ_l [C/m])에 의한 전계를 Laplace 방정식을 이용하여 유도하라.

7-16 자유공간 내의 전하분포 $\rho=\rho_0\left(\dfrac{x}{d}\right)$ [C/m³]이며, $x=0$: $E=0$, $x=d$: $V=0$일 때 전위함수를 구하라.

답 $V=\dfrac{\rho_0}{6\varepsilon_0 d}(d^3-x^3)$ [V]

7-17 자유공간 내에서 전위분포 $x=\pm1$ [mm] : $V=\pm0.5$ [V]이며 전하분포가 다음과 같을 때 $x=2$ [mm]의 전위를 Poisson 방정식을 이용하여 구하라.

(1) $\rho=2\varepsilon_0$ [C/m³] (2) $\rho=2\varepsilon_0\sin10^3\pi x$ [C/m³]

답 (1) $1-3.0\times10^{-6}$, (2) 1.0 [V]

7-18 전위함수가 다음과 같을 때 점 (1, −2, 2) [m]에서의 V, D 및 ρ를 구하라.

(1) $V = 3x^2y + z + 4$　　　(2) $V = 5\cos\phi e^{-r+z}$

(3) $V = \dfrac{8}{r}\cos\theta\cos\phi$

7-19 원통좌표계에서 두 점 $r=2$ [m]와 4 [m] 사이의 전위차 20 [V]이며, $r=3$ [m]점의 전위 1000 [V]일 때 전위함수 $V_{(r)}$를 구하라.

답 $\dfrac{20}{\ln 2}\ln\dfrac{3}{r} + 1000$ [V]

7-20 애자($\varepsilon_r = 6$) 내에서 $x=0$: $V=100$ [V], $E_r = 100$ [C/m^2]을 만족하는 전위함수 $V_{(x)}$를 Laplace 방정식을 이용하여 구하라.

답 $-100x + 100$ [V]

7-21 $r = 2$, 4 [cm]의 동심구 사이에 유전체($\varepsilon_r = 3$)가 채워져 있다. 내구의 전하 10^{-8} [C], 전위 200 [V]일 때 Laplace 방정식을 이용하여 외구의 전위 및 구 사이 공간의 전계를 구하라.

답 -550 [V], $30\dfrac{1}{r^2}\boldsymbol{a}_r$ [V/m]

7-22 전위함수 $V = \dfrac{20}{r^2}\sin\theta\cos\phi$ [V]일 때

(1) Laplace 방정식이 만족됨을 증명하라.

(2) $V=0$의 등전위면을 구하라.

(3) $V=10$ [V]의 등전위면 $\left(0 \le \theta \le \dfrac{\pi}{2},\ 0 \le \phi \le \dfrac{\pi}{2}\ \text{공간}\right)$을 구하라.

7-23 $1 \le r \le 20$ [cm], $0 \le z \le 1$ [m], $20° \le \phi \le 30°$의 운모($\varepsilon_r = 5.4$)를 끼운 평면도체 사이의 정전용량과 $\phi = 20°$ 도체판에 100 [V]를 가했을 때 점 (0.1, 25°, 0.5) [m]의 전계를 구하라. 단, 양 도체판 사이의 단부효과는 무시한다.

답 821 [pF], 57.3 [V/cm]

7-24 식 (7.24g)와 (7.24h)를 유도하라.

7-25 정방형(40×40 [cm^2]) 단면의 전위가 그림 7-22와 같을 때 점 (30, 10) [cm]의 전위에 대한 식 (7.25)와 (7.26)의 값을 비교하라.

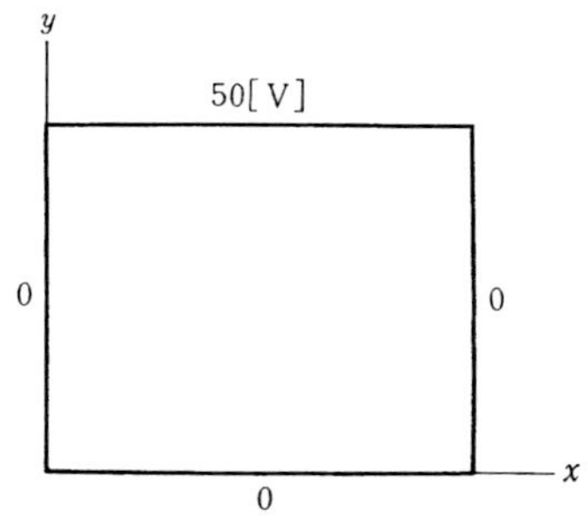

그림 7-22 문제 7-25

7-26 폴리에틸렌($\varepsilon_r = 2.26$) 절연 동축케이블(10, 40 [mm])에 100 [V]을 가했을 때 다음을 구하라.

(1) 정전용량($N_V = 5$로 취한 사상법으로)　(2) 내외 도체상의 E와 ρ_s

7-27 반지름이 각각 2 [cm], 중심간 거리 15 [cm]인 공기 중의 두 평행도선 사이의 정전용량을 사상도를 이용하여 구하고 이를 계산식 (6.17) 및 (6.18)의 결과와 비교하라.

7-28 폴리에틸렌($\varepsilon_r = 2.3$) 절연 2심 연피케이블($a=8$, $b=62$, $d= 24$[mm] 그림 7-23)의 다음 각 양을 사상도로 구하라.

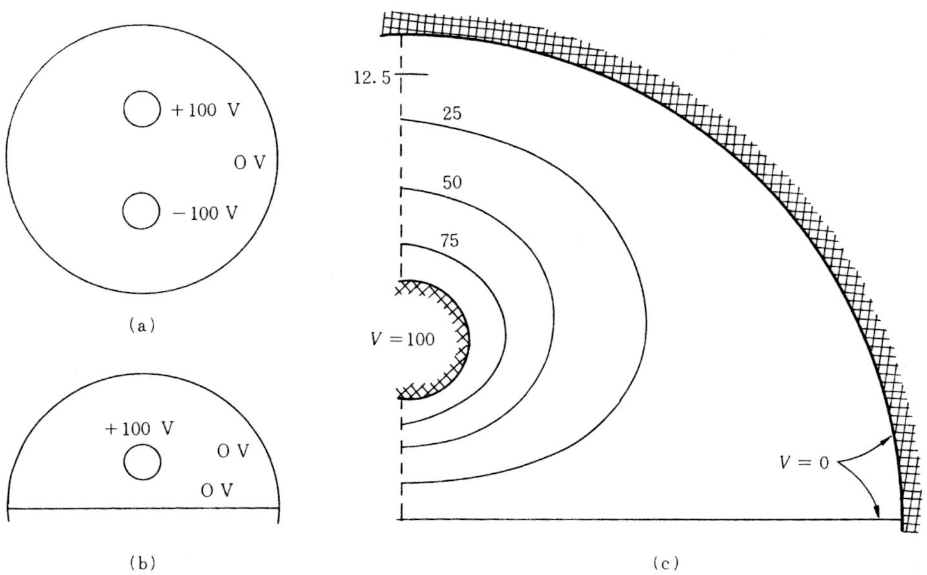

그림 7-23 문제 7-28

(1) 정전용량 [F/m] (문제 7-12와 비교하라)

(2) 각 심선전위 ±100 [V]일 때 외피내면 상단점 및 +100 [V]선 하면의 ρ_s [C/m^2]

[힌트] 그림 7-23 (a)의 대칭성을 이용하여 전위분포를 그림 (b), (c)와 같이 생각하고 등전위면을 25, 50, 75 [V]로 취한다.

7-29 $W = \ln z$의 변환을 이용하여 동일평면 위의 무한히 접근한 두 평면도체판 사이의 전위 및 전계분포를 구하라.

7-30 $V = 5r^2$ [V]의 전위계에서 원점을 중심으로 하는 단위구 내의 전하를 구하라.

답 −1.11 [nC]

7-31 예제 7-6과 7-7의 전위분포를 전자계산기를 이용하여 풀이하라.

7-32 그림 7-12에서 $V_{(x=d)} = 200 \sin\left(\frac{\pi y}{b}\right)$ [V]이다. $b = d$일 때 중심의 전위를 구하라.

답 39.9 [V]

Chapter 8

정상전류

8.1 전 류

정전기학(靜電氣學)에서는 도체의 전위가 항상 일정한 경우로 전하의 이동이 없었지만, 도체 중에 전계가 가해져 전위차가 생기면 전하의 이동이 일어나 **전류**(電流, electric current)가 흐르게 된다.

전류의 방향은 습관상 정전하의 이동방향을 정(正)방향으로 취하며, 전류의 크기는 임의의 단면을 단위시간에 통과하는 전하량으로 정의하고 단위는 [A] (ampere)이다. 즉, 임의의 단면을 시간 dt [s]에 통과한 전하가 dQ [C]이라면 전류는

$$I = \frac{dQ}{dt} \ [\mathrm{C/s = A}] \tag{8.1}$$

가 되며 전류는 스칼라량에 속한다.

전류에는 열의 전달에서와 같이 도체 중을 흐르는 **전도전류**(傳導電流, conduction current)와 전해액 또는 플라스마(plasma) 중의 이온 등의 이동으로 형성되는 **대류전류**(對流電流, convection current) 및 진공 또는 유전체 중을 흐르는 **변위전류**(變位電流, displacement current)의 형태가 있으며, 한편 시간에 대한 변화상태에 따라 직류(direct current, DC)와 교류(alternating current, AC)로 대별한다.

전류의 구성은 도체 내를 이동하는 **하전체**(荷電體, carrier)에 의하여 이

루어지는데, 하전체에는 금속도체인 경우 원자핵의 영향을 벗어난 자유전자가, 반도체인 경우는 이에 함유되는 불순물에 따라 형성되는 전자 및 정공과 전해액에서의 정부(正負)이온 등이 있다. 이들의 동작기구에 대해서는 앞으로 설명하기로 한다.

◆ **예제 8-1**

$I=4e^{0.1t}$ [A]의 전류가 흐를 때 $t_{10}=0\sim10$ [s]와 $t_{\infty}=0\sim\infty$ [s] 사이에 통과하는 전하를 구하라.

풀이 식 (8.1)에서 전하는 $Q=\int_{t_1}^{t_2} I\,dt$ [C]이므로

$$Q_{10}=4\int_0^{10} e^{-0.1t}dt=4\left[-\frac{1}{0.1}e^{-0.1t}\right]_0^{10}=25.28\ [\mathrm{C}]$$

$$Q_{\infty}=4\int_0^{\infty} e^{-0.1t}dt=40\ [\mathrm{C}]$$

$$Q_{10}/Q_{\infty}=63.2\%$$

8.2 Ohm의 법칙과 기전력

Ohm의 법칙은 1826년 G. S. Ohm(1789~1854, 독일)에 의하여 실험적으로 얻어진 것으로 「도선에 흐르는 전류는 도선양단간의 전위차에 비례하며 도선의 저항에 반비례한다」는 법칙으로 전류현상을 체계화하는 데에 가장 기초가 되는 법칙이다.

그림 8-1에서와 같이 도선양단 A, B의 전위가 각각 V_1, $V_2(<V_1)$ [V]일 때 A에서 B로 흐르는 전류 I는

$$I=\frac{V_1-V_2}{R}=\frac{V}{R}\ [\mathrm{A}] \tag{8.2}$$

로 표시되며, 여기서 비례상수는 R은 V와 I에 관계없이 도선의 재질, 형

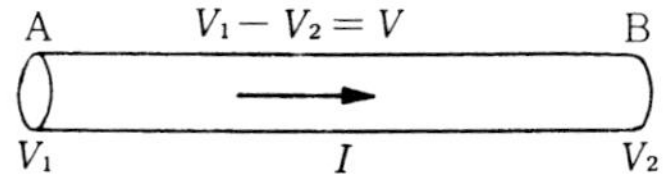

그림 8-1 Ohm의 법칙

상, 온도에 따라 정해지는 양으로 이 도선의 **전기저항**(electric resistance) 또는 **저항**이라 한다. 그리고 전류, 전위차가 각각 [A], [V]의 단위일 때 저항은 [Ω] (ohm)의 단위로 표시한다. 따라서

$$1[\Omega] = \frac{1[\mathrm{V}]}{1[\mathrm{A}]}, \quad 1[\mathrm{V}] = 1[\mathrm{A}] \times 1[\Omega]$$

가 되며, 한편 식 (8.2)는

$$V = IR\,[\mathrm{V}] \tag{8.3}$$

로 놓을 수 있는데, 이 식은 저항 $R[\Omega]$의 도선에 $I[\mathrm{A}]$의 전류가 흐를 때 그 방향의 전위가 $IR = V[\mathrm{V}]$만큼 낮아지는 **전압강하**(voltage drop)를, 또는 저항 $R[\Omega]$에 전류 $I[\mathrm{A}]$를 통하기 위한 필요전압이 된다. 그리고 저항의 역수를 **컨덕턴스**(conductance)라 하며 단위는 [℧] (mho) = [S] (siemens)로 표시한다.

$$G = \frac{1}{R}\ [\mathrm{S} = \mho] \tag{8.4}$$

기전력과 전위차 도선에 전류를 계속 흐르게 하려면 이의 원동력이 되는 **기전력**(起電力, electromotive force, emf)이 필요한데, 이 기전력은 전지, 발전기 등의 화학 및 역학적 에너지에서 얻어진다.

그림 8-2와 같은 전기회로의 도선을 흐르는 단위정전하의 전위를 생각할 때, 전지 ab에서 단위정전하가 얻은 에너지로 높아진 전위 V_{ab}가 이 회로의 기전력이 된다. 도선의 저항을 무시하면 bc에서는 전위차가 없으며, cd의 저항을 통할 때 발열 등의 일을 행하여 전위에 $V_{cd} = IR\,[\mathrm{V}]$ 만큼의 전압강하가 생긴다. 점 d에서 점 a의 전위 $V_d = V_a$로 낮아진 후, 전지에

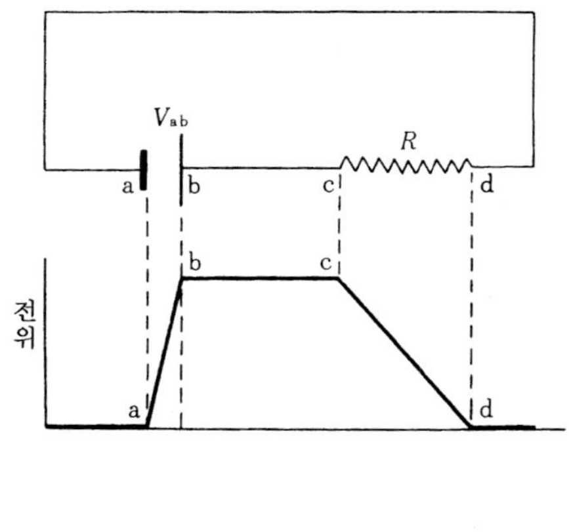

그림 8-2 전기회로와 전위분포

서 다시 에너지를 공급받아 고전위가 되어 회로를 순환하게 된다. 그리고 기전력과 전위차의 크기를 **전압**이라 하며 다 같이 [V]의 단위를 갖는다.

◆ 예제 8-2

전지의 기전력과 단자전압에 대하여 설명하라.

풀이 그림 8-3과 같은 Volta 전지(1799, A, Volta 1745~1827, 이탈리아) 내에서 전해액 H_2SO_4에 의하여 Zn판이 용해될 때

$$Zn \longrightarrow Zn^{++} + 2\ominus \text{ (음극전하)}$$
$$Zn^{++} + H^2SO_4 \longrightarrow ZnSO_4 + 2H^+$$
$$2H^+ \longrightarrow H_2 + 2\oplus \text{ (양극전하)}$$

의 화학반응에 의한 전계 $\boldsymbol{E}_e$ [V/m]와 정부(正負)전하에 의한 정전계 $\boldsymbol{E}_s$ [V/m]가 발생하므로 전해액 중에서

$$\boldsymbol{E}_e + \boldsymbol{E}_s = \boldsymbol{E} \text{ [V/m]} \tag{8.5}$$

의 합성전계가 형성된다. 그림의 전기회로에 전류 I [A]가 흐를 때 전계 $\boldsymbol{E}$에 대한 ab 사이의 선적분을 취한

$$\int_a^b \boldsymbol{E}_e \cdot d\boldsymbol{l} + \int_a^b \boldsymbol{E}_s \cdot d\boldsymbol{l} = \int_a^b \boldsymbol{E} \cdot d\boldsymbol{l}$$

에서 각 항은

$$\left.\begin{aligned} &\int_a^b \boldsymbol{E}_e \cdot d\boldsymbol{l} = U \text{ (전지의 기전력)} \\ &\int_a^b \boldsymbol{E}_s \cdot d\boldsymbol{l} = -V_{ab} \text{ (단자 ab 사이의 단자전압)} \\ &\int_a^b \boldsymbol{E} \cdot d\boldsymbol{l} = IR_i \text{ (전지 내의 전압강하)} \end{aligned}\right\} \tag{8.6}$$

와 같이 놓을 수 있으며 R_i는 전지의 내부저항이다. 따라서 단자 ab 사

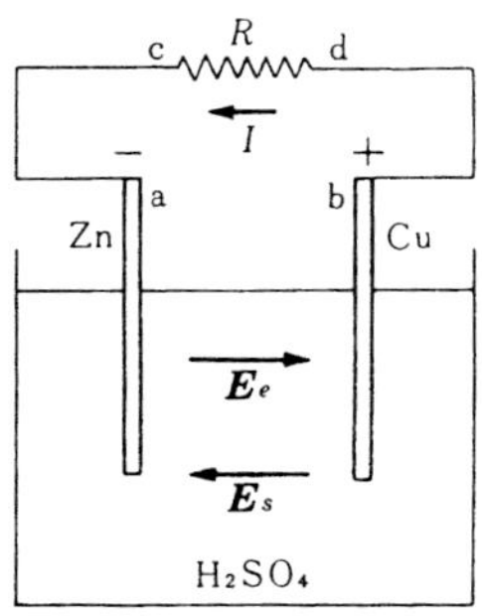

그림 8-3 Volta의 전지

이의 전위차, 즉 단자전압은

$$V_{ab} = U - IR_i \ [\mathrm{V}] \tag{8.7}$$

가 되며, 개회로에서는 $I=0$이므로 전지의 기전력과 단자전압은 같아진다. 한편 외부저항 $R\,[\Omega]$에서의 전압강하는 도선저항이 없을 때 다음과 같이 된다.

$$V_{dc} = -V_{ab}$$

8.3 고유저항과 도전율

전기저항 $R\,[\Omega]$을 갖는 균일한 굵기의 도선 단면적을 $S\,[\mathrm{m}^2]$, 길이를 $l\,[\mathrm{m}]$라 하면

$$R = \rho\frac{l}{S} \ [\Omega] \tag{8.8}$$

로 표시되는데, 여기서 비례상수 ρ는 단위면적(1 [m^2] 또는 1 [cm^2]), 단위길이(1 [m] 또는 1 [cm])에 대한 도선의 저항으로 그 도체의 재질 및 온도에 따라 정해지는 상수이다. 이 ρ를 그 도선의 체적에 대한 **고유저항**(固有抵抗) 또는 **저항률**(抵抗率, electric resistivity)이라 하며 그 단위는 [Ω·m] (또는 [Ω·cm])이다.

고유저항의 역수를 **도전율**(導電率, conductivity)이라 하며 단위는 [℧/m=S/m]로 다음과 같이 나타낸다.

$$\sigma = \frac{1}{\rho} \ [\mho/\mathrm{m} = \mathrm{S/m}] \tag{8.9}$$

일반적으로 사용되는 도선은 동선이므로 표준연동의 도전율에 대한 비율인 **% 도전율**(percentage conductivity)이 많이 사용되고 있다. 즉, 밀도 8.89 [g/cm^3], 온도 20℃, 단면적 1 [mm^2], 길이 1 [m]의 연동선의 저항이 0.01724 [Ω]인 것을 표준〔이것을 **표준연동**(標準鉛銅)이라 함〕으로 취하고, 각 재료의 도전율을 %로 표시한 것이다. 예를 들면 보통 사용되는 경동선은 97 %, 연동선은 99~105 %, A1선은 61 %의 % 도전율을 갖고 있다. 표 8-1과 8-2는 금속도체와 절연체의 전기특성열이다.

표 8-1 금속도체의 고유저항 및 % 도전율 (20℃)

금 속	비 중	ρ (10^{-8} Ω·m)	% 도전율	α 저항온도 계 수	금 속	비 중	ρ (10^{-8} Ω·m)	% 도전율	α 저항온도 계 수
은	10.5	1.62	106	0.0038	Ni	8.9	7.24	24.9	0.005
동	8.9	1.72	100	0.0039	Fe	7.9	9.8	17.2	0.005
금	19.3	2.40	71.6	0.0034	Pt	21.5	10.6	16.4	0.003
Al	2.7	2.75	61.0	0.0039	Se	1.3	21.0	—	0.0048
W	19.3	5.50	31.4	0.0045	니크롬	8.3	100~110	—	0.00003
Zn	7.1	5.90	28.2	0.0037	인청동	8.6	2.6	—	0.0035

표 8-2 절연재 도전율

물 질	σ[S/m]	물 질	σ[S/m]	물 질	σ[S/m]
탄 소	7×10^4	정 수	10^{-3}	베이클라이트	10^{-9}
해 수	4	증 류 수	2×10^{-4}	자 기	10^{-10}
페라이트	10^{-2}	모 래 흙	10^{-5}	폴리스티렌	10^{-16}
Si	1.563×10^{-3}	대 리 석	10^{-8}	석 영	10^{-17}

◆ 예제 8-3

$\rho=2.83\times10^{-8}$ [Ω·m]인 Al선의 % 도전율을 구하라.

풀이 표준연동의 도전율을 식 (8.8)과 (8.9)에서 구하면

$$\sigma_S=\frac{10^8}{1.724}=5.8\times10^7\ [\text{S/m}]$$

이며, 한편 전선용 Al선의 도전율은 $\sigma=\dfrac{10^8}{2.83}$ [S/m]이므로 다음과 같이 된다.

$$\text{Al선의 \% 도전율}=\frac{\sigma}{\sigma_S}\times100=\frac{1.724}{2.83}\times100\fallingdotseq 61\ \%$$

저항과 온도 물체의 저항은 온도의 영향을 많이 받는다. 금속도체인 경우 온도가 상승하면 구성원자의 열운동으로 자유전자와의 충돌횟수가 심해져 전기저항이 증가하게 된다. 즉, 온도 0, t[℃]에서의 금속도체의 고유저항 및 저항을 각각 ρ_0, ρ_t[Ω·m] 및 R_0, R_t[Ω]라 하면, 상용온도 범위에서는 그림 8-4와 같이 선형비례 관계가 있으므로

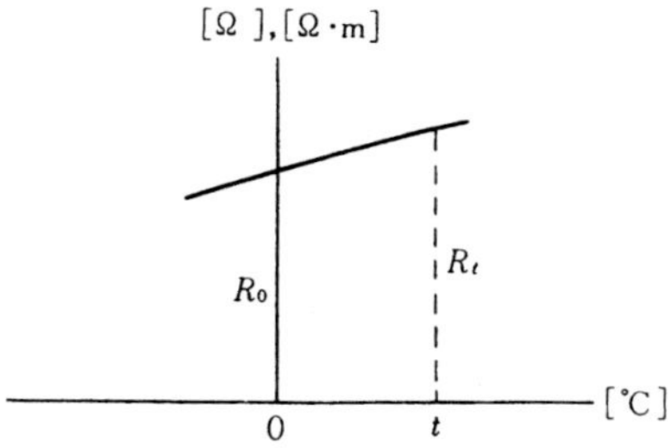

그림 8-4 저항과 온도

$$\left.\begin{aligned} \rho_t &= \rho_0(1+\alpha t)\ [\Omega\cdot\text{m}] \\ R_t &= R_0(1+\alpha t)\ [\Omega] \end{aligned}\right\} \quad (8.10)$$

의 관계식이 성립한다. 여기서 α는 도체의 0℃에 대한 **저항온도계수**(抵抗溫度係數)라 하며, 도체의 재질에 따라 정해지는 상수(표 8-1 참조)이나 온도에 따라 그 값이 약간씩 변화한다. 일반으로 금속도체는 $\alpha > 0$이지만 기체, 액체 및 고체절연체와 반도체 등은 온도가 상승하면 저항이 감소하는 부(負)특성($\alpha < 0$)을 갖는다.

◆ 예제 8-4

도선의 온도상승과 저항변화의 관계식을 유도하라.

풀이 도선의 t_1, t_2 [℃]에서 저항을 각각 R_1, R_2 [Ω]이라면 식 (8.10)에서

$$R_1 = R_0(1+\alpha_0 t_1), \qquad R_2 = R_0(1+\alpha_0 t_2)\ [\Omega]$$

가 얻어지며, 이들 두 식으로부터

$$\left.\begin{aligned} R_2 &= R_1\{1+\alpha_1(t_2-t_1)\}\ [\Omega] \\ \alpha_1 &= \frac{\alpha_0}{1+\alpha_0 t_1} \end{aligned}\right\} \quad (8.11)$$

가 구해진다. 여기서 α_1은 t_1 [℃]에서의 저항온도계수이며 식 (8.11)을 변형하면

$$t_2 - t_1 = \left(\frac{R_2}{R_1} - 1\right)\left(\frac{1}{\alpha_0} + t_1\right)\ [℃] \quad (8.12)$$

의 관계식이 구해진다. 따라서 R_1, R_2 [Ω]을 측정하면 온도상승 $t_2 - t_1$ [℃]를 알 수 있다. 이 원리를 이용한 것이 저항온도계로 전기기구 권선의 평균 온도상승을 측정하는 데 사용된다. 전기기구용 연동권선인 경우 $\alpha_0 = 1/234.5$를 이용한다.

◆ 예제 8-5

100 [V], 100 [W] 텅스텐 필라멘트 백열전구의 점등시 필라멘트 온도는 약 1500℃이다. 20℃(비점등시)에서의 저항은 얼마인가? 단, 텅스텐의 저항온도계수는 20℃에서 0.0045이다.

풀이) 점등시 필라멘트 온도 $t = 1500$℃ 때의 필라멘트 저항은 $R_t = 100\,[\Omega]$이므로 식 (8.11)에서

$$R_{20} = \frac{100}{1 + 0.0045 \times 1480} \fallingdotseq 13.05\,[\Omega]$$

가 얻어진다. 따라서 점등하는 순간에 유입되는 전류는 7.7 [A]나 되어 백열전구의 점멸을 반복하면 수명이 짧아지는 원인이 된다.

초 전 도 도체의 온도를 액체기체(He ; 4.2, H_2 ; 20.3, N_2 ; 77.4 [K]) 등으로 극저온까지 내리면, 원자들의 열운동이 정지되어 도체의 전기저항이 0으로 감소하는데, 이러한 현상을 **초전도**(超電導, super conductivity, 1911 H. Kamerlingh Onnes, 네덜란드 대학원 학생)라 한다. 따라서 초전도 상태에서는 도체회로저항이 0이 되므로, 회로의 공급전원을 제거하여도 큰 전류(정상상태의 10억 배 이상)가 계속 흐르게 되어 일종의 영구운동(10만년 이상)이 가능해진다.
이 초전도 현상은 전자에너지〔식 (11.22) 참조〕의 저장, 초강력자계의 발생으로 자기부상 초고속철도(500 [km/h] 이상) 및 핵융합발전 등에, 그리고 전력손실 없는 발전 및 송전장치의 개발, 초고속 전자계산소자의 개발 등 그 응용범위가 매우 넓다. 최근에는 값이 싼 액체질소(−196℃) 이상의 온도에서 초전도 현상이 나타나는 소재들이 개발되어 전기전자 분야에 대혁신의 계기가 마련되었다. 표 8-3은 초전도재료의 한 예를 표시한 것이다.

표 8-3 초전도체

초전도체	Hg	Pb	Nb	Nb_3Sn	Nb_2Ge	Ba-Y-Cu-O
초전온도 [K]	4.15	7.23	9.17	18.2	23	98

그리고 카보런덤(carborundum, C-Si 화합물)과 같은 절연체는 어느 한계의 전압값까지는 저항이 매우 크나, 전압이 그 한계를 넘으면 저항이 급격히 저하되는데 이 성질을 피뢰기 등에 이용하고 있다.

8.4 전력과 Joule의 열

도선에 전류를 계속 흐르게 하려면 전위차를 공급해 주어야 하는데, 이에는 전지, 발전기 등의 전원이 필요하다.

전원에서 저항 $R[\Omega]$의 도선에 $I[\mathrm{A}]$의 전류를 공급하면 $V=IR\,[\mathrm{V}=\mathrm{J/C}]$ 만큼의 전압강하가 저항에서 발생하게 되는데, 이는 저항 R를 통과하는 단위정전하(1 [C])가 $V[\mathrm{J}]$ 만큼의 일을 행한 것으로 생각할 수 있다. 따라서 전류의 크기 $I[\mathrm{A}=\mathrm{C/s}]$라면 매초 $I[\mathrm{C}]$의 전하가 통과할 것이므로 저항에는 매초

$$P=VI=I^2R\,[\mathrm{J/s}=\mathrm{W}] \tag{8.13}$$

만큼의 일, 즉 전력이 공급되었다고 볼 수 있다. 이 전력이 저항에 $t[\mathrm{s}]$ 동안 계속 공급되었을 때 전력이 행한 전체의 일, 즉 전력량은 다음과 같이 된다.

$$W=Pt=VIt=I^2Rt\,[\mathrm{Ws}=\mathrm{J}] \tag{8.14a}$$

한편 1 [J]의 일은 0.24 [cal]의 열량에 해당하므로 저항도선의 전류에 의하여 발생하는 열량은

$$H=0.24\,Pt=0.24I^2Rt=0.24\,\frac{V^2}{R}\,t\,[\mathrm{cal}] \tag{8.14b}$$

가 되며 이 열을 **Joule의 열**(Joule's heat), 이 관계를 **Joule의 법칙**(Joule's law)이라 한다.

Joule 열이 발생한다는 것은 전류의 큰 특징으로 그 이용분야가 매우 넓다. 대표적인 예가 전등 및 전열로 가정 및 생산공업에 널리 활용되고 있다. 전기에너지는 우리가 필요로 하는 장소에 배선만 하면 운반되며 취급도 간편하고 공해 발생도 없이 고온을 쉽게 얻을 수 있는 이점이 있다. 그러나 Joule 열이 필요없이 발생되어 전기에너지의 손실을 일으키는 경우도 있다. 즉, 저항이 있는 곳에 전류가 흐르면 반드시 Joule 열이 발생하는데, 이것이 이용되지 못할 때에는 아무 소용없이 주위의 온도를 상승시킨다. 이러한 열의 손실은 주로 전기장치의 동선에서 일어나므로 **동손**(銅損, copper loss)이라 한다. 발전기, 변압기, 송배전선, 전동기 및 각종 전기기기 등에서는 이 동손에 의하여 효율이 저하됨과 동시에 절연물이 변질 열

화되며 심하면 타버리게 된다. 따라서 전기장치에 사용되는 절연물은 종류에 따라 일정한 온도상승의 한도 및 안전전류가 표 8-4와 같이 규정되어 있다.

표 8-4 절연물의 열적 분류

종 류	Y	A	E	B	F	H	C
허용온도[℃]	90	105	120	125	155	180	180 이상

◆ 예제 8-6

길이 2 [m], 면적 1×8 [cm^2]의 동봉(銅棒) 양단에 50 [mV]의 전위차가 가해졌을 때 다음을 구하라.

(1) 전저항 (2) 컨덕턴스 (3) 전류 (4) 동손
(5) 손실전력량 (6) 시간당 발열량

풀이 동봉(銅棒)의 고유저항을 표 8-1에서 취한다.

(1) 식 (8.8)에서 $R = 4.3\times10^{-5}$ [Ω] (2) $G = 2.33\times10^4$ [S]
(3) $I = 1.163$ [kA] (4) $P = 58.15$ [W]
(5) $W = 0.058$ [kWh] $= 209.2$ [kJ] (6) $H = 50.05$ [Cal/h]

◆ 예제 8-7

기전력 E[V], 내부저항 r[Ω]의 전원을 가변저항 R[Ω]의 부하에 연결하였을 때 부하에 공급되는 전력이 최대가 되기 위한 R의 값을 구하라.

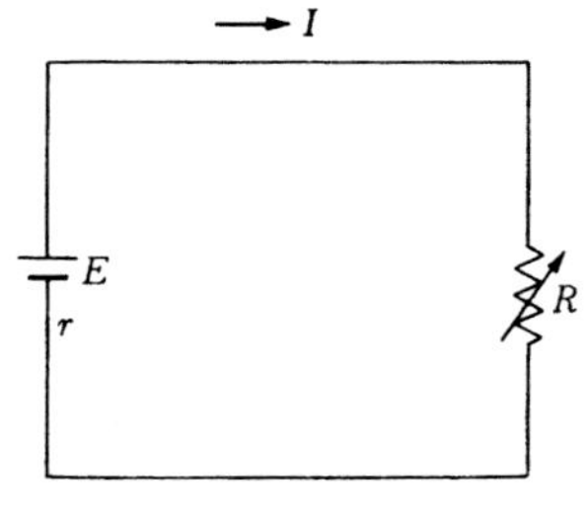

그림 8-5 저항정합

풀이 저항 R에 흐르는 전류 I는

$$I = \frac{E}{r+R} \text{ [A]}$$

이며, R의 양단자간 전위차는 $V=IR$이므로 부하에 공급되는 전력은

$$P=I^2R=\frac{E^2}{(r+R)^2}R\,[\mathrm{W}]$$

가 된다. 전력이 최대가 되기 위한 조건은

$$\frac{dP}{dR}=E^2\frac{(r+R)^2-2R(r+R)}{(r+R)^4}=0$$

$$\therefore\ r=R\,[\Omega]$$

가 되어, 전원의 내부저항과 부하저항이 같을 때 부하에 공급되는 전력이 최대가 되며, 그 값은

$$P_{\max}=\frac{E^2}{4R}\,[\mathrm{W}]$$

이다. 그리고 전원이 공급할 수 있는 전력은

$$P_0=EI=\frac{E^2}{r+R}=\frac{E^2}{2r}\,[\mathrm{W}]$$

이므로 부하전력에 대한 효율은 50 %이다. 즉, 전원의 내부전력손실이 부하전력과 같을 때 최대전력이 부하에 공급된다. 이때 전원과 부하는 **저항정합**(resistance matching)되었다고 한다.

◆ 예제 8-8

전선의 안전(허용)전류에 대하여 설명하라.

풀이 저항 $R[\Omega]$의 도선에 전류 $I[\mathrm{A}]$가 흐르면 $H=0.24I^2R\,[\mathrm{cal/s}]$의 Joule 열이 발생하며, 한편 이 열은 도선표면에서 방산된다. 전선표면의 방열도를 $k\,[\mathrm{cal/m^2\cdot s\cdot ℃}]$, 전선지름을 $d\,[\mathrm{m}]$, 길이를 $l\,[\mathrm{m}]$, 고유저항을 $\rho\,[\Omega\cdot\mathrm{m}]$라 할 때, 전선 내외부 온도 t_1, $t_2\,[℃]$에서 열적 평형상태가 되었다면

$$0.24I^2R=k\pi d(t_1-t_2)\,[\mathrm{cal/s}]$$

가 성립하므로 온도상승은

$$t_1-t_2=A\frac{I^2}{d^3}\,[℃],\qquad A=\frac{0.96l}{\pi^2k}\rho$$

가 된다. 따라서 이때의 전류는

$$I = Cd^{\frac{3}{2}}\sqrt{t_1 - t_2}\ [\mathrm{A}] \tag{8.15}$$

가 되며 A, C는 상수이다. 식 (8.15)는 온도상승에 대한 전선굵기와 전류와의 관계식으로 t_1[℃]이 전선의 절연피복의 허용온도라면 전류 I[A]는 전선지름 d[m]에 대한 **안전전류** 또는 **허용전류**(permissible current)가 되며, 각종 절연전선의 지름에 대한 허용전류가 규정(전기시설기준령)되어 있으며 표 8-5는 그 한 예이다. 이 규정값을 초과한 과전류가 흐를 경우 절연피복이 열화되어 절연파괴의 원인이 된다.

표 8-5 비닐코드의 허용전류

소선수/소선지름 [mm]	20/0.18	30/0.18	50/0.18
허용전류 [A]	4	7	12

8.5 합성저항

여러 개의 저항을 연결하여 얻어지는 저항의 합성에 다음의 기본방식을 들 수 있다.

【1】 직렬연결

저항 R_1, R_2, R_3 [Ω]을 그림 8-6과 같이 직렬연결한 경우의 합성저항은

$$R = R_1 + R_2 + R_3\ [\Omega] \tag{8.13}$$

가 되어 합성저항은 각 성분저항보다 커진다. 그리고 이 경우 각 저항에 분배되는 각 전위차는

$$V_1 = \frac{R_1}{R}V, \quad V_2 = \frac{R_2}{R}V, \quad V_3 = \frac{R_3}{R}V\ [\mathrm{V}] \tag{8.14}$$

가 되어, 분배전압이 저항에 비례함을 알 수 있다.

【2】 병렬연결

저항 R_1, R_2, R_3 [Ω]을 그림 8-7과 같이 병렬연결한 경우의 합성저항

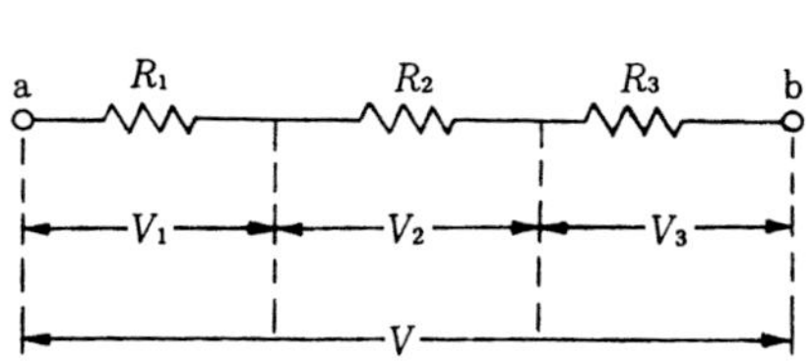

그림 8-6 저항의 직렬연결

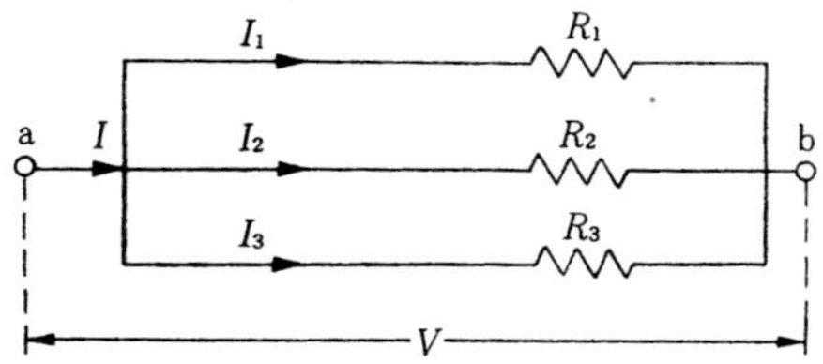

그림 8-7 저항의 병렬연결

또는 합성컨덕턴스는

$$\left.\begin{aligned} \frac{1}{R} &= \frac{1}{R_1}+\frac{1}{R_2}+\frac{1}{R_3}\ [\mathrm{S}] \\ G &= G_1+G_2+G_3\ [\mathrm{S}] \end{aligned}\right\} \tag{8.15}$$

가 되며 합성저항은 각 성분저항보다 적어진다. 그리고 이 경우 각 저항에 분배되는 전류는

$$I_1 = \frac{R}{R_1}I, \quad I_2 = \frac{R}{R_2}I, \quad I_3 = \frac{R}{R_3}I\,[\mathrm{A}] \tag{8.16}$$

가 되어, 분배전류는 저항에 반비례한다.

◆ 예제 8-9

분류기(shunt)에 대하여 설명하라.

풀이 전류계의 측정범위를 확대시키기 위하여 그림 8-8과 같이 전류계에 병렬로 저저항 분로를 연결한 것을 분류기라 한다. 즉, 그림의 병렬회로에서 전류계의 전류 I_a [A]와 전전류 I [A] 사이에

$$I = \left(1+\frac{R_a}{R}\right)I_a \tag{8.17}$$

의 관계가 있으므로, 분로저항 R을 전류계저항 R_a에 대하여 $\frac{1}{9}$, $\frac{1}{99}$로 취하면 전류계의 측정범위를 10배 또는 100배로 확대할 수 있다.

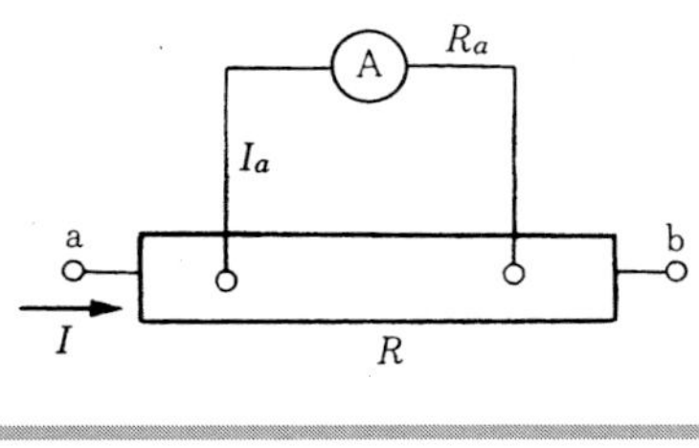

그림 8-8 분 류 기

◆ 예제 8-10

단상3선식 회로(그림 8-9)에서 중성선이 절단되었을 때 각 전구에 걸리는 전압을 구하라. 여기서 L_1, L_2는 100 [V]용 100 [W] 및 60 [W] 전구이다.

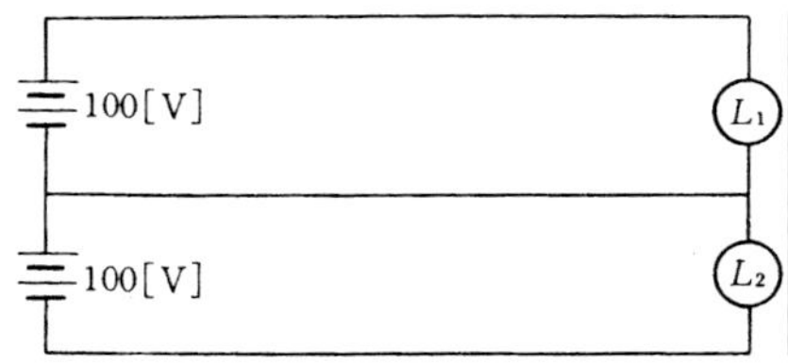

그림 8-9 단상3선식

풀이 각 전구의 점등시 저항은

$$R_1 = 100\ [\Omega], \qquad R_2 = 166.7\ [\Omega]$$

이므로, 중성선이 절단된 경우 L_1, L_2를 흐르는 전류는

$$I = \frac{200}{266.7} = 0.75\ [\mathrm{A}]$$

가 되며, 각 전구에 걸리는 전압은

$$V_1 = 75\ [\mathrm{V}], \qquad V_2 = 125\ [\mathrm{V}]$$

가 되어 60 [W] 전구는 고전압으로 단선된다. 이와 같은 현상은 단상3선식을 배선한 승압지구에 일어나기 쉬우므로 특별한 주의가 요망된다.

◆ 예제 8-11

저항에 대한 Y-△ 결선의 등가변환값을 구하라.

풀이 회로망 중 △형(또는 Y형)으로 연결된 것을 Y형(또는 △형)으로 변환하면 회로망에 대한 합성저항을 쉽게 구할 수 있다. 그림 8-10의 (a), (b) 두 회로망이 등가라면, 임의의 두 단자 사이의 저항이 △ 결선과 Y 결선에서 동일하여야 하며, 이 조건으로부터 다음의 세 가지 방정식이 얻어진다.

$$R_{xy} = R_1 + R_2 = \frac{R_c(R_a + R_b)}{(R_a + R_b) + R_c}$$

$$R_{yz} = R_2 + R_3 = \frac{R_a(R_b + R_c)}{(R_b + R_c) + R_a}$$

$$R_{zy} = R_3 + R_1 = \frac{R_b(R_c + R_a)}{(R_c + R_a) + R_b}$$

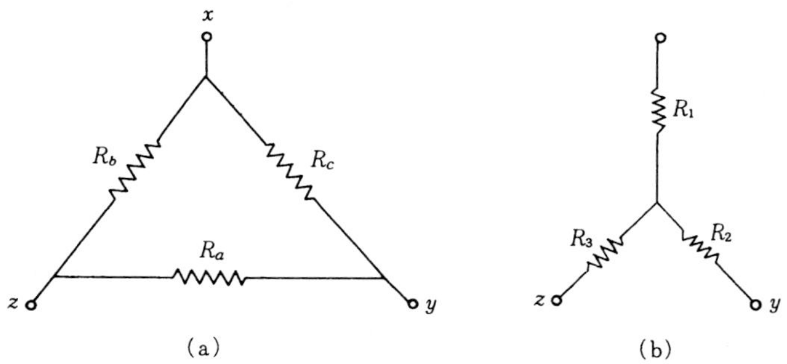

그림 8-10 △-Y 변환

이 세 식으로부터 다음과 같은 등가저항을 얻을 수 있다.

$$\left.\begin{aligned} R_1 &= \frac{R_b R_c}{R_a + R_b + R_c} \\ R_2 &= \frac{R_c R_a}{R_a + R_b + R_c} \\ R_3 &= \frac{R_a R_b}{R_a + R_b + R_c} \end{aligned}\right\} \quad (8.18)$$

$$\left.\begin{aligned} R_a &= \frac{R_1R_2 + R_2R_3 + R_3R_1}{R_1} \\ R_b &= \frac{R_1R_2 + R_2R_3 + R_3R_1}{R_2} \\ R_c &= \frac{R_1R_2 + R_2R_3 + R_3R_1}{R_3} \end{aligned}\right\} \quad (8.19)$$

8.6 Kirchhoff의 법칙

다수의 기전력과 부하가 분포되어 있는 복잡한 회로를 **도선망**(導線網, electrical network)이라 한다. 이때 도선의 교점을 **결합점**(結合點, junction)이라 하며, 몇 개의 도선으로 된 폐회로를 **망목**(網目, mesh)이라 하고 각 도선을 **기로**(岐路, branch)라 한다. 도선망 중 임의의 기로에 대한 전류 또는 기전력 등을 구함에 Ohm의 법칙만으로는 부족하므로 **Kirchhoff의 법칙**(1824~1887 독일, 1849년 발표)을 이용하는데 이에는 다음 두 법칙이 있다.

제1법칙 : 회로망의 임의의 결합점으로 유입되는 전류의 대수합은 0이다.

이때 유입하는 전류를 정(正)으로 유출하는 전류를 부(負)로 정하고 그림 8-11과 같은 결합점에 이 법칙을 적용하면

$$I_1 - I_2 - I_3 + I_4 = 0$$

즉, $$\Sigma I_i = 0 \tag{8.20}$$

의 관계식이 성립한다. 이 법칙은 결합점으로 유입하는 전류는 전부 유출한다는 것, 즉 전류의 연속성을 가리킨다.

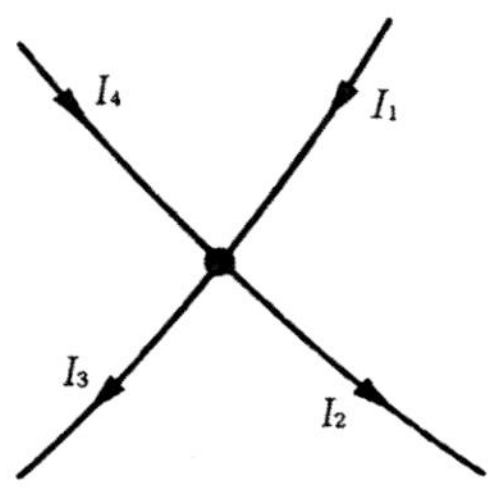

그림 8-11 Kirchhoff의 제1법칙

제2법칙 : 도선망 중 임의의 폐회로에 대한 기전력의 총합과 저항으로 인한 전압강하의 총합은 서로 같다.

즉, 그림 8-12의 폐회로 abc에 이 법칙을 적용하기 위하여 폐회로의 추적을 시계침방향으로 정하면, 이와 동일한 방향의 기전력과 전류는 정(正), 반대의 방향인 것을 부(負)가 된다. 따라서 다음의 관계가 성립한다.

$$U_1 - U_2 = I_1 R_1 + I_2 R_2 - I_3 R_3$$

즉, $$\Sigma U_i = \Sigma R_i I_i \tag{8.21}$$

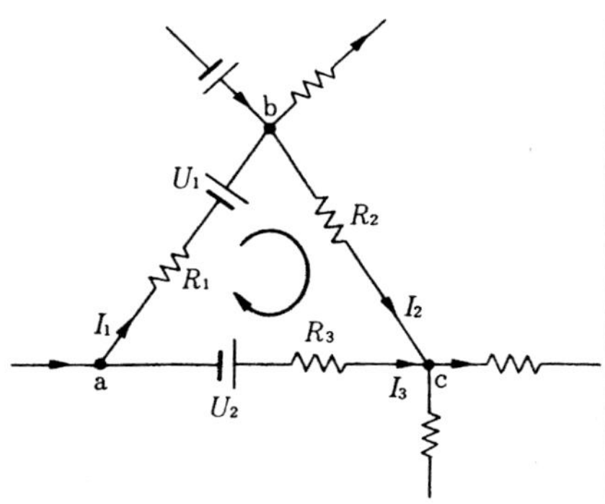

그림 8-12 Kirchhoff의 제2법칙

따라서 제2법칙은 기전력의 평형을 나타내는 법칙이다.

◆ 예제 8-12

그림 8-13의 회로망에서 기로 ab간의 전압 V를 구하고, 전원에서 전회로에 공급된 전력은 각 저항이 흡수한 전력과 같다는 것을 유도하라.

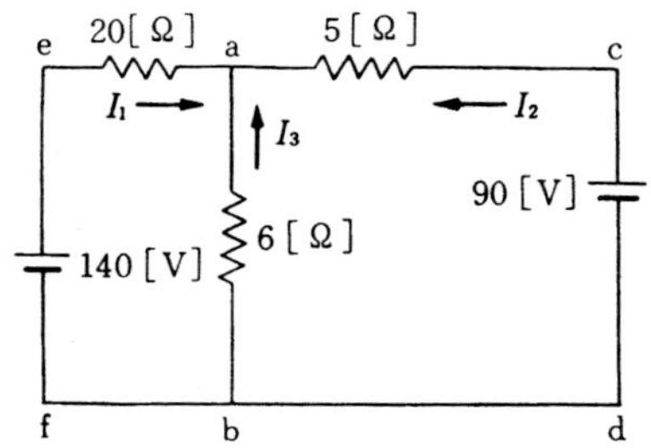

그림 8-13 분기회로

풀이 먼저 각 기로를 흐르는 전류 I_1, I_2, I_3를 그림 8-13과 같이 가정하고, 접합점 a에 Kirchhoff의 제1법칙을 적용하면

$$I_1 + I_2 + I_3 = 0 \tag{a}$$

가 얻어지며, 제2법칙을 폐회로 abe, acb에 시계침방향으로 적용하면

$$140 = 20I_1 - 6I_3 \tag{b}$$

$$-90 = 6I_3 - 5I_2 \tag{c}$$

가 얻어진다. 이 식들을 다시 정리하면

$$\left.\begin{aligned} I_1 + I_2 + I_3 &= 0 \\ 20I_1 - I_3 &= 140 \\ 5I_2 - 6I_3 &= 90 \end{aligned}\right\}$$

가 되며, 이 연립방정식에서 각 전류를 구하면

$$I_1 = 4\,[\mathrm{A}], \quad I_2 = 6\,[\mathrm{A}], \quad I_3 = -10\,[\mathrm{A}]$$

가 된다. 여기서 I_3이 부(負)가 되는 것은 I_3의 방향이 가정한 방향과는 반대로 흐름을 의미한다. 그리고 ab 단자간의 전압은 다음과 같이 된다.

$$V = 6 \times 10 = 60\,[\mathrm{V}]$$

다음 전원에서 회로에 공급된 전력은

140 [V] 전지 : $P = 140 \times 4 = 560\,[\mathrm{W}]$

90 [V] 전지 : $P = 90 \times 6 = 540\,[\mathrm{W}]$

계 1100 [W]

이며, 회로가 흡수한 전력은

$$5\,[\Omega]\ \text{저항}: \ P = (6)^2 \times 5 = 180\,[\text{W}]$$
$$6\,[\Omega]\ \text{저항}: \ P = (10)^2 \times 6 = 600\,[\text{W}]$$
$$20\,[\Omega]\ \text{저항}: \ P = (4)^2 \times 20 = 320\,[\text{W}]$$
$$\text{계}\ 1100\,[\text{W}]$$

가 되어 공급과 흡수가 같음을 알 수 있다.

8.7 연속도체와 전류분포

지금까지 도선 내의 전기에너지의 흐름인 회로전류에 대하여 설명하였지만, 여기서는 공간적으로 퍼져 있는 연속도체 내의 공간전류분포인 **전류계**(electric current field)에 대하여 생각하자.

【1】 전 류 밀 도

공간도체 내의 한 점의 전류분포를 고찰할 때 전전류보다는 그 점에 대한 전류밀도를 이용하는 것이 편리하다. 그림 8-14 (a)의 도체 내 한 점 $P_{(xyz)}$에 있어서 전류방향과 수직되는 미소면적 $\Delta S\,[\text{m}^2]$를 지나는 전류를 $\Delta I\,[\text{A}]$라 할 때 점 P에서의 전류밀도는

$$J = \lim_{\Delta S \to 0} \frac{\Delta I}{\Delta S} = \frac{dI}{dS}\ [\text{A/m}^2] \tag{8.22}$$

로 주어지며, 이것은 위치에 따라 크기와 방향이 변할 것이므로 위치함수

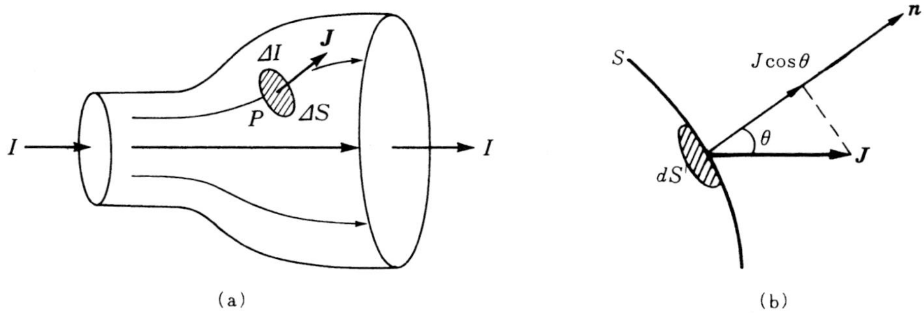

그림 8-14 전류계와 전류밀도

로 주어지는 벡터량으로 취급할 수 있다. 따라서 그림 8-14(b)에서와 같이 전류밀도 $\boldsymbol{J}_{(xyz)}$ [A/m²]의 전류계에서 임의의 면적 S [m²]를 지나는 전전류는 다음 식으로 주어진다.

$$I = \iint_S J\cos\theta dS = \iint_S \boldsymbol{J}\cdot \boldsymbol{n}dS \,[\mathrm{A}] \tag{8.23}$$

◆ **예제 8-13**

전류밀도 $5y\boldsymbol{j}+10z\boldsymbol{k}$ [A/m²]의 전류계에서 $y=5$, $1 \le x \le -1$, $2 \le z \le -2$ [m]의 면적을 y 방향으로 통과하는 전전류를 구하라.

풀이 식 (8.23)에서

$$\boldsymbol{J} = 5y\boldsymbol{j}+10z\boldsymbol{k}\,[\mathrm{A/m^2}],\quad \boldsymbol{n}dS = \boldsymbol{j}dxdz\,[\mathrm{m^2}]$$

이므로 다음과 같이 된다.

$$I = \iint_S \boldsymbol{J}\cdot \boldsymbol{n}dS = 5\times 5\int_{-1}^{+1}dx\int_{2}^{+2}dz = 200\,[\mathrm{A}]$$

【2】 전류계의 발산

전류계 내에 임의의 폐곡면 S를 취하고 S를 통하여 유출하는 전전류를 구하면 식 (8.23)에서

$$I = \oiint_S \boldsymbol{J}\cdot \boldsymbol{n}dS\,[\mathrm{A=C/s}] \tag{8.24}$$

가 된다. 그런데 전류가 유출한다는 것은 단위시간에 유출하는 전체 정전하와 같으므로 S면 내에는 정전하가 단위시간마다 그만큼 감소할 것이다. 따라서 ρ [C/m³]를 이 공간의 전하밀도라 하면 S면 내의 시간에 대한 전하감소비율은

$$-\frac{\partial}{\partial t}\iiint_v \rho dv = -\iiint_v \frac{\partial \rho}{\partial t}dv\,[\mathrm{C/s=A}] \tag{a}$$

가 되며, 이것이 S면에서 유출발산하는 전류와 같을 것이다. 따라서

$$\oiint_S \boldsymbol{J}\cdot \boldsymbol{n}dS = -\iiint_v \frac{\partial \rho}{\partial t}dv\,[\mathrm{A=C/s}] \tag{b}$$

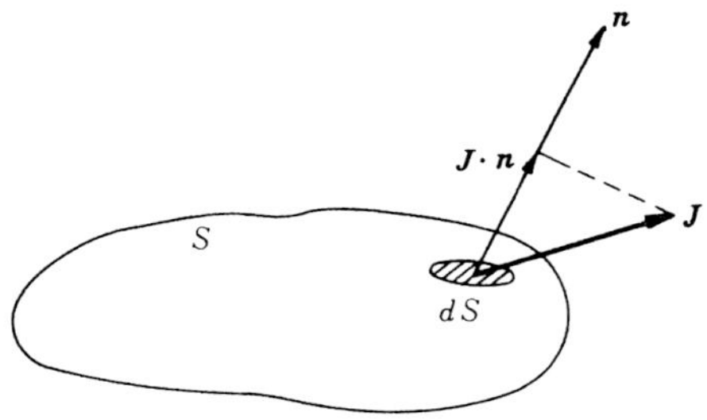

그림 8-15 전류의 연속성

의 관계가 얻어지며, 여기서 $v\,[\mathrm{m}^3]$는 전하가 분포되어 있는 S면 내의 전체적이다. 그런데 발산정리식 (4.29)에서

$$\oint\!\!\oint_S \boldsymbol{J}\cdot\boldsymbol{n}dS=\iiint_v \operatorname{div}\boldsymbol{J}dv \tag{c}$$

가 얻어지므로 식 (b), (c)에서

$$\iiint_v \operatorname{div}\boldsymbol{J}dv=-\iiint_v \frac{\partial\rho}{\partial t}dv \tag{d}$$

가 얻어지며, 이 관계는 폐곡면의 모양에 관계없이 항상 성립할 것이므로

$$\operatorname{div}\boldsymbol{J}=-\frac{\partial\rho}{\partial t} \tag{8.25}$$

가 얻어진다. 즉, 전류밀도의 발산은 그 점에서의 정전하의 감소비율과 같다는 것을 의미하며, 이 관계를 **전하의 연속식**이라고도 한다. 만일 직류와 같은 정상전류에서는 전하의 흐름에 시간적 변화가 없으므로 $\frac{\partial\rho}{\partial t}=0$이 되어

$$\left.\begin{aligned}&\operatorname{div}\boldsymbol{J}=0\\ \text{또는}\quad&\oint\!\!\oint_S \boldsymbol{J}\cdot\boldsymbol{n}dS=0\end{aligned}\right\} \tag{8.26}$$

가 된다. 따라서 식 (8.26)의 관계는 전류의 새로운 발산이 없는 전류의 연속성을 의미하므로 Kirchhoff 제1법칙의 미분형이라 할 수 있다.

◆ 예제 8-14

전류계 $\boldsymbol{J}=0.5y^2\boldsymbol{j}+z\boldsymbol{k}\,[\mathrm{A/m^2}]$일 때 $1\leq x\leq -1$, $2\leq y\leq -2$, $3\leq z\leq -3$ [m]의 체적에서 발산하는 전전류를 구하라.

풀이 전류의 발산은 $\nabla \cdot \boldsymbol{J} = y+1$ [A/m^3]가 되므로

$$I = \int_{-2}^{2}(y+1)\,dy \int_{-1}^{+1} dx \int_{-3}^{+3} dz = 48\ [\mathrm{A}]$$

이며, 이 체적 내의 정전하의 감소율은 -48 [C/s]이다.

◆ **예제 8-15**

원점 주위의 전류밀도가 $\boldsymbol{J} = \dfrac{2}{r}\boldsymbol{a}_r$ [A/m^2]의 분포를 가질 때 반지름 5 [cm] 및 10 [cm] 동심구면을 지나는 전전류 및 각 구내의 정전하 감소율을 구하라.

풀이 구면상의 미소면적은 식 (1.34)에서

$$\boldsymbol{n}dS = r\sin\theta d\theta d\phi \boldsymbol{a}_r\ [\mathrm{m}^2]$$

이므로 구면을 통과하는 전전류는

$$I = \int_{\theta=0}^{\pi}\int_{\phi=0}^{2\pi} \frac{2}{r} r^2 \sin\theta d\theta d\phi = 8\pi r\ [\mathrm{A}]$$

가 된다. 따라서

$r = 5\times 10^{-2}$ [m] 구면 : $I_5 = 8\pi \times 5 \times 10^{-2} = 1.26$ [A]

$r = 10\times 10^{-2}$ [m] 구면 : $I_{10} = 2.52$ [A]

가 되며, 각 구내의 정전하 감소율은 다음과 같이 된다.

-1.26 [C/s], -2.52 [C/s]

【3】 Ohm의 법칙의 미분형

도전율 σ[S/m]인 연속도체 내의 전류계에서 전류밀도 $\boldsymbol{J}$[A/m^2] 방향으로 길이 dl[m], 단면적 dS[m^2]의 미소체적을 그림 8-16과 같이 취하면 이 부분의 전기저항은

$$R = \frac{dl}{\sigma dS}\ [\Omega]$$

이며, 한편 dl 양단의 전위강하 $-dV$[V]에 의한 전류밀도를 J[A/m^2]라면 Ohm의 법칙에 따라

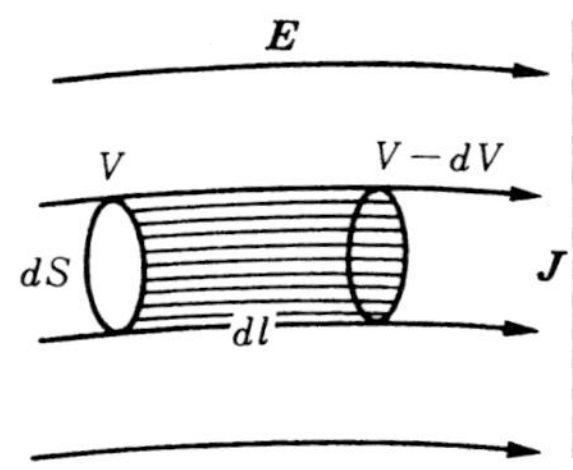

그림 8-16 Ohm의 법칙의 미분형

$$-dV = JdSR = \frac{1}{\sigma} Jdl \, [\mathrm{V}]$$

의 관계가 얻어진다. 지금 전류계를 형성하는 도체 내의 전계를 $\boldsymbol{E}$ [V/m]라 하면

$$E = -\frac{dV}{dl} \ [\mathrm{V/m}]$$

가 되므로, 위의 두 식으로부터

$$\left.\begin{aligned} J &= \sigma E \, [\mathrm{A/m^2}] \\ \boldsymbol{J} &= \sigma \boldsymbol{E} \, [\mathrm{A/m^2}] \end{aligned}\right\} \tag{8.27}$$

의 관계식이 구해진다. 즉, 공간도체 내의 임의의 점의 전류분포($\boldsymbol{J}_{(xyz)}$ [A/m²])는 그 점에서의 전계($\boldsymbol{E}_{(xyz)}$ [V/m])에 의하여 결정되며, 식 (8.27)의 관계를 전도전류에 관한 **Ohm 법칙의 미분형**(point form of Ohm's law)이라 한다.

◆ 예제 8-16

쐐기모양($2 \leq r \leq 5$ [cm], $30° \leq \phi \leq 45°$, $-3 \leq z \leq 3$ [cm])의 정류자($\sigma = 1.5 \times 10^7$ [S/m])의 $\boldsymbol{a}_r$ 방향 내외면 사이의 저항을 구하라. 여기서 $r=$일정면은 등전위면으로 생각한다.

풀이 이 경우 정류자 내의 전위분포는 식 (3.9)에서

$$V_{(r)} = A \ln r^{-1} \, [\mathrm{V}] \tag{a}$$

로 놓을 수 있으며 A는 비례상수이다. 따라서 전계는 식 (3.14)에서

$$\boldsymbol{E} = -\frac{\partial V}{\partial r} \boldsymbol{a}_r = \frac{A}{r} \boldsymbol{a}_r \, [\mathrm{V/m}] \tag{b}$$

이며, 전류밀도는 식 (8.27)에서

$$\boldsymbol{J} = A\frac{\sigma}{r}\,\boldsymbol{a}_r\,[\mathrm{A/m^2}] \qquad \text{(c)}$$

가 되므로, 내외면 사이의 전전류는 $dS = rd\phi dz\,[\mathrm{m^2}]$를 식 (c)와 식 (8.23)에 적용하여

$$I = \iint_S \boldsymbol{J}\cdot\boldsymbol{n}dS = \sigma A\int_{30°}^{45°}d\phi\int_{-0.03}^{+0.03}dz$$

$$= \sigma A\times\frac{\pi}{12}\times 6\times 10^{-2}\,[\mathrm{A}] \qquad \text{(d)}$$

가 된다. 한편 내외면 사이의 전위차는 식 (a)에서

$$V_{2,5} = A\ln\frac{5}{2} = 0.916A\,[\mathrm{V}]$$

가 되므로, 내외면 사이의 전기저항은 다음과 같이 된다.

$$R = \frac{V_{2,5}}{I} = \frac{0.916}{1.5\times 10^7\times\frac{\pi}{2}\times 10^{-2}} = 3.89\,[\mu\Omega]$$

◆ 예제 8-17

대류전류분포에 대한 Ohm 법칙의 미분형을 구하라.

풀이 식 (8.27)은 공간도체 내의 전도전류분포에 대한 Ohm 법칙의 미분형인데 대하여, 전해액 중의 이온의 이동 등으로 형성되는 대류전류분포에 대한 Ohm 법칙의 미분형은 다음과 같이 구한다.

$\rho\,[\mathrm{C/m^3}]$의 전하가 분포되어 있는 공간에 그림 8-17과 같은 좌표를 정하였을 때, 미소체적(점선) 내의 전하가 $\Delta t\,[\mathrm{s}]$ 사이에 $\Delta x\,[\mathrm{m}]$ 만큼 이동하였을 경우 $\Delta S\,[\mathrm{m^2}]$의 면적을 통과한 전하량은 $\Delta Q = \rho\Delta S\Delta x\,[\mathrm{C}]$이 되며 이로 인한 전류는

$$\Delta I = \frac{\Delta Q}{\Delta t} = \rho\Delta S\frac{dx}{dt} = \rho\Delta S u_x\,[\mathrm{A}]$$

가 된다. 여기서 $u_x\,[\mathrm{m/s}]$는 전하의 x 방향 속도성분이다. 따라서 x 방향의 전류밀도는

$$J_x = \rho u_x\,[\mathrm{A/m^2}]$$

가 되며 일반적으로

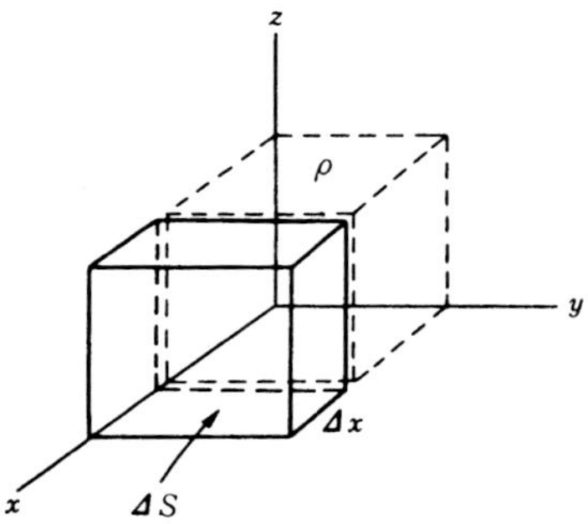

그림 8-17 대류전류 분포

$$\boldsymbol{J} = \rho \boldsymbol{u}\,[\mathrm{A/m^2}] \tag{8.28}$$

의 대류전류밀도의 관계식이 얻어진다. 여기서 $\boldsymbol{u}\,[\mathrm{m/s}]$는 하전입자의 이동속도로 이에 작용하는 전계 $\boldsymbol{E}\,[\mathrm{V/m=N/C}]$에 의하여 결정된다.

여기서 식 (8.28)의 대류전류밀도와 식 (8.27)의 전도전류밀도와의 관계를 유도하기 위하여 반도체(또는 전해액) 내의 하전체(전자 및 정공)의 전계에 의한 운동을 분석해 보자. 이 공간도체 내의 전계에 의하여 전자가 이동할 때 원자들의 열운동에 의한 충돌로, 전자의 이동속도는 가속되지 못하고 일정한 평균값을 갖게 되는데 이를 **드리프트속도**(drift velocity)라고 한다. 그런데 전계 $\boldsymbol{E}\,[\mathrm{N/C}]$에 의한 전자의 드리프트속도는

$$\boldsymbol{u}_d = -\mu_e \boldsymbol{E}\,[\mathrm{m/s}] \tag{8.29}$$

로 주어지며, 여기서 μ_e는 전자의 이동도(mobility)로 부호는 전자가 $\boldsymbol{E}$와 반대방향으로 이동함을 의미한다.

식 (8.29)를 식 (8.28)에 대입하면

$$\boldsymbol{J} = -\rho_e \mu_e \boldsymbol{E}\,[\mathrm{A/m^2}] \tag{8.30}$$

가 되며 $\rho_e\,[\mathrm{C/m^3}]$는 전자의 전하밀도이다. 식 (8.30)과 (8.27)을 비교하면 반도체의 도전율은

$$\sigma = -\rho_e \mu_e\,[\mathrm{S/m}] \tag{8.31}$$

로 주어진다. 이 경우 물질의 온도가 상승하면 충돌횟수의 증가로 u_d, μ_e가 감소하므로, 도전율이 감소하고 고유저항은 증가하여 식 (8.10)을 만족하게 된다. 그런데 반도체에서는 전자와 정공이 동시에 이동하므로 도전율은

$$\sigma = -\rho_e \mu_e + \rho_h \mu_h\,[\mathrm{S/m}] \tag{8.32}$$

가 되며, ρ_h, μ_h는 정공의 전하밀도 및 이동도이다. 표 8-6은 각종 물질

의 이동도의 예이다.

표 8-6 이 동 도 (300 [K])

물 질		Al	Cu	Ag	Ge	Si
이동도 $[m^2/V\cdot s]$	μ_e	0.14×10^{-2}	0.32×10^{-2}	0.52×10^{-2}	0.36	0.12
	μ_h	–	–	–	0.17	0.025

◆ 예제 8-18

지름 1.6 [mm] 연동선의 허용전류 27 [A]일 때 300 [m]를 흐르는 전자의 드리프트속도를 구하라.

풀이 동의 도전율을 5.8×10^7 [S/m]로 취하면 동선 단면적 2×10^{-6} $[m^2]$이므로 저항과 전류밀도는

$$R=\frac{300}{5.8\times10^7\times2\times10^{-6}}=2.59\,[\Omega]$$

$$J=\frac{27}{2\times10^{-6}}=1.35\times10^7\,[A/m^2]=13.5\,[A/mm^2]$$

이며, 동선 양단간의 전위차 및 동선 내의 전계는

$$V=2.59\times27=69.93\,[V]$$

$$E=\frac{69.93}{300}=0.233\,[V/m]$$

가 되며, 한편 동선 내 전자의 이동도는 0.0032 $[m^2/V\cdot s]$이므로 식 (8.29)에서

$$u_d=\mu_e E=0.746\,[mm/s]$$

가 된다. 즉, 도선의 전류는 전자가 끝에서 끝까지 이동하는 것이 아니고 u_d의 속도로 이동이 전달되는 것이다. 만일 이러한 조건하에서 한 전자가 300 [m]의 도선을 끝까지 간다면 4일 15시간 42분이 걸릴 것이다. 그리고 동선 내의 전자밀도는 식 (8.30)에서 다음과 같이 된다.

$$\rho_e=-1.8\times10^{10}\,[C/m^3]\fallingdotseq0.1\,[\text{전자}/\text{Å}^3]$$

8.8 전류계와 정전계의 유사성

도전률 σ[S/m]의 균질성 공간도체 내 한 점의 정상전류밀도를 $\boldsymbol{J}_{(xyz)}$ [A/m^2], 전계를 $\boldsymbol{E}_{(xyz)}$ [V/m], 전위를 $V_{(xyz)}$ [V]라 할 때 다음의 세 기본식

$$\left.\begin{array}{lll} \text{식 (8.26) :} & \operatorname{div} \boldsymbol{J} = 0 & \text{(a)} \\ \text{식 (8.27) :} & \boldsymbol{J} = \sigma \boldsymbol{E} & \text{(b)} \\ \text{식 (3.11) :} & \boldsymbol{E} = -\operatorname{grad} V & \text{(c)} \end{array}\right\} \quad (8.33a)$$

에서 정상전류계에 대한 Laplace 방정식

$$\nabla^2 V = 0 \quad (8.33b)$$

가 유도된다. 이 결과는 유전율 ε[F/m]의 유전체 내의 정전계의 기본식

$$\left.\begin{array}{l} \operatorname{div} \boldsymbol{D} = 0 \ (\rho = 0\text{인 경우}) \\ \boldsymbol{D} = \varepsilon \boldsymbol{E} \\ \boldsymbol{E} = -\operatorname{gard} V \end{array}\right\}$$

와 유사하다. 따라서 정전계의 전속밀도 $\boldsymbol{D}$와 유전율 ε을 전류계의 전류밀도 $\boldsymbol{J}$와 도전율 σ로 대치하면 정전계의 결과를 전류계에 그대로 적용할 수 있다.

◆ 예제 8-19

점전류원에 의한 전위를 구하라.

풀이 균질도전성 매질(σ[S/m]) 내의 점전류원(point current source)에서 전류 I[A]가 균일하게 유출할 때 반지름 r[m] 구면상의 전류밀도 및 전계는

$$\left.\begin{array}{l} \boldsymbol{J} = \dfrac{I}{4\pi r^2} \boldsymbol{a}_r \text{ [A/m]} \\ \boldsymbol{E} = \dfrac{I}{4\pi \sigma r^2} \boldsymbol{a}_r \text{ [V/m]} \end{array}\right\} \quad (8.34a)$$

가 되므로, 무한히 넓은 공간도체 내에서 전류원을 중심으로 하는 임의

의 구면상의 전위는

$$V = -\int_{\infty}^{r} \boldsymbol{E} \cdot d\boldsymbol{l} = \frac{I}{4\pi\sigma r} \ [\mathrm{V}] \tag{8.34b}$$

가 된다. 따라서 점전류원에 의한 전류계에서의 전계 및 전위는 점전하에 의한 정전계에서와 유사한 해법을 적용할 수 있다.

예로 그림 8-18에서와 같이 대지 표면에 전류전극 C_1, C_2, 전위전극 P_1, P_2를 a[m] 간격으로 접지하고 전류 I[A]를 통하였을 때 대지의 도전율을 구해보자. 이 경우 전극 C_1, C_2를 반구도체의 점전류원으로 볼 수 있으므로 대지 중의 전류밀도, 전계 및 전위는 식 (8.34a, b)에서

$$J = \frac{I}{2\pi r^2} \ [\mathrm{A/m}], \quad E = \frac{I}{2\pi\sigma r^2} \ [\mathrm{V/m}]$$

$$V = \frac{I}{2\pi\sigma r} \ [\mathrm{V}] \tag{8.34c}$$

로 주어진다. 따라서 전극 C_1, C_2의 전류 $\pm I$[A]에 의한 점 P_1, P_2의 전위는 식 (8.34c)에서

$$V_1 = \frac{I}{2\pi\sigma}\left(\frac{1}{a} - \frac{1}{2a}\right) [\mathrm{V}], \quad V_2 = \frac{I}{2\pi\sigma}\left(\frac{1}{2a} - \frac{1}{a}\right) [\mathrm{V}]$$

가 되므로 전극 P_1, P_2 사이의 전위차는

$$V = V_1 - V_2 = \frac{I}{2\pi\sigma a} \ [\mathrm{V}]$$

가 되어 대지의 평균도전율이

$$\sigma = \frac{1}{2\pi a}\frac{I}{V} = \frac{1}{2\pi a R} \ [\mathrm{S/m}] \tag{8.34d}$$

와 같이 구해진다.

따라서 그림 8-18의 측정에서 저항 $R = \dfrac{V}{I}$ [Ω]이 얻어지면 전극 P_1, P_2 사이의 대지도전율(대략 a[m] 깊이)이 구해지므로, 그림 8-18의 4 전극을 일정 측정선을 따라 a[m] 간격으로 이동하며 R을 측정하면 대

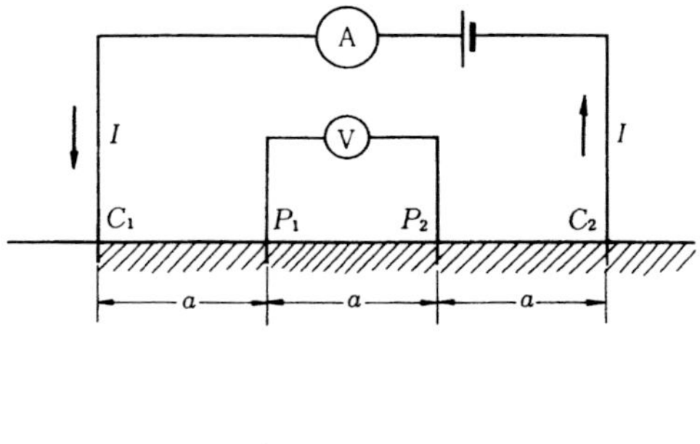

그림 8-18 대지저항

지 중의 도전성 물체를 탐사할 수 있다(이 측정방법을 전기저항심사법이라 한다).

◆ 예제 8-20

도전성(도전율 σ[S/m])을 갖는 유전체(유전율 ε[F/m]) 중의 충전전하가 확산할 때 전하분포의 시간에 대한 변화를 구하라.

풀이 유전체 내 임의의 점의 전계, 전하밀도 및 전류밀도를 $\boldsymbol{E}$[V/m], ρ[C/m^3], $\boldsymbol{J}$[A/m^2]라 하면

$$\text{식 (8.25)}: \quad \operatorname{div}\boldsymbol{J} = -\frac{\partial\rho}{\partial t}$$

$$\text{식 (8.27)}: \quad \boldsymbol{J} = \sigma\boldsymbol{E}$$

와 Gauss의 법칙

$$\operatorname{div}\boldsymbol{D} = \rho$$

의 관계가 동시에 성립할 것이므로, 이들 세 식으로부터 전하분포의 시간에 대한

$$\frac{d\rho}{dt} = -\frac{\sigma}{\varepsilon}\rho$$

의 미분방정식이 얻어진다. 이를 적분하면

$$\rho = \rho_0 e^{-\frac{\sigma}{\varepsilon}t}\ [\text{C/m}^3]$$

가 되며 ρ_0는 $t=0$일 때의 충전전하밀도이다. 즉, 전하분포는 시간에 대하여 지수함수적으로 감소하는데, 전하밀도가 처음 값의 36.8%(e^{-1}배)로 감소할 때까지의 시간 $\tau = \frac{\varepsilon}{\sigma}$ [s]를 이 물질에 대한 **시정수**(時定數, time constant) 또는 **이완시간**(弛緩時間, relaxation time)이라 한다. 각종 재료에 대한 τ를 비교해 보면 표 8-7과 같이 절연체는 전하의 확산에 장시간이 소요되며, 양도체는 [$\mu\mu$s] 이하의 단시간에 확산되어 표면에 분포하므로 전하의 계속적인 공급이 없으면 양도체 내에는 전하가 존재하지 않는다. 따라서 양도체 내에서는

$$\operatorname{div}\boldsymbol{J} = 0, \qquad \operatorname{div}\boldsymbol{E} = 0$$

가 성립한다고 볼 수 있다. 일반적으로 도체는 $\tau < 10^{-6}$ [s]인 영역에 속하며, τ가 매우 큰 절연재는 장기간 정부전하를 표면에 고정시킬 수

표 8-7 물질과 이완시간

물 질	σ[S/m]	ε_r	τ
석영유리	10^{-17}	3.8	38.9일
폴리스티렌(radio case)	10^{-16}	2.53	2.6일
애자(장석자기)	10^{-12}	6	53초
증류수	10^{-4}	80	3.54×10^{-6}초
실리콘 결정	1.6×10^{-3}	12	6.6×10^{-8}초
copper	5.7×10^{7}	1	1.55×10^{-19}초

있는데, 이러한 물질을 전석(電石, eleclrolet, 자석에 대응하므로)이라 하며 특수음향소재로 이용한다.

경계조건 도전율 σ_1, σ_2 [S/m]의 두 도체가 그림 8-19와 같이 접해 있을 때, 경계면에 대한 경계조건은 식 (8.33)의 세 기본식으로부터

① 전계의 절선성분은 계면 양측에서 서로 같다.

$$E_1 \sin \theta_1 = E_2 \sin \theta_2 \tag{8.35a}$$

② 전류밀도의 법선성분은 계면 양측에서 같다.

$$J_1 \cos \theta_1 = J_2 \cos \theta_2 \tag{8.35b}$$

가 얻어지며, 이 두 조건으로부터 전류계(선)의 굴절의 법칙

$$\frac{\tan \theta_1}{\tan \theta_2} = \frac{\sigma_1}{\sigma_2} \tag{8.36}$$

가 얻어진다(5-4절 참조). 그림 8-19는 $\sigma_2 > \sigma_1$인 경우로 만일 $\sigma_2 = \infty$(완전도체)이면 $\theta_1 = 0$이 된다.

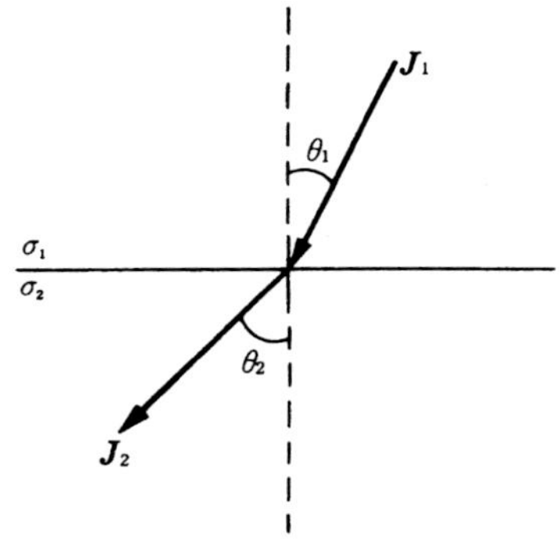

그림 8-19 전류선의 굴절

전기저항과 정전용량 2개의 완전도체전극이 그림 8-20과 같이 배치되어 $\pm Q$[C]의 전하를 각각 가질 때, 주위 공간이 유전율 ε[F/m]의 유전체일 경우의 정전계를 $\boldsymbol{E}$[V/m]라 하면 식 (5.15)에서

$$Q = \varepsilon \oint_S \boldsymbol{E} \cdot \boldsymbol{n} dS \text{ [C]}$$

가 되며, 여기서 S는 전극 1을 포함하는 폐곡면이다. 그리고 두 전극간의 전위차는 식 (3.2)에서

$$V_{12} = -\int_2^1 \boldsymbol{E} \cdot d\boldsymbol{l} \text{ [V]}$$

가 된다. 따라서 양 도체간의 정전용량은 다음과 같이 놓을 수 있다.

$$C = \frac{Q}{V_{12}} = \frac{\varepsilon \oint_S \boldsymbol{E} \cdot \boldsymbol{n} dS}{-\int_2^1 \boldsymbol{E} \cdot d\boldsymbol{l}} \text{ [F]} \tag{8.37a}$$

한편 전극 1, 2 주위의 공간을 도전율 σ[S/m]의 도체로 치환하였을 경우의 전류계를 생각하자. 양 전극간의 전위차가 같으면 전계분포는 위의 경우와 동일할 것이므로

$$V_{12} = -\int_2^1 \boldsymbol{E} \cdot \boldsymbol{n} dS \text{ [V]}$$

가 되며, 도체 1에서 유출되는 전전류는 식 (8.24)와 (8.27)에서

$$I = \oint_S \boldsymbol{J} \cdot \boldsymbol{n} dS = \sigma \oint_S \boldsymbol{E} \cdot \boldsymbol{n} dS \text{ [A]}$$

되므로, 양 도체간의 전기저항은

$$R = \frac{V_{12}}{I} = \frac{-\int_2^1 \boldsymbol{E} \cdot d\boldsymbol{l}}{\sigma \oint_S \boldsymbol{E} \cdot \boldsymbol{n} dS} \text{ [}\Omega\text{]} \tag{8.37b}$$

가 된다. 따라서 식 (8.37a, b)로부터

$$RC = \frac{\varepsilon}{\sigma} \tag{8.38}$$

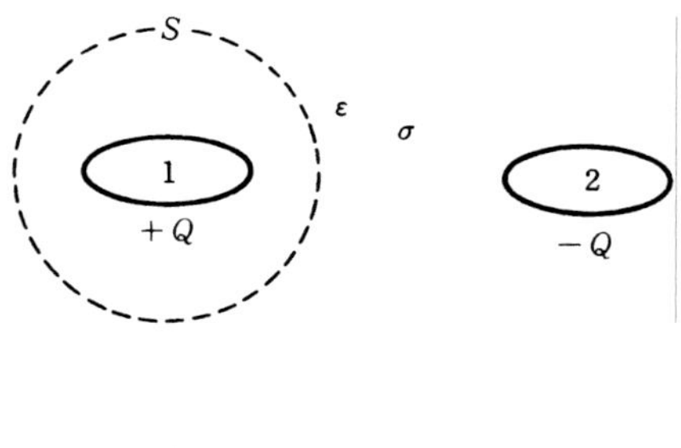

그림 8-20 저항과 용량

의 관계가 얻어진다. 식 (8.38)의 관계식은 같은 모양의 전극간의 정전용량(또는 저항)을 알면 저항(또는 정전용량)을 구할 수 있는 중요한 식이다.

◆ 예제 8-21

복잡한 모양의 2선식 송전로의 용량을 구하기 위하여 실물의 1/20배가 되는 길이 10 [cm]의 금속모델을 도전율 $\sigma = 2$ [mS/m]의 전해액 중에 넣고, 두 선 사이에 12 [V]의 전압을 가했더니 5 [m/A]가 흘렀다. 실제 선로의 공기 중에서의 정전용량을 구하라.

풀이 이 모델의 2선 사이의 저항은

$$R = \frac{12}{5\times 10^{-3}} = 2400\ [\Omega]$$

이며, 모델(길이 10 [cm])의 용량은 식 (8.28)에서

$$C = \frac{\varepsilon_0}{\sigma R} = \frac{8.854\times 10^{-12}}{2\times 10^{-3}\times 2.4\times 10^{3}} = 1.845\ [\mathrm{pF}]$$

가 된다. 따라서 도선 사이의 1 [m]당 용량은

$$C_0 = 18.45\ [\mathrm{pF/m}]$$

가 된다. 여기서 실물과 모델에서 저항은 1/20배로 감소하고 용량은 20배로 증가하므로 위의 값은 실물의 값이 된다. 이 계산법은 복잡한 모양을 가진 안테나의 대지용량을 구할 때에도 응용된다.

공간전류와 Joule 열 도전율 σ [S/m]의 도체 중에 전류밀도 $\boldsymbol{J} = \sigma \boldsymbol{E}$ [A/m^2] 방향의 축을 갖는 미소체적 $dv = dS\,dl$ [m^3]을 그림 8-21과 같이 취했을 때, 이 부분에서 매초 발생하는 Joule 열에 해당하는 소비전력은

$$dP = (E\,dl)(J\,dS) = \boldsymbol{J}\cdot \boldsymbol{E}\,dv\ [\mathrm{W}]$$

가 되므로, 단위체적에 대해서는

$$P_0 = \frac{dP}{dv} = \boldsymbol{J}\cdot \boldsymbol{E} = \sigma \boldsymbol{E}^2 = \frac{\boldsymbol{J}^2}{\sigma}\ [\mathrm{W/m^3}] \tag{8.39a}$$

가 되는데 이 관계를 Joule **법칙의 미분형**이라고도 한다. 따라서 도체 전체에서 발생하는 Joule 열, 즉 소비전력은 다음과 같이 된다.

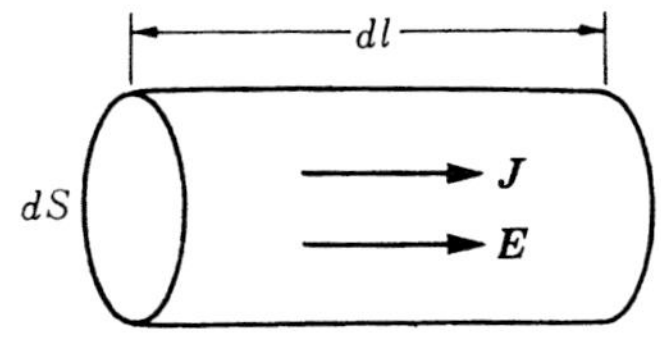

그림 8-21 도체와 Joule 열

$$P = \iiint_v \boldsymbol{J} \cdot \boldsymbol{E} dv = \iiint_v \sigma \boldsymbol{E}^2 dv = \iiint_v \frac{\boldsymbol{J}^2}{\sigma} dv \; [\mathrm{W}] \qquad (8.39b)$$

한편 단면적 $S\,[\mathrm{m}^2]$, 길이 $l\,[\mathrm{m}]$, 도전율 $\sigma\,[\mathrm{S/m}]$의 도체에 전류 $I\,[\mathrm{A}]$가 균일하게 흐를 때 식 (8.39b)는

$$P = \sigma \iiint_v \boldsymbol{E}^2 dv = \frac{1}{\sigma} \iint \boldsymbol{J}^2 dv = IR^2 \; [\mathrm{W}] \qquad (8.40a)$$

$$R = \frac{l}{\sigma S} \; [\Omega], \quad I = JS \; [\mathrm{A}]$$

가 되므로, 도체의 전저항은 다음과 같이 주어진다.

$$R = \frac{P}{I^2} \; [\Omega] \qquad (8.40b)$$

연 습 문 제

8-1 20 [A], 60 [Hz]의 교류가 흐르는 도선을 $\frac{1}{4}$ [Hz] 사이에 통과하는 전하와 1 [A]의 전류로 1 [g]의 전자를 운반하기 위한 시간을 구하라.

답 0.075 [C], 5.57년

8-2 % 도전율 96 %인 동선의 길이 1 [m], 단면적 1 [mm^2]의 저항은 얼마인가?

답 1/55.7 [Ω]

8-3 길이 700 [cm]의 철-크롬선을 장시간 사용한 후 저항을 측정하였더니 29.7[Ω]가 되었다. 사용 전의 단면적이 0.3 [mm^2]라면 사용으로 인하여 단면적이 몇 % 감소되었는가? 단, 철-크롬선의 고유저항은 110×10^{-8} [Ω·m]이며 이 값은 사용중 변하지 않는다고 하자.

답 13.6 %

8-4 직류2선식 배전선의 절연저항을 측정하였더니 각 선의 대지절연저항이 각각 0.35 [MΩ], 0.15 [MΩ]이었다. 배전선의 합성절연저항을 구하라.

답 0.105 [MΩ]

8-5 동선 저항 50[Ω], 망가닌선 저항 100[Ω]으로 만들어진 전압계가 20℃에서 정확하다면 30℃ 때 지시(指示)에 몇 %의 오차가 있을 것인가? 단, 저항온도계수는 동이 0.4 [%/℃], manganin(Cu-Ni-Mn)은 0이다.

답 1.33 %

8-6 500 [W]의 전열기가 있다. 이것을 장시간 사용한 결과 전열선의 지름이 전체적으로 5 % 감소하고 수리로 인하여 길이가 10 % 감소하였다. 이때의 전열기용량은 몇 [W]인가?

답 498.5 [W]

8-7 4×4 [cm^2]×100 [m]의 동봉에 대한 다음 값을 구하라.

(1) 동봉의 저항

(2) 동봉과 동축으로 지름 3 [cm]의 관을 뚫었을 때의 저항

(3) (2)의 저항값을 갖는 (1)인 경우의 동봉길이

답 (1) 1.1 [mΩ], (2) 1.96 [mΩ], (3) 178.8 [m]

8-8 저항 20.0 [Ω]이며 최대지시 10 [mA]인 직류밀리암페어미터가 있다.

(1) 이 미터로 300 [V]의 직류전압계를 만들기 위한 배율기의 저항을 구하라.

(2) 10 [A]의 직류전류계로 하기 위한 분로저항을 구하라.

(3) (1)의 전압계와 (2)의 전류계가 최대지시를 가리킬 때의 소비전력을 구하라.

답 (1) 29.98 [kΩ], (2) 20.02 [mΩ], (3) 3.0 [W]

8-9 그림 8-22에서 AB는 길이 10 [km]의 지중케이블이며 P점에서 지락사고가 발생하였다. 접지점 P의 위치를 찾기 위하여 케이블의 일단 A와 대지간에 직류전압 200 [V]를 가하였더니 B단의 전압계에 20 [V]가 나타났다. 다음 B단에 200 [V]를 가하였더니 A단에 40 [V]가 나타났다. AP간 거리를 구하라. 단, 전압계의 전류는 무시한다.

답 6.92 [km]

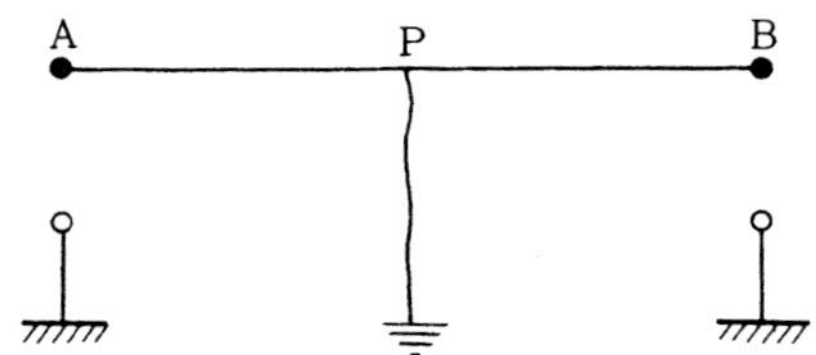

그림 8-22 문제 8-9

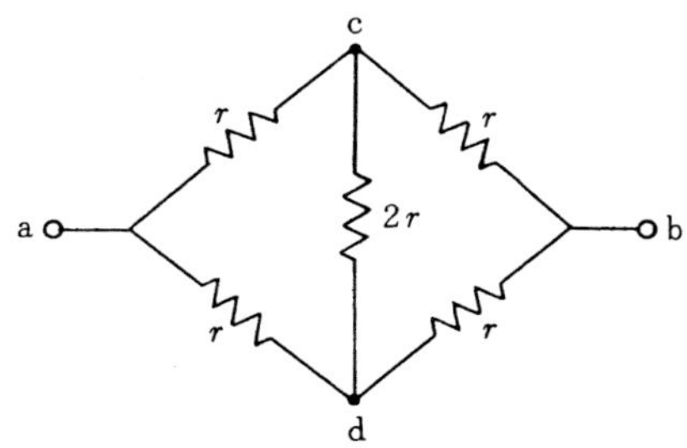

그림 8-23 문제 8-10

8-10 그림 8-23과 같이 5개의 저항으로 된 회로에서 단자 ab 및 단자 cd에서 본 합성저항을 구하라.

답 $R_{ab} = r, \ \ R_{cd} = \dfrac{2}{3} r$

8-11 기전력 1.5 [V], 내부저항 0.5 [Ω]의 전지에 3 [Ω]의 저항을 연결하였다.

(1) 이 저항에 흐르는 전류

(2) 저항단자 사이의 단자전압

(3) 저항에서 발생하는 Joule 열

(4) 전지 내부에서 발생하는 Joule 열을 구하라.

답 (1) 0.43 [A], (2) 1.29 [V], (3) 0.55 [W], (4) 0.092 [W]

8-12 일정 전압 V [V]의 전원에 그림 8-24와 같은 저항과 전류계를 연결하였을 때 전류계의 전류를 구하라. 단, 전류계의 저항은 무시한다.

[힌트] Thevenin의 정리를 이용하라.

답 $\dfrac{2V}{3(r_1 + r_2)}$ [A]

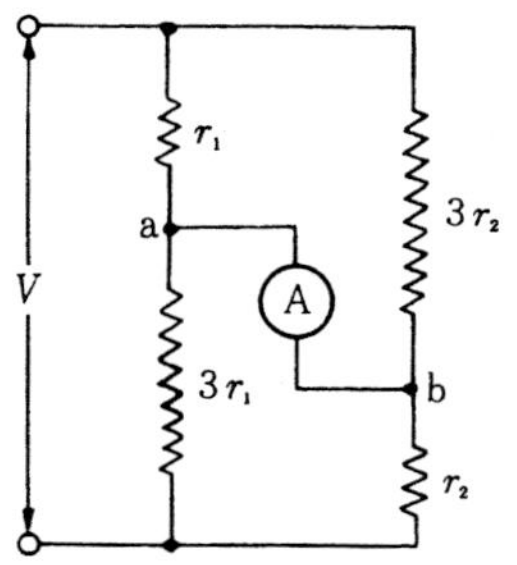

그림 8-24 문제 8-12

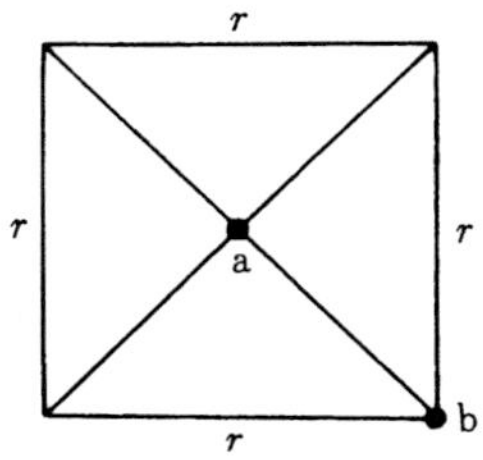

그림 8-25 문제 8-13

8-13 균일한 저항선으로 그림 8-25와 같은 정방형 회로에서 1변의 저항을 r이라 할 때 단자 a, b 사이의 합성저항을 구하라.

답 $R=\dfrac{2(1+\sqrt{2})}{6+5\sqrt{2}}r$

8-14 저항 r[Ω]의 도선 12개로 그림 8-26과 같은 입방체형 회로를 만들었을 때 다음 단자 사이의 합성저항을 구하라.

(1) AB　　(2) AC　　(3) AD

답 (1) $\dfrac{5}{6}r$[Ω], (2) $\dfrac{3}{4}r$[Ω], (3) $\dfrac{7}{12}r$[Ω]

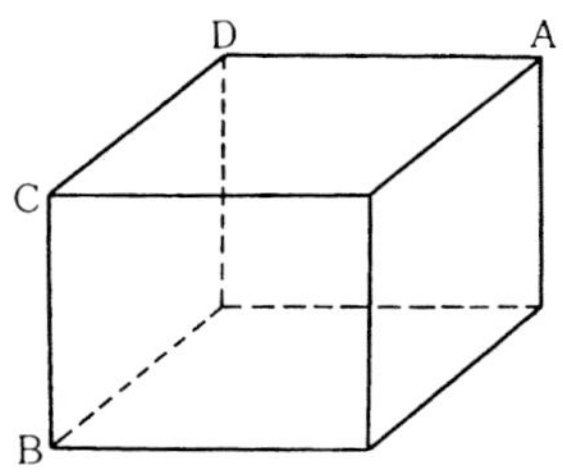

그림 8-26 문제 8-14

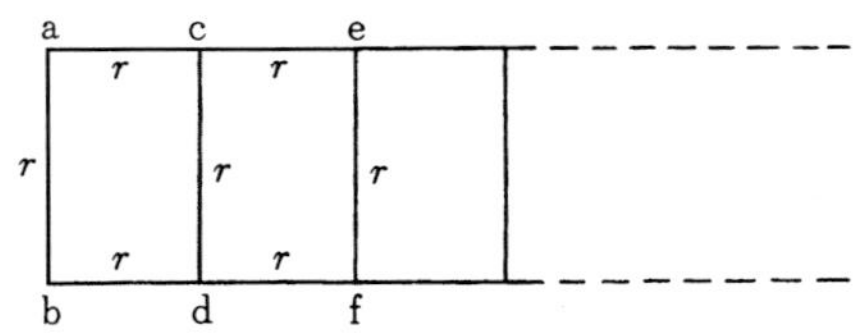

그림 8-27 문제 8-15

8-15 단위길이당 저항이 균일한 도선으로 그림 8-27과 같은 무한장의 사다리꼴 회로를 만들었다. 이때 ab 사이의 합성저항을 구하라. 단, 격자 한 변의 저항은 r이다.

답 $R=(\sqrt{3}-1)r$ [Ω]

8-16 반지름 a, $b(>a)$ [m]의 동심원통 전극(완전도체) 사이에 도전율 σ [S/m]의 매질이 채워져 있다. 양 전극간의 단위길이당 저항을 구하라.

답 $\dfrac{1}{2\pi\sigma}\ln\dfrac{b}{a}$ [Ω/m]

8-17 두께 t[m], 내외반지름 a, $b(>a)$ [m]의 washer의 저항을 다음 경우에 대하여 구하라.

(1) 반지름방향　　　　　　　(2) 두께방향
(3) 둘레방향(spring washer인 경우)

답 (1) $\frac{1}{2\pi\sigma t}\ln\frac{b}{a}$ [Ω], (2) $\frac{t}{\sigma\pi(b^2-a^2)}$ [Ω], (3) $\frac{2\pi}{\sigma t \ln\left(\frac{b}{a}\right)}$ [Ω]

8-18 문제 8-16에서 내외전극간에 V [V]의 전압을 가했을 때 반지름 $r(a<r<b)$ [m] 되는 점의 전류밀도 및 전전류를 구하라.

답 $2\pi\sigma Vl/\ln\frac{b}{a}$ [A]

8-19 내외반지름 2, 5 [mm], 길이 2 [cm]의 Si ($\sigma=10^3$ [S/m]) 중공원통(내외 원통면은 은 도금) 내의 전위분포가 $V=-2.2\ln(200r)$ [V]일 때 다음을 구하라.

(1) 내외원통면의 전위　(2) E　(3) J　(4) 전전류　(5) 전저항

답 (1) 2, 0 [V], (2) $\frac{2.2}{r}\boldsymbol{a}_r$ [V/m], (3) $\frac{2200}{r}\boldsymbol{a}_r$ [A/m²]
(4) 274 [A], (5) $R=7.3$ [mΩ]

8-20 지름 5 [mm], 길이 10 [cm]의 탄소봉($\sigma=7\times10^4$ [S/m])에 40 [A]의 전류가 균일하게 흐를 때 다음을 구하라.

(1) $\boldsymbol{J}$　(2) $\boldsymbol{E}$　(3) 전위차　(4) 저항　(5) 소비전력

답 (1) 2.04×10^6 [A/m²], (2) 29.1 [V/m], (3) 2.91 [V]
(4) 72.73 [mΩ], (5) 116.4 [W]

8-21 z축 주위의 전류밀도 $\boldsymbol{J}=\frac{1}{4\pi r}\boldsymbol{a}_r$ [A/m²]일 때 다음을 구하라.

(1) div$\boldsymbol{J}$　(2) $r=1$ [cm], $z=\pm2$ [cm]의 원통면 내의 전하소멸률

답 0, −20 [mC/s]

8-22 예제 8-16의 쐐기모양 정류자의 양 측면 사이의 저항을 구하라.
[힌트] 전위분포를 $V_{(\phi)}=A\phi$ [V]로 놓고 계산하라.

답 0.318 [μΩ]

8-23 순수 실리콘 결정체의 전자 및 정공의 이동도 (300 [K])는 각각 0.12, 0.025 [m²/V·s]이며, 전자 및 정공의 전하밀도 0.011 [C/m³]이다. 다음을 구하라.

(1) 도전율　　(2) 전계 10 [V/m]에 대한 드리트프 속도

답 (1) 1.6×10^{-3} [S/m], (2) −1.2, 0.25 [m/s]

8-24 단면적 1 [mm²]인 도선 내 전계가 0.1 [V/m]일 때 다음을 구하라.

(1) Si선의 전류

(2) 동선의 전류

(3) 동의 전자이동도 $\mu_e = 0.003$ [m^2/Vs]일 때 전자전하밀도

(4) Si 및 동 내 전자의 드리프트 속도

답 (1) 0.16 [nA], (2) 5.8 [A], (3) -1.93×10^{10} [C/m^3], (4) 12 및 0.3 [mm/s]

8-25 지름 1 [mm], 길이 1.5 [cm]의 실리콘봉 양단에 30 [V]를 가했을 때 (300 [K]에서) 다음을 구하라(문제 8-23의 값을 이용하라).

(1) E (2) J (3) I (4) R (5) 드리프트속도

답 (1) 2 [kV/m], (2) 3,2 [A/m^2], (3) 2.5 [μA], (4) 12 [MΩ], (5) 360 [m/s]

8-26 대지($\sigma = 100$ [μS/m]) 중에 지름 500 [mm]의 수도관(아연도금)이 4 [m] 거리에 평행 매설되어 있다. 양관 사이의 저항을 구하라.

답 8.8 [kΩ/m]

8-27 반지름 a, b [m]의 양 도체구가 거리 $d(\gg a, b)$ [m]만큼 떨어져 도전율 σ [S/m]의 매질 중에 묻혀 있을 때 양 구간의 저항을 구하라.

답 $\dfrac{1}{4\pi\sigma}\left(\dfrac{1}{a}+\dfrac{1}{b}-\dfrac{2}{d}\right)$ [Ω]

8-28 유전율 ε [F/m], 도전율 σ [S/m]의 유전체로 채워진 정전용량 C [F]의 커패시터에 V [V]의 전압을 가하였을 때 누설전류에 의하여 발생되는 열량을 구하라.

답 $0.24 \dfrac{\sigma}{\varepsilon} CV^2$ [cal/s]

8-29 정전용량 10 [μF]의 커패시터에 500 [V]를 가했을 때 2.55 [mA]의 누설전류가 흘렀다. 유전체의 비유전율 $\varepsilon_r = 6$일 때 도전율을 구하라.

답 2.71×10^{-11} [S/m]

8-30 중심축 주위를 각속도 ω [rad/s]로 회전하는 반지름 a [m] 구에 전하 Q [C]이 다음과 같이 분포되어 있을 때 회전에 따른 전류를 구하라.

(1) 구상분포 (2) 구면분포

답 $\dfrac{Q\omega}{2\pi}$ [A]

Chapter 9

정 상 자 계

9.1 자기현상

자연산 자철광석이 철편을 끌며 남북을 가리킨다는 사실은 고대중국에 지남차〔指南車(石)〕 및 숟가락 모양으로 하여 점치는 데 사용했다는 기록이 있으며, 11세기부터는 나침판을 항해에 이용하였다고 한다. 자기에 대한 체계적 연구는 1600년 W. Gilbert(1540∼1603, 영국)에 의하여 시작되어 지구가 대자석(大磁石)임을 알았고, 1785년 C. Coulomb(1736∼1806, 프랑스)이 자기현상을 정량적으로 처음 정리하였다. 그후 자기현상의 근원이 전류에 의한 것임이 밝혀져 자기에 대한 이론적 해석을 전류의 자기작용에서 풀이하고 있다.

즉, 1799년 전지의 발명(Volta, 1745∼1827, 이탈리아)으로 직류전원을 얻게 된 지 약 20년 후인 1820년 H. C. Oersted(1777∼1851, 덴마크)이 전류도선 주위의 자침이 전류에 의하여 회전하는 현상을 발견하였으며, 같은 시기에 전류와 자계 사이의 양적 관계를 J. B. Biot와 F. Savart 두 사람(프랑스, 1820년)이 유도하였고, 2년 후인 1822년 A. Ampere(1775∼1836, 프랑스)가 이에 대한 이론체계를 확립시켰다.

직선전류에 자계(자력선)의 방향은 그림 9-1에서와 같이 「오른손 주먹의 엄지손가락을 세웠을 때 엄지손가락 방향으로 전류가 흐른다면 다른 네 손가락이 향하는 방향으로 자계가 생기며, 또 네 손가락 방향으로 전류가 흐르면 엄지손가락 방향으로 자계가 발생한다」고 정리하여 이 관계를

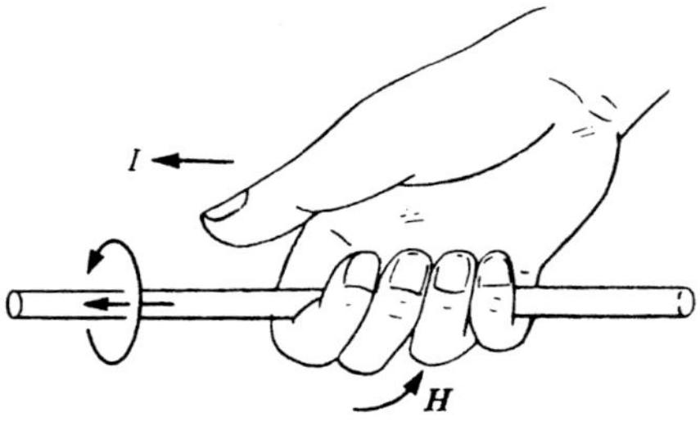

그림 9-1 Ampere의 오른손법칙

Ampere의 오른손 법칙(Ampere's right hand rule)이라 하였으며, 전류와 자계는 서로 수직으로 그림 9-1인 경우 자력선은 전류를 중심축으로 하는 동심원이 된다.

그리고 직류 또는 영구자석에 의한 자계를 **정상자계**(定常磁界) 또는 **정자계**(靜磁界, steady or static magnetic field)라 하며, 자석에 의한 정자계의 개념은 예제에서 풀이한다.

◆ 예제 9-1

영구자석과 정자계에 대하여 설명하라.

풀이 자유공간 중에서 두 자석을 가까이 놓았을 때 각 자극이 갖는 점자하(點磁荷, 전기의 점전하에 대응하는 양)를 각각 m_1, m_2, 극간거리를 r [m]라 할 때 양극간에 작용하는 힘은 MKSA 합리화 단위계에서 점자하 사이의 인력은

$$\left.\begin{aligned} F &= \frac{1}{4\pi\mu_0}\frac{m_1 m_2}{r^2}\ [\mathrm{N}] \\ \boldsymbol{F} &= \frac{1}{4\pi\mu_0}\frac{m_1 m_2}{r^2}\boldsymbol{r}_0\ [\mathrm{N}] \end{aligned}\right\} \tag{9.1}$$

의 Coulomb의 법칙으로 결정된다. 여기서

$$\frac{1}{4\pi\mu_0} = 6.33\times 10^4, \qquad \mu_0 = 4\pi\times 10^{-7}\ [\mathrm{H/m}] \tag{9.2}$$

의 μ_0를 **진공의 투자율**(透磁率, permeability of free space), 자기량 m_1, m_2의 단위를 [Wb] (weber)라 하며, 자석 또는 전류에 의한 자기력이 작용하는 공간을 **자계**(磁界, magnetic field)라 한다. 자계는 전계에서와 같이 벡터량에 속하며 그 단위는 [N/Wb]로 주어진다. 자계방향으로 그려지는 지력선을 **자력선**(磁力線, line of magnetic force)이라 하며,

자력선밀도를 자계의 세기와 같도록 정의한다. 이와 같이 정자계에 정전계에서의 해석방법을 그대로 적용하고 있다.

그런데 자석에서는 정부(正負)양극을 분리할 수 없으므로 자석의 크기를 정의할 경우, 자극의 자하 m [Wb]와 자석의 길이 l [m]를 곱한

$$\left.\begin{aligned} ml &= \mu_m \,[\mathrm{Wb \cdot m}] \\ m\boldsymbol{l} &= \boldsymbol{\mu}_m \,[\mathrm{Wb \cdot m}] \end{aligned}\right\} \tag{9.3}$$

은 자석의 **자기능률**(磁氣能率, magnetic moment)이라 한다. 여기서 $\boldsymbol{l}$ [m]은 자석의 부(負)극에 대한 정(正)극의 위치벡터이다.

한편 자계 $\boldsymbol{H}$ [N/Wb] 내에 미소자석(자기쌍극자)을 놓았을 때 자석이 받는 회전력은 그림 9-2에서

$$T = Fl\sin\theta = mHl\sin\theta = \mu_m H \sin\theta \,[\mathrm{N \cdot m}]$$

가 되는데, 벡터의 외적〔그림 1-6과 식 (1.12)〕의 개념을 적용하면 회전력을 벡터량

$$\boldsymbol{T} = \boldsymbol{\mu}_m \times \boldsymbol{H} \,[\mathrm{N \cdot m}] \tag{9.4a}$$

로 놓을 수 있으며, 이 경우 $\boldsymbol{\mu}_m$ [Wb·m]은 소자석의 **자기쌍극자능률**(magnetic dipole moment)이다.

마찬가지로 예제 3-15의 전기쌍극자를 전계 $\boldsymbol{E}$ [N/C = V/m] 내에 놓았을 때의 회전력은

$$\boldsymbol{T} = \boldsymbol{\mu}_e \times \boldsymbol{E} \,[\mathrm{N \cdot m}] \tag{9.4b}$$

로 계산되며, 여기서 $\boldsymbol{\mu}_e$ [C·m]는 전기쌍극능률이다.

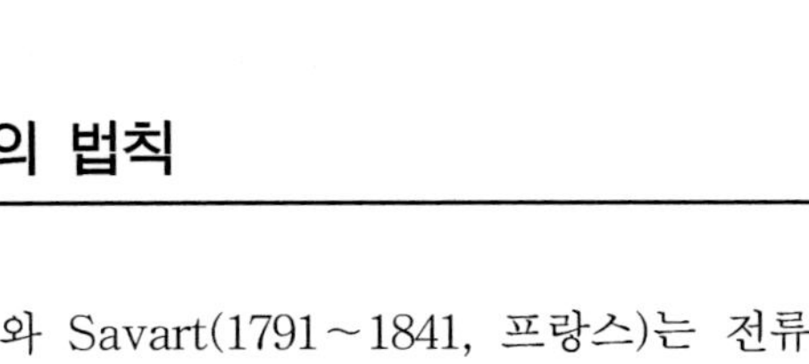

그림 9-2 소자석의 회전력

9.2 Biot-Savart의 법칙

Biot(1774～1862, 프랑스)와 Savart(1791～1841, 프랑스)는 전류와 자계의 양적 관계를 식 (9.5)와 같이 수학적으로 가정하고 이를 실증하였다.

즉, 그림 9-3에서와 같이 매우 가는 도선에 I[A]의 전류가 흐를 때, 임의의 미소전류선분 Idl[A m]에 의한 점 P의 자계의 세기를

$$dH = \frac{Idl\sin\theta}{4\pi r^2} \text{ [A/m]} \tag{9.5}$$

로 주어진다고 하였다. 여기서 r[m]은 dl에서 점 P까지의 거리이며, θ는 전류방향과 r이 이루는 각이다. 이 정의에 따르면 자계 dH의 단위는 [A/m]가 되며 $\frac{1}{4\pi}$는 MKSA 합리화단위를 위한 계수이다. 그리고 전류도선 전체에 의한 자계의 세기는

$$H = \int_A^B dH = \frac{I}{4\pi}\int_A^B \frac{dl\sin\theta}{r^2} \text{ [A/m]} \tag{9.6}$$

로 주어지며 전류방향에 대한 자계의 방향은 Ampere의 오른손법칙에 따라 결정된다.

자계는 벡터량이므로 식 (9.5)와 (9.6)을 벡터식으로 고치면

$$\left.\begin{aligned} d\boldsymbol{H} &= \frac{Id\boldsymbol{l}\times\boldsymbol{a}_0}{4\pi r^2} \text{ [A/m]} \\ \boldsymbol{H} &= \frac{I}{4\pi}\int_A^B \frac{d\boldsymbol{l}\times\boldsymbol{a}_0}{r^2} \text{ [A/m]} \end{aligned}\right\} \tag{9.7}$$

가 되며, 여기서 $d\boldsymbol{l}$[m]는 전류선분을 전하방향으로 취한 선분벡터이며 $\boldsymbol{a}_0$은 $d\boldsymbol{l}$에서 점 P로 향하는 단위벡터이다. 즉, 그림 9-3에서와 같이 $Id\boldsymbol{l}$[Am]의 전류방향에서 $\boldsymbol{a}_0$ 방향으로 회전할 때 오른나사의 진행방향이 자계방향이 된다.

한편 전류가 공간적으로 분포되어 전류밀도 $\boldsymbol{J}_{(xyz)}$ [A/m^2]의 전류계를

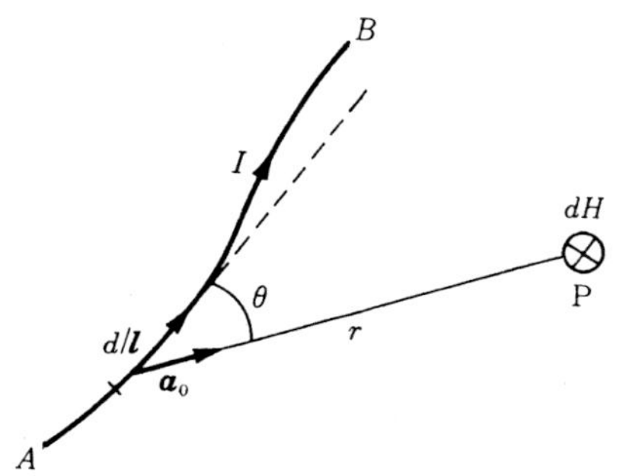

그림 9-3 Biot-Savart의 법칙

형성할 때, 도선의 미소전류선분 $Id\boldsymbol{l}$ [Am]에 해당한 전류계의 미소체적 dv [m^3] 내의 체적전류분포는

$$Id\boldsymbol{l} = \boldsymbol{J}dv \text{ [A·m]}$$

가 되므로, 이 전류체적소 및 공간전류분포 전체에 의한 자계는 식 (9.7)에서

$$\left.\begin{aligned} d\boldsymbol{H} &= \frac{\boldsymbol{J}\times\boldsymbol{a}_0}{4\pi r^2}dv \text{ [A/m]} \\ \boldsymbol{H} &= \frac{I}{4\pi}\iiint_{\text{vol}}\frac{\boldsymbol{J}\times\boldsymbol{a}_0}{r^2}dv \text{ [A/m]} \end{aligned}\right\} \tag{9.8}$$

가 된다. 여기서 r [m]은 전류체적소에서 고찰점까지의 거리이며 $\boldsymbol{a}_0$는 그 방향의 단위벡터이다.

이상에서와 같은 전류분포에 의한 자계를 구하는 관계식을 **Biot-Savart의 법칙**(Biot-Savart law)이라 하며, 이들은 정전계의 Coulomb의 법칙에서 유도한 식 (2.11)에 대응한다고 볼 수 있다. 따라서 Biot-Savart의 법칙은 대칭성이 아닌 전류분포에 의한 자계를 구하는 데 적합한 법칙이다.

◆ 예제 9-2

전류 I [A]가 유한직선도선 ($-l_1 \le z \le l_2$ [m])을 z 방향으로 흐를 때 점 P(a, 90°, 0) [m]의 자계를 구하라.

풀이 그림 9-4의 유한직선전류의 선분전류에서 점 P 방향의 단위벡터는

$$r\boldsymbol{a}_0 = a\boldsymbol{a}_r - z\boldsymbol{a}_z \text{ [m]}, \qquad \boldsymbol{a}_0 = \frac{1}{r}(a\boldsymbol{a}_r - z\boldsymbol{a}_z)$$

이며

$$d\boldsymbol{l} = dz\boldsymbol{a}_z \text{ [m]}$$

이므로 식 (9.7)과 (1.29a)에서

$$d\boldsymbol{H} = \frac{I}{4\pi}\frac{d\boldsymbol{l}\times\boldsymbol{a}_0}{r^2}\frac{I}{4\pi}\frac{a}{r^3}dz\boldsymbol{a}_\phi \text{ [A/m]}$$

가 되며 자계방향은 전류에 대하여 오른손법칙 방향이다. 한편 그림 9-4에서

$$r = a\sec\beta, \qquad z = a\tan\beta, \qquad dz = a\sec^2\beta d\beta$$

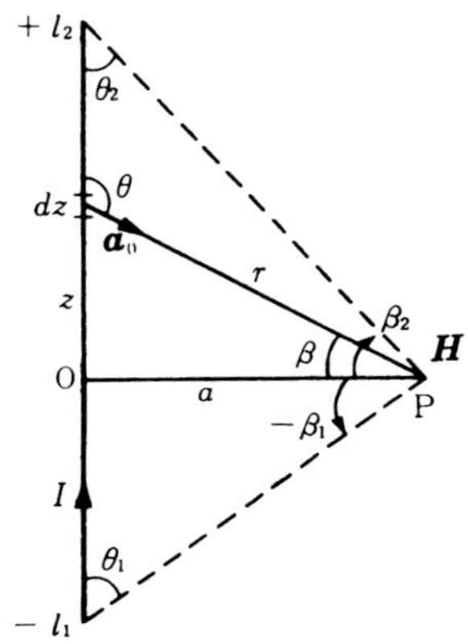

그림 9-4 유한직선전류와 자계

가 얻어지므로

$$\frac{a}{r^3}\,dz = \frac{1}{a}\cos\beta\, d\beta$$

가 되어, 전류도선 전체에 의한 자계는

$$\begin{aligned}\boldsymbol{H} &= \frac{I}{4\pi a}\,\boldsymbol{a}_\phi \int_{-\beta_1}^{\beta_2}\cos\beta d\beta = \frac{I}{4\pi a}(\sin\beta_2 + \sin\beta_1)\,\boldsymbol{a}_\phi \\ &= \frac{I}{4\pi a}(\cos\theta_1 + \cos\theta_2)\,\boldsymbol{a}_\phi\ [\mathrm{A/m}]\end{aligned} \tag{9.9}$$

가 된다. 여기서 β_1, β_2 및 θ_1, θ_2는 점 P가 전선도선 양단과 이루는 각이다.

만일 직선전류의 도선이 무한히 길면 $\theta_1 = \theta_2 = 0$이 되므로

$$\boldsymbol{H} = \frac{I}{2\pi a}\,\boldsymbol{a}_\phi\ [\mathrm{A/m}] \tag{9.10}$$

가 되며, 자계 $\boldsymbol{H}$는 전류도선을 축으로 하고 a [m]를 반지름으로 하는 원주상에서 전류에 대하여 오른손법칙에 따른다.

◆ 예제 9-3

원형(a, $0 \le \phi \le 2\pi$, 0 [m])의 전류 $I\boldsymbol{a}_\phi$ [A]에 의한 점 P(0, 0, z) [m]의 자계를 구하라.

풀이 전류도선이 폐곡선일 경우의 자계는 식 (9.6)에서

$$\boldsymbol{H} = \frac{1}{4\pi}\oint_C \frac{Id\boldsymbol{l}\times \boldsymbol{a}_0}{r^2}\ [\mathrm{A/m}] \tag{9.11}$$

와 같이 되며, 여기서 C는 전류회로에 따른 폐곡선이다. 따라서 그림 9-5의 경우 $r=\sqrt{a^2+z^2}$ [m]로 일정하며

$$dl = ad\phi \boldsymbol{a}_\phi, \quad \boldsymbol{a}_0 = \frac{1}{r}(z\boldsymbol{a}_z - a\boldsymbol{a}_r)$$

이므로 식 (9.9)에서

$$\boldsymbol{H} = \frac{I}{4\pi r^3}\left[az\oint_C d\phi \boldsymbol{a}_r + a^2\oint_C d\phi \boldsymbol{a}_z\right] [\text{A/m}]$$

가 얻어지는데, 우변 제1항은 대칭성에서 0이 되므로

$$\boldsymbol{H} = \frac{a^2 I}{2(a^2+z^2)^{3/2}} \boldsymbol{a}_z [\text{A/m}] \tag{9.12}$$

가 된다. 원형전류 중심의 자계는 $z=0$이므로

$$\boldsymbol{H} = \frac{I}{2a} \boldsymbol{a}_z [\text{A/m}] \tag{9.13a}$$

가 되며, 원형전류의 권수가 N[turns]라면

$$\boldsymbol{H} = \frac{NI}{2a} \boldsymbol{a}_z [\text{A/m}] \tag{9.13b}$$

가 되어 자계가 N배로 증가한다.

Biot-Savart는 식 (9.12)를 장치화한 실험에서 식 (9.7)의 법칙이 성립함을 입증하였다.

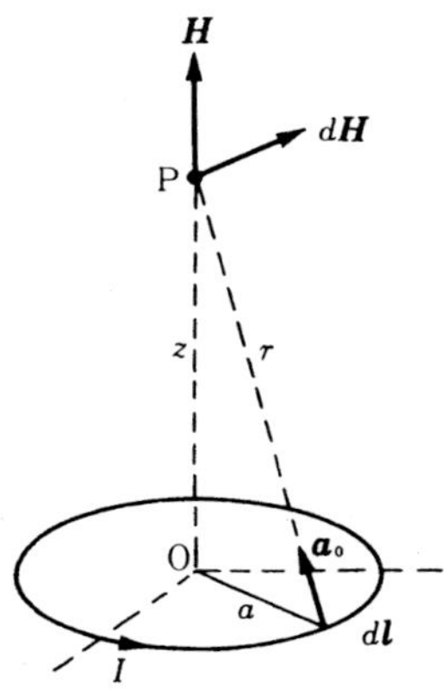

그림 9-5 원전류와 자계

9.3 Ampere의 주회법칙

이 법칙은 대칭적 전류분포에 의한 자계를 구할 때 이용하는 법칙으로 정전계의 Gauss의 법칙에 대응하며 다음과 같이 유도할 수 있다.

무한직선전류에 의한 자계는 식 (9.10)에서

$$\boldsymbol{H} = \frac{I}{2\pi r}\,\boldsymbol{a}_\phi\,[\mathrm{A/m}]$$

가 되며, 그림 9-6 (a)에서와 같이 전류를 축으로 하는 원 C를 형성한다.

원주상에 미소변위 $d\boldsymbol{l} = rd\phi\boldsymbol{a}_\phi$ [m]를 취하고 $\boldsymbol{H}$에 대한 선적분을 원주상에서 취하면

$$\oint_C \boldsymbol{H}\cdot d\boldsymbol{l} = \frac{I}{2\pi}\oint_C d\phi = I$$

가 얻어진다.

이와 같은 간단한 모형에서 얻어진 관계식을 일반화하여 다음과 같이 정리할 수 있다. 즉, 「자계 내에서 임의의 폐곡선 C에 대한 $\boldsymbol{H}$[A/m]의 선적분은 이 폐곡선과 쇄교(interlink)하는 전류 I[A]와 같다.」 그리고

$$\oint_C \boldsymbol{H}\cdot d\boldsymbol{l} = I \tag{9.14}$$

의 결과는 그림 9-6 (b)와 같이 전류회로와 쇄교하는 임의의 적분로 C에 대해서도 항상 성립하는 일반법칙이다. 그러나 실제에 있어서는 적분이 가능한 대칭성 적분로에 대하여 적용할 수 있다. 한편 적분로 C가 N[turns]의 전류코일과 쇄교하는 경우에는 발생자계가 N배로 증가할 것이므로 식 (9.14)는

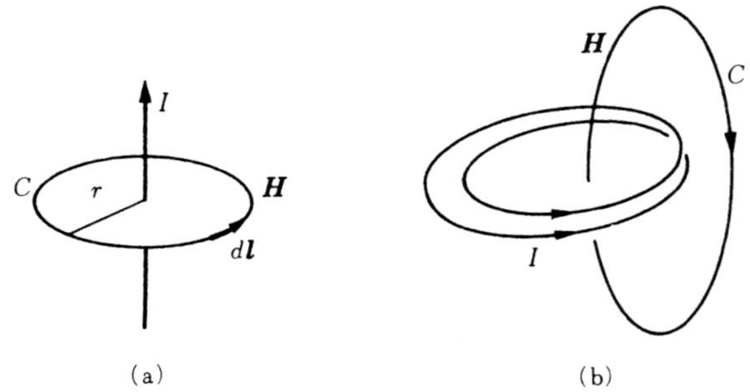

그림 9-6 Ampere의 주회법칙

$$\oint_C \boldsymbol{H} \cdot d\boldsymbol{l} = NI \tag{9.15}$$

와 같이 되며, 식 (9.14), (9.15)의 관계식을 1822년 Andre M. Ampere가 발표하였으므로 **Ampere의 주회법칙**(周回法則, Ampere's circuital law 또는 Ampere's circuital integrating law)이라 한다. 식 (9.15)에서 코일의 권수가 자계의 크기를 결정하는 데 관여하므로 자계의 단위를 [AT/m] (ampere turns/m)로도 표시한다.

만일 적분로 C가 전류와 쇄교하지 않을 경우에는

$$\oint_C \boldsymbol{H} \cdot d\boldsymbol{l} = 0 \tag{9.16}$$

가 되어 자계(전력선)의 회전이 존재하지 않음을 의미한다.

◆ 예제 9-4

무한장 직선전류에 의한 자계를 구하라.

풀이 직선전류를 축으로 하는 반지름 r[m]의 원을 적분로로 취하면〔그림 9-6(a)〕, 축대칭성에 의하여 $\boldsymbol{H} = H\boldsymbol{a}_\phi$ [A/m], $d\boldsymbol{l} = rd\phi\boldsymbol{a}_\phi$ [m]이므로

$$\oint_C \boldsymbol{H} \cdot d\boldsymbol{l} = H2\pi r$$

가 되며, 이에 식 (9.14)를 적용하므로

$$H = \frac{I}{2\pi r} \text{ [A/m]}$$

가 얻어지며, 자계의 방향은 전류가 $+z$ 방향일 때 $\boldsymbol{a}_\phi$ 방향이 되므로 식 (9.10)의

$$\boldsymbol{H} = \frac{I}{2\pi r}\boldsymbol{a}_\phi \text{ [A/m]}$$

가 된다. 따라서 Biot-Savart의 법칙을 이용한 식 (9.10)의 경우보다 쉽게 같은 결과가 얻어진다.

◆ 예제 9-5

반지름 a[m]의 무한장 원주도체에 전류 I[A]가 균일하게 흐를 때 각 부의 자계를 구하라.

풀이 이 경우 자계(자력선)는 축에 대하여 대칭적 분포를 가질 것이므로 자계는 도체 내외에 동심원을 그릴 것이다.

(1) **원주도체 외부자계** : 그림 9-7 (a)와 같이 반지름 $r(>a)$ [m]의 원주를 적분로 C로 취하면, 축대칭성과 Ampere의 주회법칙에 의하여

$$\oint_C \boldsymbol{H}\cdot d\boldsymbol{l} = H2\pi r = I$$

$$\therefore\ \boldsymbol{H} = \frac{I}{2\pi r}\boldsymbol{a}_\phi\ [\text{A/m}]\quad (r>a) \tag{9.17a}$$

가 얻어진다. 즉, 전류가 도체 내를 균일하게 흐르든가 또는 축에 대하여 대칭분포를 가질 때 외부자계는 전류가 전부 도체축에 집중된 선전류의 경우와 등가이다.

(2) **원주도체 내부자계** : 그림 9-7 (b)와 같이 반지름 $r(<a)$ [m]의 원을 적분로 C'로 취하면 원주상의 자계 $\boldsymbol{H}_i$ [A/m]는 대칭성에 의하여 크기가 일정하며 오른손방향을 갖는다. 따라서 식 (9.14)에서

$$\oint_{C'} \boldsymbol{H}_i\cdot d\boldsymbol{l} = H_i 2\pi r = I_r$$

가 되며, 여기서 I_r은 반지름 r 원 내의 전류로

$$I_r = \frac{I}{\pi a^2}\times \pi r^2 = r\frac{r^2}{a^2}\ [\text{A}]$$

가 된다. 따라서

$$\left.\begin{aligned} H_i &= \frac{I}{2\pi a^2}r\ [\text{A/m}]\quad (r<a)\\ \boldsymbol{H}_i &= \frac{I}{2\pi a^2}r\boldsymbol{a}_\phi\ [\text{A/m}]\quad (r<a)\end{aligned}\right\} \tag{9.17b}$$

가 얻어진다. 즉, 원주도체전류에 의한 자계는 내부에서는 축에서의

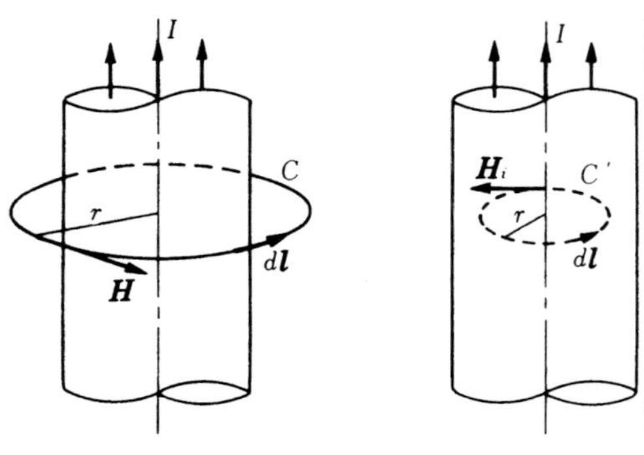

그림 9-7 원주도체에 의한 자계

거리 r에 비례하여 증가하나 외부에서는 r에 반비례하여 감소한다. 만일 전류가 원주도체의 표면만을 흐른다면, C 내의 전류는 0이므로

$$H_i 2\pi r = 0, \quad \therefore H_i = 0$$

가 되어 도체 내부에는 자계가 존재하지 않는다.

◆ 예제 9-6

전류 I[A]가 흐르는 무한장 솔레노이드 내의 자계를 구하라.

풀이 그림 9-8에서와 같이 도선코일을 밀접하게 감은 무한장 솔레노이드에 전류를 통하면, 서로 인접한 코일전류에 의한 자계(자력선)는 서로 상쇄되어 외부로 나가는 자력선은 존재하지 않으므로 내부의 자계는 축에 평행한 평등자계가 된다.

솔레노이드의 단위길이당 권수를 n [turns/m]라 하고, 그림의 C와 같은 적분로를 취하면 식 (9.15)에서

$$\oint_C \boldsymbol{H} \cdot d\boldsymbol{l} = Hl = nlI$$

$$\therefore H = nI \text{ [AT/m]} \tag{9.18}$$

와 같은 솔레노이드 내의 자계가 얻어지며, 그 방향은 전류와 오른손법칙에 따라 정해진다.

만일 솔레노이드가 유한장일 경우에는 양단부의 자력선이 벌어져 평등자계가 안되므로 식 (9.17)을 그대로 이용할 수 없다. 따라서 이 경우의 자계는 Biot-Savart의 법칙을 이용하여 유도하여야 한다(문제 9-8 참조).

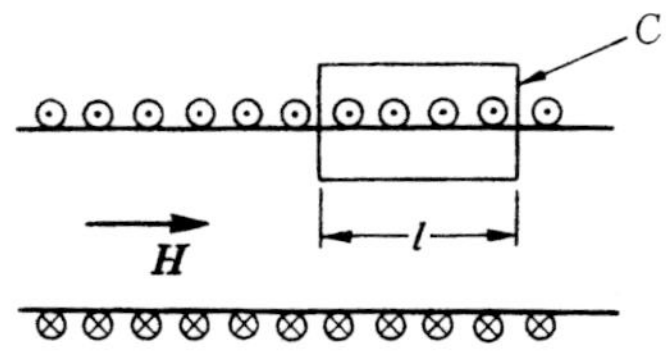

그림 9-8 무한장 솔레노이드 내의 자계

◆ 예제 9-7

전류 I[A]가 흐르는 토로이드(toroid) 내의 자계를 구하라.

풀이 그림 9-9와 같이 환상철심에 N[turns]의 코일을 밀접하게 감은 토로이드(무단 솔레노이드)에 전류를 통하면, 환 내부의 자계(자력선)는 점 O

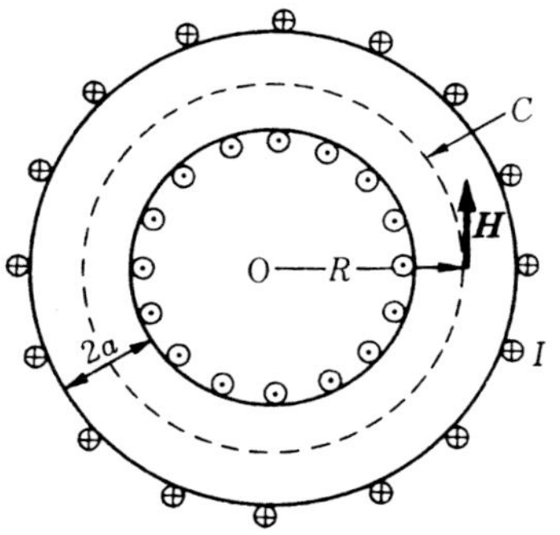

그림 9-9 토로이드 내의 자계

를 중심으로 하는 동심원이 될 것이므로, 그림에서와 같은 평균반지름 R[m]의 원 C를 적분로로 취하면 대칭성에 의하여

$$\oint_C \boldsymbol{H}\cdot d\boldsymbol{l} = H2\pi R = NI$$

$$\therefore\ H = \frac{N}{2\pi R} I = nI\ [\text{AT/m}] \tag{9.19}$$

와 같이 토로이드 내의 자계가 얻어지는데 여기서 n은 단위길이당 권수이다. 이 경우 환자체의 반지름 a[m]가 평균반지름 R에 비하여 매우 적으면 환 내의 자계를 일정하다고 볼 수 있다. 이에 대하여 그림 9-10과 같이 평균반지름 R에 비하여 환반지름 a가 클 경우에는 환 내의 한 점 P의 자계는

$$\boldsymbol{H} = \frac{NI}{2\pi(r + r\cos\theta)}\ \boldsymbol{a}_\phi\ [\text{AT/m}] \tag{9.20}$$

가 되어 자계는 위치에 따라 변화한다.

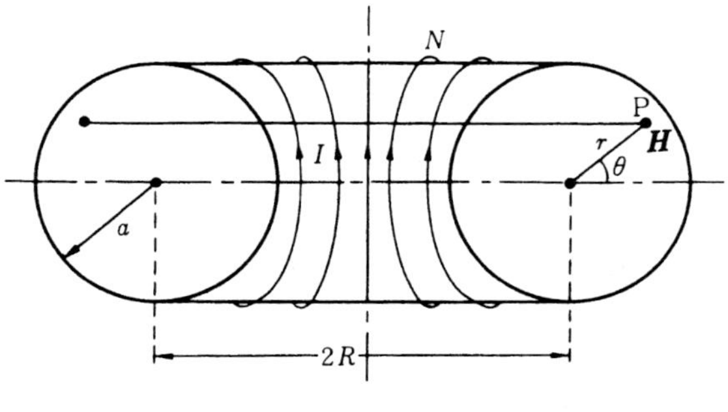

그림 9-10 토로이드의 단면과 자계

9.4 벡터계의 회전과 Stokes의 정리

자계 $\boldsymbol{H}_{(xyz)}$ [A/m]의 벡터계에 그림 9-11 (a)와 같은 좌표를 정하고 미소면적 $\varDelta S(\triangle \mathrm{ABC})$ [m^2]의 주변에 대한 벡터계 $\boldsymbol{H}$의 선적분을

$$\oint_{c(\mathrm{ABCA})} \boldsymbol{H}\cdot d\boldsymbol{l} = \oint_{\mathrm{ABOA}} \boldsymbol{H}\cdot d\boldsymbol{l} + \oint_{\mathrm{BCOB}} \boldsymbol{H}\cdot d\boldsymbol{l} + \oint_{\mathrm{CAOC}} \boldsymbol{H}\cdot d\boldsymbol{l} \tag{9.21}$$

와 같이 각 좌표면에 대한 3선적분의 합으로 놓을 수 있다. 왜냐하면 각 축상의 OA, OB, OC에 대한 적분은 상쇄되어 ABCA에 대한 적분만 남기 때문이다.

△ABC의 yz 평면상 투영면적 △OAB를 취하고, yz 평면상의 각 점에 대한 자계분포를 그림 9-11 (b)에서와 같이 정한 후, 식 (9.21)의 우변 제1항의 미소부에 대한 적분을 다음과 같이 성분별로 행한다. 즉,

$$\overrightarrow{\mathrm{OA}} : \int_{\mathrm{O}}^{\mathrm{A}} \boldsymbol{H}\cdot d\boldsymbol{l} = \frac{1}{2}\left\{H_y + \left(H_y + \frac{\partial H_y}{\partial y}\varDelta y\right)\right\}\varDelta y$$

$$\overrightarrow{\mathrm{BO}} : \int_{\mathrm{O}}^{\mathrm{B}} \boldsymbol{H}\cdot d\boldsymbol{l} = \frac{1}{2}\left\{H_z + \left(H_z + \frac{\partial H_z}{\partial z}\varDelta z\right)\right\}(-\varDelta z)$$

$\overrightarrow{\mathrm{AB}}$ 방향에 대하여는 y, z 성분을 각각 취하여

$$\int_{\mathrm{A}}^{\mathrm{B}} \boldsymbol{H}\cdot d\boldsymbol{l} = \frac{1}{2}\left\{\left(H_z + \frac{\partial H_z}{\partial y}\varDelta y\right) + \left(H_z + \frac{\partial H_z}{\partial z}\varDelta z\right)\right\}\varDelta z$$

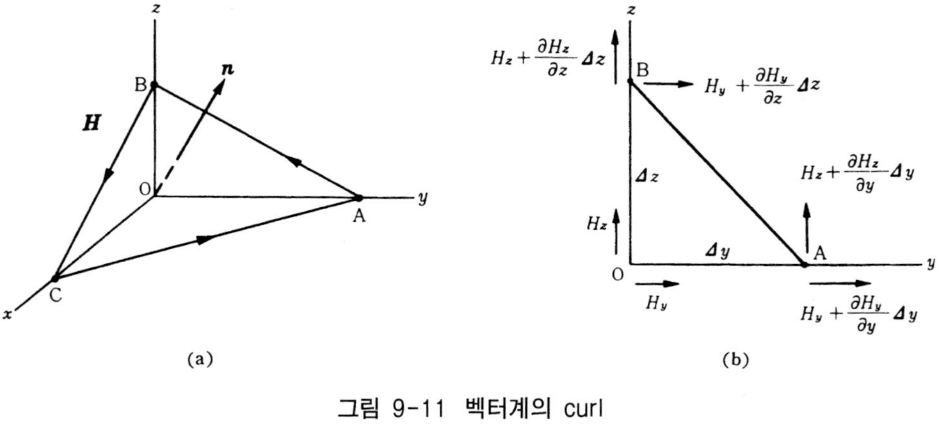

그림 9-11 벡터계의 curl

$$+\frac{1}{2}\left\{\left(H_y+\frac{\partial H_y}{\partial y}\Delta y\right)+\left(H_y+\frac{\partial H_y}{\partial z}\Delta z\right)\right\}(-\Delta y)$$

와 같이 계산할 수 있다. 따라서

$$\oint_{\mathrm{ABOA}}\boldsymbol{H}\cdot d\boldsymbol{l}=\left(\frac{\partial H_z}{\partial y}-\frac{\partial H_y}{\partial z}\right)\frac{1}{2}\Delta y\Delta z$$

$$=\left(\frac{\partial H_z}{\partial y}-\frac{\partial H_y}{\partial z}\right)\Delta S_x \tag{9.22a}$$

가 얻어지며 여기서 $\Delta S_x=\triangle\mathrm{OAB}$의 면적이다.

마찬가지 계산을 적분로 BCOB와 CAOC에 대하여 행하면

$$\oint_{\mathrm{BCOB}}\boldsymbol{H}\cdot d\boldsymbol{l}=\left(\frac{\partial H_x}{\partial z}-\frac{\partial H_z}{\partial x}\right)\Delta S_y \tag{9.22b}$$

$$\oint_{\mathrm{CAOC}}\boldsymbol{H}\cdot d\boldsymbol{l}=\left(\frac{\partial H_y}{\partial x}-\frac{\partial H_x}{\partial y}\right)\Delta S_z \tag{9.22c}$$

가 얻어진다. 이들을 식 (9.21)에 적용하면

$$\oint_{\mathrm{ABCA}}\boldsymbol{H}\cdot d\boldsymbol{l}=\left(\frac{\partial H_z}{\partial y}-\frac{\partial H_y}{\partial z}\right)\Delta S_x+\left(\frac{\partial H_x}{\partial z}-\frac{\partial H_z}{\partial x}\right)\Delta S_y$$
$$+\left(\frac{\partial H_y}{\partial x}-\frac{\partial H_x}{\partial y}\right)\Delta S_z \tag{9.23}$$

가 되며 여기서

$$\Delta S_x=\frac{1}{2}\Delta y\Delta z,\qquad \Delta S_y=\frac{1}{2}\Delta z\Delta x,\qquad \Delta S_z=\frac{1}{2}\Delta x\Delta y$$

는 $\triangle\mathrm{ABC}$의 면적 ΔS의 각 좌표면에 대한 투영면적이다. 한편 ΔS의 법선단위벡터 $\boldsymbol{n}$의 방향여현을 $\cos\alpha$, $\cos\beta$, $\cos\gamma$라 하면

$$\Delta S_x=\Delta S\cos\alpha,\qquad \Delta S_y=\Delta S\cos\beta,\qquad \Delta S_z=\Delta S\cos\gamma$$

의 관계가 있으므로 식 (1.6)에서

$$\boldsymbol{n}\Delta S=\boldsymbol{i}\Delta S_x+\boldsymbol{j}\Delta S_y+\boldsymbol{k}\Delta S_z \tag{9.24}$$

가 얻어진다(문제 1-23 참조).

따라서 식 (9.23)에 식 (9.24)와 식 (1.24)를 적용하면

$$\oint_{C(\mathrm{ABCA})} \boldsymbol{H} \cdot d\boldsymbol{l} = \mathrm{curl}\, \boldsymbol{H} \cdot \boldsymbol{n} \Delta S = (\mathrm{rot}\, \boldsymbol{H})_n \Delta S \tag{9.25}$$

가 얻어지므로, 벡터계의 회전(curl 또는 rotation)에 대한 수학적 정의식 (1.25c)

$$(\mathrm{rot}\, \boldsymbol{H})_n = \lim_{\Delta S \to 0} \frac{1}{\Delta S} \oint_C \boldsymbol{H} \cdot d\boldsymbol{l} \tag{9.26}$$

가 유도된다. 여기서 적분로 C는 면적 ΔS의 주변곡선으로 $\boldsymbol{n}$과 우수계를 이루고 있다.

식 (9.25)의 관계식을 이용하여 Stokes의 정리를 유도하자.

$\boldsymbol{H}_{(xyz)}$의 벡터계 내에 그림 9-12와 같이 폐곡선 C를 주변으로 하는 임의의 면 S를 취하고, 이를 미소면적으로 분할한 후 각각에 대하여 식 (9.25)의 적분을 행하고 이들의 총합을 구하면

$$\Sigma \oint_{C'} \boldsymbol{H} \cdot d\boldsymbol{l} = \Sigma\, \mathrm{rot}\, \boldsymbol{H} \cdot \boldsymbol{n} \Delta S$$

가 된다. 이 식의 좌변은 그림 9-12에서와 같이 인접한 미소삼각형에 대한 주변의 적분이 상쇄되고, 외각 주변 C에 대한 적분만 남게 된다. 그리고 우변은 면적에 대한 적분이므로

$$\oint_C \boldsymbol{H} \cdot d\boldsymbol{l} = \iint_S \mathrm{rot}\, \boldsymbol{H} \cdot \boldsymbol{n}\, dS \tag{9.27}$$

가 얻어진다. 여기서 $\boldsymbol{n}$은 면 S에 세워진 법선단위벡터로 C의 적분방향과 우수계를 이룬다. 식 (9.27)의 관계를 **Stokes의 정리**(Stokes' theorem)라 하며, 벡터계가 좌표함수로 미분가능한 모든 벡터함수인 경우에 대하여 성립하는 정리이다.

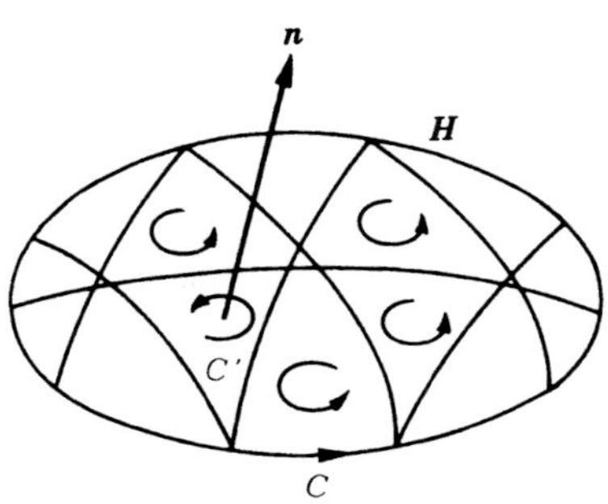

그림 9-12 Stokes의 정리

◆ 예제 9-8

벡터함수 $\boldsymbol{A}=x^2y\boldsymbol{i}+2xy\boldsymbol{j}$를 이용하여 대각점 (3, 5, 0)과 (−3, −5, 0)의 구형(矩形)에 대한 Stokes의 정리를 증명하라.

풀이 그림 9-13의 구형 주변에 따른 선적분을 구하면

$\overrightarrow{\mathrm{ab}}$: $y=5$, $\boldsymbol{A}=5x^2\boldsymbol{i}+10x\boldsymbol{j}$, $d\boldsymbol{l}=-dx\,\boldsymbol{i}$, $\int_3^{-3}\boldsymbol{A}\cdot d\boldsymbol{l}=-90$

$\overrightarrow{\mathrm{cd}}$: $\int_{-3}^{3}\boldsymbol{A}\cdot d\boldsymbol{l}=-90$

$\overrightarrow{\mathrm{bc}}$, $\overrightarrow{\mathrm{da}}$: $\int \boldsymbol{A}\cdot d\boldsymbol{l}=0$

$$\therefore\ \oint_C \boldsymbol{A}\cdot d\boldsymbol{l}=-180$$

한편 $\nabla\times\boldsymbol{A}=(2y-x^2)\boldsymbol{k}$, $\boldsymbol{n}dS=\boldsymbol{k}dx\,dy$

$$\therefore\ \iint_{S'}\nabla\times\boldsymbol{A}\cdot\boldsymbol{n}dS=\int_{y=-5}^{+5}\int_{x=-3}^{+3}(2y-x^2)\,dx\,dy=-180$$

가 되므로 Stokes의 정리가 벡터함수 $\boldsymbol{A}$에 대하여 성립함을 알 수 있다.

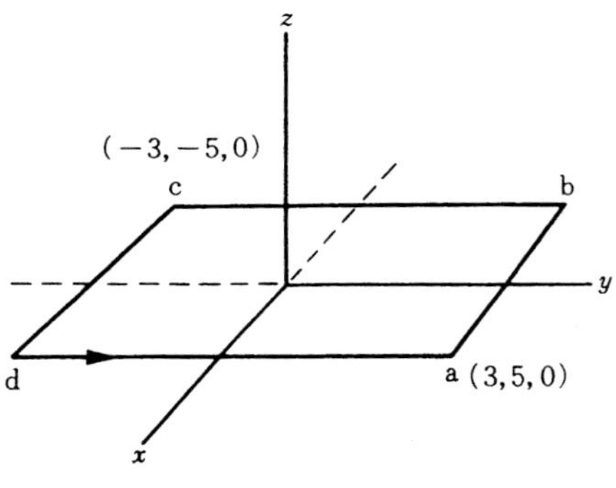

그림 9-13 Stokes 정리의 증명

◆ 예제 9-9

Stokes의 정리를 이용하여 Ampere의 주회법칙의 미분형을 유도하라.

풀이 전류가 공간적으로 분포되어 있는 전류계 내 한 점의 전류밀도 및 자계를 $\boldsymbol{J}_{(xyz)}$ [A/m^2], $\boldsymbol{H}_{(xyz)}$ [A/m]라 할 때, 임의의 주변 C에 대한 $\boldsymbol{H}$의 선적분에 Stokes의 정리를 적용하면

$$\oint_C \boldsymbol{H}\cdot d\boldsymbol{l}=\iint_S \mathrm{rot}\,\boldsymbol{H}\cdot\boldsymbol{n}dS$$

가 얻어지는데, 여기서 S는 C를 주변으로 하는 면적이며 $\boldsymbol{n}$은 면 S에 대한 법선단위벡터이다.

한편 면적 S를 $\boldsymbol{n}$ 방향으로 관통하는 전전류는

$$I = \iint_S \boldsymbol{J} \cdot \boldsymbol{n} dS \, [\mathrm{A}]$$

가 되므로 Ampere의 주회법칙을 적용하면

$$\oiint_S \mathrm{rot}\, \boldsymbol{H} \cdot \boldsymbol{n} dS = \oiint_S \boldsymbol{J} \cdot \boldsymbol{n} dS \, [\mathrm{A}]$$

가 얻어지는데, 이를 미분하면 임의의 점에 대한 전류와 자계의 관계식

$$\mathrm{rot}\, \boldsymbol{H} = \mathrm{curl}\, \boldsymbol{H} = \nabla \times \boldsymbol{H} = \boldsymbol{J} \tag{9.28}$$

가 구해진다. 이 관계를 **Ampere의 주회법칙의 미분형**(point from of Ampere's circuital law)이라 한다. 즉, 식 (9.28)은 전류에 의한 자계(자력선)가 전류 주위를 회전(rotation)하는 현상을 수식화하는 것으로 서로의 방향은 우수계에 따른다.

[별해] 전류밀도 $\boldsymbol{J}_{(xyz)}$ $[\mathrm{A/m^2}]$은 각 축방향성분을 J_x, J_y, J_z $[\mathrm{A/m^2}]$라 하면 식 (9.22)에서 자계와 전류 사이에

$$\left.\begin{aligned} \frac{\partial H_z}{\partial y} - \frac{\partial H_y}{\partial z} &= J_x \\ \frac{\partial H_x}{\partial z} - \frac{\partial H_z}{\partial x} &= J_y \\ \frac{\partial H_y}{\partial x} - \frac{\partial H_x}{\partial y} &= J_z \end{aligned}\right\} \; [\mathrm{A/m^2}]$$

가 성립하므로 식 (1.24)를 적용하면

$$\nabla \times \boldsymbol{H} = \mathrm{rot}\, \boldsymbol{H} = \mathrm{curl}\, \boldsymbol{H} = \boldsymbol{J}$$

가 얻어진다. 한편 정전계의 벡터계 $\boldsymbol{E}_{(xyz)}$ $[\mathrm{V/m}]$에서는 식 (3.4)에서

$$\oint_C \boldsymbol{E} \cdot d\boldsymbol{l} = 0$$

의 특성을 가지는데, 이에 Stokes의 정리를 적용하면

$$\oint_C \boldsymbol{E} \cdot d\boldsymbol{l} = \oiint_S \mathrm{rot}\, \boldsymbol{E} \cdot \boldsymbol{n} dS = 0$$

가 되며, 이것을 다시 미분하면

$$\mathrm{rot}\, \boldsymbol{E} = \mathrm{curl}\, \boldsymbol{E} = \nabla \times \boldsymbol{E} = 0 \tag{9.29}$$

가 되어 계의 보존성에 대한 특성식이 얻어진다(예제 3-1 참조). 즉, 식

(9.29)는 전계(전력선)는 회전함이 없이 고전위(정전하)에서 저전위(부전하) 방향으로 향하고 있음을 의미한다. 그러므로 자계를 **회전계**(回轉界, rotational field), 전계를 **비회전계**(非回轉界, irrotational field)라 하며 이들의 중합된 계를 Lorents**계**라고도 한다.

◆ 예제 9-10

벡터계 $\boldsymbol{H}$의 각 좌표계에 대한 curl을 유도하라.

풀이 직교직선좌표계 :

$$\text{curl}\,\boldsymbol{H} = \text{rot}\,\boldsymbol{H} = \nabla\times\boldsymbol{H} = \begin{vmatrix} \boldsymbol{i} & \boldsymbol{j} & \boldsymbol{k} \\ \dfrac{\partial}{\partial x} & \dfrac{\partial}{\partial y} & \dfrac{\partial}{\partial z} \\ H_x & H_y & H_z \end{vmatrix}$$

$$= \left(\frac{\partial H_z}{\partial y} - \frac{\partial H_y}{\partial z}\right)\boldsymbol{i} + \left(\frac{\partial H_x}{\partial z} - \frac{\partial H_z}{\partial x}\right)\boldsymbol{j} + \left(\frac{\partial H_y}{\partial x} - \frac{\partial H_x}{\partial y}\right)\boldsymbol{k}$$

원통좌표계 :

$$\nabla\times\boldsymbol{H}_{(r,\phi,z)} = \left(\frac{1}{r}\frac{\partial H_z}{\partial \phi} - \frac{\partial H_\phi}{\partial z}\right)\boldsymbol{a}_r + \left(\frac{\partial H_r}{\partial z} - \frac{\partial H_z}{\partial r}\right)\boldsymbol{a}_\phi + \frac{1}{r}\left(\frac{\partial (rH_\phi)}{\partial r} - \frac{\partial H_r}{\partial \phi}\right)\boldsymbol{a}_z \tag{9.30}$$

구좌표계 :

$$\nabla\times\boldsymbol{H}_{(r,\theta,\phi)} = \frac{1}{r\sin\theta}\left[\frac{\partial}{\partial\theta}(H_\phi \sin\theta) - \frac{\partial H_\theta}{\partial\phi}\right]\boldsymbol{a}_r + \frac{1}{r}\left[\frac{1}{\sin\theta}\frac{\partial H_r}{\partial\phi} - \frac{\partial (rH_\phi)}{\partial r}\right]\boldsymbol{a}_\theta + \frac{1}{r}\left[\frac{\partial (rH_\theta)}{\partial r} - \frac{\partial H_r}{\partial\theta}\right]\boldsymbol{a}_\phi \tag{9.31}$$

와 같이 전개된다(부록 Ⅳ-6 참조).

식 (9.30)에서 무한직선전류에 의한 자계〔식 (9.10)〕에 대한 curl은

$$\nabla\times\boldsymbol{H} = \text{curl}\,\boldsymbol{H} = 0 \tag{9.32}$$

가 됨을 유도할 수 있는데, 이 관계식은 고찰점의 전류분포가 $\boldsymbol{J}=0$이므로 식 (9.28)에서도 유도할 수 있다.

◆ **예제 9-11**

전류계 $\boldsymbol{J}=5r\boldsymbol{a}_z$ [A/m^2]에 대한 $\boldsymbol{H}_{(r)}$ [A/m]을 구하고 $\nabla\times\boldsymbol{H}=\boldsymbol{J}$의 관계식이 성립함을 증명하라.

풀이 이 전류계에서 z 방향의 전류는 식 (8.24)에서

$$I=\iint\boldsymbol{J}\cdot\boldsymbol{n}dS=5\int_0^r r2\pi r dr=\frac{10\pi}{3}r^3\ [\mathrm{A}]$$

가 되므로 식 (9.10)에서

$$\boldsymbol{H}=\frac{5}{3}r^2\boldsymbol{a}_\phi\ [\mathrm{A/m}]$$

가 얻어진다. 한편 식 (9.30)에서

$$\nabla\times\boldsymbol{H}=\frac{1}{r}\frac{\partial}{\partial r}(rH_\phi)\boldsymbol{a}_z=5r\boldsymbol{a}_z\ [\mathrm{A/m^2}]$$

가 얻어지므로, $\nabla\times\boldsymbol{H}=\boldsymbol{J}$의 관계식이 성립함을 알 수 있다.

9.5 전자력과 자속밀도

자계 $\boldsymbol{H}$[A/m] 내에 I[A]의 전류도선을 그림 9-14 (a)와 같이 수직으로 놓으면 전류에 의한 자계가 발생하여 그림 (b)와 같은 합성자계가 형성되므로, 길이 l[m]의 전류도선은 HIl에 비례하는 힘을 받게 되는데, 양변의 단위를 통일시키기 위하여 힘을

$$F=\mu_0 HIl\ [\mathrm{N}] \tag{9.33}$$

로 표시한다. 이 식에서 $\mu_0=4\pi\times10^{-7}$ [H/m]는 식 (9.2)에서와 같이 자

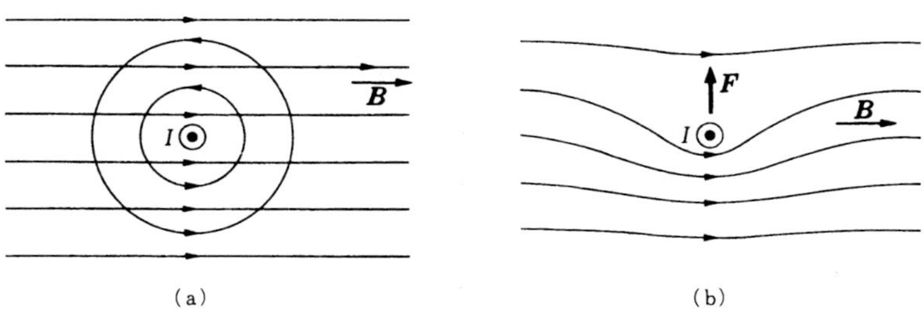

그림 9-14 전류의 자계

유공간의 투자율(透磁率)이다. 한편 식 (9.33)에서

$$\left.\begin{aligned} B &= \mu_0 H\,[\mathrm{T}] \\ \boldsymbol{B} &= \mu_0 \boldsymbol{H}\,[\mathrm{T}] \end{aligned}\right\} \tag{9.34}$$

로 놓은 $\boldsymbol{B}$를 자유공간에 대한 **자속밀도**(磁束密度, magnetic flux density)라 하며 $[\mathrm{T(tesla)} = \mathrm{Wb/m^2}]$의 SI 단위를 갖는다(예제 9-15 참조). 따라서 식 (9.33)은

$$F = BIl\,[\mathrm{N}] \tag{9.35a}$$

가 되며, 자계와 전류 및 힘 사이에는 그림 9-15(a)의 관계가 있으므로 식 (1.13)을 이용하여

$$\boldsymbol{F} = I\boldsymbol{l} \times \boldsymbol{B}\,[\mathrm{N}] \tag{9.35b}$$

로 표시할 수 있다. 여기서 $\boldsymbol{l}\,[\mathrm{m}]$는 전류방향의 길이를 표시하는 변위벡터로 이들 3벡터의 관계를 **Fleming의 왼손법칙**이라고도 한다. 그림 9-15 (b)는 전류와 자계가 수직이 아닌 경우로 이때의 힘의 크기는

$$F = BIl\sin\theta\,[\mathrm{N}] \tag{9.35c}$$

가 된다. 즉, 전류에 대한 수직성분의 자계만이 전류에 작용하는 힘을 결정한다.

한편 자계 내에서 점전하 $q\,[\mathrm{C}]$이 $\boldsymbol{u}\,[\mathrm{m/s}]$의 속도로 이동할 경우에는

$$I\boldsymbol{l} = q\boldsymbol{u}\,[\mathrm{A \cdot m}]$$

의 관계가 있으므로 운동전하가 자계 $\boldsymbol{B}\,[\mathrm{T}]$에 의하여 받는 힘은

$$\boldsymbol{F} = q\boldsymbol{u} \times \boldsymbol{B}\,[\mathrm{N}] \tag{9.36a}$$

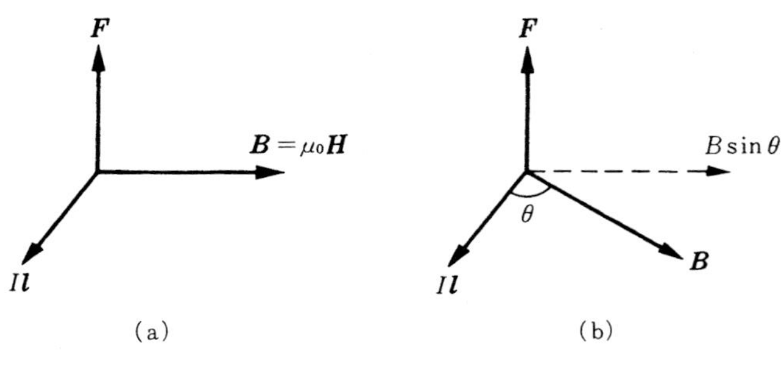

그림 9-15 Fleming의 왼손법칙

가 된다. 그리고 자계 $\boldsymbol{B}$[T]에 의하여 $\boldsymbol{J}$[A/m^2]의 공간전류분포가 받는 힘은

$$I d\boldsymbol{l} = \boldsymbol{J} dv \, [\mathrm{A \cdot m}]$$

의 관계를 이용하여 다음과 같이 된다.

$$d\boldsymbol{F} = \boldsymbol{J} \times \boldsymbol{B} dv \, [\mathrm{N}] \tag{9.36b}$$

식 (9.35) 및 (9.36)에서 자속밀도 $\boldsymbol{B}$의 벡터계는 전류 또는 운동전하에 작용하는 힘을 결정하는 벡터량으로, 전계가 전하에 작용하는 힘을 결정하는 관계식 (2.7)과 같은 성격을 갖는다. 따라서 전계와 자계가 공존하는 Lorentz의 벡터계에서 운동전하가 받는 힘은

$$\boldsymbol{F} = q(\boldsymbol{E} + \boldsymbol{u} \times \boldsymbol{B}) \, [\mathrm{N}] \tag{9.37}$$

가 되며, 이 힘을 **Lorentz의 힘**이라 한다.

◆ 예제 9-12

점전하 0.5 [mC]이 다음 벡터계 내에서 $4\boldsymbol{i}$ [km/s]의 속도로 이동할 때 점전하가 받는 힘을 구하라.

(1) $\boldsymbol{E} = 9\boldsymbol{i} + 12\boldsymbol{j}$ [kV/m] (2) $\boldsymbol{B} = 1.2\boldsymbol{i} - 0.9\boldsymbol{j}$ [T] (3) $\boldsymbol{E} + \boldsymbol{B}$의 공간

풀이 (1) $\boldsymbol{F}_e = Q\boldsymbol{E} = 4.5\boldsymbol{i} + 6\boldsymbol{j}$ [N], $F_e = 7.5$ [N]

(2) $\boldsymbol{F}_m = Q\boldsymbol{u} \times \boldsymbol{B} = -1.8\boldsymbol{k}$ [N], $F_m = 1.8$ [N]

(3) $\boldsymbol{F} = Q(\boldsymbol{E} + \boldsymbol{u} \times \boldsymbol{B}) = 4.5\boldsymbol{i} + 6\boldsymbol{j} - 1.8\boldsymbol{k}$ [N], $F = 7.71$ [N]

◆ 예제 9-13

평등자계 $\boldsymbol{B} = \mu_0 \boldsymbol{H}$ [T] 및 평등전계 $\boldsymbol{E}$ [N/C]에 수직으로 발사된 전자의 궤도를 구하라.

풀이 (1) **평등자계** : 그림 9-16 (a)와 같이 자계 $\boldsymbol{B} = B\boldsymbol{i}$ [T] 내의 전자가 $\boldsymbol{\mu}_0 = u_0\boldsymbol{j}$ [m/s]로 발사되었을 때, 운동전자에는 운동방향에 수직으로 식 (9.36a)의 전자력 $F_m = eu_0B$ [N]이 항상 작용하므로 전자는 원형궤도를 그리게 된다. 전자질량을 m [kg], 궤도반지름을 r [m]라 할 때 원운동에 따른 구심력(전자력)과 원심력의 평형조건인

$$eu_0B = \frac{mu_0^2}{r} \ [\mathrm{N}]$$

에서 전자의 궤도반지름

$$r = \frac{mu_0}{eB} \ [\mathrm{m}] \tag{9.38a}$$

가 얻어지는데 여기서 e [C]은 전자의 전하이다. 따라서 전자궤도는 그림 9-16 (a)의 yz 좌표면상에서 다음과 같은 원이 된다.

$$y^2 + (r - z)^2 = r^2 \tag{9.38b}$$

(2) **평등전계** : 그림 9-16 (b)의 전계 $\boldsymbol{E} = E(-\boldsymbol{i})$ [N/C] 내에서 운동전자는 $\boldsymbol{F} = Ee\boldsymbol{i}$ [N]의 힘만을 받으므로, 전자운동방정식의 x, y 성분은

$$m\frac{dx^2}{dt^2} = eE, \quad m\frac{dy^2}{dt^2} = 0$$

가 된다. 초기조건

$$t = 0 \ ; \ x = y = 0, \quad \frac{dx}{dt} = 0, \quad \frac{dy}{dt} = u_0 \ [\mathrm{m/s}]$$

에서

$$y = u_0 t, \quad x = \frac{eE}{2m} t^2 \ [\mathrm{m}]$$

가 얻어지며, 이 두 식에서

$$x = \frac{eE}{2mu_0^2} y^2 \ [\mathrm{m}] \tag{9.38c}$$

가 구해진다. 따라서 이 경우의 전자궤도는 원점을 정점으로 하는 포물선이 된다. 이들의 원리는 TV 브라운관 형광면상의 전자주사의 분석 등에 이용된다(연습문제 9-21 참조).

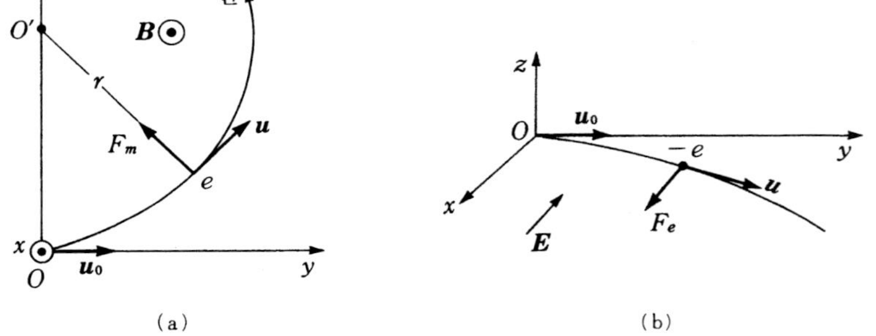

그림 9-16 자계 및 전계 내의 전자궤도

◆ 예제 9-14

Hall 효과에 대하여 설명하라.

풀이 그림 9-17 (a)와 같이 자계 $\boldsymbol{B}$ [T] 중에 놓여진 도체 내의 하전체 (carrier) $+Q$ [C]이 $\boldsymbol{u}$ [m/s]의 속도로 이동할 때 Q는 자계 $\boldsymbol{B}$ [T]에 의하여 식 (9.36a)에 의한

$$\boldsymbol{F}_h = Q\boldsymbol{u} \times \boldsymbol{B} \, [\mathrm{N}]$$

의 힘을 받아, 도체 양쪽에 정부(正負)전하가 모이게 되므로, 도체 내에는 이로 인한 전계 $\boldsymbol{E}_h$ [V/m]가 발생하게 되는데, 평형상태에서

$$\boldsymbol{E}_h = \boldsymbol{u} \times \boldsymbol{B} \, [\mathrm{V/m}] \tag{9.39a}$$

가 된다. 한편 하전체밀도를 n[個/m^3]이라 하면 식 (8.28)에서 $\boldsymbol{J} = nQ\boldsymbol{u}$ [A/m^2]의 관계가 있으므로 식 (9.39a)에서

$$\boldsymbol{E}_h = \frac{1}{nQ}[\boldsymbol{J} \times \boldsymbol{B}] = R_h[\boldsymbol{J} \times \boldsymbol{B}] \, [\mathrm{V/m}] \tag{9.39b}$$

가 얻어지며, $y=0$, b [m]인 양면간의 전위차는

$$V_h = \boldsymbol{E}_h b = R_h \frac{IB}{d} \, [\mathrm{V}] \tag{9.39c}$$

가 된다. 이러한 현상은 C. M. Hall(1863~1914, 미국)에 의하여 발견(1879년)된 것으로 **Hall 효과**(Hall effect)라 하며, $\boldsymbol{E}_h$를 Hall 전계, V_h를 Hall 전압, R_h를 Hall 상수라 한다. 그런데 $\boldsymbol{R}_h$은 반도체인 경우 실온에서도 결정의 열진동에 의한 전자, 정공(正孔)의 산란을 나타내며 다음 보정식으로 표시된다.

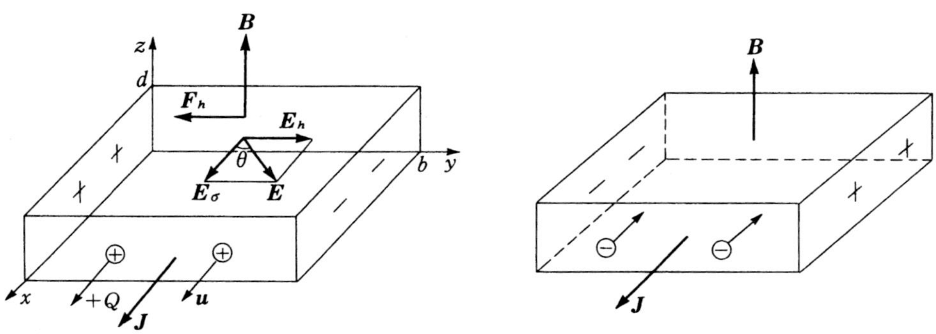

(a) p-type (b) n-type

그림 9-17 Hall 효과

$$R_h = \frac{3\pi}{8}\frac{1}{nQ}\ [\mathrm{m^3/C}] \tag{9.39d}$$

한편 반도체의 도전율을 σ[S/m]라 하면 전류에 의한 전계 $\boldsymbol{E}_\sigma = \frac{\boldsymbol{J}}{\sigma}$ [V/m]가 존재하므로 도체 내에는 이들에 의한 합성전계 $\boldsymbol{E}$[V/m]가 그림 9-17 (a)에서와 같이 발생하는데, 이때

$$\theta \fallingdotseq \tan\theta = \frac{E_h}{E_\sigma} = \frac{3\pi}{8}\frac{uB}{E_\sigma} = \frac{3\pi}{8}B\times(\mu_h \text{ 또는 } \mu_e) \tag{9.39e}$$

를 **Hall 각**(Hall angle)이라 하며, 여기서 μ_h, μ_e는 정공 및 전자의 이동도이다.

따라서 Q가 정공인지 전자인지에 따라 그림 9-17 (a), (b)와 같은 극성이 발생하므로 Hall 효과는 반도체 내의 전자, 정공의 밀도 또는 외부자계의 측정 및 전자회로의 동작소자 등에 이용된다.

자속밀도와 자속 식 (9.35)에서 정의한 벡터량 자속밀도 $\boldsymbol{B}$[Wb/m^2] 방향의 지력선을 **자속선**(磁束線)이라 하며, 자속선밀도 [lines/m^2]를 $\boldsymbol{B}$의 크기 B[Wb/m^2]와 같도록 정의한다. 따라서 그림 9-18의 자속밀도 $\boldsymbol{B}$[lines/m^2 = Wb/m^2]의 벡터계 내에서 임의의 면 S[m^2]를 지나는 **자속**(magnetic flux)은

$$\phi = \oint\!\!\oint_S \boldsymbol{B}\cdot\boldsymbol{n}dS\ [\text{lines} = \text{Wb}] \tag{9.40}$$

가 되며 [Wb]의 단위를 갖는다.

그런데 전류 I[A]에 의한 자계 및 자속선은 전류를 축으로 하는 원(폐곡선)을 그리므로, 임의의 폐곡면을 통하여 발산하는 자속의 총수는 항상

$$\oint\!\!\oint_S \boldsymbol{B}\cdot\boldsymbol{n}dS = 0$$

가 된다. 따라서 발산정리 식 (4.30)에 의하여

$$\nabla\cdot\boldsymbol{B} = \mathrm{div}\,\boldsymbol{B} = 0$$

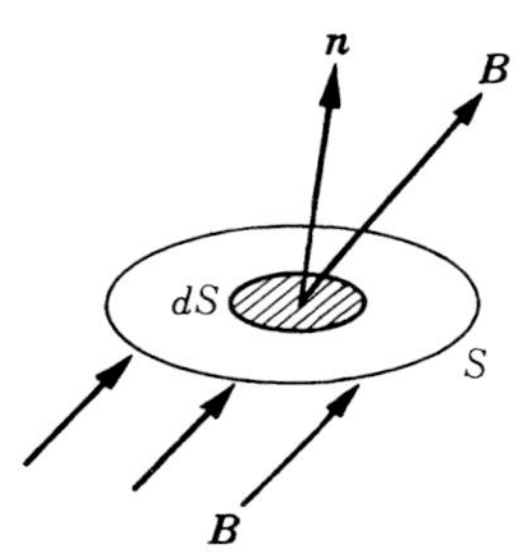

그림 9-18 자 속

가 얻어지므로, 전류에 의한 자속밀도의 벡터계(자속선)는 연속적인 폐곡선을 항상 형성한다라는 연속성의 특성을 갖는다.

◆ **예제 9-15**

내외 반지름 a, $b(>a)$ [m]인 동축케이블의 내부도체에 I [A]의 전류가 흐를 때 도체 사이의 자속을 구하라.

풀이 중심축에서 $r(a \le r \le b)$ [m]인 점의 자계는 식 (9.17a)와 (9.35)에서

$$\boldsymbol{B} = \frac{\mu_0 I}{2\pi r}\boldsymbol{a}_\phi \text{ [Wb/m}^2\text{]} \quad (a \le r \le b)$$

이므로, 식 (9.40)에서 단위길이에 대한 자속은 다음과 같이 된다.

$$\phi = \iint_S \boldsymbol{B}\cdot \boldsymbol{a}_\phi \, dS = \frac{\mu_0 I}{2\pi}\int_a^b \frac{dr}{r}\int_0^1 dz$$

$$= \frac{\mu_0 I}{2\pi}\ln\frac{b}{a} \text{ [Wb/m]} \tag{9.42}$$

전류분포 사이의 전자력 전류 I_1, I_2 [A]가 흐르는 두 전류회로 C_1, C_2가 있을 때, 먼저 C_1 회로의 전류소 $I_1 d\boldsymbol{l}_1$ [Am]에 의한 C_2 부의 자계는 식 (9.7)과 (9.34)에서

$$d\boldsymbol{B}_2 = \frac{\mu_0 I_1 d\boldsymbol{l}_1 \times \boldsymbol{a}_{r1}}{4\pi r^2} \text{ [T]}$$

가 되므로, C_2의 전류소 $I_2 d\boldsymbol{l}_2$ [A·m]에 작용하는 힘은 식 (9.35b)에서

$$d\boldsymbol{F}_2 = I_2 d\boldsymbol{l}_2 \times d\boldsymbol{B}_2 = \frac{\mu_0 I_1 I_2}{4\pi r^2} d\boldsymbol{l}_2 [d\boldsymbol{l}_1 \times \boldsymbol{a}r_1] \text{ [N]}$$

이 된다. 따라서 전류회로 C_1에 의하여 C_2의 전류회로 전체에 작용하는 힘은

$$\boldsymbol{F}_2 = \frac{\mu_0 I_1 I_2}{4\pi}\oint_{C2}\left[d\boldsymbol{l}_2 \times \oint_{C1}\frac{d\boldsymbol{l}_1 \times \boldsymbol{a}_{r1}}{r^2}\right]$$

$$= \frac{\mu_0 I_1 I_2}{4\pi}\oint_{C2}\left[\oint_{C1}\frac{\boldsymbol{a}_{r1}\times d\boldsymbol{l}_1}{r^2}\right]\times d\boldsymbol{l}_2 \text{ [N]} \tag{9.43}$$

가 되는데, 여기서 r은 두 전류소 사이의 거리이며, $\boldsymbol{a}_r$은 단위벡터이다. 이 결과식은 매우 복잡하나 간단한 예를 들면 다음과 같다(문제 9-23 참조).

◆ 예제 9-16

무한장 평행직선전류도체 사이에 작용하는 힘을 구하라.

풀이 그림 9-19와 같이 I_1, I_2 [A]의 도체간 거리를 d [m]라 할 때 I_1에 의한 I_2에서의 자계는 식 (9.10), (9.34)에서

$$\boldsymbol{B}_2 = \frac{\mu_0 I_1}{2\pi d} \boldsymbol{a}_\phi \text{ [T]}$$

가 되는데, I_2 전류도선의 단위길이가 받는 힘은 식 (9.35a)에서

$$F_2 = \frac{\mu_0 I_1 I_2}{2\pi d} = \frac{2 I_1 I_2}{d} \times 10^{-7} \text{ [N/m]} \tag{9.44}$$

가 된다. 이 경우 전류의 방향이 같을 때 인력, 반대일 때 척력이 된다. 예로 $I_1 = I_2 = 10^4$ [A], $d = 2$ [cm]일 때 $F = 10^3$ [N/m] ≒ 100 [kgf/m]가 되므로 초대형 변압기권선에서 이 힘으로 변압기가 폭발하는 경우가 있으며, 한편 이 힘을 자기부상 초고속철도 등에 이용하기도 한다.
한편 식 (9.44)의 원리를 전류의 국제기본단위(SI 단위) [A]의 원기(原器)로 이용하고 있다. 즉, 진공 중에서 간격 1 [m]인 평행전류 사이에 작용하는 힘이 2×10^7 [N/m]일 때의 전류를 1 [A]의 SI 단위로 정하고 있다(1960, 국제도량형위원회 제정).

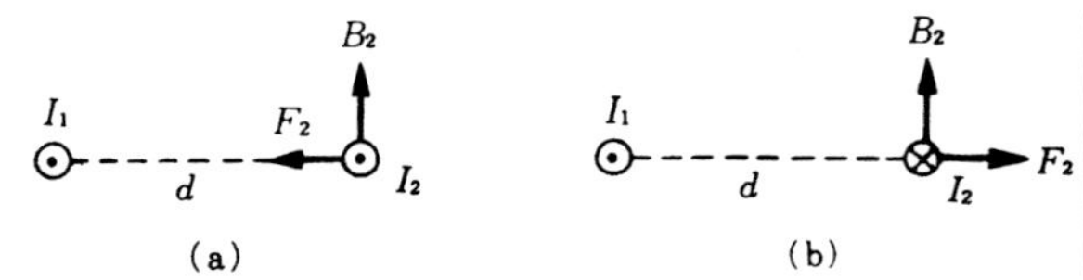

그림 9-19 전류 사이의 힘

◆ 예제 9-17

평등자계 중에 놓여진 구형전류에 작용하는 회전력을 구하라.

풀이 그림 9-20 (a)에서 전류 I [A]가 흐르는 구형코일의 각 변이 $\boldsymbol{B}$ [T]에 의하여 받는 힘 중 변 ab와 cd에 작용하는 힘 $F = BI\overline{\text{ab}}$ [N]만이 코일의 회전에 관여한다. 그림 9-20 (b)에서 회전력을 구하면

$$T = F\overline{\text{ad}}\cos\alpha = BI\overline{\text{ab}}\,\overline{\text{ad}}\sin\theta = ISB\sin\theta \text{ [N·m]} \tag{9.45a}$$

가 되며, 여기서 θ는 코일면의 법선방향과 자계 사이의 각이며 S는 코일의 면적이다. 따라서 자계 내의 전류코일은 $\theta = 90°$(자계와 코일면이

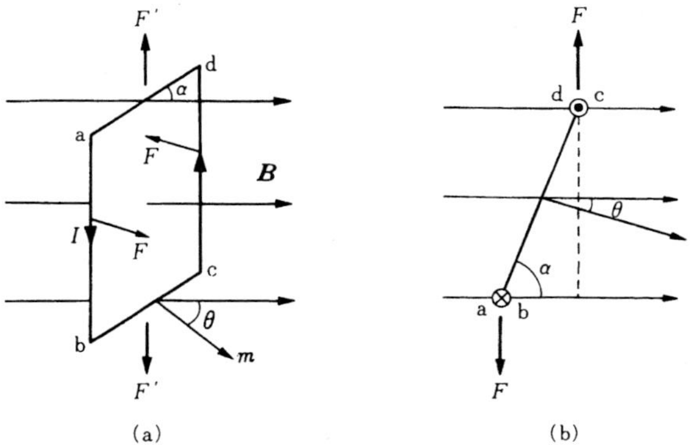

그림 9-20 구형전류와 자계

일치할 때)에서 회전력이 최대가 되며, 코일면을 통과하는 자속이 최대가 될 때 정지한다.

한편 그림 9-20의 경우 식 (9.45a)의 회전력을 식 (9.4)와 같이 벡터량으로 취급하면

$$\boldsymbol{T} = (I\boldsymbol{n}S) \times \boldsymbol{B} \, [\mathrm{N \cdot m}] \tag{9.45b}$$

와 같이 크기와 회전방향을 동시에 표현할 수 있다. 여기서 $\boldsymbol{n}$은 전류방향과 우수계를 이루는 코일면 S의 법선단위벡터이다. 식 (9.45b)를 식 (9.4)와 비교할 때

$$\left.\begin{aligned} \mu_{mi} &= IS \\ \boldsymbol{\mu}_{mi} &= I\boldsymbol{n}S = I\boldsymbol{S} \end{aligned}\right\} \; [\mathrm{A \cdot m^2}] \tag{9.46}$$

를 회로전류에 대한 **자기쌍극자능률**(magnetic dipole moment of loop current)로 놓을 수 있으며 여기서 $\boldsymbol{S}\,[\mathrm{m^2}]$는 전류회로의 면적벡터이다.

9.6 자 위

정전계의 전위에 대응한 자위(磁位)를 생각할 수 있는데 자계에서는 자위를 스칼라량과 벡터량의 두 방식으로 표시하며 이들 자위로부터 전류에 의한 자계를 구할 수 있다.

【1】 스칼라자위

정전계는 비회전계로 식 (9.29)에서

$$\text{rot}\,\boldsymbol{E} = 0, \qquad \oint_C \boldsymbol{E}\cdot d\boldsymbol{l} = 0$$

이므로, 전계 $\boldsymbol{E}$를 스칼라함수인 전위 $V_{(xyz)}$에 대한

$$\boldsymbol{E} = -\,\text{grad}\,V\,[\text{V/m}]$$

로 표시할 수 있다. 왜냐하면 식 (1.26)에서 rot $\boldsymbol{E}=0$의 조건이 항상 만족하기 때문이다. 그리고 비회전계에서의 전위는 그 위치에 따라 하나의 값만을 가지며 한 점의 전위는

$$V = -\int_\infty^P \boldsymbol{E}\cdot d\boldsymbol{l}\,[\text{V}]$$

로 주어졌다. 이에 대하여 정상자계에서는 $\boldsymbol{J}=0$인 점에서

$$\text{rot}\,\boldsymbol{H} = 0, \qquad \oint_C \boldsymbol{H}\cdot d\boldsymbol{l} = 0 \tag{9.47}$$

이므로

$$\boldsymbol{H} = -\,\text{grad}\,V_m\,[\text{A/m}] \quad (\boldsymbol{J}=0) \tag{9.48}$$

로 놓을 수 있으며, V_m을 **스칼라자위**(magnetic scalar potential)라 하며 [A]의 단위를 갖는다. 그리고 $\boldsymbol{J}=0$인 경우 V_m은 유일값으로

$$V_m = -\int_\infty^P \boldsymbol{H}\cdot d\boldsymbol{l}\,[\text{A}] \tag{9.49}$$

로 놓을 수 있다. 그러나 $\boldsymbol{J}\neq 0$인

$$\text{rot}\,\boldsymbol{H} = \boldsymbol{J}, \qquad \oint_C \boldsymbol{H}\cdot d\boldsymbol{l} = I$$

의 조건하에서는 자위 V_m은 다가함수(多價函數)가 된다.

◆ 예제 9-18

예제 9-3에 대한 임의의 점 P의 자위를 구하라.

풀이 그림 9-5에서 점 P가 원형전류를 관통하지 않는다면 식 (9.47)의 조건이 만족되므로 식 (9.49)를 이용할 수 있다. 즉, 식 (9.21)에서 원형전류에 의한 자위

$$V_m = -\int_\infty^P \boldsymbol{H}\cdot d\boldsymbol{l} = -\frac{a^2 I}{2}\int_\infty^z \frac{dz}{(a^2+z^2)^{3/2}}$$
$$= \frac{I}{4\pi}2\pi\left(1-\frac{z}{\sqrt{a^2+z^2}}\right)[\mathrm{A}]$$

가 얻어진다. 한편 원형전류가 점 P에 대하여 이루는 입체각을 ω [sr]라 하면 식 (4.3)에서

$$\omega = 2\pi\left(1-\frac{z}{\sqrt{a^2+z^2}}\right)[\mathrm{sr}]$$

가 되므로 자위는

$$V_m = \frac{I}{4\pi}\omega\,[\mathrm{A}] \tag{9.50a}$$

가 된다. 이 관계는 그림 9-21에서와 같이 점 P가 임의의 위치인 경우에도 성립하는 중요한 식으로, 입체각 ω가 위치함수로 주어질 때 회로전류에 의한 자계를 식 (9.48)에서 구할 수 있다.
즉, 그림 9-21의 원형전류의 점 P에 대한 입체각을 구하면 $a \ll r$인 경우 식 (4.2)에서

$$\omega = \frac{\pi a^2 \cos\theta}{r^2}\;[\mathrm{sr}]$$

이 되므로, 점 P의 자위는 식 (9.50a)와 식 (9.46)에서

$$V_m = \frac{\pi a^2 I\cos\theta}{4\pi r^2} = \frac{\mu_{mi}\cos\theta}{4\pi r^2}[\mathrm{A}] \tag{9.50b}$$

가 되며, 여기서 μ_{mi} [$\mathrm{A\cdot m^2}$]는 원형전류의 자기쌍극자능률이다. 그리고 식 (9.48)에서 점 P의 자계는

$$\left.\begin{aligned} H_r &= -\frac{\partial V_m}{\partial r} = \frac{Ia^2}{2r^3}\cos\theta = \frac{\mu_{mi}}{2\pi r^3}\cos\theta\,[\mathrm{A/m}] \\ H_\theta &= -\frac{\partial V_m}{r\partial\theta} = \frac{Ia^2}{4r^3}\sin\theta = \frac{\mu_{mi}}{4\pi r^3}\sin\theta\,[\mathrm{A/m}] \end{aligned}\right\} \tag{9.50c}$$

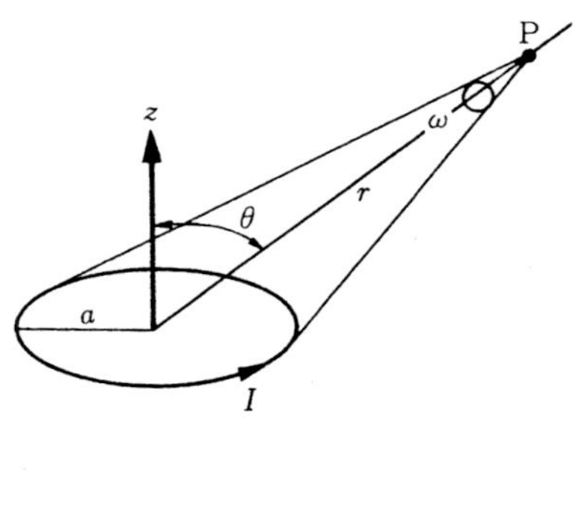

그림 9-21 원형전류와 자위

가 된다. 따라서 점 P가 z축 위에 있으면 $\theta=0$이므로

$$H_z = \frac{a^2 I}{2z^3} = \frac{\mu_{mi}}{2\pi z^3} \ [\mathrm{A/m}] \tag{9.50d}$$

가 되며, $a \ll r$인 경우에는 식 (9.12)에 가까운 값이 얻어진다.

◆ 예제 9-19

예제 9-4의 자계 내의 자위를 구하라.

풀이 전류 I[A]를 $\boldsymbol{a}_z$ 방향으로 취하였을 때 그림 9-22의 점 P(r, ϕ, 0)에서는 $\boldsymbol{J}=0$이 되어, 식 (9.47)이 만족되므로 식 (9.48), (3.14a)를 이용하여 자위를 구한다. 즉,

$$\frac{I}{2\pi r}\boldsymbol{a}_\phi = -\frac{1}{r}\frac{\partial V_m}{\partial \phi}\boldsymbol{a}_\phi$$

에서, 점 P의 자위는

$$V_m = -\frac{I}{2\pi}\phi + C$$

가 된다. x축상의 자위를 0으로 취하면

$$\phi = 0 : V_m = 0 \qquad \therefore\ C = 0$$

$$\therefore\ V_m = -\frac{I}{2\pi}\phi \ [\mathrm{A}] \quad (0 < \phi < 2\pi) \tag{9.51}$$

가 되어 직선전류에 의한 자위는 각 ϕ만의 함수가 된다. 따라서 직선전류에 의한 자위가 주어졌을 경우의 자계는 식 (9.51)과 (9.48)에서

$$\boldsymbol{H} = -\nabla_{(r\phi z)} V_m = \frac{I}{2\pi r}\boldsymbol{a}_\phi \ [\mathrm{A/m}]$$

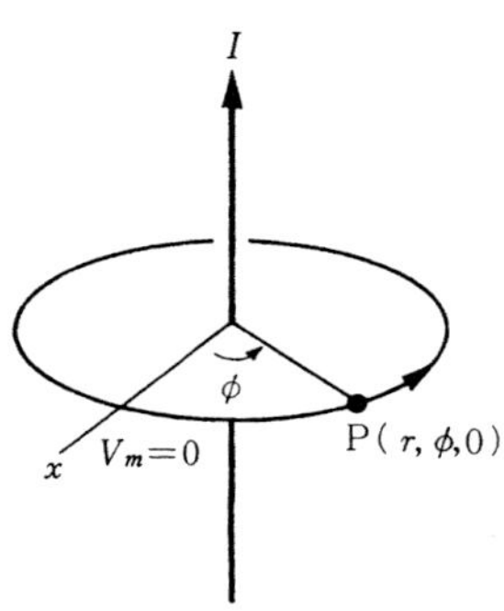

그림 9-22 자 위

가 되어, 예제 9-4와 같은 결과가 얻어진다.

한편 점 $\left(r, \frac{\pi}{4}, 0\right)$에서의 자위는 식 (9.51)에서

$$V_m = -\frac{I}{8} \text{ [A]} \quad (0 < \phi < 2\pi, \ \boldsymbol{J} = 0)$$

가 되어 유일값을 갖는다.

그러나 $\boldsymbol{J} \neq 0$, 즉 $\oint_C \boldsymbol{H} \cdot d\boldsymbol{l} = I$의 조건하에서는 점 P를 반시계방향으로 일주시키면 x축상의 자위가 $-I$ [A]만큼 증가하므로 점 P의 자위는

$$V_m = -I\left(1 + \frac{\phi}{2\pi}\right) \text{ [A]}$$

가 되며, 1회전할 때마다 자위가 $-I$ [A]만큼씩 증가한다. 따라서 n회전에 대한 자위는

$$V_m = -I\left(n + \frac{\phi}{2\pi}\right) \text{ [A]} \quad (n = 0, \pm 1, \pm 2, \cdots) \tag{9.52a}$$

이며, $\phi = \frac{\pi}{4}$ [rad]인 점에서는

$$V_m = -I\left(n + \frac{1}{8}\right) \text{ [A]} \quad (n = 0, \pm 1, \pm 2, \cdots) \tag{9.52b}$$

가 되어 $\boldsymbol{J} \neq 0$인 조건하의 자위는 다가치(多價値)를 갖는다.

【2】 벡터자위

공간전류분포 $\boldsymbol{J}$ [A/m^2]에 의한 자계는 식 (9.28)에 의하여

$$\nabla \times \boldsymbol{H} = \text{rot } \boldsymbol{H} = \boldsymbol{J} \tag{9.53a}$$

로 주어지며, 이 자계 $\boldsymbol{H}$ [A/m]에 의한 자속밀도는 식 (9.34)에서

$$\boldsymbol{B} = \mu_0 \boldsymbol{H} \text{ [T]} \tag{9.53b}$$

가 되며, $\boldsymbol{B}$의 벡터계는 식 (9.4)에서

$$\nabla \cdot \boldsymbol{B} = \text{div } \boldsymbol{B} = 0 \tag{9.53c}$$

의 연속성을 갖는다. 이러한 벡터계를 솔레노이달계(solenoidal field)라고도 한다.

벡터 $\boldsymbol{A}$가 위치함수의 벡터계일 때 벡터계 $\boldsymbol{B}$를

$$\boldsymbol{B} = \text{rot}\,\boldsymbol{A} = \nabla \times \boldsymbol{A}\ [\text{T}] \tag{9.54}$$

와 같이 놓을 수 있다. 왜냐하면 식 (1.28)에서

$$\text{div rot}\,\boldsymbol{A} = \nabla \cdot \nabla \times \boldsymbol{A} \equiv 0$$

가 항상 성립하여 $\boldsymbol{B}$의 연속성을 만족하기 때문이다. 이 경우 벡터 $\boldsymbol{A}$를 자속밀도 $\boldsymbol{B}$에 대한 **벡터자위**(magnetic vector potential) 또는 **벡터 퍼텐셜**(vector potential)이라 하며, 전류에 의한 전계 및 전자파의 전파문제 등을 풀이하는 데 이용되는 중요한 벡터량으로 [Wb/m]의 단위를 갖는다.

이상의 식 (9.53a, b, c) 들에서

$$\boldsymbol{J} = \text{rot}\,\boldsymbol{H} = \frac{1}{\mu_0}\,\text{rot}\,\boldsymbol{B} = \frac{1}{\mu}\,\text{rot rot}\,\boldsymbol{A} \tag{9.55}$$

가 얻어지는데, 벡터공식 식 (1.27)

$$\text{rot rot}\,\boldsymbol{A} = \text{grad div}\,\boldsymbol{A} - \nabla^2 A$$

의 결과를 식 (9.55)에 적용함에 있어서, 연속성의 벡터계 $\boldsymbol{B}$를 표시하는 벡터 $\boldsymbol{A}$가 불연속적일 수가 없으므로

$$\text{div}\,\boldsymbol{A} = \nabla \cdot \boldsymbol{A} = 0 \tag{9.56}$$

가 되어야 할 것이다(예제 9-20 참조). 따라서 식 (9.55)는

$$\nabla^2 \boldsymbol{A} = -\mu_0 \boldsymbol{J} \tag{9.57a}$$

가 되어 분포전류계 $\boldsymbol{J}\,[\text{A/m}^2]$에 의한 벡터 퍼텐셜 $\boldsymbol{A}\,[\text{Wb/m}]$의 관계를 표시하는 벡터함수의 Poisson의 방정식이 얻어진다. 만일 고찰점에 전류분포가 없으면 다음과 같은 Laplace 방정식이 얻어진다.

$$\nabla^2 \boldsymbol{A} = 0\ \ (\boldsymbol{J} = 0) \tag{9.57b}$$

식 (9.57)의 벡터미분방정식을 풀어 $\boldsymbol{J}$와 $\boldsymbol{A}$의 관계를 구하면 식 (3.8)에서와 같이

$$\boldsymbol{A} = \frac{\mu_0}{4\pi} \iiint_v \frac{\boldsymbol{J} dv}{r}\ [\text{Wb/m}] \tag{9.58}$$

를 얻을 수 있는데, 여기서 r [m]은 원천전류분포 $\boldsymbol{J}dv$ [A·m]에서 벡터 퍼텐셜 $\boldsymbol{A}$를 구하여야 할 고찰점까지의 거리이며, v [m^3]는 전(全)공간의 체적이다. 그런데 우리가 흔히 취급하는 전류분포는 그림 9-23과 같은 회로전류이며

$$\boldsymbol{J}dv = Id\boldsymbol{l}\,[\mathrm{A \cdot m}]$$

의 관계가 있으므로, 회로전류 C에 의한 자계 내 임의의 점의 벡터 퍼텐셜은

$$\boldsymbol{A} = \frac{\mu_0}{4\pi}\oint_C \frac{Id\boldsymbol{l}}{r}\ [\mathrm{Wb/m}] \tag{9.59}$$

와 같이 놓을 수 있다. 여기서 r [m]는 미소전류선분 $Id\boldsymbol{l}$ [A·m]에서 고찰점까지의 거리이며 C는 전전류회로이다.

따라서 전류분포에 의한 자계는 벡터 퍼텐셜 $\boldsymbol{A}$에서

$$\boldsymbol{H} = \frac{\boldsymbol{B}}{\mu_0} = \frac{1}{\mu_0}\nabla\times\boldsymbol{A}\ [\mathrm{A/m}] \tag{9.60}$$

의 미분계산으로 구해진다.

그림 9-22의 무한직선전류에 의한 자계 내 한 점 P의 벡터 퍼텐셜 $\boldsymbol{A}$를 구하면 식 (9.59)에서

$$\boldsymbol{A} = -\frac{\mu_0 I}{2\pi}\ln r\boldsymbol{a}_z\ [\mathrm{Wb/m}]$$

가 얻어진다(연습문제 9-30 참조). 한편 식 (9.30)에서

$$\nabla_{(r\phi z)}\times\boldsymbol{A} = -\frac{\partial A_z}{\partial r}\boldsymbol{a}_\phi = \frac{\mu_0 I}{2\pi}\frac{1}{r}\boldsymbol{a}_\phi$$

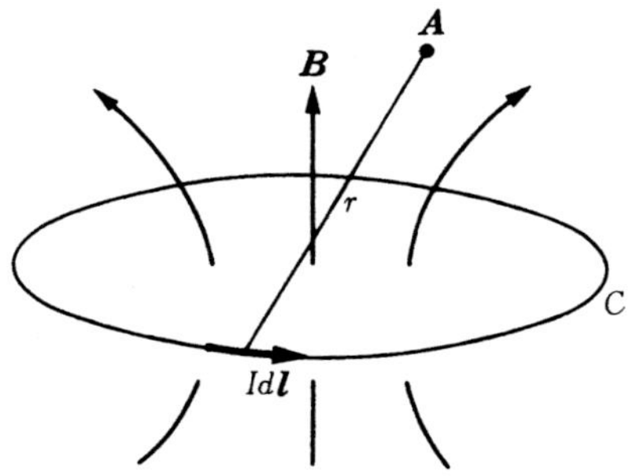

그림 9-23 회로전류와 벡터 퍼텐셜

가 되므로, 식 (9.60)에서

$$H = \frac{1}{\mu_0} \nabla \times A = \frac{I}{2\pi r} a_\phi \,[\mathrm{A/m}]$$

가 되어 스칼라자위 식 (9.51)에서 구한 값과 같이 된다.

◆ 예제 9-20

벡터 퍼텐셜을 이용하여 전류에 의한 자계에서의 여러 법칙을 유도하라.

풀이 (1) **Biot-Savart의 법칙 유도** : 전류분포의 원천점과 자계를 구하는 고찰점의 위치를 각각 $P_1(x_1, y_1, z_1)$, $P_2(x_2, y_2, z_2)$라 하면, 고찰점의 A_2와 H_2는 식 (9.58)과 (9.60)에서

$$A_2 = \frac{\mu_0}{4\pi} \iiint_v \frac{J_1 dv_1}{r_{21}} \,[\mathrm{Wb/m}]$$

$$H_2 = \frac{1}{\mu_0} \nabla_2 \times A_2 = \frac{1}{4\pi} \iiint_v \left[\nabla_2 \times \frac{J_1}{r_{21}} \right] dv_1 \,[\mathrm{A/m}]$$

$$r_{21} = \left\{ (x_2 - x_1)^2 + (y_2 - y_1)^2 + (z_2 - z_1)^2 \right\}^{1/2} \,[\mathrm{m}]$$

가 되며, 여기서 벡터미분공식(부록 Ⅳ-5-15)을 이용하면

$$\nabla_2 \times \frac{J_1}{r_{21}} = \left(\nabla_2 \frac{1}{r_{21}} \right) \times J_1 + \frac{1}{r_{21}} (\nabla_2 \times J_1)$$

와 같이 전개된다. 그런데 ∇_2는 고찰점 (x_2, y_2, z_2)에 대한 미분연산자이며, J_1는 원천점 (x_1, y_1, z_1)의 함수이므로 우변 제2항은 0이 된다. 한편 식 (1.22)에서

$$\nabla_2 \frac{1}{r_{21}} = -\frac{a_{21}}{r_{21}^2}$$

가 되므로, 구하는 자계는

$$H_2 = \frac{-1}{4\pi} \iiint_v \frac{a_{21} \times J_1}{r_{21}^2} dv_1 = \frac{1}{4\pi} \iiint_v \frac{J_1 \times a_{21}}{r_{21}^2} dv_1 \,[\mathrm{A/m}]$$

가 되어 식 (9.8)의 Biot-Savart의 법칙이 유도된다. 여기서 a_{21}는 P_1P_2 방향의 단위벡터이다.

(2) **$\nabla \cdot A = 0$의 증명** : 점 $P_1(x_1, y_1, z_1)$의 정상전류분포 $J_1\,[\mathrm{A/m^2}]$

에 의한 고찰점 $P_2(x_2,\ y_2,\ z_2)$의 벡터 퍼텐셜은 식 (9.58)에

$$\boldsymbol{A}_2 = \frac{\mu_0}{4\pi}\iiint_{v_1}\frac{\boldsymbol{J}_1}{r_{21}}dv_1\ [\mathrm{Wb/m}]$$

이며, $\boldsymbol{A}_2$에 대한 점 P_2에서의 발산을 취하면

$$\nabla_2\cdot\boldsymbol{A}_2 = \frac{\mu_0}{4\pi}\iiint_{v_1}\nabla_2\cdot\left(\frac{\boldsymbol{J}_1}{r_{21}}\right)dv_1$$

가 되는데, 여기서 벡터공식(부록 Ⅳ-5-6)을 적용함에 있어 $\nabla_2\cdot\boldsymbol{J}_1=0$이므로

$$\nabla_2\left(\frac{\boldsymbol{J}_1}{r_{21}}\right) = \boldsymbol{J}_1\cdot\nabla_2\left(\frac{1}{r_{21}}\right)+\frac{1}{r_{21}}\nabla_2\cdot\boldsymbol{J}_1 = \boldsymbol{J}_1\cdot\nabla_2\left(\frac{1}{r_{21}}\right)$$

가 얻어지며, 다음 미분계산에서

$$\nabla_2\left(\frac{1}{r_{21}}\right) = -\nabla_1\left(\frac{1}{r_{21}}\right)$$

의 관계가 구해지므로

$$\nabla_2\cdot\left(\frac{\boldsymbol{J}_1}{r_{21}}\right) = -\nabla_1\cdot\left(\frac{\boldsymbol{J}_1}{r_{21}}\right)$$

가 얻어진다. 이 결과를 $\nabla_2\cdot\boldsymbol{A}_2$ 식에 대입한 후

$$\begin{aligned}\nabla_2\cdot\boldsymbol{A}_2 &= -\frac{\mu_0}{4\pi}\iiint_{v_1}\nabla_1\cdot\left(\frac{\boldsymbol{J}_1}{r_{21}}\right)dv_1\\ &= -\frac{\mu_0}{4\pi}\oint\!\!\oint_S\left(\frac{\boldsymbol{J}_1}{r_{21}}\right)\cdot\boldsymbol{n}dS\end{aligned}$$

와 같이 변형할 수 있다. 여기서 폐곡면 S를 그림 9-24와 같이 $\boldsymbol{J}_1$ 분포에 대한 체적 v_1 외부에 취하면 $\boldsymbol{J}_1=0$이 되어

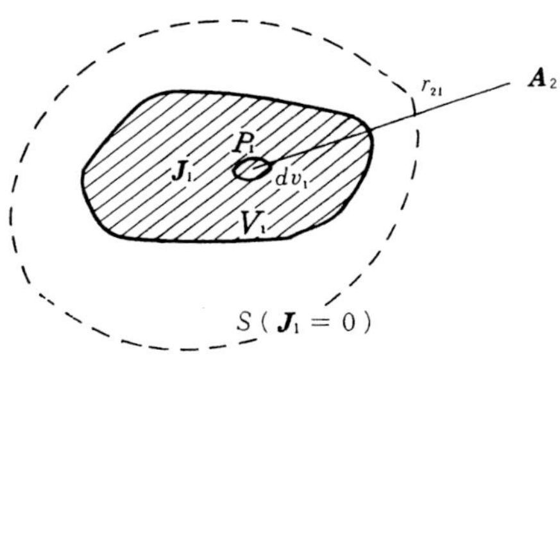

그림 9-24 $\nabla\cdot\boldsymbol{A}=0$의 증명

$$\nabla \cdot \boldsymbol{A} = 0$$

의 벡터 퍼텐셜의 연속성 식 (9.56)이 유도된다.

(3) **Ampere의 주회법칙 유도** : 자계 $\boldsymbol{H}$에 대한 curl을 취하고 식 (9.53b)와 (9.54) 및 식 (1.27)을 적용하면

$$\nabla \times \boldsymbol{H} = \frac{1}{\mu_0} \nabla \times \boldsymbol{B} = \frac{1}{\mu_0} \nabla \times \nabla \times \boldsymbol{A}$$
$$= \frac{1}{\mu_0} [\nabla(\nabla \cdot \boldsymbol{A}) - \nabla^2 \boldsymbol{A}]$$

가 얻어지는데, 이 결과에 식 (9.56)과 (9.57a)를 적용하면

$$\nabla \times \boldsymbol{H} = \boldsymbol{J}$$

가 구해지며 Stokes의 정리에서

$$\oint_C \boldsymbol{H} \cdot d\boldsymbol{l} = I$$

의 Ampere의 주회법칙이 얻어진다.

◆ **예제 9-21**

자계 내의 임의의 폐곡선 C와 쇄교하는 자속이 폐곡선상의 벡터 퍼텐셜 $\boldsymbol{A}$의 선적분과 같음을 유도하라.

풀이 C를 주변으로 하는 임의의 면 S상의 자속밀도를 $\boldsymbol{B}$ [T = Wb/m^2], S에 대한 법선단위벡터를 $\boldsymbol{n}$이라 하면, 면적 S를 $\boldsymbol{n}$ 방향으로 통과하는 자속은

$$\phi = \iint_S \boldsymbol{B} \cdot \boldsymbol{n} dS = \iint_S \nabla \times \boldsymbol{A} \cdot \boldsymbol{n} dS \text{ [Wb]}$$

가 되는데, 여기에 Stokes의 정리를 적용하면 다음 식을 구할 수 있다.

$$\phi = \oint_C \boldsymbol{A} \cdot d\boldsymbol{l} \text{ [Wb]} \qquad (9.61)$$

연 습 문 제

9-1 점 (0, 0), (2, 0) [cm]에 4, -12 [m·Wb]의 점자극이 있을 때 점 (0, 1) [cm]의 자계를 구하라.

답 $(3.212\,\boldsymbol{i}-1.358\boldsymbol{j})\times 10^6$ [N/Wb]

9-2 그림 9-25와 같은 2개의 막대자석 사이에 작용하는 힘을 구하라. 단, $l_1=l_2=10$ [cm], $r=5$ [cm], $m_1=1$, $m_2=2$ [m·Wb]이다.

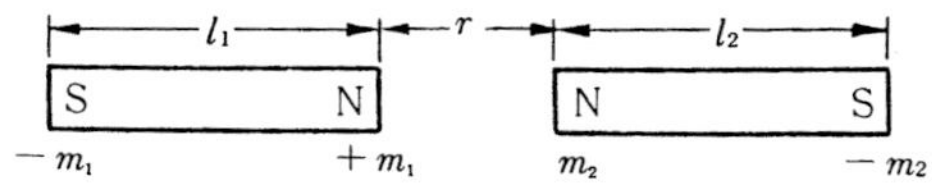

그림 9-25 문제 9-2

9-3 $\boldsymbol{k}$ 방향의 전류 20π [A]가 다음 도선에 흐를 때 점 (4, 3, 5) [m]의 자계를 구하라.

(1) $-\infty \le z \le +\infty$ [m] (2) $6 \le z \le 10$ [m] (3) $0 \le z \le 10$ [m]

답 (1) $2\boldsymbol{a}_\phi$ [A/m], (2) $0.216\boldsymbol{a}_\phi$ [A/m], (3) $0.894\boldsymbol{a}_\phi$ [A/m]

9-4 점 (0, $\pm d$, 0) [m]에 있는 $\pm I\boldsymbol{k}$ [A]의 무한직선전류에서 r_1, r_2 [m]가 되는 점 P의 자계를 구하라.

답 $\dfrac{Id}{\pi r_1 r_2}$ [A/m]

9-5 $z=\pm 10$ [cm]에 $r=10$ [cm]의 두 원형코일 (2 [A])이 z 축에 수직으로 놓였을 때 원점의 자계를 구하라.

답 $\pm 7.07\boldsymbol{k}$ [A/m] 또는 0

9-6 점 (1, 1, 0), (-1, -1, 0) [m]를 대각점으로 하는 정방형에 $\boldsymbol{a}_\phi$ 방향의 전류 8π [A]가 흐를 때, 다음 각 점의 자계를 구하라.

(1) 원점 (2) (0, 0, 1) [m] (3) (1, 1, 2) [m]

답 (1) $8\sqrt{2}\,\boldsymbol{k}=11.314\boldsymbol{k}$ [A/m], (2) $\dfrac{8}{\sqrt{3}}\boldsymbol{k}=4.619\boldsymbol{k}$ [A/m]

(3) $\dfrac{1}{2}\left[\left(\sqrt{2}-\dfrac{1}{\sqrt{3}}\right)(\boldsymbol{i}+\boldsymbol{j})+\dfrac{2}{\sqrt{3}}\boldsymbol{k}\right]=0.419\boldsymbol{i}+0.419\boldsymbol{j}+0.577\boldsymbol{k}$ [A/m]

9-7 $y=0$ 평면상 원점을 중심으로 하는 반지름 200 [cm]인 원형전류 10 [A]와 점 (0, 30, 0) [cm]의 $\boldsymbol{k}$ 방향 무한직선전류 3π [A]에 의한 점 (0, 15, 0) [cm]의 자계를 구하라.

답 $10\boldsymbol{i}+3.2\boldsymbol{j}=10.5\underline{/17.7^\circ}$ (x 축에 대한 각)

9-8 유한장 솔레노이드 $\left(-\frac{l}{2} \le z \le +\frac{l}{2},\ r = a\,[\mathrm{m}],\ \text{총권수}\ n\,[\mathrm{turns}]\right)$에 $I\,[\mathrm{A}]$가 흐를 때, 다음 각 점의 자계를 구하라.

(1) (0, 0, 2) (2) 원점

(3) 축상 각 점의 자계분포곡선

답 (1) $\frac{NI}{2l}\left[\frac{z+\frac{l}{2}}{\sqrt{a^2+\left(z+\frac{l}{2}\right)^2}} - \frac{z-\frac{l}{2}}{\sqrt{a^2+\left(z-\frac{l}{2}\right)^2}}\right]$ [A/m], (2) $\frac{NI}{\sqrt{4a^2+l^2}}$ [A/m]

9-9 문제 9-8의 원점의 자계가 무한장 솔레노이드인 경우에 비하여 오차가 2% 이하로 하기 위한 l과 a의 비를 구하라.

답 $l/a \fallingdotseq 10$

9-10 예제 9-7의 그림 9-10에 대한 토로이드 내의 자속 및 평균자계를 구하라.

답 $\mu_0 N^2 I(R-\sqrt{R^2-a^2})$ [Wb], $\frac{NI}{\pi a^2}(R-\sqrt{R^2-a^2})$ [AT/m]

$\left[\text{이 경우 } R \gg a\text{이면 } \sqrt{R^2-a^2} = R\left(1-\frac{a^2}{R^2}\right)^{1/2} = R\left(1-\frac{1}{2}\frac{a^2}{R^2}+\frac{1}{8}\frac{a^2}{R^4}\cdots\right)\right.$

$\left.\text{가 되어 } H = \frac{NI}{2\pi R}\ [\mathrm{AT/m}]\text{가 얻어진다.}\right]$

9-11 내외반지름 a, $b(<a)$ [m]의 중공원통도체 내에 반지름 $c(<b)$ [m]의 원주도체가 동축으로 배치되어 전류 $I\,[\mathrm{A}]$가 균일하게 왕복하고 있다. 각 부의 자계를 구하라.

답 도체 c 내부 : $H_1 = \frac{I}{2\pi c^2}r\ (0 \le r \le c)$ [A/m]

공동부 : $H_1 = \frac{I}{2\pi r}\ (0 \le r \le b)$ [A/m]

외부도체 내부 : $H_3 = \frac{I}{2\pi(a^2-b^2)}\left(\frac{a^2}{r}-r\right)(b \le r \le a)$ [A/m]

외부공간 : $H_4 = 0$

9-12 반지름 a [m]의 원주도체 내에 그림 9-26과 같은 반지름 b [m]의 공동관이 있다. 도체 내의 전류밀도 $J_z\,[\mathrm{A/m^2}]$가 균일할 때 공동 내의 자계를 구하라.

[힌트] 공동에 $-J_z\,[\mathrm{A/m^2}]$의 전류가 흐르는 것으로 계산하라.

답 $H_y = \frac{J_z}{2}d$ [A/m], 자계는 y 방향만의 균일자계가 된다.

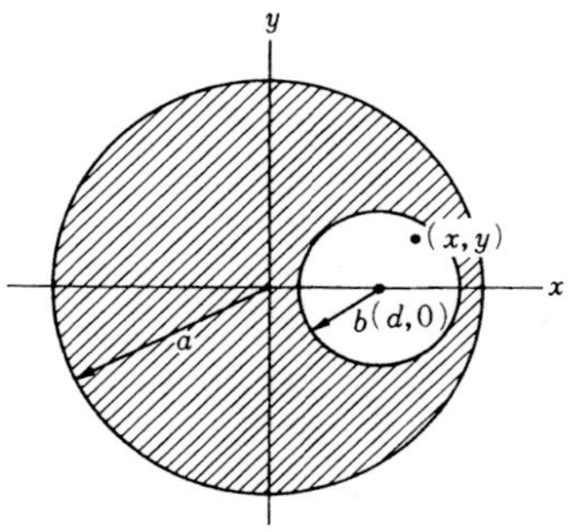

그림 9-26 문제 9-12

9-13 지구자석은 8.0×10^{15} [Wb·m]의 자기모멘트를 갖는다. 이 자기모멘트를 적도에 따른 원형코일로 만든다고 할 때 전류를 구하라.

답 5.0×10^7 [A]

9-14 전하 Q [C]로 대전된 반지름 a [m]의 구도체가 중심축 주위를 ω [rad/s]로 회전할 때의 자기모멘트를 구하라.

답 $\dfrac{\omega Q a^2}{3}$ [A m^2] 또는 $419\omega Q a^2$ [n·Wb·m]

9-15 다음 벡터함수의 curl에 대한 점 $(1,\ 1,\ \sqrt{2})$에서의 크기를 구하라.

(1) $\boldsymbol{F}=y\boldsymbol{i}+x\boldsymbol{j}$ (2) $\boldsymbol{F}=x^2\boldsymbol{i}+2yz\boldsymbol{j}-x^2\boldsymbol{k}$

(3) $\boldsymbol{F}=r^2z\boldsymbol{a}_\phi$ (4) $\boldsymbol{F}=r^2\sin\theta\,\boldsymbol{a}_\phi$

답 (1) 0, (2) 2.828 (3) 6.325, (4) 5.099

9-16 n-type 반도체 $(0\le y\le 2,\ 0\le z\le 0.4$ [mm])에 $I_x=20$ [mA]와 $B_z=0.1$ [T]를 가했을 때 1 [mV]의 Hall 전압이 발생하였다. 다음을 구하라.

(1) Hall 상수 (2) 1 [cc] 중의 전자수

답 (1) -0.2×10^{-3} [m^3/C], (2) 3.68×10^{16} [전자/cm^3]

9-17 다음 각 경우에 대하여 Stokes의 정리가 성립함을 증명하라.

(1) $\boldsymbol{F}=x^2y\boldsymbol{i}+2xy\boldsymbol{j}$의 대각점 $(\pm3,\ \pm4,\ 0)$의 구형면과 주변

(2) $\boldsymbol{F}=5r^2\boldsymbol{a}_\phi$의 $(r=2,\ z=0,\ 0\le\phi\le2\pi)$ 원면과 주변

(3) $\boldsymbol{F}=5r\sin\theta\cos^2\phi\,\boldsymbol{a}_\phi$의 원추저면 ($r=2$ [m], $0\le\theta\le\dfrac{\pi}{4}$, $0\le\phi\le2\pi$)과 주변

9-18 점전하 0.5 [C]이 다음 벡터계 중을 $4\boldsymbol{i}+2\boldsymbol{j}+3\boldsymbol{k}$ [m/s]의 속도로 이동할 때 받는 힘을 구하라.

(1) $\boldsymbol{E}=3\boldsymbol{i}+5\boldsymbol{j}+8\boldsymbol{k}$ [V/m] (2) $\boldsymbol{B}=1.3\boldsymbol{a}_r+60°\boldsymbol{a}_\phi-0.5\boldsymbol{a}_2$ [T]

(3) $\boldsymbol{E}+\boldsymbol{B}$

답 (1) 4.95 [N], (2) 3.36 [N], (3) 5.92 [N]

9-19 브라운관 내에서 17 [kV](문제 3-31 참조)로 가속된 전자가 평균자계 $B=1$ [mT]에 수직으로 입사되었을 때 전자운동에 대한 다음 각 양을 구하라.

(1) 속도　　(2) 궤도반지름　　(3) 각주파수

(4) 회전주기　　(5) 회전주파수

9-20 진공 중에서 속도 $\boldsymbol{u}$ [m/s]의 전자가 평등자계 $\boldsymbol{B}$ [T]에 대하여 θ의 각으로 입사한 경우 전자의 운동궤적을 구하라.

[힌트] 전자속도를 자계방향과 수직방향으로 분해하면 선회하며 전진한다.

답 회전반지름 $\dfrac{mu\sin\theta}{eB}$ [m], 전진속도 $u\cos\theta$ [m/s]

9-21 TV 브라운관 내에서 $7.7\times10^7\boldsymbol{j}$ [m/s]의 속도(문제 9-19 참조)로 진행하는 전자에 자계 $6\boldsymbol{i}$ [mT] 및 전계 $6.2\times10^5\boldsymbol{i}$ [V/m]가 $0\le y\le y_0=4$ [cm] 사이에서 균일하게 작용할 때 $y=30$ [cm]의 형광면에 대한 전자의 최대편위를 각각 구하라.

답 $15.31\boldsymbol{k}$, $20.6\boldsymbol{i}$ [cm]

9-22 전류에 의한 자속밀도의 벡터계에 대한 발산이 0이 됨을 증명하라.

9-23 식 (9.43)을 이용하여 식 (9.44)를 유도하라.

9-24 한 변의 길이 a [m]인 정삼각형의 각 정점에 I [A]의 무한직선전류가 평행배선되었을 때 각각에 작용하는 힘을 구하라.

답 $\pm\dfrac{\sqrt{3}\,\mu_0 I^2}{2\pi a}$ [N/m], $\dfrac{\mu_0 I^2}{2\pi a}$ [N/m]

9-25 길이 l [m], 간격 d [m]의 두 평행도선에 I_1, I_2 [A]가 흐를 때 상호간에 작용하는 힘을 구하라.

답 $\dfrac{\mu_0 I_1 I_2}{2\pi d}(\sqrt{d^2+l^2}-d)$ [N]

9-26 무한직선전류 I_1 [A]와 반지름 a [m]의 원전류 I_2 [A]가 동일평면상에 있다. 직선과 원중심 사이의 거리 $d(>a)$ [m]일 때 상호간에 작용하는 힘을 구하라.

답 $\mu_0 I_1 I_2\left(\dfrac{d}{\sqrt{d^2-a^2}}-1\right)$ [N]

9-27 점 (3, 3, 0), (−3, 3, 0) [cm]을 대각점으로 하는 정방형 도선에 $\boldsymbol{a}_\phi$ 방향으로 10 [A]가 흐를 때 다음을 구하라.

(1) 각 변 도선에 작용하는 힘

(2) 자계 $\boldsymbol{B} = \boldsymbol{i}$ [T]에 의한 벡터 회전력

(3) 자계 $B = y^2\boldsymbol{i}$ [T]에 의한 벡터 회전력

답 (1) 8.28 [μN]의 척력, (2) $36\boldsymbol{j}$ [mN·m], (3) $10.8\boldsymbol{j}$ [μN·m]

9-28 유한직선전류 $(-l_1 \le z \le +l_2$ [m]) I [A]에 의한 점 P(r, ϕ, 0) [m]의 벡터 퍼텐셜 및 자계를 구하라.

답 $$A_z = \frac{\mu_0 I}{4\pi}\int_{-l_1}^{l_2}\frac{dz}{\sqrt{r_2 + z^2}} = \frac{\mu_0 I}{4\pi}\ln\frac{\sqrt{r^2 + l_2^2} + l_2}{\sqrt{r^2 + l_1^2} - l_1}\ [\text{Wb/m}]$$

$$\boldsymbol{H} = \frac{I}{4\pi r}(\cos\theta_1 + \cos\theta_2)\boldsymbol{a}_\phi\ [\text{A/m}]$$

9-29 문제 9-4에 대한 점 P의 자계를 벡터 퍼텐셜을 이용하여 구하라.

[힌트] $$A_z = A_y = 0,\ A_z = \frac{\mu_0 I}{4\pi}\int_{-\infty}^{\infty}\left(\frac{1}{\sqrt{z^2 + r_1^2}} - \frac{1}{z^2 + r_2^2}\right)dz = -\frac{\mu_0 I}{2\pi}\ln\frac{r_1}{r_2}\ [\text{Wb/m}]$$

9-30 무한직선전류에 의한 벡터 퍼텐셜을 구하라.

답 $$A = \frac{\mu_0 I}{2\pi}\ln\frac{1}{r}\boldsymbol{a}_z\ [\text{Wb/m}]$$

9-31 z축 위의 무한직선전류 2 [A]에 의한 자계 내에서 점 (2, 45°, 0), (5, 45°, 10) [cm]을 대각점으로 하는 구형에 대하여 다음 식이 성립함을 증명하라.

$$\phi = \iint_S \boldsymbol{B}\cdot\boldsymbol{n}dS = \oint_C \boldsymbol{A}\cdot d\boldsymbol{l}\ [\text{Wb}]$$

9-32 균일자계 $\boldsymbol{B}$ [T] 내의 벡터 퍼텐셜을 구하라.

답 $$\boldsymbol{A} = \frac{1}{2}\boldsymbol{B}\times\boldsymbol{r}\ [\text{Wb/m}]$$

9-33 반지름 a [m], 전류 I [A]의 원형전류 중심의 자계를 벡터 퍼텐셜을 이용하여 구하라.

[힌트] 중심부근의 $\boldsymbol{A}$를 먼저 구하라.

답 $$\frac{I}{2a}\boldsymbol{k}\ [\text{A/m}]$$

9-34 자기쌍극자모멘트 $\mu_m = IS$ [A m^2]인 미소전류루프에 의한 임의의 점의 자계를 구하라.

답 $$B_r = \frac{\mu_0 IS\cos\theta}{2\pi r^3}\ [\text{T}],\ B_\theta = \frac{\mu_0 IS\sin\theta}{4\pi r^3}\ [\text{T}]$$

Chapter 10

자성체와 자기회로

10.1 자화의 본질

자유공간 내의 자계 중에 물체를 놓으면 양단에 자극이 발생하여 자계 분포에 변화가 생기게 되는데, 이때 이 물체는 자화(磁化, magnetize)되었다 하며 이러한 현상을 **자기유도**(磁氣誘導, magnetic induction), 자화된 물체를 **자성체**(磁性體, magnetic material)라 한다.

물체의 자화는 물질을 구성하는 각 원자 내의 핵과 전자의 운동으로 인한 미소전류루프에 의한 것으로 생각한다. 즉, 핵 주위를 회전하는 전자의 궤도운동과 궤도전자 및 핵의 자전운동, 즉 스핀(spin)에 해당한 미소전류루프의 자기쌍극자모멘트 방향이 외부자계에 의한 회전력에 의하여 일정방향으로 배열되어 자화현상이 생긴다고 본다.

이 경우 핵스핀에 의한 영향은 매우 작으므로 전자운동에 의한 자기모멘트가 자화상태를 결정하는데, 물체에 따라 외부자계에 의한 전자의 자기모멘트가 외부자계를 감소시키는 **역자성체**(antimagnetic material, H_2, Cu, Si, C, S 등)와 증가시키는 **상자성체**(常磁性體, paramagnetic material, O_2, W, Al, Mn, Sn, Pe 등)가 있다. 그리고 특히 큰 자기모멘트를 갖는 원자들이 같은 방향으로 평행배열된 자구(磁區, magnetic domain, 1 [μm]~수 [cm] 크기)로 구성된 **강자성체**(ferromagnetic material, Fe, Ni, Co 및 합금)와 전기저항이 비교적 크므로 고주파자계에 대한 Ohm 손이 적은 ferri **자성체**($Fe_2O_3 \cdot FeO$, $NiFe_2O_4$ 등) 등이 있다.

◆ 예제 10-1

수소원자에 대한 다음 값을 구하라.

(1) 원자자기쌍극자모멘트 (2) 회전각속도 (3) 회전력

풀이 (1) 외부자계가 없을 경우 수소원자의 전자궤도반지름을 a [m], 전자의 xy 면 위에서의 회전각속도를 $\omega_0(-\boldsymbol{a}_\phi)$ [rad/s], 회전주기를 τ [s]라 하면

$$\omega_0 = \frac{2\pi}{\tau} \text{ [rad/s]}, \quad \text{전자루프전류 } I = \frac{e}{\tau} = e\frac{\omega_0}{2\pi} \text{ [A]}$$

가 되므로, 전자의 궤도자기쌍극자모멘트는 식 (9.46)에서

$$\boldsymbol{\mu}_{m0} = IS\boldsymbol{k} = \frac{1}{2}ea^2\omega_0\boldsymbol{k} \text{ [A·m}^2\text{]}$$

가 된다. 한편 전자의 자전운동에 의한 스핀자기쌍극모멘트는 양자론에서

$$\beta = \pm\frac{e}{m}\frac{h}{4\pi} = \pm 9.25\times10^{-24} \text{ [A·m}^2\text{]}$$

로 주어지며 이것을 **자자**(磁子, magneton)라 한다. 여기서 $h = 6.62\times10^{-34}$ [J·s]는 Plank 상수이며, ± 의 부호는 전자스핀의 정부(正負) 회전방향을 의미하며 m [kg]은 전자의 질량이다.

따라서 수소원자의 자기쌍극자모멘트는 $\mu_{m0} + \beta$ [Am^2]가 되며 외부자계를 받았을 때 이들의 크기에 대한 변화가 자성체의 성격을 결정한다.

(2) 외부자계가 없을 경우 궤도전자에 작용하는 Coulomb 인력과 원심력의 평형상태에서는

$$\frac{1}{4\pi\varepsilon_0}\frac{e^2}{a^2} = ma\omega_0^2$$

에서 전자의 회전각속도

$$\omega_0 = \left[\frac{e^2}{4\pi\varepsilon_0 ma^3}\right]^{1/2} \text{ [rad/s]}$$

가 얻어진다. 따라서 전자의 궤도반지름을 $a = 6\times10^{-11}$ [m] = 0.6 [Å]이라면

$$\omega_0 = 3.42\times10^{-16} \text{ [rad/s]}, \quad \mu_{m0} = 9.86\times10^{-24} \text{ [A·m}^2\text{]}$$

가 된다.

(3) 자계 $\boldsymbol{B}=B\boldsymbol{j}$ [T]가 작용할 경우 전자궤도의 전류루프가 받는 회전력은 식 (9.45b)에서

$$\boldsymbol{T}=\boldsymbol{\mu}_{m0}\times\boldsymbol{B}=\frac{1}{2}ea^2\omega_0 B(-\boldsymbol{i})\ [\text{N}\cdot\text{m}]$$

가 되어, $-x$ 축을 축으로 하는 회전모멘트를 받는다. 예로 $B=1$ [T]인 경우 다음과 같이 된다.

$$T=9.86\times10^{-24}\ [\text{N}\cdot\text{m}]$$

10.2 자화와 자속밀도

강자성체에 외부자계가 작용하지 않을 경우 자구의 배열은 그림 10-1 (a)와 같이 서로 상쇄되어 전체로서의 자기모멘트를 갖지 못하지만, 자계를 가하면 자계와 비교적 가까운 방향의 자구가 변화를 일으켜 자신의 영역을 넓히며 회전을 시작하다가 그림 10-1 (d)와 같이 자계방향으로 완전 배열되어 **자기포화**(magnetic saturation)상태에 이르게 된다. 이러한 자화(磁化)상태를 유전체의 분극의 세기 식 (5.3)에서와 같이 양적으로 취급하기 위하여 **자화의 세기**(intensity of magnetization)를 정하고 다음과 같이 정의한다.

자성체의 자화는 이를 구성하는 원자 내의 전자운동인 **속박전류**(束縛電流, bound current 또는 Amperian current)의 자기쌍극자모멘트〔식 (9.46)〕에 의한 것이므로, 자화의 세기는 식 (5.3)에서와 같이 단위체적에

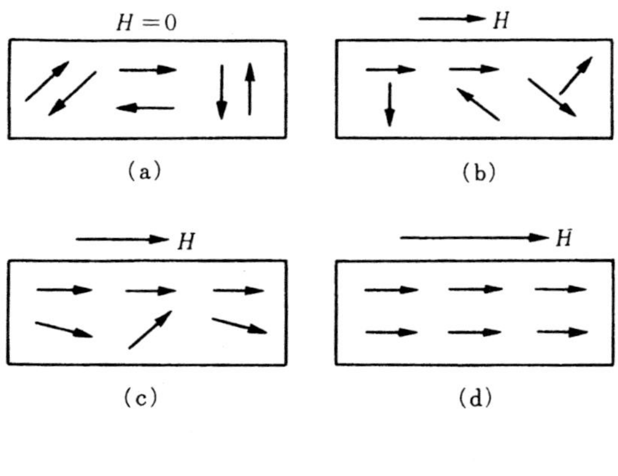

그림 10-1 자 화

대한 자기쌍극자모멘트들의 값

$$\boldsymbol{M} = \lim_{\Delta v \to 0} \frac{1}{\Delta v} \sum_{i=1}^{n\Delta v} \boldsymbol{\mu}_{mi} \,[\mathrm{A/m}] \tag{10.1}$$

로 정의한다. 여기서 n은 단위체적에 대한 자기쌍극자모멘트수이다. 한편 식 (10.1)과 (9.46)에서 자화의 세기를

$$\boldsymbol{M} = n\boldsymbol{\mu}_{mi} = nIdS \,[\mathrm{A/m}] \tag{10.2}$$

로도 표시할 수 있다. 여기서 dS는 속박전류 $I\,[\mathrm{A}]$를 주변으로 하는 미소 면적이다. 한편 자성체의 자화는 이에 가해진 자계 $\boldsymbol{H}\,[\mathrm{A/m}]$에 비례할 것이므로

$$\boldsymbol{M} = \chi_m \boldsymbol{H} \,[\mathrm{A/m}] \tag{10.3}$$

로 놓을 수 있으며, 여기서 χ_m은 자성체의 **자화율**(magnetic susceptibility)이라 한다.

이와 같이 자계 $\boldsymbol{H}\,[\mathrm{A/m}]$ 내의 자성체에는 $\boldsymbol{H}$와 $\boldsymbol{M}$의 두 벡터계가 공존하므로 이를 종합한 벡터계로 식 (9.34)에서 정의한 자속밀도 $\boldsymbol{B}$를 사용한다. 즉,

$$\boldsymbol{B} = \mu_0(\boldsymbol{H} + \boldsymbol{M}) \,[\mathrm{T} = \mathrm{Wb/m^2}] \tag{10.4}$$

로 표시하며, 여기에 식 (10.3)을 적용하면

$$\boldsymbol{B} = \mu_0(1+\chi_m)\boldsymbol{H} = \mu_0\mu_r\boldsymbol{H} = \mu\boldsymbol{H} \,[\mathrm{T}] \tag{10.5}$$

$$\mu = \mu_0\mu_r = \mu_0(1+\chi_m) \,[\mathrm{H/m}] \tag{10.6}$$

가 얻어지는데, 여기서 $\mu\,[\mathrm{H/m}]$와 μ_r은 자성체에 따라 정해지는 표 10-1에서와 같은 양으로 **투자율**(透磁率, permeability) 및 **비투자율**(比透磁率, relative permeability)이라 하며, 강자성체에서는 이들의 값이 자계에 따라 변하는 비선형성(그림 10-7 참조)을 갖는다. 그리고 자속밀도 $\boldsymbol{B}$의 벡터계(자속선)에 대한 연속성인 식 (9.41)

$$\mathrm{div}\,\boldsymbol{B} = 0 \tag{10.7}$$

의 관계는 모든 자성체에 대하여 성립하므로 항상 폐곡선을 형성한다. 따라서 자속선은 모든 자성체에 대하여 연속이므로 자속선의 차단은 불가능

표 10-1 비투자율

물 질	종별	μ_r	물 질	종별	μ_r
비스무트	역	0.99983	코발트	강	250
은	〃	0.99998	니켈	〃	600
연	〃	0.999983	Mn-Zn-페라이트 압분심	〃	1,500
동	〃	0.999991	선철(0.2C, Fe)	〃	2,000
물	〃	0.999991	철(0.2 불순물)	〃	5,000
진공	무	1	Si-스틸(4% Si, Fe)	〃	7,000
공기	상	1.0000004	78 퍼멀노이(78.5Ni, Fe)	〃	100,000
알루미늄	〃	1.00002	mumetal(75Ni, 5Cu, 2Cr, Fe)	〃	100,000
팔라듐	〃	1.0008	순철(0.05 불순물)	〃	200,000
2-81 퍼멀노이(2Mo, 81Ni, Fe) 압분심(壓粉心)	강	125	supermalloy(5Mo, 79Ni, Fe)	〃	1,000,000

주) 강자성체는 최대비투자율의 값임

하다(예제 6-14 참조).

◆ 예제 10-2

$\boldsymbol{B} = \mu_0(\boldsymbol{H} + \boldsymbol{M})$ [T]를 원자의 속박전류 자기쌍극자모멘트를 이용하여 유도하라.

풀이 자성체를 구성하는 원자들의 속박전류 I_b [A]에 의한 자기쌍극자모멘트 $\boldsymbol{\mu}_m$ [Am^2]가 자계에 의하여 그림 10-2에서와 같이 회전되었을 때, 자성체 내의 임의의 폐곡선 C의 $d\boldsymbol{l}$부와 쇄교하는 속박전류는 식 (10.2)에서

$$dI_b = nId\boldsymbol{S}\cdot d\boldsymbol{l} = \boldsymbol{M}\cdot d\boldsymbol{l}\,[\mathrm{A}]$$

가 되므로, 폐곡선 전체와 쇄교하는 전류는 Stokes의 정리를 적용하여

$$I_b = \oint_C \boldsymbol{M}\cdot d\boldsymbol{l} = \iint_S \mathrm{rot}\,\boldsymbol{M}\cdot \boldsymbol{n}dS\,[\mathrm{A}]$$

가 된다. 한편 속박전류밀도를 $\boldsymbol{J}_b$ [A/m^2]라 하면

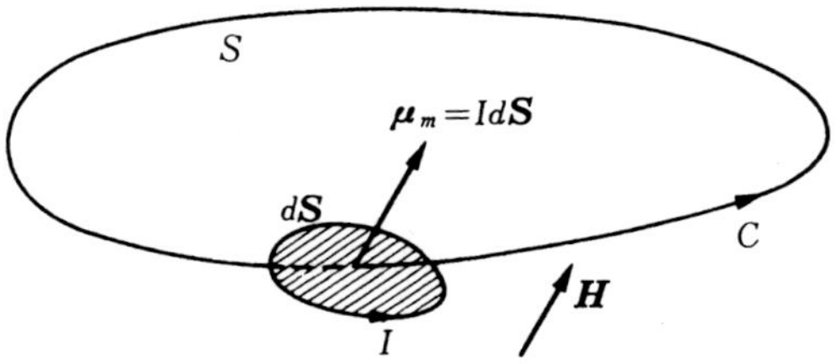

그림 10-2 속박전류와 자화

$$I_b = \iint_S \boldsymbol{J}_b \cdot \boldsymbol{n} dS \, [\mathrm{A}]$$

가 되므로

$$\mathrm{rot}\, \boldsymbol{M} = \boldsymbol{J}_b \, [\mathrm{A/m^2}] \tag{10.8}$$

와 같은 속박전류계 $\boldsymbol{J}_b$와 자화의 벡터계 $\boldsymbol{M}$ [A/m^2]의 관계가 얻어진다. 따라서 자성체를 $\boldsymbol{J}_b$의 전류분포를 갖는 자유공간으로 대체하면 이 공간에서의 종합자계 $\boldsymbol{H}$는

$$\mathrm{rot}\, \boldsymbol{H} = \boldsymbol{J} + \boldsymbol{J}_b \, [\mathrm{A/m^2}]$$

로 주어지며, 여기서 $\boldsymbol{J}$ [A/m^2]는 자유전하에 의한 전류계이다. 한편 식 (9.34)와 (10.8)에서

$$\mathrm{rot}\left(\frac{\boldsymbol{B}}{\mu_0} - \boldsymbol{M}\right) = \boldsymbol{J} \, [\mathrm{A/m^2}]$$

가 얻어지는데, 이를 자유전하 전류계에 의한 자계식 (9.28)과 비교하여

$$\frac{\boldsymbol{B}}{\mu_0} - \boldsymbol{M} = \boldsymbol{H}, \quad \boldsymbol{B} = \mu_0(\boldsymbol{H} + \boldsymbol{M}) \, [\mathrm{T}]$$

가 유도된다. 이에 대하여 자성체를 미소한 분자자석의 집합체로 생각할 경우에 대한 자화의 세기는 식 (9.3)을 식 (10.1)에 적용하여

$$\boldsymbol{M} = \lim_{\Delta v \to 0} \frac{1}{\Delta v} \sum_{i=1}^{n\Delta v} \boldsymbol{\mu}_{mi} \, [\mathrm{T}]$$

가 되므로 자성체에 작용하는 자계 $\boldsymbol{H}$ [A/m]와 자화의 세기 $\boldsymbol{M}$ [T]를 종합한 자속밀도는 다음과 같이 표시된다.

$$\boldsymbol{B} = \mu_0 \boldsymbol{H} + \boldsymbol{M} \, [\mathrm{T}] \tag{10.9}$$

◆ 예제 10-3

자성체 ($3 \times 4 \times 20$ [cm^3])가 $B = 130$ [mT]로 자회되었을 때 자기모멘트 24 [A·m^2]이다. 다음을 구하라.

(1) M (2) H (3) χ_m (4) μ_r

풀이 (1) 자성체봉의 체적 $V = 2.4 \times 10^{-4}$ [m^3]이므로 식 (10.1)에서

$$M = 10^5 \, [\mathrm{A/m}]$$

(2) 식 (10.4)에서

$$H = \frac{B}{\mu_0} - M = 3.45 \times 10^3 \text{ [A·m]}$$

(3) 식 (10.3)에서 $\chi_m = 29$

(4) 식 (10.6)에서 $\mu_r = 30$

즉, 자성체 내의 자계효과는 속박전류가 자유전하에 의한 것보다 29배나 크며, μ_r 또는 자속밀도는 이들의 효과를 완전히 포함하고 있음을 알 수 있다.

10.3 자계의 경계조건

전력기기는 각종 자성체로 구성되어 있으므로 이들의 경계면에 대한 자계분포를 정리할 필요가 있다.

정전계의 기본식

$$\left.\begin{aligned} &\operatorname{div} \boldsymbol{D} = \rho \\ &\boldsymbol{D} = \varepsilon \boldsymbol{E} \\ &\operatorname{rot} \boldsymbol{E} = 0 \quad \text{즉} \quad V_{ab} = -\int_b^a \boldsymbol{E} \cdot d\boldsymbol{l} \end{aligned}\right\} \tag{10.10}$$

에서 유전체에 대한 경계조건 식 (5.17)을 유도하였는데, 이에 대응하는 관계식

$$\left.\begin{aligned} &\operatorname{rot} \boldsymbol{H} = \boldsymbol{J} && \text{(a)} \\ &\boldsymbol{B} = \mu \boldsymbol{H} && \text{(b)} \\ &\operatorname{div} \boldsymbol{B} = 0 && \text{(c)} \end{aligned}\right\} \tag{10.11}$$

에서 자성체의 경계면에 대한 조건식

$$\left.\begin{aligned} &H_1 \sin\theta_1 = H_2 \sin\theta_2 && \text{(a)} \\ &B_1 \cos\theta_1 = b_2 \cos\theta_2 && \text{(b)} \end{aligned}\right\} \tag{10.12}$$

을 5-4절에서와 같이 유도할 수 있다.

즉, 그림 10-3과 같이 μ_1, μ_2 [H/m]의 자성체 경계면에 대하여 자계가

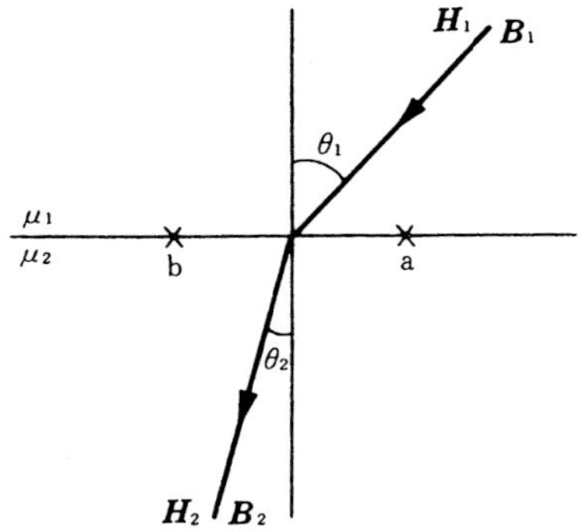

그림 10-3 자계의 경계조건

θ_1, θ_2의 각으로 입사굴절할 때, 경계면에 전류분포가 없다면 식 (10.11a)와 식 (9.50)에서 식 (10.12a)가 유도된다. 그리고 식 (10.11c)에 발산정리를 적용하므로 식 (10.12b)의 관계식이 유도된다.

한편 식 (10.11b)에서

$$B_1 = \mu_1 H_1, \qquad B_2 = \mu_2 H_2$$

의 관계가 얻어지는데, 이것을 식 (10.12)에 적용하므로

$$\frac{\tan\theta_1}{\tan\theta_2} = \frac{\mu_1}{\mu_2} \tag{10.13}$$

의 굴절의 법칙이 유도된다. 그림 10-3은 $\mu_1 > \mu_2$의 경우로 투자율이 큰 자성체에서 자속밀도가 커지는, 즉 자속이 모이는 성질이 있음을 나타낸다.

◆ 예제 10-4

공기에서 철심($\mu_r = 7000$)으로 자계가 다음과 같이 유입할 때의 자기특성을 구하라.

(1) $\theta_1 = 0$ (2) $\theta_1 = 5°$ (3) $\theta_1 = 90°$

풀이 (1) 식 (10.13)에서 $\theta_2 = 0$이므로 경계면에 수직으로 입사한 자계는 굴절하지 않으며, 식 (10.12b)에서

$$B_1 = B_2$$

로 자속밀도는 연속이나 자계는 $H_2 = 7000 H_1$로 증가한다.

(2) 식 (10.13)에서

$$\theta_2 = \tan^{-1}(7000 \tan 5°) = 89.9°$$

가 되어 자계는 투자율이 큰 매질에서 그림 10-4와 같이 확산함을 알 수 있다.

(3) 식 (10.13)에서

$$\theta_1 = 90°, \quad \theta_2 = 90°$$

가 되므로, 식 (10.12a)에서

$$H_1 = H_2 = H$$

가 되며

$$B_1 = \mu_0 H, \quad B_2 = \mu H$$

가 된다.

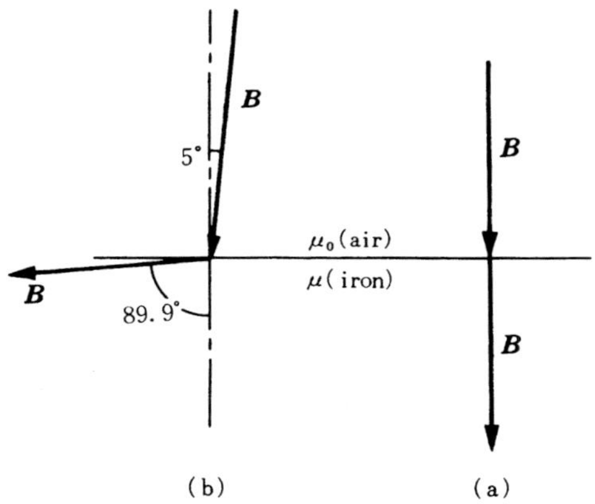

그림 10-4 자계의 굴절

10.4 자계에너지

정전계의 공간 내에 $\frac{1}{2}\boldsymbol{E}\cdot\boldsymbol{D}$[J/m^3]의 에너지가 저장되어 있는 것과 같이, 정상자계 내에도 단위체적마다 $\frac{1}{2}\boldsymbol{H}\cdot\boldsymbol{B}$[J/m^3]의 에너지가 저장되어 있음을 유도할 수 있다. 이 관계를 그림 9-23과 같은 모형에 대하여 유도한다.

즉, 저항 R[Ω], 권수 N[turns]의 토로이드(toroid)에 기전력 V[V]를 가하는 순간의 과도전류를 I[A]라 하면, 토로이드 내의 자속 ϕ[Wb]는

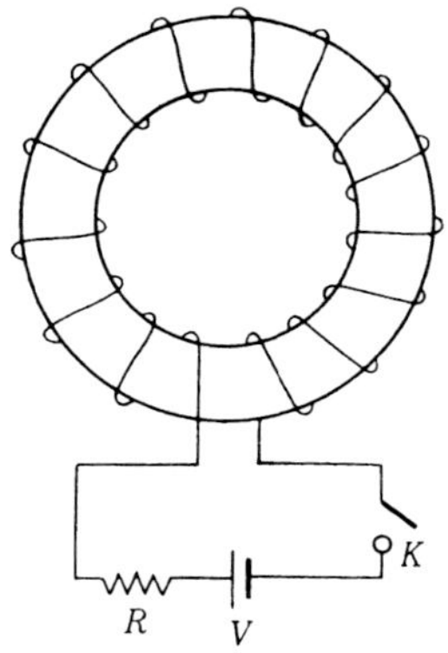

그림 10-5 자계에너지

이 과도전류와 더불어 변화할 것이다. 이 자속의 변화에 의하여 토로이드에는 전자유도작용에 의한 역기전력

$$e = -N\frac{d\phi}{dt} \text{ [V]}$$

가 유기(誘起)되므로, Kirchhoff의 제2법칙에서

$$V - N\frac{d\phi}{dt} = RI \text{ [V]}$$

의 관계가 얻어진다. 이 식의 양변에 Idt를 곱하고 자속 ϕ [Wb]를 토로이드의 단면적 S [m^2]와 자속밀도 $\boldsymbol{B}$ [T]로 표시하면

$$VIdt = I^2Rdt + NISdB \text{ [J]}$$

의 에너지 관계식이 얻어진다. 이 식에서 좌변은 전원에서의 공급에너지를, 우변 제1항은 저항에서 소비되는 열에너지를, 제2항은 토로이드 내의 자속밀도를 dB만큼 증가시키는 데 소요되는 자계의 에너지

$$dW_m = NISdB \text{ [J]}$$

를 가리키고 있다. 그런데 식 (9.19)에서

$$NI = Hl \text{ [AT]}, \qquad l = 2\pi R' \text{ [m]}$$

이므로, 토로이드 내의 단위체적에 저장되는 자계에너지는

$$dw_m = HdB = \boldsymbol{H} \cdot d\boldsymbol{B} \text{ [J/m}^3\text{]} \tag{10.14}$$

가 된다. 따라서 자속밀도를 0에서 B까지 증가시킬 때의 총자계에너지는 식 (10.5)를 이용하여

$$\left.\begin{aligned} w_m &= \int_{B=0}^{B} HdB = \frac{1}{2}\mu H^2 = \frac{1}{2}\frac{B^2}{\mu} = \frac{1}{2}HB\,[\mathrm{J/m^3}] \\ w_m &= \frac{1}{2}\boldsymbol{H}\cdot\boldsymbol{B} = \frac{1}{2}\mu\boldsymbol{H}^2 = \frac{1}{2}\frac{\boldsymbol{B}^2}{\mu}\,[\mathrm{J/m^3}] \end{aligned}\right\} \quad (10.15)$$

가 얻어진다. 여기서 $\mu\,[\mathrm{H/m}]$는 토로이드 내 자성체의 투자율이다. 이 결과는 간단한 모형에서 유도한 것이지만 일반적으로 자계가 존재하는 모든 공간에서 성립한다. 따라서 자계가 존재하는 전공간에 저장되는 총자계에너지는 다음과 같이 된다.

$$W_m = \frac{1}{2}\iiint_{(\text{전공간})}\boldsymbol{H}\cdot\boldsymbol{B}dv\,[\mathrm{J}] \quad (10.16)$$

◆ 예제 10-5

반지름 $a\,[\mathrm{m}]$의 원주도체에 $I\,[\mathrm{A}]$의 전류가 균일하게 흐를 때 도체 내의 자계에너지를 구하라.

풀이 도체 내의 자계는 식 (9.17b)에서

$$H = \frac{I}{2\pi a^2}r\,[\mathrm{A/m}] \qquad (0 \le r \le a)$$

이므로, 도체 내의 미소체적 $dv = rd\phi drdz\,[\mathrm{m^3}]$ 내의 자계에너지는 식 (10.15)에서

$$dW_m = \frac{1}{2}\mu_0 H^2 dv = \frac{\mu_0 I^2}{8\pi^2 a^4}r^3 drd\phi dz\,[\mathrm{J}]$$

가 된다. 따라서 $0 \le r \le a$, $0 \le z \le l\,[\mathrm{m}]$의 도체 내의 전자계에너지는

$$W_m = \frac{\mu_0 I^2}{8\pi^2 a^4}\int_0^a r^3 dr\int_0^{2\pi}d\phi\int_0^l dz = \frac{1}{2}\frac{\mu_0 l}{2\pi}I^2\,[\mathrm{J}] \quad (10.17)$$

가 되어, 전류도체 내의 자계에너지는 도체반지름에 무관함을 알 수 있다. 여기서 도체를 비자성체로 생각하여 μ_0를 취하였다.

◆ 예제 10-6

벡터 퍼텐셜을 이용하여 자계에너지를 유도하라.

풀이 전류에 의한 자계 $\boldsymbol{H}$[A/m], $\boldsymbol{B}$[Wb/m^2] 내의 벡터 퍼텐셜을 $\boldsymbol{A}$[Wb/m]라 하면

$$\boldsymbol{B} = \text{rot}\,\boldsymbol{A}$$

의 관계가 있으므로, 전공간의 자계에너지는 식 (10.16)에서

$$W_m = \frac{1}{2}\iiint_v \boldsymbol{H}\cdot\boldsymbol{B}dv = \frac{1}{2}\iiint_v \boldsymbol{H}\cdot\text{rot}\,\boldsymbol{A}dv\,[\text{J}]$$

가 된다. 그런데 벡터공식(부록 Ⅳ-5-8)에서

$$\boldsymbol{H}\cdot\text{rot}\,\boldsymbol{A} = \boldsymbol{A}\cdot\text{rot}\,\boldsymbol{H} + \text{div}\,[\boldsymbol{HA}]$$

가 얻어지므로

$$W_m = \frac{1}{2}\iiint_v \boldsymbol{A}\cdot\text{rot}\,\boldsymbol{H}dv + \frac{1}{2}\iiint_v \text{div}\,[\boldsymbol{HA}]dv\,[\text{J}]$$

가 되는데, 우변 제2항에 발산정리를 적용하면

$$\iiint_v \text{div}\,[\boldsymbol{HA}]dv = \oiint_S [\boldsymbol{HA}]\cdot\boldsymbol{n}dS$$

로 변형된다. 여기서 유한전류분포에 의한 자계에서는 $H\propto\frac{1}{r^2}$, $A\propto\frac{1}{r}$, $S\propto r^2$의 비례관계가 있으므로, S를 자계가 존재하는 무한원까지 확장하면 표면적분은 0이 되어 자계에너지는 우변의 제1항만 남게 된다.

한편 전류분포 $\boldsymbol{J}$[A/m^2]일 때 식 (9.28)이 성립하므로 자계에너지는

$$W_m = \frac{1}{2}\iiint_v \boldsymbol{A}\cdot\text{rot}\,\boldsymbol{H}dv = \frac{1}{2}\iiint \boldsymbol{A}\cdot\boldsymbol{J}dv\,[\text{J}] \tag{10.18a}$$

로 표시되며, 전류분포가 I[A]의 폐곡선의 전류회로 C일 경우에는

$$\boldsymbol{J}dv = Id\boldsymbol{l}\,[\text{A/m}]$$

가 성립하므로, 식 (10.18a)는

$$W_m = \frac{1}{2}\oint_C \boldsymbol{A}\cdot Id\boldsymbol{l} = \frac{1}{2}\oint_C \boldsymbol{A}\cdot d\boldsymbol{l}\,[\text{J}] \tag{10.18b}$$

와 같이 정리할 수 있다. 여기서 식 (9.61)을 적용하면 자계에너지는

$$W_m = \frac{1}{2}I\phi\,[\text{J}] \tag{10.18c}$$

가 되며, 전류회로의 권수 N[turns]일 경우의 자계에너지는

$$W_m = \frac{1}{2} I(N\phi) \text{ [J]} \tag{10.18d}$$

가 된다. 따라서 I_1, I_2, $\cdots$ [A] 등의 전류회로가 여러 개 있을 때 각 회로와 쇄교하는 자속을 각각 ϕ_1, ϕ_2, $\cdots$ [Wb]라 하면, 이 회로계 전체가 보유하는 총자계에너지는 다음과 같이 주어진다.

$$W_m = \frac{1}{2} I_1 \phi_1 + \frac{1}{2} I_2 \phi_2 + \cdots = \frac{1}{2} \sum_{i=1}^{n} I_i \phi_i \text{ [J]} \tag{10.18e}$$

◆ 예제 10-7

전자석의 흡인력을 구하라.

풀이 그림 10-6 (a)와 같은 강자성체(투자율 μ [H/m])의 코일전류를 조절하여 공극에서의 자속밀도 B[T]를 일정하게 유지한 전자석의 흡인력을 가상변위의 원리 식 (1.20)을 이용하여 구한다. 일반적으로 공극에서 자속은 약간 확산하지만(단부효과, fringing effect) 여기서는 이를 무시한다.

면적 S[m^2]의 자극을 Δx [m]만큼 변위하였다면 이 부분의 자계에너지밀도의 변화는 식 (10.15)에서

$$\Delta w_m = \frac{B^2}{2}\left(\frac{1}{\mu} - \frac{1}{\mu_0}\right) \text{ [J/m}^3\text{]}$$

가 되며, 총에너지의 변화는

$$\Delta w_m = \frac{B^2}{2}\left(\frac{1}{\mu} - \frac{1}{\mu_0}\right) S\Delta x \text{ [J]}$$

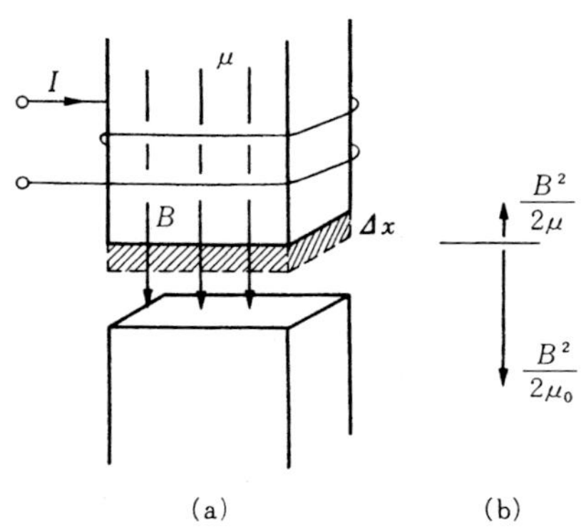

그림 10-6 전 자 석

가 되므로, 식 (1.20)에서 흡인력은

$$\left.\begin{aligned} F &= -\frac{\Delta W_m}{\Delta x} = \frac{B^2}{2}\left(\frac{1}{\mu_0}-\frac{1}{\mu}\right)S\,[\mathrm{N}] \\ f &= \frac{B^2}{2\mu_0}-\frac{B^2}{2\mu}\,[\mathrm{N/m^2}] \end{aligned}\right\} \tag{10.19a}$$

가 된다. 따라서 자계가 경계면에 수직일 경우 이 힘은 그림 10-6 (a)에서와 같이 계면에 대한 장력이 되며, 강자성체인 경우 $\mu \gg \mu_0$이므로

$$f \fallingdotseq \frac{B^2}{2\mu_0} = \frac{1}{2}HB = \frac{1}{2}\mu_0 H^2\,[\mathrm{N/m^2}] \tag{10.19b}$$

가 된다. 이 힘은 μ가 큰 자성체에서 μ가 작은 자성체(공기 등) 방향으로 향하고 있다. 한 예로 초전도체회로에서의 자계가 $B=6$ [T]일 때 약 1400 [tons/m^2]의 큰 힘을 낼 수 있으므로 이 원리가 자기부상 고속철도에 응용되고 있다.

10.5 강자성체의 자화

이상은 자화의 세기가 자계에 비례하는, 즉 투자율이 일정한 경우이지만 일반 전기기기에 많이 사용되는 강자성체는 투자율이 일정하지 않으므로 자화현상이 매우 복잡하다.

【1】 자화곡선

자화되지 않는 강자성체를 자화함에 있어 외부자계를 점진적으로 증가시키면, 그림 10-1에서와 같이 강자성체 내의 자구가 자신의 영역을 넓히며 회전하여 그림 10-7과 같은 곡선을 따라 자기포화상태에 도달한다. 이러한 자화상태는 식 (10.3)보다는 식 (10.4)로 표시하므로 그림 10-7의 ***B*-*H* 곡선**(B-H curve)을 강자성체의 **자화곡선**(磁化曲線, magnetization curve) 또는 **포화곡선**(飽和曲線, saturation curve)이라 한다.

강자성체는 그림 10-7에서와 같이 B와 H는 비선형 관계이므로 $\mu\left(=\dfrac{\Delta B}{\Delta H}\right)$의 값도 μ-H 곡선과 같이 비선형적으로 변한다. 즉, μ는 B-H

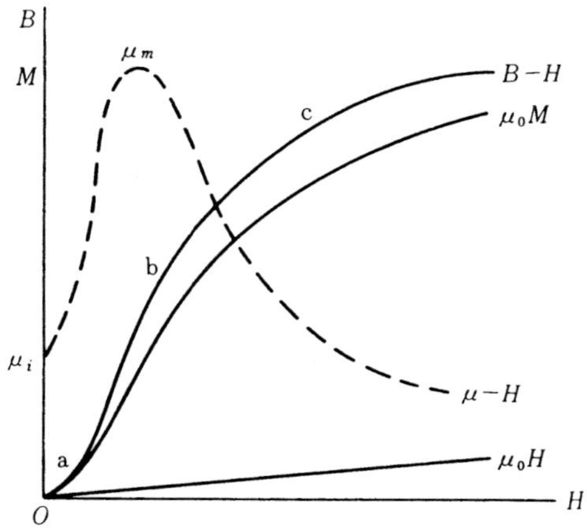

그림 10-7 자화곡선

곡선의 직선부에서 최대투자율 μ_m이 되며, $H=0$에서의 값 $\mu_i = \left.\dfrac{\Delta B}{\Delta H}\right|_{H=0}$를 초기투자율이라 한다. 따라서 전기기기에 사용되는 강자성체는 그 대상에 따라 투자율 및 포화자속밀도를 선정하여야 한다. 즉, 전력용 변압기 철심에서는 대전류를 취급하므로 μ_m과 B_m이 큰 자심재(규소강대 ; $\mu_{rm}=$ 20000, $B_m = 1.5$ [T])가 적당하며, 소전류용 통신기기에서는 μ_i가 크고 B_m이 적은 자심재(supermalloy ; $\mu_{ri}=100,000$, $B_m=0.79$ [T])가 적당하다.

◆ 예제 10-8

그림 10-8은 규소강판의 자화곡선이다. 이 곡선에서 자계 H[A/m]에 따른 비투자율 및 자화율의 값을 구하라.

풀이 그림 10-8의 자화곡선에서 $H=200$ [AT/m]에 대응하는 자속밀도는 $B=1$ [T]이므로

$$\mu = \frac{B}{H} = \frac{1}{200} = 5\times 10^{-3}\ [\text{H/m}]$$

$$\therefore\ \mu_r = \frac{5\times 10^{-3}}{4\pi\times 10^{-7}} = 3979$$

가 얻어지므로, 표 10-2와 같은 μ_r와 H의 관계에서 그림 10-7의 μ-H 곡선과 같은 비선형 관계가 구해진다.

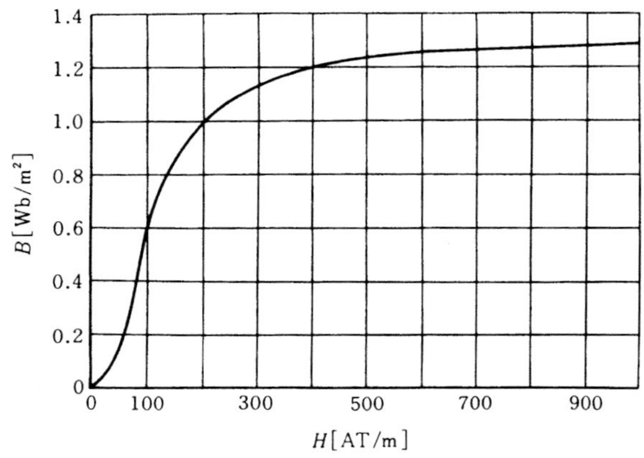

그림 10-8 규소강판의 자화곡선

표 10-2 μ_r과 H

H[AT/m]	50	100	200	300	400	500	600
μ_r	2387	4775	3979	2968	2387	1989	1986

【2】 자기이력

완전 비자화상태의 강자성체에 외부자계 H[A/m]를 자화의 포화값 B_m[T]까지 가한 후 $H=0$로 감소하면 그림 10-9에서와 같이 **잔류자속밀도**(remnant flux density or retentivity) B_r이 남으며, 이를 소거하기 위한 자계 H_c를 **보자력**(保磁力, coercive force or coercivity)이라 한다. 이와 같이 자계를 $0 \to +H_m \to 0 \to -H_m \to 0 \to +H_m$에 따라 증감시키면, 강자성체의 자화상태를 결정하는 자속밀도가 $0 \to +B_m \to B_r \to -B_m \to -B_r \to +B_m$에 따라서 변하여 H-B 평면 위에 그림 10-9와 같은 폐곡선을 그린다.

즉, 그림 10-9에서 보는 바와 같이 자화상태 B가 현재의 자계에 따라 일의적으로 정해지지 않고, 현재의 상태에 이르기까지의 이력에 따라 정해진다. 따라서 이러한 현상을 **자기이력**(磁氣履歷, magnetic hysteresis)이라 하며 이 폐곡선을 **자기이력곡선**(磁氣履歷曲線, magnetic hysteresis loop)이라 한다.

자기이력곡선은 강자성체의 자기적 특성을 나타내는 것으로, 그림 10-10에서와 같이 B_r이 크고 H_c가 작은 것은 잔류자속밀도가 쉽게 소멸되므로

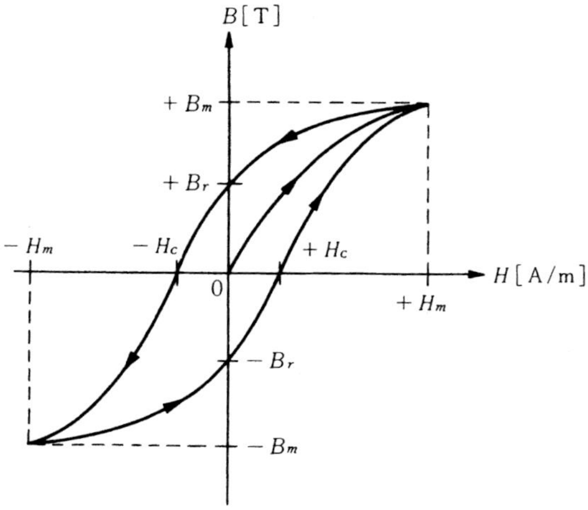

그림 10-9 자기이력곡선

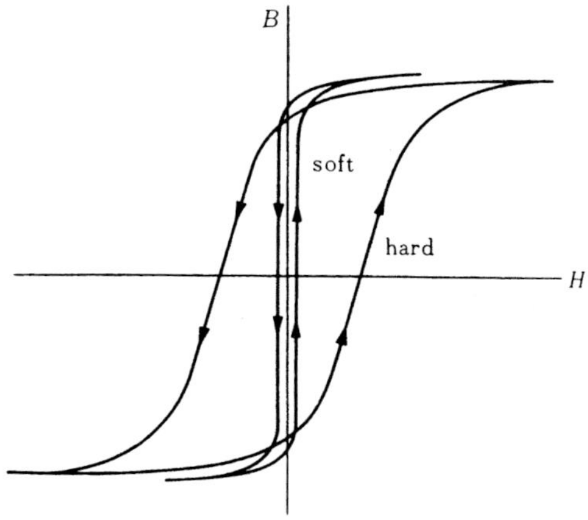

그림 10-10 자기이력곡선과 재질

교류기기의 자심재료에 적합하며, B_r에 비하여 H_c가 큰 것은 B_r이 쉽게 소멸되지 않음을 의미하므로 영구자석재료에 적합하다. 이와 같이 자기이력곡선은 그 재료의 특성과 용도를 결정하는 기준이 된다. 표 10-3은 자심재료와 영구자석재료를 비교한 것이다.

표 10-3 잔류자기와 보자력

재 료		B_r[T]	H_c[A/m]
자심	Si-강판	0.8	25
	퍼멀노이	0.4	4
	페라이트	0.18	119
자석	W-강	1.0	6,000
	알니코 V	1.27	52,000
	Co-강(KS)	1.25	20,000
	OP 자석	0.22	73,000

【3】 자기이력손

강자성체의 자화에 필요한 자계에너지의 식 (10.15)는 B[T]와 H[A/m]를 축으로 하는 그림 10-11의 좌표면에서

$$w_m = \int_0^B H dB = \text{area of OCBO}\ [\text{J/m}^3]$$

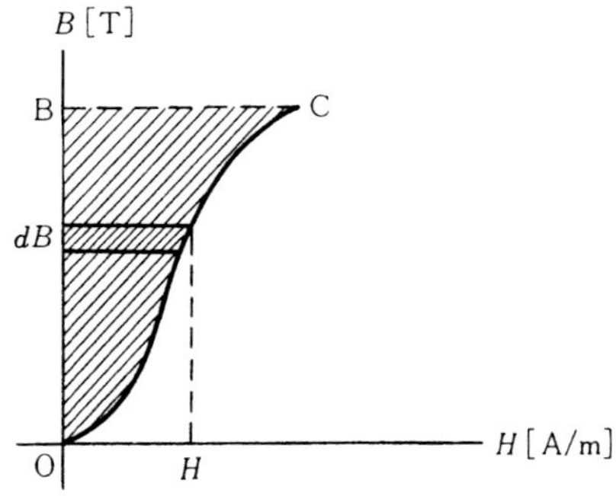

그림 10-11 자화에너지

가 되므로, 그림 10-9의 자기이력곡선을 따라 일주하는 데 소요되는 총자계에너지는

$$w_m = \oint HdB = \text{area of hysteresis loop } [\mathrm{J/m^3}] \tag{10.20}$$

가 된다. 그런데 강자성체의 자화상태는 일주기의 순환자화 후 아무런 변화도 없으므로, 식 (10.20)의 공급에너지는 열로 변환되어 강자성체의 온도 상승의 원인이 된다. 이것은 자기적 입장에서는 에너지의 손이 되므로 이것을 **자기이력손**(磁氣履歷損, hysteresis loss)이라 한다.

Steinmetz(1865~1923, 미국)는 많은 실험결과

$$w_h = \eta B_m^{1.6} \; [\mathrm{J/m^3}] \tag{10.21}$$

의 실험식을 얻었는데, 여기서 B_m [T]는 최대자속밀도, $\eta\,[\mathrm{J\cdot T^{-1.6}\cdot m^{-3}}]$는 자성체에 따른 정수인 히스테리시스 정수이며, 1.6의 지수는 Steinmetz 상수이다. 따라서 체적 $V\,[\mathrm{m^3}]$의 강자성체에서 1 [s] 사이에 f회의 순환자화에서

$$P_h = \eta f V B_m^{1.6} \; [\mathrm{W}] \tag{10.22}$$

의 전력이 열로 소비된다. 교류용 전기기기의 철심에서는 이 히스테리시스 손이 효율의 저하와 절연재료의 열화원이 되므로 이를 특히 **철손**(鐵損,

표 10-4 히스테리시스 정수

재 료	$\eta\,[\mathrm{J\cdot T^{-1.6}\cdot m^{-3}}]$	재 료	$\eta\,[\mathrm{J\cdot T^{-1.6}\cdot m^{-3}}]$
규 소 강	$2.5 \sim 1.5\times10^2$	주 철	$28\times40\times10^2$
변압기용강판	2.8×10^2	니 켈	$33\sim95\times10^2$
다이너모 철심강	6.5×10^2	코 발 트	30×10^2

iron loss)이라 한다. 그러므로 교류기기 철심에는 철손, 즉 히스테리시스 곡선의 면적이 적은 규소강(Si 3~5% 60[Hz]) 또는 퍼멀노이(permalloy, MHz 범위) 등이 사용되고 있다.

10.6 자기회로

자속의 통로를 **자기회로**(磁氣回路) 또는 **자로**(磁路, magnetic circuit)라 하며 이것은 직류저항회로와 유사성을 가지므로 전기회로에서의 기본법칙을 그대로 적용할 수 있다.

그림 10-12의 자기회로에 권수 N[turns]의 코일을 감고 I[A]의 전류를 통할 때, 자로 내의 자계를 $\boldsymbol{H}$[A/m]라 하면 식 (9.15)에서

$$\oint_C \boldsymbol{H} \cdot d\boldsymbol{l} = NI \, [\mathrm{AT}]$$

가 얻어지는데, 여기서 NI[AT]는 자로에 자계를 방생시키는 원천이 되므로 **기자력**(起磁力, magneto motive force, mmf)이라 하며

$$\mathscr{F} = NI \, [\mathrm{AT} = \mathrm{A}] \tag{10.23}$$

로 표시한다. 한편 자로를 구성하는 자성체의 투자율을 μ[H/m], 자속밀도를 B[T], 자속을 ϕ[Wb]라 하면

$$\phi = BS = \mu HS \, [\mathrm{Wb}]$$

의 관계가 있으므로

$$\mathscr{F} = NI = \oint_C \boldsymbol{H} \cdot d\boldsymbol{l} = \oint_C \frac{\phi}{\mu S} dl \, [\mathrm{AT}] \tag{10.24a}$$

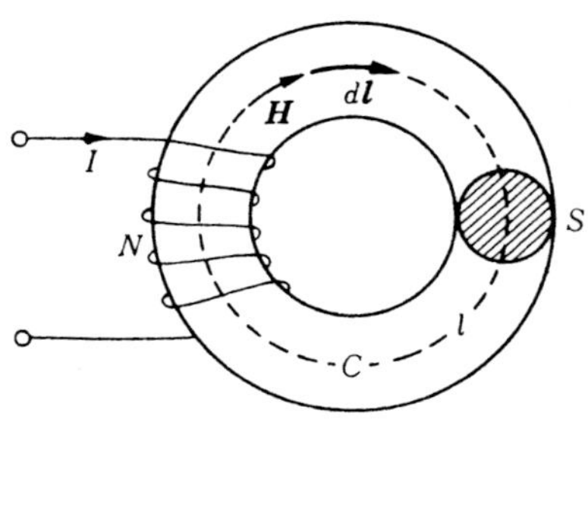

그림 10-12 자기회로

가 되는데, 자로의 모든 곳에서 ϕ, μ, S가 일정하다면

$$\mathscr{F} = \oint_C \frac{\phi}{\mu S}\,dl = \phi \oint_C \frac{dl}{\mu S} = \phi\mathscr{R}\,[\mathrm{AT}] \tag{10.24b}$$

가 되며, 여기서

$$\mathscr{R} = \oint_c \frac{dl}{\mu S} = \frac{l}{\mu S}\ [\mathrm{AT/Wb}] \tag{10.25}$$

를 자로에 대한 **자기저항**(磁氣抵抗, magnetic resistance or reluctance)이라 하며, 이의 역수를 **퍼미언스**(permeance)라 한다. 그리고 식 (10.24b)의 관계식

$$\left.\begin{aligned} \mathscr{F} &= \phi\mathscr{R}\,[\mathrm{AT}] \\ \phi &= \frac{\mathscr{F}}{\mathscr{R}}\ [\mathrm{Wb}] \end{aligned}\right\} \tag{10.26}$$

을 자로에 대한 **Ohm의 법칙**이라 한다.

이상의 관계를 전기회로에 대한 대응량과 비교하면 표 10-5와 같이 놓을 수 있다. 따라서 직류저항회로에 대한 저항의 연결법 및 Kirchhoff의 법칙 등을 그대로 적용할 수 있다. 그런데 식 (10.26)의 유도에서 자로의 모든 부분의 자속이 일정하다고 하였으나, 자로의 자기저항은 전기저항에서와 같이 주위매질에 비하여 큰 차가 없으므로 **누설자속**(leakage magnetic flux)이 많으며, 강자성체 자로에서는 투자율, 즉 자기저항이 비선형이므로 식 (10.26)을 그대로 적용할 수 없다.

표 10-5 자기회로와 전기회로

자 기 회 로			전 기 회 로		
기 자 력(mmf)	$\mathscr{F}$	$=NI$ [AT], [A]	기 전 력(emf)	V	[V]
자 속	ϕ	[Wb]	전 류	I	[A]
자 계	H	[A/m]	전 계	E	[V/m]
자속밀도	B	[Wb/m^2], [T]	전류밀도	J	[A/m^2]
자기저항	$\mathscr{R}$	[AT/Wb]	전기저항	R	[Ω]
투 자 율	μ	[H/m]	도 전 율	σ	[S/m]

◆ 예제 10-9

그림 10-12의 자로($S=8\,[\text{cm}^2]$, $l=1\ [\text{m}]$, $N=250\,[\text{turns}]$)에 감긴 코일에 1.2 [A]가 흐를 때 다음 자심재료 중의 자속을 구하라.

(1) 공심(空心) (2) 철심($\mu_s=800$) (3) 규소강판

풀이 (1) 이 경우 기자력 및 자기저항은

$$\mathscr{F}=250\times1.2=300\ [\text{AT}]$$

$$\mathscr{R}=\frac{1}{4\pi\times10^{-7}\times8\times10^{-4}}=9.947\times10^{8}\ [\text{AT/Wb}]$$

가 되므로, 자속은 식 (10.26)에서

$$\phi=3.016\times10^{-7}\ [\text{Wb}]$$

가 된다. 따라서 자로 내의 자속밀도 및 자계는

$$B=3.77\times10^{-4}\ [\text{T}],\qquad H=300\ [\text{A/m}]$$

가 얻어지는데 이 값은 식 (9.15)에서도 얻을 수 있다.

(2) 투자율이 일정하므로 식 (10.26)을 이용하여

$$\phi=2.416\times10^{-4}\ [\text{Wb}],\quad B=0.3016\ [\text{T}],\quad H=300\ [\text{A/m}]$$

가 되며 자속이 공기인 경우의 800배로 증가한다.

(3) 규소강판의 자화곡선은 그림 10-8과 같이 비선형이므로 다음과 같이 계산한다. 먼저 식 (9.15)에서 얻은 $H=300\ [\text{A/m}]$에 대응하는 B를 그림 10-7의 B- H 곡선에서 $B=1.12\ [\text{T}]$와 같이 구한 후 자속

$$\phi=BS=1.12\times8\times10^{-4}=8.96\times10^{-4}\ [\text{Wb}]$$

를 구한다. 그리고 $H=300\ [\text{A/m}]$에 대한 규소강판의 비투자율은 2968이 된다.

◆ 예제 10-10

공극을 갖는 철심자기회로에 자속 ϕ [Wb]를 통하기 위한 기자력을 구하라. 누설자속 및 공극에서의 단부효과는 무시한다.

풀이 그림 10-13의 자로에서 소요 기자력 $\mathscr{F}=NI\ [\text{AT}]$는 식 (9.15)에서

$$\mathscr{F}=\oint_C \boldsymbol{H}\cdot d\boldsymbol{l}=\int_{\text{core}}\boldsymbol{H}\cdot d\boldsymbol{l}+\int_{\text{air gap}}\boldsymbol{H}\cdot d\boldsymbol{l}$$

$$=H_c\,l_c+H_g\,l_g=\mathscr{F}_c+\mathscr{F}_g\ [\text{AT}] \tag{10.27}$$

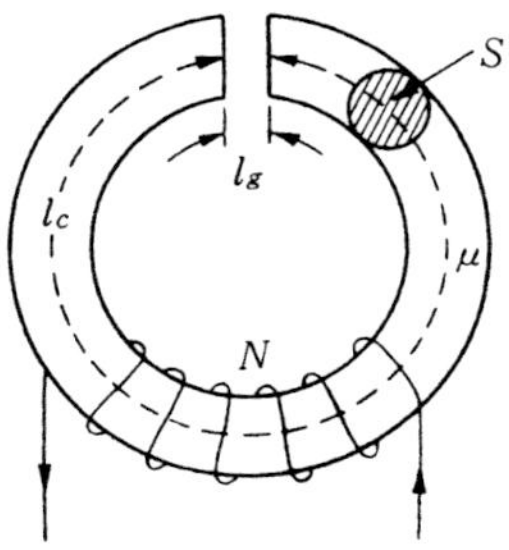

그림 10-13 공극자기회로

와 같이 분할할 수 있으므로, 자속 ϕ를 통하기 위한 각 구간의 자계 H를 구하면 각 구간의 기자력에서 전기자력을 얻을 수 있다. 즉, 공극이 매우 작을 경우 철심과 공극에서의 단면적 및 자속밀도는 동일하다고 볼 수 있으므로

$$B_c = B_g = \frac{\phi}{S} \ [\mathrm{T}]$$

가 되며, 공극에서의 H_g 및 $\mathscr{F}_g$는

$$H_g = \frac{B_g}{\mu_0} \ [\mathrm{AT/m}], \quad \mathscr{F}_g = H_g l_g \ [\mathrm{AT}]$$

가 된다. 그런데 강자성체 철심에 대한 H_c 및 $\mathscr{F}_c$는 이 자성체의 B-H 곡선에서 B_c [T]에 대한 H_c [A/m]를 구한 후 기자력 $\mathscr{F}_c = H_c l_c$ [AT]를 구하여야 한다.

예로 그림 10-13의 자로에서 $l_c = 1$ [m], $l_g = 1$ [mm], $S = 8$ [cm^2]일 때 $\phi = 0.8$ [m·Wb]를 통하기 위한 기자력은, 먼저 공극에 대한 기자력

$$H_g = \frac{\phi}{\mu_0 S} = 7.96 \times 10^5 \ [\mathrm{AT/m}], \quad \mathscr{F}_g = H_g l_g = 796 \ [\mathrm{AT}]$$

를 구한 다음 규소강판 철심에 대한 기자력을 구한다. 즉, 그림 10-7의 B-H 곡선에서 $B_c = 1$ [T]에 대한 자계 $H_c = 200$ [AT]를 이용하여 철심에서의 기자력

$$\mathscr{F}_c = H_c l_c = 200 \ [\mathrm{AT}]$$

을 구한다. 따라서 전기자력은

$$\mathscr{F} = 796 + 200 = 996 \ [\mathrm{AT}]$$

가 되며, $N = 250$ [turns]인 경우 0.8 [m·Wb]을 얻기 위하여 약 4 [A]의 전류가 필요하다. 이에 대하여 공극이 없을 경우의 전기자력은

$$\mathscr{F} = 200 \text{ [AT]}$$

가 되므로 0.8 [A]의 전류만 통하면 된다. 반대로 동일 기자력에 대하여 공극이 있으면 자속은 약 20 %로 감소한다. 따라서 회전기기에서는 공극이 좁을수록 효율이 좋아진다.

한편 공극의 양극 사이에 작용하는 전자력은 식 (10.19b)에서 다음과 같이 된다.

$$F = 318.3 \text{ [N]} = 32.5 \text{ [kgf]}$$

10.7 영구자석

강자성체 중에서 잔류자속밀도 B_r [T]과 보자력 H_c [A/m]가 특히 큰 재료를 자화한 것을 영구자석(permanent magnet)이라 한다. 그 특성은 히스테리시스 곡선의 제2상한부의 감자곡선(減磁曲線, demagnetization curve)으로 표시하며, 자석에서는 잔류자기도 중요하지만 자석의 능력을 보장해주는 보자력이 더욱 중요한 의미를 갖는다. 그리고 영구자석을 만들기 위한 착자력은 H_c의 5배 이상의 자계가 필요하다. 영구자석 재료에는 알니코(alnico)강, 코발트강(Fe-Co-Cr 합금, 일명 KS강), 미립자자석 등 많은 종류가 있는데, 그림 10-14는 알니코계 자석재의 감자곡선들이며 표 10-6은 이들의 자기특성을 자심재와 비교한 것이다. 특히 미립자자석은 금속산화물 미립자로 구성되므로, 이에 속하는 OP, Ba-페라이트 자석은 짧은 길이의 자기특성이 매우 좋다.

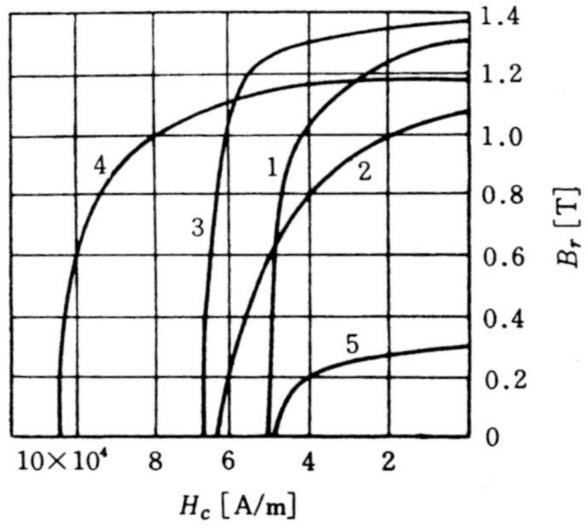

그림 10-14 알니코강계 자석의 자기특성

표 10-6 자석강과 자심강

분 류		성 분							B_r[T]	H_c[A/m]	$(BH)_{max}$[J/m^3]
		Al	Ni	Co	Cu	Ti	Nb	Fe			
자석	1. Alnico V	8	14	24	3	–	–	잔	1.25	4.8×10^4	4.0×10^4
	2. Alnico VI	8	15	24	3	1.25	1	잔	1.06	6.3 〃	3.1 〃
	3. Columax II	8	15	25	–	–	–	잔	1.35	6.6 〃	6.8 〃
	4. Ticonal XX	7	15	34	4	5	–	잔	1.17	10.5 〃	8.8 〃
	5. OP	$CoO\cdot Fe_2O_3+Fe_3O_4$							0.3	4.8 〃	1.0 〃
	6. Ba-ferrite	$BaO\cdot 6Fe_2O_3$							0.3	16 〃	2.8 〃
자심	Si-steel plate	주성분 Si(1～4), Fe							0.8	25	–
	퍼멀로이	주성분 Ni(30～80), Fe							0.4	4	–
	페라이트	$MO\cdot Fe_2O_3$ (M＝2가금속)							0.18	119	–

그리고 감자곡선 위의 각 점에 대한 B[T]와 H[A/m]를 곱한 BH는 식 (10.15)에 따라 자석 내에 보유되는 에너지밀도가 되므로 BH[J/m^3]를 **에너지적**(積)이라 하며, 그림 10-15에서 감자곡선에 대한 에너지적의 값을 제1상한 곡선으로 제시하였다. 이 경우 점 P_0에 대한 점 P_0'의 값이 **최대에너지적**(maximum energy product) $(BH)_{max}$ [J/m^3]가 되므로 이것을 표 10-6에서와 같이 자석의 자기평가에 대한 기준으로 삼고 있다.

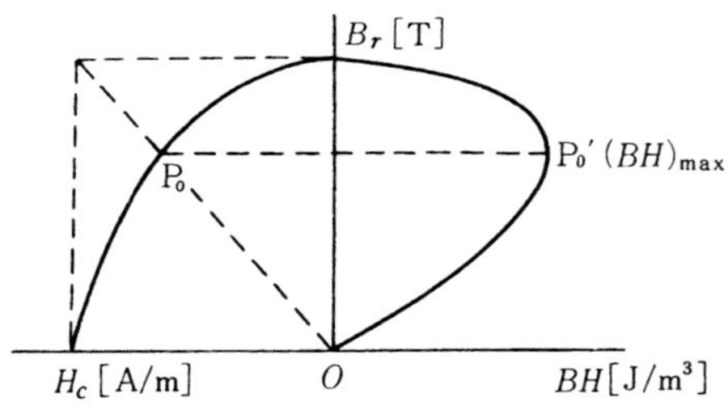

그림 10-15 최대에너지적

10.8 자성과 주위상태

강자성체의 자화상태는 이에 가해지는 기계적 및 열적 영향에 따라 특이한 변화를 일으킨다.

【1】 자기왜형

강자성체는 그 자화상태가 변하면 기계적 변형(팽창과 수축)이 발생하며, 반대로 기계적 응력을 가하면 자화상태가 변하는데, 이러한 현상을 **자기왜형**(磁氣歪形, magneto striction)이라 하며, 이 현상은 기계적 힘에 의하여 자구(磁區)의 배열상태가 변하기 때문이라고 생각한다. 그림 10-16은 그 대표적 예로 자화에 따른 길이의 팽창 및 수축을 나타낸 것이다.

이 현상은 자기적(또는 기계적) 에너지와 기계적(또는 자기적) 에너지의 상호변환에 이용할 수 있으므로, 이들을 소재로 하는 진동자 자로에 직류와 고주파자계를 가하여 얻은 초음파는 수중 및 금속내부 탐사, 특수가공, 의료 등에 활용되고 있다. 특히 자기왜형 페라이트 진동자는 전기음향 발진소자로 널리 이용되고 있다.

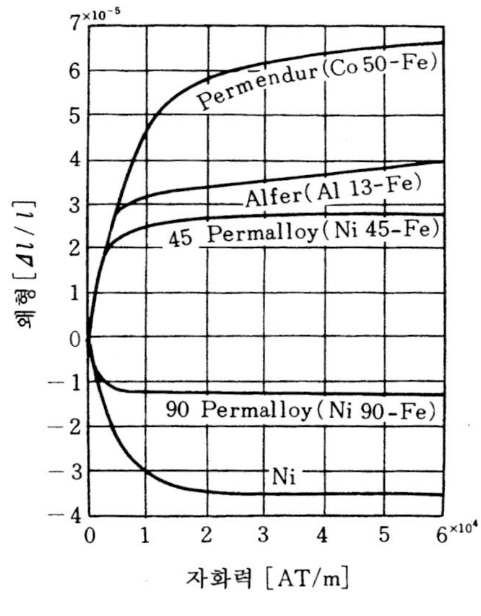

그림 10-16 자기왜형

【2】 임계온도

자화철의 온도를 점차로 높이면 그림 10-17에서와 같이 자화가 점점 감소하다가 690~870℃(순철 790℃)에서 급격히 소멸된다. 이 현상은 철의 결정이 원자의 열운동에 의하여 흐트러져 자구가 붕괴되기 때문이라고 보며 이 온도를 **임계온도**(臨界溫度) 또는 Curie 온도라 한다.

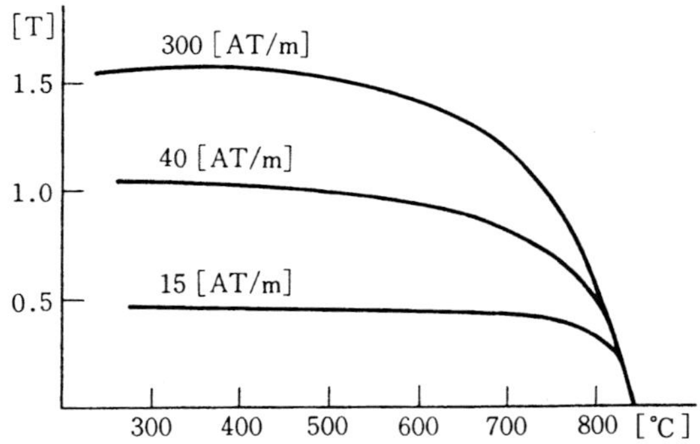

그림 10-17 임계온도

【3】 임 계 자 계

초전도상태의 도체에 가하는 자계가 어느 값 이상이 되었을 때 저항이 나타나 상전도상태로 전이하였다가, 자계를 감소하면 다시 초전도상태로 복구함을 볼 수 있다. 이때 전이가 발생하는 자계의 값을 **임계자계**(臨界磁界)라 하며, 이 값 H_c [A/m]는 온도에 대하여

$$H_c = H_{co}\left\{1-\left(\frac{T}{T_{co}}\right)^2\right\} \text{[A/m]} \tag{10.28}$$

의 관계가 있다. 여기서 T_{co} [K]는 영자계에서의 초전도 임계온도, H_{co}는 절대영도에서의 임계자계이며 이러한 현상은 회로의 개폐장치로 이용된다 (그림 10-18 참조). 표 10-7은 초전도체의 특성예이다. 그리고 모든 자성체는 초전도상태에서 완전 반자성(反磁性, Meissner 효과)을 나타낸다.

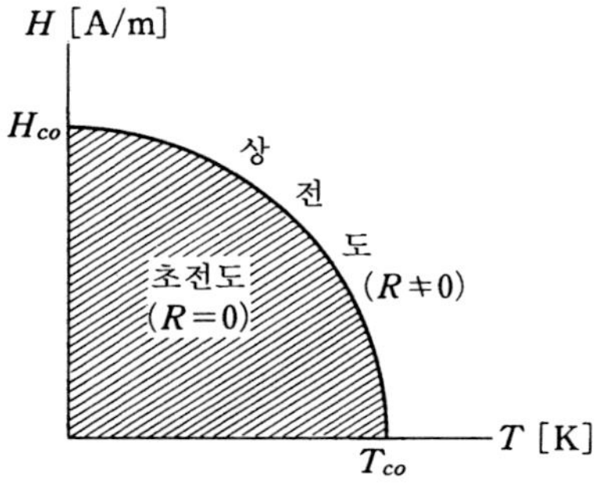

그림 10-18 임계자계와 온도

표 10-7 초전도 특성

합 금	T_{co} [K]	H_{co} [T]
Nb Ti	9.3	12.2
Nb Zr	10.8	9.0

화 합 물	T_{co} [K]	H_{co} [T]
V_3Ga	16.8	21.0
Nb_3Sn	18.2	24.5
Nb_3Ge	23.2	—

연 습 문 제

10-1 예제 10-1의 수소원자가 궤도자기쌍극자모멘트와 같은 방향의 자계 B [Wb/m^2]를 받았을 때 각속도가 $eB/2m$ [rad/s] 만큼 감소함을 유도하라.

10-2 자속밀도 1.257 [Wb/m^2]가 작용하는 다음 자성체의 자화의 세기 [A/m]를 구하라.

(1) Cu($\chi_m = -0.9\times10^{-5}$)　　(2) Al($\chi_m = 2\times10^{-5}$)

(3) Fe_2O_3($\chi_m = 1.4\times10^{-3}$)　　(4) Ni($\chi_m = 599$)

답 (1) −9, (2) 20, (3) 1398, (4) 9.98×10^5 [A/m]

10-3 페라이트봉(μ_r=50, ϕ=5 [mm], l=15 [mm])에 축방향으로 균일자속밀도 50 [mT]를 가할 때 다음을 구하라.

(1) 자계　　(2) 자화의 세기　　(3) 자기쌍극자모멘트

답 (1) 796 [A/m], (2) 3.9×10^4 [A/m] (3) 1.55×10^{-2} [A·m^2]

10-4 다음 경우의 자성체 내의 자속밀도 B [T]를 구하라.

(1) $H=8$ [kA/m], $\mu_r = 1.1$　　(2) $M=8$ [kA/m], $\chi_m = 0.02$

(3) $n=8.1\times10^{28}$ [atoms/m^3], $\mu_{m(\text{atome})} = 10^{-26}$ [A·m^2], $H=3$ [kA/m]

답 (1) 11 [mT], (2) 513 [mT], (3) 5 [mT]

10-5 자성체(μ_r=3) 내의 자계 $\boldsymbol{B}=0.03\pi x\boldsymbol{k}$ [T]일 때, 속박전하 및 자유전하의 전류밀도를 구하라.

답 $-5\times10^4\,\boldsymbol{i}$ [A·m^2], $-2.5\times10^4\,\boldsymbol{j}$ [A·m^2]

10-6 반지름 1, 4 [mm]의 동축케이블에서 $1\le r\le2$, $2\le r\le4$ [mm]인 동축공간에 각각 μ=5, 2의 자성체가 채워져 있다. 심선에 6 [A]의 전류가 흐를 때 r=1.5, 3 [mm]에서의 B, H, M을 각각 구하라.

답 B=4, 0.8 [mT], H= 637, 318.3 [Am], M= 2546, 318.3 [A/m]

10-7 자속밀도 50 [μT]의 자계 중에서 자기모멘트 20 [A·m^2]인 자침이 받는 최대회전력을 구하라.

답 1 [mN·m]

10-8 강자성체 Ⅰ, Ⅱ(μ_r=200, 1500)가 평면으로 접해 있다. 자성체 Ⅱ에서 평면에 대하여 10°로 입사한 자계가 Ⅰ의 자성체 중에서 평면에 대한 여각을 구하라.

답 53°

10-9 자성체(μ_r=2.5)가 공기와 평면경계일 때 공기측의 법선방향 자계

0.6 [A/m]이다. 다음을 구하라.

(1) 각 부 자계 및 자속밀도 (2) 입사각 및 굴절각

답 (1) $H_2 = 0.836$ [A/m], $B = 2.09\mu_0$ [T], (2) 53.1°, 73.3°

10-10 자성체(μ_1 [H/m]) 중에 평행판 자성체 (μ_2 [H/m])가 그림 10-19와 같이 놓여 있을 때 μ_1에서 입사한 자력선의 굴절상황을 구하라. 단, $\mu_1 : \mu_2 = 1 : 3$이다.

답 μ_1 자성체의 좌우측 자계는 굴절하지 않음

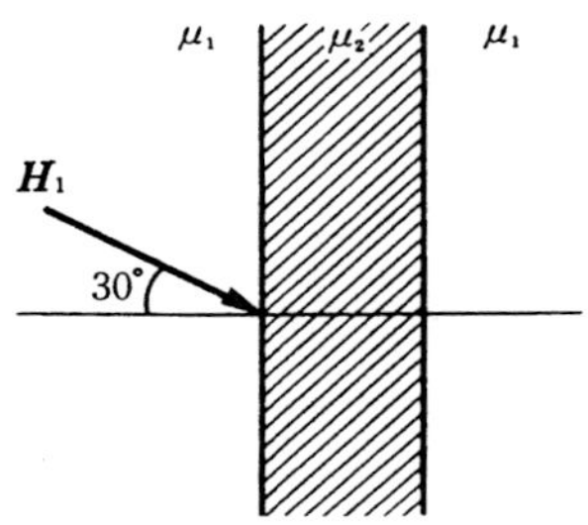

그림 10-19 문제 10-10

10-11 그림 10-20과 같은 평등자계 내에 놓여진 입방형 자성체(μ [H/m])가 받는 힘을 구하라. 여기서 H [A/m]는 일정하다.

답 하부로 향하는 $\frac{1}{2}\mu H^2$ [N/m^2]의 힘을 받음

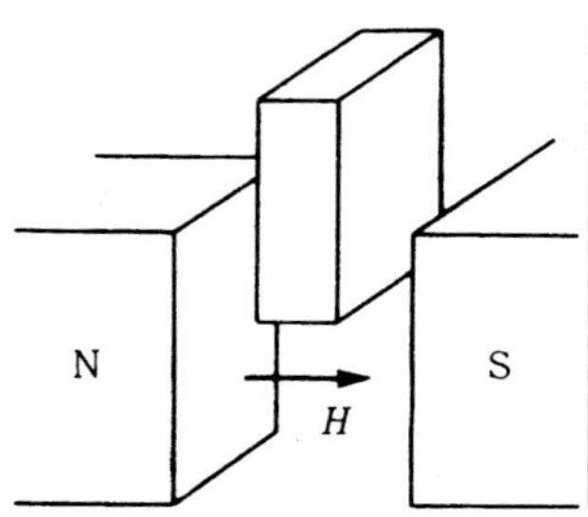

그림 10-20 문제 10-11

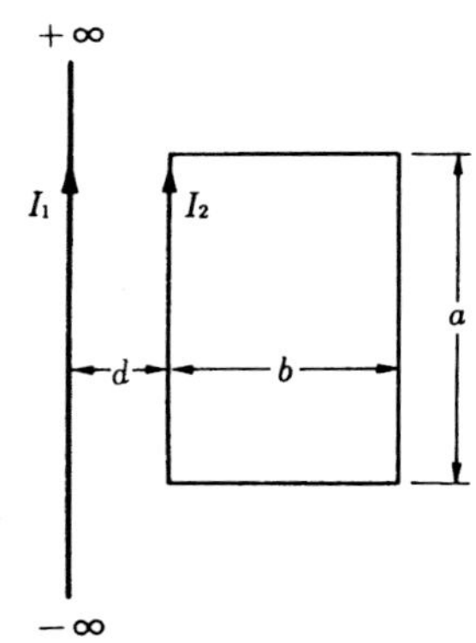

그림 10-21 문제 10-12

10-12 그림 10-21과 같은 전류계에서 구형 코일에 저장되는 자계에너지를 벡터 퍼텐셜을 이용하여 구하라.

답 $\frac{\mu_0 I_1 I_2 a}{4\pi} \ln\left(1 + \frac{b}{d}\right)$ [J]

10-13 문제 10-12의 에너지를 이용하여 구형 전류에 작용하는 힘을 구하라.

답 $-\frac{\mu_0}{2\pi} \cdot \frac{ab}{d(b+d)} I_1 I_2$ [N](인력)

10-14 자기회로와 전기회로의 유사점과 차이점을 열거하고 설명하라.

10-15 그림 10-13의 규소강 철심자로(l_c=50 [cm], l_g=0.5 [mm], S=30 [cm^2])에 다음의 자속을 통하기 위한 기자력을 그림 10-8의 B-H 곡선으로 구하라. 단, 단부효과는 무시한다.

(1) ϕ = 3.6 [m·Wb] (2) ϕ = 3.0 [m·Wb]

(3) ϕ = 3.0 [m·Wb]에서 공극이 없을 때

10-16 문제 10-15의 각 부의 자기저항을 구하라.

10-17 문제 10-15에서 자로 내에 저장되는 자계에너지를 구하라.

10-18 그림 10-22와 같은 유효길이 l_1=12, l_2=15 [cm]인 규소강의 자기회로가 있다. 철심상변 중앙점의 B=1.2 [Wb/m^2]일 때 다음을 구하라.

(1) 공극부의 기자력 (2) 철심부의 기자력

(3) 좌변철심에 2000회의 코일을 감았을 때의 전류를 구하라.

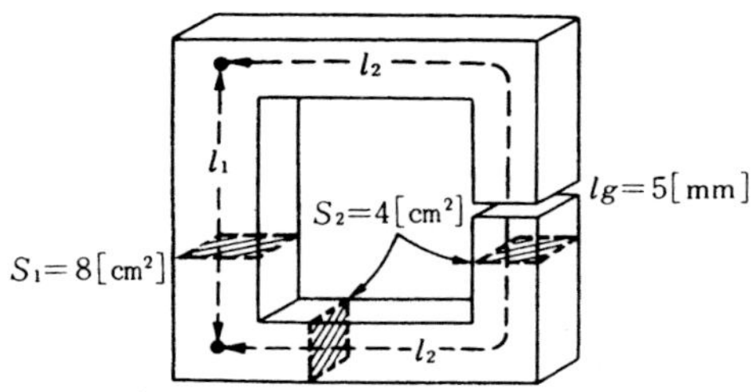

그림 10-22 문제 10-18

10-19 공극(l_g=0.5 [mm], S_g=2.1 [cm^2])과 규소강심(l_c=12.5 [cm], S_c=2 [cm^2])의 자기회로에 기자력 400 [AT]을 가했다. 다음 경우의 강심 내의 자속밀도를 구하라.

(1) 강심의 자기저항을 무시할 경우

(2) 강심의 투자율 μ = 0.005 [H/m]일 경우

(3) B-H 곡선을 이용할 경우

답 (1) 1.056 [T] (2) 0.990 [T] (3) 0.990 [T]

10-20 단면적 1.5×1.5 [cm^2], 내반지름 5 [cm]의 규소강심 토로이드에 220 [AT]의 기자력이 가해졌다. 공극에서의 흡인력이 2.5 [kgf] 되기 위한 공극의 길이를 구하라.

답 0.45 [mm]

10-21 그림 10-23과 같은 전자석($S=100$ [cm^2], $l_1=3$ [m], $l_2=1$ [m])으로 1000 [kgf]의 무게를 올리는 데 필요한 기자력을 구하라. 단, $l_g=5$ [mm], 자심의 비투자율 1000이다.

답 12.254 [kAT]

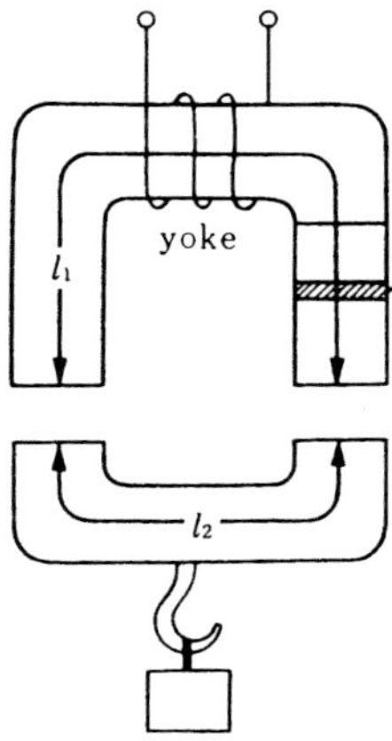

그림 10-23 문제 10-21

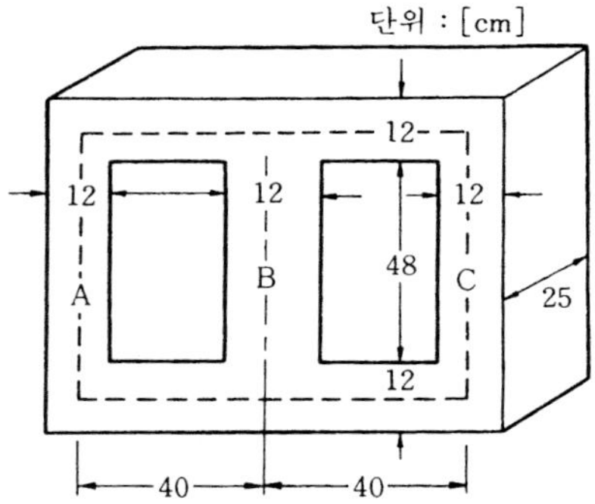

그림 10-24 문제 10-22

10-22 그림 10-24와 같은 규소강 자기회로의 B부에 2000회의 코일을 감고 B에서의 자속을 33×10^{-3} [Wb]로 하기 위한 전류를 구하라. 이때 A, C부의 자속은 얼마인가? 그림 10-8의 B-H 곡선을 이용하라.

10-23 그림 10-25와 같은 철심의 3자로의 자속밀도를 구하라. 단, $H=200B$라 가정한다.

답 0.269, 1.028, 1.083 [Wb/m^2]

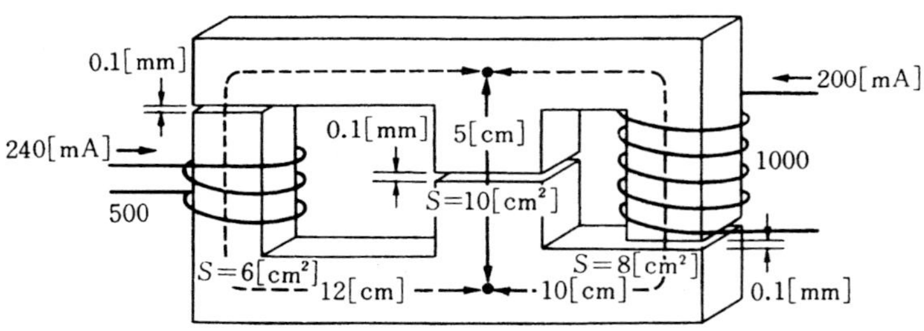

그림 10-25 문제 10-23

Chapter 11

전자유도, Inductance

11.1 Faraday의 전자유도법칙

1820년 Oersted가 전류의 자기작용을 발표한 직후 M. Faraday(1779~1867년, 영국 과학원교수)는 자계도 전류를 일으킬 수 있을 것이라는 데 착안하여 10년간의 연구 끝에 정전계 및 정상자계에 시간함수를 도입함으로써 1831년 이 문제의 해결에 성공하였다. 즉, 그림 11-1과 같은 철심토로이드에 2개의 코일을 감고 1차 코일 C_1의 스위치를 닫았을 때 2차 코일 C_2의 검류계 지시가 순간적으로 편위하며, 스위치를 열었을 때 반대방향으로 편위함을 관찰하고, C_2 코일과 쇄교하는 자속이 시간적으로 변화할 때 이 코일에 기전력이 유기됨을 발견하였다. 이러한 현상을 **전자유도**(電磁誘導, electromagnetic induction)라 하며, 발생한 기전력을 **유도기전력**(誘導起電力, induced electromotive force) 또는 **유도전압**(誘導電壓, induced voltage), 전류를 **유도전류**(誘導電流, induced current)라 한다. 이 현상은 기계적 또는 전기적 에너지를 전기에너지로 변환하는 데 이용되며, [μW] 단위의 마이크로폰(microphone)에서 [GW] 단위의 대형 발전기 및 변압기에 이르기까지 전기공학 분야에 가장 광범위하게 응용되고 있다.

Faraday는 이상의 결과를 종합하여 자속이 시간적으로 변화할 때 「코일회로에서의 유도기전력은 이 회로에 대한 쇄교자속의 시간적 변화율과 같다」라고 하였으며, 한편 1834년 Lenz(1804~1865년, 독일)는 「유도기전력

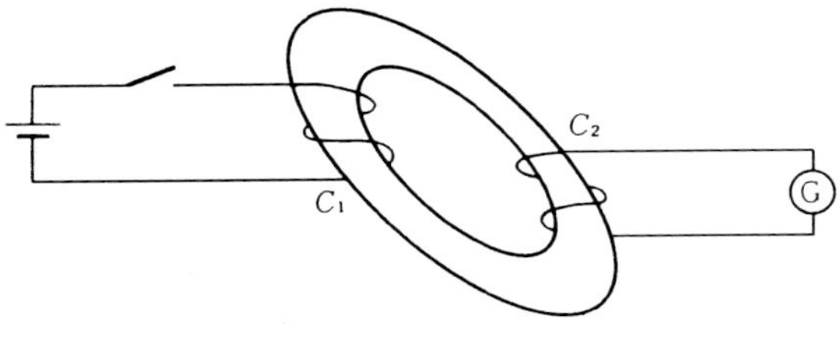

그림 11-1 전자유도

은 자속변화를 방해하는 전류를 흐르게 하는 방향으로 유기된다」고 하였다. 그 후 1845년 Neumann(1798~1895년, 독일)은 이상의 관계를 종합하여 유도기전력에 관한 **전자유도법칙**(law of electromagnetic induction)

$$e = -\frac{d\phi}{dt} \text{ [V]} \tag{11.1}$$

를 발표하였다. 여기서 $\frac{d\phi}{dt}$는 회로와의 쇄교자속에 대한 시간적 변화율이며, 부(負)의 기호는 자속의 변화를 방해하는 방향으로 기전력이 유도됨을 의미한다. 일반으로 식 (11.1)의 전자유도법칙을 **Faraday의 법칙**(Faraday's law) 또는 **Lenz의 법칙**(Lenz's law)이라 한다.

만일 자속 ϕ [Wb]와 쇄교하는 코일권수가 N [turns]일 경우의 유도기전력은

$$e = -N\frac{d\phi}{dt} \text{ [V]} \tag{11.2}$$

와 같이 권수 N에 비례한다. 한편 식 (11.1)에서 쇄교자속이 1 [s]에 1 [Wb]의 비율로 변하면 코일에는 1 [V]의 기전력이 유기되므로

$$1 \text{ [V]} = 1 \text{ [Wb/s]}, \quad 1 \text{ [Wb]} = 1 \text{ [V·s]}$$

의 관계가 얻어진다.

다음 전자유도법칙의 일반적 벡터표현식을 유도해 보자. 시간적으로 변화하는 자계 $\boldsymbol{B}_{(xyzt)}$ [Wb/m^2]의 공간에 그림 11-2와 같이 임의의 회로 C를 주변으로 하는 임의곡면 S [m^2]를 지나는 자속은 회로 C와의 쇄교자속 ϕ [Wb]와 같을 것이므로

$$\phi = \iint_S \boldsymbol{B} \cdot \boldsymbol{n} dS \text{ [Wb]}$$

가 된다. 한편 ϕ가 시간적으로 변할 경우 회로 C에 유기되는 기전력 e는

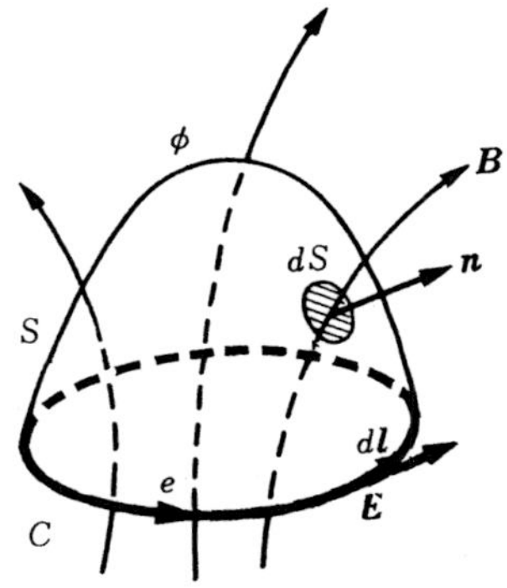

그림 11-2 전자유도 법칙

C를 따라 발생하는 유기전계를 $\boldsymbol{E}_{(xyzt)}$ [V/m]라 할 때

$$e = \oint_C \boldsymbol{E} \cdot d\boldsymbol{l} \, [\mathrm{V}]$$

로 주어진다. 따라서 식 (11.1)에 이들의 관계를 적용하면

$$\oint_C \boldsymbol{E} \cdot d\boldsymbol{l} = -\frac{d}{dt} \iint_S \boldsymbol{B} \cdot \boldsymbol{n} dS = -\iint_S \frac{\partial \boldsymbol{B}}{\partial t} \cdot \boldsymbol{n} dS \, [\mathrm{V}] \quad (11.3)$$

가 얻어진다. 이 관계식은 James C. Maxwell(1831~1879년, 영국)이 도출(1861년)한 것으로 식 (11.3)의 우변에 Stokes의 정리를 적용하면

$$\oint_C \boldsymbol{E} \cdot d\boldsymbol{l} = \iint_S \mathrm{curl}\, \boldsymbol{E} \cdot \boldsymbol{n} dS$$

가 되므로, 식 (11.3)에서 전자유도법칙의 미분형

$$\mathrm{curl}\, \boldsymbol{E} = -\frac{\partial \boldsymbol{B}}{\partial t} \quad (11.4)$$

가 얻어진다. 이 관계식을 특히 **Maxwell의 제2전자방정식**(Maxwell's 2nd equation of electromagnetic field)이라 하며 모든 매질에 대하여 성립하는 전자계의 기본방정식의 하나이다.

◆ 예제 11-1

회로와의 쇄교자속이 $\phi = \phi_m \sin \omega t$ [Wb]와 같이 정현파적으로 변화할 때 회로의 유기기전력을 구하라.

풀이 식 (11.1)을 적용하면

$$e = \phi_m \omega N \sin\left(\omega t - \frac{\pi}{2}\right) \text{ [V]}$$

가 얻어진다. 여기서 N은 회로권수이며 기전력은 자속보다 위상이 90° 늦어지므로 기전력은 자속의 변화를 방해하는 방향으로 유기됨을 알 수 있다.

◆ **예제 11-2**

$\boldsymbol{B} = B_m \sin \omega t\, \boldsymbol{a}_z$ [T]의 변화자계에 의하여 코일 (a, $0 \le \phi \le 2\pi$, 0 [m])에 유기되는 기전력을 구하라.

풀이 식 (11.4)에서

$$\text{curl}\, \boldsymbol{E} = -\frac{\partial \boldsymbol{B}}{\partial t} = -B_m\, \omega \cos \omega t\, \boldsymbol{a}_z \text{ [T/s]}$$

가 얻어지며, 양변을 코일면적 $S = \pi a^2$ [m^2]에 대하여 적분하고 Stokes의 정리를 적용하면

$$e = \oint_C \boldsymbol{E} \cdot d\boldsymbol{l} = \iint_S \text{curl}\, \boldsymbol{E} \cdot \boldsymbol{a}_z\, dS = B_m S \omega \sin\left(\omega t - \frac{\pi}{2}\right) \text{ [V]}$$

가 되며, 여기서 $B_m S = \phi_m$ [Wb]로 놓으면 예제 11-1과 같은 결과가 된다.

11.2 운동도체와 기전력

시간적으로 변화하지 않는 자속밀도 $\boldsymbol{B}$ [Wb/m^2]의 자계에서 속도 $\boldsymbol{u}$ [m/s]로 운동하고 있는 회로 C가 그림 11-3에서와 같이 dt [s] 사이에 C'로 이동하였을 때, 회로와 쇄교하는 자속의 감소량 $-d\phi$ [Wb]는 측면 S''를 통하여 유출하는 자속이 될 것이므로

$$-d\phi = \iint_{S''} \boldsymbol{B} \cdot \boldsymbol{n} dS \text{ [Wb]}$$

가 되며, 여기에 $\boldsymbol{n} dS = d\boldsymbol{l} \times d\boldsymbol{r} = d\boldsymbol{l} \times \boldsymbol{u} dt$ [m^2]와 식 (1.17)을 적용하면

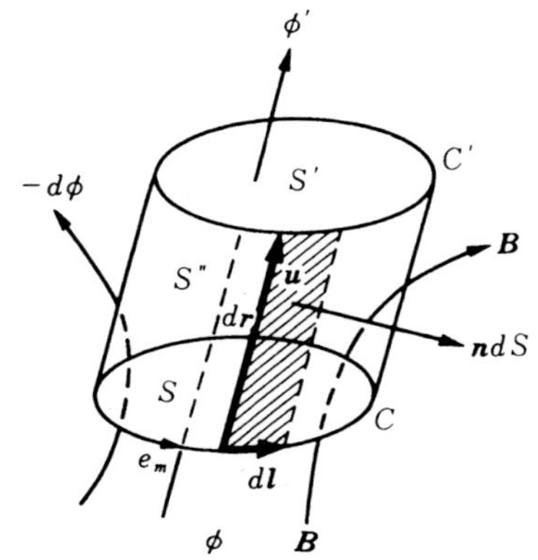

그림 11-3 운동회로와 유도기전력

$$-d\phi = dt\oint_C \boldsymbol{B}\cdot d\boldsymbol{l}\times \boldsymbol{u} = dt\oint_C \boldsymbol{u}\times \boldsymbol{B}\cdot d\boldsymbol{l}\,[\mathrm{Wb}]$$

가 된다. 따라서 운동회로 C에 유기되는 **운동유도기전력**(motional induced emf)은 식 (11.1)과 Stokes의 정리에서

$$e_m = -\frac{d\phi}{dt} = \oint_C (\boldsymbol{u}\times \boldsymbol{B})\cdot d\boldsymbol{l}\,[\mathrm{V}] \tag{11.5a}$$

가 되며, 회로 C에 따른 **운동유도전계**(motional induced electric field intensity)를 $\boldsymbol{E}_m$ [V/m]라 하면

$$e_m = \oint_C \boldsymbol{E}_m\cdot d\boldsymbol{l}\,[\mathrm{V}] \tag{11.5b}$$

가 되므로 식 (11.5a, b)에서

$$\boldsymbol{E}_m = \boldsymbol{u}\times \boldsymbol{B}\,[\mathrm{V/m}] \tag{11.6}$$

가 얻어진다. 이 식은 운동전자유도법칙 식 (11.5)의 미분형으로 운동도체의 단위길이에서 발생하는 기전력이다.

따라서 직선도체인 경우 길이 $\boldsymbol{l}$[m]에 발생하는 기전력 e_m은

$$e_m = \boldsymbol{u}\times \boldsymbol{B}\cdot \boldsymbol{l}\,[\mathrm{V}] \tag{11.7a}$$

가 된다. 여기서 그림 11-4 (a)와 같이 각각의 방향이 수직일 경우 기전력은

$$e_m = uBl\,[\mathrm{V}] \tag{11.7b}$$

가 되며, 그림 11-4 (b)와 같이 $\angle(\boldsymbol{u},\ \boldsymbol{B}) = \theta$일 때 기전력은

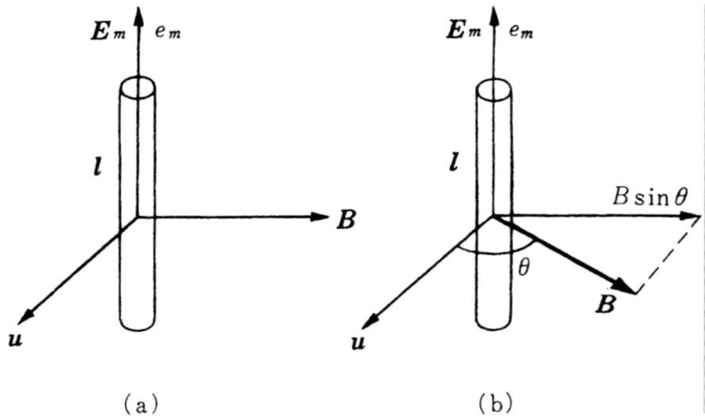

그림 11-4 Fleming의 오른손법칙

$$e_m = uBl\sin\theta\,[\mathrm{V}] \tag{11.7c}$$

가 된다. 그리고 그림 11-4(a)의 자속밀도 $\boldsymbol{B}$와 속도 $\boldsymbol{u}$와 기전력 e_m 또는 운동전계 $\boldsymbol{E}_m$와의 방향관계를 **Fleming의 오른손법칙**(Fleming's right hand rule)으로 표시한다.

일반적인 경우로 시간적으로 변화하는 자계 내에서 도체회로가 운동할 때의 전유도기전력은 식 (11.3)과 (11.5)에서

$$e = \oint_C \boldsymbol{E}\cdot d\boldsymbol{l} = -\iint_S \frac{\partial \boldsymbol{B}}{\partial t}\cdot \boldsymbol{n}dS + \oint_C(\boldsymbol{u}\times\boldsymbol{B})\cdot d\boldsymbol{l}\,[\mathrm{V}] \tag{11.8a}$$

가 되며, 미분형은 Stokes의 정리를 적용하여

$$\mathrm{rot}\,\boldsymbol{E} = -\left\{\frac{\partial \boldsymbol{B}}{\partial t} - \mathrm{rot}\,(\boldsymbol{u}\times\boldsymbol{B})\right\} \tag{11.8b}$$

가 된다. 이 관계식은 자속이 시간적으로 변화함과 동시에 자계 중의 도체를 포함한 매질이 속도 $\boldsymbol{u}$[m/s]로 운동할 때 발생하는 전자유도현상의 미분형의 표현식이다.

◆ 예제 11-3

균일자계에 수직방향으로 직선도체가 평행운동할 때 유도기전력을 구하라.

풀이 균일자속밀도 $\boldsymbol{B} = B\boldsymbol{k}$[T]의 자계 내에 그림 11-5와 같이 배치된 구형회로 Oabc에서, 변 bc $= l$[m]만이 $\boldsymbol{u}$[m/s]의 속도로 평행이동할 때의 유도기전력은 변 bc에서만 유기될 것이므로, 식 (11.5)에 $d\boldsymbol{l} = dx\boldsymbol{i}$[m]

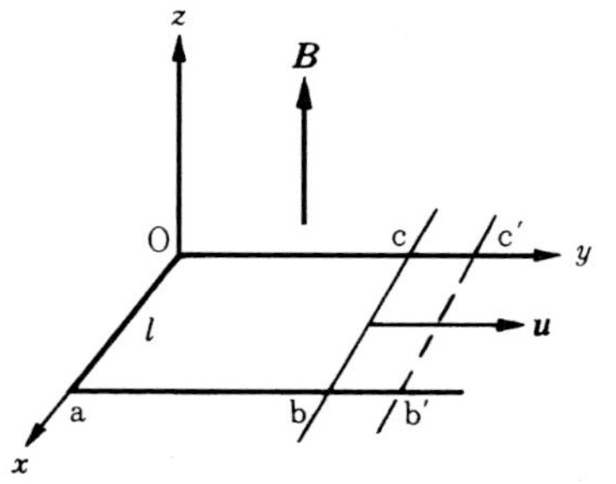

그림 11-5 운동유도 기전력

를 적용하면

$$e = \oint_{\text{OabcO}} \boldsymbol{u} \times \boldsymbol{B} \cdot d\boldsymbol{l} = uB\int_{l}^{0} dx = -uBl\,[\text{V}]$$

가 얻어진다. 여기서 부(負)의 기호는 기전력이 cbaO 방향, 즉 변 bc의 이동으로 인한 회로의 쇄교자속이 증가하는 것을 방해하는 방향으로 유기됨을 의미한다.

한편 그림 11-5에서 변 bc $= l$ [m]가 dy [m]만큼 이동하여 b′c′로 옮겨졌을 때 쇄교자속의 증가는

$$d\phi = Bldy\,[\text{Wb}]$$

가 되므로, 식 (11.1)을 적용하여

$$e = -\frac{d\phi}{dt} = -Bl\frac{dy}{dt} = -Blu\,[\text{V}]$$

와 같이 유도기전력을 구할 수도 있다.

그리고 그림 11-5의 회로저항을 $R\,[\Omega]$이라 할 때 유도전류는

$$I = \frac{e}{R}\ [\text{A}]$$

가 되므로, Fleming의 왼손법칙 식 (9.36b)에 따라 변 cb에는

$$\boldsymbol{F}_E = I\boldsymbol{l} \times \boldsymbol{B} = Il\boldsymbol{i} \times \boldsymbol{k}B = -BIl\boldsymbol{j}\,[\text{N}]$$

와 같은 운동방향과 반대되는 힘이 작용한다. 따라서 변 cb를 $\boldsymbol{u}$ [m/s]의 일정속도로 이동하기 위하여는 이에 반대되는 기계적 힘

$$\boldsymbol{F}_M = BIl\boldsymbol{j}\,[\text{N}]$$

을 외부에서 가해 주어야 한다.

이 경우 외부에서 가해 주는 기계적 일은

$$dW_M = \boldsymbol{F}_M \cdot dy\boldsymbol{j} = BIldy\,[\text{J}]$$

가 되므로, 기계적 입력은 식 (11.7b)를 적용하여

$$P_M = \frac{dW_M}{dt} = BIlu = eI\,[\mathrm{W}]$$

가 되어 유도기전력에 의한 소비전력 $P_E = eI\,[\mathrm{W}]$와 같아진다.

◆ 예제 11-4

균일자계 $\boldsymbol{B}\,[\mathrm{T}]$에 평행되는 중심축을 갖는 반지름 $a\,[\mathrm{m}]$의 원판도체가 ω [rad/s]의 각속도로 회전할 때 유도기전력을 구하라.

풀이 그림 11-6의 $dr\,[\mathrm{m}]$부의 주변속도는 $u = \omega r\,[\mathrm{m/s}]$이므로 식 (11.5a)에서 유도기전력은

$$e = \oint_C \boldsymbol{u} \times \boldsymbol{B} \cdot d\boldsymbol{l} = \oint_{\mathrm{OARDO}} \omega r B dr = \omega B \int_0^a r dr = \frac{1}{2}\omega B a^2\,[\mathrm{V}]$$

가 되며 유도전류는

$$I = \frac{e}{R} = \frac{\omega B a^2}{2R}\,[\mathrm{A}]$$

가 된다. 한편 dr부의 전류소 $Idr\,[\mathrm{A \cdot m}]$가 역회전방향으로 받는 힘은 식 (9.36a)에서

$$dF = BIdr\,[\mathrm{N}]$$

이므로, 원판 전체가 받는 제동회전력(braking torque)은

$$T = BI\int_0^a r dr = \frac{BIa^2}{2} = \frac{\omega B^2 a^4}{4R}\,[\mathrm{N \cdot m}]$$

가 된다. 따라서 발전을 계속하기 위하여는 외부에서 이 제동회전력을 이길 만한 기계적 회전력을 공급해 주어야 된다.

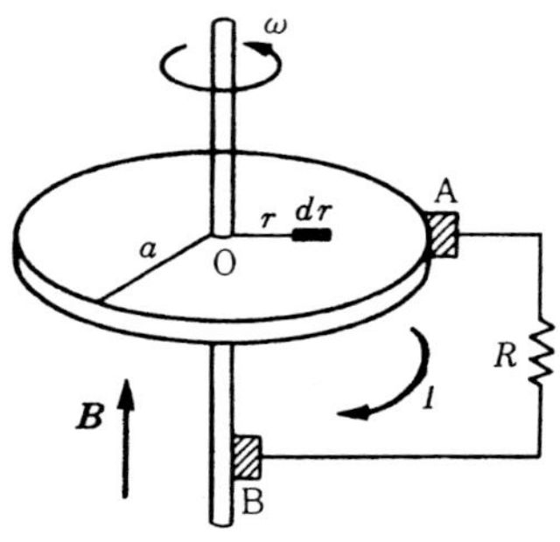

그림 11-6 Faraday의 원판발전기

이 경우 회로에서의 소비전력과 기계적 입력 사이에는

$$P_E = eI = I^2R = \frac{\omega^2 B^2 a^4}{4R} \ [\mathrm{W}]$$

$$P_M = T\omega = \frac{\omega^2 B^2 a^4}{4R} \ [\mathrm{W}]$$

가 되어 평형을 유지한다. 실제에 있어서는 마찰손 등이 있으므로 $P_M \geq P_E$의 조건이 만족되어야 한다.

그림 11-6의 장치를 **Faraday의 원판발전기**(Faraday's disk generator) 또는 **단극발전기**(homopole generator)라 한다.

예로 $r = 15$ [cm], $B = 1.2$ [T], $n = 3600$ [rpm]일 때 유도기전력은 5.1 [V]가 된다.

11.3 과 전 류

도체 내의 한 점을 관통하는 자속이 시간적으로 변화하면 식 (11.4)와 식 (8.27)에 의하여

$$\mathrm{rot}\, \boldsymbol{J} = -\sigma \frac{\partial \boldsymbol{B}}{\partial t} \tag{11.9a}$$

의 전류계 $\boldsymbol{J}$ [A/m²]가 변화자속 주위를 맴도는 폐로전류를 형성하는데 이러한 전류를 **과전류**(過電流, eddy current 또는 Foucault current)라 한다. 이 과전류는 자속변화를 방해하는 방향으로 회전하며, 그 전류선분포는 도체의 크기와 모양 및 도전율, 투자율과 자속분포의 시간변화상태에 따라 정해지는 매우 복잡한 모양을 갖는다.

도체 내에 과전류가 흐르면 정상전류분포에 영향을 주며, 동시에 과전류에 의한 Joule 열이 발생하여 전력손실을 유발하게 되는데 이 손실을 **과류손**(過流損, eddy current loss)라 한다. 일반적으로 정현파 자속변화에 의한 과류손은

$$P_e = A\sigma f^2 B_m^2 t^2 \ [\mathrm{W}] \tag{11.9b}$$

가 되며, 여기서 σ [S/m]는 유전율, f [Hz]는 주파수, B_n [T]는 최대자속

밀도, t[m]는 도체두께, A는 비례상수이다. 이 손실은 교류기기의 철심에서 흔히 발생하므로 철손에 속하며 이 손실을 적게 하기 위하여 얇은 철판을 성층한 철심(laminated core) 또는 압분철심(dust core) 등을 사용하고 있다(자심체철손은 대략 P_e 30 %, P_h 70 %의 비율이다).

◆ 예제 11-5

과전류의 응용예를 들라.

풀이 (1) **Arago의 원판**(Arago's disk) : Arago(1786~1863년, 프랑스)는 회전자침이 도체상에서 급격히 정지하는 현상을 발견하고, 그림 11-7에서와 같이 동원판 위에 자석을 매단 후 자석을 회전하면 동판이 따라 회전하며, 동판을 회전하면 자석이 따라 회전함을 발견하였다(1824년). 이것은 자석의 양극에 가까운 동판 각 부에서의 자속변화에 따라 유기된 과전류와 자속 사이의 전자력(Fleming의 왼손법칙)에 의한 것으로, 이 원판을 Arago의 원판이라 하며, 이 실험이 Faraday의 전자유도법칙을 확립시키는 계기가 되었다.

(2) **응용예** : 유도전동기는 그림 11-7의 자석을 단상 또는 3상교류의 회전자계로 만든 후 원판을 농형도체군(籠形導體群)으로 대체한 것이다(1890년).

한편 그림 11-8에서와 같이 자석을 고정시키고 도체원판을 회전시키면 예제 11-4에서와 같은 제동회전력이 발생하는데 이 원리가 적산전력계의 전자제동장치에 이용된다.

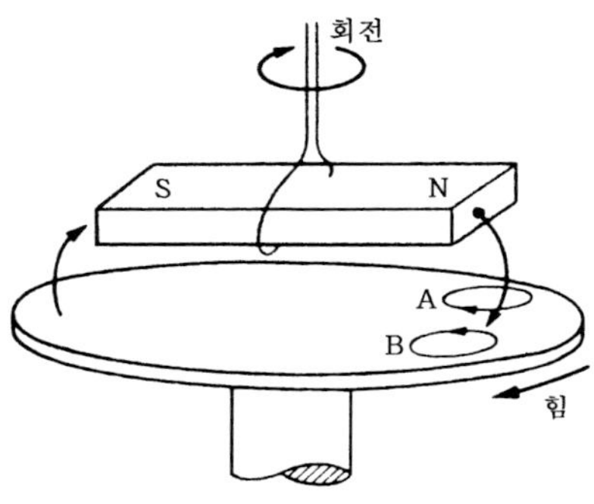

그림 11-7 Arago의 원판

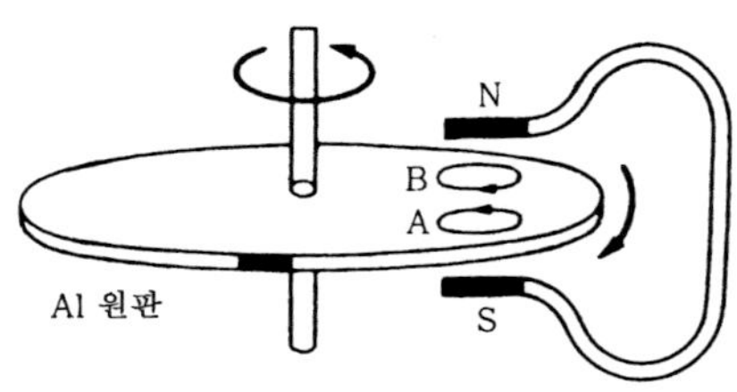

그림 11-8 전자제동장치

◆ 예제 11-6

원주형 자성체(μ [H/m], σ [S/m], l [m])에 n [turns/m]에 코일을 감고 $I = I_m \sin \omega t$ [A]를 통할 때 자성체 내에 발생하는 과전류밀도를 구하라. 단, 반지름은 길이에 비하여 매우 작다.

풀이 자성체 내에 발생하는 자계는

$$H_{(z)} = nI_m \sin \omega t \, [\text{AT/m}]$$

가 되므로, 그림 11-9의 자성체봉 단면상에서 반지름 r [m]가 되는 길이 l [m]의 전체 코일과 쇄교하는 총자속수는

$$\phi_{(z)} = \mu H_{(z)} \cdot nl \cdot \pi r^2 = \mu n^2 l \pi r^2 I_m \sin \omega t \, [\text{Wb}]$$

가 된다. 한편 r 원주상의 전계를 E [V/m]라 하면 식 (11.3)에서

$$2\pi r E_{(\phi)} = -\frac{d\phi_{(z)}}{dt} = -\omega \mu n^2 l \pi r^2 I_m \cos \omega t \, [\text{V}]$$

가 되므로, 과전류밀도는 식 (8.27)에서

$$J_{(\phi)} = \sigma E_{(\phi)} = -\frac{\omega \mu \sigma}{2} n^2 l r I_m \cos \omega t$$

$$= \frac{\omega \mu \sigma}{2} n^2 l r I_m \sin\left(\omega t - \frac{\pi}{2}\right) [\text{A/m}^2]$$

가 된다. 따라서 자성체봉 내에 유기되는 과전류밀도는 코일의 유입전류와 반대방향이며 주파수와 중심축에서의 거리에 비례하여 증가한다.

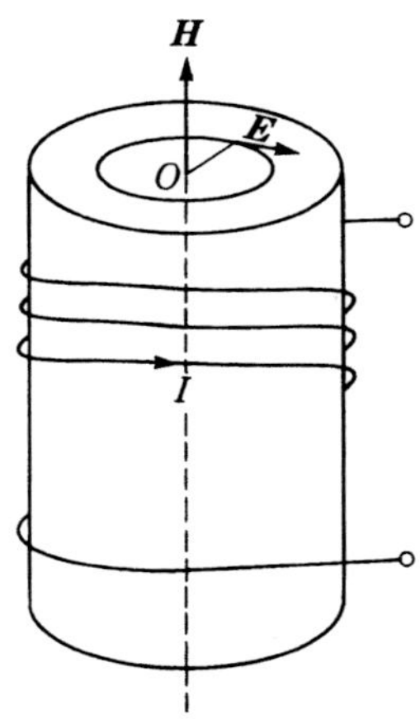

그림 11-9 자성체봉과 과전류

11.4 도체 내의 전류분포

공간도체 (σ [S/m], μ [H/m]) 내에 시변자계(時變磁界) $\boldsymbol{B}_{(xyzt)}$ [T]가 존재하면 식 (11.4)에서

$$\nabla \times \boldsymbol{E} = -\frac{\partial \boldsymbol{B}}{\partial t} \text{ [V]} \tag{11.10a}$$

의 유도전계가 발생하며, 이 전계에 의하여 식 (8.27)에서

$$\boldsymbol{J} = \sigma \boldsymbol{E} \text{ [A/m}^2\text{]} \tag{11.10b}$$

의 전류 $\boldsymbol{J}_{(xyzt)}$ [A/m^2]가 흐르게 된다. 이 전류분포가

$$\nabla \cdot \boldsymbol{J} = 0 \tag{11.10c}$$

의 정상전류분포이면 식 (9.28)과 식 (9.34)에서

$$\nabla \times \boldsymbol{H} = \boldsymbol{J} \text{ [A/m}^2\text{]} \tag{11.10d}$$

$$\boldsymbol{B} = \mu \boldsymbol{H} \text{ [T]} \tag{11.10e}$$

의 자계가 발생하므로, 공간도체 내에는 식 (10.10)의 5식을 동시에 만족하는 전류 및 자계가 분포될 것이다.

즉, 식 (11.10a, b, e)에서 얻어지는

$$\nabla \times \boldsymbol{J} = -\sigma\mu \frac{\partial \boldsymbol{H}}{\partial t}$$

의 양변에 다시 curl을 취하면

$$\nabla \times \nabla \times \boldsymbol{J} = -\sigma\mu \frac{\partial}{\partial t} \nabla \times \boldsymbol{H} = -\sigma\mu \frac{\partial \boldsymbol{J}}{\partial t}$$

가 얻어지며, 좌변에 식 (1.27)과 식 (11.10c)에 적용하면

$$\nabla^2 \boldsymbol{J} = \mu\sigma \frac{\partial \boldsymbol{J}}{\partial t} \tag{11.11a}$$

와 같은 공간도체 내의 전류분포에 관한 일반식이 구해진다. 마찬가지 계산으로 자계분포에 관한

$$\nabla^2 \boldsymbol{B} = \sigma\mu \frac{\partial \boldsymbol{B}}{\partial t} \tag{11.11b}$$

의 일반식을 구할 수 있다.

전류밀도 $\boldsymbol{J}_{(xyzt)}$ [A/m^2]가 정현파 교류로

$$\boldsymbol{J} = \boldsymbol{J}_s e^{j\omega t} \text{ [A/m}^2\text{]} \tag{11.12a}$$

일 경우를 생각하자. 여기서 $\boldsymbol{J}_s$ [A/m^2]는 위치 xyz만의 함수인 phasor 전류밀도벡터이다. 이것을 식 (11.11a)에 적용하면

$$\nabla^2 \boldsymbol{J}_s = j\omega\sigma\mu \boldsymbol{J}_s \tag{11.12b}$$

의 전류분포에 관한 phasor vector 방정식이 얻어진다. 따라서 도체 내의 전류 또는 자계분포는 주파수와 매질상수 (σ, μ)에 의하여 정해짐을 알 수 있는데, $\nabla^2 \boldsymbol{J}_s$는 유한값(7.2절 참조)이므로

$$\omega\sigma\mu \to \infty : \boldsymbol{J}_s \to 0, \qquad \boldsymbol{B}_s \to 0 \tag{11.12b}$$

의 관계가 얻어진다. 따라서 주파수가 극히 높든가 도전율이 매우 큰 완전도체이면, 전류 및 자계는 도체 내부에 존재하지 못하고 표면에만 흐르게 된다. 이러한 현상을 **표피효과**(表皮效果, skin effect)라고 한다.

◆ 예제 11-7

표피깊이를 유도하라.

풀이 그림 11-10에서와 같이 도체가 xy 평면을 경계로 공기와 접해 있을 때 깊이 z에 따라 변하는 전류밀도에서, 식 (11.12a)의 x 성분 $J_x(z)$만을 취하여

$$J_x = J_{xs} e^{j\omega t} \text{ [A/m}^2\text{]}$$

라 할 때, 식 (11.12b)에서

$$\frac{\partial^2 J_{xs}}{\partial z^2} = j\omega\sigma\mu J_{xs}$$

가 얻어진다. 이 식의 일반해는

$$J_{xs} = A_1 e^{\sqrt{j\omega\sigma\mu}\cdot z} + A_2 e^{-\sqrt{j\omega\sigma\mu}\cdot z} \text{ [A/m}^2\text{]}$$

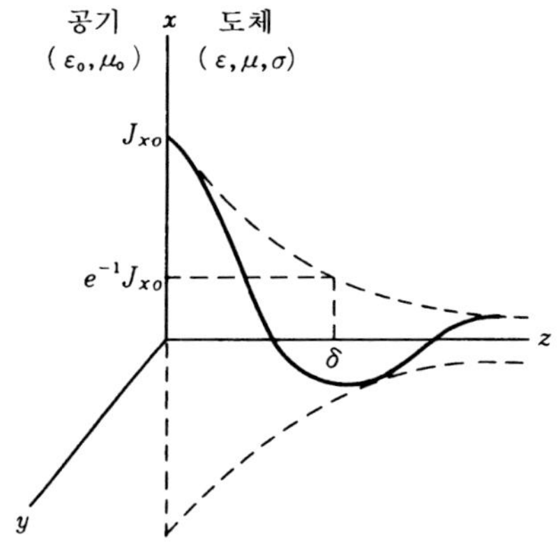

그림 11-10 표피깊이

가 되는데, 적분상수 A_1, A_2는 경계조건을 적용하여

$$z = \infty : J_{xs} \neq \infty : \quad \therefore A_1 = 0,$$
$$Z = 0 : J_{xs} = J_{xo} : \quad \therefore A_2 = J_{xo}$$

가 되므로

$$J_{xs} = J_{xo} e^{-\sqrt{j\omega\sigma\mu} \cdot z} \, [\mathrm{A/m^2}]$$

가 된다. 그런데 극좌표 및 복소좌표(複素座標)를 이용하면

$$\sqrt{j} = 1\underline{/45°} = e^{j\frac{\pi}{4}} = \frac{1}{\sqrt{2}}(1+j)$$

의 관계가 얻어지므로, 도체 내의 전류분포에 관한 지수함수 표시

$$J_x = J_{xo} e^{-\sqrt{\frac{\omega\sigma\mu}{2}}z} e^{j\left(\omega t - \sqrt{\frac{\omega\sigma\mu}{2}}z\right)} \, [\mathrm{A/m^2}] \tag{11.13a}$$

또는 삼각함수 표시

$$J_x = J_{xo} e^{-\sqrt{\pi f\sigma\mu} \cdot z} \cos(\omega t - \sqrt{\pi f \sigma\mu} \cdot z)$$
$$= J_{xo} e^{\frac{z}{\delta}} \cos\left(\omega t - \frac{z}{\delta}\right) [\mathrm{A/m^2}] \tag{11.13b}$$

의 관계식이 구해진다. 즉, 도체 내의 전류분포는 표면에서의 깊이 z에 따라 지수함수적으로 감쇠하며 동시에 시간 및 위치에 따라 정현파적으로 변화한다.

그림 11-10 및 식 (11.13b)에서 도체 내의 전류값이 표면값 J_{xo}의 $J_{xo} e^{-1} = 0.368 J_{xo}$배가 되는 깊이

$$\delta = \frac{1}{\sqrt{\frac{\omega\mu\sigma}{2}}} = \frac{1}{\sqrt{\pi f \mu \sigma}} \text{ [m]} \tag{11.14}$$

를 **표피두께** 또는 **표피깊이**(skin depth 또는 depth of penetration)라 한다. 따라서 동도체인 경우 ($\sigma = 5.8 \times 10^7$ [S/m], μ_0 [H/m])

$$\delta = \frac{0.0661}{\sqrt{f}} \text{ [m]}$$

로 주파수에 따른 δ의 값이 표 11-1과 같이 감소함을 알 수 있다.

표 11-1 표피깊이(동선)

f[Hz]	60	10^6	10^{10}
δ[mm]	8.53	6.61×10^{-2}	6.61×10^{-4}

즉, 60 [Hz]인 경우 동선은 표피효과의 영향이 크지 않으나, 고주파 전자회로 등에서는 표피효과가 심하게 나타나 박막도체로도 에너지의 전송이 가능함을 알 수 있다. 이러한 표피효과는 시변자계에서도 발생하므로 고주파공학에서 전계 및 자계의 **전자차폐**(electromagnetic shielding)에 널리 이용되고 있다.

◆ 예제 11-8

표피효과에서의 표피깊이 내의 저항은 도체의 전(全)저항과 동일함을 증명하라.

풀이 그림 11-11과 같은 도체 내의 전류분포는 식 (11.13a)와 식 (11.14)에서

$$J_x = J_{xo} e^{-(1+j)\frac{z}{\delta}} e^{j\omega t} \text{ [A/m}^2\text{]}$$

$$J_{xs} = J_{xo} e^{-(1+j)\frac{z}{\delta}} \text{ [A/m}^2\text{]}$$

가 되므로, 그림의 직사각형 도체 ($0 \le x \le l$, $0 \le y \le b$, $0 \le z \le \infty$) 내에 분포된 전 phasor 전류는

$$I_{xs} = J_{xo} \int_0^b dy \int_0^\infty e^{-(1+j)\frac{z}{\delta}} dz = J_{xo}\delta b \frac{1}{1+j} = J_{xo}\delta b \frac{1}{\sqrt{2}} e^{-\frac{\pi}{4}j} \text{ [A]}$$

가 되며, 전전류는

$$I_x = I_{xs} e^{j\omega t} = \frac{\delta b}{\sqrt{2}} J_{xo} \cos\left(\omega t - \frac{\pi}{4}\right) \text{ [A]} \tag{11.15a}$$

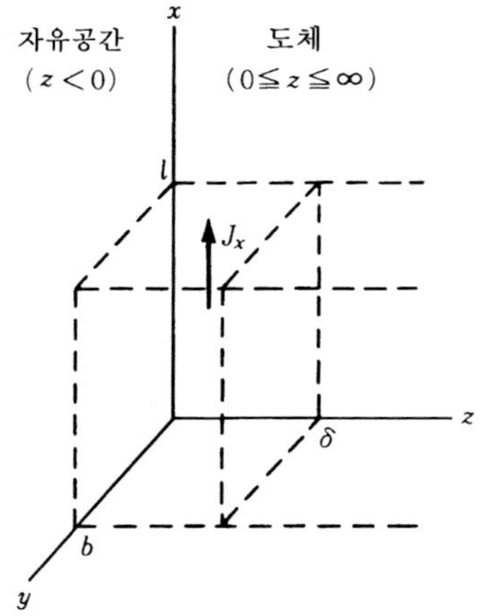

그림 11-11 등가실효저항

가 된다. 그런데 이 전전류가 표피깊이 $(0 \le y \le b,\ 0 \le z \le \delta)$ 내에 균일하게 분포되었다 할 때의 전류밀도는

$$J_x' = \frac{I_x}{\delta b} = \frac{J_{xo}}{\sqrt{2}} \cos\left(\omega t - \frac{\pi}{4}\right) [\text{A/m}^2]$$

가 되므로, 체적 $\delta bl\,[\text{m}^3]$ 내의 전전력손은 식 (8.39a)에서

$$P_\delta = \frac{J_x'^2}{\sigma} \cdot \delta bl = \frac{J_{xo}^2}{2\sigma} \delta bl \cos^2\left(\omega t - \frac{\pi}{4}\right) [\text{W}]$$

가 되며, 평균전력손은

$$P_{\delta av} = \frac{1}{T}\int_0^T P_\delta\, dt = \frac{1}{4}\frac{J_{xo}^2}{\sigma}\delta bl\,[\text{W}] \tag{11.15b}$$

가 된다. 한편 표피깊이 내의 전전류의 실효값은 식 (11.15a)에서

$$I_{x\text{eff}} = \frac{1}{\sqrt{2}}\left(\frac{J_{xo}}{\sqrt{2}}\delta b\right) = \frac{J_{xo}}{2}\delta b\,[\text{A}]$$

가 되며, 표피깊이 내의 저항을 $R_e\,[\Omega]$라 하면 이곳에서의 평균전력손은

$$P_{\delta av} = (I_{x\text{eff}})^2 R_e = \frac{1}{4}\delta^2 b^2 J_{xo}^2 R_e\,[\text{W}]$$

가 되는데, 이 값은 식 (11.15b)와 같아야 할 것이므로

$$R_e = \frac{l}{\sigma\delta b}[\Omega] \tag{11.15c}$$

가 얻어진다. R_e를 표피두께에 대한 **등가실효저항**(等價實效抵抗, equivalent effective resistance)이라 한다.

예로 반지름 a, 길이 l[m]의 원형단면도선에서 표피깊이를 δ[m]라 하면

$$R_e = \frac{l}{\sigma 2\pi a\delta}\ [\Omega]$$

가 되며, 직류도선의 전저항은

$$R_{DC} = \frac{l}{\sigma \pi a^2}\ [\Omega]$$

가 된다. 따라서 동선($\sigma = 5.8\times10^7$ [S/m], $a = 2$ [cm], $l = 1$ [km])인 경우 $R_{DC} = 1.37\times10^{-2}[\Omega]$, $R_{e(60\,[\mathrm{Hz}])} = 1.61\times10^{-2}[\Omega]$, $R_{e(1\,[\mathrm{MHz}])} = 2.076[\Omega]$가 되어 1 [MHz]인 경우 저항이 151.5배로 증가하나, $a = 1$[mm], $l = 1$[km] 동선에 대하여는 $R_{DC} = 5.5\ [\Omega]$, $R_{e(1\,[\mathrm{MHz}])} = 41.5[\Omega]$가 되어 저항의 증가는 7.5배에 불과하다. 따라서 표피효과는 도선이 가늘수록 저항에 대한 무효율이 감소한다.

11.5 Inductance

회로이론의 세 가지 상수(R, L, C) 중의 하나인 **인덕턴스**(inductance)는 자기인덕턴스와 상호인덕턴스로 구분되며 다음과 같이 정의한다.

(1) 자기유도와 자기인덕턴스

그림 11-12와 같이 도선회로 C에 전류 I[A]가 흐를 때 C와 쇄교하는 자속은 전류에 비례하므로

$$\left.\begin{aligned} \phi &= LI\,[\mathrm{Wb}] \\ N\phi &= LI\,[\mathrm{Wb}] \end{aligned}\right\} \tag{11.16}$$

로 놓을 수 있으며, 여기서 N은 코일의 권수이다. 이 경우 I가 시간적으로 변화하면 Lenz의 법칙에 의하여 회로 C에 역기전력

$$\left.\begin{aligned} e &= -\frac{d\phi}{dl} = -L\frac{dI}{dt}\ [\mathrm{V}] \\ e &= -N\frac{d\phi}{dl} = -L\frac{dI}{dt}\ [\mathrm{V}] \end{aligned}\right\} \tag{11.17}$$

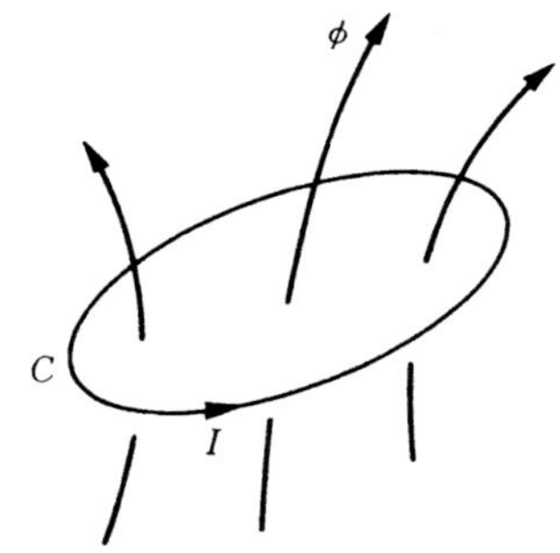

그림 11-12 자기인덕턴스

가 유기되는데 이러한 현상을 **자기유도**(自己誘導, self induction)라 한다. 위의 비례상수 L을 회로 C에 대한 **자기인덕턴스**(self inductance) 또는 **자기유도계수**(自己誘導係數, coefficient of self induction)라 하며, L은 회로의 크기, 모양, 권수, 주위 매질 등에 따라 정해지는 기하학적 양이다. 그러나 전류와 자속이 비선형인 강자성체(10-5절 참조)에서는 L의 값이 전류에 따라 변하기도 한다.

(2) 상호유도와 상호인덕턴스

그림 11-13과 같이 두 회로 C_1, C_2가 가까이 놓여 있을 때, C_1의 전류 I[A]에 의한 자속 중 권수 N_2의 C_2와 쇄교하는 자속수는

$$\left.\begin{aligned} N_2\phi_{21} &= M_{21}I_1\ [\mathrm{Wb}] \\ \phi_{21} &= M_{21}I_1\ [\mathrm{Wb}]\ (N_2 = 1) \end{aligned}\right\} \tag{11.18}$$

가 되며, 전류 I_1이 시간적으로 변화할 경우 C_2에 유기되는 기전력은

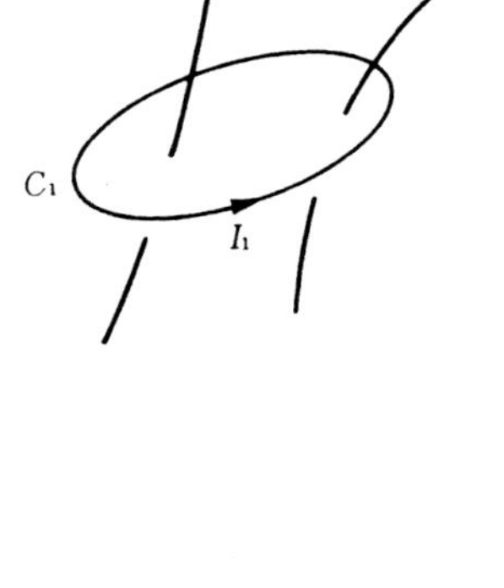

그림 11-13 상호인덕턴스

$$e_{21} = -M_{21}\frac{dI_1}{dt}\ [\mathrm{V}] \tag{11.19}$$

가 된다. 이러한 현상을 **상호유도**(相互誘導, mutual induction)라 하며, 비례상수 M_{21}을 **상호인덕턴스**(mutual inductance) 또는 **상호유도계수**(相互誘導係數, coefficient of mutual induction)라 한다. 여기서 M의 크기는 두 회로의 크기, 모양, 권수, 상호 위치 및 주위 매질에 따라 정해지는 양으로

$$M_{21} = M_{12} \tag{11.20}$$

의 관계가 성립한다(예제 11-16 참조).

(3) 인덕턴스의 단위

인덕턴스가 식 (11.16) 및 (11.18)로 정의될 경우 그 단위 [H](henry)는

$$1\,[\mathrm{H}] = 1\,[\mathrm{Wb/A}] \tag{11.21a}$$

로 표시하는데, 이것은 1 [A]의 회로전류와 쇄교하는 자속이 1 [Wb]인 경우를 기준으로 취한 단위이다.

이에 대하여 식 (11.17) 및 식 (11.19)와 같은 정의에서는 인덕턴스의 단위는

$$1\,[\mathrm{H}] = 1\,[\mathrm{V\,s/A}] = 1\,[\Omega\cdot\mathrm{s}] \tag{11.21b}$$

로 주어진다. 즉, 회로전류가 1 [A/s]의 비율로 변화할 때 자신의 회로 또는 상대회로에 유기되는 기전력으로 인덕턴스의 크기로 정의하는 단위계이다.

한편 회로전류에 의한 자계 내에 저장되는 자계에너지 식 (10.18c, d)에 식 (11.16)의 관계를 적용하면

$$W_m = \frac{1}{2}LI^2\,[\mathrm{J}] \tag{11.22}$$

가 되므로, 이 경우의 인덕턴스의 단위는

$$1\,[\mathrm{H}] = 1\,[\mathrm{J/A^2}] \tag{11.21c}$$

와 같이 정의할 수 있다.

따라서 이들의 정의로부터 회로에 대한 쇄교자속, 유도기전력 및 자계에너지를 구하면 인덕턴스를 산출할 수 있다.

◆ 예제 11-9

내외 반지름 a, $b(>a)$ [m]인 공심동축케이블의 자기인덕턴스를 구하라.

풀이 내심도체에 전류 I [A]가 균일하게 흐를 때 내외도체 사이의 쇄교자속은 식 (9.42)에서

$$\phi = \left[\frac{\mu_0}{2\pi} \ln \frac{b}{a}\right] I \text{ [Wb/m]}$$

가 되므로 식 (11.10)에서 단위길이 1 [m]에 대한 자기인덕턴스

$$L = \frac{\mu_0}{2\pi} \ln \frac{b}{a} \text{ [H/m]} \tag{11.23}$$

가 얻어진다. 한편 내심도체의 단위길이에 저장되는 자계에너지는 식 (10.17)에서

$$W_m = \frac{1}{2} \frac{\mu}{8\pi} I^2 \text{ [J/m]}$$

가 되므로, 내심도체의 내부 자기인덕턴스는 식 (11.22)에서

$$L_i = \frac{\mu}{8\pi} \text{ [H/m]} \tag{11.24}$$

가 된다. 여기서 μ [H/m]는 내심도체의 투자율이며 내부 자기인덕턴스는 도체의 반지름에 관계없음을 알 수 있다. 따라서 동축케이블의 단위길이당 전자기인덕턴스는 다음과 같이 된다.

$$L = \frac{\mu_0}{2\pi}\left(\ln \frac{b}{a} + \frac{\mu_r}{4}\right) \text{ [H/m]} \tag{11.25}$$

◆ 예제 11-10

그림 11-14와 같은 토로이드에 N_1, N_2 [turns]의 두 코일이 균일하게 감겨 있을 때 자기 및 상호인덕턴스를 구하라.

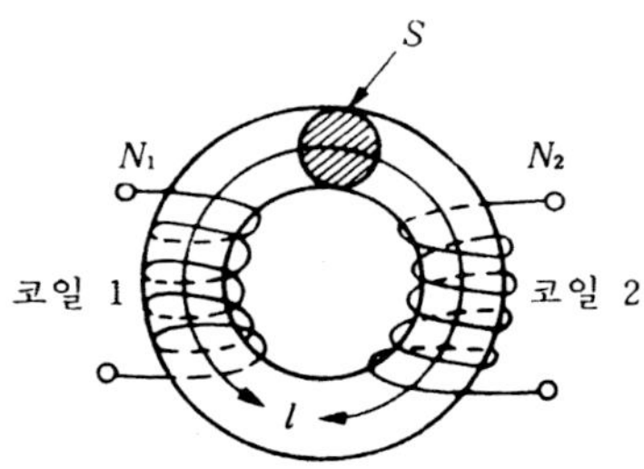

그림 11-14 인덕턴스의 계산

풀이 토로이드 자심의 투자율을 μ [H/m]라 하면 자기저항은 식 (10.26)에서

$$\mathscr{R} = \frac{l}{\mu S} \text{ [AT/Wb]}$$

가 되며, 코일 1의 전류 I [A]에 의한 자심 내의 자속은 식 (10.26)에서

$$\phi = \frac{\mathscr{F}}{\mathscr{R}} = \frac{\mu S N_1}{l} I \text{ [Wb]}$$

가 되므로, 식 (11.10)과 식 (11.19)에서

$$\left.\begin{aligned} L_1 &= \frac{N_1 \phi}{I} = \frac{4\pi\mu_r S N_1^2}{l} \times 10^{-7} \text{ [H]} \\ M &= \frac{N_2 \phi}{I} = \frac{4\pi\mu_r S N_1 N_2}{l} \times 10^{-7} \text{ [H]} \\ &\text{마찬가지로} \\ L_2 &= \frac{4\pi\mu_r S N_2^2}{l} \times 10^{-7} \text{ [H]} \end{aligned}\right\} \quad (11.26)$$

가 얻어진다. 이상의 결과는 자로 내의 자속이 일정하다고 생각한 경우이나 **누설자속**(leakage flux)이 발생할 그림 11-13의 경우에는

$$L_1 I_1 > M I_1, \quad L_2 I_2 > M I_2$$

즉, $L_1 L_2 > M^2$

의 관계가 얻어지므로

$$k = \frac{M}{\sqrt{L_1 L_2}} \ (\leq 1) \quad (11.27)$$

를 두 회로 사이의 자기적 결합상태를 가름하는 **결합계수**(結合係數, coupling factor)라 하며 식 (11.26)은 $k=1$인 경우이다.

◆ 예제 11-11

권수 N의 코일을 균일하게 감은 철심토로이드의 자기인덕턴스를 구하라.

풀이 그림 11-15와 같이 토로이드의 자심 반지름 a [m]가 평균 반지름 R [m]에 비하여 비교적 클 경우, 자심 내의 자계는 식 (9.20)의 값

$$H = \frac{NI}{2\pi(R - r\cos\theta)} \text{ [AT/m]}$$

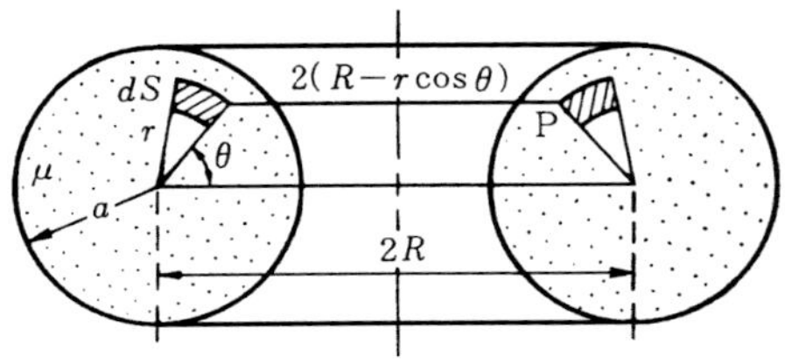

그림 11-15 토로이드의 자기인덕턴스

를 이용하여야 한다. 따라서 미소면적 $dS = rd\theta dr$ [m^2]와 쇄교하는 자속은

$$d\phi = N\mu HdS = \frac{\mu N^2 Ir dr d\theta}{2\pi(R - r\cos\theta)} \text{ [Wb]}$$

가 되며, 전쇄교자속은

$$\phi = \frac{\mu N^2 I}{2\pi}\int_0^a\int_0^{2\pi}\frac{rdrd\theta}{R - r\cos\theta} = \frac{\mu N^2 I}{2\pi}\int_0^a \frac{2\pi r}{\sqrt{R^2 - r^2}}dr$$

$$= \mu N^2 I(R - \sqrt{R^2 - a^2}) \text{ [Wb]}$$

가 된다. 따라서 토로이드의 자기인덕턴스는

$$L = \mu N^2(R - \sqrt{R^2 - a^2}) \text{ [H]} \tag{11.28}$$

가 되며, $a \ll R$인 경우 $\left(\frac{a}{R}\right)^4 = 0$로 놓을 수 있으므로

$$L = \mu N^2 R\left\{1 - \left(1 - \frac{a^2}{R^2}\right)^{1/2}\right\} \fallingdotseq \frac{\mu\pi a^2 N^2}{2\pi R} \text{ [H]}$$

가 되어 식 (11.26)과 같은 결과가 얻어진다(부록 Ⅳ-1-2-10 참조).

◆ 예제 11-12

자기인덕턴스 L_1, L_2 [H], 상호인덕턴스 M [H]인 두 코일을 직렬연결한 합성자기인덕턴스를 구하라.

풀이 그림 11-16 (a)와 같이 두 코일에 각각 I_1, I_2 [A]가 흐를 때, 각 코일의 쇄교자속은

$$\phi_1 = L_1 I_1 + MI_2, \quad \phi_2 = L_2 I_2 + MI_1 \text{ [Wb]}$$

가 되므로, 두 코일에 저장되는 전자계에너지는 식 (10.18e)에서

$$W_m = \frac{1}{2}\phi_1 I_1 + \frac{1}{2}\phi_2 I_2 = \frac{1}{2}L_1 I_1^2 + \frac{1}{2}L_2 I_2^2 + MI_1 I_2 \text{ [J]}$$

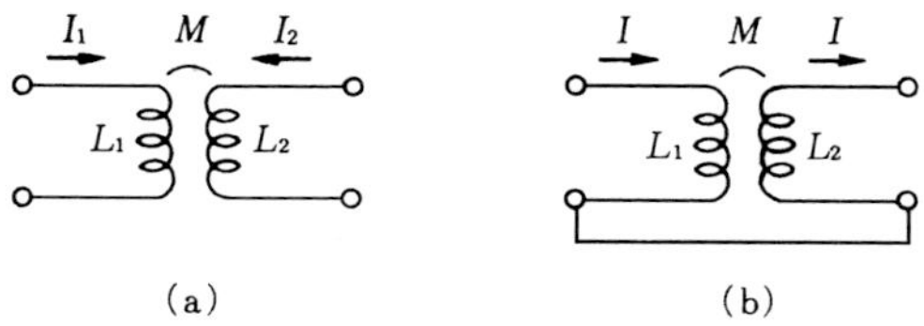

그림 11-16 인덕턴스의 직렬연결

가 된다. 따라서 그림 11-16과 같이 직렬연결한 경우 $I_1 = I_2 = I$ [A]가 되므로

$$W_m = \frac{1}{2}(L_1 + L_2 + 2M)I^2 \text{ [J]}$$

가 되며, 합성자기인덕턴스를 L [H]라 하면

$$L = L_1 + L_2 + 2M \text{ [H]} \tag{11.29a}$$

가 된다. 여기서 두 코일의 자속이 같은 방향이면 $M > 0$이나, 반대방향이면 $M < 0$가 되어 다음과 같이 된다.

$$L = L_1 + L_2 - 2M \text{ [H]} \tag{11.29b}$$

◆ 예제 11-13

공기 중에 반지름 a, b [m]의 무한장 평행도선이 선간거리 $d(\gg a, b)$ [m]로 가설되었을 때 자기인덕턴스를 구하라.

풀이 그림 11-17의 배선에서 $d > a$, b이므로 두 도선의 전류 $\pm I$ [A]는 도선 중심축에 집중된 선전류로 볼 수 있다. 따라서 점 P의 자계는

$$B = \frac{\mu_0 I}{2\pi r} + \frac{\mu_0 I}{2\pi(d-r)} \text{ [Wb/m}^2\text{]}$$

가 되며, 두 선 사이의 단위길이당 쇄교자속은

$$\phi = \int_a^{d-b} B dr = \frac{\mu_0 I}{2\pi} \ln \frac{(d-a)(d-b)}{ab}$$

$$\fallingdotseq \left(\frac{\mu_0}{2\pi} \ln \frac{d^2}{ab} \right) I \text{ [Wb/m]}$$

가 된다. 따라서 도선 사이의 단위길이당 자기인덕턴스는

$$L_e = \frac{\mu_0}{2\pi} \ln \frac{d^2}{ab} \text{ [H/m]} \tag{11.30a}$$

가 되며, 한편 도선전류가 균일하게 흐를 경우 도선의 내부인덕턴스는

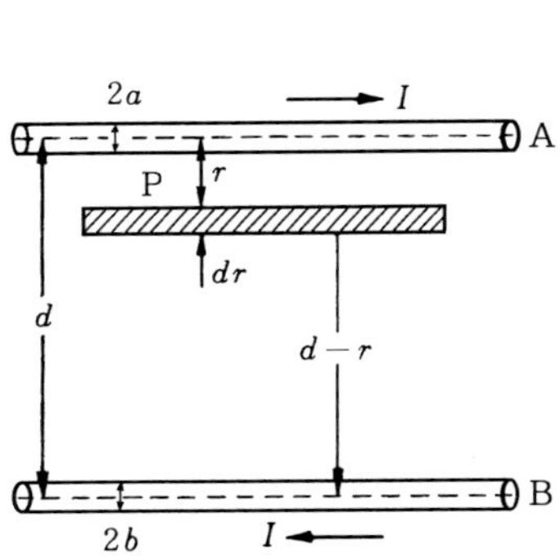

그림 11-17 평행도선의 자기인덕턴스

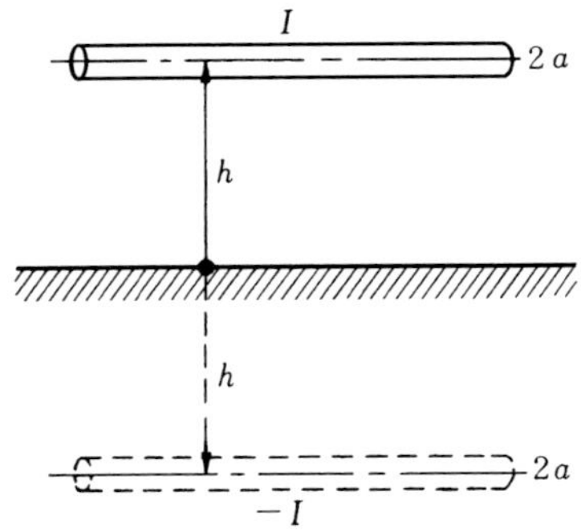

그림 11-18 대지인덕턴스

식 (11.23)에서

$$L_i = 2\times\frac{\mu}{8\pi}\ [\text{H/m}]$$

가 되므로, 평행도선 사이의 단위길이당 전자기인덕턴스는

$$L = \frac{\mu_0}{4\pi}\left(2\ln\frac{d^2}{ab} + \mu_r\right)[\text{H/m}] \tag{11.30b}$$

가 된다. 여기서 μ_r은 도선의 비유자율(比誘磁率)이다.

만일 두 도선의 반지름이 같을 경우 $b = a\,[\text{m}]$이면

$$L = \frac{\mu_0}{4\pi}\left(\ln\frac{d}{a} + \frac{\mu_r}{4}\right)[\text{H/m}] \tag{11.30c}$$

가 된다. 그리고 대지로부터 $h\,[\text{m}]$ 높이에 반지름 $a(\ll h)\,[\text{m}]$의 무한장 도선이 평행배선된 경우는 그림 11-18에서와 같이 영상전류 $-I\,[\text{A}]$를 생각한 경우에 대한 자기인덕턴스의 반을 취한

$$L = \frac{\mu_0}{2\pi}\left(\ln\frac{2h}{a} + \frac{\mu_r}{4}\right)[\text{H/m}] \tag{11.31}$$

의 값이 된다.

◆ 예제 11-14

전류회로계의 자계에너지와 인덕턴스의 관계식을 유도하라.

풀이 회로 C_1, C_2에 그림 11-19와 같이 전류 I_1, $I_2\,[\text{A}]$가 흐를 때 각 회로와 쇄교하는 자속은

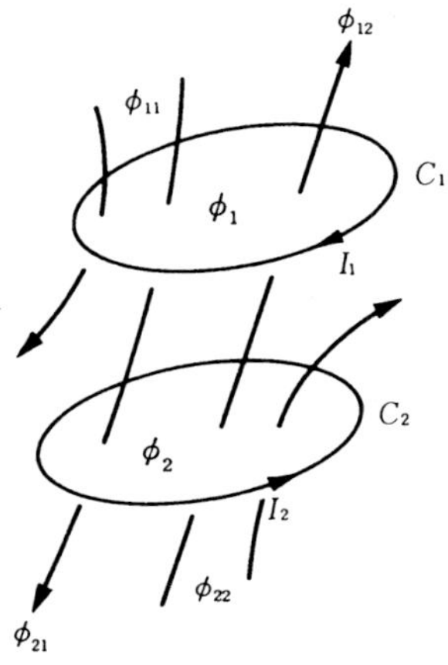

그림 11-19 자계에너지와 인덕턴스

$$\phi_1 = \phi_{11} + \phi_{12} = L_1 I_1 + M_{12} I_2 \text{ [Wb]}$$
$$\phi_2 = \phi_{22} + \phi_{21} = L_2 I_2 + M_{21} I_1 \text{ [Wb]}$$

가 되므로, 전류계 전체가 보유하는 자계에너지는 식 (10.18e)에서

$$W_m = \frac{1}{2} I_1 \phi_1 + \frac{1}{2} I_2 \phi_2 = \frac{1}{2} \phi_{11} I_1 + \frac{1}{2} \phi_{12} I_1 + \frac{1}{2} \phi_{22} I_2 + \frac{1}{2} \phi_{21} I_2$$
$$= \frac{1}{2}(L_1 I_1^2 + L_2 I_2^2 + M_{12} I_2 I_1 + M_{21} I_1 I_2) \text{ [J]} \tag{11.32}$$

와 같이 놓을 수 있다. 여기서 자계에너지를 분류하여

$$W_{11} = \frac{1}{2} L_1 I_1^2, \qquad W_{22} = \frac{1}{2} L_2 I_2^2 \text{ [J]}$$
$$W_{12} = \frac{1}{2} M_{12} I_2 I_1, \qquad W_{21} = \frac{1}{2} M_{21} I_1 I_2 \text{ [J]}$$

와 같이 놓으면, 각 회로의 인덕턴스를

$$\left.\begin{aligned} L_1 &= \frac{2W_{11}}{I_1^2} \text{ [H]}, \qquad L_2 = \frac{2W_{22}}{I_2^2} \text{ [H]} \\ M_{12} &= \frac{2W_{12}}{I_1 I_2} \text{ [H]}, \qquad M_{21} = \frac{2W_{21}}{I_1 I_2} \text{ [H]} \end{aligned}\right\} \tag{11.33}$$

와 같이 정의할 수 있다. 따라서 자계에너지를 식 (10.16), (10.18a, b, c) 등을 이용하여 구하면 식 (11.33)에서 자기 및 상호인덕턴스를 산출할 수 있다.

즉, 그림 9-23과 같은 전류 자신에 의한 자계의 벡터 퍼텐셜 $\boldsymbol{A}_{11}$ [Wb/m]

을 이용하면 식 (10.18c)와 (9.61)에서

$$W_{11} = \frac{1}{2}\phi_{11}I_1 = \frac{1}{2}\left(\oint_{C_1}\boldsymbol{A}_{11}\cdot d\boldsymbol{l}_1\right)I_1 = \frac{1}{2}\oint_{C_1}\boldsymbol{A}_{11}\cdot I_1 d\boldsymbol{l}_1\ [\mathrm{J}]$$

가 얻어지는데, 만일 회로 C_1이 공간도체로 전류밀도 $\boldsymbol{J}_1\ [\mathrm{A/m^2}]$의 분포를 갖는다면

$$I_1 d\boldsymbol{l}_1 = \boldsymbol{J}_1 dv_1\ [\mathrm{A\ m}]$$

의 관계가 있으므로

$$W_{11} = \frac{1}{2}\iiint_{v_1}\boldsymbol{A}_{11}\cdot\boldsymbol{J}_1 dv_1\ [\mathrm{J}]$$

가 되어 자기인덕턴스는

$$\left.\begin{aligned} L_{11} &= \frac{1}{I_1^2}\iiint_{v_1}\boldsymbol{A}_{11}\cdot\boldsymbol{J}_1 dv_1\ [\mathrm{H}] \\ L_{22} &= \frac{1}{I_2^2}\iiint_{v_2}\boldsymbol{A}_{22}\cdot\boldsymbol{J}_2 dv_2\ [\mathrm{H}] \end{aligned}\right\} \tag{11.34}$$

가 된다. 한편 회로 C_2의 전류 $I_2\ [\mathrm{A}]$에 의한 회로 C_1상의 벡터 퍼텐셜

$$A_{12} = \frac{\mu I_2}{4\pi}\oint_{C_2}\frac{d\boldsymbol{l}_2}{r}\ [\mathrm{Wb/m}]$$

을 이용하면

$$\begin{aligned} W_{12} &= \frac{1}{2}\phi_{12}I_1 = \frac{1}{2}\left(\oint_{C_1}\boldsymbol{A}_{12}\cdot d\boldsymbol{l}_1\right)I_1 = \frac{1}{2}\oint_{C_1}\boldsymbol{A}_{12}\cdot I_1 d\boldsymbol{l}_1 \\ &= \frac{1}{2}\iiint_{v_1}\boldsymbol{A}_{12}\cdot\boldsymbol{J}_1 dv_1\ [\mathrm{J}] \end{aligned}$$

가 얻어지므로 각 회로의 상호인덕턴스는

$$\left.\begin{aligned} M_{12} &= \frac{1}{I_1 I_2}\iiint_{v_1}\boldsymbol{A}_{12}\cdot\boldsymbol{J}_1 dv_1\ [\mathrm{H}] \\ M_{21} &= \frac{1}{I_2 I_1}\iiint_{v_2}\boldsymbol{A}_{21}\cdot\boldsymbol{J}_2 dv_2\ [\mathrm{H}] \end{aligned}\right\} \tag{11.35}$$

와 같이 계산할 수 있다.

◆ 예제 11-15

벡터 퍼텐셜을 이용하여 반지름 a [m] 도선의 내부인덕턴스를 구하라.

풀이 전류 I [A]가 균일하게 분포되었을 때 도선 내의 자속밀도는 식 (9.17b)와 식 (10.5)에서

$$\boldsymbol{B} = \frac{\mu I}{2\pi a^2} r \boldsymbol{a}_\phi \text{ [Wb/m}^2\text{]}$$

가 되므로, 도선축에서 $r(<a)$ [m] 되는 점의 벡터 퍼텐셜은 식 (9.54)와 식 (9.30)에서

$$dA_z = -B_\phi dr = -\frac{\mu I}{2\pi a^2} r dr \text{ [Wb/m]}$$

가 얻어지므로, $r=a$: $A_z=0$이라 하면

$$\boldsymbol{A} = -\boldsymbol{a}_z \frac{\mu I}{2\pi a^2} \int_a^r r dr = \frac{\mu I}{2\pi a^2} \frac{a^2 - r^2}{2} \boldsymbol{a}_z \text{ [Wb/m]}$$

가 얻어진다. 한편 도선 내의 전류밀도는

$$\boldsymbol{J} = \frac{I}{\pi a^2} \boldsymbol{a}_z \text{ [A/m}^2\text{]}$$

이며 $dv = r d\phi dr dz$ [m^3]이므로 식 (11.33)에서

$$\iiint \boldsymbol{A} \cdot \boldsymbol{J} dv = \frac{\mu I}{2\pi a^2} \times \frac{1}{2} \times \frac{I}{\pi a^2} \int_0^a (a^2 - r^2) r dr \int_0^{2\pi} d\phi \int_0^1 dz$$
$$= \frac{\mu I}{8\pi} I^2 \text{ [J]}$$

가 되어 내부인덕턴스 L_i는 식 (11.34)에서와 같이

$$L_i = \frac{\mu l}{8\pi} \text{ [H]}$$

가 된다.

◆ 예제 11-16

상호인덕턴스에 관한 Neumann의 공식을 유도하라.

풀이 그림 11-20 (a)에서 회로 C_1의 전류 I_1 [A]에 의한 자계 내에서 회로 C_2의 점 P에 대한 벡터 퍼텐셜 $\boldsymbol{A}_2$ [Wb/m]는 식 (9.59)에서

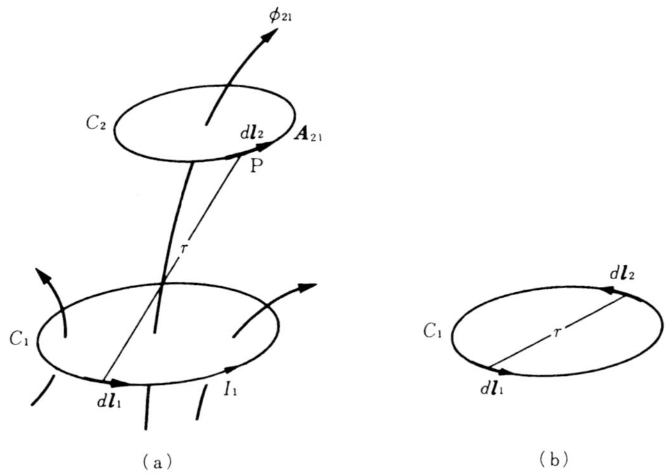

그림 11-20 Neumann의 공식

$$\boldsymbol{A}_{21} = \frac{\mu_0 I_1}{4\pi} \oint_{C_1} \frac{d\boldsymbol{l}_1}{r} \text{ [Wb/m]}$$

가 되며, 회로 C_2와 쇄교하는 자속은 식 (9.62)에서

$$\phi_{21} = \int_{C_2} \boldsymbol{A}_{21} \cdot d\boldsymbol{l}_2 \text{ [Wb]}$$

가 된다. 따라서 위 두 식으로부터

$$\phi_{21} = \oint_{C_2} \left[\frac{\mu_0 I}{4\pi} \oint_{C_1} \frac{d\boldsymbol{l}_1}{r} \right] \cdot d\boldsymbol{l}_2 = \frac{\mu_0 I}{4\pi} \oint_{C_2} \oint_{C_1} \frac{d\boldsymbol{l}_1 \cdot d\boldsymbol{l}_2}{r} \text{ [Wb]}$$

가 얻어지므로 상호인덕턴스는 식 (11.18)에서

$$M_{21} = \frac{\mu_0}{4\pi} \oint_{C_2} \oint_{C_1} \frac{d\boldsymbol{l}_1 \cdot d\boldsymbol{l}_2}{r} \text{ [H]} \tag{11.36a}$$

와 같이 된다. 이 관계식을 Neumann**의 공식**이라 하며 상호인덕턴스를 구하는 일반식이다. 이 공식에서 $d\boldsymbol{l}_1 \cdot d\boldsymbol{l}_2 = d\boldsymbol{l}_2 \cdot d\boldsymbol{l}_1$이므로 식 (11.20)이 증명된다.

한편 그림 11-20(b)와 같이 두 회로를 중복시키면 자기인덕턴스의 일반식이 다음과 같이 얻어진다.

$$L_{11} = \frac{\mu_0}{4\pi} \oint_{C_1} \oint_{C_1} \frac{d\boldsymbol{l}_1 \cdot d\boldsymbol{l}_2}{r} \text{ [H]} \tag{11.36b}$$

예로 그림 11-21과 같은 유한장 평행도선간의 상호인덕턴스를 구해 보자. 식 (11.36a)에서 $dl_1 = dx_1$, $dl_2 = dx_2$, $r = \sqrt{(x_1 - x_2)^2 + d^2}$ [m]이므로 상호인덕턴스는

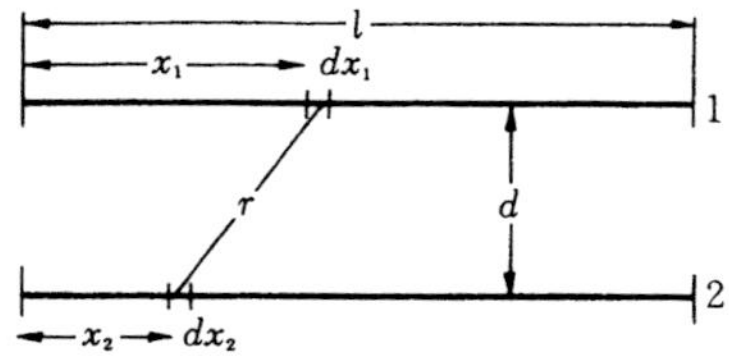

그림 11-21 유한장 평행도선간의 상호인덕턴스

$$M_{12} = \frac{\mu_0}{4\pi} \int_{x_1=0}^{l} \int_{x_2=0}^{l} \frac{dx_1\, dx_2}{\sqrt{(x_1 - x_2)^2 + d^2}} \text{ [H]}$$

가 되는데, 이 적분을 x_2 및 x_1에 대하여 차례로 행하고 정리하면

$$M_{12} = \frac{\mu_0}{4\pi}\left\{ l \ln \frac{\sqrt{l^2+d^2}+l}{\sqrt{l^2+d^2}-l} - 2\sqrt{l^2+d^2} + d^2 + 2d \right\}$$

$$= \frac{\mu_0 l}{2\pi}\left\{ \ln \frac{\sqrt{l^2+d^2}+l}{d} - \sqrt{1+\left(\frac{d}{l}\right)^2} + \frac{d}{l} \right\} \text{ [H]}$$

가 얻어진다. 그런데 $l \gg d$이면 $\frac{d}{l}$, $\left(\frac{d}{l}\right)^2 = 0$로 놓을 수 있으므로 다음과 같이 된다.

$$M_{12} = \frac{\mu_0 l}{2\pi}\left(\ln \frac{2l}{d} - 1 \right) \text{ [H]} \tag{11.37}$$

이상의 결과는 Biot-Savart의 법칙을 이용하여 구할 수도 있다(연습문제 11-26).

◆ 예제 11-17

기하학적 평균거리와 인덕턴스의 관계를 유도하라.

풀이 상호거리에 비하여 도선단면적을 무시할 수 없는 평행도선 사이의 상호인덕턴스를 구하기 위하여 다음과 같은 방법을 이용한다.

도선 내 전류분포가 균일할 경우 그림 11-22에서와 같이 전류를 미소단면적 dS_1, dS_2 [m^2]의 미소유선의 집합이라 생각하고, 각 유선간 상호인덕턴스의 전단면적에 대한 평균값

$$M = \frac{1}{S_1 S_2} \iint_{S_1} \iint_{S_2} M_{12}\, dS_1\, dS_2 \text{ [H]}$$

로 단면적 S_1, S_2 [m^2]를 갖는 두 평행도선 사이의 상호인덕턴스로 정한다.

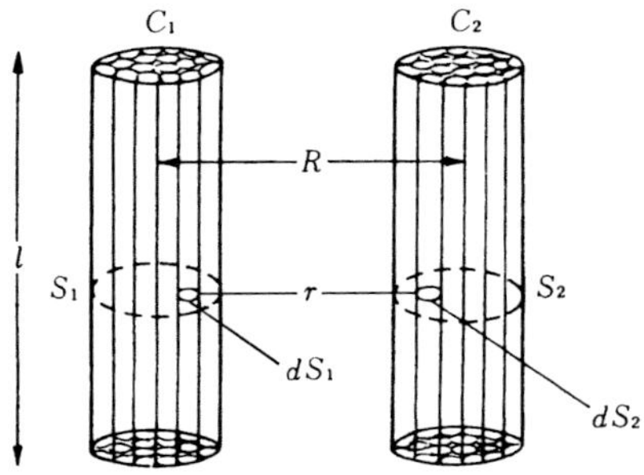

그림 11-22 평행도선 사이의 GMD

그런데 선간거리 r [m], 길이 $l(\gg r)$ [m]의 평행도선 사이의 상호인덕턴스는 식 (11.37)에서

$$M_{12} = \frac{\mu_0 l}{2\pi}\left(\ln\frac{2l}{r} - 1\right) \text{[H]}$$

가 되므로, 위의 두 식을 정리하면

$$M = \frac{\mu_0 l}{2\pi}\frac{1}{S_1 S_2}\iint_{S_1}\iint_{S_2}\left(\ln\frac{2l}{r} - 1\right)dS_1 dS_2$$

$$= \frac{\mu_0 l}{2\pi}\left\{(\ln 2l - 1) - \frac{1}{S_1 S_2}\iint_{S_1}\iint_{S_2}\ln r \cdot dS_1 dS_2\right\} \text{[H]}$$

가 얻어진다. 여기서

$$\ln R = \frac{1}{S_1 S_2}\iint_{S_1}\iint_{S_2}\ln r dS_1 dS_2 \tag{11.38}$$

로 놓으면 식 (11.37)과 같은 모양의

$$M = \frac{\mu_0 l}{2\pi}\left(\ln\frac{2l}{R} - 1\right) \text{[H]} \tag{11.39}$$

가 얻어진다. 여기서 식 (11.39)의 R은 식 (11.37)과 비교할 때 굵기를 무시할 수 있는가는 도선 사이의 거리에 대응하므로, R를 단면적 S_1, S_2 도선 사이의 **기하학적 평균거리**(幾何學的 平均距離, geometrical mean distance, GMD)라 한다. 따라서 각종 도선 단면적 사이의 GMD를 알면 식 (11.39)를 이용하여 상호인덕턴스를 구할 수 있다. 이 경우 S_1, S_2가 중복되면 R이 도선 자신의 GMD가 되어 자기인덕턴스가 된다. 표 11-2는 반지름 a의 원형단면적과 임의의 점 사이의 GMD의 값을 산출한 것으로 d는 중심과 점 사이 거리이다.

표 11-2 GMD

	GMD	비 고
원주와 점	$R=d$ $R=a$	$d>a$ (Ⅰ) $d<a$ (Ⅱ)
원주 자신	$R=a$	$d=a$ (Ⅲ)
원형면적과 점	$R=d$ $\ln R=\ln a+\frac{1}{2}\left(\frac{d}{a}\right)^2-\frac{1}{2}$	$d>a$ (Ⅳ) $d<a$ (Ⅴ)
원형면적 자신	$R=ae^{-1/4}=0.7788\,a$	(Ⅵ)

주) a : 원의 반지름, d : 원 중심과 점 사이의 거리

◆ 예제 11-18

유한장도선(반지름 a [m])의 자기인덕턴스를 GMD를 이용하여 구하라.

풀이 (1) 그림 11-23과 같이 반지름 a [m], 길이 l [m]의 비자성체도선에 전류가 균일하게 흐를 때의 자기인덕턴스를 구한다. 이 경우 도선 자신의 GMD는 표 11-2(Ⅵ)에서

$$\boldsymbol{R}=ae^{-1/4}$$

가 되므로 식 (11.39)에 이 값을 대입하면

$$L=\frac{\mu_0 l}{2\pi}\left(\ln\frac{2l}{a}-\frac{3}{4}\right)\text{ [H]} \tag{11.40a}$$

가 얻어진다. 고주파교류에서와 같이 표피효과로 전류가 표면에만 균일하게 분포된 경우는 표 11-2(Ⅲ)에 해당하므로

$$L=\frac{\mu_0 l}{2\pi}\left(\ln\frac{2l}{a}-1\right)\text{ [H]} \tag{11.40b}$$

가 된다. 도선이 자성체(비투자율 μ_r)인 경우 전류가 균일하게 흐르면 식 (11.24)의 내부인덕턴스가 있으므로 다음과 같이 된다.

$$L=\frac{\mu_0 l}{2\pi}\left(\ln\frac{2l}{a}-1+\frac{\mu_r}{4}\right)\text{ [H]} \tag{11.40c}$$

(2) 그림 11-24와 같은 유한장 평행도선(비자성체)에 전류가 균일하게 왕복할 때, 두 도선 사이의 GMD는 표 11-2(Ⅳ)의 d가 되므로 식 (11.39)에서 상호인덕턴스는

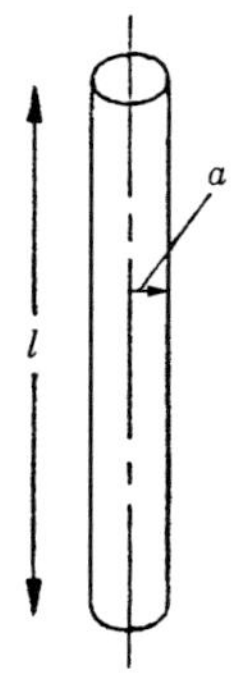

그림 11-23 유한도선의 자기인덕턴스

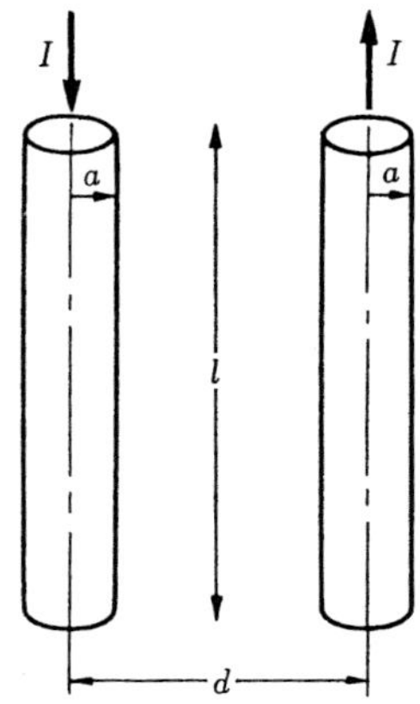

그림 11-24 유한장 평행도선의 자기인덕턴스

$$M = \frac{\mu_0 l}{2\pi}\left(\ln\frac{2l}{d} - 1\right)\ [\mathrm{H}] \tag{11.41}$$

가 되며, 도선의 자기인덕턴스는 식 (11.40a)가 되므로 전자기인덕턴스는

$$L = 2L - 2M = \frac{\mu_0 l}{4\pi}\left(4\ln\frac{d}{a} + \mu_r\right)\ [\mathrm{H}]$$

가 되어 식 (11.30c)와 같은 결과가 얻어진다.

11.6 전자유도와 전자력

도선회로 C_1, C_2에 I_1, I_2 [A]가 각각 흐를 때 이 회로계의 전자계에너지는

$$W_m = \frac{1}{2}L_1 I_1^2 + \frac{1}{2}L_2 I_2^2 + M_{12} I_1 I_2\ [\mathrm{J}]$$

가 된다(그림 11-19 참조). 여기서 L_1, L_2는 각 회로의 자기인덕턴스, M_{12}는 상호인덕턴스이다.

C_1 회로의 일부 또는 전부가 F_x [N]에 의하여 dx [m]만큼 변위하였을 때의 에너지변화량 dW [J]를 구하면 가상변위의 원리를 이용하여 힘을

구할 수 있다. 그런데 변위가 발생하면 자계에너지에는

$$dW_m = \frac{1}{2}\, dL_1 I_1^2 + dM_{12} I_1 I_2 \text{ [J]}$$

의 변화가 발생함과 동시에, 쇄교자속의 변화로 인한 기전력이 각 회로에 유기되어 전류의 값이 변하게 된다. 따라서 전류를 처음 값으로 유지하기 위한 에너지가 필요하다. 즉, 쇄교자속변화에 따라 C_1 회로에 유기되는 기전력은

$$e_1 = -\frac{d\phi_1}{dt} = -\left(\frac{dL_1}{dt} I_1 + \frac{dM_{12}}{dt} I_2\right) \text{ [V]}$$

가 되므로, C_1 회로에 주어야 할 에너지는

$$dW_1 = e_1 I_1 dt = -(dL_1 I_1 + dM_{12} I_2) I_1 \text{ [J]}$$

가 되며, 마찬가지로 C_2 회로에는

$$dW_2 = -dM_{12} I_2 I_1 \text{ [J]}$$

가 필요하다. 따라서 변위에 따른 에너지의 전변화량은

$$dW = dW_m + dW_1 + dW_2 = -\left(\frac{1}{2}\, dL_1 I_1^2 + dM_{12} I_1 I_2\right) = -dW_m$$

가 되므로, 힘 F_x는

$$F_x = -\frac{dW}{dx} = \frac{dW_m}{dx} = \frac{1}{2}\frac{dL_1}{dx} I_1^2 + \frac{dM_{12}}{dx} I_1 I_2 \text{ [N]} \qquad (11.42a)$$

또는

$$F_x = \frac{d\phi_1}{dx} I_1 - \frac{1}{2}\frac{dL_1}{dx} I_1^2 \text{ [N]} \qquad (11.42b)$$

이 되며, 여기서 $\phi_1 = L_1 I_1 + M_{12} I_2$ [Wb]이다. 식 (11.42a)에서 힘이 자계에너지 또는 자기 및 상호인덕턴스가 증가하는 방향으로 작용함을 알 수 있다.

특별한 경우로

(1) 회로가 1개만인 경우의 힘은

$$F_x = \frac{\partial W_m}{\partial x} = \frac{1}{2}\frac{\partial \phi}{\partial x} I = \frac{1}{2}\frac{\partial L}{\partial x} I^2 \text{ [N]} \qquad (11.43)$$

가 되어, 회로는 L을 최대로 하기 위한 힘을 받는다.

(2) 회로가 2개로 상호위치만 변형될 경우

$$F_x = \frac{\partial W_m}{\partial x} = \frac{\partial M_{12}}{\partial x} I_1 I_2 = \frac{\partial \phi_{21}}{\partial x} I_2 = \frac{\partial \phi_{12}}{\partial x} I_1 \text{ [N]} \tag{11.44a}$$

$$\phi_{12} = M_{12} I_2, \quad \phi_{21} = M_{21} I_1 \text{ [Wb]}$$

가 되며, 회로가 각변위를 일으킬 경우 작용하는 회전력은

$$T = \frac{\partial W_m}{\partial \theta} = \frac{\partial M_{12}}{\partial \theta} I_1 I_2 = \frac{\partial \phi_{21}}{\partial \theta} I_2 = \frac{\partial \phi_{12}}{\partial \theta} I_1 \text{ [N·m]} \tag{11.44b}$$

가 되어 F_x와 T가 다 상호인덕턴스를 증가시키는 방향으로 작용한다.

식 (11.44b)의 관계식은 회전전기기계에 적용할 수 있다. 즉, 회전자의 각속도 ω [rad/s]일 때 그 기계적 출력은

$$P_M = T\omega = \omega\left(\frac{\partial M_{12}}{\partial \theta}\right) I_1 I_2 \text{ [W]}$$

가 되며, 한편 전기적 입력은

$$P_E = -\frac{\partial M_{12}}{\partial t} I_1 I_2 = -\left(\frac{\partial M_{12}}{\partial \theta}\frac{d\theta}{dt}\right) I_1 I_2$$

$$= -\omega\left(\frac{\partial M_{12}}{\partial \theta}\right) I_1 I_2 \text{ [W]}$$

가 되어

$$P_M = -P_E$$

가 되므로, 기계적 출력은 전기적 입력과 같음을 의미한다. 따라서 $\frac{\partial M_{12}}{\partial \theta} > 0$인 경우

$I_1 I_2 > 0$: $P_M > 0$, $P_E < 0$: 전동기

$I_1 I_2 < 0$: $P_E > 0$, $P_M < 0$: 발전기

의 관계가 원리적으로 성립한다.

◆ 예제 11-19

5 [A]의 전류가 흐르는 솔레노이드 안의 철심을 빼낼 때 자기인덕턴스가 2 [mH/mm]의 비율로 감소하였다. 철심에 작용하는 힘을 구하라.

풀이 식 (11.43)에서 다음과 같은 흡인력이 작용한다.

$$F = \frac{1}{2}\frac{\partial L}{\partial x}I_2 = \frac{1}{2}\frac{2\times 10^{-3}}{10^{-3}}\times 5^2 = 25\ [\mathrm{N}] = 2.55\ [\mathrm{kgf}]$$

◆ 예제 11-20

반지름 a [m], 단위길이당 권수 n의 무한장 원통형 스프링에 I [A]의 전류가 흐를 때 스프링의 수축력을 구하라.

풀이 스프링 내의 자계 $H = nI$ [AT/m]이므로 축방향 미소길이 dx [m]부와 쇄교하는 자속은

$$d\phi = \mu_0 H\pi a^2 ndx = \mu_0 n^2 I\pi a^2 dx\ [\mathrm{Wb}]$$

가 되므로 식 (11.43)에서 다음과 같이 된다.

$$F = \frac{1}{2}\frac{d\phi}{dx}I = \frac{1}{2}\mu_0 n^2 I_2 \pi a^2\ [\mathrm{N}]$$

11.7 전자유도와 전계

정전계에서의 전계 $\boldsymbol{E}_{(xyz)}$ [V/m]는 식 (9.29)에서와 같이 비회전계이므로

$$\mathrm{rot}\,\boldsymbol{E} = 0$$

의 관계가 있으며, 전위함수를 $V_{(xyz)}$ [V]라 하면

$$\boldsymbol{E} = -\nabla V\ [\mathrm{V/m}]$$

로 놓을 수 있다. 왜냐하면 $\nabla\times E = \nabla\times(-\nabla V) \equiv 0$의 조건이 만족되기 때문이다(예제 1-10 참조).

이에 대하여 전자유도에 의한 전계 $\boldsymbol{E}_{(xyzt)}$ [V/m]는 식 (11.4)에서

$$\text{rot } \boldsymbol{E} = -\frac{\partial \boldsymbol{B}}{\partial t}$$

의 관계가 있으므로, 이 경우의 전계는

$$\boldsymbol{E} = -\nabla V + \boldsymbol{N} \,[\text{V/m}]$$

로 놓아야 하며, 여기서 $\boldsymbol{N}$은 임의의 시변(時變) 벡터함수로 다음과 같이 결정한다.

윗식의 양변에 대하여 curl을 취하면

$$\text{rot } \boldsymbol{E} = 0 + \text{rot } \boldsymbol{N}$$

가 되는데, 여기에 식 (11.4)와 식 (9.54)를 적용하면

$$\text{rot } \boldsymbol{N} = -\frac{\partial \boldsymbol{B}}{\partial t} = -\text{ rot}\frac{\partial \boldsymbol{A}}{\partial t}$$

가 얻어지므로

$$\boldsymbol{N} = -\frac{\partial \boldsymbol{A}}{\partial t}$$

가 되어야 한다. 따라서 전자유도에 의한 시변함수의 전계 $\boldsymbol{E}_{(xyzt)}$ [V/m]는

$$\boldsymbol{E} = -\nabla V - \frac{\partial \boldsymbol{A}}{\partial t} \;[\text{V/m}] \tag{11.45}$$

와 같이 되며, 여기서 스칼라함수 V는 전자유도전계에 의하여 정해지므로 정전계에서의 전위함수와는 다른 성격을 갖는다.

한편 시간적 변화가 그리 크지 않은 준정상계인 경우 스칼라 및 벡터 퍼텐셜함수 V [V], $\boldsymbol{A}$ [Wb/m]는 식 (3.8)과 식 (9.57)의 값

$$V = \frac{1}{4\pi\varepsilon_0}\iiint_v \frac{\rho\, dv}{r} \;[\text{V}]$$

$$\boldsymbol{A} = \frac{\mu_0}{4\pi}\iiint_v \frac{\boldsymbol{J} dv}{r} \;[\text{Wb/m}]$$

를 그대로 적용할 수 있다. 이에 대하여 시변관계의 영향이 클 경우에는 이상의 값을 그대로 사용할 수 없다(13.1절 참조).

◆ 예제 11-21

인덕터회로에 대한 전자유도전계와 회로전압의 관계를 유도하라.

풀이) 그림 11-25와 같은 인덕터만의 회로에서는 전위의 축적이 없으므로, 식 (11.45)에서

$$\boldsymbol{E} = -\frac{\partial \boldsymbol{A}}{\partial t} \ [\mathrm{V/m}]$$

만 취한다. 이 식의 양변에 curl을 취하고 Stokes의 정리와 식 (9.62)를 적용하면

$$\oint_{c(aVbLa)} \boldsymbol{E} \cdot d\boldsymbol{l} = -\frac{\partial}{\partial t} \oint_C \boldsymbol{A} \cdot d\boldsymbol{l} = -\frac{d\phi}{dt} = -L\frac{dI}{dt} \ [\mathrm{V}] \tag{11.46a}$$

가 되어 Faraday의 법칙[식 (11.3)]이 얻어지며, 여기서 L [H]은 회로 인덕턴스, ϕ [Wb]는 회로와의 쇄교자속, I [A]는 회로전류이다.
한편 이 회로에 전류를 계속 흐르게 하기 위한 회로전압 V [V]는

$$V = \oint_{(bVaL)} \boldsymbol{E} \cdot d\boldsymbol{l} \ [\mathrm{V}]$$

가 되어야 하므로

$$V = L\frac{dI}{dt} \ [\mathrm{V}] \tag{11.46b}$$

의 관계식이 얻어지며, 이 경우 전류가 정현파교류로 $I = I_0 e^{j\omega t}$ [A]일 때 식 (11.46b)는

$$V = j\omega LI \ [\mathrm{V}] \tag{11.46c}$$

가 되어 유도전계에 대한 Kirchhoff의 전압법칙이 얻어진다.

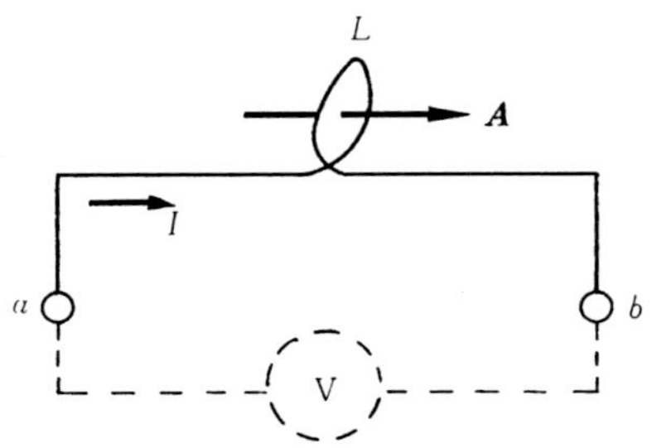

그림 11-25 유도전계와 회로전압

연 습 문 제

11-1 반지름 20 [cm] 철심에 정현파자속(B_m=1.4 [T], f=60 [Hz])을 통하여 최대값 V_m=14 [kV]의 교류전압을 발생시키기 위한 코일의 권수를 구하라.

답 211

11-2 균일자계 $\boldsymbol{H}=H\boldsymbol{j}$ [A/m] 중에서 임의의 코일(S [m^2], N [turns])이 $\boldsymbol{k}$ 방향을 축으로 회전(ω [rad/s]의 각속도)할 때 유기전압을 구하라.

답 $\omega\mu_0 HNS \sin \omega t$ [V]

11-3 반지름 10 [cm], 권수 100의 원형코일이 B=0.5 [T]의 균일자계 내에서 3600 [rpm]으로 회전할 때 다음을 구하라.

(1) 유기전압 (2) f (3) 코일저장 10 [Ω]일 때의 전류

(4) 코일에 발생하는 제동회전력

(5) 코일면이 자계에 수직위치에서 반회전하는 사이에 이동하는 전하

답 (1) $592 \sin 377t$ [V], (2) 60 [Hz], (3) $59.2 \sin 377t$ [A]

(4) $93.0 \sin^2 377t$ [N·m], (5) 0.314 [C]

11-4 그림 11-26과 같이 유한장 솔레노이드(반지름 a=10 [cm], l=50 [cm], 권수 2000, I=1 [A]) 중심에 원형코일(반지름 2 [cm], 권수 20)을 1800 [rpm]으로 회전하였을 때 코일에 발생하는 기전력을 구하라.

답 $0.221 \sin 188t$ [mV]

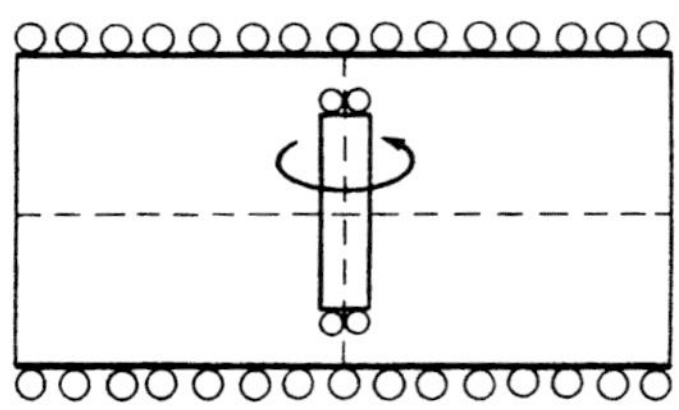

그림 11-26 문제 11-4

11-5 궤도간극 1.5 [m]의 궤도를 특급열차가 120 [km/h]로 달릴 때 차축에 유기되는 기전력을 구하라. 궤도상의 지자계 수직분력은 12 [A/m]이다.

답 0.754 [mV]

11-6 z=0 평면상의 반지름 8 [cm]인 원형코일 내의 자계가

$$\boldsymbol{B}=\frac{1}{r}\cos 120\,\pi t\boldsymbol{k}\ [\text{mT}]$$

와 같이 변할 때 다음을 구하라.

(1) 유도기전력 (2) 원주상의 유도전계

(3) 코일저장 10 [Ω]일 때 $\boldsymbol{B}$를 발생시키기 위한 전류

(4) 중심자계 $\boldsymbol{H}_0$의 실효값

답 (1) $189.5 \sin 120\pi t$ [V], (2) $377 \sin 120\pi t$ [V/m]
(3) $18.95 \sin 120\pi t$ [A], (4) 83.7 [A/m]

11-7 그림 11-27과 같은 반지름 a [m]의 원형자극(자속밀도 $\boldsymbol{B}$ [T]) 위를 직선도선이 $\boldsymbol{u}$ [m/s]의 일정속도로 이동할 경우 도선에 유기되는 기전력의 변화를 그려라.

답 $2\mu B\sqrt{a^2 - r^2}$ [V]

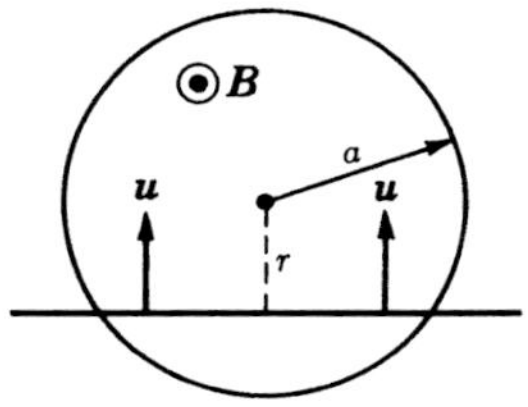

그림 11-27 문제 11-7

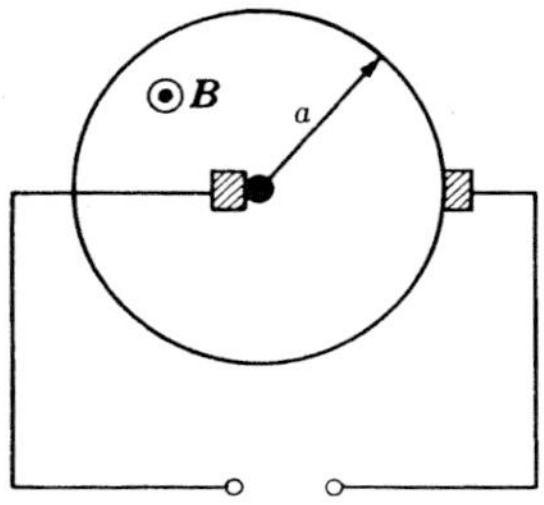

그림 11-28 문제 11-8

11-8 그림 11-28과 같은 엷은 동원판(반지름 $a = 15$ [cm])을 다음 자계 내에서 1800 [rpm]으로 회전하였을 때 유도기전력을 구하라. 단, 자계는 동판만을 수직으로 관통한다.

(1) 균일자계 $B = 0.6$ [T] (2) $B = 0.6 \sin 120\pi t$ [T]

답 (1) 1.27 [V], (2) $8.1 \sin(120\pi t - 81°)$ [V]

11-9 균일자계 $\boldsymbol{B}$ [T] 내에 I [A]의 전류코일이 $\boldsymbol{u}$ [m/s]의 일정속도로 이동할 때 유도기전력이

$$e = -\frac{\boldsymbol{F} \cdot \boldsymbol{u}}{I} \text{ [V]}$$

가 됨을 유도하라. 여기서 $\boldsymbol{F}$ [N]는 전류에 작용하는 힘이다.

11-10 문제 11-3에서 코일의 소비전력이 기계적 입력과 같음을 증명하라.

11-11 균일자계 ($\boldsymbol{B} = B\boldsymbol{k}$ [T]) 내에 그림 11-29와 같은 회로의 한 변 l [m]가 $\boldsymbol{u} = u\boldsymbol{j}$ [m/s]의 일정속도로 이동할 때 발생하는 전기에너지와 l을 이동시키는 기계에너지를 비교하라.

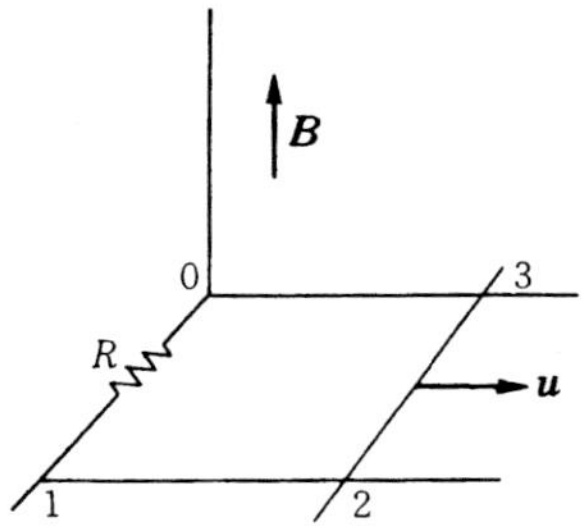

그림 11-29 문제 11-11

11-12 Faraday 법칙의 미분형을 이용하여 $\boldsymbol{E} = xy^2 e^{-t}\boldsymbol{k}$ [V/m]에 대응하는 $\boldsymbol{B}$ [T]를 구하라. 단, $t = 0$일 때 $\boldsymbol{B} = 0$이다.

답 $\boldsymbol{B} = 2xy(e^t - 1)\,\boldsymbol{i} + y^2(1 - e^{-t})\,\boldsymbol{j}$ [T]

11-13 그림 11-30과 같이 자극 NS에 의한 강자계 $\boldsymbol{B}$ [T] 내에 도전성유체 (σ [S/m], 초고온 plasma)를 고속도 $\boldsymbol{u}$ [m/s](자계에 수직방향)로 흐르게 하였을 때, 발생하는 기전력을 이용하는 것이 MHD(magneto hydrodynamic generator) 발전기의 원리이다. 다음을 구하라.

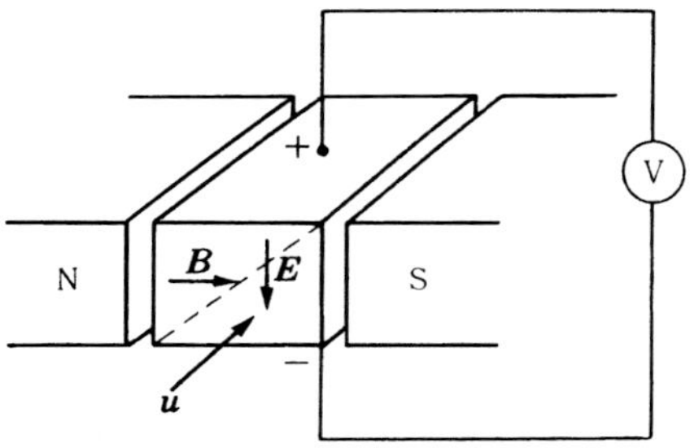

그림 11-30 문제 11-13

(1) 정부전극간의 정전계 $\boldsymbol{E}$ [V/m]와 전류밀도 $\boldsymbol{J}$ [A/m]의 관계

(2) 전극간극=자극간격인 경우 유체의 유량 m_0 [m^3/s]일 때 무부하시 발생하는 기전력

(3) $B = 5$ [T], $u = 1000$ [m/s], $m_0 = 250$ [m^3/s]일 때 무부하 유도기전력

답 (1) $\boldsymbol{J} = \sigma(\boldsymbol{E} + \boldsymbol{u} \times \boldsymbol{B})$ [A/m^2], (2) $B\sqrt{m_0 u}$ [V], (3) 2500 [V]

11-14 지름 1.6 [mm], 길이 50 [m]의 동선에 60 [Hz] 및 1 [MHz]의 교류를 통하였을 때 저항은 직류저항의 몇 배가 되는가?

11-15 주파수 100 [MHz] 및 10 [GHz]에 대한 다음 물질의 표피깊이를 구하라.

(1) A1판($\sigma = 3.72 \times 10^7$ [S/m], $\mu = 1.26 \times 10^{-6}$ [H/m])

(2) 철판($\sigma = 10^7$ [S/m], $\mu_r = 10^3$)

(3) 해수($\sigma = 4$ [S/m], $\mu_r = 1$)

답 (1) 8.25 [μm], 8.25×10^{-7} [m]

11-16 반지름 a, 길이 l[m]의 원주도체 (μ [H/m])의 내부인덕턴스를 $L = \dfrac{N\phi}{I}$ [H]를 이용하여 구하라. 여기서 전류 I[A]는 도체에 균일하게 흐른다.

답 $L_i = \dfrac{\mu l}{8\pi}$ [H]

11-17 반지름 a, 길이 $l(\gg a)$ [m]의 유한장 원주도선(μ [H/m])의 자기인덕턴스를 Biot-Savart의 법칙과 GMD를 이용하여 구하라.

답 $\dfrac{\mu_0 l}{2\pi}\left(\ln\dfrac{2l}{a} - 1 + \dfrac{\mu_r}{4}\right)$ [H]

11-18 저압배전선이 지름 5 [mm](단선인 경우)이며, 선간거리 40 [cm]일 때 8 [km] 길이의 자기인덕턴스를 구하라.

답 17.1 [mH]

11-19 반지름 a [m]의 무한장도선이 지상 h [m]에서 지면에 평행배선되었을 때 자기인덕턴스를 구하라. μ_r는 도선의 비투자율이다.

답 $\dfrac{\mu_0}{2\pi}\left(\ln\dfrac{2h}{a} + \dfrac{\mu_r}{4}\right)$ [H/m]

11-20 그림 11-31과 같은 동축케이블의 자기인덕턴스를 구하라. μ [H/m]는 내외도체간 절연물의 투자율이며 μ_1, μ_2 [H/m]는 내외도체의 투자율이다.

답 $\dfrac{1}{2\pi}\left\{\dfrac{\mu_1}{4} + \mu\ln\dfrac{b}{a} + \dfrac{\mu_2}{c^2-b^2}\left(\dfrac{c^4}{c^2-b^2}\ \ln\dfrac{c}{b} - \dfrac{3c^2-b^2}{4}\right)\right\}$ [H/m]

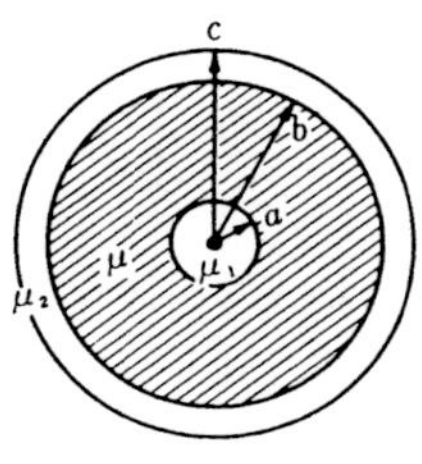

그림 11-31 문제 11-20

11-21 길이 l [m], 단면적 S [m^2]의 자로(μ [H/m])에 공극 $l_g(\ll l)$ [m]이 있을 때 자기인덕턴스는 몇 배로 증가하는가?

답 $1 + (\mu_r - 1)\, l_g / l$

11-22 문제 11-21의 자로($l=1$ [m], $l_g=1$ [mm], $S=5$ [cm^2], $\mu_r=1000$, $N=500$ [turns])의 자기인덕턴스를 $l_g=0$일 때의 값과 같게 하기 위한 권수를 구하라.

11-23 무한직선도선과 그림 11-32 (a), (b)와 같은 회로 사이의 상호인덕턴스를 각각 구하라.

답 $\dfrac{\mu_0 l}{2\pi}\ln\left(1+\dfrac{b}{a}\right)$, $\mu_0(d-\sqrt{d^2-a^2})$ [H]

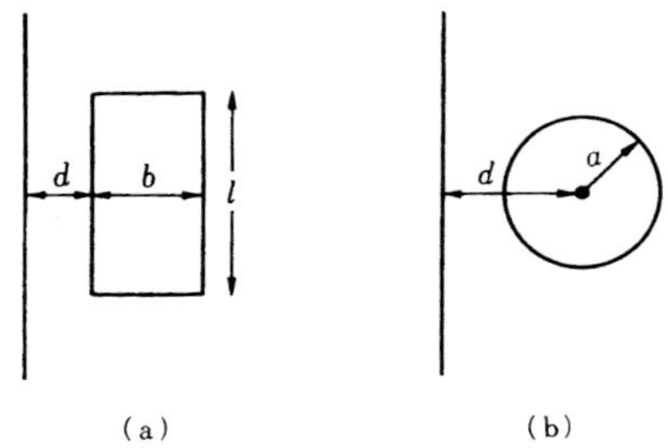

그림 11-32 문제 11-23

11-24 자유공간 중의 도선 ($x=0$, $y=-10$, $-\infty\le z\le\infty$ [cm])과 단형회로 ($x=0$, $-15\le y\le+15$, $5\le z\le 15$ [cm]) 및 $x=0$ 면상의 원형회로 (중심 : 원점, 반지름 5 [cm]) 사이의 상호인덕턴스를 구하라.

11-25 자성체($0\le r\le a$, $0\le z\le l$ [m], μ [H/m], σ [S/m])에 자계 $H_z=H_m\cos\omega t$ [A/m]를 가할 때 평균소비전력을 구하라. 유도전류에 의한 자계는 무시한다.

답 $\dfrac{1}{16}\sigma\ln\pi\omega^2\mu^2H_m^2a^4$ [W]

11-26 그림 11-33과 같이 지상 h_1, h_2 [m] 높이에 d [m] 간격으로 평행배선된 전선 ab 사이의 길이 $l(\gg d,\ h_1,\ h_2)$ [m]에 대한 상호인덕턴스를 구하라. 여기서 대지는 완전도체로 본다.

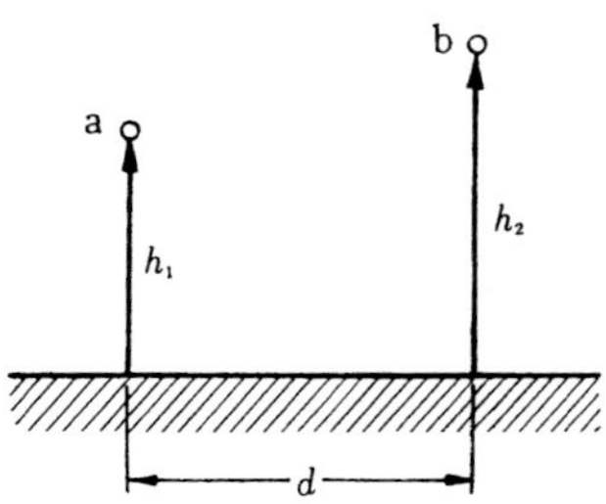

그림 11-33 문제 11-26

11-27 간격 d [m], 길이 $(0 \leq x \leq l)$ [m]인 유한장 평행도선 사이의 상호인덕턴스를 Biot-Savart의 법칙을 이용하여 구하라.

답 $M = \frac{\mu_0}{2\pi}\left\{l \cdot \ln \frac{l+\sqrt{l^2+d^2}}{d} - \sqrt{d^2+l^2}+d\right\}$ [H]

(이 경우 $l \gg d$이면 $M = \frac{\mu_0 l}{2\pi}\left(\ln \frac{2l}{d} - 1\right)$ [H]

11-28 문제 11-23에서 선전류 및 회로전류가 각각 I_1, I_2 [A]일 때, 상호간에 작용하는 힘을 다음 방법으로 구하라.

(1) Fleming의 왼손법칙 (2) 가상변위의 원리

답 (1) $\pm \frac{\mu_0 l}{2\pi} I_1 I_2 \frac{b}{d(d+b)}$ [N], (2) $\pm \mu_0 I_1 I_2\left(\frac{d}{\sqrt{d^2-a^2}} - 1\right)$ [N]

11-29 철심토로이드(길이 1 [m], 단면적 10 [cm^2], $\mu_r = 500$)에 권수 600, 800의 두 코일을 직렬 및 병렬연결하였을 때의 합성자기인덕턴스를 구하라.

11-30 길이 l [m], 반지름 4 [cm], 총권수 700의 솔레노이드 모양의 스프링 상단을 천장에 고정시킨 후 하단에 1 [g]의 추를 달았더니 스프링이 2 [cm] 늘어났다. 스프링에 2.5 [A]를 통했을 때 추의 위치를 구하라.

답 4.9 [mm] 상승한 위치

11-31 지상 5 [m] 높이로 지면에 평행가설된 지름 4 [mm], 선간거리 1 [m]의 평행왕복도선의 자기인덕턴스 [H/km]를 구하라. 여기서 대지는 완전도체로 본다.

답 $L = 2.584$ [mH/km]

11-32 매질(ε [F/m], μ [H/m]) 중의 자기인덕턴스 L [H]와 커패시턴스 C [F] 사이에 $LC = \varepsilon\mu$ 식이 성립함을 증명하라.

11-33 솔레노이드 내의 철편을 잡아뺄 때 자기인덕턴스가 0.2 [mH/mm]의 비율로 감소하였다. 솔레노이드 전류 5 [A]일 때 철편에 대한 흡인력을 구하라.

답 0.255 [kgf]

Chapter 12

전 자 계

12.1 변위전류

그림 12-1에서 커패시터를 충전할 경우 어떤 순간에서의 극판 $S\,[\mathrm{m}^2]$에 대한 충전전하밀도를 $\rho_s\,[\mathrm{C/m^2}]$, 극판 사이 전속밀도를 $\boldsymbol{D}\,[\mathrm{C/m^2}]$라 하면

$$D = \rho_s\,[\mathrm{C/m^2}], \qquad Q = \rho_s S = DS\,[\mathrm{C}]$$

가 되므로, 극판 사이의 공간에는

$$\left.\begin{aligned} I_d &= \frac{dQ}{dt} = \frac{\partial}{\partial t}(\rho_s S) = S\frac{\partial D}{\partial t}\ [\mathrm{A}] \\ J_d &= \frac{\partial D}{\partial t}, \quad \boldsymbol{J}_d = \frac{\partial \boldsymbol{D}}{\partial t}\ [\mathrm{A/m^2}] \end{aligned}\right\} \tag{12.1}$$

와 같은 일종의 전류가 흘러 도선에서의 전도전류와 같이 폐곡로를 구성한다. Maxwell은 이와 같이 시간적으로 변화하는 전속밀도에 의한 전류를 **변위전류**(變位電流) 및 **변위전류밀도**(變位電流密度, displacement current density)라 하고 이 전류도 자계를 발생한다고 하였다.

극판간에 유전체가 채워졌을 경우 전계 $\boldsymbol{E}\,[\mathrm{V/m}]$에 의한 분극도(分極度)를 $\boldsymbol{P}\,[\mathrm{C/m^2}]$라 하면 식 (5.9)에서

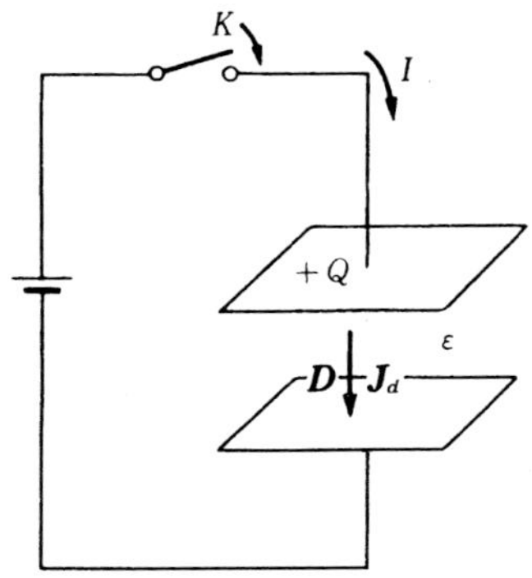

그림 12-1 변위전류

$$\boldsymbol{D} = \varepsilon_0 \boldsymbol{E} + \boldsymbol{P}\,[\mathrm{C/m^2}]$$

이므로, 유전체 내에서의 변위전류밀도는

$$\boldsymbol{J}_d = \frac{\partial \boldsymbol{D}}{\partial t} = \varepsilon_0 \frac{\partial \boldsymbol{E}}{\partial t} + \frac{\partial \boldsymbol{P}}{\partial t}\ [\mathrm{A/m^2}] \qquad (12.2)$$

가 되어, 유전체 중의 변위전류는 진공 중의 전계변화에 의한 변위전류와 분극전하의 변위에 의한 분극전류와의 합이 된다.

◆ 예제 12-1

평행판 커패시터 $\left(C = \frac{\varepsilon S}{d} = [\mathrm{F}]\right)$의 양극에 $e = V_m \sin \omega t\,[\mathrm{V}]$의 교류전압을 가했을 때의 변위전류를 구하라.

풀이 극간의 전계 및 전속밀도

$$E = \frac{V_m}{d} \sin \omega t\,[\mathrm{V/m}]$$

$$D = \varepsilon E = \frac{\varepsilon}{d} V_m \sin \omega t\,[\mathrm{C/m^2}]$$

이므로 변위전류는

$$I_d = S \frac{\partial D}{\partial t} = \frac{\varepsilon S}{d} \omega V_m \cos \omega t = \omega C V_m \cos \omega t$$

$$= \omega C V_m \sin\left(\omega t + \frac{\pi}{2}\right)[\mathrm{A}]$$

가 되어 전도전류보다 위상이 90° 앞선다.

이 경우 유전체의 전도율을 $\sigma\,[\mathrm{S/m}]$라 하면 유전체 중의 전도전류는 식

(8.27)에서

$$I_\sigma = S\sigma E = \frac{\sigma S}{d} V_m \sin \omega t \,[\mathrm{A}]$$

가 된다. 따라서 $|I_d| = |I_\sigma|$의 조건일 때

$$\frac{\sigma}{\omega\varepsilon} = 1, \quad 즉 \quad f_c = \frac{\sigma}{2\pi\varepsilon} \,[\mathrm{Hz}] \tag{12.3}$$

가 얻어지며, f_c를 이 매질에 대한 **임계주파수**(臨界周波數, critical frequency)라 한다. 즉, 동일매질(ε [F/m], σ [S/m])에서도 가해지는 주파수 f [Hz]에 따라 $f > f_c$이면 $|I_d| > |I_\sigma|$가 되어 유전(절연) 특성을 가지며, $f < f_c$이면 $|I_d| < |I_\sigma|$가 되어 도전특성을 갖게 된다. 일반적으로 동일매질에 대한 주파수 f가 f_c의 100배 이상일 때 유전성, 0.01배 이하일 때 도전성, 0.01～100배의 범위일 때 준도전성(quasi conductor)의 특성을 나타낸다고 본다. 따라서 $|I_d| \ll |I_\sigma|$인 주파수 범위의 전계 및 자계를 **준정상계**(準定常界, quasi stationary field), 전류를 **준정상전류**(準定常電流)라 하며 지금까지 취급한 도체 내의 제법칙은 이에 속한다. 표 12-1은 각종 매질에 대한 임계주파수로 해수(海水)는 1 [GHz] 이하에서는 도전성이나 100 [GHz] 이상에서는 유전체로 볼 수 있다.

표 12-1 임계주파수

	ε_r	σ [S/m]	f_c [Hz]
동	1	5.8×10^{7}	1.04×10^{18} (X-ray)
해 수	80	4	9×10^{8} (microwave)
증 류 수	80	2×10^{-4}	4.5×10^{4}
애 자	6	10^{-10}	3×10^{-1}
폴리스티렌	2.53	10^{-16}	7×10^{7} (DC)

12.2 Maxwell의 전자방정식

James C. Maxwell(1831～1879, 영국)은 변위전류와 자계와의 관계를 다음과 같이 유도하였다(1861～1864). 즉 공간도체 중의 정상전류계는 연속적이므로 식 (8.26)에서

$$\nabla \cdot \boldsymbol{J} = 0$$

이며, 이 전류분포에 의한 자계는 Ampere의 주회법칙의 미분형 식 (9.28)

$$\nabla \times H = \boldsymbol{J}$$

로 주어졌다. 이때 식 (1.27)에서 $\nabla \cdot \nabla \times \boldsymbol{H} \equiv 0$이므로 $\nabla \cdot \boldsymbol{J} = 0$이 만족됨을 알 수 있다.

이에 대하여 그림 12-1에서와 같이 전하의 축적이 이루어질 경우에는 식 (8.25)의 전하의 연속식

$$\nabla \cdot \boldsymbol{J} = -\frac{\partial \rho}{\partial t}$$

의 관계가 있으므로, 이와 같이 시간적 변화를 갖는 조건인 $\frac{\partial \rho}{\partial t} \neq 0$, $\nabla \cdot \boldsymbol{J} \neq 0$의 전류분포에서는

$$\nabla \times \boldsymbol{H} = \boldsymbol{J} + \boldsymbol{G}$$

로 놓아야 하며, 여기서 $\boldsymbol{G}$는 전류밀도를 표시하는 벡터계이다. 이 식의 양변에 div의 연산을 취하면 $\nabla \cdot \nabla \times \boldsymbol{H} \equiv 0$이므로

$$-\nabla \cdot \boldsymbol{J} = \nabla \cdot \boldsymbol{G} = \frac{\partial \rho}{\partial t}$$

가 얻어지는데, 전하 $\rho\,[\mathrm{C/m^2}]$에 의한 전계의 전속밀도를 $\boldsymbol{D}\,[\mathrm{C/m^2}]$라 하면, 식 (5.16)에서 $\rho = \nabla \cdot \boldsymbol{D}$의 관계가 있으므로

$$\boldsymbol{G} = \frac{\partial \boldsymbol{D}}{\partial t}$$

가 얻어진다. 따라서 시간적으로 변화하는 전자계에 대한 Ampere의 주회법칙의 미분형인

$$\nabla \times \boldsymbol{H} = \boldsymbol{J} + \frac{\partial \boldsymbol{D}}{\partial t} \tag{12.4a}$$

가 얻어진다. 이 식은 유전체 내의 전도전류와 변위전류가 공존할 경우의 전류계와 자계의 관계를 표시하는데, 이 관계식을 **Maxwell의 제1전자방정식** (Maxwell's lst equation in electromagnetic field)이라 한다. 한편 식

(12.4a)의 적분형은

$$\oint_C \boldsymbol{H} \cdot d\boldsymbol{l} = I + \iint_S \frac{\partial \boldsymbol{D}}{\partial t} \cdot \boldsymbol{n} dS \tag{12.4b}$$

와 같이 주어진다.

그리고 Maxwell은 전자유도현상

$$\nabla \times \boldsymbol{E} = -\frac{\partial \boldsymbol{B}}{\partial t} \tag{12.5a}$$

의 관계는 도체 내에서 뿐 아니라 유전체 중에서도 성립된다고 한 후 이것을 **Maxwell의 제2전자방정식**이라 하였다. 그리고 식 (12.5a)의 적분형은

$$\oint_C \boldsymbol{E} \cdot d\boldsymbol{l} = -\iint_s \frac{\partial \boldsymbol{B}}{\partial t} \cdot \boldsymbol{n} dS \tag{12.5b}$$

와 같이 주어진다.

식 (12.4), (12.5)의 전자방정식은 전계와 자계에 관한 모든 현상을 집약한 것으로, 이 두 식에서 전계 및 자계에 관한 모든 법칙을 유도할 수 있다.

◆ 예제 12-2

Maxwell의 전자방정식에서 전계 및 자계에 관한 제법칙을 유도하라.

풀이 Maxwell의 전자방정식이 다음과 같다.

(12.4a) : $\nabla \times \boldsymbol{H} = \boldsymbol{J} + \dfrac{\partial \boldsymbol{D}}{\partial t}$

(12.5a) : $\nabla \times \boldsymbol{E} = -\dfrac{\partial \boldsymbol{B}}{\partial t}$

(1) 식 (12.4a)의 양변에 div를 취하면 $\nabla \cdot \nabla \times \boldsymbol{H} \equiv 0$이 되어

$$\nabla \cdot \left(\boldsymbol{J} + \frac{\partial \boldsymbol{D}}{\partial t}\right) = 0, \text{ 즉 } \nabla \cdot \boldsymbol{J} = -\frac{\partial}{\partial t} \nabla \cdot \boldsymbol{D}$$

가 얻어지는데, 이것을 전하의 연속식

$$\nabla \cdot \boldsymbol{J} = -\frac{\partial \rho}{\partial t}$$

와 비교하므로 Gauss의 법칙

$$\nabla \cdot \boldsymbol{D} = \rho \text{ 및 } \oiint_S \boldsymbol{D} \cdot \boldsymbol{n} dS = Q$$

가 얻어지며, 이로부터 Coulomb의 법칙을 도출할 수 있다.

(2) 식 (12.5a)의 양변에 div를 취하면 $\nabla\cdot\nabla\times\boldsymbol{E}\equiv 0$이 되므로

$$\frac{\partial}{\partial t}(\nabla\cdot\boldsymbol{B})=0 \quad \text{즉} \quad \nabla\cdot\boldsymbol{B}=\mathrm{const}(t)$$

가 얻어지는데, 모든 시간에 대하여 $\boldsymbol{B}$의 발산이 항상 일정하다는 것은 새로운 발산이 없음을 의미하므로

$$\nabla\cdot\boldsymbol{B}=0$$

의 자속밀도에 대한 연속방정식이 얻어진다.

(3) 정전계 및 정상자계인 경우 $\boldsymbol{D}=\mathrm{const}(t)$, $\boldsymbol{B}\fallingdotseq\mathrm{const}(t)$이므로 식 (12.5a)에서

$$\nabla\times\boldsymbol{E}=0, \qquad \oint_C \boldsymbol{E}\cdot d\boldsymbol{l}=0, \qquad V_{12}=-\int_2^1 \boldsymbol{E}\cdot d\boldsymbol{l}\,[\mathrm{V}]$$

인 정전계의 보존성과 전위의 일의성이 얻어진다. 한편 식 (12.4a)에서

$$\nabla\times\boldsymbol{H}=\boldsymbol{J}, \qquad \oint_C \boldsymbol{H}\cdot d\boldsymbol{l}=I$$

의 정상전류와 정상자계에 대한 Ampere의 주회법칙이 유도되며, $\nabla\cdot\nabla\times\boldsymbol{H}\equiv 0$에서 다음과 같은 Kirchhoff의 제1법칙이 얻어진다.

$$\nabla\cdot\boldsymbol{J}=0$$

12.3 전자파

비도전성 매질(ε [F/m], μ [H/m], $\sigma=0$, $\rho=0$, $\boldsymbol{J}=0$)에서의 Maxwell의 전자방정식은

$$\nabla\times\boldsymbol{H}=\varepsilon\frac{\partial\boldsymbol{E}}{\partial t} \tag{12.6a}$$

$$\nabla\times\boldsymbol{E}=-\mu\frac{\partial\boldsymbol{H}}{\partial t} \tag{12.6b}$$

$$\nabla\cdot\boldsymbol{E}=0, \qquad \nabla\cdot\boldsymbol{H}=0 \tag{12.6c}$$

와 같이 전계 $\boldsymbol{E}$ [V/m]와 자계 $\boldsymbol{H}$ [A/m]만으로 이루어지며, 이들 사이에는 다음과 같은 파동의 성격이 있음을 유도할 수 있다.

식 (12.6b)의 양변에 curl을 취하고 식 (1.26), (12.6c) 및 식 (12.6a)를 적용하면

$$\left.\begin{aligned} &\text{우변 : } \nabla\times\nabla\times\boldsymbol{E}=\nabla(\nabla\cdot\boldsymbol{E})-\nabla^2\boldsymbol{E}=-\nabla^2\boldsymbol{E} \\ &\text{좌변 : } -\mu\frac{\partial}{\partial t}\nabla\times\boldsymbol{H}=-\mu\varepsilon\frac{\partial^2\boldsymbol{E}}{\partial t^2} \end{aligned}\right\}$$

가 얻어지므로

$$\nabla^2\boldsymbol{E}=\varepsilon\mu\frac{\partial^2\boldsymbol{E}}{\partial t^2} \tag{12.7a}$$

와, 마찬가지 계산으로

$$\nabla^2\boldsymbol{H}=\varepsilon\mu\frac{\partial^2\boldsymbol{H}}{\partial t^2} \tag{12.7b}$$

와 같은 전계 및 자계에 관한 **벡터파동방정식**(vector wave equation 또는 d'Alembert's equation)이 얻어진다.

여기서 E_x가 z, t만의 함수인 경우를 취하면 식 (12.7a)의 파동방정식은

$$\frac{\partial^2 E_x}{\partial z^2}=\frac{1}{u^2}\frac{\partial^2 E_x}{\partial t^2} \tag{12.8a}$$

$$u=\frac{1}{\sqrt{\varepsilon\mu}} \tag{12.8b}$$

와 같이 되는데, 이 식의 일반해(d'Alembert's solution)는

$$E_x=f_x\left(t-\frac{z}{u}\right)+g_x\left(t+\frac{z}{u}\right)\ [\text{V/m}] \tag{12.9a}$$

가 됨을 증명할 수 있다. 한편 식 (12.6b)에 식 (12.9a)를 적용하면

$$\frac{\partial E_x}{\partial z}=-\mu\frac{\partial H_y}{\partial t}$$

가 얻어지며, 이 식에서

$$H_y = -\frac{1}{\mu}\int \frac{\partial E_x}{\partial z}\,dt$$
$$= \sqrt{\frac{\varepsilon}{\mu}}\left\{f_x\left(t-\frac{z}{u}\right)-g_x\left(t+\frac{z}{u}\right)\right\}\ [\mathrm{A/m}] \qquad (12.9\mathrm{b})$$

와 같은 z, t만의 함수인 자계 H_y가 얻어진다. 식 (12.9a, b)의 관계는 식 (12.7b)에서도 유도할 수 있다.

여기서 식 (12.9a, b)의 $f_x\left(t-\dfrac{z}{u}\right)$의 물리적 의의를 생각해 본다. 지금 $f_x\left(t-\dfrac{z}{u}\right)$에

$$t = t+T, \qquad z = z+uT$$

를 대입하면

$$f_x\left(t-\frac{z}{u}\right) = f_x\left\{(t+T)-\frac{1}{\mu}(z+uT)\right\} = f_x\left(t-\frac{z}{u}\right)$$

가 되어, $f_x(t,\ z)$ 곡선은 그림 12-2와 같이 T[s]의 **주기**(period), $uT=\lambda$ [m²]의 **파장**(wave length), u[m/s]의 **전파속도**(propagation velocity)를 가지고 $+z$ 방향으로 전진하는 **진행파**(traveling wave)임을 표시하며, 한편 $g_x\left(t+\dfrac{c}{u}\right)$는 $-z$ 방향으로 후진하는 진행파가 된다. 따라서 다음과 같이 된다.

$f_x\left(t-\dfrac{z}{u}\right)$: **전진파**(forward wave)

$g_x\left(t+\dfrac{z}{u}\right)$: **후진파**(backward wave)

식 (12.9a, b)에서와 같이 전파와 자파는 항상 동반하여 전파되므로 이들을 통합하여 **전자파**(電磁波, electromagnetic wave) 또는 간단히 **전파**(電波, electric wave)라 한다. 그리고 전파 $E_x(t,\ z)$ 및 자파 $H_y(t,\ z)$는

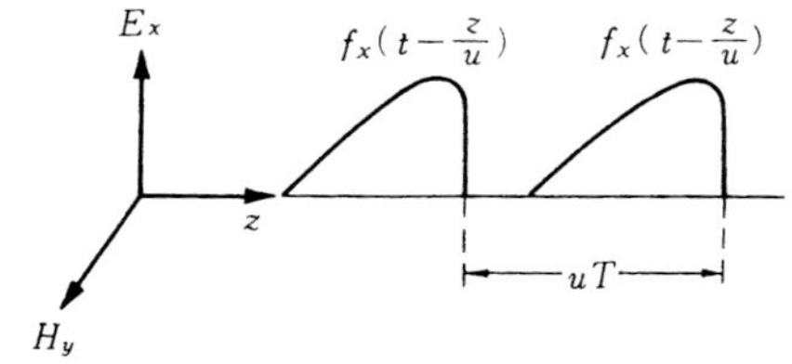

그림 12-2 진행파(전진파)

서로 수직이며 동시에 이들의 파면이 z 축에 수직되는 평면상에 있으므로 이러한 전자파를 **평면파**(平面波, plane wave)라 한다. 일반으로 전파방향에 대하여 수직면상에서 진동하는 파동을 **횡파**(橫波, transverse wave)라 하므로 평면파는 **횡전자파**(橫電磁波, transverse electromagnetic wave)가 되며 보통 TEM파라 한다.

그리고 유전매질($\varepsilon = \varepsilon_0 \varepsilon_r$ [F/m], $\mu = \mu_0 \mu_r$ [H/m]) 중에서 TEM파에 대한 전파와 자파의 크기의 비는 식 (12.9a, b)에서

$$\left.\begin{aligned} \text{전진파} &: \frac{E_x^+}{H_y^+} = \eta = \sqrt{\frac{\mu}{\varepsilon}} = 120\pi\sqrt{\frac{\mu_r}{\varepsilon_r}} = 377\sqrt{\frac{\mu_r}{\varepsilon_r}} \ [\Omega] \\ \text{후진파} &: \frac{E_x^-}{H_y^-} = -\eta = -377\sqrt{\frac{\mu_r}{\varepsilon_r}} \ [\Omega] \end{aligned}\right\} \quad (12.10)$$

가 얻어지는데, 여기서 η를 매질의 **고유임피던스**(intrinsic impedance, characteristic impedance, wave impedance)라 한다. 그리고 매질 중에서의 전자파의 전파속도는 식 (12.5a)에서

$$u = \frac{1}{\sqrt{\varepsilon\mu}} = \frac{1}{\sqrt{\varepsilon_0\mu_0}} \frac{1}{\sqrt{\varepsilon_r\mu_r}} \ [\text{m/s}] \qquad (12.11\text{a})$$

가 된다. 따라서 자유공간에서의 고유임피던스는

$$\eta = \eta_0 = \sqrt{\frac{\mu_0}{\varepsilon_0}} = 377 \ [\Omega] \qquad (12.11\text{b})$$

이며, 전파속도는

$$u = c = \frac{1}{\sqrt{\varepsilon_0\mu_0}} = 3\times 10^8 \ [\text{m/s}] \qquad (12.11\text{c})$$

가 되어 광속과 일치한다.

12.4 자유공간과 평면파

자유공간(ε_0 [F/m], μ_0 [H/m], $\sigma=0$, $\rho=0$, $\boldsymbol{J}=0$) 중에서 시간에 대하여 정현파적으로 변화하는 AC 전자계가

$$\boldsymbol{E} = \boldsymbol{E}_s e^{j\omega t}\,[\mathrm{V/m}], \qquad \boldsymbol{H} = \boldsymbol{H}_s e^{j\omega t}\,[\mathrm{A/m}] \tag{12.12a}$$

인 경우의 전자파를 풀이한다. 여기서 $\boldsymbol{E}_s\,[\mathrm{V/m}]$, $\boldsymbol{H}_s\,[\mathrm{A/m}]$는 시간 t를 포함하지 않는 복소공간벡터인 **phasor 벡터**이다. 식 (12.12a)를 식 (12.6a, b, c)에 적용하면

$$\nabla \cdot \boldsymbol{E}_s = j\omega\varepsilon_0 \boldsymbol{E}_s \tag{12.12b}$$

$$\nabla \cdot \boldsymbol{E}_s = -j\omega\mu_0 \boldsymbol{H}_s \tag{12.12c}$$

$$\nabla \cdot \boldsymbol{E}_s = 0, \qquad \nabla \cdot \boldsymbol{H}_s = 0 \tag{12.12d}$$

의 Maxwell의 **phasor 벡터전자방정식**이 얻어지며, 식 (12.12b, c, d) 또는 식 (12.12a)에서

$$\nabla^2 \boldsymbol{E}_s = -\omega^2\varepsilon_0\mu_0 \boldsymbol{E}_s \quad \text{또는} \quad (\nabla^2 + \omega^2\varepsilon_0\mu_0)\boldsymbol{E}_s = 0 \tag{12.13a}$$

의 **phasor 벡터파동방정식**(phasor vector wave equation 또는 vector Helmholz equation)이 얻어진다. 식 (12.13a)에서 $E_{xs}(z)$ 성분만을 취한 scalar Helmholz 방정식은

$$\nabla^2 E_{xs} = -\omega^2\varepsilon_0\mu_0 E_{xs} \tag{12.13b}$$

가 되는데, 여기서 $\dfrac{\partial E_{xs}}{\partial x} = \dfrac{\partial E_{xs}}{\partial y} = 0$의 조건을 만족하는 평면파인 TEM 파동방정식은

$$\nabla^2 E_{xs} = \frac{d^2 E_{xs}}{dz^2} = -\omega^2\varepsilon_0\mu_0 E_{xs} = -\beta^2 E_{xs} \tag{12.13c}$$

가 되며, 여기서 β는

$$\beta = \omega\sqrt{\varepsilon_0\mu_0} = \frac{\omega}{c}\ [\mathrm{rad/m}] \tag{12.14}$$

의 값을 가지며 위상상수(phase constant)라 한다. 식 (12.13c)의 풀이 중 $+z$ 방향으로 진행하는 전진파의 phasor 전계는

$$E_{xs} = Ae^{j\beta z}\,[\mathrm{V/m}] \tag{12.15a}$$

가 된다. 여기서 $t=0$일 때 $z=0$에서 $E_{xs} = E_{xo}\,[\mathrm{V/m}]$라 하면 $A = E_{xo}$

[V/m]가 되므로

$$E_{xs} = E_{xo} e^{j\beta z} \text{ [V/m]} \tag{12.15b}$$

가 되며, 전계는

$$E_x = E_{xs} e^{j\omega t} = E_{xo} e^{j(\omega t - \beta z)} \text{ [V/m]} \tag{12.16a}$$

가 된다. 전계의 삼각함수 표시는 식 (12.16a)의 실수부를 취하여

$$E_x = E_{xo} \cos(\omega t - \beta z) \text{ [V/m]} \tag{12.16b}$$

가 되며, 후진파의 전계는 다음과 같이 된다.

$$E_x = E_{xo} \cos(\omega t + \beta z) \text{ [V/m]} \tag{12.16c}$$

그림 12-3은 E_x 파〔식 (12.16b)〕의 각 시각 $\left(t=0, \dfrac{T}{4}, \dfrac{T}{2} \text{ [s]}\right)$에 대한 파형의 전진하는 모습이다. 그림에서 점 P의 위상은 항상 최고값으로 일정하므로 식 (12.14)에서

$$\omega t - \beta z = \omega t - \frac{\omega z}{c} = \text{const.}$$

$$\therefore \ \frac{dz}{dt} = u_p = \frac{\omega}{\beta} \text{ [m/s]} \tag{12.17}$$

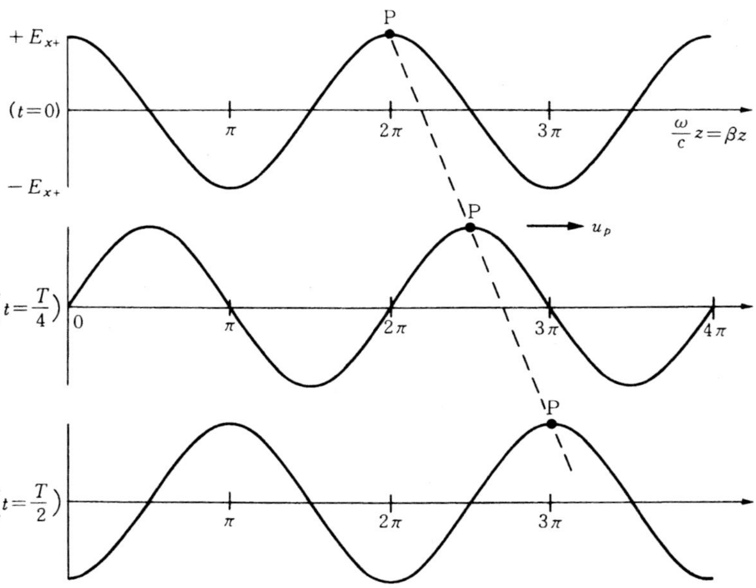

그림 12-3 E_x 파의 전진파

의 u_p를 **위상속도**(位相速度, phase velocity)라 하며 자유공간에서는

$$u_p = c = 3\times 10^8 \text{ [m/s]}$$

가 되므로 E_x 파는 광속으로 전파한다. 한편 식 (12.15b)에서

$$\beta z = 2\pi \qquad \therefore\ z = \frac{2\pi}{\beta} = \lambda \text{ [m]} \tag{12.18a}$$

일 때 E_x는 항상 같은 값을 가지므로 λ는 파장이 되며, 식 (12.14)를 적용하면 자유공간 중에서의 파장은 각각 다음과 같이 된다.

$$\lambda_0 = \frac{c}{f} = \frac{3\times 10^8}{f} \text{ [m]} \tag{12.18b}$$

전파에 수반하는 자파는 식 (12.6b)에 식 (12.12)를 적용하여 E_{xs}에 대한

$$\left.\begin{aligned} \nabla\times\boldsymbol{E}_s &= -j\omega\mu_0\boldsymbol{H}_s \\ \frac{dE_{xs}}{dz} &= -j\omega\mu_0 H_{ys} \end{aligned}\right\} \tag{12.19a}$$

가 얻어지므로 식 (12.15b)를 적용하여

$$\left.\begin{aligned} H_{ys} &= -\frac{1}{j\omega\mu_0}E_{xo}(-j\beta)e^{-j\beta z} = \frac{1}{\eta_0}E_{xs} \text{ [A/m]} \\ H_y &= \frac{1}{\eta_0}E_{xo}\cos(\omega t-\beta z) = \frac{1}{\eta_0}E_x \text{ [A/m]} \end{aligned}\right\} \tag{12.19b}$$

가 얻어진다. 따라서 자유공간 중에서는 전파와 자파는 동상(同相)이며 공존하는 TEM파를 이루고 있다. 그림 12-4는 전파와 동반하는 자파의 상호관계와 시간에 대한 변화를 표시한 것이다.

◆ 예제 12-3

완전유전체 중에서의 평면파를 구하라.

풀이 완전유전체(ε [F/m], μ [H/m], $\sigma=0$) 중에서의 전계의 벡터파동방정식은 식 (12.7a)가 되므로, 전계가 시간에 대하여 정현파적으로 변화할 경우 $+z$ 방향으로 진행하는 TEM파의 전계는 식 (12.16b)에서

$$E_x = E_{xo}\cos(\omega t-\beta z) \text{ [V/m]} \tag{12.20a}$$

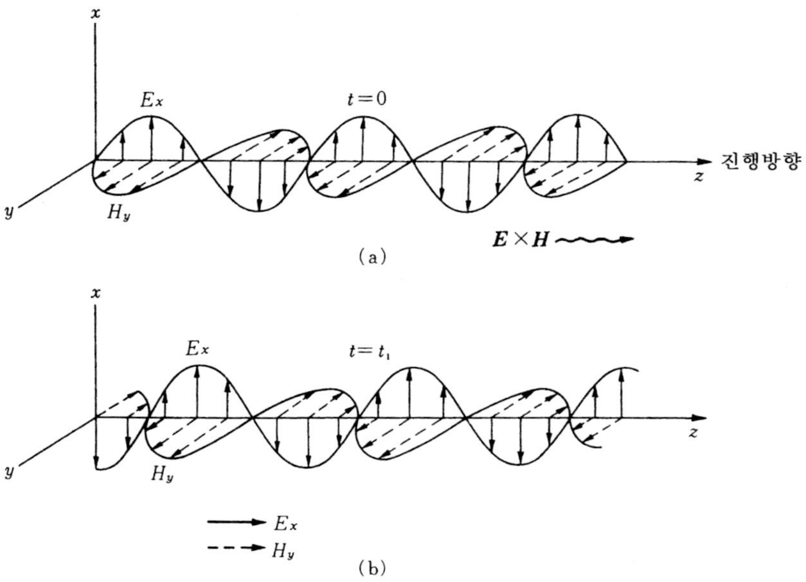

그림 12-4 평면파의 $\boldsymbol{E}$ 파와 $\boldsymbol{H}$ 파의 변화

가 되며, 이 경우 위상상수는 식 (12.14)에서

$$\beta = \omega\sqrt{\varepsilon\mu}\ [\text{rad/m}] \tag{12.20b}$$

가 되며, 유전체 중에서의 전자파의 전파속도 및 파장은

$$\left.\begin{aligned} u &= \frac{1}{\sqrt{\varepsilon\mu}} = \frac{c}{\sqrt{\varepsilon_r\mu_r}}\ [\text{m/s}] \\ \lambda &= \frac{u}{f} = \frac{2\pi}{\beta} = \frac{\lambda_0}{\sqrt{\varepsilon_r\mu_r}}\ [\text{m}] \end{aligned}\right\} \tag{12.20c}$$

가 된다. 그리고 유전체의 고유임피던스는

$$\eta = \sqrt{\frac{\mu}{\varepsilon}} = \eta_0\sqrt{\frac{\mu_r}{\varepsilon_r}}\ [\Omega] \tag{12.20d}$$

가 되므로, 전계와 동반하는 자계의 파동방정식은

$$H_y = \frac{1}{\eta}E_{xo}\cos(\omega t - \beta z)\ [\text{A/m}] \tag{12.20e}$$

가 된다. 위의 결과를 KBS 라디오(792 [kHz])전파가 수중($\varepsilon_r = 80$, $\mu_r = 1$, $\sigma = 0$)으로 진입했을 경우의 각 양은

$$u = 0.335\times 10^8\ [\text{m/s}],\quad \lambda = 42.3\ [\text{m}],\quad \beta = 0.15\ [\text{rad/m}]$$

$$\eta = 42.1\,[\Omega], \quad H_y = \frac{1}{42.1} E_x\,[\mathrm{A/m}]$$

가 되어, 공기 중인 경우에 비하여 많은 차이가 있음을 알 수 있다.

◆ 예제 12-4

공기 중의 자계 $\boldsymbol{H}_s = 2e^{j\frac{\pi}{100}z}\boldsymbol{j}\,[\mathrm{A/m}]$인 균일평면파가 있을 때 다음을 구하라.

(1) 파장 (2) 주파수 (3) $t = 1\,[\mu\mathrm{s}]$, $z = 25\,[\mathrm{m}]$일 때의 $\boldsymbol{E}$

풀이 $\boldsymbol{H} = 2e^{j\frac{\pi}{100}z}e^{j\omega t}\boldsymbol{j}\,[\mathrm{A/m}] \quad \therefore\ H_y = 2\cos\left(\omega t + \frac{\pi}{100}z\right)\,[\mathrm{A/m}]$

(1) $\lambda = \dfrac{2\pi}{\beta} = 200\,[\mathrm{m}]$

(2) $f = \dfrac{c}{\lambda} = 1.5\,[\mathrm{MHz}]$

(3) $E_x = 377H_y = 377\times 2\cos\left(3\pi\times 10^6\times 10^{-6} + \dfrac{\pi}{100}\times 25\right)$

$= -533\,[\mathrm{V/m}]$

$\therefore\ \boldsymbol{E} = -533\,\boldsymbol{i}\,[\mathrm{V/m}], \quad \boldsymbol{H} = -1.414\,\boldsymbol{j}\,[\mathrm{A/m}]$

◆ 예제 12-5

서울발신의 KBS 라디오(792 [kHz]) 전파시보가 부산에서 수신될 때 다음을 구하라.

(1) 전파속도 (2) 지연시간 (3) 파장 (4) 위상상수
(5) 고유임피던스 (6) 자파(부산)

풀이 부산방향을 z축으로 취하고 발신전파를 식 (12.15b)

$$E_x = E_{xo}\cos(\omega t - \beta z)\,[\mathrm{V/m}]$$

로 취하면, $z = 4.2\times 10^5\,[\mathrm{m}]$, $\omega = 2\pi f = 4.98\times 10^6\,[\mathrm{rad/s}]$가 되므로

(1) $c = \dfrac{1}{\sqrt{\varepsilon_0\mu_0}} = 3\times 10^8\,[\mathrm{m/s}]$

(2) $\tau = \dfrac{z}{c} = 1.4\,[\mathrm{ms}]$ (retarded time)

(3) $\lambda = \dfrac{c}{f} = 378.8$ [m]

(4) $\beta = \dfrac{\omega}{c} = \dfrac{2\pi}{\lambda} = 1.66 \times 10^{-2}$ [rad/m = phase shift/m]

(5) $\eta_0 = 377$ [Ω]

(6) $H_y = \dfrac{1}{377} E_{xo} \cos [5 \times 10^6 (t - 1.4 \times 10^{-3})]$ [A/m]

한편 서울($z=0$)의 발신전계는

$$E_x = E_{xo} \cos \omega t \text{ [V/m]}$$

가 되므로, x축상을 1 [s] 사이에 $\dfrac{\omega}{2\pi} = 7.92 \times 10^5$회 만큼 상하로 진동한다(수직안테나인 경우). 그리고 부산에서의 전계는 1.4 [ms] 전의 서울전계와 같다. 한편 $t=0$일 때의 z축상 각 점의 전계는

$$E_x = E_{xo} \cos \beta z = E_{xo} \cos (1.66 \times 10^{-2} z) \text{ [V/m]}$$

가 되어, 거리에 대하여 주기적으로 변화하는데, 이때 서울과 부산 사이에는 약 1109개의 파장이 놓여진다. 부산에서의 수신시보의 전계진폭은 1.4 [ms]가 늦은

$$E_x = E_{xo} \cos (166 \times 10^{-2} \times 4.2 \times 10^5) = 0.81 E_{xo} \text{ [V/m]}$$

가 되며 자계는 $2.15 E_{xo}$ [mA/m]가 된다.

이상은 서울과 부산에서의 전계 최대값을 같다고 하였지만, 대기 중에서 수증기 등에 의한 전파의 감쇠가 있을 경우에는 다음 절에서와 같이 전계의 감쇠를 생각하여야 한다.

12.5 도전성 유전체와 평면파

매질상수 ε [F/m], μ [H/m], σ [S/m]인 도전성 유전체 내에서의 Maxwell 전파방정식은

$$\left.\begin{aligned} \nabla \times \boldsymbol{H} &= \boldsymbol{J} + \frac{\partial \boldsymbol{D}}{\partial t} = \sigma \boldsymbol{E} + \varepsilon \frac{\partial \boldsymbol{E}}{\partial t} \\ \nabla \times \boldsymbol{E} &= -\frac{\partial \boldsymbol{B}}{\partial t} = -\mu \frac{\partial \boldsymbol{H}}{\partial t} \end{aligned}\right\} \qquad (12.21)$$

가 되며, 이 관계식에서 식 (12.7)에서와 같이 유도되는 도전성 매질에서의 벡터파동방정식은

$$\left.\begin{aligned}\nabla^2 \boldsymbol{E} = \mu\sigma\frac{\partial \boldsymbol{E}}{\partial t} + \varepsilon\mu\frac{\partial^2 \boldsymbol{E}}{\partial t^2} \\ \nabla^2 \boldsymbol{H} = \mu\sigma\frac{\partial \boldsymbol{H}}{\partial t} + \varepsilon\mu\frac{\partial^2 \boldsymbol{H}}{\partial t^2}\end{aligned}\right\} \tag{12.22}$$

가 되는데, 이 식을 특히 **전신방정식**(電信方程式, telegraphic equation)이라 한다. 시간에 대하여 정현파적으로 변화하는 AC 전자계

$$\boldsymbol{E} = \boldsymbol{E}_s e^{j\omega t}\,[\mathrm{V/m}], \qquad \boldsymbol{H} = \boldsymbol{H}_s e^{j\omega t}\,[\mathrm{A/m}]$$

를 적용하면, 식 (12.21)에서

$$\nabla \times \boldsymbol{H}_s = (\sigma + j\omega\varepsilon)\boldsymbol{E}_s \tag{12.23a}$$

$$\nabla \times \boldsymbol{E}_s = -j\omega\mu \boldsymbol{H}_s \tag{12.23b}$$

의 phasor 전자방정식과 식 (12.22)에서

$$\left.\begin{aligned}\nabla^2 \boldsymbol{E}_s = j\omega\mu(\sigma + j\omega\varepsilon)\boldsymbol{E}_s \\ \nabla^2 \boldsymbol{H}_s = j\omega\mu(\sigma + j\omega\varepsilon)\boldsymbol{H}_s\end{aligned}\right\} \tag{12.24}$$

의 phasor 벡터파동방정식인 vector Helmholz 방정식이 얻어진다.

지금 $E_{xs}(z)$성분만을 취한 TEM파의 전파방정식을 식 (12.13)에서와 같이 유도하면

$$\frac{\partial^2 E_{xs}}{\partial z^2} = j\omega\mu(\sigma + j\omega\varepsilon)E_{xs} = \gamma^2 E_{xs} \tag{12.25}$$

가 되며, 여기서

$$\gamma^2 = j\omega\mu(\sigma + j\omega\varepsilon) = -\omega^2\varepsilon\mu\left(1 - j\frac{\sigma}{\omega\varepsilon}\right)$$

$$\dot{r} = \sqrt{j\omega\mu(\sigma + j\omega\varepsilon)} = j\omega\sqrt{\varepsilon\mu}\sqrt{1 - j\frac{\sigma}{\omega\varepsilon}}\ [\mathrm{m}^{-1}] \tag{12.26a}$$

의 $\dot{r}$를 **복소전파상수**(complex propagation constant) 또는 **전파상수**라 한다. $\dot{r}$를 실수부와 허수부로 분리한 후 정리하면

$$\dot{r} = \alpha + j\beta \,[\mathrm{m}^{-1}] \tag{12.26b}$$

$$\left.\begin{aligned} \alpha &= \omega\left\{\frac{\varepsilon\mu}{2}\left(\sqrt{1+\frac{\sigma^2}{\omega^2\varepsilon^2}}-1\right)\right\}^{1/2} [\mathrm{m}^{-1}] \\ \beta &= \omega\left\{\frac{\varepsilon\mu}{2}\left(\sqrt{1+\frac{\sigma^2}{\omega^2\varepsilon^2}}+1\right)\right\}^{1/2} [\mathrm{rad/m}] \end{aligned}\right\} \tag{12.26b}$$

가 되며, 여기서 α를 **감쇠상수**(attenuation constant)라 하며 β는 위상상수〔식 (12.14) 참조〕이다.

한편 식 (12.25)의 해에 대한 전진파의 전계를 식 (12.15)와 (12.16)에서와 같이 구하면 phasor 전계는

$$E_{xs} = E_{xo}e^{-\dot{\gamma}z} = E_{xo}e^{-\alpha z}e^{-j\beta z}\,[\mathrm{V/m}] \tag{12.27a}$$

가 되며, 전계는

$$E_x = Re[E_{xo}^{-\dot{\gamma}z}e^{j\omega t}] = E_{xo}e^{-\alpha z}\cos(\omega t - \beta z)\,[\mathrm{V/m}] \tag{12.27b}$$

가 되며, 여기서 Re는 실수부를 의미한다. 한편 전계와 동반하는 자계는 식 (12.23b)의

$$\frac{\partial E_{xs}}{\partial z} = -j\omega\mu H_{ys}$$

와 식 (12.27a)의 $E_{xs} = E_{xo}e^{-\gamma z}\,[\mathrm{V/m}]$에서

$$\left.\begin{aligned} H_{ys} &= \frac{\dot{\gamma}}{j\omega\mu}E_{xs} = \frac{\dot{\gamma}}{j\omega\mu}e_{xo}e_s^{-(\alpha+j\beta)z}\,[\mathrm{A/m}] \\ H_y &= \frac{1}{\dot{\eta}}E_{xo}e^{-\alpha z}\cos(\omega t-\beta z)\,[\mathrm{A/m}] \end{aligned}\right\} \tag{12.28}$$

가 얻어진다. 여기서 $\dot{\eta}$는

$$\dot{\eta} = \frac{j\omega\mu}{\dot{\gamma}} = \sqrt{\frac{j\omega\mu}{\sigma + j\omega\mu}} = \sqrt{\frac{\mu}{\varepsilon}}\left\{1-j\frac{\sigma}{\omega\varepsilon}\right\}^{-1/2} [\Omega] \tag{12.29}$$

와 같은 복소량의 고유임피던스로, 식 (12.29)는 실수부와 허수부(연습문제 12-11 참조)로 분리되는데 허수부는 매질의 도전율에 의한 것으로 $\sigma = 0$이면 0이 된다. 따라서 도전성 유전체 내의 전자파는 진폭이 전파거리에 따라 지수함수적으로 감쇠하며 전계와 자계의 위상도 달라진다.

◆ 예제 12-6

$\omega = 10^{11}$ [rad/s](microwave)의 해수($\varepsilon_r = 80$, $\mu_r = 1$, $\sigma = 10$ [S/m])에 대한 다음 양을 구하라.

(1) $\dot{\gamma}$ [m^{-1}]　　　　(2) $\dot{\eta}$ [Ω]

풀이 (1) 식 (12.26a)에서

$$\frac{\sigma}{\omega\varepsilon} = \frac{10}{10^{11} \times 8.854 \times 10^{-12} \times 80} = 0.141$$

$$\omega\sqrt{\varepsilon\mu} = 2981 \text{ [rad/m]}$$

$$\therefore \ \dot{\gamma} = j2981\sqrt{1 - j0.141} = j2981\sqrt{1.02\angle -8^\circ}$$

$$= j2981 \times 1.01\angle -4^\circ = 3011\angle 86^\circ = 208.2 + j3004 \text{ [m}^{-1}\text{]}$$

가 된다. 따라서 감쇠상수는

$$\alpha = 208.2 \text{ [Np/m]}$$

가 되며, 여기서 [Np/m](neper/m)는 감쇠상수의 단위이다. 즉 E_x, H_y의 진폭은 해수의 깊이 $z = 1/208.2 = 4.8$ [mm]에서 $e^{-1} = 0.368$배로 감소하므로 해수 중에서의 통신은 저주파전파 또는 초음파를 이용하고 있다. 이러한 현상은 대기 중의 수분에서도 일어남을 관찰할 수 있다.

참고로 해수 중의 각종 주파수에 대한 감쇠상수를 구해보면 표 12-2와 같이 저주파(VLF)일수록 감쇠거리가 깊어짐을 알 수 있다.

그리고 위상상수는 $\dot{\gamma}$의 식에서

$$\beta = 3004 \text{ [rad/m]}$$

가 되며, 해수 중의 전파의 위상속도는

$$u_p = \frac{\omega}{\beta} = \frac{10^{11}}{3004} = 0.333 \times 10^8 \text{ [m/s]}$$

가 되므로, 파장은

$$\lambda = \frac{2\pi}{\beta} = 2.09 \text{ [cm]}$$

표 12-2 주파수와 감쇠상수(해수)

f [Hz]	16×10^9	1.6	0.16
ω [rad/s]	10^{11}	10	1
α [Np/m]	208.2	7.67×10^{-3}	2.67×10^{-3}
z [m]	4.8×10^{-3}	130.3	374

가 된다. 이 경우 $\sigma=0$라면 $\beta_0=2981$ [rad/m], $u_{po}=0.335\times10^8$ [m/s], $\lambda_0=2.1$ [cm]가 되어 큰 차이가 없다.

(2) 식 (12.29)에서

$$\dot{\eta}=\frac{377}{\sqrt{80}}\frac{1}{\sqrt{1-j0.141}}=42.15\times\frac{1}{1.01\,\underline{/-4°}}=41.32\,\underline{/4°}$$
$$=41.22+j2.88\,[\Omega]$$

가 얻어지므로 자파 $H_y=\dfrac{1}{41.32}E_x$ [A/m]는 전파 E_x보다 약 4°의 위상차(lag)를 갖는다.

◆ 예제 12-7

도전성 유전체(ε, μ, σ)의 유전체손과 복소유전율을 구하라.

풀이 그림 12-5 (a)의 도체성 유전체에 AC 전압 $\dot{V}=V_s e^{j\omega t}$ [V]을 가했을 때 소비전력인 유전체손은 그림 12-5 (b)와 (c)의 등가회로 및 phasor diagram에서

$$P=VI\cos\phi=VI_d\tan\delta=V^2C_0\omega\varepsilon_r\tan\delta\,[\mathrm{W}] \tag{12.30}$$

와 같이 구해진다. 여기서 C_0 [F]는 크기만으로 정해지는 **기하용량**(geometrical capacitor), δ는 **손실각**(loss angle), $\tan\delta$는 loss tangent 또는 **유전력율**(dielectric power factor)이라 하며

$$\varepsilon_r'=\varepsilon_r\tan\delta \tag{12.31a}$$

를 **손실계수**(loss factor)라 한다. 이 유전체손은 고주파를 이용한 절연체의 내부가열(유전가열)에 이용된다.
한편 그림 12-5 (c)와 식 (8.38)에서

$$\tan\delta=\frac{|\dot{I}_\sigma|}{|\dot{I}_d|}=\frac{1}{\omega CR}=\frac{\sigma}{\omega\varepsilon} \tag{12.31b}$$

가 얻어지므로, 식 (12.31a)를 적용하여 도전율을

$$\sigma=\omega\varepsilon\tan\delta=\omega\varepsilon_0\varepsilon_r\tan\delta=\omega\varepsilon_0\varepsilon_r'=\omega\varepsilon'\,[\mathrm{S/m}] \tag{12.31c}$$

와 같이 표시할 수 있다. 따라서 식 (12.23a)에서

$$\sigma+j\omega\mu=\omega\varepsilon'+j\omega\varepsilon=j\omega(\varepsilon-j\varepsilon')=j\omega\mu^*\,[\mathrm{S/m}] \tag{12.31d}$$

와 같이 변형할 수 있는데, 여기서

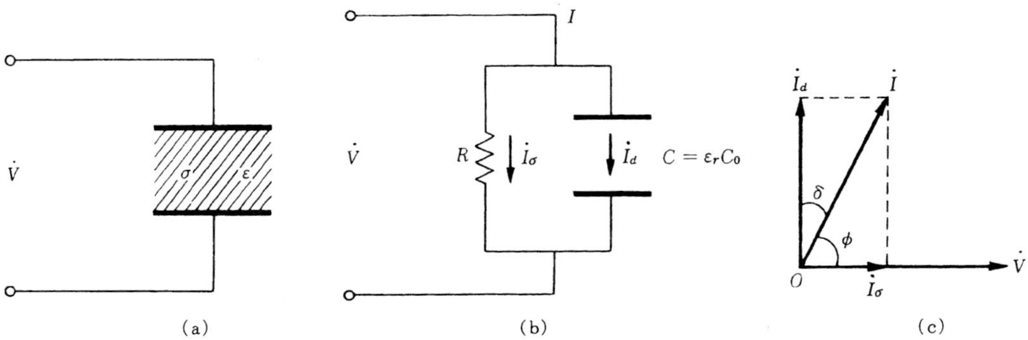

그림 12-5 유전체손

$$\varepsilon^* = \varepsilon - j\varepsilon' = \varepsilon_0(\varepsilon_r - j\varepsilon_r') = \varepsilon_0 \varepsilon_r^* \text{ [F/m]} \tag{12.32a}$$

로 주어지는 ε^* [F/m]를 **복소유전율**(複素誘電率, complex dielectric constant)이라 하며, ε_r은 비유전율, ε_r'는 손실계수이다. 자성체에 대해서도 마찬가지 표현방법을 취하여 복소투자율을

$$\mu^* = \mu - j\mu' = \mu_0(\mu_r - j\mu_r') = \mu_0 \mu_r^* \text{ [H/m]} \tag{12.32b}$$

로 놓으며, 여기서 μ_r은 비투자율, μ_r'는 자기적 손실(hysteresis loss 및 eddy loss)에 대응하는 계수이다.

식 (12.32)를 이용하여 도전성 유전체 내의 AC 전자계에 대한 벡터파동 방정식 (12.22) 및 vector Helmholz 방정식 (12.24)를

$$\left.\begin{aligned} \nabla^2 \boldsymbol{E} &= \varepsilon^* \mu^* \frac{\partial^2 \boldsymbol{E}}{\partial t^2} \\ \nabla^2 \boldsymbol{H} &= \varepsilon^* \mu^* \frac{\partial^2 \boldsymbol{H}}{\partial t^2} \end{aligned}\right\} \tag{12.33a}$$

및

$$\left.\begin{aligned} \nabla^2 \boldsymbol{E}_s &= -\omega^2 \varepsilon^* \mu^* \boldsymbol{E}_s \\ \nabla^2 \boldsymbol{H}_s &= -\omega^2 \varepsilon^* \mu^* \boldsymbol{H}_s \end{aligned}\right\} \tag{12.33b}$$

와 같이 간단한 관계식으로 표현할 수 있다. 마찬가지로 전파상수의 식 (12.26a)와 고유임피던스의 식 (12.29)를 다음과 같이 간단한 모양으로 표시할 수 있다.

$$\dot{\gamma} = j\omega\sqrt{\varepsilon^* \mu^*} \text{ [m}^{-1}\text{]} \tag{12.34a}$$

$$\eta = \sqrt{\frac{\mu^*}{\varepsilon^*}} \text{ [}\Omega\text{]} \tag{12.34b}$$

◆ 예제 12-8

전파상수 $\dot{\gamma}$ [m^{-1}]와 고유임피던스 $\dot{\eta}$ [Ω]의 근사계산값을 구하라.

풀이 도전성 유전체의 전파상수는 식 (12.26a)에서

$$\dot{\gamma} = j\omega\sqrt{\varepsilon\mu}\left\{1-j\frac{\sigma}{\omega\varepsilon}\right\}^{1/2}$$

$$= j\omega\sqrt{\varepsilon\mu}\left\{1-j\frac{\sigma}{2\omega\varepsilon}+\frac{1}{8}\left(\frac{\sigma}{\omega\varepsilon}\right)^2+j\frac{1}{12}\left(\frac{\sigma}{\omega\varepsilon}\right)^3\cdots\right\}\ [\mathrm{m}^{-1}]$$

와 같이 전개되므로(부록 Ⅳ-2-10 참조), $\tan\delta = \dfrac{\sigma}{\omega\varepsilon}$가 매우 작을 경우(일반적인 유전체)

$$\alpha \fallingdotseq \frac{\sigma}{2}\sqrt{\frac{\mu}{\varepsilon}}\ [\mathrm{Np/m}], \qquad \beta \fallingdotseq \omega\sqrt{\mu\varepsilon}\left\{1+\frac{1}{8}\left(\frac{\sigma}{\omega\varepsilon}\right)^2\right\}\ [\mathrm{rad/m}]$$

가 얻어지며, 고유임피던스는 식 (12.29)에서

$$\dot{\eta} = \sqrt{\frac{\mu}{\eta}}\left\{1-j\frac{\sigma}{\omega\eta}\right\}^{-1/2}$$

$$= \sqrt{\frac{\mu}{\eta}}\left\{1+j\frac{\sigma}{2\omega\varepsilon}-\frac{3}{8}\left(\frac{\sigma}{\omega\varepsilon}\right)^2-j\frac{5}{12}\left(\frac{\sigma}{\omega\varepsilon}\right)^3\cdots\right\}$$

$$\fallingdotseq \sqrt{\frac{\mu}{\varepsilon}}\left(1+j\frac{\sigma}{2\omega\varepsilon}\right)\ [\Omega]$$

가 된다. 따라서 매질의 전자파상수를 표 12-3과 같이 정리할 수 있다.

표 12-3 전자파상수

상수 \ 매질	$\varepsilon,\ \mu,\ \sigma$		$\sigma \gg \omega\varepsilon$	$\sigma \ll \omega\varepsilon$	$\sigma=0,\ \varepsilon,\ \mu$	$\varepsilon_0,\ \mu_0$
$\dot{\gamma}=\alpha+j\beta\ [\mathrm{m}^{-1}]$	$j\omega\sqrt{\mu\varepsilon}\sqrt{1-j\dfrac{\sigma}{\omega\varepsilon}}$	α [Np/m]	$\sqrt{\dfrac{\omega\mu\sigma}{2}}$	$\dfrac{\sigma}{2}\sqrt{\dfrac{\mu}{\varepsilon}}$	–	–
		β [rad/m]	$\sqrt{\dfrac{\omega\mu\sigma}{2}}$	$\omega\sqrt{\mu\varepsilon}$	$\omega\sqrt{\mu\varepsilon}$	$\omega\sqrt{\mu_0\varepsilon_0}$
$\dot{\eta}=R+jX\ [\Omega]$	$\sqrt{\dfrac{\mu}{\varepsilon}}\dfrac{1}{\sqrt{1-j\dfrac{\sigma}{\omega\varepsilon}}}$	R [Ω]	$\sqrt{\dfrac{\omega\mu}{2\sigma}}$	$\sqrt{\dfrac{\mu}{\varepsilon}}$	$\sqrt{\dfrac{\mu}{\varepsilon}}$	$\sqrt{\dfrac{\mu_0}{\varepsilon_0}}$
		X [Ω]	$\sqrt{\dfrac{\omega\mu}{2\sigma}}$	$\dfrac{\sigma}{2\omega\varepsilon}\sqrt{\dfrac{\mu}{\varepsilon}}$	–	–
u_p [m/s]	$\dfrac{\omega}{\beta}$		$\sqrt{\dfrac{2\omega}{\mu\sigma}}$	$\dfrac{1}{\sqrt{\mu\varepsilon}}$	$\dfrac{1}{\sqrt{\mu\varepsilon}}$	$\dfrac{1}{\sqrt{\mu_0\varepsilon_0}}$

12.6 Poynting 정리

정전계 및 정상자계에서는 균일매질 (ε, μ, σ)인 경우 식 (5.23)과 식 (10.15)에서

$$\left.\begin{aligned} w_e &= \frac{1}{2}\,\boldsymbol{ED} = \frac{1}{2}\,\varepsilon \boldsymbol{E}^2\ [\mathrm{J/m^3}] \\ w_m &= \frac{1}{2}\,\boldsymbol{HB} = \frac{1}{2}\,\varepsilon \boldsymbol{H}^2\ [\mathrm{J/m^3}] \end{aligned}\right\} \tag{12.35a}$$

의 에너지가 저장되어 있음을 유도하였다. 이 정적인 에너지분포에 대하여 John H. Poynting(1852~1914, 영국)은 Maxwell의 전자방정식에서와 같이 시간적 개념을 도입하여 전자에너지의 흐름을 수학적으로 입증하였다 (1884년).

Maxwell의 전자방정식

$$\nabla \times \boldsymbol{H} = \boldsymbol{J} + \frac{\partial \boldsymbol{D}}{\partial t} \tag{12.35b}$$

$$\nabla \times \boldsymbol{E} = -\frac{\partial \boldsymbol{B}}{\partial t} \tag{12.35c}$$

에서 식 (12.35b)의 양변의 $\boldsymbol{E}$를 내적한

$$\boldsymbol{E} \cdot \nabla \times \boldsymbol{H} = \boldsymbol{E} \cdot \boldsymbol{J} + \boldsymbol{E} \cdot \frac{\partial \boldsymbol{D}}{\partial t}$$

의 관계식에 벡터공식 $\boldsymbol{E} \cdot \nabla \times \boldsymbol{H} = \boldsymbol{H} \cdot \nabla \times \boldsymbol{E} - \nabla \cdot [\boldsymbol{EH}]$(부록 Ⅳ-5-8 참조)와 식 (12.35c)를 적용하면

$$-\boldsymbol{H} \cdot \frac{\partial \boldsymbol{B}}{\partial t} - \nabla \cdot [\boldsymbol{EH}] = \boldsymbol{J} \cdot \boldsymbol{E} + \boldsymbol{E} \cdot \frac{\partial \boldsymbol{D}}{\partial t}$$

즉

$$-\nabla \cdot [\boldsymbol{EH}] = \boldsymbol{J} \cdot \boldsymbol{E} + \left(\boldsymbol{E} \cdot \frac{\partial \boldsymbol{D}}{\partial \boldsymbol{t}} + \boldsymbol{H} \cdot \frac{\partial \boldsymbol{B}}{\partial t} \right)$$

가 얻어진다. 이 식의 양변을 임의의 체적 $v\,[\mathrm{m^3}]$에 대하여 적분하면

$$-\iiint_v \nabla \cdot [\boldsymbol{EH}]\,dv$$
$$=\iiint_v \boldsymbol{J}\cdot \boldsymbol{E}dv+\iiint_v\left(\boldsymbol{E}\cdot\frac{\partial \boldsymbol{D}}{\partial t}+\boldsymbol{H}\cdot\frac{\partial \boldsymbol{B}}{\partial t}\right)dv$$

가 얻어지는데, 여기서 우변 제1항은 식 (8.39)에서와 같이 체적 v 내에서 소비되는 Joule 열이 되며, 제2항은 식 (12.15a)의 정적 에너지밀도가 시간적으로 변한다고 할 때

$$\boldsymbol{E}\cdot\frac{\partial \boldsymbol{D}}{\partial t}+\boldsymbol{H}\cdot\frac{\partial \boldsymbol{B}}{\partial t}=\frac{\partial}{\partial t}(w_e+w_m)\ [\mathrm{W/m^3}]$$

가 되므로, 체적 v 내의 전자에너지의 증가를 의미한다. 한편 우변은 발산정리에 의하여

$$-\iiint_v \nabla\cdot[\boldsymbol{EH}]dv=-\oint\!\!\oint_S \boldsymbol{E}\times\boldsymbol{H}\cdot\boldsymbol{n}dS\ [\mathrm{W}]$$

가 되는데, 이것은 폐곡선 S 안으로 유입하는 전력을 의미한다.

이상에서와 같은 전자에너지 흐름의 관계를 **Poynting의 정리**(Poynting's theorem)라 하며, $\boldsymbol{E}\times\boldsymbol{H}\,[\mathrm{W/m^2}]$는 전자계의 에너지 흐름의 면적밀도를 표시하는 벡터로

$$\boldsymbol{R}=\boldsymbol{E}\times\boldsymbol{H}\ [\mathrm{W/m^2}] \tag{12.36}$$

를 Poynting vector라 한다.

한편 식 (12.35a)의 전자계에너지

$$w=w_e+w_m\ [\mathrm{J/m^3}]$$

가 TEM파의 형태를 갖고 속도 $u\,[\mathrm{m/s}]$로 전파된다고 할 때, 전달되는 에너지의 흐름은 식 (12.10)과 식 (12.11a)를 적용하여 정리하므로

$$R_z=wc=E_xH_y\ [\mathrm{W/m^2}] \tag{12.37a}$$

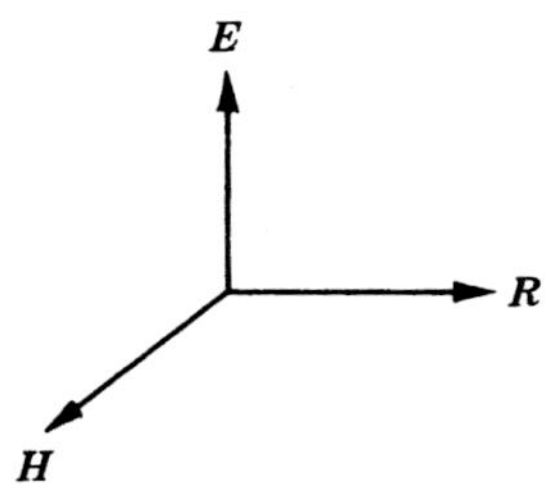

그림 12-6 Poynting vector

가 얻어진다. 여기서 R_z는 E_x, H_y의 TEM파가 단위시간에 단위면적을 $+z$ 방향으로 흐르는 에너지이다. 이를

$$\boldsymbol{E} = E_x \boldsymbol{i}\,[\mathrm{V/m}], \qquad \boldsymbol{H} = H_y \boldsymbol{j}\,[\mathrm{A/m}]$$

라 하면 식 (12.37a)는

$$\boldsymbol{R} = \boldsymbol{E} \times \boldsymbol{H} = E_x H_y \boldsymbol{k}\,[\mathrm{W/m^2}] \tag{12.37b}$$

가 되어 식 (12.36)과 같은 모양이 얻어진다.

◆ 예제 12-9

60 [W]인 백열전구에서 1.5 [m]인 점의 빛을 평면파로 생각했을 때 전계실효값을 구하라.

풀이 60 [W] 전구의 효율은 15 % 정도이므로 고찰점의 전력밀도는

$$R = \frac{60 \times 0.15}{4\pi \times (1.5)^2} = 0.32\ [\mathrm{W/m^2}]$$

가 되며, 식 (12.37a)와 식 (12.10b)에서 다음 식이 얻어진다.

$$E = \sqrt{0.32 \times 377} = 11\ [\mathrm{V/m}], \qquad H = 29\ [\mathrm{mA/m}]$$

◆ 예제 12-10

평행왕복도선으로 송전되는 전력을 Poynting vector를 이용하여 구하라.

풀이 그림 12-7과 같이 좌표를 정했을 때 $D_z = 0$, $B_z = 0$이므로 식 (12.5a)에서

$$(\nabla \times \boldsymbol{E})_z = 0$$

가 성립되며, S 면상의 전계 $\boldsymbol{E}_T\,[\mathrm{V/m}]$와 전위 $V\,[\mathrm{V}]$ 사이에는 다음 관계가 성립한다.

$$\boldsymbol{E}_T = -\nabla V\,[\mathrm{V/m}]$$

$\boldsymbol{E}_T$와 동반하는 자계를 $\boldsymbol{H}_T\,[\mathrm{A/m}]$라 하면 S 면상에서 $\boldsymbol{z}$ 방향의 Poynting vector는

$$\boldsymbol{R}_z = \boldsymbol{E}_T \times \boldsymbol{H}_T = -\nabla V \times \boldsymbol{H}_T\,[\mathrm{W/m^2}]$$

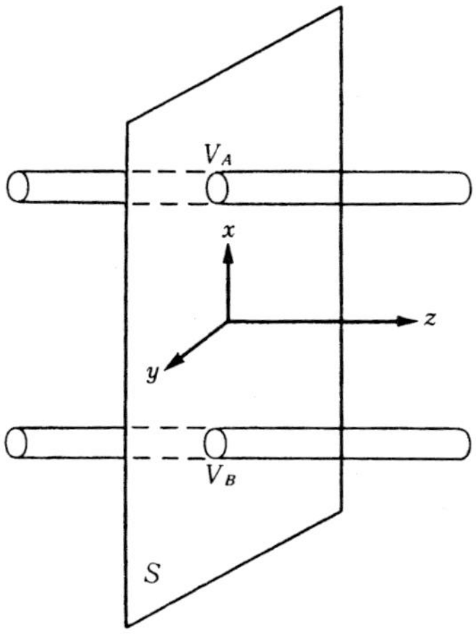

그림 12-7 Poynting vector와 송전전력

가 된다. 한편 벡터공식(부록 Ⅳ-5-15 참조)

$$\nabla V \times \boldsymbol{H} = \nabla \times (V\boldsymbol{H}) - V \cdot \nabla \times \boldsymbol{H}$$

를 이용하면 S 면을 통과하는 전력은

$$P = \iint_S \boldsymbol{R}_z \cdot \boldsymbol{k} dS$$
$$= \iint_S V \nabla \times \boldsymbol{H}_T \cdot \boldsymbol{k} dS - \iint_S \nabla \times [V\boldsymbol{H}_T] \cdot \boldsymbol{k} dS \,[\mathrm{W}]$$

가 되는데, 우변 제2항은 Stokes의 정리에서

$$\iint_S \nabla \times [V\boldsymbol{H}_T] \cdot \boldsymbol{k} dS = \oint_C V\boldsymbol{H}_T \cdot d\boldsymbol{l} \Big|_{C \to \infty} = 0$$

가 되며, 우변 제1항은 식 (12.4a)에서

$$\nabla \times \boldsymbol{H}_T = \boldsymbol{J}_z + \frac{\partial \boldsymbol{D}_z}{\partial t} \Big|_{z=0} = \boldsymbol{J}_z \,[\mathrm{A/m^2}]$$

가 되므로

$$P = \iint_S V\boldsymbol{J}_z \cdot \boldsymbol{k} dS = V_A I - V_B I = V_{AB} I \,[\mathrm{W}]$$

가 되어 회로이론에서 구한 것과 같은 결과가 얻어진다.

◆ 예제 12-11

도전성 유전체 내의 전파전력을 구하라.

풀이 (1) $\sigma = 0$인 완전유전체(ε, μ) 내에서의 평면파의 전계로 식 (12.16b)

$$E_x = E_{xo} \cos(\omega t - \beta z)\ [\mathrm{V/m}]$$

를 취하면, 자계는

$$H_y = \frac{E_x}{\eta} = \frac{E_{xo}}{\eta} \cos(\omega t - \beta z)\ [\mathrm{A/m}]$$

$$\eta = \sqrt{\frac{\mu}{\varepsilon}}\ [\Omega]$$

가 되므로, Poynting vector의 z 성분은

$$R_z = E_x H_y = \frac{1}{\eta} E_{xo}^2 \cos^2(\omega t - \beta z)\ [\mathrm{W/m^2}] \qquad (12.38a)$$

가 된다. 따라서 일주기에 대한 평균전력밀도는

$$R_{zav} = \frac{1}{T} \int_0^1 R_z\, dt = \frac{1}{2} \frac{E_{xo}^2}{\eta}\ [\mathrm{W/m^2}] \qquad (12.38b)$$

가 되며, 면 $S\,[\mathrm{m^2}]$를 통과하는 전전력은 다음과 같이 된다.

$$P = \frac{1}{2} \frac{E_{xo}^2}{\eta} S\ [\mathrm{W}] \qquad (12.38c)$$

(2) $\sigma \neq 0$인 도전성 유전체 (ε, μ, σ)에서는 평면파전계로 식 (12.27b)의

$$E_x = E_{xo} e^{-\alpha z} \cos(\omega t - \beta z)\ [\mathrm{V/m}]$$

와 식 (12.29)와 문제 12-11의 고유임피던스

$$\dot{\eta} = \sqrt{\frac{j\omega\mu}{\sigma + j\omega\varepsilon}} = R + jX\ [\Omega]$$

를 이용하여야 한다. 그런데 $\dot{\eta}$를

$$\dot{\eta} = R + jX = Ze^{j\theta}\ [\Omega] \qquad (12.39a)$$

로 놓으면, 식 (12.38b)에서와 같이 평균전력밀도는 다음과 같다.

$$R_{zav} = Re\left[\frac{1}{2} \frac{E_{xo}^2}{Z} e^{-2\alpha z} e^{-j\theta}\right]$$

$$= \frac{1}{2} \frac{E_{xo}^2}{Z} e^{-2\alpha z} \cos\theta\ [\mathrm{W/m^2}] \qquad (12.39b)$$

(3) $\sigma \gg \omega\varepsilon$의 양도전성 유전체인 경우 식 (11.4a)의 표피깊이

$$\delta = \frac{\sqrt{2}}{\sqrt{\omega\mu\sigma}}\ [\mathrm{m}]에서,\quad \sqrt{\frac{\omega\mu}{2\sigma}} = \frac{\sqrt{2}}{\delta\sigma}$$

가 얻어지므로, 표 12-3에서

$$\alpha = \beta = \frac{1}{\delta} \ [\mathrm{m}^{-1}]$$

$$\dot{\eta} = \sqrt{\frac{\omega\mu}{2\sigma}}(1+j) = \frac{\sqrt{2}}{\delta\sigma} = e^{j\frac{\pi}{4}} \ [\Omega]$$

가 얻어진다. 따라서 평면파 전계 및 자계의 phasor량은

$$\left.\begin{aligned} E_{xs} &= E_{xo}e^{-\alpha z}e^{j\beta z} = E_{xo}e^{-(1+j)\frac{z}{\delta}} \ [\mathrm{V/m}] \\ H_{ys} &= \frac{E_{xs}}{\dot{\eta}} = \frac{\delta\sigma E_{xo}}{\sqrt{2}} e^{-\frac{z}{\delta}} e^{-j\left(\frac{z}{0}+\frac{\pi}{4}\right)} [\mathrm{A/m}] \end{aligned}\right\} \quad (12.40\mathrm{a})$$

가 되며, 전계 및 자계의 식 (12.40a)에 대한 실수부를 취하면

$$\left.\begin{aligned} E_x &= E_{xo}e^{-\alpha z}\cos\left(\omega t - \frac{z}{\delta}\right) [\mathrm{V/m}] \\ H_y &= \frac{\delta\sigma E_{xo}}{\sqrt{2}} e^{-\frac{z}{\delta}} \cos\left(\omega t - \frac{z}{\delta} - \frac{\pi}{4}\right) [\mathrm{A/m}] \end{aligned}\right\} \quad (12.40\mathrm{b})$$

가 되어 45°의 위상차가 생긴다. 양도전성 유전체 내의 평균전력분포를 식 (12.39b)에서와 같이 유도하면

$$\begin{aligned} R_{zav} &= \frac{1}{2}\frac{\delta\sigma}{\sqrt{2}} E_{xo}^2 e^{-\frac{2z}{\delta}} \cos 45° \\ &= \frac{1}{4}\sigma\delta E_{xo}^2 e^{-\frac{2z}{\delta}} \ [\mathrm{W/m^2}] \end{aligned} \quad (12.40\mathrm{c})$$

가 되어, $\delta = z$ [m] 깊이(표피깊이)에서의 전력밀도는 표면($z=0$)값의 $e^{-2} = 13.5\,\%$가 된다.

◆ 예제 12-12

얼음의 주파수에 대한 유전특성은 다음과 같다. 진폭 100 [V/m]의 균일평면파가 얼음을 통과할 때 $z=0.5$ [m]에서 z축의 수직면 10 [m^2]를 통과하는 평균전력을 구하라.

표 12-4 얼음의 주파수와 비유전율

f	1 [MHz]	100 [MHz]	3 [GHz]
ε_r	4.15	3.45	3.20
$\tan\delta$	0.12	0.035	0.0009

풀이 (1) $f = 1$ [MHz]인 경우 $\tan\delta = \dfrac{\sigma}{\omega\varepsilon} = 0.12$ 이므로 식 (12.26c)의 정확값을 채택하여

$$\alpha = \omega\left\{\frac{\varepsilon\mu}{2}\left(\sqrt{1+\frac{\sigma^2}{\omega^2\varepsilon^2}}-1\right)\right\}^{1/2}$$
$$= 2\pi\times10^6\times\frac{6.8\times10^{-9}}{\sqrt{2}}(\sqrt{1+0.12^2}-1)^{1/2}$$
$$= 2.56\times10^{-3}\ [\text{Np/m}]$$

와 식 (12.29)에서

$$\dot{\eta} = \sqrt{\frac{\mu}{\eta}}\frac{1}{\sqrt{1-j\dfrac{\sigma}{\omega\varepsilon}}} = 185.1\times\frac{1}{\sqrt{1-j0.12}}$$
$$= 185.1\times\frac{1}{1.00358\,\underline{/-3.4^\circ}} = 184.4\,\underline{/3.4^\circ}\ [\Omega]$$

가 얻어지므로, 식 (12.39b)에서 평균전력은 다음과 같이 된다.

$$z=0\ :\ P_{zav} = \frac{1}{2}\frac{100^2\times10}{184.4}\cos(-3.4^\circ) = 271.15\ [\text{W}]$$
$$z=5\ [\text{m}]\ :\ P_{zav} = 271.15e^{-2\times2.56\times10^3\times5}\cos(-3.4^\circ)$$
$$= 264.3\ [\text{W}]$$

(2) $f = 100$ [MHz] ; $\tan\delta = \dfrac{\sigma}{\omega\varepsilon} = 0.035$이므로, 식 (12.29)에서 고유임피던스

$$\dot{\eta} = 202.97\frac{1}{\sqrt{1-j0.035}} = 202.91\,\underline{/-1^\circ}\ [\Omega]$$

와 식 (12.26a)에서

$$\dot{\gamma} = j\omega\sqrt{\varepsilon\mu}\sqrt{1-j\frac{\sigma}{\omega\varepsilon}} = j2\pi\times10^8\times\frac{\sqrt{3.45}}{3\times10^8}\sqrt{1-j0.035}$$
$$= 0.068+j3.861\ [\text{m}^{-1}] \qquad \therefore\ \alpha = 0.068\ [\text{Np/m}]$$

가 얻어지므로, 평균전력은 다음과 같이 된다.

$$z=0\ :\qquad P_{zav} = \frac{1}{2}\frac{100^2}{202.91}\times10 = 246.41\ [\text{W}]$$
$$z=5\ [\text{m}]\ :\ P_{zav} = 246.41e^{-2\times0.068\times5}\cos1^\circ$$
$$= 246.41\times0.5065 = 124.81\ [\text{W}]$$

(3) $f = 3$ [GHz] ; $\tan\delta = \dfrac{\sigma}{\omega\varepsilon} = 0.0009$이므로 표 12-3의 근사값으로 계산한다.

고유임피던스

$$\dot{\eta} = \sqrt{\frac{\mu}{\varepsilon}}\left(1 + j\frac{\sigma}{2\omega\varepsilon}\right) = 210.75(1 + j4.5\times10^{-4})\ [\Omega]$$

가 되며, $f = 3$ [GHz]일 때 얼음의 도전율은 식 (12.31b)에서

$$\sigma = \omega\varepsilon\tan\delta = 4.8\times10^{-4}\ [\text{S/m}]$$

가 되므로 감쇠상수는

$$\alpha = \frac{\varepsilon}{2}\sqrt{\frac{\mu}{\varepsilon}} = 0.05058\ [\text{Np/m}]$$

가 된다. 따라서 평균전력은

$$z = 0 : \quad P_{zav} = \frac{1}{2}\frac{100^2}{710.75}\times10 = 237.25\ [\text{W}]$$

$$z = 5\ [\text{m}] : P_{zav} = 237.25\,e^{-2\alpha z}\cos 0° = 237.25\times0.603 = 143.06\ [\text{W}]$$

가 된다. 일반으로 유전특성(ε_r, $\tan\delta$, σ 등)은 표 12-4에서와 같이 측정주파수에 따라 변함을 알 수 있다. 각 경우에 대한 정확값을 계산하여 오차의 %를 구하라.

◆ 예제 12-13

복소 Poynting vector에 대하여 설명하라.

풀이 도전성 유전매질(ε [F/m], μ [H/m], σ [S/m]) 내 전자계 및 전류계가

$$\boldsymbol{E} = \boldsymbol{E}_s e^{j\omega t}\ [\text{V/m}], \quad \boldsymbol{H} = \boldsymbol{H}_s e^{j\omega t}\ [\text{A/m}]$$

$$\boldsymbol{J} = \boldsymbol{J}_s e^{j\omega t}\ [\text{A/m}^2] \tag{12.41a}$$

와 같이 정현파적으로 변할 때, 이들의 공액복소함수(共軛複素函數, complex conjugate)

$$\boldsymbol{E}^* = \boldsymbol{E}_s^* e^{-j\omega t}\ [\text{V/m}], \quad \boldsymbol{H}^* = \boldsymbol{H}_s^* e^{-j\omega t}\ [\text{A/m}]$$

$$\boldsymbol{J}^* = \boldsymbol{J}_s^* e^{-j\omega t}\ [\text{A/m}^2] \tag{12.41b}$$

를 Maxwell의 제1, 2전자방정식에 적용하면

$$\nabla \times \boldsymbol{E}_s = -j\omega\mu \boldsymbol{H}_s \tag{12.42a}$$

$$\nabla \times \boldsymbol{H}_s^* = (\sigma - j\omega\varepsilon)\boldsymbol{E}_s^* \tag{12.42b}$$

가 얻어진다. 벡터공식(부록 Ⅳ-5-8)에 식 (12.42a, b)를 적용하면

$$\nabla \cdot [\boldsymbol{E}_s \times \boldsymbol{H}_s^*] = \boldsymbol{H}_s^* \cdot \nabla \times \boldsymbol{E}_s - \boldsymbol{E}_s \cdot \nabla \times \boldsymbol{H}_s^*$$

$$= -j\omega(\mu|\boldsymbol{H}_s|^2 - \varepsilon|\boldsymbol{E}_s|^2) - \sigma \boldsymbol{E}_s \cdot \boldsymbol{E}_s^* \tag{12.43a}$$

가 얻어지는데, 이 식의 양변을 공간체적 $v\,[\mathrm{m}^3]$에 대하여 적분하고 발산정리를 적용하면

$$-\frac{1}{2}\iiint_v \nabla \cdot [\boldsymbol{E}_s \times \boldsymbol{H}_s^*]\,dv$$

$$= \frac{1}{2}\oiint_S [\boldsymbol{E}_s \times \boldsymbol{H}_s^*] \cdot \boldsymbol{n}\,dS$$

$$= \frac{1}{2}\iiint_v \frac{|\boldsymbol{J}_s|^2}{\varepsilon}\,dv + \frac{j\omega}{2}\iiint_v (\mu|\boldsymbol{H}_s|^2 - \varepsilon|\boldsymbol{E}_s|^2)\,dv \tag{12.43b}$$

가 얻어진다. 식 (12.43b)에서 우변 제1항의 실수부는 공간 v 내에서 Joule 열〔식 (8.39b)〕로 소비되는 유효전력의 시간평균값이 되고, 우변 제2항의 허수부는 전계 및 자계에너지의 시간평균값이 된다. 따라서 좌변은 이 공간으로 유입하는 평균전력이 되므로 식 (12.36)에 대응하는

$$\boldsymbol{R}_s = \frac{1}{2}[\boldsymbol{E}_s \times \boldsymbol{H}_s^*]\ [\mathrm{W/m^2}] \tag{12.44a}$$

를 **복소**(複素, complex) Poynting vector라 하며, 이의 실수부

$$P_{av} = Re(\boldsymbol{R}_s) = \frac{1}{2}Re[\boldsymbol{E}_s \times \boldsymbol{H}_s^*]\ [\mathrm{W/m^2}] \tag{12.44b}$$

는 표면 S에서 유출하는 단위면적당의 평균전력(mean power)벡터가 된다(문제 12-29 참조).

예로서 예제 12-11 (1)의 완전유전공간을 흐르는 평균전력 식 (12.38b)를 복소 Poynting vector로 구하자. 평면파 전계

$$E_x = E_{xo}\cos(\omega t - \beta z)\ [\mathrm{V/m}]$$

에 대한 phasor 벡터를 취하면

$$\boldsymbol{E}_s = E_{xo}e^{-j\beta z}\boldsymbol{a}_x\ [\mathrm{V/m}]$$

가 되며, 자계의 phasor 벡터 및 복소공액벡터는

$$H_s = H_{yo}e^{-j\beta z}\boldsymbol{a}_y \,[\mathrm{A/m}], \qquad H_{yo} = \frac{1}{\eta}E_{xo}\,[\mathrm{A/m}]$$

$$H_s^* = H_{yo}e^{j\beta z}\boldsymbol{a}_y \,[\mathrm{A/m}]$$

가 된다. 따라서 복소 Poynting vector는

$$\boldsymbol{R}_s = \frac{1}{2}[\boldsymbol{E}_s \times \boldsymbol{H}_s^*] = \frac{1}{2}E_{xo}H_{yo}\boldsymbol{a}_z$$

$$= \frac{1}{2}\frac{E_{xo}^2}{\eta}\boldsymbol{a}_z\,[\mathrm{W/m^2}]$$

가 되어 식 (12.38b)의 평균전력이 쉽게 구해진다.

12.7 전자계의 경계조건

시간적으로 변화하는 전자계에서는 Maxwell의 전자방정식

$$\nabla \times \boldsymbol{H} = \boldsymbol{J} + \frac{\partial \boldsymbol{D}}{\partial t}, \qquad \oint_C \boldsymbol{H}\cdot d\boldsymbol{l} = \iint_S \left(\boldsymbol{J} + \frac{\partial \boldsymbol{D}}{\partial t}\right)\cdot \boldsymbol{n}dS \quad (12.45a)$$

$$\nabla \times \boldsymbol{E} = -\frac{\partial \boldsymbol{B}}{\partial t}, \qquad \oint_C \boldsymbol{E}\cdot d\boldsymbol{l} = -\iint_S \frac{\partial \boldsymbol{B}}{\partial t}\cdot \boldsymbol{n}dS \quad (12.45b)$$

및 전속 및 자속밀도 $\boldsymbol{D}$, $\boldsymbol{B}$는 벡터계에 관한 기본식

$$\nabla\cdot\boldsymbol{D} = \rho, \qquad \oiint_S \boldsymbol{D}\cdot\boldsymbol{n}dS = Q \quad (12.45c)$$

$$\nabla\cdot\boldsymbol{B} = 0, \qquad \oiint_S \boldsymbol{B}\cdot\boldsymbol{n}dS = 0 \quad (12.45d)$$

와 매질조건에 관한

$$\boldsymbol{D} = \varepsilon\boldsymbol{E}\,[\mathrm{C/m^2}], \qquad \boldsymbol{B} = \mu\boldsymbol{H}\,[\mathrm{T}], \qquad \boldsymbol{J} = \sigma\boldsymbol{E}\,[\mathrm{A/m^2}] \quad (7.24b)$$

의 관계가 항상 성립하므로, 이들로부터 그림 12-8과 같은 두 매질 I, II (ε_1, ε_2 [F/m], μ_1, μ_2 [H/m], σ_1, σ_2 [S/m])의 경계면에 대한 경계조건을 유도할 수 있다.

(1) 전 계

경계면상에 그림 12-8과 같은 미소한 구형 abdc(ab = cd = Δl, bc =

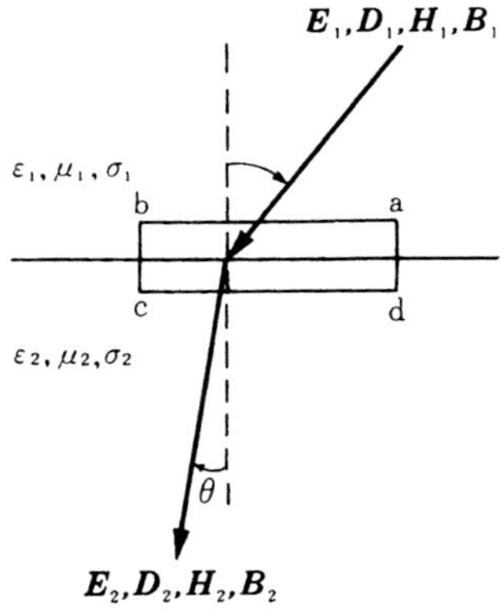

그림 12-8 전자계의 경계조건

da $= \Delta h$ [m]) 경로에 대하여, 식 (12.45b)의 관계를 적용함에 있어 $\Delta h \to 0$으로 취하면 좌변은

$$\oint_C \boldsymbol{E} \cdot d\boldsymbol{l} = E_1 \cdot \overrightarrow{\mathrm{ab}} + \boldsymbol{E}_2 \cdot \overrightarrow{\mathrm{cd}} + (\mathrm{da},\ \mathrm{bc}\text{상의 선적분})_{\Delta h \to 0}$$

$$= (\boldsymbol{E}_1 - \boldsymbol{E}_2) \cdot d\boldsymbol{l} = (E_{1t} - E_{2t})\overline{\mathrm{ab}}$$

가 되며, 우변은

$$\iint_S \frac{\partial \boldsymbol{B}}{\partial t} \cdot \boldsymbol{n} dS = \frac{\partial \boldsymbol{B}}{\partial t} \cdot \boldsymbol{n} \Delta l \Delta h \bigg|_{\Delta h \to 0} = 0$$

가 되므로

$$E_{1t} = E_{2t}\ [\mathrm{V/m}] \tag{12.46a}$$

의 전계에 대한 경계조건이 얻어진다.

(2) 자 계

식 (12.45a)의 우변에서

$$\iint_S \left(\boldsymbol{J} + \frac{\partial \boldsymbol{D}}{\partial t}\right) \cdot \boldsymbol{n} dS = \left(\boldsymbol{J} + \frac{\partial \boldsymbol{D}}{\partial t}\right) \cdot \boldsymbol{n} \Delta l \Delta h \bigg|_{\Delta h \to 0} = 0$$

가 되므로, 전계에서와 같이

$$H_{1t} = H_{2t}\ [\mathrm{A/m}] \tag{12.46b}$$

가 얻어지는데, 만일 경계면에 K [A/m]의 면전류가 흐르면 다음 식이 얻어진다.

$$H_{1t} - H_{2t} = K\,[\mathrm{A/m}] \tag{12.46c}$$

(3) 전속밀도

정전계(5.4절)에서와 같이 식 (12.45c)를 적용함에 있어서 경계면상에 $\rho_s\,[\mathrm{C/m^2}]$의 면전하가 분포된 경우

$$\left.\begin{aligned} D_{1n} - D_{2n} &= \rho_s\,[\mathrm{C/m^2}] \\ \varepsilon_1 E_{1n} = \varepsilon_2 E_{2n} &= \rho_s\,[\mathrm{C/m^2}] \end{aligned}\right\} \tag{12.46d}$$

가 얻어지며 $\rho_s = 0$인 경우 다음과 같은 식이 얻어진다.

$$\left.\begin{aligned} D_{1n} &= D_{2n}\,[\mathrm{C/m^2}] \\ \varepsilon_1 E_{1n} &= \varepsilon_2 E_{2n}\,[\mathrm{C/m^2}] \end{aligned}\right\} \tag{12.46e}$$

(4) 자속밀도

정상자계(10.2절)에서와 같이 식 (12.45d)를 적용하면 다음과 같은 식이 얻어진다.

$$\left.\begin{aligned} B_{1n} &= B_{2s}\,[\mathrm{T}] \\ \mu_1 H_{1n} &= \mu_2 H_{2n}\,[\mathrm{T}] \end{aligned}\right\} \tag{12.46f}$$

(5) 완전도체

완전도체는 도전율 $\sigma = \infty$ 이므로 완전도체 내의 전계는 식 (11.12c), (12.45e)에서

$$\boldsymbol{J} = 0, \qquad \boldsymbol{E} = 0$$

가 되며, 한편 식 (12.45a, e)에서

$$\boldsymbol{H} = 0, \qquad \boldsymbol{E} = 0$$

가 되어, 완전도체 내부에서는 전계, 자계 및 전류계는 존재하지 않는다. 따라서 완전도체를 매질 II로 취하면 식 (12.46a, d, f)에서

$$E_{1t} = 0, \qquad H_{1t} = K\,[\mathrm{A/m}]$$

$$D_{1n} = \rho_s\,[\mathrm{C/m^2}], \qquad E_{1n} = \frac{\rho_s}{\varepsilon_1}\,[\mathrm{V/m}]$$

$$B_{1n} = 0, \qquad H_{1n} = 0$$

가 얻어진다. 따라서 완전도체 표면에서는 전계의 법선성분 E_{1n} [V/m]와 자계의 절선성분 H_{1t} [A/m]만이 존재한다.

◆ **예제 12-14**

$x=0$인 평면을 경계로 $x<0$인 영역 I에는 자유공간, $x>0$인 영역 II에는 유전매질($\varepsilon_r=12.5$, $\mu_r=2$, $\sigma=0$)이 있다. 다음 식에 대한 $\boldsymbol{E}_2$, $\boldsymbol{H}_2$를 구하라.

$$\boldsymbol{E}_1 = (2\,\boldsymbol{i}+3\boldsymbol{j})\cos 4.46\times10^6 t\,[\text{V/m}]$$

$$\boldsymbol{H}_1 = (4\,\boldsymbol{i}+6\,\boldsymbol{k})\cos 4.46\times10^6 t\,[\text{mA/m}]$$

풀이 경계조건 식 (12.46a, e)에서

$$E_{1y} = E_{2y}, \qquad E_{1x} = \frac{\varepsilon_2}{\varepsilon_1}E_{2x}$$

가 얻어지므로

$$E_{2y} = E_{1y} = 3\cos 4.46\times10^6 t\,[\text{V/m}]$$

$$E_{2x} = \frac{\varepsilon_1}{\varepsilon_2}E_{1x} = 0.16\cos 4.46\times10^6 t\,[\text{V/m}]$$

$$\therefore\ \boldsymbol{E}_2 = (0.16\,\boldsymbol{i}+3\boldsymbol{j})\cos 4.46\times10^6 t\,[\text{V/m}]$$

가 되며, 마찬가지로 식 (12.46d, f)에서 다음 식이 얻어진다.

$$\boldsymbol{H}_2 = (2\,\boldsymbol{i}+6\,\boldsymbol{k})\cos 4.46\times10^6 t\,[\text{V/m}]$$

12.8 평면파의 반사 및 투과

균일평면파의 전자계가 매질 I, II (ε_1, ε_2 [F/m], μ_1, μ_2 [H/m], σ_1, σ_2 [S/m])의 경계면에 수직으로 입사하였을 때, **입사파**(incident wave), **투과파**(transmitted wave) 및 **반사파**(reflected wave)를 그림 12-9에서와 같이 phasor로 표시하고, 각 매질의 전파상수 및 고유임피던스를 $\dot{\gamma}_1$,

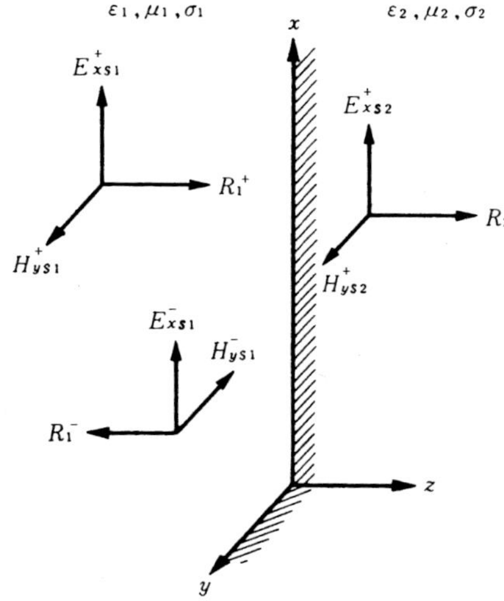

그림 12-9 평면파의 반사 및 투과

$\dot{\gamma}_2\,[\mathrm{m}^{-1}]$ 및 $\dot{\eta}_1$, $\dot{\eta}_2\,[\Omega]$라 하면

입사파($z<0$) :

$$\left.\begin{aligned} \dot{E}^+_{xs1} &= E^+_{x10}\, e^{-\gamma_1 z}\ [\mathrm{V/m}] \\ \dot{H}^+_{ys1} &= \frac{1}{\dot{\eta}_1} E^+_{x10}\, e^{-\dot{\gamma}_1 z}\ [\mathrm{A/m}] \end{aligned}\right\} \tag{12.47a}$$

투과파($z>0$) :

$$\left.\begin{aligned} \dot{E}^+_{xs2} &= E^+_{x20}\, e^{-\dot{\gamma}_2 z}\ [\mathrm{V/m}] \\ \dot{H}^+_{ys2} &= \frac{1}{\dot{\eta}_2} E^+_{x20}\, e^{-\dot{\gamma}_2 z}\ [\mathrm{A/m}] \end{aligned}\right\} \tag{12.47b}$$

반사파 ($z<0$) :

$$\left.\begin{aligned} \dot{E}^-_{xs1} &= E^+_{x10}\, e^{+\dot{\gamma}_1 z}\ [\mathrm{V/m}] \\ \dot{H}^-_{ys1} &= \frac{1}{\dot{\eta}_1} E^+_{x10}\, e^{+\dot{\gamma}_1 z}\ [\mathrm{A/m}] \end{aligned}\right\} \tag{12.47c}$$

와 같이 각각 놓을 수 있다. 경계면($z=0$)에 경계조건

$$E_{1t} = E_{2t}, \qquad H_{1t} = H_{2t}$$

를 적용하면, 그림 12-9와 식 (12.46a, b)에서

$$\left.\begin{aligned}\dot{E}^{+}_{x10}+\dot{E}^{-}_{x10}&=\dot{E}^{+}_{x20}\\ \frac{1}{\dot{\eta}_1}\dot{E}^{+}_{x10}-\frac{1}{\dot{\eta}_1}\dot{E}^{-}_{x10}&=\frac{1}{\dot{\eta}_2}\dot{E}^{+}_{x20}\end{aligned}\right\}$$

가 얻어지므로, 입사전계에 대한 반사전계를 표시하는 **반사계수**(reflection coefficient)

$$\dot{\Gamma}=\frac{\dot{E}^{-}_{x10}}{\dot{E}^{+}_{x10}}=\frac{\dot{\eta}_2-\dot{\eta}_1}{\dot{\eta}_2+\dot{\eta}_1} \tag{12.48a}$$

가 얻어진다. 이 경우 반사계수는 반사물질에 따라 변화하므로〔식 (12.29) 참조〕 인공위성 등에서 포착한 반사전자파로 지표의 자원탐사 및 농작물의 작황 등을 분석할 수 있다.

한편 입사전계에 대한 투과전계를 표시하는 **투과계수**(transmitted coefficient)는

$$\dot{\Gamma}_t=\frac{\dot{E}^{+}_{x20}}{\dot{E}^{+}_{x10}}=\frac{2\dot{\eta}_2}{\dot{\eta}_2+\dot{\eta}_1} \tag{12.48b}$$

가 된다. 일반적으로 도전성 유전체 사이에서는 식 (12.48a, b)에서와 같이 $\dot{\Gamma}$, $\dot{\Gamma}_t$는 복소량이 되므로, 입사파에 대한 반사파 및 투과파의 위상은 동상(同相)이 되지 않는다.

특별한 경우로 $\sigma_1=\sigma_2=0$인 완전유전체 사이에서는 η_1, η_2 [Ω] 및 Γ, Γ_t의 실수부만 남게 되므로

$$\Gamma=\frac{\eta_2-\eta_1}{\eta_2+\eta_1} \tag{12.48c}$$

$$\Gamma_t=\frac{2\eta_2}{\eta_2+\eta_1} \tag{12.48d}$$

가 되어 입사파에 대한 반사 및 투과파는 동상이 된다.

한편 입사전력에 대한 반사 및 투과전력의 관계를 다음과 같이 구할 수 있다. $z=0$에 대한 식 (12.47a, b)와 식 (12.38c), 식 (12.48c, d)에서

$$\text{입사전력}:\ P^{+}_{1av}=\frac{E^{+}_{x10}}{\sqrt{2}}\frac{H^{+}_{y10}}{\sqrt{2}}=\frac{1}{2}\frac{1}{\eta_1}(E^{+}_{x10})^2\ [\mathrm{W/m^2}]$$

$$\text{반사전력 : } P_{1av}^{-} = \frac{1}{2} E_{x10}^{-} \cdot \boldsymbol{H}_{y10}^{-} = \frac{1}{2} \frac{1}{\eta_1} \Gamma^2 (E_{x10}^{+})^2 \ [\text{W/m}^2]$$

가 얻어지므로, 입사전력에 대한 **반사율**(reflection factor) R_r는

$$R_r = \frac{P_{1av}^{-}}{P_{1av}^{+}} = \Gamma^2 = \left(\frac{\eta_2 - \eta_1}{\eta_2 + \eta_1} \right)^2 \tag{12.49a}$$

가 된다. 그리고

$$\text{투과전력 : } P_{2av}^{+} = \frac{1}{2} E_{x20}^{+} \cdot H_{x20}^{+} = \frac{1}{2} \frac{4\eta_2}{(\eta_2 + \eta_1)^2} (E_{x10}^{+})^2 \ [\text{W/m}^2]$$

이므로, 입사전력의 **투과율**(transmission factor) R_t는 다음과 같이 된다.

$$R_t = \frac{P_{2av}^{+}}{P_{1av}^{+}} = \frac{4\eta_1\eta_2}{(\eta_2 + \eta_1)^2} \tag{12.49b}$$

특별한 경우로 $\eta_1 = \eta_2\ [\Omega]$이면

$$\Gamma = 0, \ \ \Gamma_t = 1, \qquad \text{즉} \qquad E_{1x0}^{-} = 0, \ \ E_{1x0}^{+} = E_{2x0}^{+}$$

가 되어 입사파는 전부 투과한다.

이에 대하여 매질 II가 완전도체($\sigma_2 = \infty$)이면

$$\dot{\eta}_2 = \sqrt{\frac{j\omega\mu_2}{\sigma_2 + j\omega\varepsilon_2}} \Bigg|_{\sigma_2 = \infty} = 0$$

가 되므로 $\Gamma_t = 0$, $\Gamma = -1$이 되어 입사파는 전부 반사한다.

◆ 예제 12-15

진폭 100 [V/m]의 균일평면파가 공기 중에서 유리($\varepsilon_r = 5$, $\mu_r = 1$, $\sigma = 0$)로 수직입사할 경우 반사 및 투과에 대한 각 양을 구하라.

풀이 공기 및 유리의 고유임피던스는 각각 $\eta_1 = 377\ [\Omega]$, $\eta_2 = 377\sqrt{\frac{1}{5}} = 167.85\ [\Omega]$이므로 반사계수 및 투과계수는

$$\Gamma = \frac{\eta_2 - \eta_1}{\eta_2 + \eta_1} = -0.384 \ (38.4\ \%)$$

$$\Gamma_t = \frac{2\eta_2}{\eta_2 + \eta_1} = 0.616\ (61.6\ \%)$$

가 된다. 따라서 경계면에 대한

$$\text{입사파}:\ E_{x10}^{+} = 100\ [\text{V/m}],\ H_{y10}^{+} = E_{x10}^{+}/\eta_1 = 0.265\ [\text{A/m}]$$

$$\text{반사파}:\ E_{x10}^{-} = \Gamma E_{x10}^{+} = 38.4\ [\text{V/m}],\ H_{y10}^{-} = 0.102\ [\text{A/m}]$$

$$\text{투과파}:\ E_{x20}^{+} = \Gamma_t E_{x10}^{+} = 61.6\ [\text{V/m}],\ H_{y20}^{+} = 0.367\ [\text{A/m}]$$

가 되며, 한편 반사율과 투과율은

$$R_r = \Gamma^2 = 0.147\ (14.7\ \%),\qquad R_t = 0.853\ (85.3\ \%)$$

가 되므로

$$\text{입자전력}:\ P_{1av}^{+} = \frac{1}{2} E_{x10}^{+} H_{y10}^{+} = 13.25\ [\text{W/m}^2]$$

$$\text{반사전력}:\ P_{1av}^{-} = \Gamma^2 P_{1av}^{+} = 1.95\ [\text{W/m}^2]$$

$$\text{투과전력}:\ P_{2av}^{+} = 11.3\ [\text{W/m}^2]$$

가 된다. 이상의 결과에서 볼 때

$$E_{x10}^{+} = E_{x10}^{-} + E_{x20}^{+}$$

$$P_{1av}^{-} = P_{1av}^{-} + P_{2av}^{+}$$

가 만족되므로 완전유전체 사이에서는 전자파에 대한 에너지보존성이 성립함을 알 수 있다.

◆ 예제 12-16

균일평면파가 두 매질(ε_1, ε_2 [F/m], μ_1, μ_2 [H/m], σ_1, $\sigma_2 = 0$)의 경계면에 임의 각으로 입사할 때 반사 및 굴절의 관계를 구하라.

풀이 경계면을 그림 12-10에서와 같이 yz 면으로 취하고 입사파, 반사파, 투과파의 각 phasor량을 E_{si}, E_{sr}, E_{st} [V/m], 입사, 반사 및 굴절각을 각각 θ_i, θ_r, θ_t라 하자. 점 $P(x,\ 0,\ -z)$에서의 입사파는 식 (12.15b)에서 입사파 진행을 $\text{PO} = s$ 방향으로 취하면

$$E_{si} = E_{si0}\, e^{-j\beta_1 s} = E_{si0}\, e^{-j\beta_1 (x \cos\theta_i + z \sin\theta_i)}\ [\text{V/m}] \qquad (12.50\text{a})$$

와 같이 놓을 수 있다. 마찬가지로

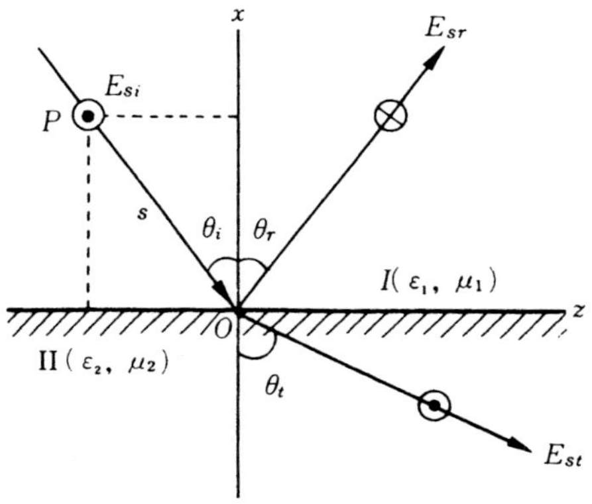

그림 12-10 Snell의 법칙

$$E_{sr} = E_{sr_0} e^{-j\beta_1(x\cos\theta_r + z\sin\theta_r)} \text{ [V/m]} \tag{12.50b}$$

$$E_{st} = E_{st_0} e^{-j\beta_2(x\cos\theta_t + z\sin\theta_t)} \text{ [V/m]} \tag{12.50c}$$

가 얻어지는데, 여기서 x, z는 각 파의 임의 점의 위치이며

$$\beta_1 = \frac{\omega}{u_1}, \qquad \beta_2 = \frac{\omega}{u_2} \text{ [rad/m]} \tag{12.50d}$$

는 각 매질에 대한 위상상수이다.

$x=0$인 면에서 식 (12.46a)의 경계조건을 y, z 성분에 대하여 적용하면

$$\left.\begin{aligned} E_{siy} e^{-j\beta_1 z\sin\theta_i} + E_{sry} e^{-j\beta_1 z\sin\theta_r} &= E_{sty} e^{-j\beta_2 z\sin\theta_t} \\ E_{siz} e^{-j\beta_1 z\sin\theta_i} + E_{srz} e^{-j\beta_2 z\sin\theta_r} &= E_{stz} e^{-j\beta_2 z\sin\theta_t} \end{aligned}\right\} \tag{12.51a}$$

가 얻어지는데, 이 관계는 z의 모든 값에 대해 성립할 것이므로 다음 식이 만족되어야 한다.

$$\beta_1\sin\theta_i = \beta_1\sin\theta_r = \beta_2\sin\theta_t \tag{12.51b}$$

따라서 매질이 비자성인 경우

$$\left.\begin{aligned} &\theta_i = \theta_r \\ &\frac{\sin\theta_i}{\sin\theta_t} = \frac{\beta_2}{\beta_1} = \frac{u_1}{u_2} = \sqrt{\frac{\varepsilon_2}{\varepsilon_1}} = n_{21} \end{aligned}\right\} \tag{12.52a}$$

가 되어, 광의 반사 및 굴절법칙과 같은 결과인 굴절에 관한 **Snell의 법칙**(Snell's law)이 얻어진다. 여기서 n_{21}는 매질 I 의 II에 대한 **상대굴절률**(relative refraction index)이다.

예로 매질(ε, μ_0)의 자유공간에 대한 굴절률(또는 절대굴절률)은 식 (12.52a)에서

$$n = \frac{c}{u} = \sqrt{\varepsilon_r}, \quad n^2 = \varepsilon_r \tag{12.52b}$$

가 되어, 광에 대한 표 12-5의 실측값과 비교할 때 광이 전자파에 속함을 알 수 있다. 여기서 수정과 물에 대한 차이는 쌍극자이론으로 해명된다.

한편 식 (12.52a)에서 ε_1(유전체) > ε_2(공기)일 때 $\theta_t > \theta_i$이므로, $\theta_t \geq \frac{\pi}{2}$인 경우 전반사가 되어, 유전매질에서 자유공간으로의 전파의 투과가 발생하지 못한다. 이러한 조건이 만족되는 한계의 입사각

$$\theta_{ic} = \sin^{-1}\sqrt{\frac{\varepsilon_2}{\varepsilon_1}}\Bigg|_{\varepsilon_2=\varepsilon_0} = \sin^{-1}\sqrt{\frac{1}{\varepsilon_r}} \tag{12.52c}$$

을 **임계각**(臨界角, critical angle)이라 한다. 즉, 유리($\varepsilon_r = 5$)인 경우 $\theta_{ic} = 26.6°$로 이 원리가 광섬유통신에 이용되며, 지구 주위의 각종 이온층에 대한 전자파의 반사 및 외계와의 통신에도 이 원리가 응용된다.

표 12-5 비유도율과 광굴절률

물 질	ε_r	n^2
파 라 틴	2.20	2.02
석 유	2.07	2.07
CS_2	2.69	2.68
수 정	4.6	2.39
물	80	1.80

◆ 예제 12-17

균일평면파가 유전매질에서 완전도체로 수직입사할 경우 유전매질에서의 합성전파를 구하라.

풀이 유전매질(ε_1 [F/m], μ_1 [H/m], $\sigma_1 = 0$)에서 완전도체로 진행($+z$ 방향)하는 전진파의 전계를

$$E_{x1}^{+} = E_{x10}^{+} \cos(\omega t - \beta_1 z) \text{ [V/m]}$$

라 하면, 완전도체 표면에서 반사하는 후진파의 전계는

$$E_{x1}^{-} = E_{x10}^{-} \cos(\omega t + \beta_1 z) \text{ [V/m]}$$

가 된다. 여기서 β_1은 유전매질의 위상상수로

$$\beta_1 = \frac{2\pi}{\lambda_1} \text{ [rad/m]}$$

이며 λ_1 [m]는 파장이다. 그런데 완전도체에 대한 반사계수는

$$\Gamma = -1, \quad \therefore E_{x0}^- = -E_{x0}^+$$

가 되어, 유전매질 중에서의 합성전계는

$$E_{x1} = E_{x1}^+ + E_{x1}^- = E_{x10}^+\{\cos(\omega t - \beta_1 z) - \cos(\omega t + \beta_1 z)\}$$
$$= 2E_{x10}^+ \sin\beta_1 z \sin\omega t \text{ [V/m]} \qquad (12.53a)$$

가 된다. 따라서 E_{x1}의 진폭은

$$\sin\beta_1 z = 0, \quad \text{즉} \quad \beta_1 z = n\pi(n = 0, 1, 2, \cdots)$$

의 조건을 만족하는

$$z = n\frac{\lambda_1}{2} \text{ [m] } (n = 0, 1, 2, \cdots)$$

의 모든 위치인 **절**(節, node)에서 항상 0이 된다. 그리고

$$\sin\beta_1 z = 1, \quad \text{즉} \quad \beta_1 z = m\frac{\pi}{2}(m = 1, 3, 5, \cdots)$$

의 조건을 만족하는

$$z = m\frac{\lambda_1}{2} \text{ [m] } (m = 1, 3, 5, \cdots)$$

의 모든 위치인 **복**(腹, loop)에서 E_{x1}은 최대값을 갖는다. 그림 12-11은 식 (12.53a)의 각 위치와 시각에 대한 절과 복의 변화를 표시한 것으로, 특히 $z = \frac{\lambda}{4}$ [m]인 복점의 시간적 변화를 숫자로 표시하면 1 ; $t = 0$, 2 ; $\frac{1}{8}T$, 3 ; $\frac{2}{8}t$, 4 ; $\frac{3}{8}T$, 5 ; $\frac{4}{8}T$, 6 ; $\frac{5}{8}T$, 7 ; $\frac{6}{8}T$, 8 ; $\frac{7}{8}T$, 1 ; $\frac{8}{8}T$ [s]의 순으로 복의 위치가 상하 진동함을 알 수 있다. 이와 같이 절과 복이 고정된 위치에서 진동하는 파를 정상파 또는 정재파(定在波, standing wave)라 한다.

정재파의 자파는 식 (12.19b)를 적용하여

$$H_{y1}^+ = \frac{1}{\eta_1} E_{x10}^+ \cos(\omega t - \beta_1 z) \text{ [A/m]}$$

$$H_{y1}^- = -\frac{1}{\eta_1} E_{x10}^- \cos(\omega t + \beta_1 z) \text{ [A/m]}$$

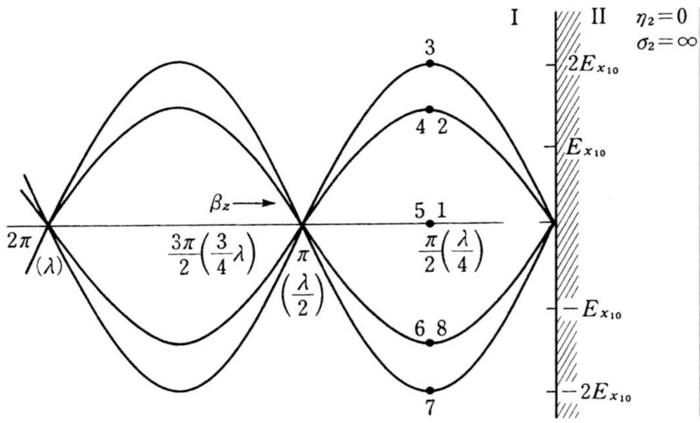

그림 12-11 정재파 전계

가 되므로, 합성자계는

$$H_{y1} = \frac{1}{\eta_1} E_{x10}^{+} \{\cos(\omega t - \beta_1 z) + \cos(\omega t + \beta_1 z)\}$$

$$= \frac{1}{\eta_1} E_{x10}^{+} \cos\beta_1 z \cos\omega t \,[\mathrm{A/m}] \tag{12.53b}$$

가 된다. 따라서 정재파 자계의 절과 복의 위치는 전계보다 $\frac{\pi}{2}$ [rad] 또는 $\frac{\lambda}{4}$ [m] 만큼 위상이 다르며 정재파의 평균전력은 0이 된다.

◆ 예제 12-18

균일평면파가 유전매질 I, II(η_1, η_2 [Ω])의 경계면에 수직으로 입사($+z$ 방향)할 경우의 정재파를 구하라.

풀이 매질 I에서 매질 II로 입사하는 전진파 전계를

$$E_{x1}^{+} = E_{x10}^{+} \cos(\omega t - \beta_1 z) \,[\mathrm{V/m}]$$

라 하면, 반사하는 후진파 전계는

$$E_{x1}^{-} = E_{x10}^{-} \cos(\omega t + \beta_1 z) \,[\mathrm{V/m}]$$

가 되므로 합성전계는

$$E_{x1} = E_{x1}^{+} + E_{x1}^{-}$$

$$= (E_{x10}^{+} + E_{x10}^{-}) \cos\beta_1 z \cos\omega t$$

$$+ (E_{x10}^{+} - E_{x10}^{-}) \sin\beta_1 z \sin\omega t \,[\mathrm{V/m}] \tag{12.54a}$$

와 같이 정리할 수 있는데, 이 식은 식 (12.53a)와 유사하므로 정재파 전계라 할 수 있다.

각 매질의 고유임피던스를 $\eta_1 = 300\,[\Omega]$, $\eta_2 = 100\,[\Omega]$로 놓으면 반사계수는 $\Gamma = -0.5$가 되므로 식 (12.54a)는

$$E_{x1} = \frac{1}{2} E_{x10}^{+}(\cos\beta_1 z \cos\omega t + 3\sin\beta_1 z \sin\omega t)\ [\mathrm{V/m}] \quad (12.54\mathrm{b})$$

와 같이 정리된다. 그림 12-12는 식 (12.54b)의 각 시각$\left(t=0,\ \frac{1}{8}T,\ \frac{2}{8}T,\ \frac{3}{8}[\mathrm{s}]\ 등\right)$에 따른 위치 z의 변화에 대한 곡선 ① ② ③ ④ 등에서 얻은 정재파곡선군으로, 가장 바깥쪽의 정재파곡선(envelope)은 완전도체에 대한 정재파(그림 12-11)와 차이가 있음을 알 수 있다. 그림 12-12의 외측 정재파곡선에 식 (12.48a)를 적용하면

$$복:\ E_{x1\max} = E_{x10}^{+} + E_{x10}^{-} = (1+|\Gamma|)E_{x10}^{+}\ [\mathrm{V/m}]$$

$$절:\ E_{x1\min} = E_{x10}^{+} - E_{x10}^{-} = (1-|\Gamma|)E_{x10}^{+}\ [\mathrm{V/m}]$$

가 얻어지는데 여기서 $|\Gamma|$는 반사계수의 절대값이다. 일반으로 정재파에서 전계(및 자계)의 최대값과 최소값의 비를 **정재파비**(standing wave ratio, SWR) 또는 **전압정재파비**(voltage standing wave ratio, VSWR)라 하며

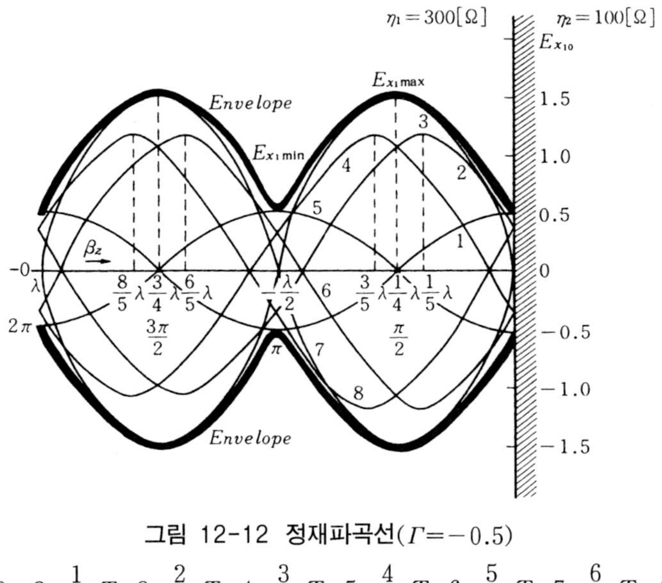

그림 12-12 정재파곡선($\Gamma = -0.5$)

$\left(1: t=0,\ 2: \frac{1}{8}T,\ 3: \frac{2}{8}T,\ 4: \frac{3}{8}T,\ 5: \frac{4}{8}T,\ 6: \frac{5}{8}T,\ 7: \frac{6}{8}T,\ 8: \frac{7}{8}T\right)$

$$S = \frac{E_{x1\max}}{E_{x1\min}} = \frac{1+|\Gamma|}{1-|\Gamma|} \tag{12.55a}$$

와 같이 표시하고, 그림 12-12의 경우 $S=3$이다. 한편 S가 주어졌을 때 반사계수는 다음과 같이 된다.

$$|\Gamma| = \frac{S-1}{S+1} \tag{12.55b}$$

매질이 도전성 유전체로 각각의 고유임피던스가 $\dot{\eta}_1 = R_1 + jX_1\,[\Omega]$, $\dot{\eta}_2 = R_2 + jX_2\,[\Omega]$일 경우 반사계수는 식 (12.48a)에서와 같이

$$\dot{\Gamma} = \frac{\dot{\eta}_2 - \dot{\eta}_1}{\dot{\eta}_2 + \dot{\eta}_1} = \Gamma_{Re} + j\Gamma_{Im} = |\Gamma|\,e^{j\phi} \tag{12.55c}$$

가 되어 위상각(位相角)이 발생한다. 일반적으로 반사계수는 항상 $|\Gamma| \le 1$이므로 S는 정(正)의 값을 갖는다. 특별한 경우로 $|\Gamma| = 1$로 완전반사인 경우(그림 12-11인 경우) S는 무한대가 되며, 정재파의 최대값은 입사전계의 2배가 된다.

한편 $\eta_1 = \eta_2$인 경우에는 $\Gamma = 0$, $S=1$이 되어 반사파는 없으며 최대값은 최소값과 같아진다. 그리고 입사파전력의 반이 반사되는 경우에는 식 (12.49a)에서 $|\Gamma|^2 = 0.5$, 즉 $|\Gamma| = 0.707$이 되므로 $S = 5.83$이 된다.

연 습 문 제

12-1 페라이트($\varepsilon_r=5$, $\sigma=1$ [S/m], $\mu_r=1$) 내 한 점의 전계 $E_x=200\sin\omega t$ [V/m]일 때 다음을 구하라.

(1) $\boldsymbol{J}_\sigma$　　(2) $\boldsymbol{J}_d$　　(3) 임계주파수

답 (1) $200\sin\omega t\boldsymbol{i}$ [A/m], (2) $8.854\times10^{-9}\omega\cos\omega t\boldsymbol{i}$ [A/m^2], (3) 3.6 [GHz]

12-2 동축원통도체(내외반지름 a, $b(>a)$: 길이 l [m]) 사이에 유전체(ε [F/m], $\sigma=0$)을 채우고 원통 사이에 $V_m\sin\omega t$의 교류전압을 가했을 때 변위전류를 구하라.

답 $\dfrac{2\pi\varepsilon_l V_m\omega}{\ln\dfrac{b}{a}}\cos\omega t=\omega CV_m\cos\omega t$ [A]

12-3 자계 $H_y=H_0\sin(\omega t-\beta z)$ [A/m]에 대한 변위전류밀도를 구하라.

답 $\beta H_0\cos(\omega t-\beta z)\boldsymbol{i}$ [A/m^2]

12-4 TiO_2($\varepsilon_r=100$, $\sigma=10^{-12}$ [S/m])를 삽입한 평행판 커패시터($S=100$ [cm^2], $d=0.05$ [mm]에 $e=100\sin\omega t$ [V]의 교류전압을 가했을 때 주파수 1 [kHz]와 100 [MHz]에 대한 변위전류와 전도전류의 비를 구하라.

답 5.6×10^6, 5.6×10^{11}

12-5 점전하 Q [C]이 $+x$ 방향으로 u [m/s]의 속도로 이동할 때 점 P(x, y)에서 발생하는 변위전류밀도를 구하라.

답 $\dfrac{Qu(x-ut)}{2\pi\{(x-ut)^2+y^2\}^2}$ [A/m^2]

12-6 등질성 매질($\varepsilon_r=\mu_r=4$, $\sigma=0$)에서 $\boldsymbol{E}=120\pi\cos(10^6\pi t-\beta z)\boldsymbol{i}$[V/m], $\boldsymbol{H}=A\cos(10^6\pi t-\beta z)\boldsymbol{j}$ [A/m]가 Maxwell 전자방정식을 만족시키기 위한 A, β를 구하라.

답 $A=1$ [A/m], $\beta=0.0419$ [rad/m]

12-7 유전체 ($\varepsilon_r=2.25$, $\mu_r=1$, $\sigma=0$)가 채워진 동축원통 ($r=1$, 4 [mm]) 사이의 전계가

$$\boldsymbol{E}=\frac{100}{r}\cos(10^8t-\beta z)\boldsymbol{a}_r\ [\text{V/m}]$$

일 때 다음을 구하라.

(1) β　　(2) $\boldsymbol{H}$　　(3) $r=1$ [mm] 도체의 표면전하밀도

(4) 변위전류($0 \leq z \leq 1$ [m])

답 (1) 0.5 [rad/m], (2) $\boldsymbol{H} = \dfrac{0.398}{r}\cos(10^8 t - 0.5z)\boldsymbol{a}_\phi$ [A/m]

(3) $\rho_s = 2\cos(10^8 t - 0.5z)$ [μC/m^2], (4) $I_d = 22.5\cos(10^8 t - 0.5z)$ [A]

12-8 200 [MHz]인 KBS-TV 전파의 공기 및 물($\varepsilon_r = 80$, $\mu_r = 1$, $\sigma = 0$) 속에서의 다음 각 양을 비교하라.

(1) 전파속도 (2) 파장 (3) 위상상수 (4) 고유임피던스

답 (1) 3×10^8, 0.335×10^8 [m^2/s], (2) 1.5, 0.17 [m]

(3) 4.2, 37.4 [rad/m], (4) 377, 42.2 [Ω]

12-9 다음 매질 중을 k 방향으로 전파하는 균일평면파 (200 [MHz])가 점 (0, 0.1) [m]에서 $t = 0$일 때 $E_{x\max} = 150$ [mV/m]인 경우 전파 $\boldsymbol{E}$의 식을 구하라.

(1) 공기 (2) 폴리스틸렌($\varepsilon_r = 2.53$)

답 $\boldsymbol{E} = 0.15\cos\{4\pi\times10^8 t - 6.66(z-1)\}\boldsymbol{i}$ [V/m]

12-10 $\boldsymbol{H}_s = 2e^{j0.1z}\boldsymbol{J}$ [A]인 균일평면파의 매질 (ε, $\mu_r = 1.8$) 내에서의 전파 속도 2×10^8 [m/s]일 때 다음을 구하라.

(1) 주파수 (2) 파장 (3) ε_r (4) $\boldsymbol{E}$ [V/m]

답 (1) 3.2 [MHz], (2) 62.8 [m], (3) 1.25, (4) $-904.8\,e^{j0.1z}\boldsymbol{i}$ [V/m]

12-11 도전성 유전체 (ε [F/m], μ [H/m], σ [S/m])의 ω [rad/s]에 대한 전파상수 식 (12.25a) 및 고유임피던스 식 (12.29)에서 $\dot{\gamma} = \alpha + j\beta$ [m^{-1}] 및 $\dot{\eta} = R + jX$ [Ω]에 대한 실수부와 허수부를 구하라.

답 $R = \dfrac{\beta}{\sqrt{\sigma^2 + \omega^2\varepsilon^2}}$ [Ω], $X = \dfrac{\alpha}{\sqrt{\sigma^2 + \omega^2\varepsilon^2}}$ [Ω]

12-12 문제 12-8의 해수 ($\varepsilon_r = 80$, $\mu_r = 1$, $\sigma = 10$ [S/m])에 대한 각 양을 구하여 비교하라.

답 $\dot{\gamma} = 85 + j92.9$ [m^{-1}], $u = 0.135\times10^8$ [m/s]

$\lambda = 6.75$ [cm], $\dot{\eta} = 12.56\angle 42.4°$ [Ω]

12-13 도전성 매질에 대한 임계주파수 f_c [Hz]와 임의 주파수 f [Hz] 사이에 $\dfrac{f_c}{f} = \tan\delta$의 관계가 성립함을 유도하라.

12-14 해수($\varepsilon_r = 80$, $\sigma = 4$ [S/m], $\mu_r = 1$)는 몇 [Hz]까지 도체로 취급되는가?

답 899 [MHz]

12-15 식 (12.24)와 (12.33a)가 동일함을 증명하라.

12-16 다음 매질을 진행하는 평면파 전계가 36.8 %로 감쇠하는 거리의 정확값 및 근사값을 구하라.

(1) 해수 ($\varepsilon_r=80$, $\mu_r=1$, $\sigma=4$ [S/m]), 1 [GHz]

(2) 동 ($\sigma=5.8\times10^7$ [S/m]), 1 [GHz], 60 [Hz]

(3) 규소강 ($\sigma=2\times10^6$ [S/m], $\mu_r=3000$), 1 [kHz], 60 [Hz]

(4) 자기 ($\varepsilon_r=6$, $\sigma=10^{-10}$ [S/m], $\mu_r=1$), 1 [kHz]

답 (1) 4 [μm], (2) 2 [μm], 8.53 [mm], (3) 0.2, 29 [mm]

12-17 태양에서 지구표면의 수직평면에 2.2 [cal/ min]의 에너지가 도달한다. 지상의 태양방사를 평면전자파라 할 때 전계 E [V/m]를 구하라.

답 7.6×10^2 [V/m], 2 [A/m]

12-18 저항 R [Ω]의 원주도체(반지름 a, 길이 l [m])에 전류 I [A]가 흐를 때의 소비전력을 Poynting 벡터를 이용하여 구하라.

답 I^2R [W]

12-19 영역 I ($\varepsilon_r=2$, $\mu_r=3$, $\sigma=0$)과 영역 II ($\varepsilon_r=4$, $\mu_r=1.5$, $\sigma=0$)의 경계면에서 영역 II로 향하는 법선방향벡터 $\boldsymbol{R}_{12}=+6\,\boldsymbol{i}+2\boldsymbol{j}-3\boldsymbol{k}$이다. $\boldsymbol{H}_1=(6\,\boldsymbol{i}+3\boldsymbol{j}-4\,\boldsymbol{k})\cos 10^6\pi t$ [A/m]일 때 $\boldsymbol{B}_2$ [T]을 구하라.

답 $\mu_0(18.918\,\boldsymbol{i}+7.803\boldsymbol{j}-10.955\boldsymbol{k})\cos 10^6\pi t$ [T]

12-20 완전도체 ($x>0$인 영역)와 yz 평면에서 접해 있는 매질 ($x<0$인 영역 $\varepsilon_r=12.5$, $\mu_r=2$, $\sigma=0$) 중의 전계 및 자계가 $\boldsymbol{E}=2\cos 500t\cdot\boldsymbol{i}$ [V/m], $\boldsymbol{H}=(4\,\boldsymbol{i}+6\boldsymbol{k})\cos 500t$ [mA/m]일 때 도체표면의 ρ_s [C/m^2] 및 K [A/m]을 구하라.

답 $0.221\cos 500t$ [C/m^2], $6\cos 500t$ [mA/m]

12-21 균일평면파 전계 10 [V/m]가 유전체 I ($\eta_1=300$ [Ω])에서 유전체 II ($\eta_2=100$ [Ω])로 수직입사할 때 다음을 구하라.

(1) 반사파 (2) 투과파 (3) 입반전력 (4) 반사전력
(5) 투과전력

답 (1) −50 [V/m], 0.167 [A/m], (2) 50 [V/m], 0.5 [A/m]
(3) 16.67 [W/m^2], (4) 4.17 [W/m^2], (5) 12.5 [W/m^2]

12-22 주파수 2.5 [GHz]의 균일평면파가 매질 I ($\varepsilon_r=8$, $\mu_r=2$, $\sigma_1=0$)에서 매질 II ($\varepsilon_r=2$, $\mu_r=2$, $\sigma_2=0$)로 수직입사할 때 다음을 구하라.

(1) Γ　　(2) S　　(3) β_1, β_2 [rad/m]

답 (1) 1/3, (2) 2, (3) 209.4, 104.7 [rad/m]

12-23 평면파(400 [MHz])가 공기에서 철판($\mu_r = 1000$, 10^7 [S/m]) 표면에 수직으로 입사할 때 다음을 구하라.

(1) 반사계수　(2) 투과계수　(3) 정재파비　(4) 반사율
(5) 투과율

12-24 그림 12-12의 정재파 envelope 식 (12.15b)에서

$$E_{x1} = \frac{|E_{x10}^{+}|}{2}\sqrt{1+8\sin^2\beta z}\cos(\omega t+\phi)\ [\text{V/m}]$$

$$\phi = \tan^{-1}(3\tan\beta z)$$

을 유도하라.

12-25 진폭 10 [mV/m]의 균일평면파 전계가 경계면에 수직입사할 때 반사파 진폭이 다음과 같을 경우 정재파의 SWR을 구하라.

(1) 2 [mV/m]　(2) 5 [mV/m]　(3) 8 [mV/m]
(4) 완전정재파의 조건

답 (1) 1.5, (2) 3.0, (3) 3.6, (4) ∞

12-26 균일평면파가 완전도체 표면으로 경사입사할 때의 반사파를 구하라.

답 $\boldsymbol{E} = -2jE_{s0}\boldsymbol{a}_y\sin(\beta n_x x)e^{-j\beta n_z z}$ [V/m]

12-27 광이 공기 중에서 굴절률 4/3의 수중으로 입사할 때 반사율과 투과율을 구하라.

답 2 %, 98 %

12-28 도체 내의 전자파에 의한 전전력손이 표피깊이 내의 전력손과 같음을 유도하라.

12-29 복소 Poynting vector $\boldsymbol{R}_s = \frac{1}{2}[\boldsymbol{E}_s \times \boldsymbol{H}_s^x]$ [W/m^2]의 실수부가 평균전력벡터가 됨을 증명하라.

Chapter 13

전자파의 전파

13.1 퍼텐셜함수의 전파

위치함수만으로 정해지는 정전계 및 정상자계의 제현상을 표 13-1과 같이 정리할 수 있다.

표 13-1 정전자계의 제법칙

정 전 계 (xyz)		정상자계 $(x, y, z, t=\text{const.})$	
$\nabla \cdot \boldsymbol{D}=\rho$	(1)	$\nabla \cdot \boldsymbol{J}=0$	(1)′
$\boldsymbol{D}=\varepsilon \boldsymbol{E}$	(2)	$\nabla \times \boldsymbol{H}=\boldsymbol{J}$	(2)′
$\nabla \times \boldsymbol{E}=0$	(3)	$\boldsymbol{B}=\mu \boldsymbol{H}$	(3)′
$\boldsymbol{E}=-\nabla V$	(4)	$\nabla \cdot \boldsymbol{B}=0$	(4)′
$\nabla^2 V=\dfrac{\rho}{\varepsilon}$	(5)	$\boldsymbol{B}=\nabla \times \boldsymbol{A},\ \nabla \cdot \boldsymbol{A}=0$	(5)′
		$\nabla^2 \boldsymbol{A}=-\mu_0 \boldsymbol{J}$	(6)′
$V=\dfrac{1}{4\pi\varepsilon}\iiint_v \dfrac{\rho dv}{R}$ [V]	(6)	$A=\dfrac{\mu}{4\pi}\iiint_v \dfrac{Jdv}{R}$ [Wb/m]	(7)′

(1) 퍼텐셜함수의 파동방정식

전계 및 자계가 위치 및 시간에 대한 시변함수$(xyzt)$일 경우, 이들 사이에는 Maxwell의 전자방정식

$$\nabla \times \boldsymbol{H}=\boldsymbol{J}+\frac{\partial \boldsymbol{D}}{\partial t} \tag{13.1a}$$

$$\nabla \times \boldsymbol{E} = -\frac{\partial \boldsymbol{B}}{\partial t} \tag{13.1b}$$

가 성립하며, 한편 식 (11.45)의

$$\boldsymbol{E} = -\nabla V - \frac{\partial \boldsymbol{A}}{\partial t} \tag{13.2a}$$

와 식 (8.25) $\nabla \cdot \boldsymbol{J} = -\dfrac{\partial \rho}{\partial t}$에 대응하는 **Lorentz 조건**(Lorentz condition)

$$\nabla \cdot \boldsymbol{A} = -\varepsilon\mu \frac{\partial V}{\partial t} \tag{13.2b}$$

의 관계가 성립함을 알 수 있다(예제 13-1 참조). 따라서 식 (13.2a, b)의 조건을 식 (13.1a, b)의 Maxwell 전자방정식에 적용한 후 정리하면

$$\nabla^2 \boldsymbol{A} = -\mu \boldsymbol{J} + \varepsilon\mu \frac{\partial^2 \boldsymbol{A}}{\partial t^2} \tag{13.3a}$$

$$\nabla^2 V = -\frac{\rho}{\varepsilon} + \varepsilon\mu \frac{\partial^2 V}{\partial t^2} \tag{13.3b}$$

와 같은 **퍼텐셜함수**(또는 전자퍼텐셜)**에 관한 파동방정식**(wave equation for the potential functions)이 얻어진다. 이 식에서 $V_{(t)}=$const., $\boldsymbol{A}_{(t)}=$const.의 정전자계(또는 준정상계)에서는 표 13-1의 식 (5, 6′)와 같은 Poisson 방정식이 얻어지므로 식 (13.3)은 퍼텐셜함수에 대한 Poisson 방정식이라 할 수 있다.

◆ 예제 13-1

Lorentz 조건을 유도하라.

풀이 폐곡선 S_1 내의 원천점 $P_1(x_1, y_1, z_1)$의 전하 ρ_1 [C/m^3] 및 정상전류분포 $\boldsymbol{J}_1$ [A/m^2]에 의한 고찰점 $P_2(x_2, y_2, z_2)$의 전위 및 벡터 퍼텐셜은 식 (3.8)과 (9.58)에서

$$V_2 = \frac{1}{4\pi\varepsilon} \iiint_{v_1} \frac{\rho_1 dv_1}{R} \ \text{[V]} \tag{13.4a}$$

$$\boldsymbol{A}_2 = \frac{\mu}{4\pi} \iiint_{v_1} \frac{\boldsymbol{J}_1 dv_1}{R} \ \text{[Wb/m]} \tag{13.4b}$$

가 되며(그림 9-24 참조), ρ_1과 $\boldsymbol{J}_1$ 사이에는 전하의 연속성 식 (8.25)

$$\nabla_1 \cdot \boldsymbol{J}_1 = -\frac{\partial \rho_1}{\partial t} \tag{13.4c}$$

의 관계가 성립한다.

식 (13.4b)의 양변에 고찰점 P_2에 대한 발산(div)을 취한

$$\nabla_2 \cdot \boldsymbol{A}_2 = \frac{\mu}{4\pi} \iiint_{v_1} \nabla_2 \cdot \left(\frac{\boldsymbol{J}_1}{R} \right) dv_1$$

$$R = \{ (x_1 - x_2)^2 + (y_1 - y_2)^2 + (z_1 - z_2)^2 \}^{1/2}$$

에서 벡터공식(부록 Ⅳ-5-6)

$$\nabla_2 \cdot \left(\frac{\boldsymbol{J}_1}{R} \right) = \frac{1}{R} \nabla_2 \cdot \boldsymbol{J}_1 + \boldsymbol{J}_1 \cdot \nabla_2 \left(\frac{1}{R} \right) = -\boldsymbol{J}_1 \cdot \nabla_1 \left(\frac{1}{R} \right)$$

$$\nabla_1 \cdot \left(\frac{\boldsymbol{J}_1}{R} \right) = \frac{1}{R} \nabla_1 \cdot \boldsymbol{J}_1 + \boldsymbol{J}_1 \cdot \nabla_1 \left(\frac{1}{R} \right)$$

을 적용하면

$$\nabla_2 \cdot \left(\frac{\boldsymbol{J}_1}{R} \right) = \frac{1}{R} \nabla_1 \cdot \boldsymbol{J}_1 - \nabla_1 \left(\frac{\boldsymbol{J}_1}{R} \right)$$

의 관계가 얻어지므로

$$\nabla_2 \cdot \boldsymbol{A}_2 = \frac{\mu}{4\pi} \left[\iiint_{v_1} \frac{\nabla_1 \cdot \boldsymbol{J}_1}{R} dv_1 - \iiint_{v_1} \nabla_1 \left(\frac{\boldsymbol{J}_1}{R} \right) dv_1 \right]$$

와 같이 변형할 수 있다. 여기서 우변 제2항에 발산정리를 적용하고 S_1을 $\boldsymbol{J}_1$ 분포 외부에 취하면 0이 되므로

$$\nabla_2 \cdot \boldsymbol{A}_2 = \frac{\mu}{4\pi} \iiint_{v_1} \frac{\nabla_1 \cdot \boldsymbol{J}_1}{R} dv$$

가 되며, 여기에 식 (13.4c)와 (13.4a)를 적용하면 식 (13.2b)의 Lorentz 조건이 유도된다.

(2) 지연퍼텐셜

$\boldsymbol{J}=0$, $\rho=0$, $\sigma=0$인 완전유전체(ε [F/m], μ [H/m])에서는 식 (13.3a, b)가

$$\nabla^2 \boldsymbol{A} = \varepsilon\mu \frac{\partial^2 \boldsymbol{A}}{\partial t^2} \tag{13.5a}$$

$$\nabla^2 V = \varepsilon\mu \frac{\partial^2 V}{\partial t^2} \tag{13.5b}$$

와 같이 정리되며, 시변함수인 벡터 및 스칼라 퍼텐셜함수 $\boldsymbol{A}$, V는 식 (12.7)에서와 같이

$$u = 1/\sqrt{\varepsilon\mu} \text{ [m/s]}$$

의 속도로 전파함을 알 수 있다. 따라서 원천전하분포 $\rho_{(xyzt)}$ [C/m^3]에서 R [m] 떨어진 고찰점의 전위는, 전위함수가 전달되는 데 필요한 시간만큼 지연될 것이다.

지연시간(retarded time)을 $t' = \dfrac{R}{u}$ [s]라 하면 고찰점의 t [s]에서의 전위는 $t - t'$ [s] 시각의 원천전하분포

$$\rho_{(t-t')} = \rho_{\left(t - \frac{R}{u}\right)} = [\rho] \text{ [C/m}^3\text{]}$$

에 의하여 정해질 것이므로, 고찰점의 전위는

$$V_{(xyzt)} = \frac{1}{4\pi\varepsilon} \iiint_v \frac{\rho_{\left(t-\frac{R}{u}\right)}}{R} dv = \frac{1}{4\pi\varepsilon} \iiint_v \frac{[\rho]}{R} dv \text{ [V]} \tag{13.6a}$$

로 표시할 수 있다. 마찬가지로 전류분포 $\boldsymbol{J}_{(xyzt)}$ [A/m^2]에 의한 벡터 퍼텐셜은 $\boldsymbol{J}_{\left(t-\frac{R}{u}\right)} = [\boldsymbol{J}]$ [A/m^2]를 이용하여

$$\boldsymbol{A}_{(xyzt)} = \frac{\mu}{4\pi} \iiint_v \frac{[\boldsymbol{J}]}{R} dv \text{ [Wb/m]} \tag{13.6b}$$

로 주어지며, 이들을 **지연퍼텐셜**(retarded scalar & vector potential) 또는 **전자퍼텐셜**(electromagnetic potential)이라 한다. 즉, 시간적으로 변화하는 전자계에서의 전위함수는 지연시간 때문에 식 (13.6a, b)의 지연퍼텐셜을 사용하여야 하며, 이들을 이용하여 전계$\left(\text{식 } 11-45 : \boldsymbol{E} = -\nabla V - \dfrac{\partial A}{\partial t}\right)$

및 자계 $\left(식\ 9-60 : \boldsymbol{H} = -\frac{1}{\mu} \nabla \times \boldsymbol{A}\right)$를 구할 수 있다.

그런데 $\frac{R}{u} \ll 1$인 경우 $\rho_{\left(t-\frac{R}{u}\right)} \doteqdot \rho_{(t)}$ [C/m^2], $\boldsymbol{J}_{\left(t-\frac{R}{u}\right)} \doteqdot \boldsymbol{J}_{(t)}$ [A/m^2]로 놓을 수 있으므로 식 (13.6a, b)의 전자퍼텐셜은 표 13-1의 식 (6, 7′)와 같이 정전자계로 취급할 수 있다. 따라서 이러한 경우를 특히 준정상계 또는 **준정계**(準靜界, quasi-static fleld)라 하며, 이러한 계는 전기장치 또는 회로의 크기가 전원 파장에 비하여 매우 작아서 지연시간을 무시할 수 있는 경우에 해당한다.

◆ 예제 13-2

자유공간에서 $-5 \le z \le +5$ [m]의 도선에 $I = 4t$ [A]가 $\boldsymbol{a}_z$ 방향으로 흐를 때 $A_{(0,0,10,t)}$ [Wb/m]를 구하라.

풀이 식 (13.6b)와 그림 13-1에서

$$[\boldsymbol{J}]dv = [I]d\boldsymbol{l} = 4\left(t - \frac{R}{c}\right)dz\,\boldsymbol{a}_z\ [\text{A}\cdot\text{m}]$$

$$R = 10 - z, \quad dz = -dR\ [\text{m}]$$

$$\therefore\ \boldsymbol{A} = \frac{\mu_0}{4\pi}\iiint_v \frac{[\boldsymbol{J}]}{R}dv = \frac{\mu_0}{4\pi}\int_{-5}^{+5}\frac{4\left(t - \frac{R}{c}\right)}{R}dz \cdot \boldsymbol{a}_z$$

$$= 4\times10^{-7}\left(t\cdot\ln 3 - \frac{1}{3}\times10^{-7}\right)\boldsymbol{a}_z\ [\text{Wb/m}]$$

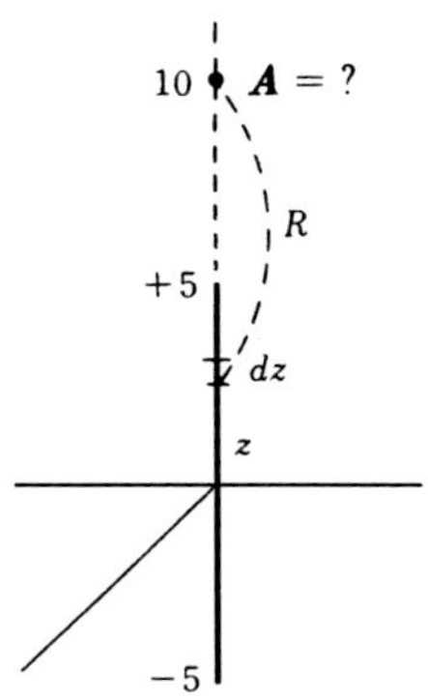

그림 13-1 선전류와 A

13.2 복사와 선소안테나

지금까지 전자파의 전파특성만을 취급하였는데 여기서는 전자파의 원천인 시변전류선소(時變電流線素)에서 복사되는 전자파에 대하여 풀이한다.

(1) 복사전자계

유전매질(ε [F/m], μ [H/m], $\sigma=0$) 중에 미소도선을 그림 13-2와 같이 놓고 전류

$$I = I_0 e^{j\omega t} = I_0 \cos \omega t \,[\mathrm{A}]$$

가 균일하게 흐를 때, 양단에서의 정부전하의 축적으로 전기쌍극자가 형성되어 전자계가 방사하게 되는데 이러한 장치를 **전기쌍극자안테나**(electric dipole antenna)라 한다. 쌍극자안테나에서 방사되는 전자계를 지연벡터 퍼텐셜을 이용하여 구하자. 식 (13.6b)에서 점 $\mathrm{P}_{(r,\theta,\phi)}$의 지연벡터 퍼텐셜은

$$A_z = \frac{\mu}{4\pi}\int_{-d/2}^{+d/2}\frac{[I]}{R}\,dz \fallingdotseq \frac{\mu[I]}{4\pi r}\,d\,[\mathrm{Wb/m}] \tag{13.7a}$$

가 되며, 여기서

$$[I] = I_0 e^{j\omega\left(t-\frac{r}{u}\right)} = I_0 e^{j(\omega t-\beta r)}\,[\mathrm{A}] \tag{13.7b}$$

이며, $u=\frac{1}{\sqrt{\varepsilon\mu}}$ [m/s], $\beta=\frac{\omega}{u}$ [rad/m]는 퍼텐셜함수의 전파속도와 위상상수이다.

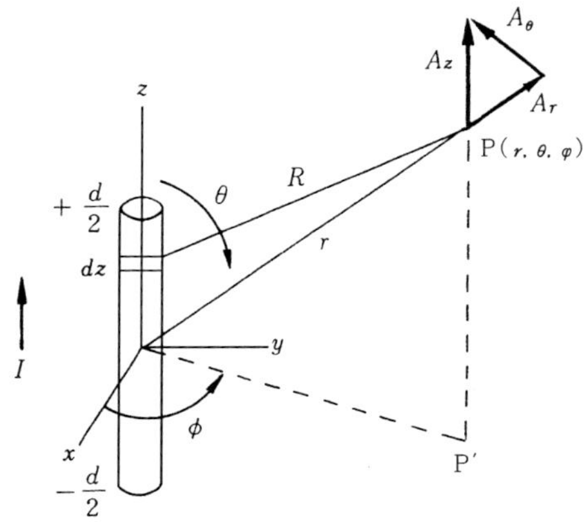

그림 13-2 시변전류 선소와 복사계

A_z [Wb/m]의 구좌표에 대한 각 성분을 구하면 그림 13-2에서

$$\left.\begin{aligned} A_r &= A_z \cos\theta = \frac{\mu[I]d}{4\pi r}\cos\theta\,[\mathrm{Wb/m}] \\ A_\theta &= -A_z \sin\theta = -\frac{\mu[I]d}{4\pi r}\sin\theta\,[\mathrm{Wb/m}] \\ A_\phi &= 0 \end{aligned}\right\} \tag{13.8}$$

가 되므로, 점 P의 자계는 $\boldsymbol{H} = \dfrac{1}{\mu}\nabla\times\boldsymbol{A}$ [A/m]와 식 (13.7b)에서

$$\begin{aligned} H_\varphi &= \frac{1}{\mu r}\left[\frac{\partial}{\partial r}(rA_\theta) - \frac{\partial A_r}{\partial\theta}\right] \\ &= \frac{[I]d}{4\pi}\sin\theta\cdot\left(j\frac{\beta}{r}+\frac{1}{r^2}\right)[\mathrm{A/m}] \end{aligned} \tag{13.9a}$$

$$H_r = H_\theta = 0$$

가 되며, 전계는 점 P에서 $\boldsymbol{J}=0$이므로 식 (12.12b)의 $\nabla\times\boldsymbol{H}_s = j\omega\varepsilon\boldsymbol{E}_s$의 관계식에서

$$\left.\begin{aligned} E_r &= \frac{[I]d}{2\pi\omega\varepsilon}\left(\frac{\beta}{r^2}-\frac{j}{r^3}\right)\cos\theta\,[\mathrm{V/m}] \\ E_\theta &= \frac{[I]d}{4\pi\omega\varepsilon}\left(\frac{j\beta^2}{r}+\frac{\beta}{r^2}-\frac{j}{r^3}\right)\sin\theta\,[\mathrm{V/m}] \\ E_\phi &= 0 \end{aligned}\right\} \tag{13.9b}$$

가 된다(연습문제 13-7 참조).

그런데 점 P가 안테나에서 매우 먼곳에 있을 경우 $\dfrac{1}{r}$에 대한 $\dfrac{1}{r^2}$, $\dfrac{1}{r^3}$ 항의 상대효과를 무시할 수 있으므로, 안테나에서 먼곳의 전자계는 식 (13.9a, b)에서

$$\begin{aligned} E_\theta &= j\frac{\beta[I]d}{4\pi r}\eta\sin\theta\,[\mathrm{V/m}] \\ H_\phi &= j\frac{\beta[I]d}{4\pi r}\sin\theta\,[\mathrm{V/m}] \end{aligned} \tag{13.10}$$

만 남게 되는데 이 전자계를 특히 **복사전자계**(輻射電磁界, radiation field)라 한다. 그리고 고유임피던스는

$$E_\theta / H_\phi = \eta = \sqrt{\frac{\mu}{\varepsilon}}\ [\Omega] \tag{13.11}$$

가 되어 평면파인 경우와 같아진다.

복사전자계에서 E_θ의 θ에 대한 변화($r=$일정)인 지향성의 **수직패턴**(vertical pattern)은 $\theta=90°$에서 최대가 되므로, 도시지역의 방송국은 수직쌍극자안테나가 적합하다. 그리고 수평방향의 전자계의 **수평패턴**(horizontal pattern)은 ϕ에 관계없이 원이 되어 무지향성이다.

한편 점 P가 안테나에 가까워지면 $\dfrac{1}{r}$에 대한 $\dfrac{1}{r^2}$, $\dfrac{1}{r^3}$의 상대효과가 커지므로 식 (13.9a)에서 $\dfrac{1}{r^2}$항만을 채택하면, 유도자계 $\boldsymbol{H}_{(xyzt)}$에 대한 Biot-Savart의 법칙이 얻어지며, 식 (13.9b)에서 $\dfrac{1}{r^3}$항만을 채택하면 식 (3.17)과 같은 모양이 되므로, 이러한 경우의 시변전류의 짧은 도선을 **진동전기쌍극자**(振動電氣雙極子, oscillating electric dipole)라 한다.

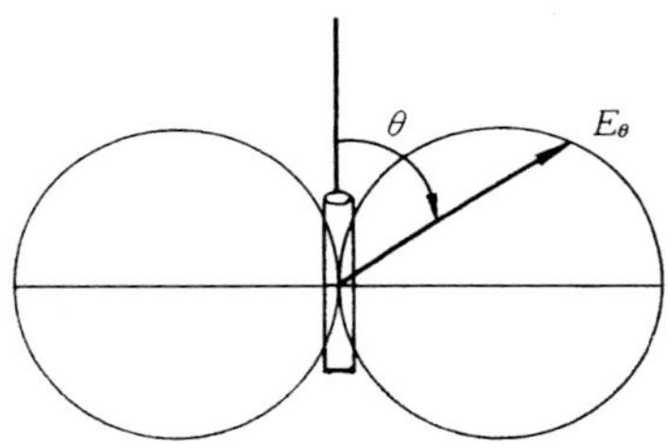

그림 13-3 수직쌍극자안테나와 수직패턴

◆ 예제 13-3

공기 중의 전류분포 $I_0 d = 0.3$ [A·m]인 수직쌍극자안테나에서 $\lambda = 10$ [cm]의 전자파를 복사한다. 점 $P_{(10, 90°, 0°)}$ [cm]의 전계진폭에 대한 다음 각 양을 구하라.

(1) $\dfrac{1}{r}$항　　(2) $\dfrac{1}{r^2}$항　　(3) $\dfrac{1}{r^3}$항

풀이 $\beta = \dfrac{2\pi}{\lambda} = 20\pi$ [rad/m], $\omega = 2\pi\dfrac{1}{\lambda} = 6\pi\times10^9$ [rad/s], $\eta_0 = 377$ [Ω]

(1) 식 (13.10) : $|E_\theta|_a = \dfrac{\beta I_0 d}{4\pi r}\eta_0 = \dfrac{20\pi\times0.3}{4\pi\times0.1}\times377 = 5655$ [V/m]

(2) 식 (13.9) : $|E_\theta|_b = \dfrac{I_0 d}{4\pi\omega\varepsilon}\cdot\dfrac{\beta}{r^2} = \dfrac{I_0 d}{4\pi r^2}\eta_0 = 900$ [V/m]

(3) 식 (13.9) : $|E_\theta|_c = \dfrac{I_0 d}{4\pi\omega\varepsilon}\dfrac{1}{r^3} = 143\ [\text{V/m}]$

(4) 점 P(10 [m], 90°, 0°)인 경우 E_θ의 값은 다음과 같이 된다.

$$|E_\theta|_a = 5.66,\ |E_\theta|_b = 9\times10^{-4},\ |E_\theta|_c = 0.143\times10^{-6}\ [\text{V/m}]$$

(2) 복사전력 및 복사저항

쌍극자안테나의 전류원 주파수를 f [Hz]라 하고 $\lambda = \dfrac{u}{f}$ [m], $u = \dfrac{1}{\sqrt{\varepsilon\mu}}$ [m/s], $\beta = \dfrac{2\pi}{\lambda}$ [rad/m], $\eta = \sqrt{\dfrac{\mu}{\varepsilon}}$ [Ω]의 각 양을 식 (13.10)에 적용하고 실수부를 취하면, 점 P에서의 복사전자계는

$$\left.\begin{aligned} E_\theta &= \frac{I_0 d}{2\lambda r}\eta\sin\theta\sin\left(\omega t - \frac{2\pi}{\lambda}r\right)\ [\text{V/m}] \\ H_\phi &= \frac{1}{\eta}E_\theta\ [\text{A/m}] \end{aligned}\right\} \tag{13.12}$$

가 되므로, 점 P에서의 Poynting vector는

$$\boldsymbol{R} = E_\theta H_\phi \boldsymbol{a}_r = \left(\frac{I_0 d}{2\lambda r}\right)^2 \eta\sin^2\theta\sin^2\left(\omega t - \frac{2\pi}{\lambda}r\right)\boldsymbol{a}_r\ [\text{W/m}^2] \tag{13.13a}$$

가 된다. 따라서 안테나를 중심으로 하는 반지름 $r(\gg d)$ [m]의 구면을 통과하는 전전력은

$$\begin{aligned} P_r &= \int_{\theta=0}^{\pi}\int_{\phi=0}^{2\pi} R_r r^2 \sin\theta\, d\theta\, d\phi \\ &= \left(\frac{I_0 d}{\lambda}\right)^2 \eta\frac{2\pi}{3}\sin^2\left(\omega t - \frac{2\pi}{\lambda}r\right)\ [\text{W}] \end{aligned} \tag{13.13b}$$

가 되며, 안테나에서 방사되는 평균전력인 **복사전력**(radiation power)은

$$P_{\text{rad}} = \frac{1}{2}\left(\frac{I_0 d}{\lambda}\right)\eta\cdot\frac{2\pi}{3}\bigg|_{\eta=\eta_0} = 40\pi^2 I_0^2\left(\frac{d}{\lambda}\right)^2\ [\text{W}]$$

또는

$$P_{\text{rad}} = \left(\frac{I_e d}{\lambda}\right)^2\eta\frac{2\pi}{3}\bigg|_{\eta=\eta_0} = 80\pi^2 I_e\left(\frac{d}{\lambda}\right)^2\ [\text{W}] \tag{13.13c}$$

가 된다. 여기서 I_e [A]는 전류의 실효값이다.

이 복사전력은 저항 R_{rad} [Ω]의 안테나에 $I = I_0 \cos \omega t$ [A]가 흐를 때 소모되는 평균전력

$$P_{av} = \frac{1}{2} I_0^2 R_{\text{rad}} = I_e^2 R_{\text{rad}} \text{ [W]} \tag{13.14a}$$

와 같다고 생각할 수 있으므로, 식 (13.13c)와 비교하므로

$$R_{\text{rad}} = \frac{2\pi}{3}\sqrt{\frac{u}{\varepsilon}}\left(\frac{d}{\lambda}\right)^2\Bigg|_{\text{자유공간}} = 80\pi^2\left(\frac{d}{\lambda}\right)^2 \text{ [Ω]} \tag{13.14b}$$

가 얻어지며, 이를 전기쌍극자안테나에 대한 **복사저항**(輻射抵抗, radiation resistance)이라 한다.

이상의 결과는 안테나상의 전류분포가 균일한 경우이나 실지에 있어서 전류분포는 양단에서 0이 되고, 양단에서 $\frac{\lambda}{4}$가 되는 곳에서 최대가 되는 정재파분포를 갖는다. 따라서 미소전류선소의 길이 d가 $\frac{\lambda}{4}$보다 짧으면 급전점(給電點)이 중앙에 있어 대칭구조를 갖는 그림 13-4 (a)와 같은 **단쌍극자안테나**(short dipole antenna)와 그림 (b)의 **단극안테나**(monopole antenna)는 전류분포가 그림 13-4와 같이 직선적으로 증가한다고 놓을 수 있으므로 평균전류의 값을 $\frac{I_0}{2}$ [A]로 놓을 수 있다. 따라서 복사전자계는 식 (13.12)의 $\frac{1}{2}$배, 복사전력 및 저항은 식 (13.13c), (13.14b)의 $\frac{1}{4}$이 되어야 한다.

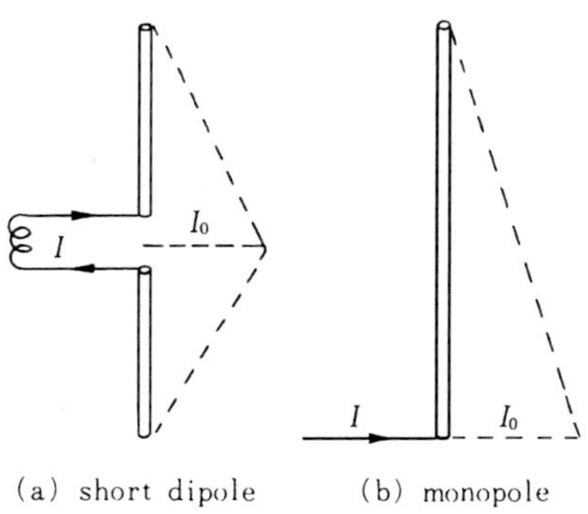

그림 13-4 반파 다이폴 안테나

◆ 예제 13-4

지상에 길이 10 [m], $I_0 = 10$ [A], $f = 1$ [MHz]의 수직쌍극자안테나가 있다. 다음을 구하라. 단, 대지의 영향은 무시한다.

(1) 복사평균전력 (2) 복사저항

(3) 점 P(20 [km], $\theta = 75°$, $\phi = 55°$)의 전계

풀이 파장 $\lambda = \dfrac{c}{f} = 300$ [m]이므로 안테나선상의 전류는 단부에서부터 직선적으로 증가한다고 볼 수 있다〔그림 13-4 (b) 참조〕.

식 (13.13c), (13.14b) 및 (13.12)에서

(1) $$P_{\text{rad}} = \frac{\pi}{3}\eta_0 \left(\frac{\frac{1}{2} I_0 d}{\lambda} \right)^2 = 10.97\ [\text{W}]$$

(2) $$R_{\text{rad}} = 80\pi^2 \left(\frac{d}{\lambda} \right)^2 \left(\frac{1}{2} \right)^2 = 0.22\ [\Omega]$$

(3) $$E_\theta = \frac{1}{\sqrt{2}} \frac{\frac{1}{2} I_0 d}{2\lambda r} \sin\theta \Bigg|_{\theta = 75} = 1.072\ [\text{mV/m}]$$

◆ 예제 13-5

접지수직안테나의 높이 $h\left(\leq \dfrac{\lambda}{4} \right)$ [m]일 때 **실효높이**(effective height)를 구하라.

풀이 이 경우 안테나 도선상의 전류분포는 정재파로

$$I = I_0 \cos \beta z = I_0 \cos \frac{2\pi}{\lambda} z\ [\text{A}]$$

가 되므로, 실효높이는

$$h_e = \frac{1}{I_0} \int_0^h I dz = \frac{2}{\pi} h = 0.64h\ [\text{m}] \tag{13.15a}$$

가 되며, 여기서 $h = \dfrac{\lambda}{4}$ [m]이면 $h_e = \dfrac{\lambda}{2\pi}$ [m]가 된다.

이 경우 안테나에서의 복사전력은 그림 13-5 (b)와 같이 전기영상을 생각하여야 하므로, 전파복사에 기여하는 안테나 길이는 실효높이의 2배가 되어야 한다. 그러나 전자파의 복사는 대지상공의 반구공간뿐이므로 식

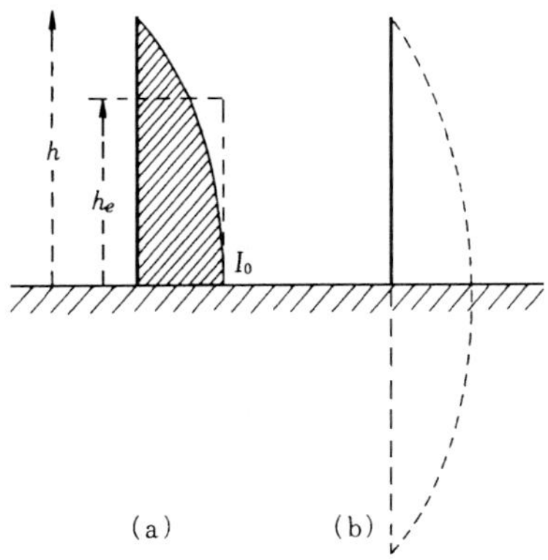

그림 13-5 접지안테나의 실효높이

(13.13c)에서

$$P_{\text{rad}} = \frac{1}{2} \cdot 40\pi^2 I_0^2 \left(\frac{2h_e}{\lambda}\right)^2 = 80\pi^2 I_0^2 \left(\frac{h_e}{\lambda}\right)^2 \text{ [W]} \tag{13.15b}$$

가 되며, 복사저항은 식 (13.14a)에서 다음과 같이 된다.

$$R_{\text{rad}} = 160\pi^2 \left(\frac{h_e}{\lambda}\right)^2 \text{ [}\Omega\text{]} \tag{13.15c}$$

13.3 도 파 관

도전율이 높은 도체중공관 중에 초고주파 전자계를 적당한 각으로 입사하면 전자파가 관내표면에서 반사를 반복하며 관내를 **전송**(transmit)하게 되는데, 이러한 성능을 갖는 금속관을 **도파관**(導波管, wave guide)이라 한다. 현재 초고주파 전신전송에는 도파관이 주로 사용되며, 이의 단면에는 구형, 원형 및 이들의 변형 등이 이용되고 있다. 여기에서는 완전도체의 관벽을 갖는 그림 13-6과 같은 구형단면의 공심도파관에 대한 전자계의 전

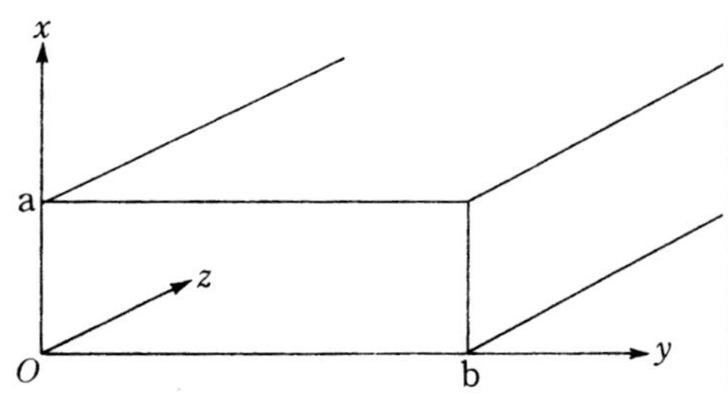

그림 13-6 도 파 관

송에 대하여 풀이한다.

(1) 전자파의 전송형식

초고주파의 정현파전계 $\boldsymbol{E} = \boldsymbol{E}_s e^{j\omega t}$ [V/m] 및 자계 $\boldsymbol{H} = \boldsymbol{H}_s e^{j\omega t}$[A/m]의 전자파가 도파관을 전송할 경우 다음과 같은 기본적인 전송형식이 있다.

① TEM파 : 전자계 $\boldsymbol{E}$, $\boldsymbol{H}$가 전송방향($+z$ 방향)에 대하여 수직으로 $E_z = H_z = 0$인 평면파형식이다.

② TE파 : 그림 13-7 (a)와 같이 $E_z = 0$, $H_z \neq 0$인 경우로 $\boldsymbol{E}$만이 전송방향($+z$ 방향)에 대하여 수직성분을 갖는 전자파로 **횡전파**(橫電波, transverse electric wave, TE파) 또는 **H파** 또는 **M파**라 한다.

③ TM파 : 그림 13-7 (b)와 같이 $E_z \neq 0$, $H_z = 0$인 경우로 $\boldsymbol{H}$만이 전송방향($+z$ 방향)에 대하여 수직성분을 갖는 전자파로 **횡자파**(橫磁波, transverse magnetic wave, TM파) 또는 **E파**라 한다.

도파관을 이용한 초고주파 전자계의 전송에는 TE파가 주로 이용되므로 TE파 전송에 대하여 풀이하기로 한다.

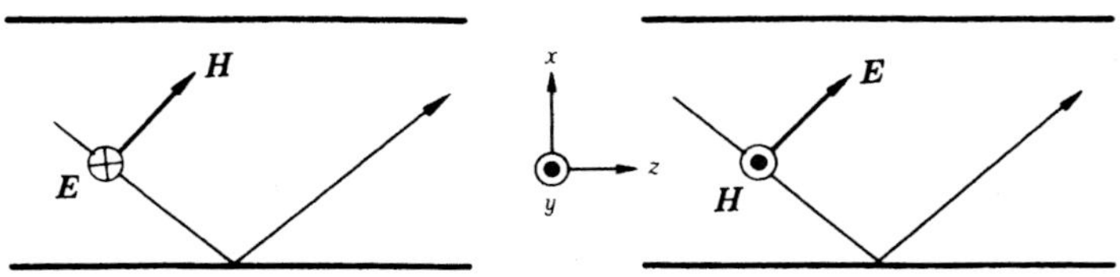

(a) TE파 (b) TM파

그림 13-7 TE, TM파

(2) TE파의 전송

TE파에서는 $E_z = 0$, $H_z \neq 0$이므로 H_z에 대한 파동방정식인 scalar Helmholz 방정식은 식 (12.13b)에서

$$\left.\begin{aligned} &\nabla^2 H_{zs} + \omega^2 \varepsilon \mu H_{zs} = 0 \\ &\text{즉,} \\ &\frac{\partial^2 H_{zs}}{\partial x^2} + \frac{\partial^2 H_{zs}}{\partial y^2} + \frac{\partial^2 H_{zs}}{\partial z^2} + \omega^2 \varepsilon \mu H_{zs} = 0 \end{aligned}\right\} \tag{13.16}$$

와 같은 2차 미분방정식이 된다. 이 식의 일반해를 변수분리법으로 구함에

있어서 7.5절에서와 같이 $H_{zs(xyz)}$의 해를 $X=f(x)$, $Y=g(y)$, $Z=h(z)$의 3개의 분리함수의 곱으로 생각하고

$$H_{zs}=XYZ \tag{13.17a}$$

와 같이 놓은 후, 식 (13.16)에 대입하면

$$\frac{1}{X}\frac{d^2X}{dx^2}+\frac{1}{Y}\frac{d^2Y}{dy^2}+\frac{1}{Z}\frac{d^2Z}{dz^2}+\omega^2\varepsilon\mu=0 \tag{13.17b}$$

가 얻어진다. 따라서 분리상수 p, q, r을 이용하여

$$\frac{d^2X}{dx^2}=-p^2X,\quad \frac{d^2Y}{dy^2}=-q^2Y,\quad \frac{d^2Z}{dz^2}=r^2Z \tag{13.17c}$$

로 놓으면 식 (13.17b)를 만족하기 위해서는

$$p^2+q^2=r^2+\omega^2\mu\varepsilon \tag{13.17d}$$

가 성립되어야 한다. 한편 식 (13.17c)의 일반해는

$$\left.\begin{aligned} X&=A_1\sin px+A_2\cos px\\ Y&=B_1\sin qy+B_2\cos qy\\ Z&=C_1e^{rz}+C_2e^{-rz}\end{aligned}\right\} \tag{13.17e}$$

가 되며, 여기서 A_1, A_2, B_1, B_2, C_1, C_2는 경계조건에 의하여 정해지는 적분상수이다. 먼저 $z=\infty$: $H_{zs}\neq\infty$의 조건에서 $C_1=0$이 되어야 하므로 식 (13.17a, e)에서

$$\begin{aligned} H_{zs}&=XYZ\\ &=(A_1'\sin px+A_2'\cos px)(B_1\sin qy+B_2\cos qy)\cdot e^{-rz}\ [\text{A/m}]\end{aligned} \tag{13.17f}$$

가 얻어지며, 여기서 $A_1'=A_1C_2$, $A_2'=A_2C_2$이다.

한편 식 (13.17f)에서

$$\frac{\partial H_{zs}}{\partial z}=-rH_{zs},\qquad 즉 \qquad \frac{\partial}{\partial z}=-r$$

가 얻어지는데, 이것을 식 (12.12b)의 x 성분

$$\frac{\partial H_{zs}}{\partial y} - \frac{\partial H_{ys}}{\partial z} = j\omega\varepsilon E_{xs}$$

와 식 (12.12c)의 y 성분

$$\frac{\partial E_{xs}}{\partial z} = -j\omega\mu H_{ys}$$

에 적용한 후, 이 두 식에서 H_{ys}를 소거하면

$$\begin{aligned}\dot{E}_{xs} &= -\frac{j\omega\mu}{\gamma^2+\omega^2\varepsilon\mu}\frac{\partial H_{zs}}{\partial y}\\ &= -\frac{j\omega\mu}{\gamma^2+\omega^2\varepsilon\mu}(A_1'\sin px + A_2'\cos px)q\\ &\qquad (B_1\cos qy - B_2\sin qy)e^{-\gamma z}\ [\mathrm{V/m}] \end{aligned} \tag{13.17g}$$

가 구해지는데, 이 경우 전계가 복소량이므로 $\dot{E}_{xs}$로 표시한다.

그런데 완전도체 표면에서 전계의 절선성분이 0이 되는 경계조건을 식 (13.17g)에 적용하면

$$y=0: \ E_{xs}=0\text{에서 } B_1=0$$

$$y=b: \ E_{xs}=0\text{에서 } \sin qb=0, \quad \text{즉} \quad qb=n\pi$$

$$\therefore\ q=\frac{n\pi}{b}\ (n=0,\ 1,\ 2,\ \cdots) \tag{13.17h}$$

가 되어야 한다(그림 13-6 참조). 한편 $\dot{E}_{xs}$를 구한 것과 같은 계산을 $\dot{E}_{ys}$에 대하여 행하면

$$\left.\begin{aligned}&\dot{E}_{ys} = \frac{j\omega\mu}{\gamma^2+\omega^2\varepsilon\mu}p(A_1''\cos px - A_2''\sin px)\cos qy\cdot e^{-\gamma z}\ [\mathrm{V/m}]\\ &A_1''=A_1'B_2, \qquad A_2''=A_2'B_2\end{aligned}\right\} \tag{13.17i}$$

가 얻어지며, 여기에 위의 경계조건을 적용하면 그림 13-6에서

$$x=0: \ E_{ys}=0\text{에서 } A_1''=0$$

$$x=a: \ E_{ys}=0\text{에서 } \sin pa=0, \quad \text{즉} \quad pa=m\pi$$

$$\therefore\ p = \frac{m\pi}{a} \qquad (m = 0,\ 1,\ 2,\ \cdots) \tag{13.17j}$$

가 되어야 한다.

위에서 얻은 $B_1 = 0$, $A_1'' = A_1' B_2 = 0$의 조건을 식 (13.17f)에 적용하면

$$\dot{H}_{zs} = H_0 e^{-rz} \cos\left(\frac{m\pi}{a} x\right) \cdot \cos\left(\frac{n\pi}{a} y\right) \text{[A/m]} \qquad (m,\ n = 0,\ 1,\ 2,\ \cdots) \tag{13.18}$$

와 같은 도파관 내의 z 성분 자계가 얻어지며, 여기서 $H_0 = A_2''$ [A/m]는 원점에서의 자계진폭이다.

여기서 분리상수 r은 전파상수의 성격을 갖는 양으로 식 (13.17d, h, j)에서

$$r = r_{mn} = \sqrt{\left(\frac{m\pi}{a}\right)^2 + \left(\frac{n\pi}{b}\right)^2 - \omega^2 \varepsilon\mu}\ [\text{m}^{-1}] \qquad (m,\ n = 0,\ 1,\ 2,\ \cdots) \tag{13.17k}$$

와 같이 구해지며, 이 값이 실수일 경우 도파관 내의 전자계는 $+z$에 따라 감쇠하며, 허수일 경우에는 감쇠없이 전송함을 의미한다. 따라서 무감쇠의 임계점에서는

$$r_{mn} = 0, \quad \therefore \left(\frac{m\pi}{a}\right)^2 + \left(\frac{n\pi}{b}\right)^2 - \frac{\omega^2}{c^2} = 0, \quad c = \frac{1}{\sqrt{\varepsilon_0 \mu_0}}\ [\text{m/s}]$$

가 되므로, 이 조건에 대응하는 각속도, 주파수 및 파장은

$$\left.\begin{aligned} \omega_c &= c\sqrt{\left(\frac{m\pi}{a}\right)^2 + \left(\frac{n\pi}{b}\right)^2}\ [\text{rad/s}] \\ f_c &= \frac{\omega_c}{2\pi} = \frac{c}{2}\sqrt{\left(\frac{m}{a}\right)^2 + \left(\frac{n}{b}\right)^2}\ [\text{Hz}] \\ \lambda_c &= \frac{c}{f_c} = \frac{2}{\sqrt{\left(\frac{m}{a}\right)^2 + \left(\frac{n}{b}\right)^2}}\ [\text{m}] \end{aligned}\right\} \tag{13.19a}$$

가 된다. 식 (13.19a)의 관계를 식 (13.17k)에 적용하면

$$\left.\begin{aligned} r_{mn} &= \frac{2\pi f_c}{c}\sqrt{1-\left(\frac{f}{f_c}\right)^2} = \frac{2\pi}{\lambda_c}\sqrt{1-\left(\frac{\lambda_c}{\lambda}\right)^2}\ [\mathrm{m}^{-1}] \\ f &= \frac{\omega}{2\pi}\ [\mathrm{Hz}], \qquad \lambda = \frac{c}{f}\ [\mathrm{m}] \end{aligned}\right\} \quad (13.19\mathrm{b})$$

가 얻어진다. 여기서 f, λ는 전송파의 주파수 및 파장이다.

즉, 식 (13.19b)에서 $f<f_c$ 또는 $\lambda>\lambda_c$의 범위에서는 r_{mn}은 실수가 되어 전자계는 $+z$에 따라 감쇠한다〔식 (13.18) 참조〕. 이에 대하여 $f>f_c$ 또는 $\lambda<\lambda_c$의 범위에서는 r_{mn}이 허수가 되므로 이 영역에서는 전자계의 감쇠없이 도파관을 전송하게 된다. 따라서 $f<f_c$의 주파수영역을 **감쇠대역**(減衰帶域, attenuation band), $f>f_c$ 영역을 **통과대역**(通過帶域, pass band)이라 하며, f_c 및 λ_c는 관내를 전자파로 진행할 수 있는 가장 낮은 값으로 **차단주파수 및 파장**(cutoff frequency & wave length)이라 한다.

따라서 다음 통과대역 $(f>f_c)$에서는 r_{mn}은 허수가 되어 위상상수 β_{mn}이 되므로〔식 (12.26b) 참조〕, 식 (13.19b)에서

$$r_{mn} = j\beta_{mn}, \quad \beta_{mn} = \frac{2\pi f_c}{c}\sqrt{\left(\frac{f}{f_c}\right)^2 - 1} = \frac{2\pi}{\lambda_c}\sqrt{\left(\frac{\lambda_c}{\lambda}\right)^2 - 1}\ [\mathrm{m}^{-1}] \quad (13.19\mathrm{c})$$

가 되며, 전송파의 관내파장 λ_g는 식 (12.18a)에서

$$\lambda_g = \frac{2\pi}{\beta_{mn}} = \frac{c}{\sqrt{f^2 - f_c^2}} = \frac{\lambda}{\sqrt{1-\left(\frac{\lambda}{\lambda_c}\right)^2}}\ [\mathrm{m}] \quad (13.19\mathrm{d})$$

가 되며, 위상속도 u_p는

$$u_p = \frac{\omega}{\beta_{mn}} = \frac{c}{\sqrt{1-\left(\frac{f_c}{f}\right)^2}} = \frac{c}{\sqrt{1-\left(\frac{\lambda}{\lambda_c}\right)^2}}\ [\mathrm{m/s}] \quad (13.19\mathrm{e})$$

가 된다〔식 (13.25a) 참조〕.

따라서 통과대역에서의 자계는 식 (13.18), (13.19c)에서

$$\dot{H}_{zs} = H_0 e^{-j\beta_{mn} z} \cos\left(\frac{m\pi}{a} x\right) \cdot \cos\left(\frac{n\pi}{b} y\right) \text{ [A/m]}$$

$$(m,\ n = 0,\ 1,\ 2,\ \cdots) \tag{13.20}$$

가 된다. 다음 식 (13.17k)와 (13.19a)에서 구해지는

$$\gamma^2 + \omega^2 \varepsilon\mu = \omega_c^2 \varepsilon\mu$$

의 관계를 식 (13.17g)와 (13.20)에 적용하면 도파관을 통과하는 TM파 전계의 각 phasor 성분

$$\left.\begin{aligned} \dot{E}_{xs} &= -j\frac{n\pi}{b}\frac{\omega\mu}{\omega_c^2\varepsilon\mu} H_0 e^{-j\beta_{mn} z} \cos\left(\frac{m\pi x}{a}\right) \cdot \sin\left(\frac{n\pi y}{b}\right) \\ \dot{E}_{ys} &= -j\frac{m\pi}{a}\frac{\omega\mu}{\omega_c^2\varepsilon\mu} H_0 e^{-j\beta_{mn} z} \sin\left(\frac{m\pi x}{a}\right) \cdot \cos\left(\frac{n\pi y}{b}\right) \\ \dot{E}_{zs} &= 0 \end{aligned}\right\} \text{[V/m]} \tag{13.21a}$$

가 얻어지며, 마찬가지로 자계의 각 phasor 성분

$$\left.\begin{aligned} \dot{H}_{xs} &= j\frac{m\pi}{a}\frac{\beta_{mn}}{\omega_c^2\varepsilon\mu} H_0 e^{-j\beta_{mn} z} \sin\left(\frac{m\pi x}{a}\right) \cdot \cos\left(\frac{n\pi y}{b}\right) \\ \dot{H}_{ys} &= -j\frac{n\pi}{b}\frac{\beta_{mn}}{\omega_c^2\varepsilon\mu} H_0 e^{-j\beta_{mn} z} \cos\left(\frac{m\pi x}{a}\right) \cdot \sin\left(\frac{n\pi y}{b}\right) \\ \dot{H}_{zs} &= H_0 e^{-j\beta_{mn} z} \cos\left(\frac{m\pi x}{a}\right) \cdot \cos\left(\frac{n\pi y}{b}\right) \end{aligned}\right\} \text{[A/m]} \tag{13.21b}$$

들이 구해진다(연습문제 13-14 참조).

(3) 계(界)임피던스

식 (13.21a, b)에서 얻어지는

$$\eta_{(\mathrm{TE})} = \left|\frac{E_{xs}}{H_{ys}}\right| = \left|\frac{E_{ys}}{H_{xs}}\right| = \frac{\omega\mu}{\beta_{mn}} = \frac{\eta}{\sqrt{1-(f_c/f)^2}} \text{ [Ω]} \tag{13.22a}$$

를 TE파 전자계의 **계임피던스**(impedance of field)라 하며 통과대역인 경우

다음의 관계가 성립된다.

$$\eta_{(\mathrm{TE})} > \eta = \sqrt{\frac{\mu}{\varepsilon}} \tag{13.22b}$$

(4) 전송의 모드

도파관 내의 전자계는 식 (13.21a, b)에서와 같이 m, n의 값에 따라 분포상태가 결정된다. 따라서 $(m=1,\ n=0)$, $(m=1,\ n=1)$ 등에 대한 전자파를 TE_{10}파, TE_{11}파 등으로 부르며 이러한 전자파의 각종 형태를 **전송의 형태** 또는 **모드**(mode)라 한다.

◆ 예제 13-6

TE_{10}파의 전자계분포를 구하라.

풀이 TE_{10} 모드는 $m=1$, $n=0$의 전자파이므로 식 (13.19a)에서 차단주파수와 차단파장은

$$f_c = \frac{c}{2a}\ [\mathrm{Hz}], \qquad \lambda_c = 2a\ [\mathrm{m}] \tag{13.23a}$$

가 되며, f_c, λ_c는 그림 13-6과 같은 구형 도파관에 TE_{10} 모드의 전자파를 통과시키기 위한 최소의 주파수 및 최장의 파장이 된다. 따라서 TE_{10}파를 전송하기 위한 도파관은 전송파장에 대하여

$$\lambda < \lambda_c = 2a \qquad \therefore\ a > \frac{\lambda}{2}\ [\mathrm{m}] \tag{13.23b}$$

를 만족해야 하며, 한편 b에 무관하므로 $b \ll a$의 편평한 직사각형 도파관을 이용하면 TE_{10}파만을 전송할 수 있다.

다음 TE_{10}파의 각 전자계 성분은 식 (13.21a, b)에서 다음과 같이 된다.

$$\left.\begin{aligned} \dot{E}_{xs} &= \dot{E}_{zs} = 0 \\ \dot{E}_{ys} &= -j\frac{\omega\mu a}{\pi} H_0 e^{-j\beta_{10}z} \sin\left(\frac{\pi x}{a}\right) \end{aligned}\right\} [\mathrm{V/m}] \tag{13.24a}$$

$$\left.\begin{aligned} \dot{H}_{xs} &= j\frac{a\beta_{10}}{\pi} H_0 e^{-j\beta_{10}z} \sin\left(\frac{\pi x}{a}\right) \\ \dot{H}_{ys} &= 0 \\ \dot{H}_{zs} &= H_0 e^{-j\beta_{10}z} \cos\left(\frac{\pi x}{a}\right) \end{aligned}\right\} [\mathrm{A/m}] \tag{13.24b}$$

도파관 내의 전송파장을 $\lambda_g(<\lambda_c)$ [m]라 하면 식 (13.19d)에서 TE_{10} 모드의 위상상수는

$$\beta_{10}=\frac{2\pi}{\lambda_g}$$

가 되므로, 이것을 식 (13.24a, b)에 대입한 후 $z=0,\ \frac{1}{4}\lambda_g,\ \frac{2}{4}\lambda_g,\cdots$와 $x=0,\ \frac{a}{2},\ a$의 각 조건에 대한 전계와 자계분포를 그리면 그림 13-8에서와 같이 전계는 y 방향, 자계는 xz 면상에서 회전하는 분포를 갖고 시간에 대하여 정현파적으로 변화하며 $+z$ 방향으로 전송된다.

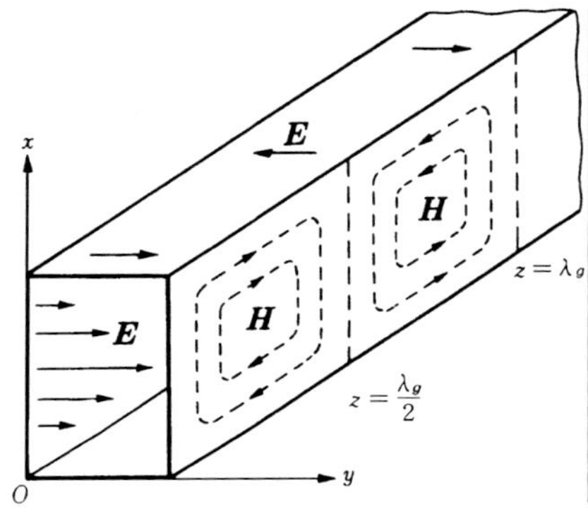

그림 13-8 TE_{10}파의 전자계

(5) 위상속도와 군속도

일반적으로 전자파는 그림 13-9(a)에서와 같이 등위상면이 공간적으로 분포되므로 위상속도는 여러 가지 경우를 생각할 수 있다.

즉, 등위상면에 수직인 PA 방향의 기본파 위상속도는 식 (12.17)에서와 같이

$$u_p=\frac{\omega}{\beta}=c\ [\text{m/s}]\ (\text{자유공간})$$

가 되지만, 그림 13-9(a)의 $\overrightarrow{PB}$ 방향에서는

$$u_p=\frac{c}{\cos\phi}\ [\text{m/s}] \tag{13.25a}$$

가 되어 광속보다 빨라지는데, 식 (13.19e)가 이 경우에 해당된다.

특히 도파관 내의 전송파는 그림 13-9(b)에서와 같이 반사를 반복하며

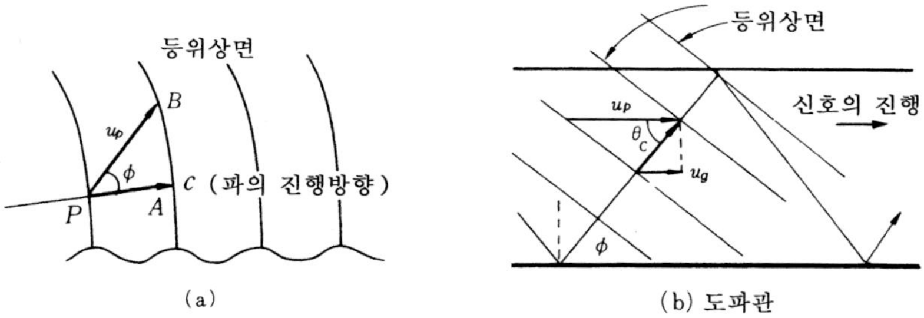

그림 13-9 위상속도와 군속도

지그재그(zigzag)로 진행하므로, 축방향으로 진행하는 전송파의 신호에너지의 진행속도인 **군속도**(group velocity=velocity of energy transport) u_g와 위상속도 u_p 사이에는

$$\left.\begin{aligned} u_p &= c/\cos\phi\ [\mathrm{m/s}] \\ u_g &= c\cos\phi\ [\mathrm{m/s}] \end{aligned}\right\} \tag{13.25b}$$

의 관계가 성립한다. 따라서

$$u_p u_g = c^2 \tag{13.25c}$$

의 관계가 얻어지며, 식 (13.19d)에서

$$u_g = \frac{c^2}{u_p} = c\sqrt{1-\left(\frac{f_c}{f}\right)^2} = c\sqrt{1-\left(\frac{\lambda}{\lambda_c}\right)^2}\ [\mathrm{m/s}] \tag{13.26a}$$

가 되어 군속도는 광속보다 작다.

그림 13-9(b)에서 $\phi=\dfrac{\pi}{2}$이면 식 (13.25b)에서 $u_p=\infty$, $u_g=0$가 되어, 전송파 신호에너지에 대한 진행이 없으며, $f \fallingdotseq f_c$에서도 $u_g=0$가 되며, f가 매우 높으면 신호는 광속으로 진행하게 된다.

그리고 도파관축과 기본파의 진행방향과의 각인 전송각은 식 (13.25b) 및 (13.26a)에서

$$\phi = \cos^{-1}\left(\frac{u_g}{c}\right) = \cos^{-1}\sqrt{1-\left(\frac{f_c}{f}\right)^2} = \cos^{-1}\sqrt{1-\left(\frac{\lambda}{\lambda_c}\right)^2}\ [\mathrm{rad}] \tag{13.26b}$$

가 되는데, 이것은 도파관에 입사된 전자파 중 축과 ϕ각을 짓는 파만이

신호에너지를 전송함을 의미한다. 유리섬유를 이용한 광통신에 이 원리가 이용된다.

◆ **예제 13-7**

$a=5$, $b=10$ [cm]의 구형 공심도파관(그림 13-6 참조)으로 TE_{10} mode의 전자파를 전송한다. 다음을 구하라. (1) f_c, (2) λ_c, (3) $f=8$ [GHz]에 대한 위상상수, (4) 위상속도, (5) 군속도, (6) 관내파장, (7) ϕ

풀이 (1) $f_c=\dfrac{c}{2a}=3$ [GHz] (2) $\lambda_c=2a=10$ [cm]

(3) $\beta_{10}=\dfrac{\omega_c}{c}\sqrt{\left(\dfrac{f}{f_c}\right)^2-1}=155.32$ [m^{-1}]

(4) $u_p=\dfrac{\omega}{\beta_{10}}=3.24\times10^8$ [m/s]

(5) $\lambda=\dfrac{c}{f}=3.75$ [cm] : $u_g=c\sqrt{1-\left(\dfrac{\lambda}{10}\right)^2}=2.78\times10^8$ [m/s]

(6) $\lambda_g=\dfrac{2\pi}{\beta_{10}}=4.05$ [cm] (7) $\phi=\cos^{-1}\dfrac{u_g}{c}=22°$

(8) $a=10$, $b=5$ [cm] 때의 각 양과 비교하라.

13.4 회로이론

Maxwell 방정식을 기초로 하는 계이론에서 회로이론의 기본법칙을 유도한다.

전기회로의 저항, 인덕턴스, 커패시턴스의 각 성분이 그림 13-10에서와 같이 R, L, C에 집중되었다고 할 때, 전원파장에 비하여 전기회로의 크기가 작은 준정계(準靜界)의 경우를 생각한다. 기전력 $e_{(t)}$ [V]에 의하여 발생된 회로 각 부의 전계를 인가전압에 의한 $\boldsymbol{E}_e$ [V/m]와 커패시터 및 인덕턴스에서의 전자유도전계 식 (11.45)

$$\boldsymbol{E}=-\nabla V-\frac{\partial \boldsymbol{A}}{\partial t} \quad [\text{V/m}]$$

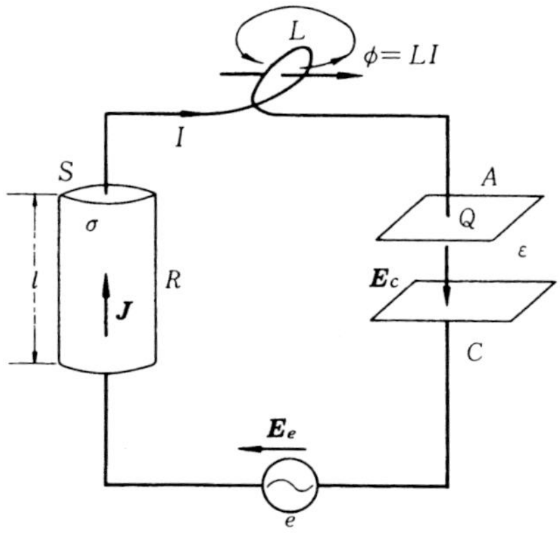

그림 13-10 계이론과 전기회로

로 취하면, 이 회로에 전류 I[A] 및 $\boldsymbol{J}$[A/m^2]를 흐르게 하는 전계 $\boldsymbol{E}_\sigma = \dfrac{\boldsymbol{J}}{\sigma}$ [V/m]와 사이에는 식 (8.21)에서

$$\boldsymbol{E}_e + \boldsymbol{E} = \boldsymbol{E}_\sigma \quad \text{또는} \quad \boldsymbol{E}_e = \boldsymbol{E}_\sigma - \boldsymbol{E}\,[\text{V/m}]$$

의 관계가 있으므로

$$\boldsymbol{E}_\sigma = \frac{1}{\sigma}\boldsymbol{J} + \nabla V + \frac{\partial \boldsymbol{A}}{\partial t}\ [\text{V/m}]$$

가 얻어진다. 이 식의 양변을 전류방향을 따라 적분하면

$$\oint_c \boldsymbol{E}_e \cdot d\boldsymbol{l} = \oint_c \frac{1}{\sigma}\boldsymbol{J} \cdot d\boldsymbol{l} + \oint_c \nabla V \cdot d\boldsymbol{l} + \oint_c \frac{\partial \boldsymbol{A}}{\partial t} \cdot d\boldsymbol{l}$$

가 되는데, 여기서

$$\oint_{c(e)} \boldsymbol{E}_e \cdot d\boldsymbol{l} = e\,[\text{V}]$$

$$\oint_{c(R)} \frac{1}{\sigma}\boldsymbol{J} \cdot d\boldsymbol{l} = \frac{l}{\sigma S} I = RI\,[\text{V}]$$

$$\oint_{c(C)} \nabla V \cdot d\boldsymbol{l} = \int_d^0 -\boldsymbol{E}_s\,d\boldsymbol{l} = E_s d = \frac{D}{\varepsilon} d = \frac{d}{\varepsilon A} Q$$

$$= \frac{1}{C}\int I dt\,[\text{V}]$$

$$\oint_{c(L)} \frac{\partial \boldsymbol{A}}{\partial t} = \frac{d}{dt}\oint_c \boldsymbol{A} \cdot d\boldsymbol{l} = \frac{d}{dt}\phi = L\frac{dI}{dt}\ [\text{V}]$$

의 관계가 얻어지므로, 위의 관계를 종합하면

$$e = IR + \frac{1}{C}\int I dt + L\frac{dI}{dt}$$

가 되어, 기전력을 갖는 RLC 직렬회로의 회로이론에 대한 기본식이 얻어진다.

이 경우 전류가 정현파교류로 $I = I_0 e^{j\omega t}$ [A]로 주어질 때 윗식은

$$e = IR + \frac{I}{j\omega C} + j\omega LI = I\left\{R + j\left(\omega L - \frac{1}{\omega C}\right)\right\} \text{ [V]}$$

가 되어 Kirchhoff의 전압법칙이 얻어진다.

이상의 관계는 회로가 폐회로로, 회로의 크기가 파장에 비하여 작은 경우로, 자속은 인덕터에, 정전계는 커패시터에 국한되었으며 저항을 제외한 모든 도선은 완전도체인 경우에 대하여 생각한 것이다. 이에 대하여 파장에 비하여 회로 자체가 크며 커패시터가 저항을 가지며, 인덕터가 부유용량(stray capacitance)을 갖는 경우에는 이들을 포함하는 등가회로망을 구성한 후 회로방정식을 유도하여야 한다.

◆ 예제 13-8

선로상수 R [Ω/m], G [S/m], L [H/m], C [F/m] 등이 전송선로(transmission line) 전체에 균일하게 분포되어 있을 때 전송방정식을 구하라.

풀이 일반으로 전송선로는 전기신호 또는 에너지를 전달하기 위하여, 전원과 부하〔예로, 송신기와 안테나, TV 안테나와 수상기, 발전소에서 수백 [km] 상거(相距)한 변전소 등〕을 연결하는 선로이다. 이 경우 송신파장에 비하여 선로가 매우 길면 신호가 전자파의 형태로 전달되므로, Maxwell 방정식을 이용하여 전압 및 전류의 관계식을 유도하여야 한다.

[해 A] 전송선로에 단위길이에 대한 인덕턴스 L [H/m], 커패시턴스 C [F/m]가 균일하게 분포되어 있을 경우, 선로의 미소부 dz [m]에 이들이 그림 13-11과 같이 집중되었다고 가정한 후, 식 (11.45)

$$\boldsymbol{E} = -\nabla V - \frac{\partial \boldsymbol{A}}{\partial t} \text{ [V/m]}$$

를 이용하여 전압 및 전류의 관계식을 유도한다. 그림의 경우 선로 ab 사이에는 전하의 축적이 없으므로 윗식은

$$\boldsymbol{E} = -\frac{\partial \boldsymbol{A}}{\partial t} \ [\mathrm{V/m}]$$

가 된다. 이 식의 양변을 회로 dcba에 따라

$$\oint_{c(\mathrm{dcba})} \boldsymbol{E} \cdot d\boldsymbol{l} = -\frac{\partial}{\partial t} \oint_{c(\mathrm{dcba})} \boldsymbol{A} \cdot d\boldsymbol{l}$$

와 같이 적분하고, 식 (9.61), (11.16)을 적용하면

$$dV = -\frac{\partial}{\partial t} \phi = -\frac{\partial}{\partial t}(LdzI)$$

가 얻어지므로

$$\frac{dV}{dz} = -L\frac{\partial I}{\partial t}, \quad \text{즉} \quad \frac{\partial V}{\partial z} = -L\frac{\partial I}{\partial t} \tag{13.27a}$$

와 같은 전압 및 전류 사이의 미분방정식이 얻어진다.

한편 회로 adcb에 식 (9.14), (9.27), (12.4)를 적용하면

$$dI = \oint_{c(\mathrm{adcb})} \boldsymbol{H} \cdot d\boldsymbol{l} = \iint_S \mathrm{rot}\, \boldsymbol{H} \cdot \boldsymbol{n} dS = \iint_S \frac{\partial \boldsymbol{D}}{\partial t} \cdot \boldsymbol{n} dS$$

가 얻어지는데, 지금 dz [m] 부에 대한 커패시터의 크기를 $Cdz = \frac{\varepsilon S}{d}$ [F]라 하면

$$dI = S\frac{\partial D}{\partial t} = \varepsilon S\frac{\partial E}{\partial t} = \varepsilon S\frac{\partial}{\partial t}\left(-\frac{V}{d}\right) = -Cdz\frac{\partial V}{\partial t}$$

$$\frac{dI}{dz} = -C\frac{\partial V}{\partial t}, \quad \text{즉} \quad \frac{\partial I}{\partial z} = -C\frac{\partial V}{\partial t} \tag{13.27b}$$

가 얻어지는데, 식 (13.27a, b)는 L [H/m], C [F/m]의 균일분포 전송선로의 전송방정식이다.

이 2개의 전송방정식에서

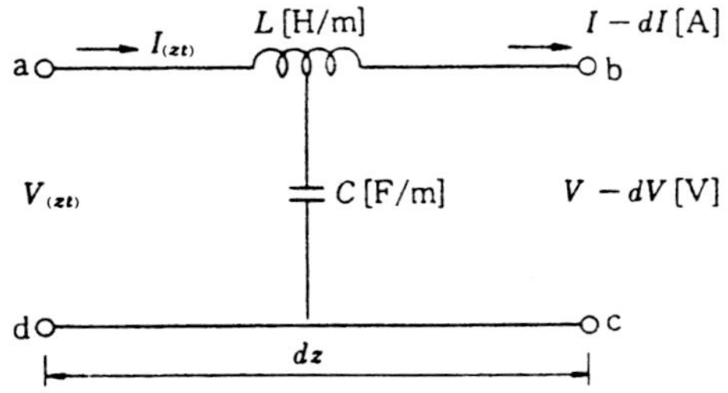

그림 13-11 전송선로 A

$$\left.\begin{aligned}\frac{\partial^2 V}{\partial z^2} &= CL\frac{\partial^2 V}{\partial t^2}\\ \frac{\partial^2 I}{\partial z^2} &= CL\frac{\partial^2 I}{\partial t^2}\end{aligned}\right\} \tag{13.28}$$

가 얻어지므로, 식 (12.7a, b)와 비교할 때 전송선로에서의 전압 및 전류의 전달은 전자파(TEM파)의 형태로 전파됨을 알 수 있다. 따라서 전압파 및 전류파의 전파속도는 식 (12.8b)에서

$$u = \frac{1}{\sqrt{CL}} \ [\mathrm{m/s}] \tag{13.29a}$$

가 되며, 전압파 및 전류파간의 특성임피던스는

$$Z_0 = \sqrt{\frac{L}{C}} \ [\Omega] \tag{13.29b}$$

가 된다. 한편 전압 및 전류가

$$\left.\begin{aligned}V_{(zt)} &= V_{s(z)}\, e^{j\omega t} \ [\mathrm{V}]\\ I_{(zt)} &= I_{s(z)}\, e^{j\omega t} \ [\mathrm{A}]\end{aligned}\right\} \tag{13.30a}$$

와 같이 정현파 특성을 가질 때, 식 (13.28)에서

$$\left.\begin{aligned}\frac{d^2 V_s}{dz^2} &= -\omega^2 CL\, V_s\\ \frac{d^2 I_s}{dz^2} &= -\omega^2 CL I_s\end{aligned}\right\} \tag{13.30b}$$

가 얻어지므로, 식 (12.13c) (12.14)를 적용하면 전압파와 전류파 사이의 위상상수

$$\beta = \omega\sqrt{CL} = \frac{\omega}{u} \ [\mathrm{rad/m}] \tag{13.31a}$$

가 구해지며, 전파속도는 다음과 같이 되며

$$u = \frac{\omega}{\beta} = \frac{1}{\sqrt{CL}} \ [\mathrm{m/s}] \tag{13.31b}$$

파장은 다음과 같이 된다.

$$\lambda = \frac{2\pi}{\beta} \ [\mathrm{m}] \tag{13.31c}$$

[해 B] 전송선로에 그림 13-12와 같이 단위길이에 대한 $R\,[\Omega/\text{m}]$, $G\,[\text{S/m}]$, $L\,[\text{H/m}]$, $C\,[\text{F/m}]$ 등의 회로상수가 균일하게 분포되어 있을 경우를 생각한다. 이 경우 선로에 따른 단위장당 전압강하 $RI\,[\text{V/m}]$ 및 선로간의 누설전류 $GV\,[\text{A/m}]$가 발생하므로 식 (13.27a, b)의 전송방정식에 이들을 첨가하므로

$$\left.\begin{aligned}\frac{\partial V}{\partial z} &= -\left(RI + L\frac{dI}{dt}\right)\\ \frac{\partial I}{\partial z} &= -\left(GV + C\frac{\partial V}{\partial t}\right)\end{aligned}\right\} \tag{13.32}$$

와 같은 종합적인 전송방정식이 얻어진다.

여기서 전압파 및 전류파가 식 (13.30a)와 같이 정현파적으로 변한다면 식 (13.32)에서

$$\left.\begin{aligned}\frac{dV_s}{dz} &= -(R + j\omega L)I_s = -ZI_s\\ \frac{dI_s}{dz} &= -(G + j\omega C)V_s = -YV_s\end{aligned}\right\} \tag{13.33}$$

와 같은 phasor 전송방정식이 구해진다. 한편 식 (13.33)에서

$$\frac{d^2V_s}{dz^2} = (R + j\omega L)(G + j\omega C)V_s = \gamma^2 V_s \tag{13.34}$$

가 얻어지며, 이것을 식 (12.25)와 비교하므로 전송선로에 대한 전파상수(복소량)는

$$\dot{\gamma} = \sqrt{(R + j\omega L)(G + j\omega C)} = \alpha + j\beta\,[\text{m}^{-1}] \tag{13.35a}$$

가 되는데, 식 (12.26)에서와 같이 α는 감쇠상수, β는 위상상수이다. 따라서 전송선로를 전파하는 전압파 및 전류파의 위상속도 및 파장은 식 (13.31b, c)에서와 같이

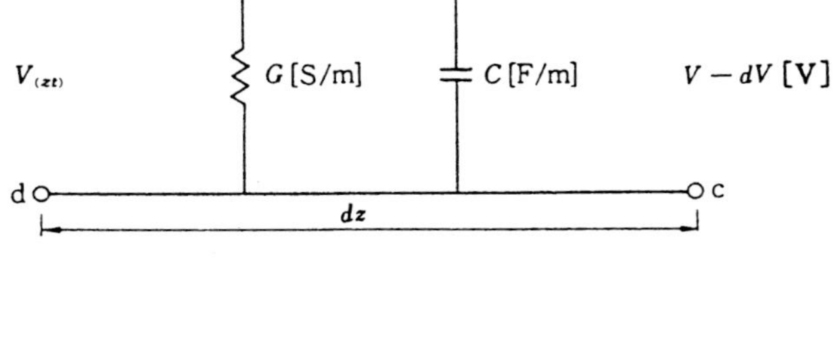

그림 13-12 전송선로 B

$$\left.\begin{aligned} u &= \frac{\omega}{\beta}\ [\text{m/s}] \\ \lambda &= \frac{2\pi}{\beta}\ [\text{m}] \end{aligned}\right\} \tag{13.35b}$$

가 된다. 한편 식 (13.34)

$$\frac{d^2 V_s}{dz^2} = \gamma^2 V_s$$

에서 $+z$ 방향의 phasor 전압파

$$V_s = V_0 e^{-\gamma z}\ [\text{V}]$$

가 얻어지므로, 식 (13.33)에서 전압파 및 전류파에 대한 특성임피던스

$$\dot{Z}_0 = \frac{V_s}{I_s} = \frac{R + j\omega L}{\dot{\gamma}} = \sqrt{\frac{R + j\omega L}{G + j\omega C}} = \sqrt{\frac{Z}{Y}}\ [\Omega] \tag{13.36}$$

가 구해진다〔식 (12.29)와 비교하라〕. 따라서 특성임피던스 Z_1, $Z_2\,[\Omega]$의 두 전송선로가 연결되었을 때, Z_1에서 진행해 온 입사전압파가 연결점에서 반사할 때의 반사계수 및 투과계수는 식 (12.48a)를 적용하여

$$\left.\begin{aligned} \text{반사계수} &: \Gamma = \frac{Z_1 - Z_2}{Z_2 + Z_1} \\ \text{투과계수} &: \Gamma_t = \frac{2Z_2}{Z_2 + Z_1} = \Gamma + 1 \end{aligned}\right\} \tag{13.37a}$$

가 되며, 전압파의 정재파비는

$$S = \frac{1 + |\Gamma|}{1 - |\Gamma|} \tag{13.37b}$$

가 된다. 따라서 전송선로에 대한 회로상수(R, G, L, C)를 알면 이 선로에 대한 전압파 및 전류파의 전파특성을 분석할 수 있다.

참고로 전파계 및 회로의 상관관계를 비교하면 다음과 같다.

표 13-2 계 및 회로의 상관관계

계(전자계)	단 위	회로(전송로)
E	[V/m]	V/l
H	[A/m]	A/l
ε	[F/m]	C
μ	[H/m]	L
$u=\frac{1}{\sqrt{\varepsilon\mu}}$	[m/s]	$u=\frac{1}{\sqrt{CL}}$
$j\omega\mu$	[Ω/m]	$\dot{Z}=R+j\omega L$
$\sigma+j\omega\varepsilon$	[S/m]	$\dot{Y}=G+j\omega C$
$\eta=\sqrt{\frac{\mu}{\varepsilon}}$	[Ω]	$Z_0=\sqrt{\frac{L}{C}}$
$\dot{\eta}=\sqrt{\frac{j\omega\mu}{\sigma+j\omega\varepsilon}}$	[Ω]	$\dot{Z}_0=\sqrt{\frac{R+j\omega L}{G+j\omega C}}$

연 습 문 제

13-1 전자계 내 전자퍼텐셜함수의 관계식에서 Maxwell의 전자방정식을 유도하라.

13-2 자유공간의 점전하 $Q=2\cos\omega t\,[\mu\text{C}]$, $f=1\,[\text{MHz}]$에 의한 점 P(1 [km], θ, ϕ)의 $t=0$일 때의 전위와 지연시간을 구하라.

답 $-9\,[\text{V}]$, $3.33\,[\mu\text{s}]$

13-3 자유공간 중의 원형 코일 (1, $0\le\phi\le2\pi$, 0 [m])에 $\rho_l=3\varepsilon_0\cos\omega t$ [C/m]의 전하가 분포되어 있을 때 $V_{(0,0,1)}$ [V]를 구하라.

답 $\dfrac{1}{\sqrt{2}}\cos\left(\omega t-\dfrac{\omega}{c}\sqrt{2}\right)\,[\text{V}]$

13-4 자유공간에서 도선 ($-2\le z\le0$ [m])에 $I=\dfrac{t^2}{2}$ [A]가 $\boldsymbol{a}_z$ 방향으로 흐를 때 다음을 구하라.

(1) $\boldsymbol{A}_{(0,0,1)}$ (2) $t=0$: I 및 $\boldsymbol{A}_{(0,0,1)}$

답 (1) $\dfrac{\mu_c}{8\pi}\left(\dfrac{4}{d^2}-\dfrac{4}{c}t+t^2\ln3\right)\boldsymbol{a}_z\,[\text{Wb/m}]$ (2) $I=0$, $\dfrac{2}{9}\times10^{-23}\boldsymbol{a}_z\,[\text{Wb/m}]$

13-5 자유공간 내 한 점의 벡터퍼텐셜 $\boldsymbol{A}=A_0\cos\omega t\cdot\cos kz\,\boldsymbol{a}_y$ [Wb/m]일 때 다음을 구하라.

(1) $\boldsymbol{H}$ (2) $\boldsymbol{E}$ (3) k (4) V

답 (1) $\dfrac{kA_0}{\mu_0}\cos\omega t\sin kz\,\boldsymbol{a}_x\,[\text{A/m}]$, (2) $\dfrac{k^2A_0}{\omega\mu_0\varepsilon_0}\sin\omega t\cos kz\,\boldsymbol{a}_y\,[\text{V/m}]$

(3) $k=\sqrt{\mu_0\varepsilon_0}\,\omega=\beta\,[\text{m}^{-1}]$, (4) $V=0$

13-6 전자퍼텐셜들이 $V=x-ct$[V], $\boldsymbol{A}=\left(\dfrac{x}{c}-t\right)\boldsymbol{a}_x$ [Wb/m]일 때 Lorentz 조건이 성립함을 증명하라.

13-7 식 (13.8) 및 식 (13.9)를 유도하라.

13-8 미소전류선소 $I_{(t)}dl\boldsymbol{a}_z$ [A·m]에서 방사되는 전자계의 유도자계에 대한 Biot-Savart 법칙

$$d\boldsymbol{H}=\frac{[I]dl\sin\theta}{4\pi R^2}\,\boldsymbol{a}_\phi\,[\text{A/m}]$$

를 유도하라.

13-9 높이 5 [m]의 수직쌍극자안테나에 1 [MHz], 실효값 5 [A]를 통할 때 복사전력 및 복사저항을 구하라. 단, 대지의 영향은 무시한다.

답 5.48 [W], 0.219 [Ω]

13-10 공기 중의 높이 $\frac{\lambda}{10}$ [m]의 쌍극자안테나에서 공급전류에 의한 열손실에 해당하는 도선저항이 1 [Ω]일 때 안테나의 효율을 구하라.

답 89 %

13-11 short dipole antenna에서 radio 방송전파(1 [MHz])에 대한 전계실효값

$$E_{\theta e} = \frac{I_e d}{2\lambda r}\eta_0 \sin\theta \, [\mathrm{V/m}]$$

이며 복사전력 100 [kW]일 때, 다음 거리에서의 전계 및 전력밀도를 구하라.

(1) $r = 1$ [km] (2) 10 [km] (3) 100 [km]

답 (1) 2.12, 11.92 (2) 0.212, 11.92×10^{-5}
(3) 0.0212 [V/m], 1.192×10^{-6} [mW/m²]

13-12 남산타워에 장치된 KBS 제1 TV-7의 수직 쌍극자안테나에서 방송출력 150 [kW], 175 [MHz]의 전자파가 방송된다. 점 P(20 [km], 120°, 70°)의 수신기에서 받는 전계 및 수신전력을 구하라. (실지에는 수평다중 쌍극자안테나가 사용되고 있다.)

답 0.113 [V/m], 0.34 [μW/m²]

13-13 식 (13.21a, b)를 유도하라.

13-14 식 (13.21a, b)에서 식 (13.24a, b)를 유도하라.

13-15 도파관의 TE 파에 대한 다음 각 양을 유도하라.

(1) 전송전력 $\frac{\omega\mu\beta_{mn}ab}{8\omega_c^2\mu\varepsilon}H_0^2$ [W]

(2) 전계 및 자계에너지 $W_e = W_m = \frac{\omega^2\mu ab}{8\omega_c^2}H_0^2$ [J/m]

13-16 양변길이 10, 4 [cm]의 구형 공심도파관이 전송할 수 있는 전자파의 최소 차단주파수와 전송모드를 구하라.

답 1.5 [GHz], TE_{10} 모드

13-17 문제 13-16의 도파관에 4 [GHz]의 전자파를 전송할 수 있는 각종 모드와 각 모드의 차단주파수 및 반송파의 관내파장을 구하라.

답 TE_{10}, TE_{20}, TE_{01}, $f_c = 1.5, 3.0, 3.75$ [GHz], $\lambda_g = 8.09, 11.3, 21.6$ [cm]

13-18 문제 13-17의 각 모드에 대한 신호전송각을 구하라.

답 TE_{10} : 22°, TE_{20} : 48.6°, TE_{01} : 69.0°

13-19 구형도파관에 대한 다음 각 항의 관계를 유도하라.

(1) TEM 모드 (2) TE_{00} 모드 (3) $u_g u_p = \dfrac{1}{\varepsilon\mu}$

부 록

Ⅰ. 전기기술 발달 약사

Ⅱ. 수치기호

Ⅲ. 전기 및 자기단위

Ⅳ. 수학공식

I. 전기기술 발달 약사

표 부-1의 과학기술 연대표는 전기분야를 주로 한 과학기술의 세계사적 발명과 업적을 연대순으로 정리하여, 우리 선조들이 우리 민족에 끼친 공을 기리도록 하였다. 그런데 이 표에서 보는 바와 같이 임진왜란(1592～1599) 당시 일본에 의한 우리 학자와 기술인들의 납치로 우리 선조의 세계적 발명들이 한동안 중단되어 있음을 알 수 있다.

광복 후 대학 증설에 따른 기술교육의 성과와 1960년대의 공업화정책으로 과학기술개발이 체계화되면서, 불과 30년 사이에 무에서 유를 창조하는 많은 업적을 올림과 동시에 88 올림픽을 개최하여 세계질서를 뒤바꿔 놓음으로써 우리 민족의 우수성을 과시한 바 있다.

우리나라의 전기사를 간추려 보면 다음과 같다.

1882년 한미 국교개시 후 사절단(정사 민영익) 일행이 뉴욕을 방문(해로 38일, 육로 16일, 1883년 9월 18일 도착)하였을 때, 뉴욕 시내의 전기조명시설에 자극받아 Edison 전기조명회사(1879년 탄소전구 발명 후 설립)와 궁중의 전기조명을 계약한 바 있다. 그런데 1884년 갑신정변으로 지연되어 1887년 경복궁 내의 향원정 부근에 2개의 전기 arc등을 점등(3 kW 석탄연료 증기발전기 2대)하였는데 이것이 우리나라 전기조명의 시초이다.

그리고 1899년 전차가 개통(서대문-홍릉 단선, 객차 10대, 황실용 1대, 동대문 증기기관발전소 DC. 600 V, 75 kW)되었는데, 승객이 많아지자 야간에도 전차표를 팔기 위하여 종로에 3개의 백열전구를 점등(1900년 4월 10일 전기의 날, 직교류발전기 120 kW)한 것이 전등의 민간 이용 시작이다. 그후 1930년까지 약 80개의 민간배전회사가 전국의 전력사업을 담당하였으나, 일제가 중국을 침략하기 시작한 1932년에 5개의 대회사(경성, 남선, 서선, 북선, 조선전업)로 통합되었고, 1961년에는 한국전력주식회사로 합병되었다.

1945년 8월 15일 광복 당시 한반도 전체의 발전시설 170만 kW 중 남한의 약 20만 kW의 발전소가 1950년 6·25 전쟁으로 완전 파괴되었다. 그러나 전쟁이 끝난 1953년에 전체 발전시설 8.5만 kW(수력 : 3.1, 화력 : 2.8, 발전반 : 2.6만)가 우리 전기계 선배들의 꾸준한 노력으로 성장을 거듭한 결과 1994년 6월 현재 2754.9만 kW(원자력 27.6, 화력 63.3, 수력 9.1%)의 발전시설이 확보되어 선진공업국의 기틀을 만들었다. 그리고 21세기에 들어서는 2001년에는 3733.8만 kW의 발전시설을 계획하고 있다. 이에 대하여 우리의 경쟁국들은 1988년 현재 미국 7.6억 kW(원 15%), 일본 1.8억 kW(원 18%), 중국 1.27억 kW(89년), 대만 1840만 kW(원 27.7%), 북한 약 2,000만 kW(수 53%)의 전력을 확보하고 있다. 2004년 말 현재 우리나라 원자력발전은 20기(1,772만 kW)가 가동중이며 6,096만 kW(원전 29.0, 화력 64.6, 수력 6.4 %)의 총발전시설을 보유하면서 2,500억 $ 의 수출실적을 올리고 있다.

한편 전신은 대원군의 쇄국정책(1864～1873)이 끝나는 1876년 일본과의 국교개시 후 사절단(정사 김기수) 일행이 일본을 방문하였을 때, 일본 전역의 전신시설(1854년 도입)에 자극받아 우리나라 개화의 필요성을 강조하게 되었다. 그후 1881년 중국 천진에 파견한 기술습득생 중 상운이 1882년 전신기와 전화통(덕률풍)을 도입한 것이 처음이며, 1885년 서울-제물포간에 전신선을 가설 운영한 것이 전신통신의 시초이다.

전화의 개통은 1896년 궁내부에 10대, 1902년 민간용 25대로 시작된 것이 광복 당시 전국에 약 5만 대가 보급되었다. 최근 전자공업의 발달에 의한 통신기술의 현대화로 1993년 12월 현재 2000만 대를 초과하여 세계 8위의 선진 통신정보사회가 되었다(미 : 1.35억, 일 : 7600만, 독 : 3800만, 프 : 3200만, 영 : 2700만, 이 · 러 : 2500만대). 현재 우리나라는 이동통신, 삐삐 기타 통신의 급격한 증가와 통신정보의 선진화로 세계 제일의 위치를 달리고 있다.

표 부-1 과학기술 연대표

연 대	현 상	발명자 및 국적	비 고
BC 600	마찰전기 및 자기	Thales(그)	
BC 474	지남차(석)	중 국	한대
AD 372	불교 도입	고구려	
647	첨성대	신 라	
676	신라 삼국통일	신 라	
705	목판인쇄	신 라	다라니경(중국 868년)
725	상원사 범종	신 라	에밀레종 771년
828	청해진(완도)	신 라	장보고, 동양해상권 장악
918	고려건국	왕 건	
1100	나침반(지남어)	중 국	서구 수출
1149	봉화통신	고 려	4화제(1895. 4. 폐지)
1234	금속활자	고 려	독일 1445년
1377	화약무기	고 려	최영장군 왜구소탕
1392	조선건국	이성계	
1395	천문도석각	조 선	1463개의 별 조각
1432	자격루(자동물시계)	조 선	세종, 장영실
1442	측우기	조 선	세종
1442	신기전화차	조 선	세종, 1회 15개 발사, 2～3 km, 1993년 복원
1446. 4. 9	훈민정음 선포	조 선	세종
1492	미대륙 발견	C. Columbus(스)	
1517	종교개혁	M. Luther(독)	
1592～1599	임진왜란	조 선	기술자 일본 납치
1600	정전기(뢰) 해설	조 선	이수광(1563～1628)
1600	병자호란	조 선	
1665	만유인력	I. Newton(영)	
1745	Lyden병	Lyden 대학(네)	콘덴서
1749	뇌(雷)의 연구	B. Franklin(미)	피뢰침
1753	정전유도 발견	J. Canton(영)	검전기
1760	지전설 전기자기 해설	조 선	홍대용(1731～1783)
1769	증기기관 발명	Watt(영)	산업혁명 시작

표 부-1 (계 속)

연 대	현 상	발명자 및 국적	비 고
1783	천주교 입국	조 선	서구과학 도래
1785	Coulomb의 법칙	C. Coulomb(프)	
1786	전류의 발견	L. Galvani(이)	
1792	기중기 고안	조 선	정약용(1762~1836) (수원성 축성시 이용)
1800	전지의 발명	A. Volta(이)	
1802	전기 arc 등	M. Davary(영)	(1887년 경복궁 점화)
1820	전류의 자기작용	H. C. Oersted(덴)	
1826	Ohm의 법칙	G. S. Ohm(독)	
1831	전자유도 발견	M. Faraday(영)	
1837	유선전신기 개발	S. Morse(미)	(1882년 한국에 도입)
1841	Joule의 법칙	J. Joule(영)	
1854	일본개국	일 본	미국에서 전신기 도입
1858	음극선 발견	J. Plucker(독)	
1859	형광등 시작	A. H. Becqurel(독)	
1861	대동여지도	조 선	김정호, 대마도 포함
1864~1873	대원군 섭정	조 선	구제도 개혁, 쇄국정책
1866	"전기" 저술	조 선	최한기(1803~1877) 전자기 해설 (전학지 88년 7월호 참조)
1868	명치유신	일 본	군국화 시작
1873	"전자기학" 출판	J. C. Maxwell(영)	
1876	전화 실용화	A. Bell(미)	(1896 : 궁중, 1902 : 민간 통화)
1877	축음기	T. Edison(미)	
1878	Swan 전구 발명	J. W. Swan(영)	
1879	백열전구 발명	T. Edison(미)	N. Y. Edison 조명회사 설립
1881	기술습득생 천진 파견	조 선	학도 25명, 공장(工匠) 13명
1882. 3	전신기 전화통 도입	조 선	기술습득생 상운(尙澐)
1882. 5	한미통상협정	조 선	기독교 입국
1883	전환국 개설	조 선	국립공업 시험소 전신
1883	"논전기" 기사	조 선	한성순보 4호(1883. 11. 1)
1883	변압기 개발	L. Gaulard(프) J. Gibbs(영)	
1884. 2	일본전신국 설치	조 선	부산, 일본 거류민용
1884	해저통신 cable 설치	조 선	부산-일본 장기, 일본 거류민용
1884. 3. 17	우정총국 개국	조 선	국장 홍영식(서울 안국동 소재)
1884	규소강 발명	R. Hardfield(미)	
1885. 9	전신선 개통	조 선	서울-제물포, 서울-평양-의주
1887. 1	전기 arc 등 점등	조 선	경복궁 내 향원정 증기기관발전기 3 kW×2

표 부-1 (계 속)

연 대	현 상	발명자 및 국적	비 고
1887	자동전화교환기	A. Strowger(미)	
1887	삼상교류이론 확립	D. Dobrowolski(독)	
1888	전자파 실증	H. Hertz(독)	
1888	유도발전기 개발	G. Ferraris(이) N. Tesla(미)	
1889	적산전력계 개발	E. Thomson(미)	
1891	자기이력현상 발견	G. P. Steinmetz(미)	
1892	원자론 발표	H. Lorentz(네)	
1894. 6. 25	갑오경장	조 선	과학기술 교육정책 수립
1894~1895	청일전쟁	조 선	조선땅에 일본세력 정착
1895. 5	봉화통신제도 폐지	조 선	전신선 보급으로
1895. 10	명성황후 시해	조 선	일본공사 주동
1895	X-선 발견	W. K. Röntgen(독)	
1896. 10	전화(자석식) 개통	조 선	궁내부 10대
1896	무선통신 발명	G. Marconi(미)	(1910. 9. 월미도-광제호 통신)
1897	Braun관, 2극진공관 발명	K. Braun(독)	
1897	광전자 발견	J. J. Thomson(영)	
1897	대한제국 선포	고종황제	
1898. 1	한성전기회사 설립	대한제국	고종, 미국인(H. Collbran, H. R. Bostwick) 공동
1898	Radium 발견	M. Curie(프)	
1899. 10	전차개통(서대문-홍릉)	대한제국	한성전기회사, 직류발전시설 200 kW(일본기술시공)
1900. 4. 10	민간용 전등 점등	대한제국	한성전기회사 서울 종로 가로등 3등
1902	민간전화 개통	대한제국	서울 자석식 25대 (1993년 2천만 대 돌파 세계 8위)
1904	러일전쟁		일본세력 강화
1905	특수상대성원리 발표	A. Einstein(독)	
1905. 11	을사조약 체결	대한제국	일본침략 본격화
1909. 10	안중근의사 의거	대한제국	이등박문 암살
1910	텅스텐 필라멘트전구	W. Coolidge(미)	G. E 사
1910. 8. 29	한일합방	조 선	일본의 식민지화 시작
1911	초전도현상 발견	K. Onnes(네)	Lyden 대학 대학원생
1913	Bohr 원자모형	N. Bohr(덴)	
1914~1919	제1차 세계대전		
1916	Superhederodyne 수신기	Armstrong(독)	
1919. 3. 1	3·1 독립운동	조 선	동경의 조선 YMCA에서 2·8 독립 선언

표 부-1 (계 속)

연 대	현 상	발명자 및 국적	비 고
1919	원자핵파괴 성공	E. Ratherford(영)	
1920	Radio 방송국 KDKA 개국	Pithburgh(미)	F. Conard(W. H. 기사)
1927. 2. 16	경성방송국 개국	조 선	출력 1 kW(1994년 500 kW)
1929	Color TV 실험방송	Bell 연구소(미)	
1932	전자현미경 발명	Bruche(독)	(1979년 마산공단 제작)
1935	radar 실용화	Watson-Watt(영)	2차대전시 영국에서 활용
1938	형광등 실용화	Inman(미)	GE 사(1958년 국내 생산)
1940	전자식 Color TV 개발	CBS(미)	
1941. 12. 8	미 · 일 전쟁개시		제2차 세계대전
1945. 8. 7	원자탄 일본 히로시마 투하	미 국	일본 패망
1945. 8. 15	광복, 분단	조 선	전력시설(남 : 20만, 북 : 150만 kW)
1945	Color TV 방송 개시	CBS(미)	(1980년 KBS 방송 개시)
1946	전자계산기(ENIAC) 완성	Pennsylvania(미)	진공관 1800개, 150 kW, 130 tons
1948	transistor 발명	Shockly, Barden, Brathen(미)	
1948. 8. 15	대한민국 수립	한 국	이승만 대통령
1950	삼색 Color TV 수상관 개발	RCA(미)	
1950. 6. 25	6 · 25 전쟁	한 국	전력시설 완전파괴
1950. 11	발전반	한 국	마산, 장생포
1954	transistor radio 상품화	미 국	(1971년 조립 생산)
1954. 8. 6	발전출력 10만 kW 돌파	한 국	국민소득 60달러
1956	흑백 TV(RCA) 방송	한 국	서울 HLKZ, 출력 100 W (황태영 경영)
1957	IC 회로 개발	T. I(미)	
1957	인공위성(Sputnik) 발사	소 련	(1992년 우리별 1호 발사)
1957	원자력발전소 가동	영국, 미국	(1978년 고리원전 가동)
1958	원자력발전소 설립	한 국	소장 박철재
1960. 4. 19	4 · 19 의거	한 국	
1960	Laser(루비) 발진 성공	H. Maiman(미)	
1961	TV(흑백) 방송국 개국	한 국	KBS TV 출력 2 kW
1961	전력연구소	한 국	소장 우형주(서울공대 부설)
1961. 5. 16	5 · 16 군사혁명	한 국	
1961. 7	한국전력(주)	한 국	3사통합 사장 박영준
1962	연구용 원자로 준공	한 국	원자력연구소(출력 100 kW)
1964	1억 달러 수출 자축	한 국	1994년 820억 달러 수출

표 부-1 (계 속)

연 대	현 상	발명자 및 국적	비 고
1965	한국과학기술연구소 (KIST) 설립	한 국	소장 최형섭
1966	IC TV(흑백) 개발	RCA(미)	
1966	우주선(Lunar호) 월면연착	NASA(미)	
1966	전파연구소	한 국	위성전파 수신 연구
1968	지하철 개통	한 국	서울 1호선
1968. 10. 17	전력수요 100만 kW	한 국	
1969	154 kV급 변압기 개발 생산	한 국	한영공업(주) (1992년 345 kV급 생산)
1970	광섬유 개발	Corning 사(미)	
1971	TR식 TV(흑백) 수상기 개발 생산	한 국	금성, 대한, 삼성(주)
1971	Color TV 수상기 조립 생산	한 국	아남, 한국내쇼날(주)
1975	미니컴퓨터 개발	한 국	KIST
1976	한국전기연구소	한 국	소장 정성계(정부출자)
1976	표준동축 cable 개발 생산	한 국	대한, 금성전선(주)
1977	IC 전자시계 개발 생산	한 국	한국반도체(주)
1977	Color TV 수상기 생산	한 국	삼성, 금성, 대한(주)
1978	고리원자력발전 가동	한 국	58.7만 kW, (1994년 9기, 761.6만 kW, 세계 8위)
1979	VTR 개발 생산	한 국	삼성전자(주)
1980	태양광발전(4 kW)	한 국	서해안 아비도
1980	Color TV 방송 개시	한 국	KBS, MBC, TBC(출력 50 kW)
1981	광통신 cable 생산	한 국	금성, 대한전선(주)
1981	한국전력연구소	한 국	정부출자
1982	발전시설 1000만 kW	한 국	
1985	한국전자통신연구소	한 국	(76전자, 77통신 통합)
1985	기초전력공동연구소	한 국	서울대학교 소재
1987	반도체공동연구소	한 국	서울대학교 소재
1989	발전시설 2000만 kW	한 국	
1991	자동화시스템 공동연구소	한 국	서울대학교 소재
1991	뉴미디어 통신공동연구소	한 국	서울대학교 소재
1993	전화 2000만 대 돌파	한 국	(세계 8위)
1994	발전시설 2754만 kW	한 국	
2004	원전 20기(1,772만 kW)	한 국	(세계 5위)
2004	총발전시설 6,096만 kW	한 국	(원 29.0, 화 64.6, 수 6.4 %)

Ⅱ. 수치기호

표 부-2 SI 단위의 수치표준 접두기호

접두어	기 호	수 치	접두어	기 호	수 치
atto-	a-	10^{-18}	deka-	da-	10^{1}
femto-	f-	10^{-15}	hecto-	h-	10^{2}
pico-	p-	10^{-12}	kilo-	k-	10^{3}
nano-	n-	10^{-9}	mega-	M-	10^{6}
micro-	μ-	10^{-6}	giga-	G-	10^{9}
milli-	m-	10^{-3}	tera-	T-	10^{12}
centi-	c-	10^{-2}	peta-	P-	10^{15}
deci-	d-	10^{-1}	exa-	E-	10^{18}

비고 : The International System of Unit = SI 단위

Ⅲ. 전기 및 자기단위(국제단위계 SI)

명 칭	기 호	단 위	약 호	비 고
전기량, 전하 electric charge	Q	Coulomb	C	
일, 에너지 work, energy	W	Joule	J	
에너지밀도 energy density	w	Joule/meter^3	J/m^3	
전 위 electric potential	V	volt	V	J/C
기 전 력 electromotive force	emf	volt	V	
전 계 electric field intensity	E	volt/meter	V/m	N/C
선전하밀도 line charge density	ρ_l	Coulomb/meter	C/m	
면전하밀도 surface charge density	ρ_s	Coulomb/meter^2	C/m^2	
체전하밀도 volume charge density	ρ	Coulomb/meter^3	C/m^3	
입 체 각 solid angle	ω	steradian	sr	
분 극 도 polarization	$\boldsymbol{P}$	Coulomb/m^2	C/m^2	
전 화 율 susceptibility	χ	Farad/meter	F/m	
전 속 electric flux	ϕ	Coulomb	C	
전속밀도 electric flux density	$\boldsymbol{D}$	Coulomb/m^2	C/m^2	
정전용량 capacitance	C	Coulomb/Volt	F	C/V
유 전 율 permitivity, dieletric constant	ε_0, ε	Farad/meter	F/m	
전기쌍극자능률 electric dipole moment	$\boldsymbol{\mu}_e$	Coulomb·meter	C·m	
전위계수 coefficient of potential	p_{rs}	Farad^{-1}	F^{-1}	
용량계수 coefficient of capacity	q_{rr}	Farad	F	
유도계수 coefficient of induction	q_{rs}	Farad	F	
전 류 electric current	I	Ampere	A	C/s
전류밀도 electric current density	J	Ampere/meter^2	A/m^2	
전기저항 electric resistance	R	Ohm	Ω	V/A

명 칭		기 호	단 위	약 호	비 고
컨덕턴스	conductance	G	Siemens	S	℧
고유저항	electric resistivity	ρ	Ohm·meter	Ω·m	
도 전 율	conductivity	σ	Siemens/meter	S/m	℧/m
전 력	electric power	P	Watt	W	J/S
이 동 도	mobility	μ_e, μ_h	$meter^2$/volt·s	m^2/V·s	
자기량, 자하	magnetic charge	m	Weber	Wb	
자 계	magnetic field intensity	$\boldsymbol{H}$	Ampere·meter	A/m	N/Wb
투 자 율	permeability	μ_0, μ	Henry·meter	H/m	
자 속	magnetic flux	ϕ	Weber	Wb	
자속밀도	magnetic flux density	$\boldsymbol{B}$	Tesler	T	Wb/m^2
자 위	magnetic scalar potential	V_m	Ampere	A	
	magnetic vector potential	$\boldsymbol{A}$	Weber/meter	Wb/m	
자기능률	magnetic moment	$\boldsymbol{\mu}_m$	$Ampere \cdot meter^2$	$A \cdot m^2$	Wb·m
자화의 세기	magnetization	$\boldsymbol{M}$	Ampere/meter	A/m	Wb/m^2
기 자 력	magnetomotive force	$\mathscr{F}$	Ampere·turn	AT	A
자기저항	reluctance	$\mathscr{R}$	Ampere·turn/Weber	AT/Wb	A/Wb
자기유도계수	self-inductance	L	Henry	H	Wb/A
상호유도계수	mutual inductance	M	Henry	H	Wb/A
변위전류밀도	displacement current density	$\boldsymbol{J}_d$	$Ampere/meter^2$	A/m^2	
각주파수	radian frequency	ω	radian/second	rad/s	
광 속 도	velocity of light	c	meter/second	m/s	
파 장	wavelength	λ	meter	m	
주 파 수	frequency	f	Hertz	Hz	s^{-1}
고유임피던스	intrinsic impedance	η	Ohm	Ω	
위상상수	phase constant	β	radian/meter	rad/m	
위상속도	phase velocity	u_p	meter/second	m/s	
군 속 도	group velocity	μ_g	meter/second	m/s	
감쇠상수	attenuation constant	α	Neper/meter	Np/m	m^{-1}
전파상수	propagation constant	$\dot{\gamma}$	1/meter	m^{-1}	
복소유전율	complex dielectric constant	ε^*	Farad/meter	F/m	
복소투자율	complex permeability	μ^*	Henry/meter	H/m	
표피두께	skin depth	δ	meter	m	
포인팅 벡터	Poynting vector	$\boldsymbol{R}$	$Watt/meter^2$	W/m^2	
반사계수	reflection coefficient	Γ	–	–	
투과계수	transmitted coefficient	Γ_t	–	–	
반 사 율	reflection factor	R_r	–	–	
투 과 율	transmitted factor	R_t	–	–	
정재파비	standing wave ratio	S	–	–	
복사전력	radiation power	P_{rad}	$Watt/meter^2$	W/m^2	
복사저항	radiation resistance	R_{rad}	Ohm	Ω	
실 효 고	effective height of antenna	h_e	meter	m	

Ⅳ. 수학공식

【1】 대수공식

1. 2차방정식 : $ax^2+bx+c=0$

$$x=\frac{-b\pm\sqrt{b^2-4ac}}{2a}$$

1) $b^2-ac>0$ 2근은 실수이고 같지 않음
2) $b^2-ac=0$ 2근은 실수이고 서로 같음
3) $b^2-ac<0$ 2근은 허수임

2. 대수 : $\log_a y=x$ 는 $a^x=y$ 인 x, y의 관계를 표시한다.

1) $\log_a a=1$
2) $\log_a 1=0$
3) $\log_a xy=\log_a x+\log_a y$
4) $\log_a \dfrac{y}{x}=\log_a y-\log_a x$
5) $\log_a x^n=n\log_a x$
6) $\log_a \sqrt[n]{x}=\dfrac{1}{n}\log_a x$
7) $\ln x$를 자연대수, $\log_{10} x$를 상용대수라 하면

$\log_{10} x=M\ln x$에서 $M=\dfrac{1}{\ln 10}=0.43429\cdots$, $\dfrac{1}{M}=\ln 10=2.30258$

$e=1+\dfrac{1}{1!}+\dfrac{1}{2!}+\dfrac{1}{3!}+\cdots+\dfrac{1}{n!}=2.71828$

8) $e^{jx}=\cos x+j\sin x$
9) $\sinh x=\dfrac{1}{2}(e^x-e^{-x})$, $\cosh x=\dfrac{1}{2}(e^x+e^{-x})$
10) $(1+x)^n=1+nx+\dfrac{1}{2}n(n-1)x^2+\cdots$

【2】 삼각공식

1. 같은 삼각함수 사이의 관계

1) $\begin{cases}\sin A\ \mathrm{cosec}\, A=1\\ \tan A\cot A=1\\ \cos A\sec A=1\end{cases}$ 2) $\tan A=\dfrac{\sin A}{\cos A}$ 3) $\begin{cases}\sin^2 A+\cos^2 A=1\\ \sec^2 A=1+\tan^2 A\\ \mathrm{cosec}^2 A=1+\cot^2 A\end{cases}$

2. 2각의 합과 차

1) $\sin(A\pm B)=\sin A\cos B\pm\cos A\sin B$
2) $\cos(A\pm B)=\cos A\cos B\mp\sin A\sin B$

3. 합과 승의 관계

1) $\sin A + \sin B = 2\sin\frac{1}{2}(A+B)\cdot\cos\frac{1}{2}(A-B)$

$\sin A - \sin B = 2\cos\frac{1}{2}(A+B)\cdot\sin\frac{1}{2}(A-B)$

$\cos A + \cos B = 2\cos\frac{1}{2}(A+B)\cdot\cos\frac{1}{2}(A-B)$

$\cos A - \cos B = -2\sin\frac{1}{2}(A+B)\cdot\sin\frac{1}{2}(A-B)$

2) $\sin A\cos B = \frac{1}{2}\{\sin(A+B)+\sin(A-B)\}$

$\cos A\sin B = \frac{1}{2}\{\sin(A+B)-\sin(A+B)\}$

$\sin A\sin B = \frac{1}{2}\{\cos(A-B)-\cos(A+B)\}$

$\cos A\cos B = \frac{1}{2}\{\cos(A-B)+\cos(A+B)\}$

4. 2배각의 관계

1) $\sin 2A = 2\sin A\cos A$

2) $\cos 2A = 2\cos^2 A - 1 = 1 - 2\sin^2 A = \cos^2 A - \sin^2 A$

5. 반각 및 2배각에 관한 공식

1) $\sin A = 2\sin\frac{A}{2}\cos\frac{A}{2}$, $\cos A = \cos^2\frac{A}{2} - \sin^2\frac{A}{2}$

2) $\begin{cases} 2\sin^2 A = 1-\cos 2A \\ 2\cos^2 A = 1+\cos 2A \end{cases}$ $\begin{cases} 2\cos^2\frac{A}{2} = 1-\cos A \\ 2\cos^2\frac{A}{2} = 1+\cos A \end{cases}$

6. $a\sin A + b\cos A = \sqrt{a^2+b^2}\sin(A+\phi)$, $\phi = \tan^{-1}\frac{b}{a}$

【3】 미분공식

1) $y = x^m$, $y' = mx^{-1}$

2) $y = \sin x$, $y' = \cos x$

3) $y = \cos x$, $y' = -\sin x$

4) $y = \tan x$, $y' = \frac{1}{\cos^2 x}$

5) $y = \cot x$, $y' = -\frac{1}{\sin^2 x}$

6) $y = e^x$, $y' = e^x$

7) $y = a^x,\qquad y' = a^x \ln a$

8) $y = \ln x,\quad y' = \dfrac{1}{x}$

9) $\dfrac{\partial f(\phi)}{\partial x} = \dfrac{\partial f(\phi)}{\partial \phi}\dfrac{d\phi}{dx}$

10) $\dfrac{\partial}{\partial x}\ln f(\phi) = \dfrac{1}{f(\phi)}\dfrac{\partial f(\phi)}{\partial x}$

【4】 적분공식

1) $\int u\dfrac{dv}{dx}dx = uv - \int v\dfrac{du}{dv}dx$

2) $\int x^n dx = \dfrac{x^{n+1}}{n+1}$ (적분상수 생략)

3) $\int (a+bx)^n dx = \dfrac{(a+bx)^{n+1}}{(n+1)b}$

4) $\int \sqrt{x^2 \pm a^2}\,dx = \dfrac{x}{2}\sqrt{x^2 \pm a^2} \pm \dfrac{a^2}{2}\ln\left(x+\sqrt{x^2 \pm a^2}\right)$

5) $\int \dfrac{dx}{x \pm a} = \ln(x \pm a)$

6) $\int \dfrac{dx}{a^2+x^2} = \dfrac{1}{a}\tan^{-1}\dfrac{x}{a}$

7) $\int \dfrac{dx}{a^2-x^2} = \dfrac{1}{2a}\ln\dfrac{a+x}{a-x} = \dfrac{1}{a}\tanh^{-1}\dfrac{x}{a}$

8) $\int \dfrac{xdx}{1 \pm x^2} = \pm\dfrac{1}{2}\ln(1 \pm x^2)$

9) $\int \dfrac{dx}{\sqrt{a^2-x^2}} = \sin^{-1}\dfrac{x}{a}$

10) $\int \dfrac{dx}{\sqrt{x^2 \pm a^2}} = \ln\left(x+\sqrt{x^2 \pm a^2}\right)$

11) $\int \sin ax\,dx = -\dfrac{\cos ax}{a}$

12) $\int \cos ax\,dx = \dfrac{\sin ax}{a}$

13) $\int \sin^2 x\,dx = \dfrac{x}{2} - \dfrac{\sin 2x}{4}$

14) $\int \cos^2 x\,dx = \dfrac{x}{2} + \dfrac{\sin 2x}{4}$

15) $\int \ln x\,dx = x\ln x - x$

16) $\int e^{ax}dx = \dfrac{e^{ax}}{a}$

17) $\int xe^x dx = e^x(x-1)$

18) $\int \dfrac{dx}{1+e^x} = \ln\dfrac{e^x}{1+e^x}$

19) $\int \dfrac{dx}{1+\cos x} = \tan\dfrac{x}{2}$

20) $\int \dfrac{dx}{a+b\cos x} = \dfrac{2}{\sqrt{a^2-b^2}}\tan^{-1}\left(\sqrt{\dfrac{a-b}{a+b}}\tan\dfrac{x}{2}\right),\quad (a > b)$

【5】 벡터공식

1) $\boldsymbol{A}\times\boldsymbol{B}\cdot\boldsymbol{C} \equiv \boldsymbol{B}\times\boldsymbol{C}\cdot\boldsymbol{A} \equiv \boldsymbol{C}\times\boldsymbol{A}\cdot\boldsymbol{B} \equiv -\boldsymbol{A}\times\boldsymbol{C}\cdot\boldsymbol{B}$

2) $\boldsymbol{A}\times\boldsymbol{B}\times\boldsymbol{C} \equiv (\boldsymbol{A}\cdot\boldsymbol{C})\boldsymbol{B} - (\boldsymbol{A}\cdot\boldsymbol{B})\boldsymbol{C}$

3) $\nabla(V\cdot W) \equiv \nabla V + \nabla W$

4) $\nabla\cdot(\boldsymbol{A}+\boldsymbol{B}) \equiv \nabla\boldsymbol{A} + \nabla\cdot\boldsymbol{B}$

5) $\nabla(VW) \equiv W\nabla V + V\nabla W$

6) $\nabla \cdot (V\boldsymbol{A}) \equiv \boldsymbol{A}\nabla V + V\nabla \cdot \boldsymbol{A}$

7) $\nabla(\boldsymbol{A} \cdot \boldsymbol{B}) \equiv (\boldsymbol{A} \cdot \nabla)\boldsymbol{B} + (\boldsymbol{B} \cdot \nabla)\boldsymbol{A} + \boldsymbol{A} \times (\nabla \times \boldsymbol{B}) + \boldsymbol{B} \times (\nabla \times \boldsymbol{A})$

8) $\nabla \times [\boldsymbol{A} \times \boldsymbol{B}] \equiv \boldsymbol{B} \cdot [\nabla \times \boldsymbol{A}] - \boldsymbol{A}[\nabla \times \boldsymbol{B}]$

9) $\nabla \times [\boldsymbol{A} \times \boldsymbol{B}] \equiv \boldsymbol{A}\nabla \cdot \boldsymbol{B} - \boldsymbol{B}\nabla \cdot \boldsymbol{A} + (\boldsymbol{B} \cdot \nabla)\boldsymbol{A} - (\boldsymbol{A} \cdot \nabla)\boldsymbol{B}$

10) $\nabla \cdot \nabla V \equiv \mathrm{div} \cdot \mathrm{grad}\, V = \nabla^2 V$

11) $\nabla \times \nabla V = \mathrm{rot} \cdot \mathrm{grad}\, V \equiv 0$

12) $\nabla\nabla \cdot \boldsymbol{A} = \mathrm{grad}\,\mathrm{div}\,\boldsymbol{A} = \nabla^2 \boldsymbol{A}$

13) $\nabla \cdot \nabla \times \boldsymbol{A} = \mathrm{div} \cdot \mathrm{rot}\,\boldsymbol{A} \equiv 0$

14) $\nabla \times \nabla \times \boldsymbol{A} = \nabla(\nabla \cdot \boldsymbol{A}) - \nabla^2 \boldsymbol{A}$

15) $\nabla \times (V\boldsymbol{A}) = \nabla V \times \boldsymbol{A} + V\nabla \times \boldsymbol{A} \iint_S$

16) Stoke's theorem $\oint_c \boldsymbol{A} \cdot d\boldsymbol{l} = \nabla \times \boldsymbol{A} \cdot \boldsymbol{n} dS$

17) Divergence theorem $\oiint_S \boldsymbol{A} \cdot \boldsymbol{n} dS = \iint_v \nabla \cdot \boldsymbol{A} dv$

【6】 일반곡선좌표계

공간 내의 한 점에서 그림 부-1과 같이

$$u = \text{일정}, \qquad v = \text{일정}, \qquad w = \text{일정}$$

의 3개의 곡면이 서로 수직으로 교차할 때 발생하는 3개의 곡선(u, v, w)을 축으로 하는 좌표계를 **일반곡선좌표계**(一般曲線座標系, general curvilinear coordinates system)라 한다. 이 좌표계에서 미소육면체의 각 변은 du, dv, dw만으로 표시할 수 없으므로

$$dl_1 = h_1 du, \qquad dl_2 = h_2 dv, \qquad dl_3 = h_3 dw$$

로 주어지며, 여기서 h_1, h_2, h_3은 u, v, w의 함수로 정해지는 **척도계수**(scale factor)이다.

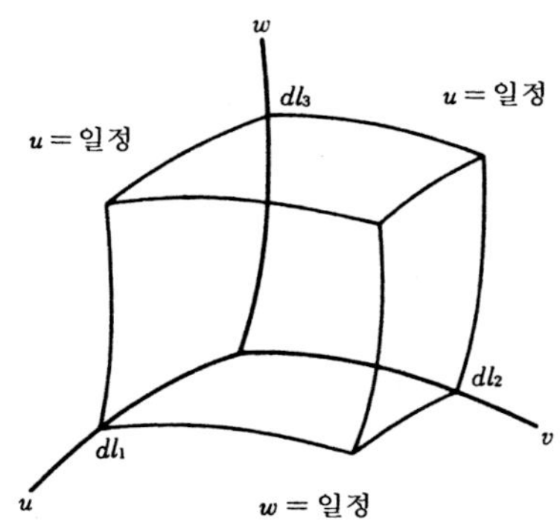

그림 부-1 일반곡선좌표

따라서 그림 부-1의 미소평행육면체의 체적 및 각 표면적은

$$dv = dl_1 dl_2 dl_3 = h_1 h_2 h_3 \, du dv dw$$

$$dS_w = dl_1 dl_2 = h_1 h_2 du dv, \quad dS_u = dl_2 dl_3 = h_2 h_3 dv dw$$

$$dS_v = dl_3 dl_1 = h_3 h_1 dw dv$$

와 같이 주어지며, 이들 세 축이 직교하는 직선좌표계(cartesian coordinate system)(x, y, z), 원통좌표계(r, ϕ, z) 및 구좌표계(r, θ, ϕ)와 비교하면 척도계수는 다음과 같음을 알 수 있다.

표 부-3 척도계수와 좌표계

좌 표 계	변 수			척 도 계 수		
general curvilinear	u	v	w	h_1	h_2	h_3
cartesian	x	y	z	1	1	1
cylindrical	r	ϕ	z	1	r	1
spherical	r	θ	ϕ	1	r	$r\sin\theta$

그리고 각 축방향의 기본벡터 $\boldsymbol{a}_u$, $\boldsymbol{a}_v$, $\boldsymbol{a}_w$ 사이에는 $\boldsymbol{a}_u \cdot \boldsymbol{a}_v = 0$, $\boldsymbol{a}_u \times \boldsymbol{a}_v = \boldsymbol{a}_w$ 등의 관계가 성립한다.

【7】 일반곡선좌표계에서의 스칼라함수의 경도와 벡터함수의 발산 및 회전

1. 스칼라함수의 gradient

이 좌표계의 공간 내에서 미소변위

$$d\boldsymbol{l} = dl_1 \boldsymbol{a}_u + dl_2 \boldsymbol{a}_v + dl_3 \boldsymbol{a}_w$$

에 대한 스칼라함수 V의 미소변화는

$$\begin{aligned} dV &= \frac{\partial V}{\partial l_1} dl_1 + \frac{\partial V}{\partial l_2} dl_2 + \frac{\partial V}{\partial l_3} dl_3 \\ &= \frac{\partial V}{h_1 \partial u} h_1 du + \frac{\partial V}{h_2 \partial v} h_2 dv + \frac{\partial V}{h_3 \partial w} h_3 dw \\ &= \left(\frac{\partial V}{h_1 \partial u} \boldsymbol{a}_u + \frac{\partial V}{h_2 \partial v} \boldsymbol{a}_v + \frac{\partial V}{h_3 \partial w} \boldsymbol{a}_w \right) \cdot d\boldsymbol{l} \\ &= \nabla V \cdot d\boldsymbol{l} \end{aligned}$$

가 되므로 스칼라함수 V의 gradient는 다음과 같다.

$$\nabla V = \frac{1}{h_1} \frac{\partial V}{\partial u} \boldsymbol{a}_u + \frac{1}{h_2} \frac{\partial V}{\partial v} \boldsymbol{a}_v + \frac{1}{h_3} \frac{\partial V}{\partial w} \boldsymbol{a}_w \tag{1}$$

2. 벡터함수의 divergence

벡터함수 $\boldsymbol{D}=D_u\boldsymbol{a}_u+D_v\boldsymbol{a}_v+D_w\boldsymbol{a}_w$ [lines/m^2]의 선속밀도 중 미소평행육면체의 $\boldsymbol{a}_u$ 방향으로 통과하는 선속은

유입 : $\phi_i=D_u\,dl_2\,dl_3$, 유출 : $\phi_i+\dfrac{\partial\phi_i}{\partial l_1}dl_1$ [lines]가 되므로 $\boldsymbol{a}_u$ 방향으로의 선속의 증가분은

$$\frac{\partial\phi_i}{\partial l_1}dl_1=\frac{\partial(h_2h_3D_u)}{\partial u}du\,dv\,dw\,[\text{lines}]$$

가 된다. 마찬가지 계산을 $\boldsymbol{a}_v$, $\boldsymbol{a}_w$ 방향에 대하여 행하면 육면체에 대한 선속의 총증가분은

$$\left[\frac{\partial}{\partial u}(h_2h_3D_u)+\frac{\partial}{\partial v}(h_3h_1D_v)+\frac{\partial}{\partial w}(h_1h_2D_w)\right]du\,dv\,dw$$

가 되므로, 벡터계 $\boldsymbol{D}$의 divergence는 다음과 같이 주어진다.

$$\begin{aligned}\nabla\cdot\boldsymbol{D}&=\lim_{\Delta v\to 0}\frac{\oiint_S\boldsymbol{D}\cdot\boldsymbol{n}dS}{\Delta v}\\&=\frac{1}{h_1h_2h_3}\left[\frac{\partial}{\partial u}(h_2h_3D_u)+\frac{\partial}{\partial v}(h_3h_1D_v)+\frac{\partial}{\partial w}(h_1h_2D_w)\right]\end{aligned}\tag{2}$$

3. 벡터류의 rotation

벡터계 $\boldsymbol{H}=H_u\boldsymbol{a}_u+H_v\boldsymbol{a}_v+H_w\boldsymbol{a}_w$ [N/Wb=A/m]의 curl을 구함에 있어 그림 부-2와 같이 $u=0$ 면상에 폐곡선을 취하고 $\boldsymbol{H}$의 선적분을

$$\oint_{01230}\boldsymbol{H}\cdot d\boldsymbol{l}=\int_{01}\boldsymbol{H}\cdot d\boldsymbol{l}+\int_{12}\boldsymbol{H}\cdot d\boldsymbol{l}+\int_{23}\boldsymbol{H}\cdot d\boldsymbol{l}+\int_{30}\boldsymbol{H}\cdot d\boldsymbol{l}$$

와 같이 선분별로 행하면

$$\int_{01}\boldsymbol{H}\cdot d\boldsymbol{l}=W_u=H_v\cdot dl_2=H_2h_2dv$$

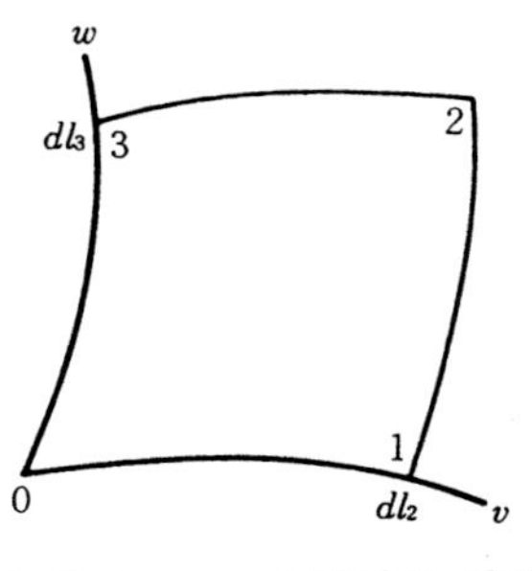

그림 부-2 $u=0$ 면상의 선적분

$$\int_{23} \boldsymbol{H} \cdot d\boldsymbol{l} = -\left(W_u + \frac{\partial W_u}{\partial l_3} dl_3 \right)$$

$$\therefore \int_{01} \boldsymbol{H} \cdot dl + \int_{23} \boldsymbol{H} \cdot dl = -\frac{\partial}{\partial w}(h_2 H_v)\, dv\, dw$$

가 얻어진다. 따라서

$$(\nabla \times \boldsymbol{H})_u = \lim_{\Delta S \to 0} \frac{\oint_C \boldsymbol{H} \cdot d\boldsymbol{l}}{\nabla S_u} = \frac{1}{h_2 h_3} \left[\frac{\partial}{\partial v}(h_3 H_w) - \frac{\partial}{\partial w}(h_2 H_v) \right]$$

가 얻어지며, 다른 두 성분도 마찬가지 방법으로 구할 수 있다. 이상의 결과를 종합하면 벡터계 $\boldsymbol{H}$의 rotation은 다음과 같이 나타난다.

$$\nabla \times \boldsymbol{H} = \begin{vmatrix} \dfrac{\boldsymbol{a}_u}{h_2 h_3} & \dfrac{\boldsymbol{a}_v}{h_3 h_1} & \dfrac{\boldsymbol{a}_w}{h_1 h_2} \\ \dfrac{\partial}{\partial u} & \dfrac{\partial}{\partial v} & \dfrac{\partial}{\partial w} \\ h_1 H_u & h_2 H_v & h_3 H_w \end{vmatrix} \tag{3}$$

4. 스칼라함수 $\boldsymbol{V}$의 Laplacian

식 (1)과 (2)에서

$$\begin{aligned} \nabla^2 V &= \nabla \cdot \nabla V \\ &= \frac{1}{h_1 h_2 h_3} \left[\frac{\partial}{\partial u} \left(\frac{h_2 h_3}{h_1} \frac{\partial V}{\partial u} \right) + \frac{\partial}{\partial v} \left(\frac{h_3 h_1}{h_2} \frac{\partial V}{\partial v} \right) \right. \\ &\quad \left. + \frac{\partial}{\partial w} \left(\frac{h_1 h_2}{h_3} \frac{\partial V}{\partial w} \right) \right] \end{aligned} \tag{4}$$

와 같이 얻어진다.

식 (1), (2), (3), (4)에 표 부-3에 대한 h_1, h_2, h_3, u, v, w의 값을 적용하면 모든 직교좌표계 (orthogonal coordinate system)에 대한 다음 각 식을 얻을 수 있다.

【8】 각 좌표계의 grad, div, curl 및 Laplacian

1. GRADIENT

Cartesian $\quad \nabla V = \dfrac{\partial V}{\partial x} \boldsymbol{a}_x + \dfrac{\partial V}{\partial y} \boldsymbol{a}_y + \dfrac{\partial V}{\partial z} \boldsymbol{a}_z$

Cylindrical $\quad \nabla V = \dfrac{\partial V}{\partial r} \boldsymbol{a}_r + \dfrac{1}{r} \dfrac{\partial V}{\partial \phi} \boldsymbol{a}_\phi + \dfrac{\partial V}{\partial z} \boldsymbol{a}_z$

Spherical $\quad \nabla V = \dfrac{\partial V}{\partial r}\boldsymbol{a}_r + \dfrac{1}{r}\dfrac{\partial V}{\partial \theta}\boldsymbol{a}_\theta + \dfrac{1}{r\sin\theta}\dfrac{\partial V}{\partial \phi}\boldsymbol{a}_\phi$

2. DIVERGENCE

Cartesian $\quad \nabla \cdot \boldsymbol{D} = \dfrac{\partial D_x}{\partial x} + \dfrac{\partial D_y}{\partial y} + \dfrac{\partial D_z}{\partial z}$

Cylindrical $\quad \nabla \cdot \boldsymbol{D} = \dfrac{1}{r}\dfrac{\partial}{\partial r}(rD_r) + \dfrac{1}{r}\dfrac{\partial D_\phi}{\partial \phi} + \dfrac{\partial D_z}{\partial z}$

Spherical $\quad \nabla \cdot \boldsymbol{D} = \dfrac{1}{r^2}\dfrac{\partial}{\partial r}(r^2 D_r) + \dfrac{1}{r\sin\theta}\dfrac{\partial}{\partial \theta}(D_\theta \sin\theta) + \dfrac{1}{r\sin\theta}\dfrac{\partial D_\phi}{\partial \phi}$

3. CURL

Cartesian $\quad \nabla \times \boldsymbol{H} = \left(\dfrac{\partial H_z}{\partial y} - \dfrac{\partial H_y}{\partial z}\right)\boldsymbol{a}_x + \left(\dfrac{\partial H_x}{\partial z} - \dfrac{\partial H_z}{\partial x}\right)\boldsymbol{a}_y + \left(\dfrac{\partial H_y}{\partial x} - \dfrac{\partial H_x}{\partial y}\right)\boldsymbol{a}_z$

Cylindrical $\quad \nabla \times \boldsymbol{H} = \left[\dfrac{1}{r}\dfrac{\partial H_z}{\partial \phi} - \dfrac{\partial H_\phi}{\partial z}\right]\boldsymbol{a}_r + \left[\dfrac{\partial H_r}{\partial z} - \dfrac{\partial H_z}{\partial r}\right]\boldsymbol{a}_r$

$$+ \frac{1}{z}\left[\frac{\partial (rH_\phi)}{\partial r} - \frac{\partial H_r}{\partial \phi}\right]\boldsymbol{a}_z$$

Spherical $\quad \nabla \times \boldsymbol{H} = \dfrac{1}{r\sin\theta}\left[\dfrac{\partial (H_\phi \sin\theta)}{\partial \theta} - \dfrac{\partial H_\theta}{\partial \phi}\right]\boldsymbol{a}_r$

$$+ \frac{1}{r}\left[\frac{1}{\sin\theta}\frac{\partial H_r}{\partial \phi} - \frac{\partial (rH_\phi)}{\partial r}\right]\boldsymbol{a}_\theta + \frac{1}{r}\left[\frac{\partial (rH_\theta)}{\partial r} - \frac{\partial H_r}{\partial \theta}\right]\boldsymbol{a}_\phi$$

4. LAPLACIAN

Cartesian $\quad \nabla^2 V = \dfrac{\partial^2 V}{\partial x^2} + \dfrac{\partial^2 V}{\partial y^2} + \dfrac{\partial^2 V}{\partial z^2}$

Cylindrical $\quad \nabla^2 V = \dfrac{1}{r}\dfrac{\partial}{\partial r}\left(r\dfrac{\partial V}{\partial r}\right) + \dfrac{1}{r^2}\dfrac{\partial^2 V}{\partial \phi^2} + \dfrac{\partial^2 V}{\partial z^2}$

Spherical $\quad \nabla^2 V = \dfrac{1}{r^2}\dfrac{\partial}{\partial r}\left(r^2\dfrac{\partial V}{\partial r}\right) + \dfrac{1}{r^2\sin\theta}\dfrac{\partial}{\partial \theta}\left(\sin\theta\dfrac{\partial V}{\partial \theta}\right) + \dfrac{1}{r^2\sin^2\theta}\dfrac{\partial^2 V}{\partial \phi^2}$

참고문헌

1. R. B. Adler, L. J. Chu, R. M. Fano : *Electromagnetic Energy Transmission and Radiation*, John Wiley & Sons (1960).
2. S. Ramo, J. R. Whinnery : *Fields & Waves in Modern Radio*, 2nd edition, John Wiley & Sons (1963).
3. L. Page, N. I. Adams : *Principles of Electricity*, 3rd edition, D. V. Nortrand (1957).
4. William H. Hayt, JR : *Engineering Electromagnetics*, 3, 4th edition, McGraw-Hill (1974, 1981).
5. John D. Kraus, Keith R. Carver : *Electromagnetics*, 2nd edition, McGraw-Hill (1973).
6. Warren B. Boast : *Principles of Electric & Magnetic Field*, Harper & Brothers (1956).
7. Warren B. Boast : *Vector Field*, Harper & Brothers (1964).
8. Emerson M. Puch & W. Puch : *Principles of Electricity & Magnetism*, Addison-Wesley Co. (1960).
9. Matthew E. Zaret : *Outline of Electromagnetic Theory*, Regents Co. (1965).
10. 우형주, 이윤종 공저 : 최신 전기자기학, 문운당 (1973).
11. 우형주 저 : 응용 전자기학, 청문각 (1981).
12. 우형주 외 5인 공역 : 전자기학, 탐구당 (1967).
    (R. Plonsey & Collin : *Principles & Application of Electromagnetics*, 1969).
13. 조철 역 : 현대 전자기학개론, 청문각 (1978).
    (C. H. Durney & C. C. Johnson : *Introduction to Modern Electromagnetics*, 1969).
14. 김상운 저 : 한국과학기술사, 정음사 (1976).
15. 山崎俊雄 外 1인 공저 : 電氣の技術史, Ohm 社 (1976).
16. 竹山說三 저 : 電磁氣學現象理論, 丸善 (1978).
17. 淸野武 저 : 電氣磁氣學, Ohm 社 (1962).
18. 卯本重郎 저 : 電磁氣學, 昭晃堂 (1980).
19. 日本電氣學會編 : 電氣磁氣學 (1980).
20. 〃 : 電氣磁氣學演習 (1980).
21. 上田實 외 5인 공저 : 靜電氣の基礎, 朝倉書店 (1971).
22. 增田閃一 외 1인 공저 : 電界計算法, (Hans Prinz: *Hochspannungsfelder*) 朝倉書店 (1974).
23. 日本電氣學會編 : 超傳導工學 (1978).

24. 우형주, 조철 공저: 전기재료학, 문운당 (1970).

25. 俊勝憲一 외 1인 공저: 電氣磁氣學演習, 共立社 (1977).

26. 岡崎淸 저: 電氣材料工學演習, 學獻社 (1974).

27. Markus Zahn: *Electromagnetic Field Theory*, John Wiley & Sons (1979).

28. Joseph A. Edminister: *Electromagnetics(Schaum's series)* McGraw-Hill (1979).

29. 藤田廣一 저: 電磁氣學 note, 續 電磁氣 note, Corona 社 (1978).

30. 松森德衛 편저: 電磁氣學例題(電子科) Corona 社 (1977).

31. 윤재강 외 1인 공역: 전자장, 동일출판사 (1981).

32. 日本靜電氣學會編: 靜電氣 Hand Book, Ohm 社 (1981).

33. 우형주 저: 전자기학, 청문각 (1988).

연습문제 풀이

1-1 (1) $1\,[\text{kgf/cm}^2]=10^4\,[\text{kgf/m}^2]=9.8\times10^4\,[\text{N/m}^2]$

(2) $1\,[\text{bar}]=10^6\,[\text{dyne/cm}^2]=10^5\,[\text{N/m}^2]$

1-2 (1) $|\boldsymbol{A}|=\sqrt{3^2+4^2+5^2}=5\sqrt{2}=7.071$, (2) $|\boldsymbol{B}|=\sqrt{2^2+(-4)^2+3^2}=\sqrt{29}=5.385$

(3) $|\boldsymbol{A}+3\boldsymbol{B}|=\sqrt{341}=18.466$

1-3 $A=\sqrt{14}$, $B=3$ (1) $\boldsymbol{a}_a=\dfrac{1}{\sqrt{14}}(\boldsymbol{i}+2\boldsymbol{j}+3\boldsymbol{k})=0.267\,\boldsymbol{i}+0.534\,\boldsymbol{j}+0.801\,\boldsymbol{k}$

$\boldsymbol{a}_b=\dfrac{1}{3}(2\boldsymbol{i}-2\boldsymbol{j}+2\boldsymbol{k})=0.667\,\boldsymbol{i}-0.333\boldsymbol{j}+0.667\boldsymbol{k}$, (2) $\boldsymbol{A}\cdot\boldsymbol{a}_b=2$, (3) $|\boldsymbol{A}+\boldsymbol{B}|=5.92$

(5) $\boldsymbol{A}\times\boldsymbol{B}=7\,\boldsymbol{i}+4\,\boldsymbol{j}-5\,\boldsymbol{k}$

(6) $\boldsymbol{B}\cdot\boldsymbol{a}_a=\dfrac{6}{\sqrt{14}}$, $(\boldsymbol{B}\cdot\boldsymbol{a}_a)\boldsymbol{a}_a=\dfrac{1}{7}(3\,\boldsymbol{i}+6\,\boldsymbol{j}+9\boldsymbol{k})=0.429\,\boldsymbol{i}+0.857\boldsymbol{j}+1.286\,\boldsymbol{k}$

1-4 $\boldsymbol{B}-\boldsymbol{A}=3\,\boldsymbol{i}-2\,\boldsymbol{k}$, $\boldsymbol{a}=0.277(3\boldsymbol{i}-2\,\boldsymbol{k})=0.831\,\boldsymbol{i}-0.554\,\boldsymbol{k}$

1-5 $4\boldsymbol{A}-3\boldsymbol{B}=2\,\boldsymbol{i}+3\,\boldsymbol{j}-\boldsymbol{k}$……ⓐ, $2\boldsymbol{A}+\boldsymbol{B}=-\boldsymbol{i}-\boldsymbol{j}+2\,\boldsymbol{k}$……ⓑ, ⓐ−ⓑ $\boldsymbol{B}=-0.8\,\boldsymbol{i}-\boldsymbol{j}+\boldsymbol{k}$,

ⓐ+ⓑ $\boldsymbol{A}=-0.1\,\boldsymbol{i}+0.5\boldsymbol{k}$, $\therefore$ $|\boldsymbol{A}+\boldsymbol{B}|=\sqrt{0.9^2+1+1.5^2}=2.015$,

$|\boldsymbol{A}-\boldsymbol{B}|=\sqrt{0.7^2+1+0.5^2}=1.32$

1-6 (1) $\boldsymbol{k}\times\boldsymbol{A}=2\,\boldsymbol{j}+5\,\boldsymbol{i}$, (2) $\boldsymbol{i}\times(\boldsymbol{j}\times\boldsymbol{A})=2\boldsymbol{j}$, (3) $\boldsymbol{i}\times(\boldsymbol{A}\times\boldsymbol{k})=-2\,\boldsymbol{k}$

1-7 (1) $\overrightarrow{\text{BA}}=\boldsymbol{A}-\boldsymbol{B}=\boldsymbol{i}-4\,\boldsymbol{j}+2\,\boldsymbol{k}$, (2) $\overrightarrow{\text{BC}}=\boldsymbol{C}-\boldsymbol{B}=-5\,\boldsymbol{i}-\boldsymbol{j}+2\,\boldsymbol{k}$, $\overline{\text{BC}}=\sqrt{30}=5.48$

(3) $\overrightarrow{\text{DC}}=\boldsymbol{C}-\dfrac{1}{2}(\boldsymbol{A}+\boldsymbol{B})=-5.5\,\boldsymbol{i}+\boldsymbol{j}+\boldsymbol{k}$, $\boldsymbol{a}=\dfrac{\overrightarrow{\text{DC}}}{\text{DC}}=-0.968\,\boldsymbol{i}+0.176\,\boldsymbol{j}+0.176\,\boldsymbol{k}$

1-8 $S=\dfrac{1}{2}|\overrightarrow{\text{BA}}\times\overrightarrow{\text{BC}}|=\dfrac{1}{2}|-6\,\boldsymbol{i}-12\,\boldsymbol{j}+19\,\boldsymbol{k}|=12.46\,[\text{m}^2]$

1-9 $\boldsymbol{C}=\dfrac{1}{2}(\boldsymbol{A}+\boldsymbol{B})=-\boldsymbol{i}+2\,\boldsymbol{j}$, $\boldsymbol{D}=\dfrac{1}{2}(\boldsymbol{A}-\boldsymbol{B})=(3\boldsymbol{i}+\boldsymbol{j}-5\,\boldsymbol{k})$

1-10 $\theta=\cos^{-1}\dfrac{\boldsymbol{A}\cdot\boldsymbol{B}}{A\cdot B}\bigg|_{(2,1,5)}=\cos^{-1}\dfrac{66}{\sqrt{209}\sqrt{30}}=\cos^{-1}0.83=33.54°$

1-11 $\boldsymbol{l}=\boldsymbol{B}-\boldsymbol{A}=2\,\boldsymbol{i}-3\boldsymbol{j}-7\boldsymbol{k}$, $\boldsymbol{W}=\boldsymbol{F}\cdot\boldsymbol{l}=-0.55\,[\text{J}]$

1-12 $\boldsymbol{T}=0.5\,\boldsymbol{i}\times(4\,\boldsymbol{i}+3\,\boldsymbol{j})=1.5\,\boldsymbol{k}\,[\text{N}\cdot\text{m}]$

1-13 (1) $[\boldsymbol{BC}]=\boldsymbol{i}-7\,\boldsymbol{j}-18\boldsymbol{k}$, $\boldsymbol{A}\cdot[\boldsymbol{BC}]=5$, (2) $[\boldsymbol{A}\cdot\boldsymbol{B}]=5\boldsymbol{j}+15\,\boldsymbol{k}$, $[\boldsymbol{A}\cdot\boldsymbol{B}]\cdot\boldsymbol{C}=5$

(3) $(\boldsymbol{AB})\cdot\boldsymbol{C}=-4\,\boldsymbol{C}=-16\,\boldsymbol{i}+8\,\boldsymbol{j}-4\,\boldsymbol{k}$, (4) $(\boldsymbol{A}\cdot\boldsymbol{B})\cdot(\boldsymbol{AB})=16$

(5) $[\boldsymbol{AB}]\cdot[\boldsymbol{BA}]=(5\,\boldsymbol{j}+15\,\boldsymbol{k})\cdot(-5\,\boldsymbol{j}-15\,\boldsymbol{k})=-250$, (6) $(5\,\boldsymbol{j}+15\boldsymbol{k})\times(5\,\boldsymbol{j}+15\,\boldsymbol{k})=0$

1-14 (1) $\nabla\cdot\boldsymbol{r}=\left(\boldsymbol{i}\dfrac{\partial}{\partial x}+\boldsymbol{j}\dfrac{\partial}{\partial y}+\boldsymbol{k}\dfrac{\partial}{\partial z}\right)\cdot(\boldsymbol{i}x+\boldsymbol{j}y+\boldsymbol{k}z)=3$, (2) $\nabla\times\boldsymbol{r}=0$

(3) $\dfrac{\partial}{\partial x}\left(\dfrac{1}{r}\right)=-\dfrac{x}{r^3}$, $\dfrac{\partial}{\partial x}\left(\dfrac{x}{r^3}\right)=\dfrac{1}{r^3}-\dfrac{3x^2}{r^5}$, … $\therefore$ $\nabla^2\left(\dfrac{1}{r}\right)=0$

(4) $\frac{\partial}{\partial x}\ln\frac{1}{r}=-\frac{1}{2}\frac{\partial}{\partial x}\ln(x^2+y^2+z^2)^{-2}=-\frac{x}{r^2}$, … ∴ $\nabla\left(\frac{1}{r}\right)=-\frac{\boldsymbol{r}}{r^2}$

(5) $\frac{\partial^2}{\partial x^2}\ln\left(\frac{1}{r}\right)=-\frac{\partial}{\partial x}\left(\frac{x}{r^2}\right)=\frac{x^2-y^2-z^2}{r^4}$, … ∴ $\nabla^2\ln\frac{1}{r}=-\frac{1}{r^2}$

1-15 $\nabla\cdot\boldsymbol{D}=2yz+9x^2yz^2|_{(3,2,1)}=166$, $\nabla\times\boldsymbol{D}=(3x^2z^3-2x^2z)\boldsymbol{i}+(2xy-6xyz)\boldsymbol{j}|_{(3,2,1)}=9\boldsymbol{i}-24\boldsymbol{j}$

1-16 생략

1-17 생략

1-18 (1) $(5, 30°, 2)\to(x, y, z)$ $x=5\cos 30°=4.33$, $y=2.5$, $z=2$

(2) $(5, 120°, -2)\to x=5\cos 120°=-2.5$, $y=4.33$, $z=-2$

(3) $(5, 30°, 60°)\to(x, y, z)$ $x=5\sin 30°\cos 60°=1.25$, $y=5\sin 30°\sin 60°=2.165$,
$z=5\cos 30°=4.33$

(4) $(5, -30°, 120°)\to(xyz)$ $x=5\sin(-30°)\cos 120°=1.25$
$y=5\sin(-30°)\sin 120°=-2.165$, $z=5\cos(-30°)=4.33$

1-19 (1) A(3, 30°, 4)=(2.6, 1.5, 4), B(5, 120°, 5)=(−3, 5.2, 5), $\overline{\text{AB}}=\sqrt{5.6^2+3.7^2+1^2}=6.79$

(2) A(3, 30°, 0°)=(1.5, 0, 2.6), B(6, 120°, 120°)=(−2.6, 4.6, −3), $\overline{\text{AB}}=8.27$

1-20 (1) $A_r=\boldsymbol{A}\cdot\boldsymbol{a}_r=y\cos\phi-x\sin\phi=0$, $A_\phi=\boldsymbol{A}\cdot\boldsymbol{a}_\phi=-y\sin\phi-x\cos\phi=-r$, $A_z=z$,
$\boldsymbol{A}=-r\boldsymbol{a}_\phi+z\boldsymbol{a}_z$

(2) $A_r=\boldsymbol{A}\cdot\boldsymbol{a}_r=y\sin\theta\cos\phi-x\sin\theta\sin\phi+z\cos\theta=r\cos^2\theta$, $A_\theta=-r\cos\theta\sin\theta$,
$A_\phi=-r\sin\theta$, $\boldsymbol{A}=r\cos^2\theta\,\boldsymbol{a}_r-r\cos\theta\sin\theta\,\boldsymbol{a}_\theta-r\sin\theta\,\boldsymbol{a}_\phi$

1-21 식 (1.31b)와 (1.34)를 이용한다.

(1) $0\le r\le 6$, $0\le\phi\le\frac{\pi}{2}$, $0\le z\le 6$ [m], $S=2\int_0^6 dr\int_0^6 dz+6\int_0^{90°}d\phi\int_0^6 dz+2\int_0^6 rdr\int_0^{90°}d\phi$
$=185.1$ [m²], $V=\int_0^6 rdr\int_0^{90°}d\phi\int_0^6 dz=169.65$ [m³]

(2) $S=6^2\int_0^{90°}\sin\theta d\theta\int_0^{90°}d\phi+2\int_0^6 rdr\int_0^{90}d\theta+\int_0^6 rdr\int_0^{90°}d\phi=141.37$ [m²]
$V=\int_0^6 r^2dr\int_0^{90°}\sin\theta d\theta\int_0^{90°}d\phi=113.1$ [m²]

1-22 $\boldsymbol{A}(\sqrt{3}, 2, 1)$, $\boldsymbol{B}(2\sqrt{2}, 45°, 30°)=(\sqrt{3}, 1, 2)$ (1) $\boldsymbol{A}+\boldsymbol{B}=3.464\boldsymbol{i}+3\boldsymbol{j}+3\boldsymbol{k}$

(2) $\boldsymbol{A}\cdot\boldsymbol{B}=7$, (3) $\boldsymbol{A}\times\boldsymbol{B}=3\boldsymbol{i}-1.732\boldsymbol{j}-1.732\boldsymbol{k}$

1-23 (1) $S=\frac{1}{2}|\overrightarrow{\text{AB}}\times\overrightarrow{\text{AC}}|=3.5$ [m²], (2) $\boldsymbol{a}_N=\frac{\overrightarrow{\text{AB}}\times\overrightarrow{\text{AC}}}{2S}=\pm(0.429\boldsymbol{i}+0.857\boldsymbol{j}+0.286\boldsymbol{k})$

(3) $S_x=3.5\times 0.429=1.5$ [m²], $S_y=3$ [m²], $S_z=1$ [m²]

1-24 A(8, 2, 1), B(−2, 7, 4)

(1) $\boldsymbol{D}=\overrightarrow{\text{AB}}=-10\boldsymbol{i}+5\boldsymbol{j}+3\boldsymbol{k}$, $\cos\phi_a=\frac{8}{\sqrt{8^2+2^2}}=0.97$, $\sin\phi_a=0.243$

$\boldsymbol{D} \cdot \boldsymbol{a}_r = D_r = D_x \cos\phi_a + D_y \sin\phi_a = -8.487,\ D_\phi = 7.281,\ D_z = 3$

$\boldsymbol{D}_{(r,\phi,z)} = -8.487\,\boldsymbol{a}_r + 7.281\,\boldsymbol{a}_\phi + 3\,\boldsymbol{a}_z$

(2) $\overrightarrow{\mathrm{BA}} = \boldsymbol{D} = 10\,\boldsymbol{i} - 5\,\boldsymbol{j} - 3\,\boldsymbol{k},\ \cos\phi_b = \dfrac{-2}{\sqrt{2^2+7^2}} = -0.275,\ \sin\phi_b = 0.962$

$\boldsymbol{D}_{(r,\phi,z)} = 7.555\,\boldsymbol{a}_r - 8.241\,\boldsymbol{a}_\phi - 3\,\boldsymbol{a}_z$

1-25 $\boldsymbol{A} = (x^2 - y^2)\,\boldsymbol{a}_y + xz\,\boldsymbol{a}_z$

(1) $\mathrm{P}(6,\ 60°,\ -4) = \mathrm{P}(3,\ 5.2,\ -4),\ \boldsymbol{A}_{(xyz)} = -18.04\,\boldsymbol{a}_y - 12\,\boldsymbol{a}_z$

$A_r = \boldsymbol{A} \cdot \boldsymbol{a}_r = -18.04\cos 60° = -15.623,\ A_\phi = \boldsymbol{A} \cdot \boldsymbol{a}_\phi = -9.02,\ A_z = -4$

$\therefore\ \boldsymbol{A}_{(r,\phi,z)} = -15.6\,\boldsymbol{a}_r - 9.02\,\boldsymbol{a}_\phi - 12\,\boldsymbol{a}_z$

(2) $\mathrm{Q}(4,\ 30°,\ 120°) = \mathrm{Q}(-1,\ 1.732,\ 3.464),\ \boldsymbol{A}_{(xyz)} = -2\,\boldsymbol{a}_y - 3.464\,\boldsymbol{a}_z$

$A_r = \boldsymbol{A} \cdot \boldsymbol{a}_r = -2\sin\theta\sin\phi - 3.464\cos\theta = -3.866$

$A_\theta = \boldsymbol{A} \cdot \boldsymbol{a}_\theta = -2\cos\theta\sin\phi - 3.464(-\sin\theta) = 0.232,\ \boldsymbol{A}_\phi = \boldsymbol{A} \cdot \boldsymbol{a}_\phi = 2\cos\phi = 1$

$\boldsymbol{A}_{(r,\theta,\phi)} = -3.87\,\boldsymbol{a}_r + 0.23\,\boldsymbol{a}_\theta + \boldsymbol{a}_\phi$

1-26 $\boldsymbol{A} = 10\,\boldsymbol{a}_r - 3\,\boldsymbol{a}_\theta + 5\,\boldsymbol{a}_\phi,\ \boldsymbol{B} = 2\,\boldsymbol{a}_r + 5\,\boldsymbol{a}_\theta + 3\,\boldsymbol{a}_\phi$

(1) $\boldsymbol{A} \cdot \boldsymbol{B} = 10\times 2 - 3\times 5 + 5\times 3 = 20$

(2) $\boldsymbol{A} \times \boldsymbol{B} = \begin{vmatrix} \boldsymbol{a}_r & \boldsymbol{a}_\theta & \boldsymbol{a}_\phi \\ 10 & -3 & 5 \\ 2 & 5 & 3 \end{vmatrix} = -34\,\boldsymbol{a}_r - 20\,\boldsymbol{a}_\theta + 56\,\boldsymbol{a}_\phi$

(3) $\boldsymbol{a}_b = \dfrac{\boldsymbol{B}}{B} = \dfrac{1}{\sqrt{38}}(2\,\boldsymbol{a}_r + 2\,\boldsymbol{a}_\theta + 3\,\boldsymbol{a}_\phi),\ \boldsymbol{A} \cdot \boldsymbol{a}_b = \dfrac{\boldsymbol{A} \cdot \boldsymbol{B}}{B} = 3.244$

(4) $(\boldsymbol{A} \cdot \boldsymbol{a}_b) \cdot \boldsymbol{a}_b = \dfrac{\boldsymbol{A} \cdot \boldsymbol{B}}{B}\,\boldsymbol{a}_b = \dfrac{20}{38}(2\,\boldsymbol{a}_r + 5\,\boldsymbol{a}_\theta + 3\,\boldsymbol{a}_\phi) = 1.053\,\boldsymbol{a}_r + 2.632\,\boldsymbol{a}_\theta + 1.579\,\boldsymbol{a}_\phi$

(5) $\boldsymbol{a}_N = \dfrac{\boldsymbol{A} \times \boldsymbol{B}}{|\boldsymbol{A} \times \boldsymbol{B}|} = \pm(0.496\,\boldsymbol{a}_r + 0.292\,\boldsymbol{a}_\theta - 0.818\,\boldsymbol{a}_\phi)$

1-27 이 평면은 A(6, 0, 0), B(0, 4, 0), C(0, 0, 3)을 정점으로 하는 삼각형을 포함한다.

$$\boldsymbol{n} = \frac{\overrightarrow{\mathrm{AB}} \times \overrightarrow{\mathrm{AC}}}{|\overrightarrow{\mathrm{AB}} \times \overrightarrow{\mathrm{AC}}|} = \pm(0.371\,\boldsymbol{i} + 0.557\,\boldsymbol{j} + 0.743\,\boldsymbol{k})$$

2-1 전하의 SI 단위는 진공 중에서 등량의 두 점전하가 1 [m] 상이할 때 MKSA 합리화단위계에서의 Coulomb의 인력이 $c^2/10^7$ [N]이 되는 것을 기준으로 하여 1 [C]으로 제정하였다. 따라서 $F = \dfrac{1}{4\pi\varepsilon_0}\dfrac{1\times 1}{1^2} = \dfrac{c^2}{10^7}$ [N]가 되므로 진공의 유전율에 대한 정확한 값은 진공 중의 광속 $c = 2.998\times 10^8$ [m/s]일 때 $\varepsilon_0 = \dfrac{10^7}{4\pi c^2} = 8.854\times 10^{-12}$ [F/m]가 된다. 그러나 광속의 근사값 $c = 3\times 10^8$ [m/s]를 취하면 $\dfrac{1}{4\pi\varepsilon_0} = 9\times 10^9,\ \varepsilon_0 = 8.842\times 10^{-12}$ [F/m]가 된다.

2-2 $F_e = \dfrac{1}{4\pi\varepsilon_0}\dfrac{e^2}{r^2}$ [N], $F_g = G\dfrac{m_e m_p}{r^2}$ [N], $F_e/F_g = 2.276\times10^{36}$

2-3 (1) $\boldsymbol{F}_0 = 0$, (2) $\overrightarrow{\mathrm{AP}} = 0.2\boldsymbol{i} - 0.3\boldsymbol{j}$ [m], $AP = \sqrt{0.13}$ [m]

$\boldsymbol{F}_A = 9\times10^9\dfrac{10^{-12}}{0.13}\times\dfrac{1}{\sqrt{0.13}}(0.2\boldsymbol{i} - 0.3\boldsymbol{j}) = 0.192(0.2\boldsymbol{i} - 0.3\boldsymbol{j})$ [N]

$\boldsymbol{F}_D = 0.192(0.2\boldsymbol{i} + 0.3\boldsymbol{j})$ [N], $\boldsymbol{F}_B + \boldsymbol{F}_C = -0.45\boldsymbol{i}$ [N] $\therefore\ \boldsymbol{F} = -0.373\boldsymbol{i}$ [N]

2-4 (1) $\boldsymbol{F} = 9\times10^9\left\{\dfrac{6\times10^{-14}}{(1/4)^2} + \dfrac{12\times10^{-14}}{(1/4)^2}\right\}\boldsymbol{i} = 25.92\boldsymbol{i}$ [mN]

(2) $\dfrac{6}{x^2} = \dfrac{12}{(x+0.5)^2}$, $x = \dfrac{0.5}{1-\sqrt{2}} = -1.207$ [m] $\left(x = \dfrac{0.5}{1+\sqrt{2}} = 0.207\ \text{[m] 부적합}\right)$

2-5 $\boldsymbol{F}_+ = 3.6(3\boldsymbol{j} - 4\boldsymbol{k})\times10^{-12}$ [N], $\boldsymbol{F}_- = 3.6(-3\boldsymbol{j} - 4\boldsymbol{k})\times10^{-12}$ [N]

$\boldsymbol{F} = \boldsymbol{F}_+ + \boldsymbol{F}_- = -28.8\boldsymbol{k}$ [pN]

2-6 $\dfrac{1}{4\pi\varepsilon_0}\dfrac{Q^2}{r^2} = mg\cos30°$ $\therefore\ r = \sqrt{\dfrac{Q}{4\pi\varepsilon_0\cdot mg\cos30°}} = 3.26$ [m]

2-7 $F = \dfrac{1}{4\pi\varepsilon_0}\dfrac{3\times10^{-12}}{2}\cos45°\times2 = 19.09$ [mN]

2-8 (1) $\boldsymbol{E}_{(0,0)} = \dfrac{1}{4\pi\varepsilon_0}\dfrac{Q}{r^2}\boldsymbol{r}_0 = 10.8\boldsymbol{i} + 14.4\boldsymbol{j}$ [V/m], $\boldsymbol{E}_{(3,0)} = 22.5\boldsymbol{j}$ [V/m]

$\boldsymbol{E}_{(0,4)} = -60\boldsymbol{i}$ [V/m] $\therefore\ \boldsymbol{E} = -49.2\boldsymbol{i} + 36.9\boldsymbol{j}$ [V/m], $E = 61.5$ [V/m], $\alpha = 143°$

(2) $\oiint_S \boldsymbol{E}\cdot\boldsymbol{n}dS = \dfrac{Q}{\varepsilon_0} = 1080\pi = 3393$ [lines]

2-9 점 (1, 0) [m]에 2 [nC]을 놓은 경우 : $\boldsymbol{E} = (-18 + 2.25 + 1)\boldsymbol{i} = -14.75\boldsymbol{i}$ [V/m]

2-10 $\boldsymbol{E}_{(0,0,4)} = 9\times10^9\times10^{-9}\left(\dfrac{-1.6}{4^2}\boldsymbol{k} - \dfrac{1.2}{3^2}\boldsymbol{j}\right) = -(1.2\boldsymbol{j} + 0.9\boldsymbol{k})$ [V/m], $E_{(0,0,4)} = 1.5$ [V/m]

$\boldsymbol{E}_{(0,6,8)} = 9\times10^9\times10^{-9}\left\{\dfrac{-1.6}{10^2} + \dfrac{1.2}{5^2}\right\}(0.6\boldsymbol{i} + 0.8\boldsymbol{j}) = 0.288(0.6\boldsymbol{i} + 0.8\boldsymbol{j})$ [V/m]

$E_{(0,6,8)} = 0.288$ [V/m]

2-11 (1) $\boldsymbol{E} = 9\times10^9\dfrac{-10^{-9}}{1}\boldsymbol{i} = -9\boldsymbol{i}$ [V/m], $E = 9$ [V/m]

(2) $\boldsymbol{E} = -3.182(\boldsymbol{i} + \boldsymbol{j})$ [V/m], $E = 4.5$ [V/m]

(3) $\boldsymbol{E} = -\sqrt{3}(\boldsymbol{i} + \boldsymbol{j} + \boldsymbol{k})$ [V/m], $E = 3$ [V/m]

2-12 (1) $\rho_s = \dfrac{Q}{4\pi a^2} = 15.92$ [μC/m^2], (2) $E = \dfrac{\rho_s}{\varepsilon_0} = 1.8\times10^6$ [V/m]

(3) $E = \dfrac{1}{4\pi\varepsilon_0}\dfrac{Q}{(2a)^2} = 450$ [kV/m]

2-13 $\boldsymbol{E}=9\times 10^9\left(\frac{10^{-6}}{2}\frac{-\boldsymbol{i}+\boldsymbol{j}}{\sqrt{2}}-\frac{10^{-6}}{2}\frac{\boldsymbol{i}+\boldsymbol{j}}{\sqrt{2}}\right)=-6.364\,\boldsymbol{i}\,[\text{kV/m}]$

2-14 (1) $\boldsymbol{E}=\frac{1}{4\pi\varepsilon_0}\Sigma\frac{Q}{r^2}\boldsymbol{r}=9\times 10^3\frac{1}{18\sqrt{18}}\{(4\boldsymbol{k}-\boldsymbol{i}-\boldsymbol{j})+(4\boldsymbol{k}+\boldsymbol{i}-\boldsymbol{j})+(4\boldsymbol{k}+\boldsymbol{i}+\boldsymbol{j})$

$+(4\boldsymbol{k}-\boldsymbol{i}+\boldsymbol{j})\}=1.886\,\boldsymbol{k}\,[\text{kV/m}]$

(2) $\boldsymbol{E}=9\times 10^9\frac{4\times 10^{-6}}{4^2}\boldsymbol{k}=2.25\,\boldsymbol{k}\,[\text{kV/m}]$

2-15 $\boldsymbol{E}=\frac{\rho_l}{2\pi\varepsilon_0 r}\boldsymbol{a}_r=72\times\frac{1}{5}(3\boldsymbol{i}+4\boldsymbol{j})=43.2\boldsymbol{i}+57.6\boldsymbol{j}\,[\text{V/m}]$

(2) (1)과 같음

2-16 선전하가 z축에 있으므로

(1) $\boldsymbol{E}_{(0,0,0)}=\frac{\rho_l}{2\pi\varepsilon_0 r}(-\boldsymbol{j})\times 2=-360\,\boldsymbol{j}\,[\text{V/m}]$

(2) $\boldsymbol{E}_{(1,0,0)}=\frac{\rho_l}{2\pi\varepsilon_0 r^2}\{(\boldsymbol{i}-\boldsymbol{j})-(\boldsymbol{i}+\boldsymbol{j})\}\Big|_{r=\sqrt{2}}=-180\,\boldsymbol{j}\,[\text{V/m}]$

(3) $\boldsymbol{E}_{(1,1,0)}=\frac{\rho_l}{2\pi\varepsilon_0}\left\{\boldsymbol{i}-\frac{\boldsymbol{i}+2\boldsymbol{j}}{5}\right\}=144\,\boldsymbol{i}-72\boldsymbol{j}\,[\text{V/m}]$, (4) $\boldsymbol{E}_{(1,1,1)}=\boldsymbol{E}_{(1,1,0)}$

2-17 예제 2-7에서 $E_z=0$이므로

$$\boldsymbol{E}=\frac{-\rho_l}{4\pi\varepsilon_0 a}\int_{-b}^{+b}\sin\theta d\theta\boldsymbol{a}_r=\frac{\rho_l}{4\pi\varepsilon_0 a}\frac{z}{\sqrt{a^2+z^2}}\Bigg|_{-b}^{+b}\boldsymbol{a}_r=\frac{\rho_l b}{2\pi\varepsilon_0 a\sqrt{a^2+b^2}}\boldsymbol{a}_r\,[\text{V/m}]$$

2-18 예제 2-7에서

$$E_r=\frac{-\rho_l}{4\pi\varepsilon_0 a}\int_b^c\sin\theta d\theta=\frac{\rho_l}{4\pi\varepsilon_0 a}\frac{z}{\sqrt{a^2+z^2}}\Bigg|_b^c$$

$$=\frac{\rho_l}{4\pi\varepsilon_0 a}\left(\frac{c}{\sqrt{a^2+c^2}}-\frac{b}{\sqrt{a^2+b^2}}\right)[\text{V/m}]$$

$$E_z=\frac{\rho_l}{4\pi\varepsilon_0 a}\int_b^c\cos\theta d\theta=\frac{\rho_l}{4\pi\varepsilon_0 a}\frac{a}{\sqrt{a^2+z^2}}\Bigg|_b^c$$

$$=\frac{\rho_l}{4\pi\varepsilon_0 a}\left(\frac{a}{\sqrt{a^2+c^2}}-\frac{a}{\sqrt{a^2+b^2}}\right)[\text{V/m}]$$

2-19 문제 2-18에서

$$E_r=\frac{9}{4}\left(\frac{9}{\sqrt{4^2+9^2}}-\frac{3}{\sqrt{4^2+3^2}}\right)\times 10^2=70.65\,[\text{V/m}]$$

$$E_x=\frac{9}{4}\left(\frac{4}{\sqrt{4^2+9^2}}-\frac{4}{\sqrt{4^2+3^2}}\right)\times 10^2=-88.62\,[\text{V/m}]$$

$\therefore\ \boldsymbol{E}=70.65\,\boldsymbol{a}_r-88.62\,\boldsymbol{a}_z=113.28\angle{-51.5°}\,[\text{V/m}]$

2-20 예제 2-11에서 y축의 ρ_l[C/m]에 의한

$$E_{x1}=\frac{\rho_l}{4\pi\varepsilon_0 x}\left(1+\frac{y}{\sqrt{x^2+y^2}}\right),\ E_{y1}=\frac{\rho_l}{4\pi\varepsilon_0 x}\frac{-x}{\sqrt{x^2+y^2}}\ [\text{V/m}]$$

x축의 ρ_l[C/m]에 의한

$$E_{x2}=\frac{\rho_l}{4\pi\varepsilon_0 y}\frac{-y}{\sqrt{x^2+y^2}},\ E_{y2}=\frac{\rho_l}{4\pi\varepsilon_0 y}\left(1+\frac{y}{\sqrt{x^2+y^2}}\right)[\text{V/m}]$$

$$\therefore\ \boldsymbol{E}_{(a,b)}=(E_{x1}-E_{x2})\boldsymbol{i}+(E_{y2}-E_{y1})\boldsymbol{j}=\frac{\rho_l}{4\pi\varepsilon_0 a}(\boldsymbol{i}+\boldsymbol{j})\ [\text{V/m}]$$

2-21 대칭성에 의하여 $\boldsymbol{a}_z$ 성분만 계산한다.

$$\boldsymbol{E}=\frac{\rho_l\cdot za}{4\pi\varepsilon_0(a^2+z^2)^{3/2}}\oint_c d\phi\boldsymbol{a}_z=\frac{az\rho_l}{2\varepsilon_0(a^2+z^2)^{3/2}}\boldsymbol{a}_z\ [\text{V/m}]$$

2-22 대칭성으로 $E_z=\frac{1}{4\pi\varepsilon_0}\frac{\rho_l az}{(a^2+z^2)^{3/2}}\times 2\int_0^{90°}d\phi=\frac{\rho_l az}{4\varepsilon_0(a^2+z^2)^{3/2}}\Big|_{a=3,\ z=4}=2.711\ [\text{V/m}]$

2-23 예제 2-8 : $E_z=\frac{\rho_s}{2\varepsilon_0}(1-\cos\alpha)\ [\text{V/m}]$, 무한평면 : $\alpha=90°$, $E_z=\frac{\rho_s}{2\varepsilon_0}\ [\text{V/m}]$

문제인 경우 : $\alpha=60°$이므로 $E_z=\frac{\rho_s}{4\varepsilon_0}\ [\text{V/m}]$

2-24 $\cos\theta_1-\cos\theta_2=C$, $P\rightarrow$: $\theta_1=\alpha$, $\theta_2=\pi$ $\therefore\ \cos\theta_1-\cos\theta_2=1+\cos\alpha$

$$\cos\theta_1=\frac{a}{\sqrt{h^2+a^2}},\ \cos\theta_2=\frac{-a}{\sqrt{h^2+a^2}}\quad\therefore\ \cos\alpha=\frac{2a}{\sqrt{a^2+h^2}}-1$$

2-25 $\cos\theta_1+\cos\theta_2=1+\cos\alpha$

(1) $\alpha=0°$: $\cos\theta_1+\cos\theta_2=2$, ∞점 : $\theta_1=\theta_2=\theta$ $\therefore\ \cos\theta=1$ $\therefore\ \theta=0$

(2) $\alpha=90°$: $\cos\theta_1+\cos\theta_2=1$, ∞점 : $\theta_1=\theta_2=\theta$, $\cos\theta=\frac{1}{2}$ $\therefore\ \theta=60°$

(3) $\alpha=180°$: $\cos\theta_1+\cos\theta_2=0$, ∞점 : $\theta_1=\theta_2=\theta$, $\cos\theta=0$ $\therefore\ \theta=90°$

2-26 (1) $\frac{1}{4}x\,dx=y\,dy$ $\therefore\ \frac{x^2}{4}-\frac{y^2}{1}=C$

(a) $C=0: x=\pm 2y$ (직선), (b) $C=1:\frac{x^2}{4}-\frac{y^2}{1}=1$ (쌍곡선)

(c) $C=4:\frac{x^2}{4}-\frac{y^2}{1}=4$ (쌍곡선)

(2) $\boldsymbol{E}=\frac{4}{x}\boldsymbol{i}-\frac{1}{y}\boldsymbol{j}\,[\text{V/m}]$; $\frac{x^2}{4}+\frac{y^2}{1}=C$, $C=0:\frac{x^2}{2^2}+\frac{y^2}{1}=0$, $C=1:\frac{x^2}{2^2}+\frac{y^2}{1}=1$

$C=4:\frac{x^2}{4^2}+\frac{y^2}{2^2}=1$

2-27 $\frac{dx}{\cos x}=\frac{-dy}{\sin x}$, $dy=-\tan x\,dx$, $y=\ln\cos x+C$

∴ 원점을 통과하는 전력선식은 $y=\ln\cos x$가 된다.

x	0	± 1	± 1.5	$\pm \pi/2$
y	0	-0.615	-2.65	$-\infty$

이들 xy의 값에서 전력선을 그릴 수 있다.

2-28 (1) $\rho_s=-\varepsilon_0 E=-0.885$ [nC/m²], (2) $Q=\rho_s 4\pi\left(\dfrac{4\times10^7}{2\pi}\right)^2=-4.51\times10^5$ [C]

(3) $r=\sqrt[3]{\dfrac{Ee}{g}\dfrac{3}{4\pi}}=0.73$ [μm]

3-1 (1) $V=-\int_{(0,0)}^{(2,0)}\boldsymbol{E}\cdot d\boldsymbol{l}=-10\int_0^2 dx=-20$ [V], (2) $V=-\int_{(0,0)}^{(-2,0)}\boldsymbol{E}\cdot dx(\boldsymbol{i})=20$ [V]

(3) $V=-\int_{(2,0)}^{(4,0)}\boldsymbol{E}\cdot d\boldsymbol{l}=-20$ [V], (4) $V=-\int_{(0,0)}^{(0,2)}\boldsymbol{E}\cdot d\boldsymbol{l}=0$

(5) $V=-\int_{(2,2)}^{(4,4)}\boldsymbol{E}\cdot d\boldsymbol{l}=-20$ [V]

3-2 (1) $\boldsymbol{E}=0$, $V=\dfrac{Q}{4\pi\varepsilon_0 a}\times2=\dfrac{18}{a}$ [kV]

(2) $\boldsymbol{E}=\dfrac{1}{4\pi\varepsilon_0}\dfrac{Q}{a^2}(-\boldsymbol{i})\times2=-\dfrac{18}{a^2}\boldsymbol{i}$ [kV/m], $V=0$

3-3 $V=-\int_{(1,1)}^{(4,2)}\boldsymbol{E}\cdot d\boldsymbol{l}=-\int_1^4 ydx-\int_1^2 xdy$ [V]

(1) $x=3y-2$, $dx=3dy$: $V=-3\int_1^2 ydy-\int_1^2(3y-2)\,dy=-|3y^2-2y|_1^2=-7$ [V]

(2) $y^2=x$, $dx=2ydy$: $V=-3\int_1^2 y^2dy=-|y^3|_1^2=-7$ [V]

(3) $x(7-3y)=4$, $y=\dfrac{1}{3}\left(7-\dfrac{4}{x}\right)$

$x=\dfrac{4}{7-3y}$: $V=-\left[\dfrac{1}{3}\int_1^4\left(7-\dfrac{4}{x}\right)dx+4\int_1^2\dfrac{1}{7-3y}dy\right]=-7$ [V]

(4) (a) $V=-1\times(4-1)-4\times(2-1)=-7$ [V]

(b) $V=-\int_1^2 xdy-\int_1^4 ydx=-1\times(2-1)-2\times(4-1)=-7$ [V]

3-4 (1) $W=\int_{0(y=0)}^1(y-1)\,dx+\int_{0(x=1)}^1 xdy=0$, (2) $W=\int_{0(x=0)}^1 xdy+\int_{0(y=1)}^1(y-1)\,dx=0$

3-5 $V=-\int_{(2,0)}^{(0,2)}\boldsymbol{E}\cdot d\boldsymbol{l}=-\int_2^0 x^2dx-\int_0^2 ydy$

(1) $y=2-x$, $dy=-dx$: $V=-\int_2^0\{x^2-(2-x)\}\,dx=0.67$ [V]

(2) $(x+1)(y+1)=3$, $y=\dfrac{3}{x+1}-1$, $dy=-\dfrac{3dx}{(x+1)^2}$:

$$V=-\left[\int_2^0 x^2\,dx-\int_2^0\left(\frac{3}{x+1}-1\right)\frac{3}{(x+1)^2}\,dx\right]$$

$$=-\left[-\frac{8}{3}-\left\{9\times\left(-\frac{4}{9}\right)-3\times\left(-\frac{2}{3}\right)\right\}\right]=0.67\ [\mathrm{V}]$$

3-6 (1) path : $r=2,\ z=\dfrac{2}{\pi}\phi,\ dz=\dfrac{2}{\pi}d\phi$;

$$V=-\int_{(2,90°,1)}^{(2,0,0)}\boldsymbol{E}\cdot d\boldsymbol{l}=-10\int_{90°}^{0}d\phi-2\int_1^0 dz=17.7\ [\mathrm{V}]$$

(2) path : (2, 90°, 1) → (2, 0, 1) → (2, 0, 0) ;

$$V=-10\int_{90°}^{0}d\phi-2\int_1^0 dz=5\pi+2=17.7\ [\mathrm{V}]$$

3-7 (1) $V=-\displaystyle\int_\infty^{(1,90°,90°)}\boldsymbol{E}\cdot d\boldsymbol{l}=-10\int_\infty^1\frac{dr}{r}=\infty$ 불능

(2) $V=-10\displaystyle\int_\infty^1\frac{dr}{r^2}=10\ [\mathrm{V}]$

(3) $V=-10\displaystyle\int_\infty^1\frac{r}{(r^2+1)^2}dr=-10\times\frac{1}{2}\left[-\frac{1}{r^2+1}\right]_\infty^1=2.5\ [\mathrm{V}]$

3-8 (1) $V_{\mathrm{P(1)}}=\dfrac{1}{4\pi\varepsilon_0}\left(\dfrac{-200}{20}+\dfrac{400}{15}\right)\times10^{-9}=150\ [\mathrm{V}]$

(2) $V_{2(0,0)}=9\times10^9\left(\dfrac{-200}{16}+\dfrac{400}{9}\right)\times10^{-9}=287.5\ [\mathrm{V}]$

$V_{(0,0)}=0$에 대한 V_{P}는 $V_{\mathrm{P(2)}}=V_{\mathrm{P(1)}}-V_{2(0,0)}=150-287.5\ [\mathrm{V}]=-137.5\ [\mathrm{V}]$

(3) $V_{3(0,0)}=-15\ [\mathrm{V}]$에 대한 V_{P}는 $V_{\mathrm{P(3)}}=V_{\mathrm{P(2)}}+V_{3(0,0)}=-137.5-15=-152.5\ [\mathrm{V}]$

3-9 (1) $V_{(0,0,0)}=\dfrac{\rho_l}{2\pi\varepsilon_0}\ln\dfrac{1}{1}=0$, (2) $V_{(1,0,0)}=\dfrac{\rho_l}{2\pi\varepsilon_0}\ln\dfrac{\sqrt{2}}{\sqrt{2}}=0$

(3) $V_{(1,1,0)}=\dfrac{\rho_l}{2\pi\varepsilon_0}\left(\ln\dfrac{1}{1}-\ln\dfrac{1}{\sqrt{5}}\right)=\dfrac{\rho_l}{2\pi\varepsilon_0}\ln\sqrt{5}=144.85\ [\mathrm{V}]$, (4) $V_{(1,1,1)}=V_{(1,1,0)}$

3-10 $V=\dfrac{\rho_l}{4\pi\varepsilon_0}\displaystyle\int_{-b}^{+b}\frac{dz}{\sqrt{a^2+z^2}}=\frac{\rho_l}{4\pi\varepsilon_0}\ln\left(z+\sqrt{z^2+a^2}\right)_{-b}^{b}=\frac{\rho_l}{4\pi\varepsilon_0}\ln\frac{\sqrt{a^2+b^2}+b}{\sqrt{a^2+b^2}-b}\ [\mathrm{V}]$

3-11 $V=\dfrac{\rho_l}{4\pi\varepsilon_0}\displaystyle\oint_c\frac{a\,d\phi}{\sqrt{a^2+z^2}}=\frac{\rho_l}{2\varepsilon_0}\frac{a}{\sqrt{a^2+z^2}}\ [\mathrm{V}]$

$\boldsymbol{E}=-\dfrac{\partial V}{\partial z}\boldsymbol{a}_z=\dfrac{\rho_l az}{2\varepsilon_0(a^2+z^2)^{3/2}}\boldsymbol{a}_z\ [\mathrm{V/m}]$ (문제 2-21 참조), $\dfrac{dE}{dz}=0$: $z=\pm\dfrac{a}{\sqrt{2}}\ [\mathrm{m}]$

$\therefore\ E_{\max},\ E_{\min}=\pm\dfrac{\rho_l}{3\sqrt{3}\,\varepsilon_0 a}\ [\mathrm{V/m}]$, $z=0$: $E=0$, $z=\pm\infty$: $E=0$, 작도하라.

3-12 문제 3-10에서 $V_{\mathrm{L}}=9\times10^9\times(-5)\times10^{-6}\ln\dfrac{\sqrt{2^2+3^2}+3}{\sqrt{2^2+1}+1}=-32.114\times10^3\ [\mathrm{V}]$

$$V_P = \frac{1}{4\pi\varepsilon_0}\frac{Q}{2^2}\ [\mathrm{V}] \quad \therefore\ Q = 4\pi\varepsilon_0 \times 4 \times |V_L| = \frac{1}{9\times10^9}\times4\times32.114\times10^3 = 14.273\ [\mu\mathrm{C}]$$

3-13 (1) (문제 3-11) : $z=15-3=12,\ a=5\ [\mathrm{m}]$; $V=\dfrac{\rho_l}{4\pi\varepsilon_0}\dfrac{a}{\sqrt{a^2+z^2}}\displaystyle\int_{-45°}^{45°}d\phi = 5186\ [\mathrm{V}]$

(2) (문제 3-10) : $a=\sqrt{(15-3)^2+5^2}=13,\ b=\pm2\ [\mathrm{m}]$;

$$V=\frac{\rho_l}{4\pi\varepsilon_0}\ln\frac{\sqrt{a^2+b^2}+b}{\sqrt{a^2+b^2}-b}=2758.4\ [\mathrm{V}]$$

(3) $$V=\frac{\rho_l}{4\pi\varepsilon_0}\int_0^5\frac{rdr}{\sqrt{z^2+r^2}}\int_{30°}^{60°}d\phi\,\bigg|_{z=12}=9\times10^9\times10^{-6}\left|\sqrt{z^2+r^2}\right|_0^5\cdot\frac{\pi}{6}=4712.4\ [\mathrm{V}]$$

3-14 (1) $V_{AB}^+=\dfrac{\rho_l^+}{2\pi\varepsilon_0}\ln\dfrac{5}{3}=36.78\ [\mathrm{V}],\ V_{AB}^-=2\times\dfrac{\rho_l^-}{2\pi\varepsilon_0}\ln\dfrac{\sqrt{41}}{5}=-17.81\ [\mathrm{V}]$

$\therefore\ V_{AB}=18.97\ [\mathrm{V}]$

(2) $V_{ab(4)}^+=\dfrac{\rho_l^+}{2\pi\varepsilon_0}\ln\dfrac{6}{2}=79.1\ [\mathrm{V}],\ V_{ab(-4)}^-=\dfrac{\rho_l^-}{2\pi\varepsilon_0}\ln\dfrac{10}{6}=-18.4\ [\mathrm{V}]$

$V_{ab(+4)}^-=\dfrac{\rho_l^-}{2\pi\varepsilon_0}\ln\dfrac{2}{2}=0\quad\therefore\ V_{ab}=60.7\ [\mathrm{V}]$

3-15 $Q_a+Q_b=Q_a'+Q_b'$: $4\pi\varepsilon_0(aV_a+bV_b)=4\pi\varepsilon_0(a+b)V$

$$V=\frac{aV_a+bV_b}{a+b}=\frac{2\times5+4\times10}{2+4}=8.3\ [\mathrm{V}]$$

3-16 예제 2-9 참조

3-17 $$V=\frac{1}{4\pi\varepsilon_0}\frac{\rho_0}{a}\int_0^a\frac{r^2dr}{R}\int_0^{2\pi}d\phi=\frac{\rho_0}{2\varepsilon_0 a}\int_0^a\frac{r^2dr}{\sqrt{r^2+z^2}}$$

$$=\frac{\rho_0}{4\varepsilon_0 a}\left[a\sqrt{a^2+z^2}+z^2\ln\frac{z}{a+\sqrt{a^2+z^2}}\right][\mathrm{V}]$$

$$\boldsymbol{E}=-\frac{\partial V}{\partial z}\boldsymbol{a}_z=\frac{-\rho_0}{4\varepsilon_0 a}\left[\frac{az}{\sqrt{a^2+z^2}}+2z\ln\frac{z}{a+\sqrt{a^2+z^2}}\right.$$
$$\left.+z\left\{1-\frac{z^2}{(a+\sqrt{a^2+z^2})\sqrt{a^2+z^2}}\right\}\right]\boldsymbol{a}_z\ [\mathrm{V/m}]$$

예 : $\rho_0=1\ [\mathrm{nC/m^2}],\ a=3,\ z=4\ [\mathrm{m}]$; $\boldsymbol{E}=7.012\boldsymbol{a}_z\ [\mathrm{V/m}]$

3-18 (1) 전기이중층은 전기쌍극자의 집합으로 볼 수 있다. dS부의 전하 $\pm\rho_s dS$ [C]에 의한 점 P의 전위는 3.4절에서

$$dV=\frac{1}{4\pi\varepsilon_0}\frac{\rho_s dS\cdot t}{R^2}\cos\theta=\frac{\rho_s th}{4\pi\varepsilon_0}\frac{rdrd\phi}{R^3}\ [\mathrm{V}]$$

$$\therefore\ V=\frac{\rho_s th}{4\pi\varepsilon_0}\int_0^{2\pi}d\phi\int_0^a\frac{rdr}{(r^2+h^2)^{3/2}}=\frac{\rho_s t}{2\varepsilon_0}\left(1-\frac{h}{\sqrt{h^2+a^2}}\right)[\mathrm{V}]$$

(2) 점 P에 대한 원판의 입체각은 식 (4.3)에서 $\omega=1-\dfrac{h}{\sqrt{h^2+a^2}}$ [sr]이므로 임의의 점의 전위는 $V=\dfrac{\rho_s t}{2\varepsilon_0}\omega$ [V]가 된다.

3-19 $V=\dfrac{1}{4\pi\varepsilon_0}\dfrac{Q}{r}=4$ [V], 문제 3-11에서 $\rho_l=\dfrac{1}{a}V\cdot 2\varepsilon_0\sqrt{a^2+z^2}=0.64$ [nC/m]

$\therefore\ Q=2\pi a\rho_l=4.025$ [C]

3-20 $V=9\times10^9\times\dfrac{-4.51\times10^5}{6.366\times10^6}=-6.376\times10^8$ [V]

낙뢰시 상승전압 $V=9\times10^9\dfrac{100}{6.366\times10^6}=1.414\times10^5$ [V] (전위변화율 0.02%)

3-21 (1) $V=6x+3$ [V], $\boldsymbol{E}=-\nabla V=-6\,\boldsymbol{i}$ [V/m]

점	A(0,0,1)	B(2,0,0)	C(0,4,0)	D(−2,4,−1)
V[V]	3	12	3	−12
$\boldsymbol{E}$[V/m]	$-6\boldsymbol{i}$	$-6\boldsymbol{i}$	$-6\boldsymbol{i}$	$-6\boldsymbol{i}$

(2) $V=2y^2-12x$ [V], $\boldsymbol{E}=12\boldsymbol{i}-4y\boldsymbol{j}$ [V/m]

점	A	B	C	D
V	0	−24	−32	56
$\boldsymbol{E}$	$12\boldsymbol{i}$	$12\boldsymbol{i}$	$12\boldsymbol{i}-16\boldsymbol{j}$	$12\boldsymbol{i}-16\boldsymbol{j}$

(3) $V=\dfrac{5}{x^3+y+z^2}$ [V], $\boldsymbol{E}=\dfrac{5(3x^2\boldsymbol{i}+\boldsymbol{j}+2z\boldsymbol{k}}{(x^3+y+z^2)^2}$ [V/m]

점	A	B	C	D
V	5	0.625	1.25	−5/3=−1.67
$\boldsymbol{E}$	$10\boldsymbol{k}$	$\dfrac{15}{16}\boldsymbol{i}$	$\dfrac{5}{16}\boldsymbol{j}$	$\dfrac{5}{9}(12\boldsymbol{i}+\boldsymbol{j}-2\boldsymbol{k})$

전위계(등전위면)과 전계는 항상 직교한다.

3-22 (1) P(2, −2, 1) = P($\sqrt{8}$, $\phi=-45°$, 1) :

$$V=r^{1/2}\sin\phi e^z=1.682\times\left(-\frac{1}{\sqrt{2}}\right)e^1=-3.232\ [\text{V}]$$

$$\boldsymbol{E}=-\left(\frac{\partial V}{\partial r}\boldsymbol{a}_r+\frac{1}{r}\frac{\partial V}{\partial\phi}\boldsymbol{a}_\phi+\frac{\partial V}{\partial z}\boldsymbol{a}_z\right)$$

$$=-\left(\frac{1}{2}r^{-1/2}\sin\phi e^z\boldsymbol{a}_r+r^{-1/2}\cos\phi e^z\boldsymbol{a}_\phi+r^{1/2}\sin\phi e^z\boldsymbol{a}_z\right)$$

$$=+0.571\,\boldsymbol{a}_r-1.143\,\boldsymbol{a}_\phi+3.232\,\boldsymbol{a}_z\ [\text{V/m}]$$

(2) P(2, −2, 1) = P(3, 70.5°, 315°) :

$$V=\frac{1}{r}\sin\theta\sin\phi=\frac{1}{3}\times\frac{\sqrt{8}}{3}\times\frac{-1}{\sqrt{2}}=-0.222\ [\mathrm{V}]$$

$$\boldsymbol{E}=-\left(\frac{\partial V}{\partial r}\boldsymbol{a}_r+\frac{1}{r}\frac{\partial V}{\partial\theta}\boldsymbol{a}_\theta+\frac{1}{r\sin\theta}\frac{\partial V}{\partial\phi}\boldsymbol{a}_\phi\right)$$

$$=-\left(-\frac{1}{r^2}\sin\theta\sin\phi\boldsymbol{a}_r+\frac{1}{r}\cos\theta\sin\phi\boldsymbol{a}_\theta+\frac{\cos\phi}{r\sin\theta}\boldsymbol{a}_\phi\right)$$

$$=\frac{1}{3^2}\times\frac{\sqrt{8}}{3}\times\frac{-1}{\sqrt{2}}\boldsymbol{a}_r-\frac{1}{3}\frac{-1}{\sqrt{2}}\boldsymbol{a}_\theta-\frac{0.707}{3\times\sqrt{8}/3}\boldsymbol{a}_\phi$$

$$=-0.074\,\boldsymbol{a}_r+0.079\,\boldsymbol{a}_\theta-0.25\,\boldsymbol{a}_\phi\ [\mathrm{V/m}]$$

(3) $V=\frac{1}{r^2}\cos\theta=\frac{1}{3^2}\times\frac{1}{3}=0.037\ [\mathrm{V}]$

$$E=\frac{2}{r^3}\cos\theta\boldsymbol{a}_r+\frac{1}{r^3}\sin\theta\boldsymbol{a}_\theta=0.025\,\boldsymbol{a}_r+0.035\,\boldsymbol{a}_\theta\ [\mathrm{V/m}]$$

3-23 그림 1-11 및 1-14 또는 부록을 이용하여 유도하라.

3-24 $r\gg d$: $R_+=r-d\cos\theta$, $R_-=r+d\cos\theta$

$$V=\frac{Q}{4\pi\varepsilon_0}\left(-\frac{1}{r}+\frac{1}{2R_+}+\frac{1}{2R_-}\right)=\frac{Q}{4\pi\varepsilon_0}\left(-\frac{1}{r}+\frac{r}{r^2-d^2\cos^2\theta}\right)$$

$$=+\frac{Qd^2\cos^2\theta}{4\pi\varepsilon_0 r^3}\ [\mathrm{V}]$$

3-25 $V=\frac{100}{r^2}\ [\mathrm{V}]$:

(1) $V=100\ [\mathrm{V}]$: $r=\pm1\ [\mathrm{m}]$, (2) $V=10\ [\mathrm{V}]$: $r=\pm\sqrt{10}=\pm3.162\ [\mathrm{m}]$

(3) $V=1\ [\mathrm{V}]$: $r=\pm10\ [\mathrm{m}]$

3-26 $V=\frac{1}{4\pi\varepsilon_0}\left(\frac{Q}{r-\frac{d}{2}}-\frac{Q}{r+\frac{d}{2}}\right)=\frac{Q}{4\pi\varepsilon_0}\left|\frac{d}{r^2-\left(\frac{d}{2}\right)^2}\right|=100\times\frac{1}{r^2-(0.05)^2}\ [\mathrm{V}]$

$\therefore\ r=\pm\sqrt{\frac{100}{V}+0.0025}\ [\mathrm{m}]$:

(1) $V=100\ [\mathrm{V}]$: $r=\pm1.001\ [\mathrm{m}]$, (2) $V=10\ [\mathrm{V}]$: $r=\pm3.163\ [\mathrm{m}]$

(3) $V=1\ [\mathrm{V}]$: $r=10.0001\ [\mathrm{m}]$

3-27 $\nabla V_{(0,0,0)}=16\,\boldsymbol{i}-16\,\boldsymbol{j}+48\,\boldsymbol{k}$

$\therefore\ \boldsymbol{E}_{(0,0,0)}=16(-\boldsymbol{i}+\boldsymbol{j}-3\boldsymbol{k})\ [\mathrm{V/m}]$, $E_{(0,0,0)}=53.066\ [\mathrm{V/m}]$

$\alpha=107.5°$, $\beta=72.5°$, $\gamma=154.8°$

3-28 문제 3-11에서 $V=\frac{\rho_l}{2\varepsilon_0}\frac{a}{\sqrt{a^2+z^2}}\ [\mathrm{V}]$:

(1) $z=0$: $V_{\max}=\frac{\rho_l}{2\varepsilon_0}\ [\mathrm{V}]$

(2) $E_z = \dfrac{\rho_l a z}{2\varepsilon_0(a^2+z^2)^{3/2}}$ [V/m], $\dfrac{\partial E_z}{\partial z} = 0$: $z = \pm\dfrac{a}{\sqrt{2}}$ [m] ∴ $E_{\max} = \dfrac{\rho_l}{3\sqrt{3}\,\varepsilon_0 a}$ [V/m]

(3) V-curve : $z=0$: $V_{\max}$, $z=\pm\infty$: $V=0$, E-curve : $z=\pm\dfrac{a}{\sqrt{2}}$: $E_{\max}$, $E_{\min}$, $z=0$, $\pm\infty$: $E=0$

3-29 $E = \dfrac{1}{4\pi\varepsilon_0}\displaystyle\int_{\pi}^{2\pi}\dfrac{\rho_l a d\phi}{a^2} = \dfrac{\rho_l}{4\varepsilon_0 a}$ [V/m], $\boldsymbol{E} = \dfrac{\rho_l}{4\varepsilon_0 a}\boldsymbol{j}$ [V/m]

3-30 $\boldsymbol{R}_a = 4\,\boldsymbol{i}+4\,\boldsymbol{j}+7\,\boldsymbol{k}$, $R_a = 9$ [m], $\boldsymbol{R}_b = 2\,\boldsymbol{i}+\boldsymbol{j}+2\,\boldsymbol{k}$, $R_b = 3$ [m]

$\boldsymbol{E}_A = \dfrac{1}{4\pi\varepsilon_0}\,\dfrac{Q_a}{R_a^2}\,\boldsymbol{a}_a = \dfrac{1}{9}(4\,\boldsymbol{i}+4\boldsymbol{j}+7\,\boldsymbol{k})$ [V/m]

$\boldsymbol{E}_B = \dfrac{1}{4\pi\varepsilon_0}\,\dfrac{Q_b}{R_b^2}\,\boldsymbol{a}_b = \dfrac{1}{3}(2\,\boldsymbol{i}+\boldsymbol{j}+2\boldsymbol{k})$ [V/m], $\boldsymbol{E} = 1.11\boldsymbol{i}+0.78\boldsymbol{j}+1.44\boldsymbol{k}$ [V/m]

$E = 1.98$ [V/m], $\alpha = 55.9°$, $\beta = 66.8°$, $\gamma = 43.3°$, $V = -\dfrac{1}{4\pi\varepsilon_0}\displaystyle\sum_{i=1}^{2}\dfrac{Q_i}{r_i} = 12$ [V]

3-31 $V = \dfrac{1}{4\pi\varepsilon_0}\,\dfrac{\boldsymbol{\mu}\cdot\boldsymbol{r}}{r^3} = \dfrac{1}{4\pi\varepsilon_0}\,\dfrac{\mu\cos\theta}{r^2}$ [V] ;

(1) $E_r = -\dfrac{\partial V}{\partial r} = \dfrac{1}{4\pi\varepsilon_0}\,\dfrac{2\mu\cos\theta}{r^3}$ [V/m], $E_\theta = -\dfrac{1}{r}\,\dfrac{\partial V}{\partial\theta} = \dfrac{1}{4\pi\varepsilon_0}\,\dfrac{\mu\sin\theta}{r^3}$ [V/m]

$E_\phi = 0$

(2) dipole +1, +2, +3, …에 의한 원점의 전계 $E_{-1} = \dfrac{-\mu}{2\pi\varepsilon_0 a^3}$, $E_{-3} = \dfrac{-\mu}{2\pi\varepsilon_0(2a)^3}$

$E_3 = \dfrac{-\mu}{2\pi\varepsilon_0(3a)^3}$ [V/m], dipole −1, −2, −3, …에 의한 원점의 전계 $E_{-1} = \dfrac{\mu}{2\pi\varepsilon_0 a^3}$

$E_{-2} = \dfrac{\mu}{2\pi\varepsilon_0(2a)^3}$, $E_{-3} = \dfrac{\mu}{2\pi\varepsilon_0(3a)^3}$ [V/m]

∴ $E_0 = \dfrac{\mu}{\pi\varepsilon_0 a^3}\displaystyle\sum_{n=1}^{\infty}\dfrac{1}{n^3} = \dfrac{1.2}{\pi\varepsilon_0 a^3}\mu$ [V/m]

(3) 외부전계 $\boldsymbol{E}$ [V/m]일 때 원점의 전전계 $\boldsymbol{E}_i$ [V/m]는

$\boldsymbol{E}_i = \boldsymbol{E}+\boldsymbol{E}_0 = \boldsymbol{E}+\dfrac{1.2\boldsymbol{\mu}}{\pi\varepsilon_0 a^3}\alpha\boldsymbol{E}_i$ [V/m] ∴ $\boldsymbol{E}_i = \dfrac{1}{1-\dfrac{1.2\alpha}{\pi\varepsilon_0 a^3}}\boldsymbol{E}$ [V/m]

3-32 $Ve = \dfrac{1}{2}mu^2$ [J] ; $u = \sqrt{\dfrac{2Ve}{m}} = 97.4\times10^7$ [m/s]

3-33 $(0, \sqrt{3}, 1) = (2, 60°, 90°)$ [m], $\mu_e = \dfrac{1}{9}$ [C/m] :

(1) 전력선 : 식 (3.21a) $R = C_1\sin^2\theta$에서 $R = \dfrac{8}{3}\sin^2\theta$ ……(a)

등전위선 : $V=\dfrac{1}{4\pi\varepsilon_0}\dfrac{\mu_e\cos\theta}{r^2}$ [V]에서 $r^2=8\cos\theta\cdots\cdots$(b)

(2) 직교조건 $\dfrac{dx}{dy}\cdot\dfrac{dx'}{dy'}=-1$에서 전력선 : $\dfrac{dx}{dy}=\dfrac{dR}{Rd\theta}\Big|_{(a)}=2\cot\theta$

등전위선 : $\dfrac{dx'}{dy'}=\dfrac{dr}{rd\theta}\Big|_{(b)}=-\dfrac{1}{2}\cot\theta$ QED

(3) $V=\dfrac{1}{4\pi\varepsilon_0}\dfrac{\mu_e\cos\theta}{r^2}=0.125$ [V]

$\boldsymbol{E}=\dfrac{\mu_e}{4\pi\varepsilon_0 r^3}(2\cos\theta\boldsymbol{a}_r+\sin\theta\boldsymbol{a}_\theta)=0.125\,\boldsymbol{a}_r+0.108\boldsymbol{a}_\theta$ [V/m], $E=0.165$ [V/m],

$\boldsymbol{a}_0=0.758\,\boldsymbol{a}_r+0.655\boldsymbol{a}_\theta$

3-34 그림 3-9에서 $\boldsymbol{E}\perp z$ 축조건 $E_z=0$이므로, $E_z=E_r\cos\theta-E_\theta\cos\left(\dfrac{\pi}{2}-\theta\right)=0$에서

$\tan\theta=\dfrac{E_r}{E_\theta}\Big|_{식(3.17)}=2\dfrac{\cos\theta}{\sin\theta}$, $\tan^2\theta=2$ $\therefore\ \theta=54.7°$

4-1 $S=r^2\int_{10°}^{70°}\sin\theta d\theta\int_0^{2\pi}d\phi=2\pi r^2\times0.643$ [m²] $\therefore\ \omega=\dfrac{S}{r^2}=4.04$ [sr]

4-2 $\omega=2\pi(1-\cos\theta)|_{\theta=45°}=1.84$ [sr]

4-3 식 (4.8) ; $4\cos\theta_1-\cos\theta_2=C$, P → B : $\theta_1-\theta_2=0$ $\therefore\ C=3$: $4\cos\theta_1-\cos\theta_2=3$,

P → A : $\theta_1=\alpha$, $\theta_2=\pi$: $\cos\alpha=1/2$, $\omega=2\pi(1-\cos\alpha)|=\pi$ [sr]

4-4 (1) $Q=\left\{-1+3(5+5)+5\times(\pi3^2-4\int_2^3 ddr\int_0^{\cos^{-1}3/2}d\phi)\right\}\times10^{-6}=128.3\times10^{-6}$ [C]

$\therefore\ \oint\!\!\oint_S\boldsymbol{E}\cdot\boldsymbol{n}dS=\dfrac{Q}{\varepsilon_0}=14.5\times10^6$ [lines]

(2) $Q=\{-1+3(2+4)+5(4\times6)\}\times10^{-6}=137\times10^{-6}$ [C] $\therefore\ \dfrac{Q}{\varepsilon_0}=15.47\times10^6$ [lines]

(3) $Q=\{-1+3(1.5+1.5)\}\times10^{-6}=8\times10^{-6}$ [C] $\therefore\ \dfrac{Q}{\varepsilon_0}=9.04\times10^5$ [lines]

4-5 $\omega=\int_0^{90°}\sin\theta d\theta\int_{45°}^{135°}d\phi=\pi$ [sr] $\therefore\ \phi=\dfrac{Q}{\varepsilon_0}\dfrac{\omega}{4\pi}=28.3$ [k·lines]

(2) $\omega=\int_0^{180°}\sin\theta d\theta\int_0^{45°}d\phi=\dfrac{\pi}{2}$ [sr] $\therefore\ \phi=28.3$ [M·lines]

4-6 (1) $Q=\int_{-3}^{+3}\rho_l dz=1.2\int_{-3}^{+3}z^2dz=21.6$ [C] $\therefore\ \oint\!\!\oint_S\boldsymbol{E}\cdot\boldsymbol{n}dS=\dfrac{Q}{\varepsilon_0}=2.44\times10^{12}$ [lines]

(2) $Q=\iint_S\rho_s dS=1.2\int_0^{2\pi}d\phi\int_0^{\sqrt5}e^r rdr=1.2\times2\pi[e^r(r-1)]_0^{\sqrt5}=94.735$ [C]

$\therefore\ \dfrac{Q}{\varepsilon_0}=1.07\times10^{13}$ [lines]

(3) $Q=\iiint_v \rho dv = 1.2\times 4\pi\int_0^3 r^{-3/2}r^2 dr = 52.24$ [C] $\therefore\ \dfrac{Q}{\varepsilon_0}=5.9\times 10^{12}$ [lines]

4-7 $\rho=\varepsilon_0\left(\dfrac{r}{a}\right)^{3/2}$ [C/m^3] ; $Q=4\pi\varepsilon_0 a^{-3/2}\int_0^a r^{3/2}r^2 dr=\dfrac{4\pi\varepsilon_0}{4.5}a^3$ [C]

$\therefore\ V=\dfrac{1}{4\pi\varepsilon_0}\dfrac{Q}{a}=0.22a^2$ [V], $\boldsymbol{E}=\dfrac{1}{4\pi\varepsilon_0}\dfrac{a}{a^2}\boldsymbol{a}_r=0.22a\boldsymbol{a}_r$ [V/m]

4-8 (1) $\boldsymbol{E}_{(2,2,\pm2)}=\dfrac{\rho_s}{2\varepsilon_0}\boldsymbol{a}_z+\dfrac{\rho_s}{2\varepsilon_0}(-\boldsymbol{a}_z)=0$, (2) $\boldsymbol{E}_{(2,2,\pm4)}=2\times\dfrac{\rho_s}{2\varepsilon_0}(\pm\boldsymbol{a}_z)=\pm395\boldsymbol{a}_z$ [V/m]

4-9 (1) $r=7$ [m], $Q_1=\rho_1\dfrac{4}{3}\pi a^3+\rho_2\dfrac{4}{3}\pi(c^3-b^3)=-155$ [nC]

$E_1=\dfrac{1}{4\pi\varepsilon_0}\dfrac{Q_1}{r^2}=-28.5$ [V/m], $V_1=\dfrac{1}{4\pi\varepsilon_0}\dfrac{Q_1}{r}=-199.3$ [V]

(2) $r=5.5$ [m], $Q_2=52.9$ [nC], $E_2=\dfrac{1}{4\pi\varepsilon_0}\dfrac{Q_2}{r^2}=15.74$ [V/m]

$V_2=V_1+\dfrac{1}{4\pi\varepsilon_0}\dfrac{Q_2}{r}=-112.7$ [V]

(3) $r=4$ [m], $Q_3=226.2$ [nC], $E_3=\dfrac{1}{4\pi\varepsilon_0}\dfrac{Q_3}{r^2}=127.24$ [V/m]

$V_3=V_2+\dfrac{1}{4\pi\varepsilon_0}\dfrac{Q_3}{r}=396.25$ [V]

(4) $r=2$ [m], $Q_4=67.02$ [mC], $E_4=\dfrac{1}{4\pi\varepsilon_0}\dfrac{Q_4}{r^2}=150.8$ [V/m]

$V_4=V_3+\dfrac{1}{4\pi\varepsilon_0}\dfrac{Q_4}{r}=697.95$ [V]

4-10 $\rho_l l=\rho_s 2\pi al$ [C]이므로 $\boldsymbol{E}=\dfrac{\rho_l}{2\pi\varepsilon_0 r}\boldsymbol{a}_r=\dfrac{2\pi a\rho_s}{2\pi\varepsilon_0 r}\boldsymbol{a}_r=\dfrac{a\rho_s}{\varepsilon_0 r}\boldsymbol{a}_r$ [V/m]

4-11 식 (4.13)에서 $\rho_l=\dfrac{2\pi\varepsilon_0 V}{\ln\dfrac{b}{a}}=8.015\times10^{-9}$ [C/m] $\therefore\ \rho_{s5}=\dfrac{\rho_l}{2\pi a}=25.51$ [nC/m^2]

$\rho_{s10}=\dfrac{\rho_l}{2\pi b}=12.76$ [nC/m^2]

4-12 식 (4.13)에서 $E_\theta=\dfrac{\rho_l}{2\pi\varepsilon_0 a}=\dfrac{V}{a(\ln b-\ln a)}$ [V/m], $\dfrac{\partial}{\partial a}\{a(\ln b-\ln a)\}=\ln\dfrac{b}{a}-1=0$

$\therefore\ a=be^{-1}$ [m], $E_{\min}=\dfrac{V}{a}=2.72\dfrac{V}{b}$ [V/m]

4-13 식 (4.28a)와 같은 방법으로 유도한다.

4-14 식 (4.28b)를 적용하라.

4-15 (1) $\nabla\cdot\boldsymbol{A}=3+8y+5|_{(4,2,4)}=24$, (2) $\nabla\cdot\boldsymbol{A}=2y^2z-4x^2 3y^2+3x|_{(4,2,4)}=-748$

(3) $\nabla \cdot \boldsymbol{A}=\frac{1}{r}\sin\phi-\frac{1}{r}\sin\phi+2z\Big|_{(4,2,4)}=8$

(4) $\nabla \cdot \boldsymbol{A}=6r-\frac{2}{r}\sin\phi\cos\phi+7\Big|_{(\sqrt{20},26.6°,4)}=8.24$

(5) $\nabla \cdot \boldsymbol{A}=\frac{6}{r^2}+\frac{6}{r}\cos\theta\sin\phi-\frac{12}{r}\cos\phi\Big|_{(6,48.2°,26.6°)}=-1.324$

4-16 (1) $Q=\varepsilon_0\nabla \cdot \boldsymbol{E}v=\varepsilon_0\times3\times48=1.275\,[\text{nC}]$

(2) $\nabla \cdot \boldsymbol{E}=yz+2x^2yz^2+3x^3y^3z^2,\ Q=\varepsilon_0\int_{-1}^{1}\int_{-2}^{2}\int_{-3}^{3}\nabla \cdot \boldsymbol{E}dxdydz=0$

4-17 (1) $\nabla \cdot \boldsymbol{A}=\frac{1}{r^2}\frac{\partial}{\partial r}(r^2 2r^2)=8r$; $\iiint\nabla \cdot \boldsymbol{A}dv=8\times4\pi\int_0^5 r\cdot r^2dr=5000\pi,$

$\oiint\boldsymbol{A}\cdot\boldsymbol{a}_r dS=2r^2\cdot r^2\int_0^{\pi}\sin\theta d\theta\int_0^{2\pi}d\phi=5000\pi$

(2) $\iiint\nabla \cdot \boldsymbol{A}dv=8\int_0^3 r\cdot rdr\int_0^{2\pi}d\phi\int_{-1}^{+1}dz=261\pi$

$\oiint\boldsymbol{A}\cdot\boldsymbol{a}_r dS=2r^2\cdot r\int_0^{2\pi}d\phi\int_{-1}^{+1}dz=261\pi$

4-18 (1) $Q_a=\int_2^4\rho_l dy=2\pi\,[\text{nC}],\ Q_b=\rho_l\times2\int_{10°}^{70°}d\phi=2\pi\,[\text{nC}],\ Q_c=\rho_s\int_1^2 rdr\int_{290°}^{350°}d\phi=2\pi\,[\text{nC}]$

$\therefore\ Q=6\pi=18.85\,[\text{nC}]$

(2) $V_a=\frac{\rho_l}{4\pi\varepsilon_0}\int_2^4\frac{dy}{\sqrt{5^2+y^2}}=9.68\,[\text{V}],\ V_b=\frac{\rho_l}{4\pi\varepsilon_0}\int_{10°}^{70°}\frac{rd\phi}{\sqrt{2^2+5^2}}=10.5\,[\text{V}]$

$V_c=\frac{\rho_s}{4\pi\varepsilon_0}\int_1^2\frac{rdr}{\sqrt{5^2+r^2}}\int_{-70°}^{-10°}d\phi=10.77\,[\text{V}]\ \ \therefore\ V=30.95\,[\text{V}]$

4-19 (1) $\iint\boldsymbol{E}\cdot(\pm\boldsymbol{i}dS)=\pm(2x+1)\int_{-2}^{2}y^2dy\int_{-2}^{2}dz\Big|_{x=5}=\pm234.7\,[\text{lines}]$

(2) 식 (1.29)와 (1.30)에서 $E_r=4r^3\cos^2\phi\sin^2\phi+3r^2\sin^2\phi\cos\phi\,[\text{lines/m}^2]$

$\phi_r=\iint_{S_r}E_r dS_r=4r^4\int_0^{\pi}\cos^2\phi\sin^2\phi d\phi\int_0^1 dz+3r^3\int_0^{\pi}\sin^2\phi\cos\phi d\phi\int_0^1 dz$

$=4r^4\left[-\frac{1}{8}\left(\frac{1}{4}\sin4\phi-\phi\right)\right]_0^{\pi}+3r^3\left[\frac{1}{3}\sin^3\phi\right]_0^{\pi}\Big|_{r=4}=402.12\,[\text{lines}]$(ϕ_ϕ 성분은 없음)

(3) 식 (1.32)와 (1.33)에서

$E_r=2r^3\sin^4\theta\cos^2\phi\sin^2\phi+2r^2\sin^3\theta(\cos^2\phi\sin\phi+\sin^2\phi\cos\phi)$

$+r\sin^2\theta\cos\phi\sin\phi\,[\text{lines/m}^2]$

$\therefore\ \phi_r=\iint E_r\cdot r^2\sin\theta d\theta d\phi$

$=2r^5\int_0^{90°}\sin^5\theta d\theta\int_{30°}^{120°}\cos^2\phi\sin^2\phi d\phi+2r^4\int_0^{90°}\sin^4\theta d\theta\int_{30°}^{120°}$

$(\cos^2\phi\sin\phi+\sin^2\phi\cos\phi)d\phi+r^3\int_0^{90°}\sin^3\theta d\theta\int_{30°}^{120°}\sin\phi\cos\phi d\phi$

$$=2r^5\left[-\frac{5}{8}\cos\theta+\frac{5}{48}\cos 3\theta-\frac{1}{80}\cos 5\theta\right]_0^{90^\circ}\times\left[-\frac{1}{8}\left(\frac{1}{4}\sin 4\phi-\phi\right)\right]_{30^\circ}^{120^\circ}$$

$$+2r^4\left[\frac{3}{8}\theta-\frac{1}{4}\sin 2\theta+\frac{1}{32}\sin 4\theta\right]_{0^\circ}^{90^\circ}\left[-\frac{1}{3}\cos^3\phi+\frac{1}{3}\sin^3\phi\right]_{30^\circ}^{120^\circ}$$

$$+r^3\left[\frac{1}{3}\cos^3\theta-\cos\theta\right]_{0^\circ}^{90^\circ}\times\left[\frac{1}{2}\sin^2\phi\right]_{30^\circ}^{120^\circ}=414.9\ [\text{lines}]$$

4-20 $\nabla\cdot\boldsymbol{A}=\frac{0.1}{r^2}\frac{1}{\sin\theta}(\cos^2\theta-\sin^2\theta)$

$$\iiint\nabla\cdot\boldsymbol{A}dv=0.1\int_2^5\frac{1}{r^2}\cdot r^2dr\int_0^{2\pi}d\phi\int_0^{\pi/4}(\cos^2\theta-\sin^2\theta)d\theta$$

$$=0.1\times3\times2\pi\left[-\frac{1}{2}\sin^2\theta\right]_0^{\pi/4}=0.942$$

$$\oiint\boldsymbol{A}\cdot\boldsymbol{a}_\theta dS=\int_2^3\frac{0.1}{r}\cdot rdr\int_0^{2\pi}d\phi\cdot\cos\theta\sin\theta\Big|_{\theta=\pi/4}=0.942$$

4-21 (1) (a) $\oint_C\boldsymbol{E}\cdot d\boldsymbol{l}=\oint_C(x\,dx-2y\,dy)=0$ (b) $\nabla\times\boldsymbol{E}=\begin{vmatrix}\boldsymbol{i}&\boldsymbol{j}&\boldsymbol{k}\\ \frac{\partial}{\partial x}&\frac{\partial}{\partial y}&\frac{\partial}{\partial z}\\ x&-2y&0\end{vmatrix}=0$

(2) $E=\sqrt{E_x^2+E_y^2}=\sqrt{x^2+4y^2}=\text{const}$ $\therefore$ $x^2+4y^2=C$, 즉 등전계면은 타원군이다.

(3) $\boldsymbol{E}=-\nabla V$에서 $V_{(xy)}=-\frac{x^2}{2}+y^2+C_3$ [V]가 얻어지므로 등전위면(선)은 $x^2-2y^2=C$가 되어 쌍곡선군이 된다.

(4) $\frac{dx}{x}=\frac{dy}{-2y}$에서 전력선군은 $x^2y=C$의 쌍곡선군이다.

(5) 점 (1, 1)을 통과하는 각 선은

(a) 등전계선 : $x^2+4y^2=5$, 즉 $\frac{x^2}{5}+\frac{y^2}{5/4}=1$ (타원)

(b) 등전위선 : $y^2=\frac{1}{2}(x^2+1)$ (쌍곡선)

(c) 전력선 : $y=\frac{1}{x^2}$ (쌍곡선)

4-22 $\boldsymbol{E}=\frac{20}{r}\cos\frac{\phi}{2}\boldsymbol{a}_\phi$ [V/m]

$$Q=\varepsilon_0\oiint_S\boldsymbol{E}\cdot\boldsymbol{n}dS=\varepsilon_0\iint_{S(\phi=0)}\boldsymbol{E}\cdot(-\boldsymbol{a}_\phi)dS_\phi+\varepsilon_0\iint_{S(\phi=\pi)}\boldsymbol{E}\cdot\boldsymbol{a}_\phi dS_\phi$$

$$=-20\,\varepsilon_0\int_1^2\frac{dr}{r}\int_0^{2.5}dz=-0.31\ [\text{nC}]$$

한편 $\rho=\varepsilon_0\nabla\cdot\boldsymbol{E}=-\frac{10\varepsilon_0}{r^2}\sin\frac{\phi}{2}$ [C/m³]

$$\therefore\ Q=\int\rho dv=-10\,\varepsilon_0\int_1^2\frac{dr}{r}\int_0^\pi\sin\frac{\phi}{2}d\phi\int_0^{2.5}dz=-0.31\ [\text{nC}]$$

4-23 $\rho = 10$ [전자/mm^3] $= 1.6 \times 10^{-9}$ [C/m^3] ;

(1) vol $= 4 \times 4 \times 4 = 64$ [m^3], $\oiint_S \boldsymbol{E} \cdot \boldsymbol{n} dS = \dfrac{\rho v}{\varepsilon_0} = 11.6$ [k·lines]

(2) $v = \int_0^5 r dr \int_0^{30°} d\phi \int_{-3}^2 dz = 32.725$ [m^3] $\therefore \dfrac{\rho v}{\varepsilon_0} = 5.9$ [k·lines]

(3) $v = \int_0^5 r^2 dr \int_0^{60°} \sin\theta d\theta \int_0^4 d\phi = 16.362$ [m^3] $\therefore \dfrac{\rho v}{\varepsilon_0} = 2.96$ [k·lines]

5-1 $\varepsilon_r = \dfrac{n a_e}{\varepsilon_0} + 1 = 1.000436$, $P = \varepsilon_0(\varepsilon_r - 1)E = 0.386$ [nC/m^3]

$\therefore \mu = \dfrac{P}{n} = 1.43 \times 10^{-35}$ [C·m]

5-2 (1) $P = n\mu \times 3 \times 10^{-2} = 30$ [pC/m^2], (2) $\varepsilon_r = \dfrac{P}{\varepsilon_0 E} + 1 = 1.000678$

(3) $D = \varepsilon_0 \varepsilon_r E = 44.3$ [nC/m^2]

5-3 (1) $C = \dfrac{C_0 C_g}{C_0 + C_g} = 2.53$ [nF/m^2] $\therefore \rho_s = VC = 1.265$ [μC/m^2]

(2) $E_0 = \dfrac{\rho_s}{\varepsilon_0} = 142.8$ [kV/m], $E_g = \dfrac{E_0}{\varepsilon_r} = 35.7$ [kV/m] $\therefore D_0 = D_g = \rho_s = 1.264$ [μC/m^2]

(3) $\rho_s' = P = \varepsilon_0(\varepsilon_r - 1)E_g = 0.945$ [μC/m^2]

(4) (a) 공기측 극판에 작용하는 힘 $f_0 = \dfrac{\rho_s^2}{2\varepsilon_0} = 0.09$ [N/m^2]

(b) 유리측 극판 $f_g = \dfrac{\rho_s^2}{2\varepsilon_0 \varepsilon_r} = 0.023$ [N/m^2]

(c) 유리면이 공기에 끌리는 힘 $f_n = \dfrac{1}{2}\left(\dfrac{1}{\varepsilon_0} - \dfrac{1}{\varepsilon}\right)D^2 = 0.068$ [N/m^2]

5-4 $\boldsymbol{D} = \dfrac{Q}{4\pi R^3}\boldsymbol{R} + \dfrac{\rho_l}{2\pi R}\boldsymbol{j} + \rho_s(-\boldsymbol{j})\Big|_{R=j-i} = -0.056\,\boldsymbol{i} - 4.41\,\boldsymbol{j}$ [μC/m^2], $D = 4.41$ [μC/m^2]

5-5 $\rho = \rho_0\left(\dfrac{r}{a}\right)^{3/2}$ [C/m^3]

(1) $Q = \rho_0 a^{-3/2} \cdot 4\pi \int_0^a r^{3/2} \cdot r^2 dr = 24\pi\rho_0$ [C] $\therefore \boldsymbol{D} = \dfrac{Q}{4\pi a^2}\boldsymbol{a}_r = \dfrac{20}{3}\rho_0 \boldsymbol{a}_r$ [mC/m^2]

(2) $Q = \rho_0 a^{-3/2} \int_0^a r^{3/2} r dr \int_0^{2\pi} d\phi \int_{-a}^a dz = 392\pi\rho_0$ [μC]

(3) $\iint \boldsymbol{D} \cdot \boldsymbol{n} dS = Q$, $D_r \cdot 2\pi a \times 2a = \dfrac{8}{7}\pi\rho_0 a^3$ $\therefore \boldsymbol{D} = 20\rho_0 \boldsymbol{a}_r$ [mC/m^2]

5-6 (1) $\phi = \iint \boldsymbol{D} \cdot \boldsymbol{a}_r dS = 8.5 \int_{-\pi/4}^{\pi/4} \sin\theta d\theta = \int_{-\pi/4}^{\pi/4} d\phi = 0$

(2) $\phi = 8.5 \int_0^3 r\,dr \int_{-2}^{2} dz = 1.53$ [lines]

(3) $\phi = \iint \boldsymbol{D} \cdot \boldsymbol{j}\,dx\,dz = 3\times 3 \int_{-3}^{3} dx \int_{-3}^{3} z^2\,dz = 972$ [lines]

5-7 $E_{\text{oil}} = \left.\dfrac{\rho_l}{2\pi\varepsilon r}\right|_{r=a} = 5\times 10^6$ [V/m] $\therefore\ \rho_l = 2\pi\varepsilon a \times 5\times 10^6$ [C/m]

$V_{ab(\text{oil})} = \dfrac{\rho_l}{2\pi\varepsilon} \ln\dfrac{b}{a} = 5\times 10^6 a \ln\dfrac{b}{a}$ [V], $V'_{ab(\text{air})} = 3\times 10^6 a \ln\dfrac{b}{a}$ [V]

$\therefore\ V_{\text{oil}}/V_{\text{air}} = \dfrac{5}{3} = 1.7$ 배

5-8 $100 = 9\times 10^9 \dfrac{Q}{2.5}\left(\dfrac{1}{5} - \dfrac{1}{10}\right)\times 10^2 \quad \therefore\ Q = 2.78$ [nC]

5-9 $\rho_l = \dfrac{2\pi\varepsilon_0\varepsilon_r V}{\ln\dfrac{b}{a}} = 2.77\times 10^{-6}$ [C/m] ;

(1) $D_{1.5} = \dfrac{\rho_l}{2\pi r} = 29.4$ [μC/m^2], (2) $E = \dfrac{\rho_l}{2\pi\varepsilon r} = 2.165\times 10^4 \dfrac{1}{r}$ [V/m]

$\therefore\ E_{\max} = 4.3\times 10^6$ [V/m], $E_{\min} = 1.1\times 10^6$ [V/m]

5-10 $D = \rho_s' = 4.3$ [μC/m] ;

(1) $P = \left(1 - \dfrac{1}{\varepsilon_1}\right)D = \left(1 - \dfrac{1}{\varepsilon_r}\right)\rho_s = 3.34$ [μC/m^2], (2) $E_{\text{air}} = \varepsilon_r \dfrac{\rho_s'}{\varepsilon_0\varepsilon_r} = 0.486$ [kV/mm]

(3) $\chi_s = \varepsilon_r - 1 = 4.5 - 1 = 3.5$

5-11 $V = -\dfrac{Q}{4\pi\varepsilon_0}\displaystyle\int_\infty^{3a} \dfrac{dr}{r^2} - \dfrac{Q}{4\pi\varepsilon_0\varepsilon_r}\int_{3a}^{a}\dfrac{dr}{r^2} = \dfrac{Q}{12\pi\varepsilon_0 a}\left(1 + \dfrac{2}{\varepsilon_r}\right)$ [V]

5-12 (1) $r \geq c$; $V_1 = -\dfrac{Q}{4\pi\varepsilon_0}\displaystyle\int_\infty^{c}\dfrac{dr}{r^2} = \dfrac{Q}{4\pi\varepsilon_0 c}$ [V]

(2) $b \leq r \leq c$; $V_2 = \dfrac{Q}{4\pi\varepsilon_0 c} - \displaystyle\int_c^r \dfrac{Q}{4\pi\varepsilon_0\varepsilon_r}\dfrac{dr}{r^2} = \dfrac{Q}{4\pi\varepsilon_0}\dfrac{(\varepsilon_r - 1)r + c}{\varepsilon_r c r}$ [V]

(3) $a \leq r \leq b$; $V_3 = V_2 - \displaystyle\int_b^a \dfrac{Q}{4\pi\varepsilon_0}\dfrac{dr}{r^2} = \dfrac{Q}{4\pi\varepsilon_0}\left\{\dfrac{(\varepsilon_r - 1)b + c}{\varepsilon_r bc} + \dfrac{b - r}{rb}\right\}$ [V]

(4) $0 \leq r \leq a$; $V_4 = \dfrac{Q}{4\pi\varepsilon_0}\left\{\dfrac{(\varepsilon_r - 1)b + c}{\varepsilon_r bc} + \dfrac{b - a}{ab}\right\}$ [V]

5-13 (1) $D_r = \boldsymbol{D}_{(xyz)} \cdot \boldsymbol{a}_r = r$, $\boldsymbol{D} = r\boldsymbol{a}_r$ [C/m^2] $\therefore\ \phi_r = \iint_S \boldsymbol{D} \cdot \boldsymbol{a}_r dS = 108\pi$ [lines]

(2) $D_r = \boldsymbol{D} \cdot \boldsymbol{a}_r = r$ [C/m^2]

$\therefore\ \phi_r = \iint_S D_r \cdot r\,d\phi\,dz = r^2 \iint_{-10°}^{+10°} d\phi \int_{-3}^{3} dz = r^2 \times \dfrac{2}{3}\pi$ [lines], $\phi_{r=1} = \dfrac{2}{3}\pi$

$\phi_{r=4} = \dfrac{32}{3}\pi$

$\therefore\ \phi_r=\frac{34}{3}\pi\,[\text{lines}],\ D_\phi=0,\ \phi_\phi=0,\ D_z=z\,[\text{C/m}^2]$

$\therefore\ \phi_z=\iint D_z r d\phi dr=z\int_1^4 rdr\int_{-10°}^{10°}d\phi=z\frac{5}{6}\pi\,[\text{lines}]\ \ \phi_{(z=-3)}=+\frac{5}{2}\pi$

$\phi_{(z=3)}=+\frac{5}{2}\pi\,[\text{lines}]$

$\therefore\ \phi_z=5\pi\,[\text{lines}]$

$\therefore\ \phi=\phi_r+\phi_\phi+\phi_z=51.3\ [\text{lines}]$

(3) $D_r=r,\ D_\theta=0,\ D_\phi=0$

$\therefore\ \phi_r=\iint D_r r\sin\theta d\phi\cdot rd\theta=r^3\int_{30°}^{60°}\sin\theta d\theta\int_0^{2\pi}d\phi=62.2\ [\text{lines}]$

5-14 식 (5.17)에서 $E_\varepsilon=E\sqrt{\sin^2\theta+\frac{1}{\varepsilon_r^2}\cos^2\theta}\,[\text{V/m}],\ \theta_\varepsilon=\tan^{-1}(\varepsilon_r\tan\theta)$

5-15 $\boldsymbol{E}=20\boldsymbol{i}+20\boldsymbol{j}-10\boldsymbol{k}\,[\text{V/m}],\ \boldsymbol{E}_{1t}=20\boldsymbol{i}-10\boldsymbol{k},\ \boldsymbol{E}_{1n}=20\boldsymbol{j}\,[\text{V/m}]$

경계조건($E_{1t}=E_{2t},\ \varepsilon_{r1}E_{1n}=\varepsilon_{r2}E_{2n}$)에서 $\boldsymbol{E}_{2t}=\boldsymbol{E}_{1t}=20\boldsymbol{i}-10\boldsymbol{k},\ \boldsymbol{E}_{2n}=\frac{\varepsilon_{r1}}{\varepsilon_{r2}}\boldsymbol{E}_{1n}=6\times20\boldsymbol{j}$

$\therefore\ \boldsymbol{E}_0=\boldsymbol{E}_{2t}+\boldsymbol{E}_{2n}=20\boldsymbol{i}+120\boldsymbol{j}-10\boldsymbol{k}\,[\text{V/m}]$

5-16 문제 5-14에서 $E_{(\text{유리})}=3\times10^4\sqrt{\sin^2 32°+\frac{1}{4^2}\cos^2 32°}=1.713\times10^4\ [\text{V/m}]$

$D_{(\text{유리})}=\varepsilon_0\varepsilon_r E_{(\text{유리})}=0.607\ [\mu\text{C/m}^2]\ \ \theta_{(\text{유리})}=\tan^{-1}(4\tan 32°)=68.2°$ 유리판을 통과한 전계는 통과하기 전과 같다.

5-17 (1) $\boldsymbol{E}_{1n}=3\boldsymbol{i},\ \boldsymbol{E}_{1t}=4\boldsymbol{j}+5\boldsymbol{k}=\boldsymbol{E}_{2t},\ \boldsymbol{D}_{1n}=\varepsilon_0 3\boldsymbol{i}=\boldsymbol{D}_{2n}=\varepsilon_2 2\boldsymbol{E}_{2n}\ \ \therefore\ \boldsymbol{E}_{2n}=\frac{3}{2}\boldsymbol{i}=1.5\boldsymbol{i}$

$\therefore\ \boldsymbol{E}_2=\boldsymbol{E}_{2n}+\boldsymbol{E}_{2t}=1.5\boldsymbol{i}+4\boldsymbol{j}+5\boldsymbol{k}\,[\text{V/m}],\ \boldsymbol{D}_2=\varepsilon_0(3\boldsymbol{i}+8\boldsymbol{j}+10\boldsymbol{k})\,[\text{C/m}^2]$

(2) $\boldsymbol{E}_{3t}=\boldsymbol{E}_{2t}=4\boldsymbol{j}+5\boldsymbol{k},\ \boldsymbol{D}_{2n}=\boldsymbol{D}_{3n},\ \boldsymbol{E}_{3n}=\boldsymbol{i}\,[\text{V/m}]\ \ \therefore\ \boldsymbol{E}_3=\boldsymbol{i}+4\boldsymbol{j}+5\boldsymbol{k}\,[\text{V/m}]$

$\boldsymbol{D}_3=\varepsilon_0(3\boldsymbol{i}+12\boldsymbol{j}+15\boldsymbol{k})\,[\text{C/m}^2],\ \boldsymbol{P}_3=\varepsilon_0(\varepsilon_r-1)\boldsymbol{E}_3=\varepsilon_0(2\boldsymbol{i}+8\boldsymbol{j}+10\boldsymbol{k})\,[\text{C/m}^2]$

5-18 (1) $w=\frac{1}{2}\boldsymbol{DE}=\frac{4.5}{\pi}\times10^{-3}\frac{1}{r^4}\ [\text{J/m}^3]\ \ \therefore\ W=\int wdv=0.12\ [\text{J}]$

(2) $W=\frac{0.12}{\varepsilon_r}\Big|_{\varepsilon_r=2.5}=0.048\ [\text{J}]$

(3) $W=18\times10^{-3}\left[\int_{0.15}^{0.2}\frac{dr}{r^2}+\frac{1}{3.5}\int_{0.2}^{0.3}\frac{dr}{r^2}+\int_{0.3}^{\infty}\frac{dr}{r^2}\right]=0.0986\ [\text{J}],\ W=\frac{1}{2}QV\,[\text{V}]$로 구해도 같은 결과가 얻어진다.

5-19 $V=\frac{\rho_l}{2\pi\varepsilon_0}\left\{\frac{1}{2}\int_{0.5}^{1}\frac{dr}{r}+\frac{1}{4}\int_1^2\frac{dr}{r}\right\}=13.5\times10^9\rho_l\ln 2\,[\text{V}],\ \rho_l=\frac{2\times10^4}{13.5\ln 2\times10^9}\ [\text{C/m}]$

$W=\frac{1}{2}\rho_l V\Big|_{V=20\,[\text{kV}]}=2.14\times10^{-2}\,[\text{J/m}]$

5-20 $\boldsymbol{E}_{(r,\phi,0)}=\dfrac{Q}{4\pi\varepsilon R^3}\{(r\boldsymbol{a}_r-a\boldsymbol{a}_z)-(r\boldsymbol{a}_r+a\boldsymbol{a}_z)\}=-\dfrac{Qa}{2\pi\varepsilon R^3}\boldsymbol{a}_z$ [V/m]

$\boldsymbol{D}=-\dfrac{Qa}{2\pi R^3}\boldsymbol{a}_z$ [C/m²], $R=\sqrt{a^2+r^2}$ [m] 한편 $f_n=\dfrac{1}{2}\boldsymbol{ED}=\dfrac{1}{2}\dfrac{Q^2a^2}{(2\pi)^2\varepsilon}\dfrac{1}{R^6}$ [N/m²]

$\therefore\ F=\iint f_n dS=\dfrac{1}{2}\dfrac{Q^2a^2}{(2\pi)^2\varepsilon}\int_0^\infty\dfrac{rdr}{(a^2+r^2)^3}\int_0^{2\pi}d\phi=\dfrac{Q^2}{16\pi\varepsilon a^2}$ [N]

5-21 (1) $P=\varepsilon_0(\varepsilon_r-1)E=1.367$ [μC/m²], (2) $P=n\mu_e=1.5$ [μC/m²]

6-1 $Q_A=CV_{AB}=10^{-8}$ [C] $\therefore\ V_A=\dfrac{1}{4\pi\varepsilon_0 r}=9$ [kV]

6-2 $\varepsilon_r=\dfrac{Cd}{\varepsilon_0 S}=3.5$

6-3 $\rho_l=CV=10^{-6}$ [C/m], $E=\dfrac{\rho_l}{2\pi\varepsilon a}$ [V/m], $a=\dfrac{\rho_l}{2\pi\varepsilon_0 E}=\dfrac{CV}{2\pi\varepsilon_0 E}=6$ [mm]

$\ln\dfrac{b}{a}=\dfrac{2\pi\varepsilon_0}{C}=1.111,\ \dfrac{b}{a}=3.038\ \therefore\ b=18.23$ [mm]

6-4 $C_\theta=\dfrac{C}{\pi}\theta$ [F], $W=\dfrac{1}{2}C_\theta V^2$ [J], $T=\dfrac{\partial W}{\partial\theta}=\dfrac{C}{2\pi_1}V^2$ [N·m]

6-5 (1) $C=\dfrac{2\pi\varepsilon_0}{\dfrac{1}{\varepsilon_{r1}}\ln\dfrac{b}{a}+\dfrac{1}{\varepsilon_{r2}}\ln\dfrac{c}{b}}=93.1$ [pF/m]

(2) $\rho_l=CV=9.31$ [nC/m], $0\le r\le z$: $E=0$, $2\le r\le 4$:

$E=\dfrac{\rho_l}{2\pi\varepsilon_0\varepsilon_r r}=33.516\dfrac{1}{r}$ [V/m], $4\le r\le 10$: $E=83.79\dfrac{1}{r}$ [V/m], $10<r$: $E=0$

(3) ε_1만인 경우 : $E=\dfrac{\rho_l}{2\pi\varepsilon_1 r}=\dfrac{62.13}{r}$ [V/m], $E_2=31.07$, $E_{10}=6.21$ [kV/m]

(4) 그림 6-8 참조

6-6 생략

6-7 생략

6-8 $C=\dfrac{\varepsilon_0 S}{d}\dfrac{1}{1-\dfrac{t}{d}\left(1-\dfrac{1}{\varepsilon_r}\right)}=\dfrac{380\varepsilon_0}{9.5\times94\times10^2t}$ [F]

6-9 (1)

t	0	1	2	4	6	8	10 [mm]
C [F]	35.4	39.3	44.2	58.6	87.2	170 [pF]	3.4 [nF]
W	177.1	196.5	221	293.1	435.8	849.7 [nJ]	16.8 [μJ]

(2) ⓐ $t=0$, $w_{(\varepsilon_0)}=\dfrac{1}{2}\varepsilon_0E^2=0.443$ [mJ/m³]

ⓑ $t=10$ [mm] $w_\varepsilon = \frac{1}{2}\varepsilon_0\varepsilon_r E^2 = 42.06$ [mJ/m³]

6-10 $V_{0d} = \int_0^d E dx = \int_0^d \frac{\rho_s}{\varepsilon} dx = \frac{\rho_s}{\varepsilon_0}\int_0^d e^{-x/d} dx = \frac{\rho_s d}{\varepsilon_0}(1-e^{-1})$ [V]

$C_\varepsilon = \frac{\rho_s}{V_{0d}} = \frac{\varepsilon_0}{d}(1-e^{-1})^{-1} = \frac{\varepsilon_0}{d}\times 1.582$ [F/m²], $C_0 = \frac{\varepsilon_0}{d}$ [F/m²] $\therefore\ C_\varepsilon/C_0 = 1.582$

6-11 처음 상태에서 갖는 에너지의 $\frac{1}{2}$이 필요하다.

6-12 $E_{1\max} = E_{2\max},\ \frac{b}{a} = \frac{\varepsilon_1}{\varepsilon_2} = 1.75$

$\therefore\ V_{ac} = \frac{\rho_l}{2\pi}\left\{\frac{1}{\varepsilon_1}\ln\frac{b}{a} + \frac{1}{\varepsilon_2}\ln\frac{c}{b}\right\} = E_m \cdot b\left\{\frac{\varepsilon_2}{\varepsilon_1}\ln\frac{b}{a} + \ln\frac{c}{b}\right\}$

$= b(-2.676 - \ln b)E_m$ [V], $\frac{\partial V}{\partial b} = 0$:

(1) $b = e^{-3.676} = 2.53$ [cm], $a = 1.45$ [cm]

(2) $V_{\max} = b(-2.676 - \ln b)E_{\max} = 2.53\times 10^{-2}(-2.676 + 3.676)\times 2\times 10^7 = 5.06\times 10^5$ [V]

6-13 $C_0 = 4\pi\varepsilon_0 a$ [F], $C_\varepsilon = \frac{4\pi\varepsilon_0}{\frac{1}{b}\left(1-\frac{1}{\varepsilon_r}\right)+\frac{1}{\varepsilon_r a}}$ [F], $C_\varepsilon = 2C_0$; $b = a\frac{2(\varepsilon_r - 1)}{\varepsilon_r - 2} = 25$ [cm]

$\therefore\ t = b - a = 22.5$ [cm]

6-15 (1) (a) $d=10$ [cm] : $C = \frac{\pi\varepsilon_0}{\ln\frac{d}{a}} = 7.54$ [pF/m], $C = \frac{\pi\varepsilon_0}{\cosh^{-1}\left(\frac{d}{2a}\right)} = 7.54$ [pF/m]

(b) $d=2$ [cm] : $C = \frac{\pi\varepsilon_0}{\ln\frac{d}{a}} = 13.3765$ [pF/m]

$$C = \frac{\pi\varepsilon_0}{\cosh^{-1}\left(\frac{d}{2a}\right)} = 13.4803 \text{ [pF/m]}$$

(2) $C = \frac{2\pi\varepsilon_0}{\cosh^{-1}\frac{h}{a}} = 22.45$ [pF/m]

6-16 식 (6.18) : $d = 2a\cosh\left(\frac{\pi\varepsilon_0\varepsilon_r}{C}\right) = 2.94$ [mm]

6-17 도체 1, 2에 Q_1 [C], Q_2 [C]를 주었을 때 전 정전에너지는 예제 6-11에서

$$W_1 = \frac{1}{2}p_{11}Q_1^2 + p_{21}Q_1Q_2 + \frac{1}{2}p_{22}Q_2^2 \text{ [J]}$$

가 되며, 2에 Q_2를 주고 1에 Q_1을 주었을 때의 전 정전에너지는

$$W_2 = \frac{1}{2} p_{22} Q_2^2 + p_{12} Q_2 Q_1 + \frac{1}{2} p_{11} Q_1^2 \text{ [J]}$$

가 된다. 그런데 동일조건 하에서는 $W_1 = W_2$이므로 $p_{12} = p_{21}$, $p_{rs} = p_{sr}$가 얻어진다. 마찬가지로 $q_{rs} = q_{sr}$로 유도할 수 있다.

6-18 $p_{11} = \dfrac{1}{4\pi\varepsilon_0 a} = 1.414 \times 10^3 \text{ [1/F]}$, $q_{11} = 4\pi\varepsilon_0 a = 707 \text{ [}\mu\text{F]}$

6-19 $V_1 = p_{11} Q_1 + p_{12} Q_2$, $V_2 = p_{21} Q_1 + p_{22} Q_2$에서

(1) $V_1 = V_2$, $Q_1 = Q - Q_2$ $\therefore$ $Q_2 = \dfrac{p_{11} - p_{21}}{p_{11} - 2p_{12} + p_{22}} Q$

(2) $p_{11} = \dfrac{1}{4\pi\varepsilon a}$, $p_{22} = p_{12} = p_{21} = \dfrac{1}{4\pi\varepsilon b}$ [1/F]

$V_1 = 0$: $Q_1 = -\dfrac{p_{12}}{p_{11}} Q_2$, $V_2 = \left(-\dfrac{p_{12}^2}{p_{11}} + p_{22}\right) Q_2$

$\therefore$ $C = \dfrac{Q_2}{V_2} = \dfrac{p_{11}}{p_{11}p_{22} - p_{12}^2} = 4\pi\varepsilon\left(b + \dfrac{ab}{b-a}\right)$ [F]

6-20 (1) $V_0 = \dfrac{Q}{4\pi\varepsilon_0 a}$ [V], $V = \dfrac{2Q}{4\pi\varepsilon_0 \sqrt[3]{2}\, a} = \sqrt[3]{4}\, V_0 = 1.587\, V_0$ [V]

(2) $W_0 = \dfrac{1}{2} QV_0 + \dfrac{1}{2} QV_0 = QV_0$ [J], $W = \dfrac{1}{2} \times 2QV = 1.587\, W_0$ [J]

6-21 (1) $Q = 4\pi\varepsilon_0 (r_1 V_1 + r_2 V_2 + r_3 V_3) = 35.56$ [pC]

(2) 연결 후 공동전위를 V[V]라 하면 $4\pi\varepsilon_0 (r_1 + r_2 + r_3) V = Q$, $C = \dfrac{Q}{V} = 6.67$ [pF]

(3) (1), (2)에서 $V = \dfrac{r_1 V_1 + r_2 V_2 + r_3 V_3}{r_1 + r_2 + r_3} = 5.33$ [V]

6-22 (1) $E = \dfrac{V}{d} = 2 \times 10^5$ [V/m], (2) $W = \dfrac{1}{2} CV^2 = 53.12$ [μJ]

(3) $\rho_s' = \varepsilon_0 (\varepsilon_r - 1) E = 8.854$ [μC/m^2], (4) $F = -\dfrac{\varepsilon S}{2}\left(\dfrac{V}{d}\right)^2 = -01.6$ [mN] (인력)

6-23 $C_b = \dfrac{\varepsilon_0 S}{x}$ [F], $C_c = \dfrac{\varepsilon_0 S}{d-x}$ [F], $C = C_b + C_c = \varepsilon_0 S \dfrac{d}{x(d-x)}$ [F]

$W = \dfrac{1}{2}\dfrac{Q^2}{C} = \dfrac{1}{2} Q^2 \dfrac{x(d-x)}{\varepsilon_0 Sd}$ [J], $F_a = -\dfrac{\partial W}{\partial x} = \dfrac{Q^2}{2\varepsilon_0 Sd}(2x - d)$ [N] (x의 증가 방향)

6-24 $V_1 = \dfrac{C}{C + C_0} V_0 = \left(1 - \dfrac{C}{C + C_0}\right) V_0$ [V], ⋯, $V_n = \left(1 - \dfrac{C}{C + C_0}\right)^n V_0$ [V]

예 : $C = 0.1$ [μF], $C_0 = 0.001$ [μF], $n = 50$, $V_{50} = 0.61\, V_0$ [V], $V_{100} = 0.37\, V_0$

6-25 $E_1 = \dfrac{\rho_s}{\varepsilon_0}$, $E_2 = \dfrac{\rho_s}{2\varepsilon_0}$, $E_3 = \dfrac{\rho_s}{3\varepsilon_0}$ [V/m]

(1) $E_1d_1 = E_2d_2 = E_3d_3$ [V], $d_1 + d_2 + d_3 = 1$ [cm] $\therefore\ d_1 = \dfrac{1}{6},\ d_2 = \dfrac{1}{3},\ d_3 = \dfrac{1}{2}$ [cm]

(2) $\dfrac{1}{2}C_1V_1^2 = \dfrac{1}{2}C_2V_2^2 = \dfrac{1}{2}C_3V_3^2$ [J], $d_1 = 2d_2 = 3d_3$ [cm], $d_1 + d_2 + d_3 = 1$ [cm]

$\therefore\ d_1 = \dfrac{1}{6},\ d_2 = \dfrac{1}{3},\ d_3 = \dfrac{1}{2}$ [cm]

(3) $C_1 = \dfrac{\varepsilon_0}{d_1} = 6\varepsilon_0 \times 10^{-2},\ C_2 = \dfrac{2\varepsilon_0}{d_2} = 6\varepsilon_0 \times 10^2,\ C_3 = \dfrac{3\varepsilon_0}{d_3} = 6\varepsilon_0 \times 10^{-2}$ [F/m²]

$$C = \frac{C_1C_2 + C_2C_3 + C_3C_1}{C_1 + C_2 + C_3} = 6\,\varepsilon_0 \times 10^{-2}\ [\text{F/m}^2]$$

6-26 (1) $d \gg a$: 식 (6.17) ; $C_0 = \dfrac{\pi\varepsilon_0}{\ln\dfrac{d}{a}}$ [F/m], $E = \dfrac{\rho_l}{2\pi\varepsilon_0 d} = \dfrac{C_0 V}{2\pi\varepsilon_0 d}$ [N/C]

$$\therefore\ F = E\rho_l = \frac{\pi\varepsilon_0 V^2}{2d\left(\ln\dfrac{d}{a}\right)^2}\ [\text{N/m}]\ (\text{인력})$$

(2) $d > a$: 식 (6.18)을 이용, 이 경우 근접작용에 의하여 선전전간 거리(그림 6-10)는 $s = \sqrt{d^2 - 4a^2}$ [m]가 되므로 $E = \dfrac{\rho_l}{2\pi\varepsilon_0 s} = \dfrac{C_0 V}{2\pi\varepsilon_0\sqrt{d^2 - 4a^2}}$ [N/C]

$$\therefore\ F = E\rho_l = \frac{(C_0 V)^2}{2\pi\varepsilon_0\sqrt{d^2 - 4a^2}}\ [\text{N/m}]\ (\text{인력})$$

6-27 생략

6-28 부록 Ⅳ-I-2-9 이용 : $x = \cosh^{-1} y \rightarrow y = \cosh x = \dfrac{1}{2}(e^x + e^{-x})$에서 $(e^x)^2 - 2y\,e^x + 1 = 0$이 얻어지므로 $e^x = y + \sqrt{y^2 - 1}$ $\therefore\ x = \cosh^{-1} y = \ln(y \pm \sqrt{y^2 - 1})$ 따라서 $y = \dfrac{d}{2a}$로 놓으면 된다.

7-1 (1) $F = \dfrac{1}{4\pi\varepsilon_0}\dfrac{e^2}{(2a)^2} = 0.576$ [pN], (2) $W = \dfrac{1}{4\pi\varepsilon_0}\dfrac{e}{2a}\cdot e = 1.152 \times 10^{-20}$ [J]

7-2 (1) $C_0 = \dfrac{2\pi\varepsilon_0}{\ln\dfrac{2h}{a}} = 7.023$ [pF/m], (2) $F = \dfrac{\rho_l^2}{4\pi\varepsilon_0 h} = 0.526$ [mN/m]

7-3 식 (7.1a) : $\rho_s = -\dfrac{aQ}{2\pi}\dfrac{1}{(a^2 + y^2)^{3/2}}$ [C/m²]

$$\therefore\ Q = \int_0^\infty \rho_s y\,dy \int_0^{2\pi} d\phi = -aQ\int_0^\infty \frac{y\,dy}{(a^2 + y^2)^{3/2}} = -Q\ [\text{C}]$$

7-4 점 A, B, C는 P의 영상전하 ; $\overline{\text{PD}}^2 = (x - a)^2 + (y - b)^2$, $\text{AD}^2 = (x - a)^2 + (y + b)^2$

$\overline{\text{BD}}^2=(x+a)^2+(y-b)^2,\ \overline{\text{CD}}^2=(x+a)^2+(y+b)^2$

$$\therefore\ V_{(xy)}=\frac{Q}{4\pi\varepsilon_0}\left(\frac{1}{\overline{\text{PD}}}-\frac{1}{\overline{\text{AD}}}+\frac{1}{\overline{\text{CD}}}-\frac{1}{\overline{\text{BD}}}\right)[\text{V}]$$

$$\therefore\ E_{0x}=-\frac{\partial V}{\partial x}\bigg|_{y=0}=\frac{-Qa}{2\pi\varepsilon_0}\left[\frac{1}{\{(a-x)^2+b^2\}^{3/2}}-\frac{1}{\{(a+x)^2+y^2\}^{3/2}}\right][\text{V/m}]$$

$$E_{0y}=-\frac{\partial V}{\partial y}\bigg|_{x=0}=-\frac{Qb}{2\pi\varepsilon_0}\left[\frac{1}{\{a^2+(y-b)^2\}^{3/2}}-\frac{1}{\{a^2+(y+b)^2\}^{3/2}}\right][\text{V/m}]$$

$\rho_{s0x}=\varepsilon_0 E_{0x}\,[\text{C/m}^2],\ \rho_{s0y}=\varepsilon_0 E_{0y}\,[\text{C/m}^2]$

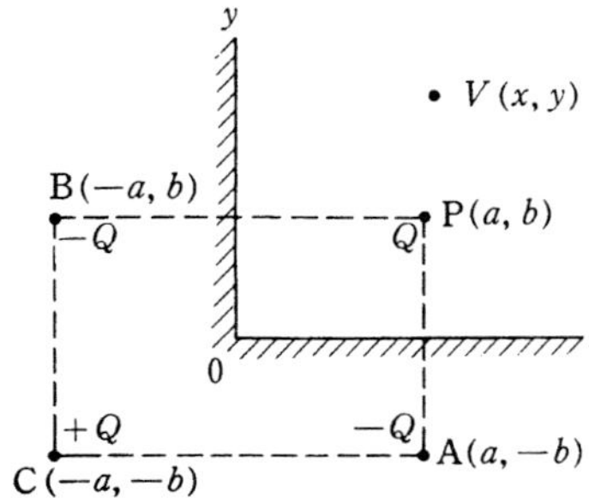

그림 풀이 7-4

7-5 그림 풀이 7-5 : 절연도체구에는 정부등량의 전하가 유도되므로 영상점 P′의 $Q'=-\frac{a^2}{d}Q\,[\text{C}]$에 대하여 중심 O에 $Q_0=\frac{a}{d}Q\,[\text{C}]$이 유도되어야 한다.

(1) 구표면의 유도전하밀도

$$\rho_s^+=\frac{Q_0}{4\pi a^2}=\frac{Q}{4\pi da}\,[\text{C/m}^2],\ \rho_s^-=-\frac{Q}{4\pi a}\frac{d^2-a^2}{r_0^3}\,[\text{C/m}^2]$$

$$\rho_s=\rho_s^++\rho_s^-=\frac{Q}{4\pi a}\left\{\frac{1}{d}-\frac{d^2-a^2}{r_0^3}\right\}[\text{C/m}^2],\ r_0^2=d^2+a^2-2da\cos\theta$$

가 된다. 고로 정부전하분포의 경계선은 $\rho_s=0$에서 $r_0^3=d\times(d^2-a^2)$가 되며 $d=2a$인 경우 $\theta=65°$의 원이 된다.

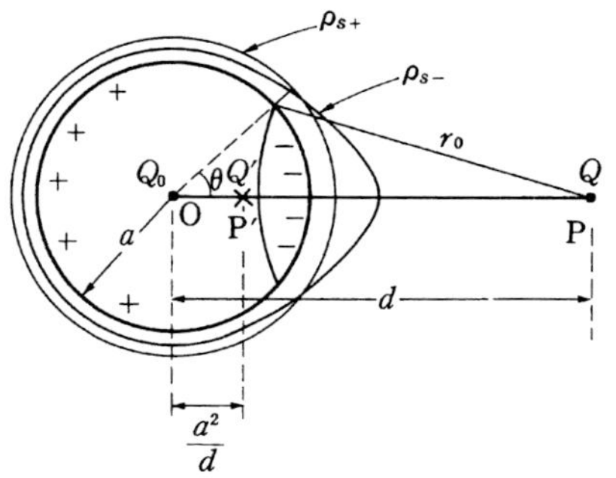

그림 풀이 7-5

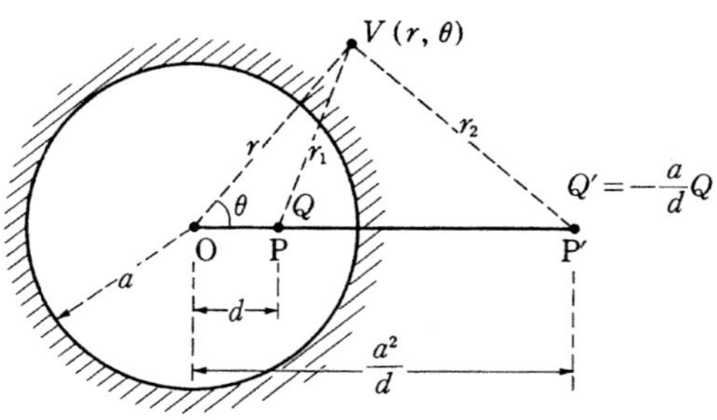

그림 풀이 7-6

(2) Q[C]이 받는 힘

$$F=\frac{1}{4\pi\varepsilon_0}\left\{\frac{Q\left(-\frac{a}{d}Q\right)}{\overline{\mathrm{PP}'}^{\,2}}+\frac{Q\cdot\left(\frac{a}{d}Q\right)}{\overline{\mathrm{OP}}^{\,2}}\right\}=\frac{-aQ^2}{4\pi\varepsilon_0}\left\{\frac{d}{(d^2-a^2)^2}-\frac{1}{d^3}\right\}[\mathrm{N}]$$

7-6 그림 풀이 7-6 : 영상전하는 공동구외의 점 $\mathrm{P}'\left(\overline{\mathrm{OP}}=\frac{a^2}{d}\right)$에 $Q'=-\frac{a}{d}Q$[C]이 되므로

(1) $F=\frac{1}{4\pi\varepsilon_0}\frac{Q\cdot Q'}{\overline{\mathrm{PP}'}^{\,2}}=-\frac{1}{4\pi\varepsilon_0}\frac{adQ^2}{(a^2-d^2)^2}$ [N]

(2) $V_{(r,\theta)}=\frac{Q}{4\pi\varepsilon_0}\left(\frac{1}{r_1}-\frac{a}{r_2 d}\right)$[V], $r_1^2=r^2+d^2-2rd\cos\theta$

$$r_2^2=r^2+\left(\frac{a^2}{d}\right)^2-2r\left(\frac{a^2}{d}\right)\cos\theta$$

$$\therefore\ \rho_s=-\varepsilon_0\frac{\partial V}{\partial r}\bigg|_{r=a}=-\frac{Q}{4\pi a}\frac{a^2-d^2}{r_0^3}\ [\mathrm{C/m^2}]\quad (r_0^2=a^2+d^2-2da\cos\theta)$$

$$\rho_{s\max}|_{\theta=0}=-\frac{Q}{4\pi a}\frac{a+d}{(a-d)^2}\ [\mathrm{C/m^2}],\ \rho_{s\min}|_{\theta=\pi}=-\frac{Q}{4\pi a}\frac{a-d}{(a+d)^2}\ [\mathrm{C/m^2}]$$

7-7 $-5a$[C]에 의하여 구도체에는 중심 O에 $-Q$, 영상점 $\mathrm{P}'(\overline{\mathrm{OP}'}=0.2a)$에 Q[C]이 유도되므로

$$V_{\mathrm{A}}=\frac{Q}{4\pi\varepsilon_0 a}\left(-\frac{1}{4.5}+\frac{1}{4.3}-\frac{5}{0.5}\right)=-\frac{5Q}{2\pi\varepsilon_0 a}\ [\mathrm{V}],\ V_{\text{구}}=-\frac{Q}{4\pi\varepsilon_0 a}\ [\mathrm{V}]$$

7-8 조건 $\angle\mathrm{APB}=\frac{\pi}{2}$에서 $\triangle\mathrm{ABP}\backsim\triangle\mathrm{APM}\backsim\triangle\mathrm{PBM}$: $d_1=\frac{a^2}{d}$, $d_2=\frac{b^2}{d}$가 얻어지므로, 점 M은 점 A의 B구 및 점 B의 A구에 대한 영상점이 된다. 따라서 점 A에 $Q_1=4\pi\varepsilon_0 aV$[C], 점 B에 $Q_2=4\pi\varepsilon_0 bV$[C], 점 M에 $Q_3=-\frac{b}{d}Q_1=-\frac{a}{d}Q_2=4\pi\varepsilon_0\frac{abV}{d}$ [C]의 전하를 놓으면, 양구의 전위는 V[V]가 된다. 한편,

$$Q=Q_1+Q_2+Q_3=4\pi\varepsilon_0\left(a+b-\frac{ab}{d}\right)[\mathrm{C}]\quad\therefore\ C=\frac{Q}{V}=4\pi\varepsilon_0\left(a+b-\frac{ab}{\sqrt{a^2+b^2}}\right)[\mathrm{F}]$$

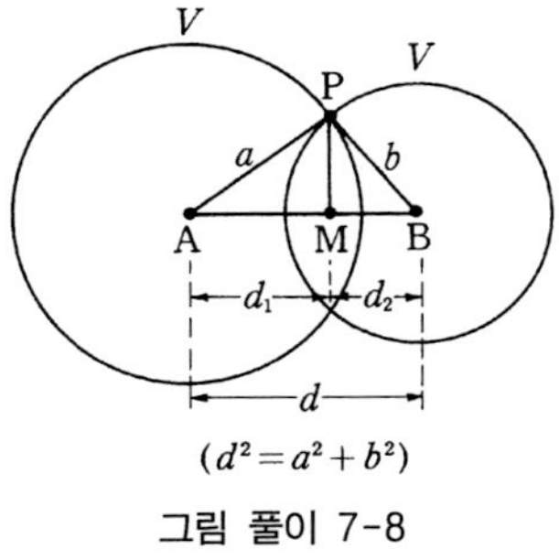

그림 풀이 7-8

7-9 안테나의 전하 $\rho_l l$[C]에 대한 영상전하 $-\rho_l l$[C]를 생각한다. 이 경우 $a\ll h$, l[m]이므로 ρ_l을 균일하다고 본다. 점 P를 안테나 표면에 무한히 접근시키면

$$V = \frac{\rho_l}{4\pi\varepsilon_0}\int_{-l/2}^{l/2}\left(\frac{1}{r_1}-\frac{1}{r_2}\right)dy \fallingdotseq \frac{\rho_l}{4\pi\varepsilon_0}\int_{-l/2}^{l/2}\left(\frac{1}{\sqrt{y^2+a^2}}-\frac{1}{2h+l+y}\right)dy =$$

$$\frac{\rho_l}{4\pi\varepsilon_0}\ln\frac{(l+\sqrt{l^2+a^2})(4h+l)}{(-l+\sqrt{l^2+4a^2})(4h+3l))} \fallingdotseq \frac{\rho_l}{2\pi\varepsilon_0}\ln\frac{l}{a}\sqrt{\frac{4h+l}{4h+3l}}\,[\mathrm{V}]$$

$$\therefore\ C = \frac{\rho_l l}{V} = \frac{2\pi\varepsilon_0 l}{\ln\left\{\dfrac{l}{a}\sqrt{\dfrac{4h+l}{4h+3l}}\right\}}\,[\mathrm{F}]$$ (그림 풀이 7-9 참조)

7-10 $a \ll d$인 경우 점 P의 $+\rho_l$[C/m]에 의한 원주도체의 전위는 식 (3.9)에서

$$V_A = C - \frac{\rho_l}{2\pi\varepsilon_0}\ln d\,[\mathrm{V}]$$

가 된다. 그런데 점 P, P′, O의 $+\rho_l$, $-\rho_l$, $+\rho_l$[C/m]에 의한 원주도체상의 전위는

$$r_1^2 = a^2 + d^2 - 2ad\cos\theta$$

$$r_2^2 = a^2 + \left(\frac{a^2}{d}\right)^2 - 2a\left(\frac{a^2}{d}\right)\cos\theta = \frac{a^2}{d^2}(a^2+d^2-2ad\cos\theta) = \frac{a^2}{d^2}r_1^2$$

로부터

$$V_A = C - \frac{\rho_l}{2\pi\varepsilon_0}(\ln r_1 - \ln r_2 + \ln a) = C - \frac{\rho_l}{2\pi\varepsilon_0}\ln\frac{r_1 a}{r_2} = C - \frac{\rho_l}{2\pi\varepsilon_0}\ln d\,[\mathrm{V}]$$

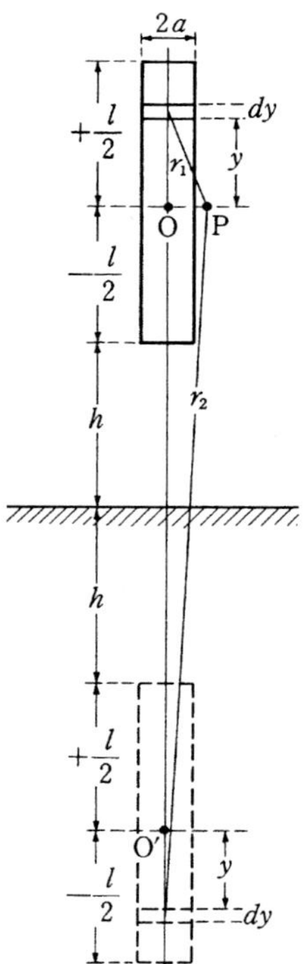

그림 풀이 7-9

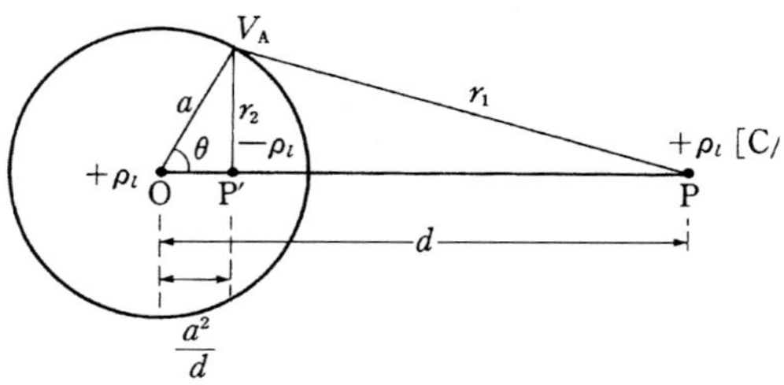

그림 풀이 7-10

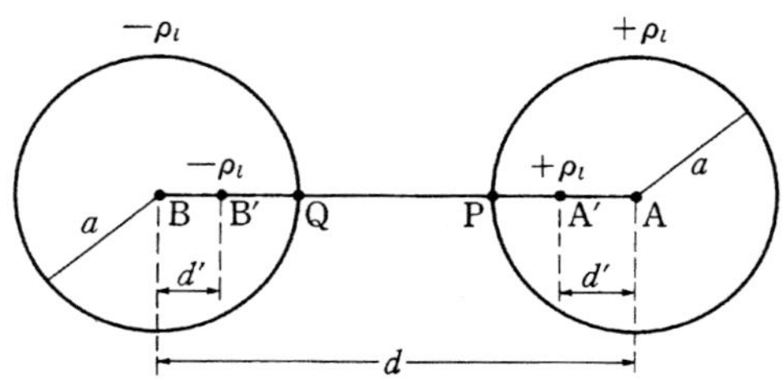

그림 풀이 7-11

가 되므로, 선전하 ρ_l[C/m]에 대한 원주도체의 영상전하를 $-\rho_l$, $+\rho_l$[C/m]로 취할 수 있다. 한편 P의 $+\rho_l$[C/m]와 원주도체 사이의 힘은

$$F=\frac{\rho_l^2}{2\pi\varepsilon_0 d}-\frac{\rho_l^2}{2\pi\varepsilon_0\overline{\mathrm{PP'}}}=\frac{-\rho_l^2}{2\pi\varepsilon_0}\cdot\frac{a^2}{d(d^2-a^2)}\ [\mathrm{N/m}]$$ (그림 풀이 7-10 참조)

7-11 문제 7-10에서 각 원주도선의 $+\rho_l$[C/m]에 의한 전계는 영상선 A′, B′의 $+\rho_l$[C/m]에 의한 것과 등가이다. 그림 풀이 7-11에서

$$\mathrm{AA'}=d'=\frac{a^2}{\mathrm{AB'}}=\frac{a^2}{d-d'}\qquad\therefore\ d'=\frac{d-\sqrt{d^2-4a^2}}{2}$$

각 선전위는

$$V_\mathrm{A}=V_\mathrm{P}=\frac{\rho_l}{2\pi\varepsilon_0}\ln\frac{\mathrm{B'P}}{\mathrm{A'P}}=\frac{\rho_l}{2\pi\varepsilon_0}\ln\frac{d-(a+d')}{a-d'}\ [\mathrm{V}]$$

$$V_\mathrm{B}=V_\mathrm{Q}=\frac{\rho_l}{2\pi\varepsilon_0}\ln\frac{a-d'}{d-(a+d')}\ [\mathrm{V}]$$

$$\therefore\ V_\mathrm{AB}=V_\mathrm{A}-V_\mathrm{B}=\frac{\rho_l}{\pi\varepsilon_0}\ln\frac{d-(a+d')}{a-d'}=\frac{\rho_l}{\pi\varepsilon_0}\ln\frac{d+\sqrt{d^2-4a^2}}{2a}\ [\mathrm{V}]$$

$$\therefore\ C=\frac{\rho_l}{V_\mathrm{AB}}=\frac{\pi\varepsilon_0}{\ln\dfrac{d+\sqrt{d^2-4a^2}}{2a}}=\frac{\pi\varepsilon_0}{\cosh^{-1}\left(\dfrac{d}{2a}\right)}\ [\mathrm{F/m}]$$

7-12 심선전하 $\pm\rho_l$[C/m]에 의한 케이블 내 전계는 $d'=\dfrac{a^2}{d}$의 영상선 $\mp\rho_l$[C/m]의 4선전하에 의한 것과 등가이다. 따라서 b, $d\gg a$인 경우 각 선전위는

$$V_1\fallingdotseq\frac{\rho_l}{2\pi\varepsilon_0}\left(\ln\frac{d'-d}{a}-\ln\frac{d'+d}{2d}\right)[\mathrm{V}],\quad V_2=\frac{\rho_l}{2\pi\varepsilon_0}\left(\ln\frac{d'+d}{2d}-\ln\frac{d'-d}{a}\right)[\mathrm{V}]$$

$$\therefore\ V_{12}=V_1-V_2=\frac{\rho_l}{\pi\varepsilon_0}\ln\frac{2d(d'-d)}{a(d'+d)}=\frac{\rho_l}{\pi\varepsilon_0}\ln\frac{2d(b^2-d^2)}{a(b^2+d^2)}\ [\mathrm{V}]$$

$$\therefore\ C=\frac{\rho_l}{V_{12}}=\frac{\pi\varepsilon_0}{\ln\dfrac{2d(b^2-d^2)}{a(b^2+d^2)}}\ [\mathrm{F/m}]$$ (그림 풀이 7-12 참조)

7-13 $\nabla^2V_{(r)}=\dfrac{1}{r^2}\dfrac{\partial}{\partial r}\left(r^2\dfrac{\partial V}{\partial r}\right)=0$에서 $V=-\dfrac{A}{r}+B$가 구해지는데, 초기조건

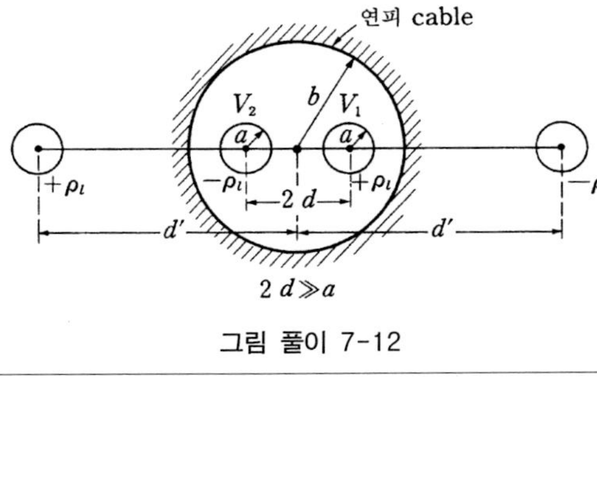

그림 풀이 7-12

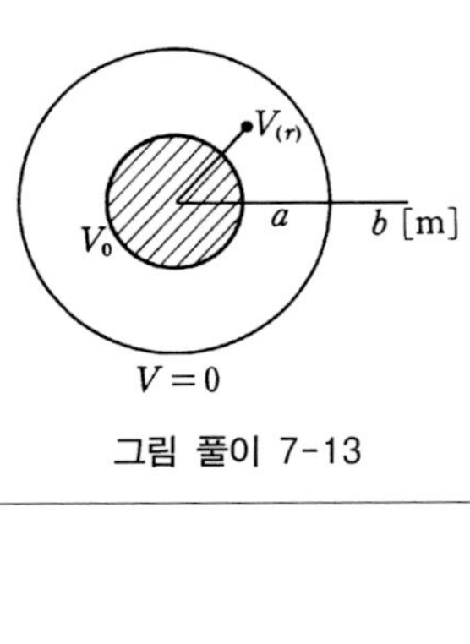

그림 풀이 7-13

$r=a$: $V=V_0$, $V_0=-\dfrac{A}{a}+B$, $r=b$: $V=0$, $0=-\dfrac{A}{b}+B$ 에서

$$V_{(r)}=\frac{\dfrac{1}{r}-\dfrac{1}{b}}{\dfrac{1}{a}-\dfrac{1}{b}}V_0\,[\mathrm{V}]$$

한편 $\rho_s=\varepsilon E=-\varepsilon\dfrac{\partial V}{\partial r}\Big|_{r=a}=\dfrac{\varepsilon}{a^2}\cdot\dfrac{V_0}{\dfrac{1}{a}-\dfrac{1}{b}}\,[\mathrm{C/m^2}]$, $Q=4\pi a^2\rho_s=4\pi\varepsilon\dfrac{V_0}{\dfrac{1}{a}-\dfrac{1}{b}}\,[\mathrm{C}]$

$\therefore\ C=\dfrac{Q}{V_0}=\dfrac{4\pi\varepsilon}{\dfrac{1}{a}-\dfrac{1}{b}}\,[\mathrm{F}]$ (그림 풀이 7-13 참조)

7-14 (1) $\nabla^2V_{(\theta)}=\dfrac{1}{r^2\sin\theta}\dfrac{\partial}{\partial\theta}\left(\sin\theta\dfrac{\partial V}{\partial\theta}\right)=0$

$V=A\displaystyle\int\frac{d\theta}{\sin\theta}+B=A\ \ln\left(\tan\frac{\theta}{2}\right)+B\,[\mathrm{V}]$ …… (a)

$\theta=20°$: $V_1=10$ [V]의 조건에서

$10=A\ \ln(\tan 10°)+B=-1.735A+B$ …… (b)

$\theta=40°$: $V_2=3$ [V]에서 $3=A\ \ln(\tan 20°)+B=-1.011A+B$ …… (c)

따라서 (b), (c)의 두 식에서

$A=-9.67$, $B=-6.78$, $\therefore\ V=-[6.78+9.67\ln(\tan\theta/2)]$ [V]

(2) $E_\theta=-\dfrac{\partial V}{r\partial\theta}=9.67\dfrac{1}{r\sin\theta}$ [V/m] $\therefore\ J_\theta=\sigma E_\theta|_{\sigma=0.02}=\dfrac{0.193}{r\sin\theta}$ [A/m^2]

$\therefore\ I=\displaystyle\iint J_\theta\cdot dS_\theta=0.193\int_{r=0.1}^{0.2}\int_{\phi=0}^{90°}\frac{1}{r\sin\theta}r\sin\theta d\phi dr=30.35$ [mA]

따라서 $R=\dfrac{V_1-V_2}{I}=\dfrac{10-3}{30.35\times10^{-3}}=230.6$ [Ω]

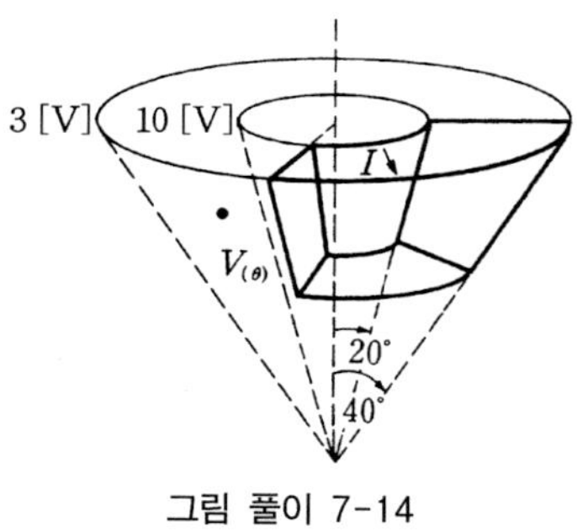

그림 풀이 7-14

7-15 $\nabla^2V_{(r)}=\dfrac{1}{r}\dfrac{\partial}{\partial r}\left(r\dfrac{\partial V}{\partial r}\right)=0$, $V=A\ln r+B$, $r=a$:

$V_a=A\ \ln a+B$, $r=b$: $V_b=A\ \ln b+B$ $\therefore\ V_{ab}=V_a-V_b=-A\ \ln\dfrac{b}{a}$ [V]

식 (3.9)와 비교하면 $A=-\dfrac{\rho_l}{2\pi\varepsilon_0}$가 되므로

$$E_r=-\frac{\partial V}{\partial r}=-A\frac{1}{r}=\frac{\rho_l}{2\pi\varepsilon_0}\ [\text{V/m}]\quad\therefore\ \boldsymbol{E}=\frac{\rho_l}{2\pi\varepsilon_0 r}\boldsymbol{a}_r\,[\text{V/m}]$$

7-16 $\dfrac{\partial^2 V}{\partial x^2}=-\dfrac{\rho_0}{\varepsilon_0 d}x,\ \dfrac{dV}{dx}=-\dfrac{\rho_0}{2\varepsilon_0 d}x^2+A,\ x=0,\ E=0\ :\ A=0,$

다음 $V=-\dfrac{\rho_0}{6\varepsilon_0 d}x^3+B$ 에서 $x=d,\ V=0\ :\ B=\dfrac{\rho_0}{6\varepsilon_0}d^2\quad\therefore\ V=\dfrac{\rho_0}{6\varepsilon_0 d}(d^2-x^3)\,[\text{V}]$

7-17 (1) $\dfrac{d^2V}{dx^2}=-\dfrac{2\varepsilon_0}{\varepsilon_0}=-2,\ V=-x^2+Ax+B,$ 조건에서 $B=10^{-6},\ A=500$

$\therefore\ V=-x^2+500x+10^{-6}\,]_{x=2\times10^{-3}}=1-3\times10^{-6}\,[\text{V}]$

(2) $\dfrac{d^2V}{dx^2}=-2\sin 10^3\pi x,\ V=\dfrac{2}{10^6\pi^2}\sin 10^3\pi x+Ax+B$

조건에서 $A=500,\ B=0\quad\therefore\ V=\dfrac{2}{10^6\pi^2}\sin 10^3\pi x+500x\Big|_{x=2\times10^{-3}}=1\ [\text{V}]$

7-18 (1) $V=3x^2+y+z+4\,|_{(1,-2,2)}=0,\ \boldsymbol{D}=\varepsilon_0\boldsymbol{E}=-\varepsilon_0\nabla V|_{(1,-2,2)}=\varepsilon_0(12\,\boldsymbol{i}-3\,\boldsymbol{j}+\boldsymbol{k})\,[\text{C/m}^2]$

$\rho=-\varepsilon_0\nabla^2V|_{(1,-2,2)}=12\,\varepsilon_0=0.11\ [\text{nC/m}^2]$

(2) $(1,\ -2,\ 2)=(\sqrt{5},\ -63,4°,\ 2)$

$V=5\cos\phi e^{-r+z}|_{(1,-2,2)}=5\times0.447\times0.79=1.765\ [\text{V}]$

$$\boldsymbol{D}=-\varepsilon_0\nabla V=-\varepsilon_0 5\cos\phi e^{-r+z}\left(-\boldsymbol{a}_r-\frac{1}{r}\tan\phi\boldsymbol{a}_\phi+\boldsymbol{a}_z\right)\Big|_{(1,-2,2)}$$

$=1563\,\boldsymbol{a}_r+13.97\,\boldsymbol{a}_\phi-15.63\,\boldsymbol{a}_z\,[\text{pC/m}^2]$

$$\rho=-\varepsilon_0\nabla^2V=-\varepsilon_0\times5\cos\phi e^{-r+z}\left(2-\frac{1}{r}-\frac{1}{r^2}\right)\Big|_{(1,-2,2)}=-21.16\ [\text{pC/m}^3]$$

(3) $(1,\ -2,\ 2)=(3,\ 48.2°,\ -63.4°),\ V=\dfrac{8}{r}\cos\theta\cos\phi\Big|_{(1,-2,2)}=0.795\ [\text{V}]$

$$\boldsymbol{D}=-\varepsilon_0\boldsymbol{E}=-\varepsilon_0\nabla V=\frac{\varepsilon_0 8}{r^2}\cos\theta\cos\phi\left[\boldsymbol{a}_x+\tan\phi\boldsymbol{a}_\theta+\frac{\tan\phi}{\sin\theta}\boldsymbol{a}_\phi\right]\Big|_{(1,-2,2)}$$

$=15.84\,\boldsymbol{a}_x+17.74\,\boldsymbol{a}_\theta-42.45\,\boldsymbol{a}_\phi\,[\text{pC/m}^2]$

$$\rho=-\varepsilon_0\nabla^2V=\frac{8\varepsilon_0}{r^3}\cos\theta\cos\phi\left(\frac{1}{r}+1+\frac{1}{\sin\theta}\right)\Big|_{(1,-2,2)}=2.084\ [\text{pC/m}^3]$$

7-19 $\nabla^2V_{(r,\phi,z)}=0,\ \dfrac{1}{r}\dfrac{\partial}{\partial r}\left(r\dfrac{\partial V}{\partial r}\right)=0,\ V=A\ \ln r+B$

조건에서 $V_2=A\ \ln 2+B\cdots\cdots(\text{a}),\ V_4=A\ \ln 4+B\cdots\cdots(\text{b})$

식 (a), (b)에서 $V_{24}=20=-A\ \ln 2\,[\text{V}]\quad\therefore\ A=-\dfrac{20}{\ln 2}$

조건에서 $A\ln 3+B=1000,\ B=1000+\dfrac{20}{\ln 2}\ln 3\quad\therefore\ V_{(r)}=\dfrac{20}{\ln 2}\ln\dfrac{3}{r}+1000\ [\text{V}]$

7-20 $\frac{d^2V}{dx^2}=0,\ V=Ax+B$, 조건 : $x=0\begin{cases}V=100 : B=100\\ E_x=100 : A=-100\end{cases}$

$\therefore\ V_{(x)}=-100x+100$ [V]

7-21 (A) $E_r=\frac{1}{4\pi\varepsilon_0\varepsilon_r}\frac{Q}{r^2}\Big|_{Q=10^{-8}}=30\frac{1}{r^2}$ [V/m]

(1) $V_4=200-\int_{0.02}^{0.04}E_r dr=-550$ [V]

(2) $E_{(3)}=30\frac{1}{r^2}\Big|_{0.03}=33.3$ [kV/m]

(B) Laplace 방정식을 이용한 해

$\nabla^2V_{(r)}=\frac{1}{r^2}\frac{\partial}{\partial r}\left(r\frac{\partial V}{\partial r}\right)=0,\ V=-\frac{A}{r}+B$ ……(a)

$E_r=-\frac{\partial V}{\partial r}=-\frac{A}{r^2}$ ……(b)

Gauss's law에서 (b) → $4\pi r^2E_r=-4\pi A=\frac{Q}{\varepsilon}\quad\therefore\ A=-\frac{Q}{4\pi\varepsilon}\Big|=-30$

(1) : 식 (a) : $V=\frac{Q}{4\pi\varepsilon r}+B=\frac{30}{r}+B$ 에서 $B=V-\frac{30}{r}\Big|_{(r=0.02,\ V=200)}=-1300$

$\therefore\ V_{(4)}=\frac{30}{r}-1300\Big|_{r=0.04}=-550$ [V]

(2) : 식 (b) : $E_{(r)}=\frac{Q}{4\pi\varepsilon r^2}\Big|=30\frac{1}{r^2}$ [V/m] $(0.02\le r\le 0.04)$ [m]

7-22 (1) 생략, (2) $V=0$의 등전위면은 a) $r=\infty$, b) $\theta=0,\ \pi$: z-axis, c) $\phi=\pm\frac{\pi}{2}$: $x=0$ 즉 y-z plane (3) $V=10$ [V] 등전위면(제1상한) $r=\sqrt{2\cos\phi}\sqrt{\sin\theta}$, ⓐ $\theta=90°$: $r=\sqrt{2\cos\phi}$, ⓑ $\theta=0°$: $r=\sqrt{2\sin\theta}$, ⓒ $\theta=15°$: $r=1.4\sqrt{\sin\theta}$, ⓓ $\theta=30°$: $r=1.32\sqrt{\sin\theta}$, ⓔ $\phi=60°$: $r=\sqrt{\sin\theta}$, 각 경우의 ϕ 또는 θ에 대한 r의 값에서 그림 풀이 7-22와 같은 곡면의 등전위면이 얻어진다.

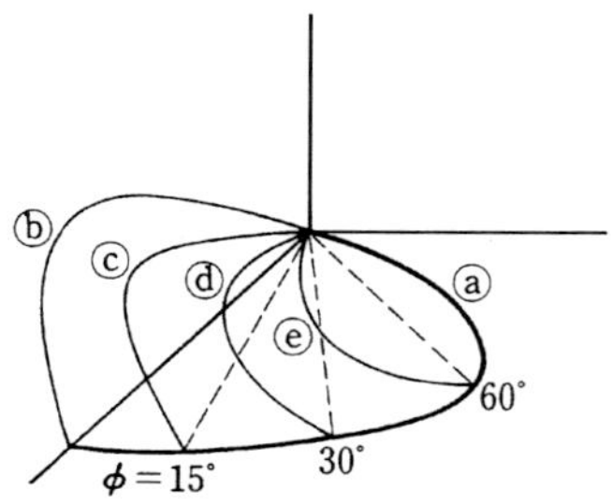

그림 풀이 7-22

7-23 $\nabla^2V_{(\phi)}=\frac{1}{r^2}\frac{\partial^2V}{\partial\phi^2}=0,\ V=A\phi+B$, 조건에서 $A=-\frac{18}{\pi}V_0,\ B=3V_0$가 구해지므로

$$V=-\frac{18}{\pi}V_0\phi+3V_0\,[\mathrm{V}]\quad\therefore\ E_\phi=-\frac{\partial V}{r\partial\phi}=\frac{18V_0}{\pi}\frac{1}{r}\bigg|_{V_0=100,\ r=0.1}=57.3\,[\mathrm{V/m}]$$

$$\rho_s=\varepsilon E_\phi=\frac{18\varepsilon V_0}{\pi r}\,[\mathrm{C/m^2}],\ Q=\iint\rho_s dS_\phi=\frac{18\varepsilon V_0}{\pi}\int_{0.001}^{0.02}\frac{1}{r}dr\int_0^1 dz=\frac{18\varepsilon V_0}{\pi}\ln 20\,[\mathrm{V}]$$

$$\therefore\ C_{(\phi)}=\frac{Q_{(\phi)}}{V_0}=821\,[\mathrm{pF}]$$

7-24 식 (7.24g)의 유도 :

$$I=\int_0^b\sin\frac{m\pi}{b}y\cdot\sin\frac{n\pi}{b}ydy=\frac{1}{2}\int_0^b\left[\cos\frac{m-m}{b}\pi y-\cos\frac{m+n}{b}\pi y\right]dy$$

$$=\frac{1}{2}\left\{\frac{b}{m-n}\sin(m-n)\pi y-\frac{b}{m+n}\sin(m+n)\pi\right\}$$

여기서 m, n은 정수이므로 $m\neq n$: $\sin(m-n)\pi=\sin(m+n)=0\quad\therefore\ I=0\quad(m\neq n)$,

$m=n : I=\int_0^b\sin^2\frac{m\pi}{b}ydy=\frac{1}{2}\int_0^b\left(1-\cos\frac{2m\pi}{b}y\right)dy=\frac{b}{2}$, 식 (7.24h)은 생략

7-25 Laplace 방정식 $\frac{\partial^2 V}{\partial x^2}+\frac{\partial^2 V}{\partial y^2}=0$에서 $V_{(xy)}=XY$로 놓으면 $\frac{1}{X}\frac{\partial^2 X}{\partial x^2}+\frac{1}{Y}\frac{\partial^2 Y}{\partial y^2}=0$가 얻어진다. 이 경우 $V_{(xy)}$는 y와 더불어 증가하므로 분리변수 α를 $\frac{1}{X}\frac{\partial^2 X}{\partial x^2}=-\alpha^2$, $\frac{1}{Y}\frac{\partial^2 Y}{\partial y^2}=\alpha^2$로 놓아야 하며, 경계조건을 적용하여 예제 7-6에서와 같이 정리하면

$$V_{(xy)}=\frac{4V_0}{\pi}\sum_m^\infty\frac{1}{m}\frac{\sinh\left(\frac{m\pi}{b}y\right)}{\sin\left(\frac{m\pi}{b}d\right)}\cdot\sin\frac{m\pi}{d}x\,[\mathrm{V}]\quad(m=1,3,5,\cdots)$$

가 얻어진다.

$\therefore\ b=d=40\,[\mathrm{cm}],\ V_0=50\,[\mathrm{V}]$:

$$V_{(30,10)}=\frac{4\times 50}{\pi}\left\{\frac{\sin\frac{\pi}{4}}{\sinh\pi}\sin\frac{3}{4}\pi+\frac{1}{3}\frac{\sinh\frac{3}{4}\pi}{\sin 3\pi}\sin\frac{9\pi}{4}\pi\right.$$
$$\left.+\frac{1}{5}\frac{\sinh\frac{5}{4}\pi}{\sinh 5\pi}\sin\frac{15}{4}\pi+\cdots\right\}$$
$$=6.748+0.012-0.00007-\cdots=6.76\,[\mathrm{V}]$$

이 값을 식 (7.26)을 이용하여 격자판 16 및 16×2개에 대하여 구한 후 비교하라.

7-26 (1) $V_{(r)}=\frac{\rho_l}{2\pi\varepsilon_0}\ln\frac{r}{a}=\frac{100}{\ln 4}\ln r\,[\mathrm{V}]$에서 $N_V=5$에 대한 등전위면을 다음과 같이 구한다.

V	100	80	60	40	20	0 [V]
r	40.0	30.4	23.0	17.4	13.2	10.0 [mm]

사상도〔그림 7-17 (a) 참조〕에서 $N_V=5$에 대한

$$N_Q=5\times4=20,\ \therefore\ C=\varepsilon_0\varepsilon_r\frac{N_Q}{N_V}=80.04\ [\mathrm{pF/m}]\quad\left(C=\frac{2\pi\varepsilon_0\varepsilon_r}{\ln\frac{b}{a}}=90.69\ [\mathrm{pF/m}]\right)$$

(2) $E_{(r)}=\dfrac{V_{ab}}{\ln\frac{b}{a}}\dfrac{1}{r}=72.13\dfrac{1}{r}\ [\mathrm{V/m}]$

$$r=10\ [\mathrm{mm}]:\begin{cases}E=7.213\ [\mathrm{kV/m}]\\ \rho_s=144.3\ [\mathrm{nC/m^2}]\end{cases},\quad r=40\ [\mathrm{mm}]:\begin{cases}E=1.803\ [\mathrm{kV/m}]\\ \rho_s=36.08\ [\mathrm{nC/m^2}]\end{cases}$$

사상도에서 구한 것과 비교하라.

7-27 사상도(그림 풀이 7-27)에서 $N_V=6\times2=12$, $N_Q=9.3\times2=18.6$이 그려지므로

$$\therefore\ C=\varepsilon_0\frac{18.6}{12}=13.7\ [\mathrm{pF/m}]$$

한편 $C=\dfrac{\pi\varepsilon_0}{\cosh^{-1}\dfrac{15}{2\times2}}=13.93\ [\mathrm{pF/m}]$, $C=\dfrac{\pi\varepsilon_0}{\ln\dfrac{15}{2}}=13.8\ [\mathrm{pF/m}]$

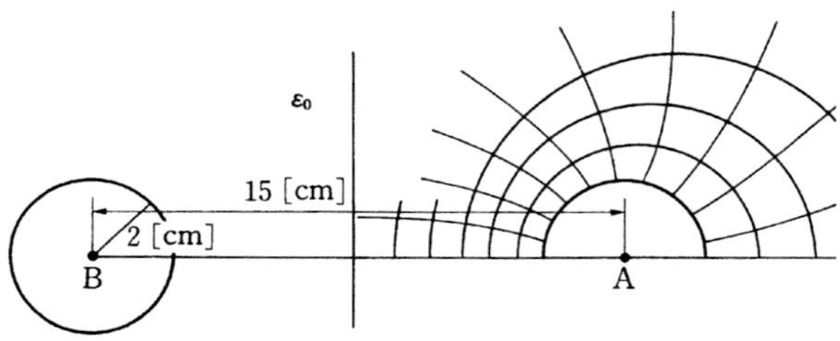

그림 풀이 7-27

7-28 (1) 그림 7-23의 등전위면에 대한 전속관(점선)의 사상도(그림 풀이 7-28)에서
$N_V=4\times2=8$, $N_Q=8.3\times2=16.6$

$$\therefore\ C=\varepsilon_0\varepsilon_r\frac{N_Q}{N_V}=42.26\ [\mathrm{pF/m}]\ (\text{문제 7-12 : } C=42.94\ [\mathrm{pF/m}])$$

(2) 상점 A : $d=10.5\times10^{-3}\ [\mathrm{m}]$, $\Delta V=12.5\ [\mathrm{V}]$, $\rho_{sb}=\varepsilon_0\varepsilon_1\dfrac{\Delta V}{d}=24.24\ [\mathrm{nC/m^2}]$

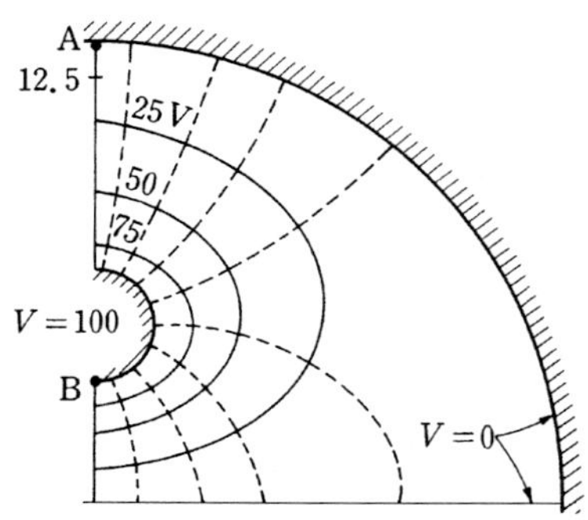

그림 풀이 7-28

하점 B : $d=4.5\times10^3$ [m], $\Delta V=25$ [V], $\rho_{sb}=113.13$ [nC/m^2]

7-29 $z=x+jy=re^{j\theta}$, $W=U+JV=\ln r+j\theta=\frac{1}{2}\ln(x^2+y^2)+j\tan^{-1}\frac{y}{x}$

$\therefore\ U=\frac{1}{2}\ln(x^2+y^2)\rightarrow x^2+y^2=e^{2u}$, $V=\tan^{-1}\frac{y}{x}\rightarrow y=x\tan V$

따라서 그림 풀이 7-29에서 W-plane의 $V=0,\ \frac{\pi}{4},\ \frac{\pi}{2},\ \frac{3}{4}\pi,\ \pi$ 등의 선은 z-plane에서 $V=0,\ \pi$[V]의 접근된 무한평면 도체판에 의한 전위분포를, $U=0,\ \pm1$ 등의 선은 전력선분포를 표시한다.

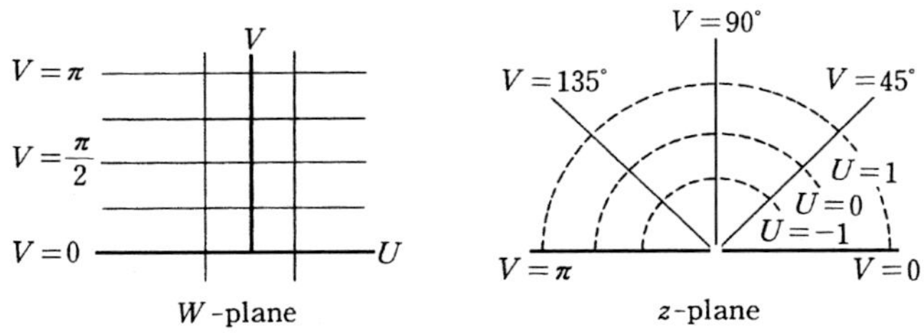

그림 풀이 7-29

7-30 $\rho=-\varepsilon_0\nabla^2V=-\varepsilon_0\frac{1}{r^2}\frac{\partial}{\partial r}\left\{r\frac{\partial}{\partial r}(5r^2)\right\}=-\frac{20\varepsilon_0}{r}$ [C/m^3]

$Q=-20\varepsilon_0\int_0^1\frac{1}{r}4\pi r^2dr=-1.11$ [nC]

7-31 생략

7-32 식 (7.24c)에 $V_{(x=d)}=200\sin\frac{\pi}{b}y$[V]의 조건을 적용하여, 예제 7-6에서와 같이 풀이하면

$$V_{(xy)}=\frac{V_0}{\sinh\frac{\pi}{b}d}\sin\frac{\pi}{b}x\cdot\sin\frac{\pi}{b}y\,[\text{V}]$$

가 얻어진다.

$\therefore\ b=d,\ V_0=200$ [V]일 때 $V_{(d/2,\,d/2)}=200\frac{\sinh\frac{\pi}{2}}{\sinh\pi}\sin\frac{\pi}{2}=39.9$ [V]

8-1 (1) $Q=\int_0^{1/240}Idt=75$ [mC]

(2) $t=\frac{me}{Im_e}=\frac{1\times1.6\times10^{-19}}{1\times9.1\times10^{-28}}=5.57$년

8-2 96% 도전율 $\sigma=0.96\sigma_s$ [S/m] $\therefore\ R=\frac{l}{\sigma S}=1.796\times10^{-2}$ [Ω] $=\frac{1}{55.7}$ [Ω]

8-3 Fe-Ni선의 29.7 [Ω]일 때 $S=\rho\dfrac{l}{R}=0.259$ [mm^2]

$\therefore$ 0.3 [mm^2]에 대한 감소율 $\dfrac{0.3-0.259}{0.3}\times 100=13.7\%$

8-4 $R=\dfrac{0.35\times 0.15}{0.35+0.15}=0.105$ [MΩ]

8-5 전압계 저항 $R_{(30°)}=50\times(1+0.04+10)=52$ [Ω]

20℃에 대한 오차 $\dfrac{152-150}{150}\times 100=1.33\%$

8-6 전열선의 변화 후의 저항 $R'=\rho\dfrac{0.9l}{(0.95r)^2\pi}=0.997R$ [Ω]로 0.3% 감소하였으므로, 같은 전류가 흐른다면 용량이 498.5 [W]가 된다.

8-7 생략

8-8 (1) $300=10^{-2}(R+20)$, $R=29.98$ [kΩ], (2) $R=\dfrac{R_a}{I/I_a-1}=20.02$ [mΩ]

(3) $300\times 10^{-2}=3$ [W]

8-9 cable의 저항 r [Ω/m], 지락저항 R [Ω], AP $=x$ [m]라 하면 각 측정에 대한 등가회로

$20=\dfrac{200}{xr+R}R$, $40=\dfrac{200}{(10-x)r+R}R$에서 $x=6.92$ [km]

8-10 생략

8-11 생략

8-12 전류계 Ⓐ를 제거하였을 때

(1) 전원 V를 단락하였을 경우 단자 a, b간의 등가저항은 $R_0=\dfrac{3}{4}(r_1+r_2)$ [Ω]

(2) 전원 V에 의한 단자 a, b간의 단자전압은 $V_0=\dfrac{V}{2}$ [V]

(3) 따라서 전류계를 흐르는 전류 : $I=\dfrac{V_0}{R_0}=\dfrac{2V}{3(r_1+r_2)}$ [A]

Kirchhoff의 법칙에 의한 것과 비교하라.

8-13 대칭성을 이용한다(그림 풀이 8-13).

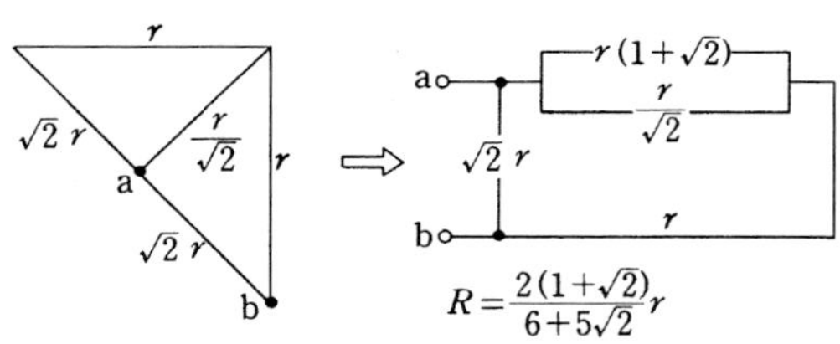

그림 풀이 8-13

8-14 대칭성으로 각 선의 전류는 그림 풀이 8-14 (1)~(3)과 같이 분포한다.

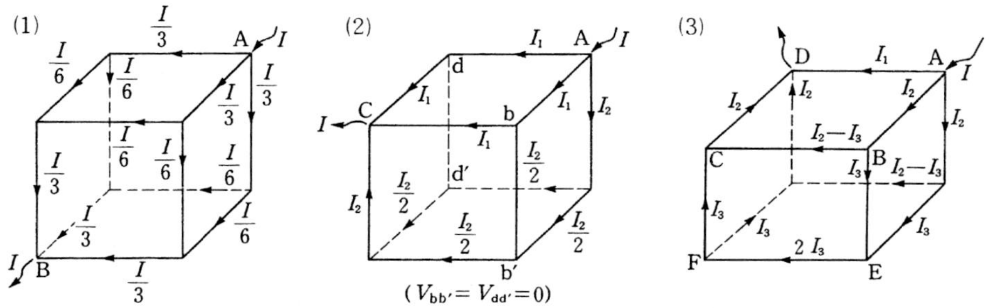

그림 풀이 8-14

(1) $V_{ab}=\dfrac{I}{3}r+\dfrac{I}{6}r+\dfrac{I}{3}r=\dfrac{5}{6}rI \quad \therefore\ R_{ab}=\dfrac{5}{6}r$

(2) $V_{ac}=2I_1r=3I_2r,\quad \therefore\ I_2=\dfrac{2}{3}I_1,\ I=2I_1+I_2,\ I_1=\dfrac{3}{8}I,\ V=2I_1r=\dfrac{3}{4}Ir$

$\therefore\ R_{ac}=\dfrac{3}{4}r[\Omega]$

(3) 회로 ABCD와 BEFC에서 $I_1=3I_2-I_3,\ I_2=5I_3$ 및 점 A에서 $I=I_1+2I_2$

$\therefore\ I_1=\dfrac{7}{12}I[\mathrm{A}],\ V_{ad}=I_rr=\dfrac{7}{12}rI[\mathrm{V}] \quad \therefore\ R_{ad}=\dfrac{7}{12}r[\Omega]$

8-15 무한장사다리회로이므로 단자 ab에서의 합성저항 R은 단자 cd에서의 합성저항으로 볼 수 있다.

$\therefore\ R=\dfrac{r(R+2r)}{r+(R+2r)},\ R^2+2Rr-2r^2=0 \quad \therefore\ R=(\sqrt{3}-1)r[\Omega]$

8-16 균일매질인 경우 원통면이 완전도체이면 전류분포는 축대칭이므로 길이 l[m], 두께 dr[m]의 미소부의 저항은

$dR=\dfrac{dr}{\sigma\cdot 2\pi rl}[\Omega] \quad \therefore\ R=\dfrac{1}{2\pi\sigma}\ln\dfrac{b}{a}[\Omega/\mathrm{m}]$

같은 결과를 식 (8.38)에서도 유도할 수 있다.

8-17 문제 8-16에서

(1) $R=\dfrac{1}{2\pi\sigma t}\displaystyle\int_a^b\dfrac{dr}{r}=\dfrac{1}{2\pi\sigma t}\ln\dfrac{b}{a}[\Omega]$, (2) $R=\dfrac{t}{\sigma\pi(b^2-a^2)}[\Omega]$

(3) 단면 미소부 dS부의 저항 $dR=\dfrac{l}{\sigma dS}=\dfrac{2\pi}{\sigma t}\dfrac{r}{dr}[\Omega],\ dG=\dfrac{\sigma t}{2\pi}\dfrac{dr}{r}[℧]$

$G=\dfrac{\sigma t}{2\pi}\ln\dfrac{b}{a}[℧] \quad \therefore\ R=\dfrac{2\pi}{\sigma t\ln\dfrac{b}{a}}[\Omega]$

8-18 $r(a\le r\le b)$에서의 전계는 식 (7.14b)

$E_r=\dfrac{V}{\ln\dfrac{b}{a}}\cdot\dfrac{1}{r}[\mathrm{V/m}] \quad \therefore\ J_r=\sigma E_r=\dfrac{\sigma V}{\ln\dfrac{b}{a}}\cdot\dfrac{1}{r}[\mathrm{A/m^2}]$

$I=\displaystyle\int_{\phi=0}^{2\pi}\int_{z=0}^{l}J_r\cdot rd\phi dz=\dfrac{2\pi\sigma Vl}{\ln\dfrac{b}{a}}[\mathrm{A}]$

8-19 $V=2.2\ln(200r)$ [V]

(1) $r=2\times10^{-3}$: $V_2=2.02$ [V], $r=5\times10^{-3}$: $V_5=0$, (2) $\boldsymbol{E}=-\dfrac{\partial V}{\partial r}\boldsymbol{a}_r=\dfrac{2.2}{r}\boldsymbol{a}_r$ [V/m]

(3) $\boldsymbol{J}=\sigma\boldsymbol{E}=\dfrac{2200}{r}\boldsymbol{a}_r$ [A/m^2], (4) $I=J_r 2\pi r\cdot 2\times10^{-2}=276.5$ [A]

(5) $R=\dfrac{V_2}{I}=\dfrac{2.02}{276.5}=7.3$ [mΩ]

8-20 $S=\pi(2.5\times10^{-3})^2=1.964\times10^{-5}$ [m^2]

(1) $J=\dfrac{I}{S}=2.04$ [MA/m^2] $=2.04$ [A/mm^2], (2) $E=\dfrac{J}{\sigma}=29.1$ [V/m]

(3) $V=El=2.91$ [V], (4) $R=\dfrac{l}{\sigma S}=72.73$ [mΩ], (5) $P=IV=116.4$ [W]

8-21 $\boldsymbol{J}=\dfrac{1}{4\pi r}\boldsymbol{a}_r$ [A/m^2]

(1) $\text{div}\,\boldsymbol{J}=\dfrac{1}{r}\dfrac{\partial(rJ_r)}{\partial r}=0$, (2) $I=\iint_S \boldsymbol{J}\cdot\boldsymbol{a}_r dS_r=20$ [mA] $\therefore\ -\dfrac{dQ_i}{dt}=-20$ [mC/s]

8-22 $V=A\phi$ [V], $\boldsymbol{J}=\sigma\boldsymbol{E}=-\sigma\dfrac{1}{r}\dfrac{\partial V}{\partial\phi}\boldsymbol{a}_\phi=-\dfrac{\sigma A}{r}\boldsymbol{a}_\phi$ [A/m^2]

$I_\phi=\iint \boldsymbol{J}\cdot\boldsymbol{a}_\phi dr dz=-\sigma A\int_{-3\times10^{-2}}^{3\times10^{-2}}dz\int_{2\times10^{-2}}^{5\times10^{-2}}\dfrac{dr}{r}=-8.25A\times10^5$ [A]

$V_\phi=-15A=-\dfrac{\pi}{12}A$ [V] $\therefore\ R_\phi=\dfrac{V_\phi}{I_\phi}=0.318$ [μΩ]

8-23 (1) $\sigma_{(300°)}=-\rho_e\mu_e+\rho_h\mu_h=-(-0.011)\times0.12+0.011\times0.025=1.6$ [mS/m]

(2) $u_{d(e)}=-u_e E=-1.2$ [m/s], $u_{d(h)}=\mu_h E=0.24$ [m/s]. 온도상승 때 이동도는 감소하나 전하밀도가 급격히 증가하므로 Si 등의 반도체는 온도상승과 더불어 등전율이 증가한다.

8-24 (1) $\sigma_{\text{Si}}=1.6\times10^{-3}$ [S/m], $I=\sigma_{\text{Si}}ES=0.16$ [nA]

(2) $\sigma_{\text{Cu}}=5.8\times10^7$ [S/m], $I=\sigma_{\text{Cu}}ES=5.8$ [A], (3) $\rho_{e(\text{Cu})}=\dfrac{\sigma_{\text{cu}}}{\mu_e}=1.93\times10^{10}$ [C/m^3]

(4) Si : $u_{d(e)}=\mu_e E=0.12\times0.1=12$ [mm/s], Cu : $u_{d(e)}=3\times10^{-3}\times0.1=0.3$ [mm/s]

8-25 (1) $E=\dfrac{V}{d}=2$ [kV/m], (2) $J=\sigma E=3.2$ [A/m^2], (3) $I=JS=2.5$ [μA]

(4) $R=\dfrac{V}{I}=12$ [μΩ], (5) $u_d=\mu_e E=360$ [m/s]

8-26 $R=\dfrac{\varepsilon}{\sigma}\dfrac{1}{C}=\dfrac{\varepsilon}{\sigma}\dfrac{\cosh^{-1}\left(\dfrac{d}{2a}\right)}{\pi\varepsilon}=\dfrac{1}{\pi\sigma}\cosh^{-1}(8)=8.813$ [kΩ]

$\left(R=\dfrac{\varepsilon}{\sigma}\dfrac{1}{C}=\dfrac{1}{\sigma\pi}\ln\dfrac{d}{a}=8.825\text{ [k}\Omega]\right)$

주 : 수도관 표면이 양도체가 아니면 $RC=\dfrac{\varepsilon}{\sigma}$를 적용할 수 있다.

8-27 양구에 $\pm Q$[C]를 주었을 때 각 구의 전위는

$$(d \gg a,\ b)\quad V_a=\frac{Q}{4\pi\varepsilon}\left(\frac{1}{a}-\frac{1}{d}\right),\ V_b=\frac{-Q}{4\pi\varepsilon}\left(\frac{1}{b}-\frac{1}{d}\right)[\mathrm{V}]$$

이므로 양구간의 전위차는

$$V_{ab}=V_a-V_b=\frac{Q}{4\pi\varepsilon}\left(\frac{1}{a}+\frac{1}{b}-\frac{2}{d}\right)[\mathrm{V}],\ C_{ab}=\frac{V_{ab}}{Q}=\frac{1}{4\pi\varepsilon}\left(\frac{1}{a}+\frac{1}{b}-\frac{2}{d}\right)[\mathrm{F}]$$

$$\therefore\ R=\frac{\varepsilon}{\sigma}C_{ab}=\frac{1}{4\pi\sigma}\left(\frac{1}{a}+\frac{1}{b}-\frac{2}{d}\right)[\Omega]$$

주 : 양구의 반이 매질 중에 매설되었을 경우

$d \gg a=b$이면 $R=\dfrac{1}{\pi\sigma a}$ [Ω], $\sigma=\dfrac{1}{\pi aR}$ [S/m]

8-28 누설저항 $R=\dfrac{\varepsilon}{\sigma C}$ [Ω], $H=0.24\dfrac{V^2}{R}=0.24\dfrac{\sigma}{\varepsilon}CV^2$ [cal/s]

이 경우 커패시터의 정전에너지 W[J]와 Joule열 P[W] 사이에는 $P=2\dfrac{\sigma}{\varepsilon}W$[W]의 관계가 있다.

8-29 $\sigma=\dfrac{\varepsilon}{RC}=2.3\times10^{-11}$ [S/m], $H=0.24\dfrac{V^2}{R}=0.24\dfrac{\sigma}{\varepsilon}CV^2=0.306$ [cal/s]

8-30 (1) 구내 한점의 회전속도

$u_\phi=r'\omega=r\sin\theta\omega$ [m/s], $dS_\phi=rd\theta\cdot dr$ [m^2]

식 (8.28)에서 $dI_\phi=\rho u_\phi dS_\phi=\rho\omega r^2 dr\sin\theta d\theta$ [A]

$$\therefore\ I=\rho\omega\int_0^a r^2dr\int_0^\pi\sin\theta d\theta=\frac{2}{3}a^3\rho\omega=\frac{\omega Q}{2\pi}\ [\mathrm{A}]$$

(2) $dS_r=2\pi(a\sin\theta)(ad\theta)$ [m^2], $dQ=\rho_s dS_r$, $dI=\dfrac{d\theta}{dt}=\dfrac{\rho_s dS_r}{T}=\dfrac{\rho_s dS_r\omega}{2\pi}$ [A]

$$I=\frac{\rho_s\omega}{2\pi}\cdot2\pi a^2\int_0^\pi\sin\theta d\theta=2\rho_s\omega a^2=\frac{\omega Q}{2\pi}\ [\mathrm{A}]$$

9-1 $$\boldsymbol{H}_1=\frac{1}{4\pi\mu_0}\frac{m_1}{r_1^2}\boldsymbol{a}_x=2.532\times10^6\boldsymbol{a}_x\ [\mathrm{N/Wb}]$$

$$\boldsymbol{H}_2=\frac{1}{4\pi\mu_0}\frac{m_2}{r_2^2}\boldsymbol{r}_{02}=(0.68\,\boldsymbol{a}_x-1.358\,\boldsymbol{a}_y)\times10^6\ [\mathrm{N/Wb}]$$

$$\therefore\ \boldsymbol{H}=(3.212\,\boldsymbol{a}_x-1.358\,\boldsymbol{a}_y)\times10^6\ [\mathrm{N/Wb}]$$

9-2 $$F=\frac{m_1m_2}{4\pi\mu_0}\left\{\frac{1}{r^2}+\frac{1}{(r+l_1+l_2)^2}-\frac{1}{(r+l_1)^2}-\frac{1}{(r+l_2)^2}\right\}=41.4\ [\mathrm{N}]$$

9-3 (1) $\boldsymbol{H}=\dfrac{I}{2\pi r}\boldsymbol{a}_\phi=2\,\boldsymbol{a}_\phi$ [A/m], (2) $\boldsymbol{H}=\dfrac{20\pi}{4\pi\times5}(0.707-0.196)\boldsymbol{a}_\phi=0.574\,\boldsymbol{a}_\phi$ [A/m]

(3) $\boldsymbol{H}=(0.707+0.707)\boldsymbol{a}_\phi=1.414\,\boldsymbol{a}_\phi$ [A/m]

9-4 $H_+ = \dfrac{I}{2\pi r_1}$, $H_- = \dfrac{I}{2\pi r_2}$ [A/m]

$$H = \{H_+^2 + H_-^2 - 2H_1 H_2 \cos\theta\}^{1/2} = \frac{I}{2\pi r_1 r_2}\{r_1^2 + r_2^2 - 2r_1 r_2 \cos\theta\}^{1/2} = \frac{Id}{\pi r_1 r_2} \text{ [A/m]}$$

9-5 식 (9.2) 전류가 같은 방향일 때 식 (9.12)에서

$$\boldsymbol{H} = 2\times\frac{(0.1)^2\times(\pm 2)}{2(2\times 0.1)^{3/2}}\boldsymbol{k} = \pm 7.07\boldsymbol{k}\text{ [A/m]}$$

전류가 반대방향일 때 $\boldsymbol{H}=0$

9-6 그림 풀이 9-6의 1-4에서

(1) $\boldsymbol{H} = 4\times\dfrac{I}{4\pi a}(\cos\theta_1 + \cos\theta_2)\boldsymbol{k} = 8\sqrt{2}\,\boldsymbol{k}$

(2) $\cos\theta_1 = \cos\theta_2 = \dfrac{1}{\sqrt{3}}$: $\boldsymbol{H} = 4\times\dfrac{8\pi}{4\pi\times\sqrt{2}}\left(\dfrac{1}{\sqrt{3}} + \dfrac{1}{\sqrt{3}}\right)\times\dfrac{1}{\sqrt{2}}\boldsymbol{k} = \dfrac{8}{\sqrt{3}}\boldsymbol{k}$ [A/m]

(3) $I_{ab} = 8\pi(-\boldsymbol{i})$ [A], $\cos\theta_1 = 0$, $\cos\theta_2 = \dfrac{1}{\sqrt{2}}$

$$\boldsymbol{H}_1 = \frac{8\pi}{4\pi\times 2}\left(0 + \frac{1}{\sqrt{2}}\right)\boldsymbol{j} = \frac{1}{\sqrt{2}}\boldsymbol{j}\text{ [A/m]},\ I_{bc} \fallingdotseq 8\pi(-\boldsymbol{j})\text{ [A]} : \cos\theta_1 = 0$$

$$\cos\theta_2 = \frac{1}{\sqrt{3}},\ \boldsymbol{a}_2 = \frac{1}{\sqrt{2}}(-\boldsymbol{i} + \boldsymbol{k})$$

$$\boldsymbol{H}_2 = \frac{8\pi}{4\pi\times 2\sqrt{2}}\left(0 + \frac{1}{\sqrt{3}}\right)\boldsymbol{a}_2 = \frac{1}{2\sqrt{3}}(-\boldsymbol{i} + \boldsymbol{k})\text{ [A/m]}$$

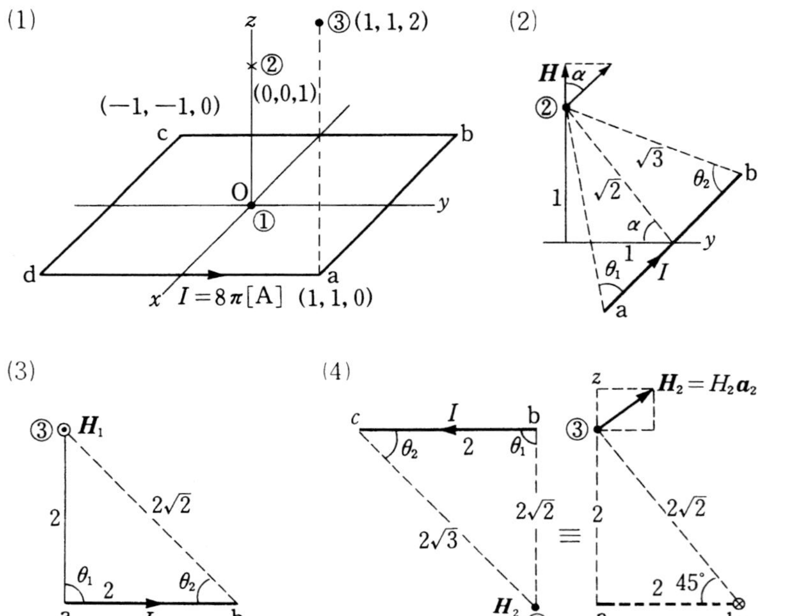

그림 풀이 9-6

I_{cd} : $\boldsymbol{H}_3 = \dfrac{1}{2\sqrt{3}}(-\boldsymbol{j}+\boldsymbol{k})$ [A/m], I_{da} : $\boldsymbol{H}_4 = \dfrac{1}{\sqrt{2}}\boldsymbol{i}$ [A/m]

$$\therefore \boldsymbol{H}_{(1,1,2)} = \boldsymbol{H}_1 + \boldsymbol{H}_2 + \boldsymbol{H}_3 + \boldsymbol{H}_4 = \frac{1}{2}\left[\left(\sqrt{2}-\frac{1}{\sqrt{3}}\right)(\boldsymbol{i}+\boldsymbol{j}) + \frac{2}{\sqrt{3}}\boldsymbol{k}\right] \text{[A/m]}$$

9-7 $\boldsymbol{H}_{\text{circle}} = \dfrac{(0.2)^2 \times 10}{2(0.2^2+0.15^2)^{3/2}}\boldsymbol{j} = 3.2\boldsymbol{j}$ [A/m], $\boldsymbol{H}_{\text{line}} = \dfrac{3\pi}{2\pi \times 0.15}\boldsymbol{i} = 10\boldsymbol{i}$ [A/m]

$\therefore \boldsymbol{H} = 10\boldsymbol{i} + 3.2\boldsymbol{j} = 10.5(0.952\boldsymbol{i} + 0.305\boldsymbol{j}) = 10.5\angle 17.7°$ [A/m]

9-8 그림 풀이 9-8에서

(1) dt[m] 부의 coil ndt[turns]에 의한 점 P의 자계는 식 (9.12)에서

$$dH_z = \frac{a^2 Indt}{2(a^2+t^2)^{3/2}} = \frac{In}{2}\frac{a^2}{r^3}dt \text{ [A/m]},\ a = r\sin\theta,\ t = a\cot\theta,\ dt = -a\ \text{cosec}^2\theta d\theta$$

$$dH_z = -\frac{In}{2}\sin\theta d\theta \text{ [A/m]}$$

$$\therefore H_z = \frac{nI}{2}\int_{t=z-\frac{l}{2}}^{z+\frac{l}{2}} \frac{a^2}{r^3}dt = -\frac{nI}{2}\int_{\theta_1}^{\theta_2}\sin\theta d\theta = \frac{nI}{2}(\cos\theta_2 - \cos\theta_1)$$

$$= \frac{NI}{2l}\left[\frac{z+(l/2)}{\sqrt{a^2+\left(z+\frac{l}{2}\right)^2}} - \frac{z-(l/2)}{\sqrt{a^2+\left(z-\frac{l}{2}\right)^2}}\right] \text{[A/m]}$$

(2) $z=0$; $H_z = \dfrac{NI}{\sqrt{4a^2+l^2}}$ [A/m]

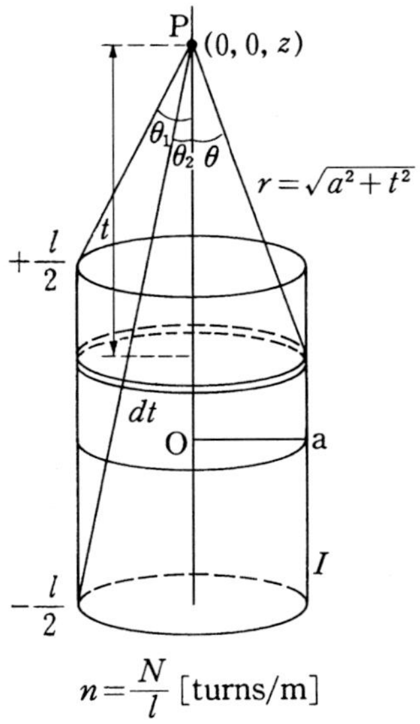

그림 풀이 9-8

9-9 $H_z = \dfrac{NI}{\sqrt{4a^2+l^2}}$ [A/m], $H_\infty = \dfrac{NI}{l}$ [A/m], $\dfrac{H_\infty - H_z}{H_z} = \dfrac{1}{50}$ $\therefore l \fallingdotseq 10a$

9-10 그림 풀이 9-10 :

(1) 식 (9.20) $\phi=\mu\iint \boldsymbol{H}\cdot \boldsymbol{a}_\phi rdrd\theta=\frac{\mu NI}{2\pi}\int_{r=0}^{a}\int_{\theta=0}^{2\pi}\frac{rdrd\theta}{R+r\cos\theta}$ [Wb]

여기서 $\int_0^{2\pi}\frac{d\theta}{R+r\cos\theta}=\frac{2}{\sqrt{R^2-r^2}}\tan^{-1}\left(\sqrt{\frac{R-r}{R+r}}\cdot\tan\frac{\theta}{2}\right)\Big|_0^{2\pi}=\frac{2\pi}{\sqrt{R^2-r^2}}$

$\int_0^a\frac{rdr}{\sqrt{R^2-r^2}}=R-\sqrt{R^2-a^2}\quad\therefore\ \phi=\mu NI(R-\sqrt{R^2-a^2})$ [Wb]

(2) $H=\frac{\phi}{\mu\pi a^2}=\frac{NI}{\pi a^2}(R-\sqrt{R^2-a^2})$ [A/m]

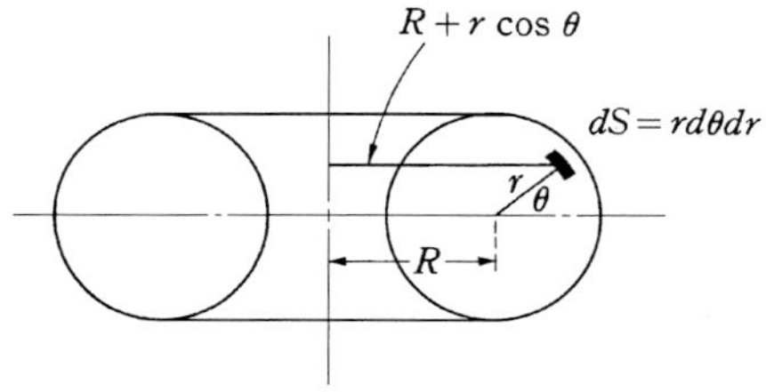

그림 풀이 9-10

9-11 $0<r\le c$: $H=\frac{I}{2\pi c^2}r$ [A/m], $c<r\le b$: $H=\frac{I}{2\pi r}$ [A/m], $b\le r\le a$:

$I'=I-\frac{I}{\pi(a^2-b^2)}\cdot\pi(r^2-b^2)=\frac{a^2-r^2}{a^2-b^2}$

$\therefore\ H=\frac{I'}{2\pi r}=\frac{I}{2\pi(a^2-b^2)}\left(\frac{a^2}{r}-r\right)$ [A/m], $a\le r\le\infty$, $H=0$

9-12 도체 a의 전류 $J_z=\frac{I}{\pi a^2}$ [A/m^2]에 의한 점 P의 자계 $H_a=\frac{I}{2\pi a^2}r=\frac{J_z}{2}r$ [A/m]의 성분은 $H_{ax}=H_a\frac{y}{r}=\frac{J_z}{2}y$ [A/m], $H_{ay}=H_a\frac{x}{r}=\frac{J_z}{2}x$ [A/m]

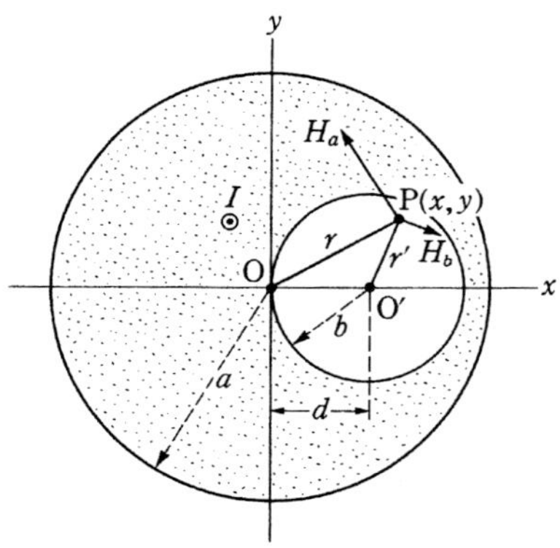

그림 풀이 9-12

공동 b의 가상전류 $I'=-J_z\pi b^2$ [A]에 의한 자계는 $H_b=\dfrac{I'}{2\pi b^2}r'=-\dfrac{J_z}{2}r'$ [A/m]

$\therefore\ H_{bx}=H_b\dfrac{y}{r'}=-\dfrac{J_z}{2}y$ [A/m], $H_{by}=H_b\dfrac{x-d}{r'}=-\dfrac{J_z}{2}(x-d)$ [A/m]

그러므로 점 P의 자계 $H_x=H_{ax}+H_{bx}=0$, $H_y=H_{ay}+H_{by}=\dfrac{J_z}{2}d=\dfrac{I}{2\pi a^2}d$ [A/m]

9-13 식 (9.9a)와 식 (9.46)에서 $\mu_m=\mu_0 IS=\mu_0 I\pi a^2$ [Wb·m]

$$\therefore\ I=\frac{\mu_m}{\mu_0\pi a^2}=\frac{8.0\times10^{15}}{\mu_0\pi(6.366\times10^3)^2}=5.0\times10^7\ [\text{A}]$$

9-14 그림 풀이 9-14에서 구면상의 $d\theta$부의 전하 및 전류는

$$dQ=\frac{Q}{4\pi a^2}\cdot 2\pi a\sin\theta\cdot ad\theta=\frac{1}{2}Q\sin\theta d\theta\ [\text{C}],\ dI=\frac{\omega}{2\pi}d\theta=\frac{\omega Q}{4\pi}\sin\theta d\theta\ [\text{A}]$$

이며 이 부분의 자기모멘트 $d\mu_m=dI\cdot\pi(a\sin\theta)^2=\dfrac{\omega\theta a^2}{4}\sin^3\theta d\theta$ [A·m²]

$\therefore$ 구 전체의 자기모멘트 $\mu_m=\dfrac{\omega Qa^2}{4}\displaystyle\int_0^\pi\sin^3\theta d\theta=\dfrac{\omega Qa^2}{3}$ [A·m²] $=419\,\omega Qa^2$ [nWb·m]

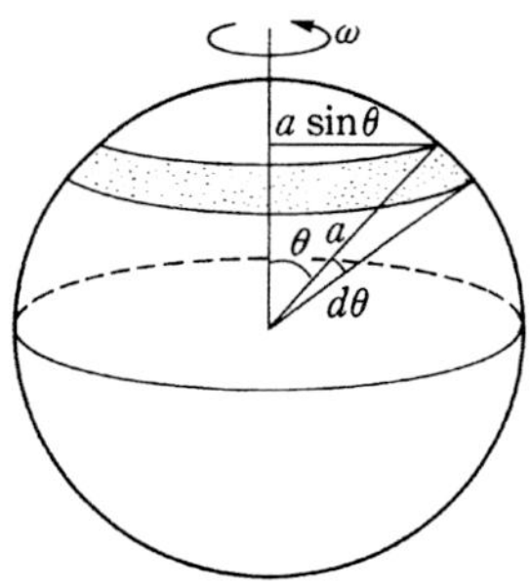

그림 풀이 9-14

9-15 (1) $\nabla\times\boldsymbol{F}=0$, (2) $\nabla\times\boldsymbol{F}_{(xyz)}=2(-y\boldsymbol{i}+x\boldsymbol{j})|_{(1,1,\sqrt{2})}=2(-\boldsymbol{i}+\boldsymbol{j})$, $|\nabla\times\boldsymbol{F}|=2\sqrt{2}$

(3) $\nabla\times\boldsymbol{F}_{(r,\phi,z)}=-r^2\boldsymbol{a}_r+3rz\boldsymbol{a}_z|_{(\sqrt{2},45°,\sqrt{2})}=-2\boldsymbol{a}_r+6\boldsymbol{a}_z$, $|\nabla\times\boldsymbol{F}|=\sqrt{40}$

(4) $\nabla\times\boldsymbol{F}_{(r,\theta,\phi)}=2r\cos\theta\boldsymbol{a}_r-3r\sin\theta\boldsymbol{a}_\theta|_{(2,45°,45°)}=2\sqrt{2}\,\boldsymbol{a}_r-3\sqrt{2}\,\boldsymbol{a}_\theta$, $|\nabla\times\boldsymbol{F}|=\sqrt{26}$

9-16 (1) $R_h=\dfrac{V_h d}{BI}\Big|_{d=0.4\,[\text{mm}]}=-0.2\times10^{-3}$ [m³/C]

(2) 식 (9.39d) ; $n=-\dfrac{1.178}{R_h e}=3.68\times10^{16}$ [전자/cm³]

9-17 (1) $\boldsymbol{F}\cdot d\boldsymbol{l}=(x^2y\boldsymbol{i}+2xy\boldsymbol{j})\cdot(dx\,\boldsymbol{i}+dy\,\boldsymbol{j})=x^2ydx+2xy\,dy$; $\displaystyle\int_a^b\boldsymbol{F}\cdot d\boldsymbol{l}=y\int_3^{-3}x^2dx=-72$

$$\int_b^c\boldsymbol{F}\cdot d\boldsymbol{l}=\int_d^a\boldsymbol{F}\cdot d\boldsymbol{l}=0,\ \int_c^d\boldsymbol{F}\cdot d\boldsymbol{l}=-72$$

$\therefore\ \displaystyle\oint_C\boldsymbol{F}\cdot d\boldsymbol{l}=-144$, $\nabla\times\boldsymbol{F}=(2y-x^2)\boldsymbol{k}$, $\boldsymbol{n}dS=\boldsymbol{k}dx\,dy$

$$\therefore \iint \nabla\times\boldsymbol{F}\cdot\boldsymbol{n}dS=\int_{y=-4}^{4}\int_{x=-3}^{3}(2y-x^2)dx\,dy=-144$$

(2) $\boldsymbol{F}=5r^2\boldsymbol{a}_\phi$, $d\boldsymbol{l}=rd\phi\boldsymbol{a}_\phi$ $\therefore \oint_C \boldsymbol{F}\cdot d\boldsymbol{l}=80\pi$, $\nabla\times\boldsymbol{F}=15r\boldsymbol{a}_z$, $\boldsymbol{n}dS=rd\phi dr\boldsymbol{a}_z$

$$\therefore \iint_S \nabla\times\boldsymbol{F}\cdot\boldsymbol{n}dS=80\pi$$

(3) $\boldsymbol{F}=5r\sin\theta\cos^2\phi\boldsymbol{a}_\phi$, $d\boldsymbol{l}=\dfrac{1}{\sqrt{2}}rd\phi\boldsymbol{a}_\phi$ $\therefore \oint_C\boldsymbol{F}\cdot d\boldsymbol{l}=10\int_0^{2\pi}\cos^2\phi d\phi=10\pi$

$\nabla\times\boldsymbol{F}=10\cos\theta\cos^2\phi\boldsymbol{a}_r-10\sin\theta\cos^2\phi\boldsymbol{a}_\theta$, $\boldsymbol{n}dS=\boldsymbol{a}_r r\sin\theta d\phi\cdot rd\theta$

$$\therefore \iint_S\nabla\times\boldsymbol{F}\cdot\boldsymbol{n}dS=10r^2\int_0^{\pi/4}\cos\theta\sin\theta d\theta\int_0^{2\pi}\cos^2\phi d\phi=10\pi$$

9-18 $Q=0.5$ [C], $\boldsymbol{u}=4\boldsymbol{i}+2\boldsymbol{j}+3\boldsymbol{k}$ [m/s]

(1) $\boldsymbol{E}=3\boldsymbol{i}+5\boldsymbol{j}+8\boldsymbol{k}$ [V/m], $|\boldsymbol{F}|=|Q\boldsymbol{E}|=4.95$ [N]

(2) $\boldsymbol{B}=1.3\boldsymbol{a}_r+60°\boldsymbol{a}_r-0.5\boldsymbol{a}_z=0.65\boldsymbol{a}_x+1.13\boldsymbol{a}_y-0.5\boldsymbol{a}_z$

$\boldsymbol{F}=Q\boldsymbol{u}\times\boldsymbol{B}=-2.2\boldsymbol{i}+1.88\boldsymbol{j}+1.6\boldsymbol{k}$ [N], $F=3.36$ [N]

(3) $\boldsymbol{F}=Q(\boldsymbol{E}+\boldsymbol{u}\times\boldsymbol{B})=0.4\boldsymbol{i}+3.44\boldsymbol{j}+4.8\boldsymbol{k}$ [N], $F=5.92$ [N]

9-19 그림 풀이 9-19 : $eV=\dfrac{1}{2}mu^2$ [J] $\therefore u=\sqrt{\dfrac{2eV}{m}}=7.73\times10^7$ [m/s]

(2) $r=\dfrac{mu}{eB}=44$ [cm], (3) $\omega=\dfrac{u}{r}=\dfrac{eB}{m}=1.76\times10^{10}$ [rad/s]

(4) $T=\dfrac{2\pi}{\omega}=\dfrac{2\pi m}{eB}=35.76$ [ns], (5) $f=\dfrac{1}{T}=28$ [MHz]

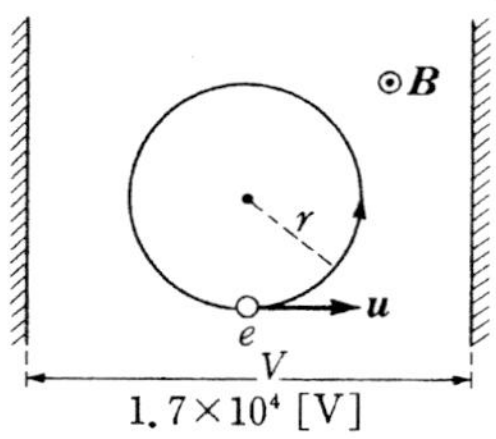

그림 풀이 9-19

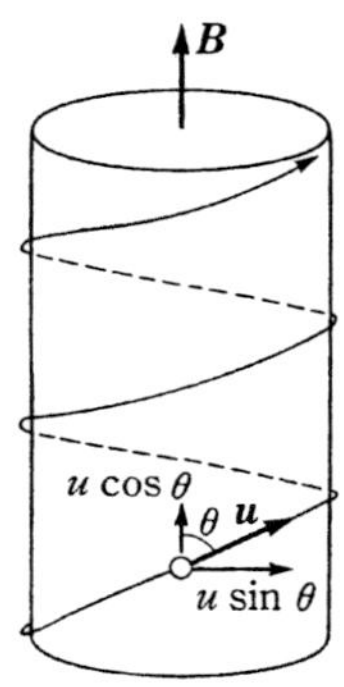

그림 풀이 9-20

9-20 그림 풀이 9-20 : $r=\dfrac{mu\sin\theta}{eB}$ [m] (gyration or Lamor radius)

$\omega=\dfrac{eB}{m}$ [rad/s] (cycroton or Lamor angular frequency) 전진속도 $u\cos\theta$ [m/s]

9-21 (1) 평등자계〔그림 풀이 9-21 (a)〕 : 식 (9.38b)에서 자계한계점 P′의 y_0에 대한 전자편향위치 z_0는 $y_0^2+(r-z_0)^2=r^2$,

$$z_0=r-(r^2-y_0^2)^{1/2}=r-r\left(1-\frac{y_0^2}{r^2}\right)^{1/2}\fallingdotseq r-r\left(1-\frac{1}{2}\frac{y_0^2}{r^2}\right)=\frac{1}{2}\frac{y^2}{r}=\frac{eB}{2mu_0}y_0^2\,[\mathrm{m}]$$

$(r\gg y_0)$가 된다(문제 9-19-2 참조). 점 P′에서 형광면까지는 전자가 직진하는데, 그 구배와 편향거리는

$$\tan\alpha=\frac{y_0}{r-z_0}\bigg|_{r\gg z_0}\fallingdotseq\frac{y_0}{r}=\frac{eB}{mu_0}y_0,\ z=z_0+(y-y_0)\tan\alpha=\frac{eB}{mu_0}y_0\left(y-\frac{y_0}{2}\right)[\mathrm{m}]$$

∴ 자계편향거리 $z=15.3\,[\mathrm{cm}]$

(2) 평등전계〔그림 풀이 9-21 (b)〕: 전계작용 한계점 P′의 y_0에 대한 전자편향위치 x_0는 식 (9.38c)에서 $x_0=\dfrac{eE}{2mu_0^2}y_0^2\,[\mathrm{m}]$가 된다. 전계 외부에서 전자는 직진하는데, 그 구배 및 편향거리는 식 (9.38c)와 그림 풀이 9-21 (b)에서

$$\tan\theta=\frac{dx}{dy}\bigg|_{y=y_0}=\frac{eE}{mu_0^2}y_0,\ x=x_0+(y-y_0)\tan\theta=\frac{eEy}{mu_0^2}\left(y-\frac{y_0}{2}\right)[\mathrm{m}]$$

∴ 전자편향거리 $x=20.6\,\boldsymbol{i}\,[\mathrm{cm}]$

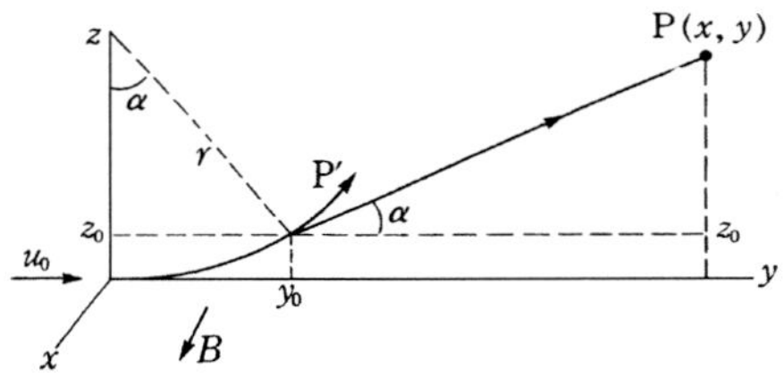

그림 풀이 9-21 (a)

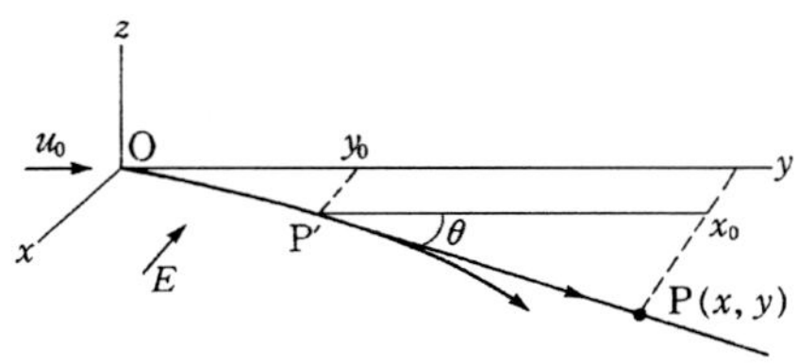

그림 풀이 9-21 (b)

9-22 $\boldsymbol{B}=\dfrac{\mu I}{2\pi r}\boldsymbol{a}_\phi\,[\mathrm{T}],\ \nabla\cdot\boldsymbol{B}=\dfrac{1}{r}\dfrac{\partial B_\phi}{\partial\phi}=0$

9-23 그림 풀이 9-23 : $\boldsymbol{F}_2=\dfrac{u_0I_1I_2}{4\pi}\oint_{C_2}\left[\oint_{C_1}\dfrac{\boldsymbol{a}_r\times d\boldsymbol{l}_1}{r^2}\right]\times d\boldsymbol{l}_2\,[\mathrm{N}],\ \boldsymbol{r}=d\boldsymbol{a}_r-z\,\boldsymbol{a}_z$

$$\boldsymbol{a}_r=\frac{1}{r}(d\,\boldsymbol{a}_z-z\,\boldsymbol{a}_z),\ d\boldsymbol{l}_1=d\boldsymbol{l}_2=dz\boldsymbol{a}_z,\ \frac{d}{r}=\cos\theta,\ z=d\tan\theta,\ dz=d\sec^2\theta d\theta$$

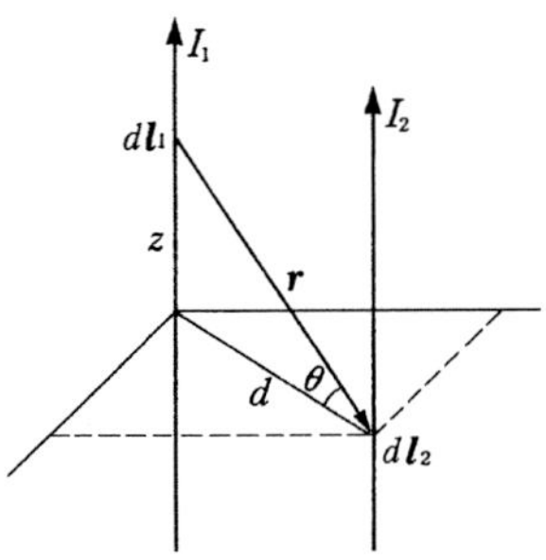

그림 풀이 9-23

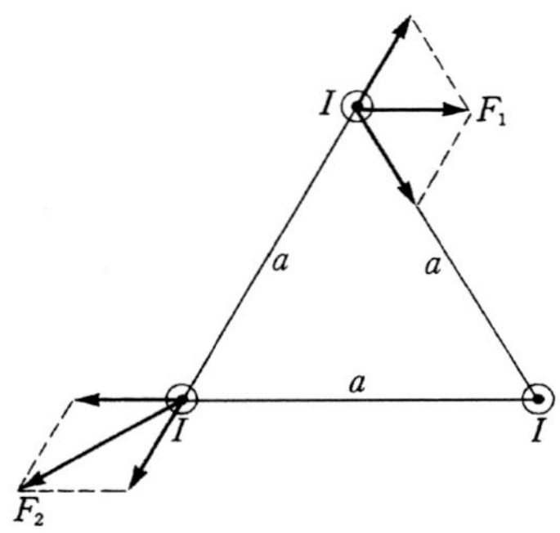

그림 풀이 9-24

$$\therefore \oint_{C_1} \frac{\boldsymbol{a}_r \times d\boldsymbol{l}_1}{r^2} = -\boldsymbol{a}_\phi d\int_{-\infty}^{+\infty} \frac{d}{r} \cdot \frac{dz}{r^2} = -\boldsymbol{a}_\phi \frac{1}{d}\int_{-\pi/2}^{\pi/2} \cos\theta d\theta = -\frac{2}{d}\boldsymbol{a}_\phi$$

$$\oint_{C_2}\left(-\frac{2}{d}\boldsymbol{a}_\phi\right) \times d\boldsymbol{l}_2 = -\boldsymbol{a}_r \int_0^1 \frac{2}{d} dz = -\frac{2}{d}\boldsymbol{a}_r \quad \therefore \boldsymbol{F}_2 = \frac{-\mu_0 I_1 I_2}{2\pi d}\boldsymbol{a}_r \text{ [N/m] (인력)}$$

9-24 그림 풀이 9-24 : $F_1 = \frac{\mu_0 I}{2\pi a} \times \frac{1}{2} \times 2 = \frac{\mu_0 I}{2\pi a}$ [N/m]

$$F_2 = \frac{\mu_0 I^2}{2\pi a} \times \frac{\sqrt{3}}{2} \times 2 = \frac{\sqrt{3}\mu_0 I^2}{2\pi a} \text{ [N/m]}$$

9-25 그림 풀이 9-25 : I_2에 의한 dz 부의 자계

$$B = \frac{\mu_0 I_2}{4\pi d}(\cos\theta_1 + \cos\theta_2) = \frac{\mu_0 I_2}{4\pi d}\left[\frac{z}{\sqrt{d^2+z^2}} + \frac{l-z}{\sqrt{d^2+(l-z)^2}}\right] \text{[T]}$$

$$F = \int_{z=0}^{l} BI_1 dz = \frac{\mu_0 I_1 I_2}{4\pi d}\{(\sqrt{d^2+l^2} - d) + (-d + \sqrt{d^2+l^2})\}$$

$$= \frac{\mu_0 I_1 I_2}{2\pi d}(\sqrt{d^2+l^2} - d) \text{ [N]}$$

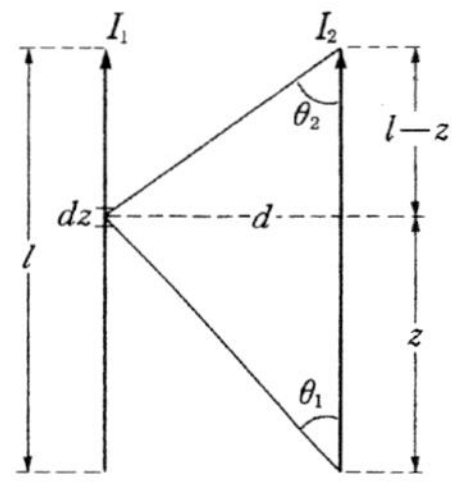

그림 풀이 9-25

9-26 그림 풀이 9-26 : I_1에 의한 dl 부의 자계 $B = \frac{\mu_0 I_1}{2\pi(d + a\cos\theta)}$ [T], $dF = BI_2 dl \cos\theta$ [N]

$$\therefore F = \frac{\mu_0 I_1 I_2 a}{2\pi}\int_0^{2\pi} \frac{\cos\theta d\theta}{d + a\cos\theta} = \frac{\mu_0 I_1 I_2 a}{2\pi} \times \frac{1}{a}\int_0^{2\pi}\left(1 - \frac{d}{d + a\cos\theta}\right)d\theta$$

$$= \mu_0 I_1 I_2\left(1 - \frac{d}{\sqrt{d^2 - a^2}}\right) \text{[N]}$$

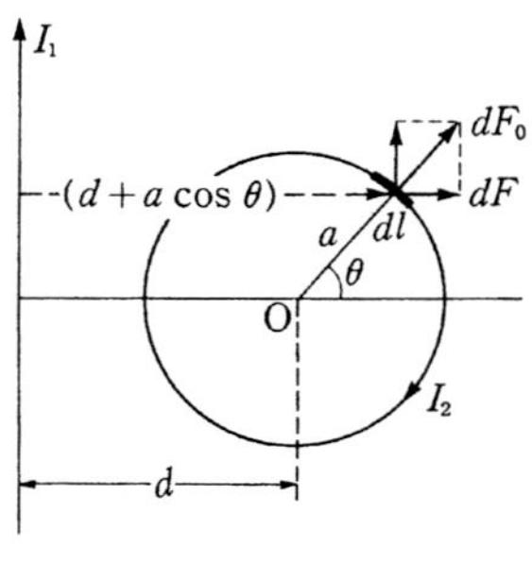

그림 풀이 9-26

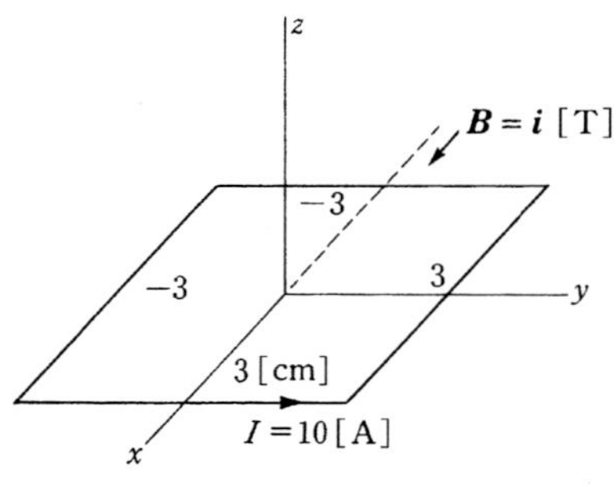

그림 풀이 9-27

9-27 (1) 문제 9-25에서

$$F=\frac{\mu_0 I_1 I_2}{2\pi d}(\sqrt{d^2+l^2}-d)\Big|_{d=l,\ I_1=I_2=I}=\frac{\mu_0 I^2}{2\pi}(\sqrt{2}-1)\Big|_{I=10\,[\mathrm{A}]}=8.28\ [\mu\mathrm{N}]$$

(2) 식 (9.45b) ; $\boldsymbol{T}=(ImS)\times\boldsymbol{B}|_{\boldsymbol{n}=\boldsymbol{k},\ \boldsymbol{B}=\boldsymbol{i}}=36\,\boldsymbol{j}\,[\mathrm{mN\,m}]$ ($\boldsymbol{j}$ 방향을 축으로 하는 회전력)

(3) $d\boldsymbol{T}=(I\boldsymbol{k}dxdy)\times(y^2\boldsymbol{i})=\boldsymbol{j}Iy^2dy\cdot dx \quad \therefore\ \boldsymbol{T}=\boldsymbol{j}I\int_{-3\times10^{-2}}^{3\times10^{2}}dx\int_{-3\times10^{-2}}^{3\times10^{-2}}y^2dy=10.8\,\boldsymbol{j}\,[\mu\mathrm{N\cdot m}]$

9-28 그림 풀이 9-28 : 식 (9.59) ;

$$A_z=\frac{\mu_0 I}{4\pi}\int_{-l_1}^{+l_2}\frac{dz}{R}=\frac{\mu_0 I}{4\pi}\int_{-l_1}^{+l_2}\frac{dz}{\sqrt{r^2+z^2}}=\frac{\mu_0 I}{4\pi}\ \ln\frac{\sqrt{r^2+l_2^2}+l_2}{\sqrt{r^2+l_1^2}-l_1}\ [\mathrm{Wb/m}]$$

식 (9.31), (9.60)에서

$$H_r=\frac{1}{r}\frac{\partial A_z}{\partial\phi}-\frac{\partial A_\phi}{\partial z}=0,\ H_z=\frac{1}{r}\left[\frac{\partial(rA_\phi)}{\partial r}-\frac{\partial A_r}{\partial\phi}\right]=0$$

$$H_4=\frac{-1}{\mu_0}\frac{\partial A_z}{\partial r}=-\frac{I}{4\pi}\frac{\partial}{\partial r}\left[\ln(\sqrt{r^2+l_2^2}+l_2)-\ln(\sqrt{r^2+l_1^2}-l_1)\right]$$

$$=\frac{I}{4\pi r}\left(\frac{l_2}{\sqrt{r^2+l_2^2}}+\frac{l_1}{\sqrt{r^2+l_1^2}}\right)=\frac{I}{4\pi r}(\cos\theta_1+\cos\theta_2)\ [\mathrm{A/m}]$$

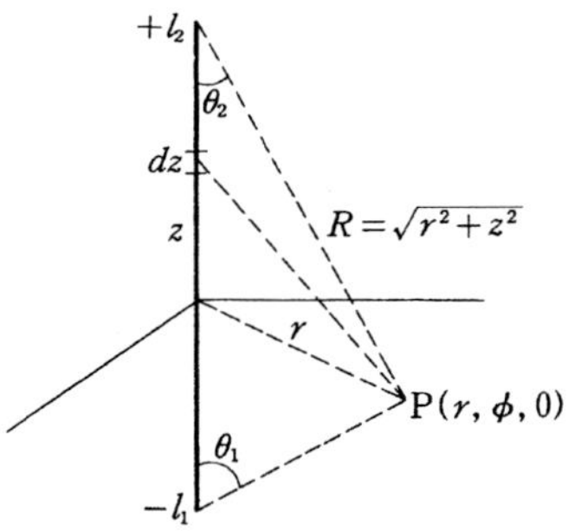

그림 풀이 9-28

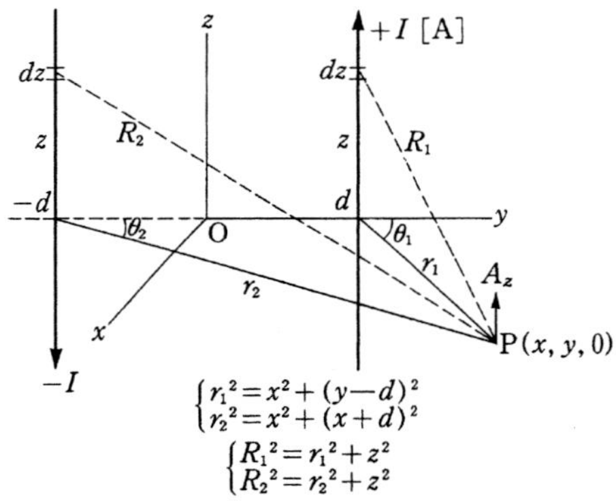

그림 풀이 9-29

9-29 그림 풀이 9-29 : 식 (9.59) ;

$$A_z=\frac{\mu_0 I}{4\pi}\int_{-\infty}^{+\infty}\left(\frac{1}{R_1}-\frac{1}{R_2}\right)dz=\frac{\mu_0 I}{2\pi}\int_0^{\infty}\left(\frac{1}{\sqrt{r_1^2+z^2}}-\frac{1}{\sqrt{r_2^2+z^2}}\right)dz$$

$$=\frac{\mu_0 I}{2\pi}\ \ln\frac{z+\sqrt{r_1^2+z^2}}{z+\sqrt{r_2^2+z^2}}\Bigg|_0^{\infty}$$

$$=\frac{\mu_0 I}{2\pi}\left(\ln 1-\ln\frac{r_1}{r_2}\right)=\frac{\mu_0 I}{2\pi}\ \ln\frac{r_2}{r_1}\ [\mathrm{Wb/m}]$$

식 (9.60) :

$$H_x=\frac{1}{\mu_0}\frac{\partial A_z}{\partial y}=\frac{I}{2\pi}\left(\frac{y+d}{r_2^2}-\frac{y-d}{r_1^2}\right)=\frac{I}{2\pi}\left(\frac{\cos\theta_2}{r_2}-\frac{\cos\theta_1}{r_1}\right)[\mathrm{A/m}]$$

$$H_y = -\frac{1}{\mu_0}\frac{\partial A_z}{\partial x} = \frac{I}{2\pi}\left(\frac{\sin\theta_1}{r_1} - \frac{\sin\theta_2}{r_2}\right)[\text{A/m}]$$

$$\therefore\ H = \sqrt{H_x^2 + H_y^2} = \frac{Id}{\pi r_1 r_2}\ [\text{A/m}]$$

9-30 (1) 문제 9-29 $A_z = \dfrac{\mu_0 I}{2\pi}\ln\dfrac{r_2}{r_1}$ [Wb/m]에서 $-I=0$로 하고 $+I$[A]를 z축에 놓으면 점 P(r, ϕ, 0)의 vector potential $A_z = \dfrac{\mu_0 I}{2\pi}\ln\dfrac{1}{r}$ [Wb/m]가 얻어진다.

(2) 문제 9-28에서

$$A_z = \frac{\mu_0 I}{4\pi}\ln\frac{\sqrt{r^2+l_2^2}+l_2}{\sqrt{r^2+l_1^2}-l_1}\Bigg|_{l_1=l_2=l} = \frac{\mu_0 I}{2\pi}\ln\frac{\sqrt{r^2+l^2}+l}{r}$$

$$= \frac{\mu_0 I}{2\pi}\left(\ln\frac{1+\sqrt{1+(r/l)^2}}{2r} + \ln 2l\right)[\text{Wb/m}]\ :$$

무한직선전류인 경우 정수 $\ln 2l$을 무시할 수 있으므로 $A_z = \dfrac{\mu_0 I}{2\pi}\ln\dfrac{1}{r}$ [Wb/m]가 얻어진다.

9-31 그림 풀이 9-31 : $\boldsymbol{B} = \dfrac{\mu_0 I}{2\pi r}\boldsymbol{a}_\phi$ [T] $(2\le r\le 5\ [\text{cm}])$, $\boldsymbol{n}dS = \boldsymbol{a}_\phi drdz\ [\text{m}^2]$

$$\therefore\ \phi = \iint_S \boldsymbol{B}\cdot\boldsymbol{n}dS = \frac{\mu_0 I}{2\pi}\int_{2\times10^{-2}}^{5\times10^{-2}}\frac{dr}{r}\int_0^1 dz = \frac{\mu_0}{2\pi}\ln\frac{5}{2} = 0.183\ [\mu\text{Wb}]$$

$$\boldsymbol{A} = \frac{\mu_0 I}{2\pi}\ln\frac{1}{r}\boldsymbol{a}_z\ [\text{Wb/m}]\ (2\le r\le 5\ [\text{cm}])$$

$$\therefore\ \phi = \oint_C \boldsymbol{A}\cdot d\boldsymbol{l} = \int_b^c \boldsymbol{A}\cdot d\boldsymbol{l} + \int_d^a \boldsymbol{A}\cdot d\boldsymbol{l} = \frac{\mu_0 I}{2\pi}\ln\frac{5}{2} = 0.183\ [\mu\text{Wb}]$$

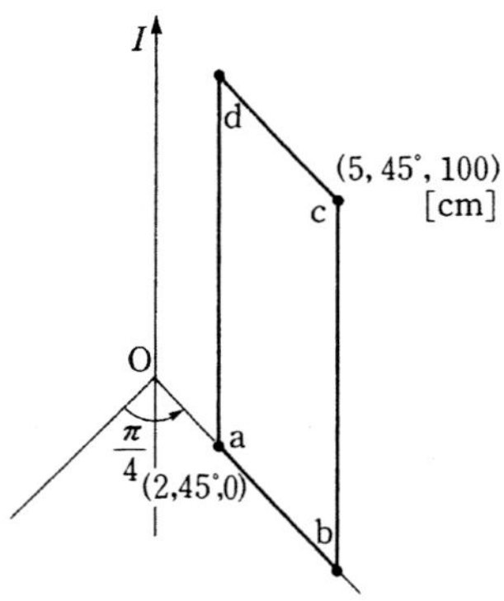

그림 풀이 9-31

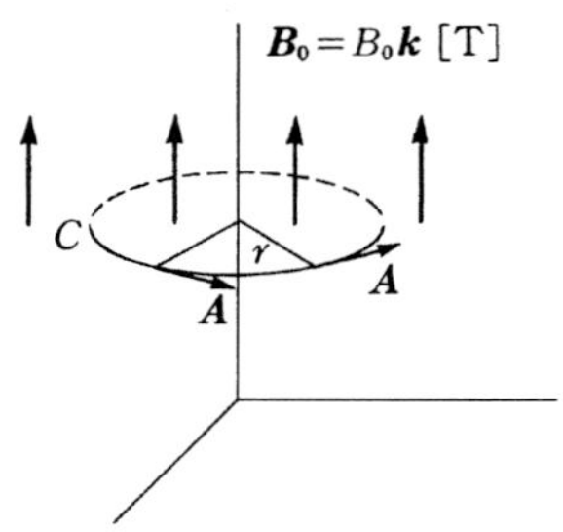

그림 풀이 9-32

9-32 그림 풀이 9-32 : Stokes' theorem ; $\oint_C \boldsymbol{A}\cdot d\boldsymbol{l} = \iint_S \nabla\times\boldsymbol{A}\cdot\boldsymbol{k}dS = \iint_S \boldsymbol{B}_0\cdot\boldsymbol{k}dS$ [Wb]

$$\therefore\ 2\pi rA_\phi = \pi r^2 B_0\quad \therefore\ A_\phi = \frac{B_0 r}{2}\quad \therefore\ \boldsymbol{A} = \frac{1}{2}\boldsymbol{B}_0\times\boldsymbol{r}\ [\text{Wb/m}]$$

이 경우 $\boldsymbol{B}_0$[T]를 solenoid 내 자계라면 $\boldsymbol{A}$는 solenoid의 전류방향과 일치한다.

9-33 그림 풀이 9-33 : Idl[A·m]에 의한 점 P의 $d\boldsymbol{A}$에 대한 x성분은 대칭성에 의하여 상쇄되므로 y성분만 남는다.

$$dA_y=\frac{\mu_0 I}{4\pi}\frac{dl}{r}\cos\phi=\frac{\mu_0 I}{4\pi}\frac{ad\phi}{(a^2-2ab\cos\phi+b^2)^{1/2}}\cos\phi$$

$$\fallingdotseq\frac{\mu_0 I}{1\pi}\left(1-2\frac{b}{a}\cos\phi\right)^{-1/2}\cos\phi d\phi\fallingdotseq\frac{\mu_0 I}{4\pi}\left(1+\frac{b}{a}\cos\phi\right)\cos\phi d\phi\,[\text{Wb/m}]$$

따라서 원전류 전체에 의한 점 P의 벡터 퍼텐셜은

$$A_y=\frac{\mu_0 I}{4\pi}\int_0^{2\pi}\left(1+\frac{b}{a}\cos\phi\right)\cos\phi d\phi=\frac{\mu_0 I}{4}\frac{b}{a}\,[\text{Wb/m}]$$

따라서 중심의 자계는 식 (1.24c)에서

$$\boldsymbol{H}=\frac{1}{\mu_0}\nabla\times\boldsymbol{A}=\frac{1}{\mu_0}\frac{1}{\varDelta S}\oint_{C(2\pi b)}\boldsymbol{A}\cdot d\boldsymbol{l}=\frac{1}{\mu_0}\frac{1}{\pi b^2}\cdot\frac{\mu_0 I}{4}\frac{b}{a}\cdot 2\pi b\boldsymbol{k}=\frac{I}{2a}\boldsymbol{k}\,[\text{A/m}]$$

가 되어 식 (9.13a)와 같아진다.

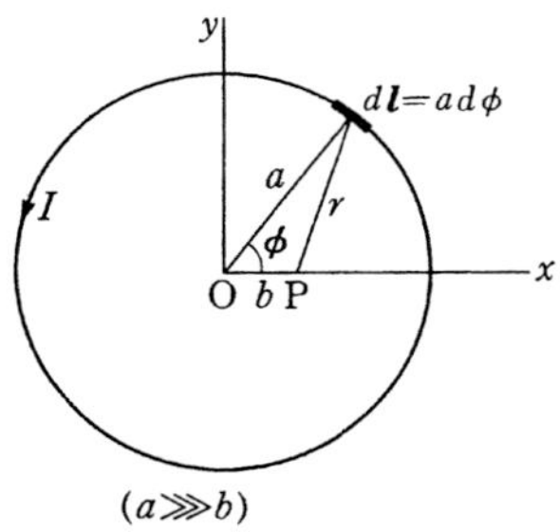

그림 풀이 9-33

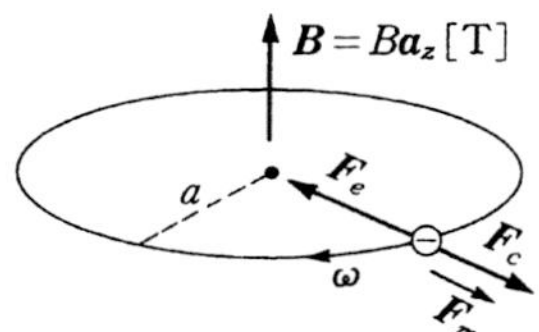

그림 풀이 10-1

10-1 그림 풀이 10-1 : B[T]가 작용할 때 전자의 회전각속도를 ω[rad/s]라면

$$\boldsymbol{F}_c=ma\omega^2\boldsymbol{a}_r\,[\text{N}],\ \boldsymbol{F}_m=ea\omega B\boldsymbol{a}_r\,[\text{N}],\ \boldsymbol{F}_e=-\frac{e^2}{4\pi\varepsilon_0 a^2}\boldsymbol{a}_r\,[\text{N}],\ \boldsymbol{F}_e+\boldsymbol{F}_c+\boldsymbol{F}_m=0$$

의 평형조건에서

$$\omega^2+\frac{eB}{m}\omega-\frac{e^2}{4\pi\varepsilon_0 a^3 m}=0,\quad \frac{e^2}{4\pi\varepsilon_0 ma^3}=\omega_0^2\ (\boldsymbol{B}=0)$$

$$\therefore\ \omega=\frac{1}{2}\left|-\frac{eB}{m}\pm\sqrt{\left(\frac{eB}{m}\right)^2+4\omega_0^2}\right|_{(B\to 0)}\fallingdotseq\omega_0-\frac{eB}{2m}\,[\text{rad/s}]$$

$$\varDelta\omega=\omega-\omega_0=\mp\frac{eB}{2m}\,[\text{rad/s}]\ (-:\overrightarrow{\boldsymbol{B}}/\!/\overrightarrow{\boldsymbol{\mu}}_m,\ +:\overrightarrow{\boldsymbol{B}}/\!/\overleftarrow{\boldsymbol{\mu}}_m),$$

($\varDelta\omega$: Lamor angular frequency) dipole moment :

$$\mu_m=\frac{1}{2}\omega ea^2=\frac{1}{2}ea^2\omega_0-\frac{1}{4}\frac{e^2a^2B}{m}=\mu_{m_0}-\frac{1}{4}\frac{e^2a^2B}{m}\,[\text{A}\cdot\text{m}^2]$$

$$\mu_m-\mu_{m_0}=\varDelta\mu_m=\mp\frac{1}{4}\frac{e^2a^2}{m}B\,[\text{A}\cdot\text{m}^2]$$

10-2 (1) 식 (10.3)과 식 (10.5)에서 $M=\dfrac{B}{\mu_0}\dfrac{\chi_m}{1+\chi_m}=10^6\dfrac{-0.9\times10^{-5}}{1-0.9\times10^{-5}}=-9$ [A/m] (역자성)

(2)~(4) 생략

10-3 (1) $H=\dfrac{B}{\mu_0\mu_r}=796$ [A/m], (2) $\chi_m=\mu_1-1=49$, $M=\chi_m H=3.9\times10^4$ [A/m]

(3) $\mu_m=Mv=1.15\times10^{-2}$ [A·m²]

10-4 (1) $B=\mu_0\mu_r H=11.06$ [mT], (2) $B=\mu_0(1+\chi_m)\dfrac{M}{\chi_m}=512.7$ [mT]

(3) $M=n\mu_m=8.1\times10^2$ [A/m], $B=\mu_0(H+M)=4.8$ [mT]

10-5 (1) $\boldsymbol{M}=\dfrac{\mu_r-1}{\mu_0\mu_r}\boldsymbol{B}=5\times10^4 x\boldsymbol{k}$ [A/m], $\boldsymbol{J}_b=\nabla\times\boldsymbol{M}=-50\,\boldsymbol{j}$ [kA/m²]

(2) $\boldsymbol{J}=\nabla\times\boldsymbol{H}=\nabla\times\left[\dfrac{\boldsymbol{B}}{\mu_0\mu_r}\right]=-25\,\boldsymbol{j}$ [kA/m²]

10-6 (1) $B_{1.5}=\dfrac{\mu_0\mu_r I}{2\pi r}\bigg|_{r=1.5}=4$ [mT], $B_{3.0}=0.8$ [mT]

(2) $H_{1.5}=\dfrac{I}{2\pi r}\bigg|_{r=1.5}636.6$ [A/m], $H_{3.0}=318.3$ [A/m]

(3) $M_{1.5}=(\mu_r-1)H=2546.4$ [A/m], $M_{3.0}=318.3$ [A/m]

10-7 $T_{\max(\alpha=0°)}=\mu_m\times B=10^{-3}$ [N·m]

10-8 $\tan\alpha_1=\dfrac{\mu_{r2}}{\mu_{r1}}\tan\alpha_2\bigg|_{\alpha_2=10°}=1.322$, $\alpha_1=5.3°$

10-9 (1) $H_{1n}=0.6$ [A/m], $H_{1t}=0.8$ [A/m], $H_1=1$ [A/m], $B_1=\mu_0$ [T]

(2) $B_{2n}=B_{1n}=0.6\mu_0$ [T], $B_{2t}=\mu_0\mu_{r2}H_{1t}=2\mu_0$ [T]

$B_2=\sqrt{B_{2n}^2+B_{2t}^2}=2.09\mu_0=2.6$ [μT], $H_{2t}=H_{1t}=0.8$ [A/m]

$H_{2n}=\dfrac{B_{2n}}{\mu_0\mu_{r2}}=0.24$ [A/m], $H_2=0.836$ [A/m]

(3) $\theta_1=\cos^{-1}0.6=53.1°$, $\theta_2=\tan^{-1}\dfrac{0.8}{0.24}=73.3°$

10-10 $\theta_2=\tan^{-1}\left(\dfrac{\mu_2}{\mu_1}\tan\theta_1\right)\bigg|_{\mu_2=3\mu_1,\ \theta_1=30°}=60°$, $\theta_2=\tan^{-1}\left(\dfrac{\mu_1}{\mu_2}\tan\theta_2\right)=30°$

이 경우 μ_2 내의 자계는 $B_1\cos\theta_1=B_2\cos\theta_2$, $H_1\sin\theta_1=H_2\sin\theta_2$에서

$B_2=B_1\sqrt{\cos^2\theta_1+(\mu_2/\mu_1)^2\sin^2\theta_1}=H_1\sqrt{\mu_1^2\cos^2\theta_1+\mu_2^2\sin^2\theta_1}\,\Big|_{\mu_2=3\mu_1,\ \theta_1=30°}$

$=\sqrt{3}\,\mu_1 H_1$ [T]

$H_2=H_1\sqrt{\sin^2\theta+(\mu_1/\mu_2)^2\cos^2\theta_1}\,\Big|_{\mu_2=3\mu_1,\ \theta_1=30°}=\dfrac{1}{\sqrt{3}}H_1$ [A/m]

가 된다.

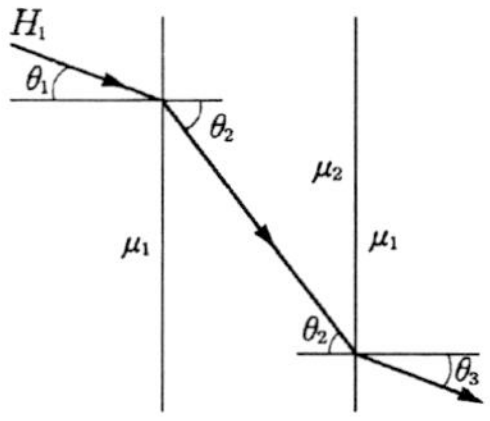

그림 풀이 10-10

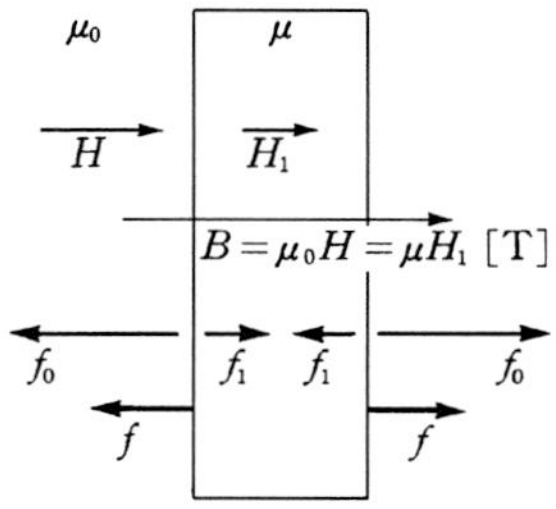

그림 풀이 10-11 (a)

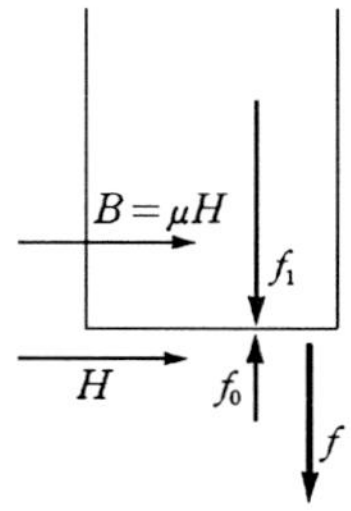

그림 풀이 10-11 (b)

10-11 (1) 그림 풀이 10-11 (a) : 자성체 양 측면에 작용하는 힘 ; 자계가 경계면에 수직이므로 장력이 작용하며, 식 (10.19a)

$$f_0=\frac{1}{2}\mu_0 H^2=\frac{B^2}{2\mu_0},\ f_1=\frac{B^2}{2\mu}\ [\mathrm{N/m^2}]\text{에서 } f=f_0-f_1 \fallingdotseq \frac{B^2}{2\mu_0}=\frac{1}{2}\mu_0 H^2\ [\mathrm{N/m^2}]$$

즉, f는 μ가 작은 방향으로 작용하는 장력이 되며, 양측이 반대방향이므로 자성체에 영향이 없다.

(b) 그림 풀이 10-11 (b) : 자성체 저면에 작용하는 힘 ; 이 경우 저면에 작용하는 힘은 압력이 되며 식 (10.19b)

$$f_1=\frac{1}{2}\mu H^2,\ f_0=\frac{1}{2}\mu_0 H^2\ [\mathrm{N/m^2}]\quad \therefore\ f=f_1-f_0=\frac{1}{2}(\mu-\mu_0)H^2 \fallingdotseq \frac{1}{2}\mu H^2\ [\mathrm{N/m^2}]$$

이 경우도 μ가 작은 방향으로 힘이 작용한다.

10-12 문제 9-28에서 I_1 [A]에 의한 벡터 퍼텐셜 :

$$\boldsymbol{A}_1=\frac{\mu_0 I_1}{2\pi}\ln r^{-1}\boldsymbol{a}_z\ [\mathrm{Wb/m}]\ (d\le r\le d+b)$$

식 (10.18b) $W_{21}=\dfrac{1}{2}\oint_{C_2}\boldsymbol{A}_1\cdot I_2\,d\boldsymbol{l}_2=\dfrac{\mu_0 I_1 I_2}{4\pi}\oint_{C_2}\ln r^{-1}dz=\dfrac{\mu_0 I_1 I_2}{4\pi}a\ln\left(1+\dfrac{b}{d}\right)$ [J]

10-13 이 경우 두 전류계의 전 자계에너지는

$$W_m=W_{12}+W_{21}=2W_{21}=\frac{\mu_0 I_1 I_2 a}{2\pi}\ln\left(1+\frac{b}{d}\right)\ [\mathrm{J}]$$

$$F=-\frac{\partial W_m}{\partial d}=-\frac{\mu_0}{2\pi}\frac{ab}{d(b+d)}I_1 I_2\ [\mathrm{N}]\ (\text{인력})$$

10-14 생략

10-15 $l_c=50\ [\mathrm{cm}]=\dfrac{1}{2}\ [\mathrm{m}],\ l_g=5\times 10^{-4}\ [\mathrm{m}],\ S=30\times 10^{-4}\ [\mathrm{m^2}]$:

(1) $B=\dfrac{\phi}{S}=1.2$ [T], 그림 10-8에서 $H_c=400$ [AT/m], $\mathscr{F}_c=H_c l_c=200$ [AT]

$$H_g=\frac{B}{\mu_0}=9.55\times 10^5\ [\mathrm{AT/m}],\ \mathscr{F}_g=H_g l_g=477.5\ [\mathrm{AT}],\ \mathscr{F}=677.5\ [\mathrm{AT}]$$

(2) (그림 10-8) $B=\dfrac{\phi}{S}=1$ [T], $H_c=200$ [AT/m], $\mathscr{F}_c=H_c l_c=100$ [AT]

$\mathscr{F}=\mathscr{F}_c+\mathscr{F}_g=577.5$ [AT]

(3) $l_g=0 \rightarrow \mathscr{F}_g=0$ ∴ $\mathscr{F}=\mathscr{F}_c=100$ [AT]

10-16 $\mathscr{R}_g=\dfrac{l_g}{\mu_0 S}=1.33\times 10^5$ [AT/Wb]

(1) $\mathscr{R}_c=\dfrac{\mathscr{F}_c}{\phi}=\dfrac{200}{3.6\times 10^{-3}}=5.56\times 10^4$ [AT/Wb]

(2) $R_c=\dfrac{100}{3\times 10^{-3}}=3.33\times 10^4$ [AT/Wb], (3) $R_c=3.33\times 10^4$ [AT/Wb]

10-17 (1) $w_g=\dfrac{1}{2}\dfrac{B^2}{\mu_0}=5.73\times 10^5$ [J/m^3], $W_g=0.86$ [J], $w_c=\dfrac{1}{2}BH=240$ [J/m^3]

$W_c=0.36$ [J] ∴ $W=1.22$ [J]

(2) $w_g=3.98\times 10^5$ [J/m^3], $W_g=0.597$ [J], $w_c=100$ [J/m^3], $W_c=0.15$ [J]

∴ $W=0.747$ [J], (3) $W=0.15$ [J]

10-18 (1) $H_g=\dfrac{B}{\mu_0}=9.55\times 10^5$ [AT/m], $\mathscr{F}_g=H_g\,l_g=4775$ [AT]

(2) B-H curve에서 $H_c=400$ [AT/m], $l_c=l_1+2l_2=0.42$ [m]

∴ $\mathscr{F}_c=H_c\,l_c=168$ [AT]

(3) $\mathscr{F}=\mathscr{F}_c+\mathscr{F}_g=4943$ [AT], $I=\dfrac{\mathscr{F}}{N}=2.47$ [A], $l_g=0$: $I_0=0.084$ [A] ∴ $I/I_0=29.4$

10-19 (1) $\mathscr{R}_g=\dfrac{l_g}{\mu_0 S_g}=1.895\times 10^6$ [AT/Wb], $\mathscr{R}_c=0$ ∴ $\phi=\dfrac{\mathscr{F}}{\mathscr{R}_g}=212\times 10^{-6}$ [Wb]

$B_c=\dfrac{\phi}{S_c}=1.06$ [T]

(2) $\mathscr{R}_c=\dfrac{l_c}{\mu S_c}=1.25\times 10^5$ [AT/Wb], $\phi=\dfrac{\mathscr{F}}{\mathscr{R}_g+\mathscr{R}_c}=1.985\times 10^{-4}$ [Wb]

$B_c=\dfrac{\phi}{S_c}=0.993 \fallingdotseq 1$ [T]

(3) B[T]에 대한 $\mathscr{F}$[AT]의 변화곡선(그림 풀이 10-19)에서 다음과 같이 구한다.

(a) $B=0.9$ [T](가정값) → $H_c=170$ [AT/m] (그림 10-8 참조),

$\mathscr{F}_c=H_c\,l_c=21.25$ [AT], $\phi=BS_c=180\times 10^{-6}$ [Wb], $\mathscr{F}_g=\phi\mathscr{R}_g=341$ [AT]

∴ $\mathscr{F}=262.3$ [AT]

(b) $B=1$ [T] → $H_c=200$ [AT], $\mathscr{F}_c=25$ [AT], $\phi=BS_c=200\times 10^{-6}$ [Wb]

$\mathscr{F}_g=\phi\mathscr{R}_g=379$ [AT] ∴ $\mathscr{F}=404$ [AT]

(c) $B=1.1$ [T] → $H_c=260$ [AT], $\mathscr{F}_c=32.5$ [AT], $\phi=BS_c=220\times 10^{-6}$ [Wb]

$\mathscr{F}_g=\phi\mathscr{R}_g=416.9$ [AT] ∴ $\mathscr{F}=449.4$ [AT]

∴ B-$\mathscr{F}$ curve abc에서 $\mathscr{F}=400$ [AT]에 대한 $B=0.99$ [T]가 얻어진다.

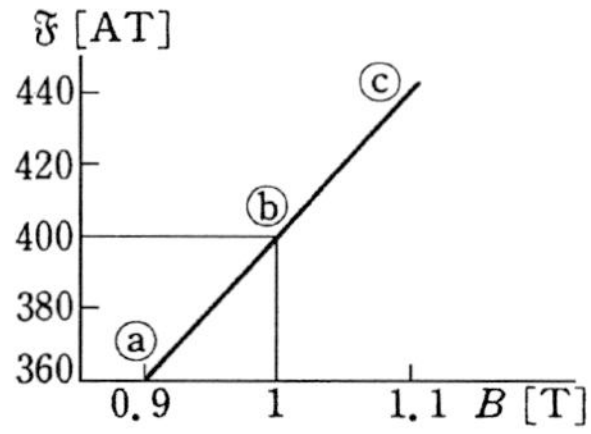

그림 풀이 10-19

10-20 $\mathscr{F}=220$ [AT], $F=2.5\times9.8=24.5$ [N], $S_c=2.25\times10^{-4}$ [m^2]에서 식 (10.19b)

$B=\sqrt{\dfrac{2\mu_0 F}{S_c}}=0.52$ [T], $B-H$ curve ; $H_c=90$ [AT/m]

$l_c=2\pi(5+0.75)\times10^{-2}=0.361$ [m]에서

$\mathscr{F}_c=H_c l_c=32.5$ [AT] $\therefore$ $\mathscr{F}_g=\mathscr{F}-\mathscr{F}_c=187.5$ [AT], $\phi=BS_c=117$ [μWb]

$\mathscr{R}_g=\dfrac{\mathscr{F}_g}{\phi}=1.6\times10^6$ [AT/Wb], $l_g=\mathscr{R}_g\,\mu_0 S_c=0.452$ [mm]

10-21 $F=1000$ [kgf] : $B=\sqrt{\dfrac{2\mu_0 F}{2S}}=1.1$ [T], $H_g=\dfrac{B}{\mu_0}=8753\times10^2$ [AT/m]

$\mathscr{F}_g=H_g\,l_g=8753$ [AT], $H_c=\dfrac{B}{\mu_0\mu_r}=875.3$ [AT/m]

$\mathscr{F}_c=H_c(l_1+l_2)=350.1$ [AT] $\therefore$ $\mathscr{F}=12254$ [AT]

주 : $F=500$ [kgf]인 경우 $B=0.78$ [T], $H_g=\dfrac{B}{\mu_0}=6244\times10^2$ [AT/m], $\mathscr{F}_g=6244$ [AT]

$H_c=\dfrac{B}{\mu_0\mu_r}=624$ [AT/m], $\mathscr{F}_c=2484$ [AT] $\therefore$ $\mathscr{F}=8728$ [AT]

10-22 $S_a=S_b=S_c=30\times10^{-3}$ [m^2], $B_b=\dfrac{\phi}{S_b}=1.1$ [T] $\rightarrow H_c=210$ [AT/m]

$\mathscr{F}_b=H_b\,l_b=210\times(48+12)\times10^{-2}=126$ [AT], $B_a=B_c=0.55$ [T] $\rightarrow H_c=90$ [AT/m]

$\mathscr{F}_a=H_a\,l_a=90\times(40\times2+48+12)\times10^{-2}=126$ [AT]

$\therefore$ $\mathscr{F}_{\text{total}}=2.52$ [AT], $I=\dfrac{\mathscr{F}_t}{N}=0.126$ [A]

10-23 그림 풀이 10-23의 등가회로에서 :

$\mathscr{R}_L=\dfrac{l_L}{\mu S_L}=4\times10^4$ [AT/Wb], $\mathscr{R}_R=2.5\times10^4$ [AT/Wb], $\mathscr{R}_c=10^4$ [AT/Wb]

$\mathscr{R}_{gL}=13.26\times10^4$ [AT/Wb], $\mathscr{R}_{gR}=9.95\times10^4$ [AT/Wb], $\mathscr{R}_{gC}=7.96\times10^4$ [AT/Wb]

이다. 좌우회로의 자속을 그림 풀이 10-23과 같이 취하고 각 회로에 Kirchhoff의 제2법칙을 적용하면

$\mathscr{F}_L=\phi_L(\mathscr{R}_c+\mathscr{R}_{gL})+(\phi_L+\phi_R)(\mathscr{R}_c+\mathscr{R}_{gC})$

$\mathscr{F}_R=\phi_R(\mathscr{R}_R+\mathscr{R}_{gR})+(\phi_L+\phi_R)(\mathscr{R}_c+\mathscr{R}_{gC})$

에서 $26.22\phi_L + 8.96\phi_R = 0.012$, $8.96\phi_L + 21.41\phi_R = 0.02$가 구해지므로

$\phi_R = 867$ [μWb], $\phi_L = 161.4$ [μWb], $\phi_C = \phi_K + \phi_L = 1028.4$ [μWb]

$\therefore\ B_L = \dfrac{\phi_L}{S_L} = 0.269$ [T], $B_R = 1.084$ [T], $B_C = 1.028$ [T]

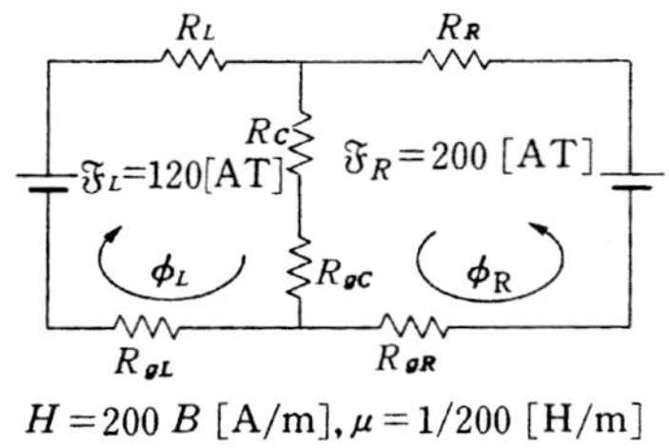

그림 풀이 10-23

11-1 $N = \dfrac{V_{max}}{2\pi f B_m S} = 211$ [turns]

11-2 $\phi = \mu_0 HS \cos \omega t$ [Wb], $e = -N\dfrac{d\phi}{dt} = \omega\mu_0 HN \sin \omega t$ [V]

11-3 (1) $e = \omega BN\pi a^2 \sin \omega t = 592 \sin 120\pi t$ [V], (2) $f = \dfrac{3600}{60} = 60$ [Hz]

(3) $I = \dfrac{e}{R} = 59.2 \sin 377t$ [A], (4) $T = BNIS \sin \omega t = 93 \sin^2 377t$ [N·m]

(5) $Q = \int_0^{T/2} Idt = 0.314$ [C]

11-4 solenoid 중심자계 : $H = NI/\sqrt{4a^2 + l^2} = 37.14$ [AT/m]

$\phi_2 = \mu_c HN_2\pi a^2 \cos \omega t = 1.173 \times 10^{-6} \cos 188t$ [Wb], $e = -\dfrac{d\phi_2}{dt} = 0.221 \sin 188t$ [mV]

11-5 $e = Blu = 0.754$ [mV]

11-6 (1) $\phi = \int_0^a \int_0^{2\pi} \boldsymbol{B} \cdot \boldsymbol{k} rd\phi dr = 0.503 \cos 120\pi t$ [Wb], $e = -\dfrac{d\phi}{dt} = 189.5 \sin 377t$ [V]

(2) $e = \oint \boldsymbol{E} \cdot \boldsymbol{a}_\phi a d\phi = 2\pi a E_\phi$ [V], $\boldsymbol{E} = 377 \sin 377t\boldsymbol{a}_\phi$ [V/m]

(3) $I = \dfrac{e}{R} = 18.95 \sin 377t$ [A], (4) $H_0 = \dfrac{I}{2a} = 118.4 \sin 377t$ [A/m], $H_{0eff} = 83.7$ [A/m]

11-7 $e = \oint_C \boldsymbol{u} \times \boldsymbol{B} \cdot d\boldsymbol{l} = 2uB\sqrt{a^2 - r^2}$ [V]

11-8 (1) $e = \int_0^{a=15\,[cm]} B\omega r \cdot dr = \dfrac{1}{2}\left(2\pi\dfrac{n}{60}\right) \cdot Ba^2 = 1.27$ [V]

(2) $e = \oint_C \boldsymbol{u} \times \boldsymbol{B} \cdot d\boldsymbol{l} - \iint_S \dfrac{\partial \boldsymbol{B}}{\partial t} \boldsymbol{n} dS = \dfrac{n\pi}{60} a^2 B_0 \sin \omega t - \dfrac{1}{2} \pi a^2 \omega B_0 \cos \omega t$

$= 1.27(\sin \omega t - 2\pi \cos \omega t) = 8.1 \sin(377t - 81°)$ [V]

11-9 $\boldsymbol{F}=I\oint_C d\boldsymbol{l}\times\boldsymbol{B}$ [N], $e=\oint_C \boldsymbol{u}\times\boldsymbol{B}\cdot d\boldsymbol{l}=-\boldsymbol{u}\oint_C d\boldsymbol{l}\times\boldsymbol{B}$ [V] $\therefore\ eI=-\boldsymbol{F}\cdot\boldsymbol{u}$ [W]

또는 $e=-\dfrac{\boldsymbol{F}\cdot\boldsymbol{u}}{I}$ [V]

11-10 $P_e=Ie=59.2\sin 377t\cdot 592\sin 377t=35.05\sin^2 377t$ [kW]

$P_M=T\omega=93\sin^2 377t\cdot 120\pi=35.06\sin^2 377t$ [kW]

혹은 $P_e=Ie=\dfrac{1}{R}\omega^2B^2N^2(\pi a^2)^2\sin^2\omega t$ [W], $P_M=T\omega=\dfrac{1}{R}\omega B^2N^2(\pi a^2)^2\sin^2\omega t\cdot\omega$ [W]

$\therefore\ P_e=P_M$

11-11 $e=\oint_C \boldsymbol{u}\times\boldsymbol{B}\cdot d\boldsymbol{l}=uB\int_2^3 dx=-uBl$ [V]

$I=\dfrac{e}{R}=-\dfrac{uBl}{R}$ [A] (−는 시계방향), $P_e=eI=\dfrac{(uBl)^2}{R}$ [W]

I에 의하여 l에 발생하는 힘 $\boldsymbol{F}=I\int_2^3 d\boldsymbol{l}\times\boldsymbol{B}=-BIl\boldsymbol{j}$ [N]

$P_M=\boldsymbol{F}\cdot\boldsymbol{u}=-BIlu=\dfrac{(uBl)^2}{R}$ [W] $\therefore\ P_M=P_e$

11-12 $-\dfrac{\partial\boldsymbol{B}}{\partial t}=\nabla\times\boldsymbol{E}=(2xy\,\boldsymbol{i}-y^2\boldsymbol{j})e^{-t}$

$\therefore\ \boldsymbol{B}=-(2xy\,\boldsymbol{i}-y^2\boldsymbol{j})\int_0^t e^{-t}dt=(2xy\,\boldsymbol{i}-y^2\boldsymbol{j})(e^{-t}-1)$ [T]

11-13 (1) 유동 플라스마에 유기되는 운동유도전계 $\boldsymbol{E}_m=\boldsymbol{u}\times\boldsymbol{B}$ [V/m]

$\therefore\ \boldsymbol{J}=\sigma(\boldsymbol{E}+\boldsymbol{E}_m)=\sigma(\boldsymbol{E}+\boldsymbol{u}\times\boldsymbol{B})$ [A/m^2]

(2) 유량 $m_0=ud^2$ [m^3/s], $\therefore\ d=\sqrt{m_0/u}$ [m], $e=Bud=B\sqrt{m_0u}$ [V]

(3) $B=5$ [T] (초전도자석자계) $u=1000$ [m/s] (초고온 플라스마 유속), $m_0=250$ [m^3/s]

$\therefore\ e=2500$ [V]

11-14 60 [Hz]인 경우 도선 반지름이 δ보다 매우 작으므로 저항에 큰 차가 없으나 1 [MHz]인 경우는 약 6배가 된다.

11-15 식 (11.14)를 이용한다.

11-16 그림 풀이 11-16 : 원주도체 내에서 $dr\times 1$ [m^2]와 쇄교하는 자속은

$d\phi=\mu H_i dr\times 1=\dfrac{\mu I}{2\pi a^2}rdr$ [Wb/m]

이다. 한편 L은 자속쇄교수 $\Phi=N\phi$ [Wb]에 의하여 정의되는데(식 11.17) : 원주도체를 권수 1로 생각하면 이 경우 $d\phi$와 쇄교하는 권수는 $N=\dfrac{r^2}{a^2}\times 1$ [turns]가 되므로,

$d\Phi=Nd\phi=\dfrac{\mu I}{2\pi a^4}r^3dr$ [Wb/m], $\Phi=\dfrac{\mu I}{2\pi a^4}\int_0^a r^3dr=\dfrac{\mu I}{8\pi}$ [Wb/m]

$\therefore\ L_i=\dfrac{\Phi}{I}=\dfrac{\mu}{8\pi}$ [H/m]

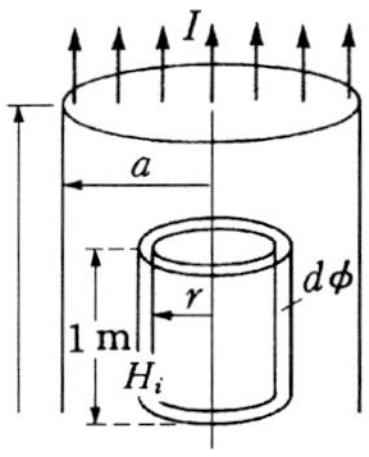

그림 풀이 11-16

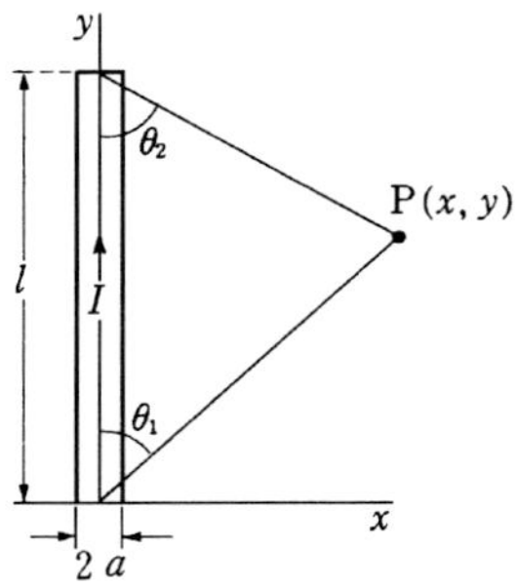

그림 풀이 11-17

11-17 그림 풀이 11-17 :

$$H_{(xy)}=\frac{I}{4\pi x}(\cos\theta_1-\cos\theta_2)=\frac{I}{4\pi x}\left[\frac{y}{\sqrt{x^2+y^2}}+\frac{l-y}{\sqrt{x^2+(l-y)^2}}\right]\text{[A/m]}$$

$$\phi_e=\int_{x=a}^{\infty}\int_{y=0}^{l}\mu_0\,dx\,dy=\frac{\mu_0 I}{2\pi}\int_a^{\infty}\left(\frac{\sqrt{x^2+l^2}}{x}-1\right)dx$$

$$=\frac{\mu_0 I}{2\pi}\left\{l\cdot\ln\frac{l+\sqrt{a^2+l^2}}{a}-\sqrt{a^2+l^2}+a\right\}\Bigg|_{l\gg a}\fallingdotseq\frac{\mu_0 Il}{2\pi}\left\{\ln\frac{2l}{a}-1\right\}\text{[Wb]}$$

$$\therefore\ L_e=\frac{\mu_0 l}{2\pi}\left\{\ln\frac{2l}{a}-1\right\}\text{[H]}\quad\therefore\ L=L_e+L_i=\frac{\mu_0 l}{2\pi}\left\{\ln\frac{2l}{a}-1+\frac{\mu_r}{4}\right\}\text{[H]}$$

(2) 식 (11.39) $L=\frac{\mu_0 l}{2\pi}\left\{\ln\frac{2l}{R}-1\right\}\Bigg|_{R=ae^{-1/4}}=\frac{\mu_0 l}{2\pi}\left\{\ln\frac{2l}{a}-\frac{\mu_r}{4}\right\}\text{[H]}$

11-18 식 (11.30c) : $L=\frac{\mu_0 l}{\pi}\left(\ln\frac{d}{a}+\frac{1}{4}\right)\Bigg|_{d=40\,\text{[cm]},\ a=2.5\,\text{[mm]},\ l=8\,\text{[km]}}=17.04\ \text{[mH]}$

11-19 식 (11.31) 참조

11-20 동축케이블의 각부 쇄교자속을 구한 후 $L=\frac{\phi}{I}$ [H]를 이용한다.

11-21 자로의 자기저항 $\mathscr{R}$[A/Wb]일 때 $L=\frac{N\phi}{I}=\frac{N^2}{\mathscr{R}}$ [H]가 된다.

$$l_g=0\ :\ \mathscr{R}_0=\frac{l}{\mu S}\ \text{[A/Wb]},\ \ L_0=\frac{\mu SN^2}{l}\ \text{[H]}$$

$$l_g\neq 0\ :\ \mathscr{R}_g=\frac{l-l_g}{\mu S}+\frac{l_g}{\mu_0 S}\ \text{[A/Wb]},$$

$$L_g=\frac{\mu SN^2}{l}\frac{1}{1+\frac{\mu_r-1}{l}l_g}\ \text{[H]}\quad\therefore\ \frac{L_0}{L_g}=1+(\mu_r-1)\frac{l_g}{l}$$

예 : $\mu_r=1$ [m], $l_g=1$ [mm], $\mu_r=1000$ $L_g\fallingdotseq\frac{1}{2}L_0$

11-22 문제 11-21의 $L=\frac{N^2}{R}$ [H]와 $L_g\fallingdotseq\frac{1}{2}L$ [H]의 관계에서 $N=\frac{1}{\sqrt{2}}\cdot 500=354$ [turns]

11-23 (1) 문제 10-12와 식 (11.33)에서 $M=\dfrac{2W_{21}}{I_1 I_2}=\dfrac{\mu_0 l}{2\pi}\ln\left(1+\dfrac{b}{d}\right)$ [H]

(2) 그림 풀이 11-23 : $H_P=\dfrac{I}{2\pi(d+r\cos\theta)}$ [A/m]

$$\phi=\frac{\mu_0 I}{2\pi}\int_{r=0}^{a}\int_{\theta=0}^{2\pi}\frac{r\,dr\,d\theta}{d+r\cos\theta}=\mu_0 I(d-\sqrt{d^2-a^2})\ [\text{Wb}]$$

$\therefore\ M=\mu_0(d-\sqrt{d^2-a^2})$ [H]

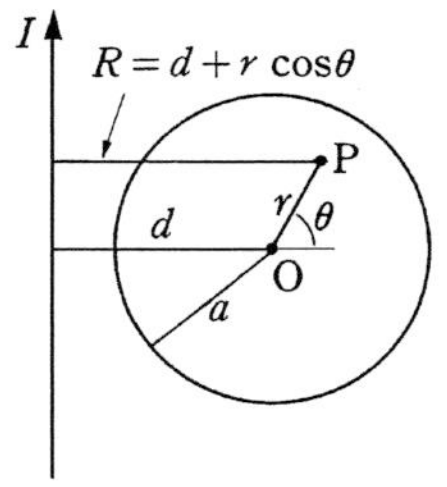

그림 풀이 11-23

11-24 (1) 직선과 구형〔문제 11-23 (1)〕 $M=\dfrac{\mu_0\times 0.1}{2\pi}\ln\left(1+\dfrac{40}{10}\right)=0.32$ [nH]

(2) 직선과 원〔문제 11-23 (2)〕 $M=\mu_0\{0.1-\sqrt{(0.1)^2-(0.05)^2}\}=16.84$ [nH]

11-25 해 A : H_z에 의한 r[m] 원주상 유도기전력은 $e_\phi=-\dfrac{d\phi_z}{dt}=\omega\mu\pi r^2 H_m\sin\omega t$ [V]이다.

두께 $dr\cdot l$[m²]부의 저항 및 소비전력 : $dR_\phi=\dfrac{1}{\sigma}\dfrac{2\pi r}{drl}$ [Ω]

$$P_\phi=\frac{e^2}{dR}=\frac{1}{2}\pi\omega^2\mu^2H_m^2\sigma l\sin^2\omega t r^3 dr\ [\text{W}]$$

∴ 전체의 평균소비전력

$$P_{av}=\frac{1}{2}\pi\omega^2\mu^2H_m^2\sigma l\frac{1}{T}\int_0^T\sin^2\omega t\,dt\int_0^a r^3dr=\frac{1}{16}\sigma l\pi\omega^2\mu^2H_m^2a^4\ [\text{W}]$$

해 B : 식 (11.4)와 식 (9.30)에서

$$\frac{1}{r}\frac{\partial}{\partial r}(rE_\phi)=-\mu\frac{\partial H_z}{\partial t}=\omega\mu H_m\sin\omega t\quad\therefore\ E_\phi=\frac{1}{2}\omega\mu H_m r\sin\omega t\ [\text{V/m}]$$

식 (8.39b) : $P_{av}=\iiint\sigma|E_\phi|^2dv=\sigma\left(\dfrac{\omega\mu H_m}{2}\right)^2\int_0^a r^3dr\int_0^{2\pi}d\phi\int_0^l dz\dfrac{1}{T}\int_0^T\sin^2\omega t\,dt$

$$=\pi\sigma\left(\frac{\omega\mu H_m a^2}{4}\right)^2 l\ [\text{W}]$$

11-26 그림 풀이 11-26 : 대지를 완전도체로 보면 도체 a, b의 전류 I_1, I_2 [A]에 의한 자계는 영상전류 a′의 $-I$와 b′의 $-I_2$ [A]와의 자계로 풀이할 수 있다. 도선 a의 I_1 [A]에 의한 자계 중 도선 bb′와의 쇄교자속

$\phi_{bb}{}' = \frac{\mu_0 I_1 l}{2\pi}\int_{r_{ab}}^{r_{ab'}} \frac{dr}{r} \frac{\mu_0 I_1 l}{2\pi} \ln\frac{r_{ab'}}{r_{ab}}$ [Wb]

a′ 전류의 $-I_1$ [A]에 의한 쇄교자계

$\phi_{bb'} = \frac{\mu_0 I_1 l}{2\pi} \ln\frac{r_{a'b}}{r_{a'b'}}\Big|_{r_{a'b'}=r_{ab},\ r_{a'b}=r_{ab'}} = \frac{\mu_0 I_1 l}{2\pi}\ln\frac{r_{ab'}}{r_{ab}}$ [Wb] ($\phi_{bb'}$와 같은 방향)

대지는 완전도체로 대지 중에 자속이 존재하지 않으므로 실제 쇄교자속

$\phi = \frac{1}{2}(\phi_{bb'} + \phi_{bb'})$ [Wb]이며

$r_{ab}^2 = d^2 + (h_2 - h_1)^2$, $r_{ab'}{}^2 = d^2 + (h_2 + h_1)^2$ $\therefore\ M = \frac{\mu_0 l}{4\pi}\ln\frac{d^2+(h_2+h_1)^2}{d^2+(h_2-h_1)^2}$ [H]

예 : $h_1 = h_2 = h$, $M = \frac{\mu_0 l}{4\pi}\ln\left(\frac{4h^2}{d^2}+1\right) \fallingdotseq \frac{\mu_0 l}{2\pi}\ln\frac{2h}{d}$ [H]

예 : $h_1 = h_2 = 10$ [m], $d = 1$ [m], $l = 1$ [km] $M = 0.707$ [mH]

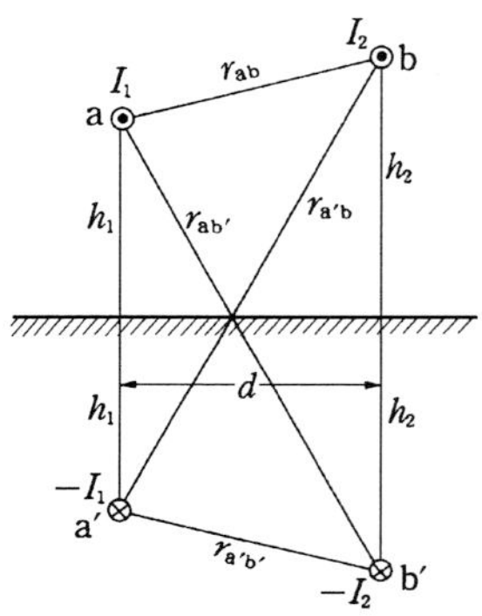

그림 풀이 11-26

11-27 그림 풀이 11-27 : $B_z = \frac{\mu_0 I}{4\pi y}(\cos\theta_1 + \cos\theta_2)$ [T], $\cos\theta_1 = \frac{x}{\sqrt{x^2+y^2}}$

$\cos\theta_2 = \frac{l-x}{\sqrt{(l-x)^2+y^2}}$

$\therefore\ \phi = \int_{y=d}^{\infty}\int_{x=0}^{l} B_z\,dy\,dx = \frac{\mu_0 I}{2\pi}\left\{l\cdot\ln\frac{l+\sqrt{l^2+d^2}}{d} - \sqrt{d^2+l^2} + d\right\}$ [Wb]

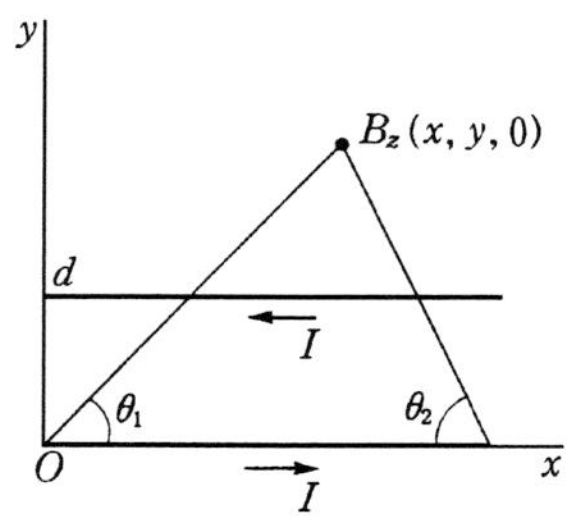

그림 풀이 11-27

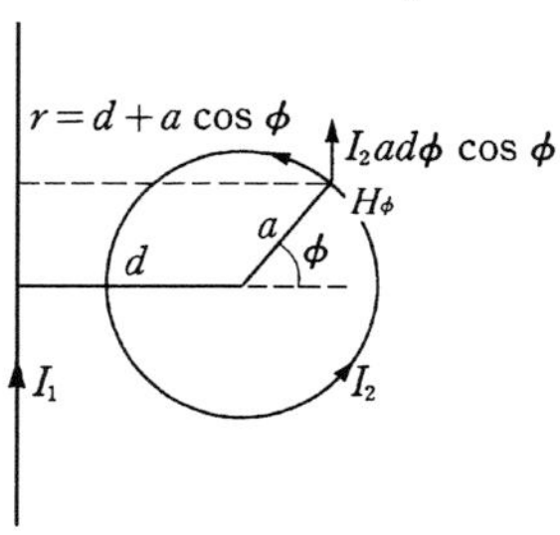

그림 풀이 11-28

$$d \ll l : M = \frac{\Phi}{I} = \frac{\mu_0 l}{2\pi}\left(\ln\frac{2l}{d} - 1\right) [\text{H}]$$

11-28 (1) (a) $B_\phi = \dfrac{\mu_0 I}{2\pi r}$ [T] $(d \le r \le d+b)$

$$F = -B_{\phi(d)} \cdot I_2 l + B_{\phi(d+b)} \cdot I_2 l = -\frac{\mu_0 l}{2\pi} I_1 I_2 \frac{b}{d(d+b)} [\text{N}]$$

(b) $W_m = W_{21} + W_{12} = M_{21} I_1 I_2 = \dfrac{\mu_0 l}{2\pi} \ln\left(1 + \dfrac{b}{d}\right) \cdot I_1 I_2$ [J]

식 (11.42a) : $F = \left(\dfrac{\partial W_m}{\partial d}\right)_{I_1,\, I_2 = \text{일정}} = -\dfrac{\mu_0}{2\pi} I_1 I_2 \dfrac{b}{d(d+b)}$ [N]

(2) 그림 풀이 11-28 :

(a) $H_\phi = \dfrac{I_1}{2\pi(d + a\cos\phi)}$ [A/m], $dF = \mu_0 H_\phi I_2 a \cos\phi d\phi = \dfrac{\mu_0 I_1 I_2}{2\pi} \dfrac{a\cos\phi}{d + a\cos\phi} d\phi$

$$= \frac{\mu_0 I_1 I_2}{2\pi}\left(\frac{-d}{d + a\cos\phi} + 1\right) d\phi [\text{N}]$$

여기서 $\displaystyle\int_0^\pi \frac{d\phi}{d + a\cos\phi} = \frac{\pi}{\sqrt{d^2 - a^2}}$ 이므로

$$F = \frac{\mu_0 I_1 I_2}{2\pi} \times 2\int_0^\pi \left(1 - \frac{d}{d + a\cos\phi}\right) d\phi = \frac{\mu_0 I_1 I_2}{\pi}\left(\pi - \frac{\pi d}{\sqrt{d^2 - a^2}}\right)$$

$$= \mu_0 I_1 I_2 \left(1 - \frac{d}{\sqrt{d^2 - a^2}}\right) [\text{N}] \text{ (척력)}$$

(b) $W_{m(12)} = M I_1 I_2$ [J], $M = \mu_0(d - \sqrt{d^2 - a^2})$ [H]

$$F = \left(\frac{\partial W_m}{\partial d}\right)_{I_1,\, I_2 = \text{일정}} = \mu_0 I_1 I_2 \left(1 - \frac{d}{\sqrt{d^2 - a^2}}\right) [\text{N}] \text{ (척력)}$$

11-29 $L_1 = \dfrac{\mu_0 \mu_r S N_1^2}{l} = 0.226$ [H], $L_2 = 0.402$ [H], $M = \dfrac{\mu_0 \mu_r S N_1 N_2}{l} = 0.03$ [H]

(1) 직렬연결 : $L = L_1 + L_2 \pm 2M = 0.634,\ 0.622$ [H]

(2) 병렬연결 : $L = \dfrac{L_1 L_2 - M^2}{L_1 + L_2 \pm M} = 0.137,\ 0.151$ [H]

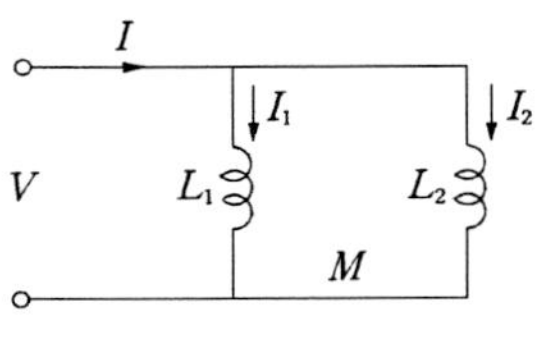

그림 풀이 11-29

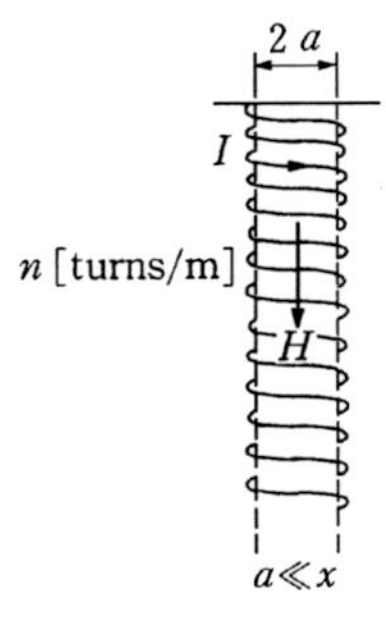

그림 풀이 11-30

주 : 병렬합성인덕턴스(그림 풀이 11-29) ;

① $I=I_1+I_2,\ W_m=\frac{1}{2}LI^2=\frac{1}{2}L_1I_1^2+\frac{1}{2}L_2I_2^2\pm MI_1I_2$

② $LI^2=L_1I_1^2+L_2I_2^2\pm MI_1I_2,\ V=j\omega L_1I_1\pm j\omega MI_2=j\omega L_2I_2+j\omega MI_1$

③ $L_1I_1\pm MI_2=L_2I_2\pm MI_1$, 식 ①, ②, ③에서 병렬합성 L을 구한다.

11-30 그림 풀이 11-30 :

$H=nI$ [AT/m], 길이 x [m]와의 쇄교자속

$\Phi=\mu_0 H\pi a^2 N$ [Wb], $W_m=\frac{1}{2}I\Phi=\frac{1}{2}\mu_0 I^2\pi a^2 Nn$ [J]

인력 $F_x=-\frac{\partial W}{\partial x}=-\frac{1}{2}\mu_0 I^2\pi a^2 N\frac{\partial n}{\partial x}$ [N]

한편 총권수 $nx=N_{(\text{const})}\rightarrow\frac{\partial n}{\partial x}=-\frac{n}{x}\quad\therefore\ F_x=\frac{1}{2}\mu_0\pi a^2 n^2 I^2=2.42\times10^{-3}$ [N]

한편 $F=1$ [grf] $=9.8\times10^{-3}$ [N], $F:F_x=2:z$ [cm], $z=4.9$ [mm] (상위치)

11-31 도선 한 줄의 자기 및 상호인덕턴스를 L_0, M라 하면 문제 11-18, 11-25 및 식 (11.29)에서

$L=2L_0-2M=\left\{4\ln\left(\frac{2h}{a}\times\frac{d}{\sqrt{d^2+4h^2}}\right)+1\right\}\times10^{-7}$ [H/m] $=2.584$ [mH/km]

대지를 무시할 경우 $h=\infty$이므로 $L=\left(4\ln\frac{d}{a}+1\right)\times10^{-7}$ [H/m] $=2.586$ [mH/km]

11-32 동축케이블 또는 평행도선간의 L와 C를 구하면 된다.

11-33 식 (11.43) : $F=\frac{1}{2}\frac{\partial L}{\partial x}I^2=2.5$ [N] $=0.255$ [kgf]

12-1 (1) $\boldsymbol{J}_\sigma=\sigma\boldsymbol{E}=200\sin\omega t\boldsymbol{i}$ [A/m²], (2) $\boldsymbol{J}_d=\varepsilon\frac{\partial\boldsymbol{E}}{\partial t}=8.854\,\omega\cos\omega t\boldsymbol{i}$ [nA/m²]

(3) $f_c=\frac{\sigma}{2\pi\varepsilon}=3600$ [MHz]

12-2 $E_1=\frac{\rho_l}{2\pi\varepsilon r}$ [V/m] $(a\le r\le b)$, $V=V_m\sin\omega t=\int_a^b E_r\,dr=\frac{\rho_l}{2\pi\varepsilon}\ln\frac{b}{a}$ [V]

$\therefore\ E_r=\frac{V_m\sin\omega t}{\ln\frac{b}{a}}\frac{1}{r}$ [V/m], $I_d=\frac{\partial D_r}{\partial t}\cdot 2\pi rl=\frac{2\pi\varepsilon l V_m\omega}{\ln\frac{b}{a}}\cos\omega t$ [A]

한편 $C=\frac{2\pi\varepsilon l}{\ln\frac{b}{a}}$ [F] $\therefore\ I_d=\omega CV_m\cos\omega t$ [A]

12-3 $H_y=H_0\sin(\omega t-\beta z)$ [A/m], $\boldsymbol{J}_d=\nabla\times\boldsymbol{H}=\beta H_0\cos(\omega t-\beta z)\boldsymbol{i}$ [A/m²]

12-4 $E=\frac{e}{d}=2\times10^6\sin\omega t$ [V/m], $I_\sigma=J_\sigma S=\sigma ES=2\times10^{-8}\sin\omega t$ [A]

$I_d=\varepsilon\frac{\partial E}{\partial t}S=\frac{f}{9}\times10^{-3}\cos\omega t$ [A], $f=1$ [kHz] : $|I_d|/|I_\sigma|=5.6\times10^6$, $f=100$ [MHz] :

$|I_d|/|I_\sigma|=5.6\times10^{11}$

12-5 그림 풀이 12-5 : $D_{(x,y)}=\dfrac{Q}{4\pi r^2}=\dfrac{Q}{4\pi\{(x-ut)^2+y^2\}}$ [C/m²]

$J_d=\dfrac{\partial D}{\partial t}=\dfrac{Qu(x-ut)}{2\pi\{(x-ut)^2+y^2\}^2}$ [A/m²]

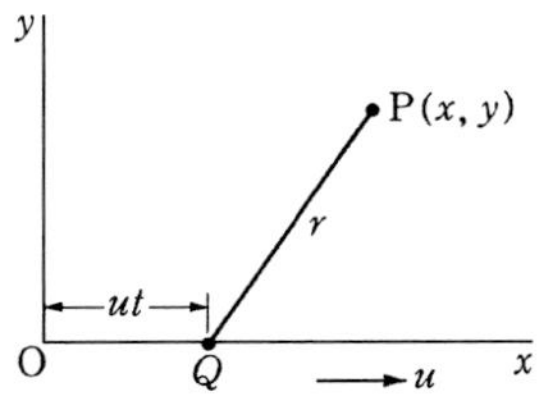

그림 풀이 12-5

12-6 $\nabla\times\boldsymbol{E}=-u_0\mu_r\dfrac{\partial H}{\partial t}\rightarrow30\beta=4\pi\times10^{-1}A$ ······(a)

$\nabla\times\boldsymbol{H}=\varepsilon_0\varepsilon_r\dfrac{\partial E}{\partial t}\rightarrow A\beta=\dfrac{40}{3}\pi\times10^{-3}$ ······(b)

식 (a), (b)에서 $A=1$ [A/m], $\beta=0.0419$ [rad/m]

12-7 (1) 식 (12.5a) : $\nabla\times\boldsymbol{E}_{(r,\phi,z)}=\dfrac{\partial\boldsymbol{E}_r}{\partial z}\boldsymbol{a}_\phi=\dfrac{100}{r}\beta\sin(10^8t-\beta z)\boldsymbol{a}_\phi=-\mu_0\dfrac{\partial H_\phi}{\partial t}\boldsymbol{a}_\phi$

$\therefore\ H_\phi=\dfrac{100}{r}\dfrac{\beta}{\mu_0}10^{-8}\cos(10^8t-\beta z)$ [A/m]

식 (12.4a) : $\nabla\times\boldsymbol{H}=\dfrac{\partial\boldsymbol{D}}{\partial t}$; $H_\phi=\dfrac{100\varepsilon}{r}10^8\dfrac{1}{\beta}\cos(10^8t-\beta t)$ [A/m] /

$\therefore\ \beta=0.5$ [rad/m]

(2) $\boldsymbol{H}|_{\beta=0.5}=\dfrac{5}{4\pi r}\cos(10^8t-0.5z)\boldsymbol{a}_\phi$ [A/m]

(3) $V_{\max(1\sim4)}=\int_{0.001}^{0.004}E_m dr=100\ln4$ [V]

한편 식 (4.13) : $V_{\max}=\dfrac{\rho_{l(m)}}{2\pi\varepsilon}\ln4$ [V] $\therefore\ \rho_{l(m)}=200\pi\varepsilon$ [C/m]

$\rho_{s(m)}=\dfrac{\rho_{l(m)}}{2\pi a}=1.99$ [μC/m²] $\therefore\ \rho_s=1.99\cos(10^8t-0.5z)$ [μC/m²]

(4) $\boldsymbol{J}_d=\varepsilon\dfrac{\partial\boldsymbol{E}}{\partial t}=-\dfrac{100\varepsilon}{r}\times10^8\sin(10^8t-0.5z)\boldsymbol{a}_r$ [A/m]

$I_d=\int_0^1\int_0^{2\pi}\boldsymbol{J}_d\cdot\boldsymbol{a}_r r d\phi dz=22.5\cos(10^8t-0.5z)$ [A]

12-8 (1) $c=\dfrac{1}{\sqrt{\varepsilon_0\mu_0}}=3\times10^8$ [m/s], $u=\dfrac{c}{\sqrt{\varepsilon_r\mu_r}}=0.335\times10^8$ [m/s]

(2) $\lambda_{\text{air}}=\dfrac{c}{f}=1.5$ [m], $\lambda_{H_2O}=\dfrac{u}{f}=16.8$ [cm]

(3) $\beta_{\text{air}}=\dfrac{2\pi}{\lambda}=4.19$ [rad/m], $\beta_{H_2O}=37.4$ [rad/m], (4) $\eta_{\text{air}}=377$ [Ω], $\eta_{H_2O}=42.15$ [Ω]

12-9 (1) $\beta=\dfrac{\omega}{c}=4.19$ [rad/m], $\boldsymbol{E}=0.15\cos\{4\pi\times10^8 t-4.19(z-1)\}\boldsymbol{i}$ [V/m]

(2) $u=\sqrt{\varepsilon_r\mu_r}=1.89\times10^8$ [m/s], $\beta=6.65$ [rad/m]

$\boldsymbol{E}=0.15\cos\{4\pi\times10^8 t-6.65(z-1)\}\boldsymbol{i}$ [V/m]

12-10 $u=2\times10^8$ [m/s], $\beta=0.1$ [rad/m], $\mu_r=1.8$

(1) $f=\dfrac{\beta u}{2\pi}=3.18$ [MHz], (2) $\lambda=\dfrac{2\pi}{\beta}=62.8$ [m], (3) $u=c/\sqrt{\varepsilon_r\mu_r}$: $\varepsilon_r=1.25$

(4) $\eta=452.4$ [Ω], $\boldsymbol{E}=-904.8\cos(2\times10^7 t+0.1z)\boldsymbol{i}$ [V/m]

$\boldsymbol{H}=2\cos(2\times10^7 t+0.1z)\boldsymbol{j}$ [A/m]

12-11 (1) 식 (12.26a, b) : $\dot{\gamma}=\alpha+j\beta=j\omega\sqrt{\varepsilon\mu}\sqrt{1-j\dfrac{\sigma}{\omega\varepsilon}}$ [m^{-1}]의 양변을 제곱하고 실수부와 허수부를 채택하면 식 (12.26c)가 얻어진다.

(2) 식 (12.29) : $\dot{\eta}=R+jX=\sqrt{\dfrac{j\omega\mu}{\sigma+j\omega\varepsilon}}$ [Ω]에서

$R=\dfrac{\beta}{\sqrt{\sigma^2+\omega^2\varepsilon^2}}$ [Ω], $X=\dfrac{\alpha}{\sqrt{\sigma^2+\omega^2\varepsilon^2}}$ [Ω]

가 얻어진다.

12-12 $\omega\varepsilon=0.89$ [S/m]로 $\sigma=10$ [S/m]와 큰 차이가 없으므로 식 (12.26c)의 $\beta=92.9$ [rad/m]을 취한다.

(1) $u=\dfrac{\omega}{\beta}=0.135\times10^8$ [m/s] ($u_{H_2O}=0.335\times10^8$ [m/s])

(2) $\lambda=\dfrac{u}{f}=6.75$ [cm] ($\lambda_{H_2O}=17$ [cm])

(3) 식 (12.26c) : $\alpha=85$ [Np/m], $\beta=92.9$ [rad/m] ($\beta_{H_2O}=37.4$ [rad/m])

$R=\dfrac{\beta}{\sqrt{\sigma^2+\omega^2\varepsilon^2}}=9.3$ [Ω], $X=8.5$ [Ω], $\dot{\eta}=9.3+j8.5=12.56\angle 42.4°$ [Ω])

($\eta_{H_2O}=42.15$ [Ω])

12-13 식 (12.31b) : $\tan\delta=\dfrac{\sigma}{\omega\varepsilon}=\dfrac{\sigma}{2\pi f\varepsilon}$, $f=f_c$: $\tan\delta=1$에서 $f_c/f=\tan\delta$가 얻어진다.

12-14 $f_c=\dfrac{\sigma}{2\pi\varepsilon}=899$ [MHz]까지

12-15 생략

12-16 $\alpha=\left\{\dfrac{1}{2}\omega\mu\sqrt{\sigma^2+\omega^2\varepsilon^2}-\omega\varepsilon\right\}^{1/2}=246$ [Np/m] ∴ $z=4$ [mm]

(2) $f=1$ [GHz] : $\omega\varepsilon=5.56\times10^{-2}$ [S/m], $\sigma=5.8\times10^7$ [S/m]

$\alpha\fallingdotseq\sqrt{\dfrac{\omega\mu\sigma}{2}}=4.785\times10^5$ [Np/m] ∴ $z=2$ [μm], $f=60$ [Hz] : $z=8.53$ [mm]

(3) $f=1$ [kHz], $\omega\varepsilon=5.56\times10^{-6}$ [S/m], $\sigma=2\times10^{6}$ [S/m]

$\alpha=\sqrt{\pi f\mu\sigma}=4.87\times10^{3}$ [Nb/m]

$\therefore\ z=0.2$ [mm], $f=60$ [Hz] : $\alpha=34.53$ [Np/m] $\therefore\ z=2.9$ [cm]

12-17 $R=1.54\times10^{3}$ [W/m^2], $E=\sqrt{\eta_0 R}=7.6\times10^{2}$ [V/m], $H=2$ [A/m]

12-18 그림 풀이 12-18 : 반지름 $r(>a)$ [m]로 원통 표면 $S=S_1+S_2+S_3$ [m^2]로 유입하는 Poynting 전력 $P=-\oiint_S \boldsymbol{E}\times\boldsymbol{H}\cdot\boldsymbol{a}_r dS=\iint_{S_1}EHdS=EHS_1$ [W]

여기서 $E=\dfrac{V}{l}$ [V/m], $H=\dfrac{I}{2\pi r}$ [A/m], $V=Ir$ [V]이므로 $P=IV=I^2R$ [W]가 되어 회로 이론에서와 같은 값이 얻어진다.

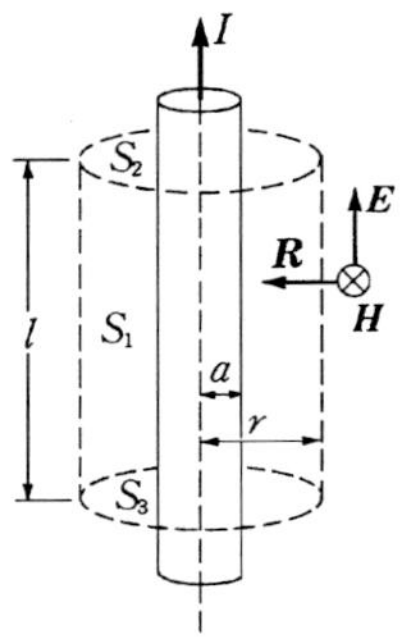

그림 풀이 12-18

12-19 경계면의 법선단위벡터 $\boldsymbol{a}_N=\dfrac{1}{7}(-3\boldsymbol{i}+2\boldsymbol{j}+6\boldsymbol{k})$, $\boldsymbol{H}_{1n}=(\boldsymbol{H}_1\cdot\boldsymbol{a}_N)\boldsymbol{a}_N$

$\boldsymbol{B}_{2n}=\boldsymbol{B}_{1n}=\mu_1\boldsymbol{H}_{1n}$, $\boldsymbol{H}_{2t}=\boldsymbol{H}_{1t}=\boldsymbol{H}_1-\boldsymbol{H}_{1n}$, $\therefore\ \boldsymbol{B}_{2t}=\mu_2(\boldsymbol{H}_1-\boldsymbol{H}_{1n})$

$\boldsymbol{B}_2=\boldsymbol{B}_{1n}+\boldsymbol{B}_{2t}=\mu_2\boldsymbol{H}_1+(\mu_1-\mu_2)\boldsymbol{H}_{1n}=\mu_0(18.918\boldsymbol{i}+7.803\boldsymbol{j}-10.955\boldsymbol{k})\cos10^6\pi t$ [T]

12-20 $\rho_s=D_{1n}=\varepsilon_0\varepsilon_r E_x=0.221\cos500t$ [C/m^2], $K=H_{1t}=6\cos500t$ [mA/m]

12-21 $\eta_1=300$ [Ω], $\eta_2=100$ [Ω], $\Gamma=\dfrac{\eta_2-\eta_1}{\eta_2+\eta_1}=-0.5$, $\Gamma_t=\dfrac{2\eta_2}{\eta_2+\eta_1}=0.5$

(1) 입사파 : $E_{x10}^{+}=100$ [V/m], $H_{y10}^{+}=\dfrac{E_{x10}^{+}}{\eta}=0.333$ [A/m]

(2) 투과파 : $E_{x20}^{+}=\Gamma_t E_{x10}^{+}=50$ [V/m], $E_{y20}^{+}=\dfrac{1}{\eta_2}E_{x20}^{+}=0.5$ [A/m]

반사파 : $E_{x10}^{-}=\Gamma E_{x10}^{+}=-50$ [V/m], $E_{y10}^{-}=-\dfrac{1}{\eta_1}E_{x10}^{-}=0.167$ [A/m]

(3) 입사전력 : $P_{1av}^{+}=\dfrac{1}{2}E_{x10}^{+}H_{y10}^{+}=16.67$ [W/m]

(4) 반사전력 : $P_{1av}^{-}=\dfrac{1}{2}E_{x10}^{-}H_{y10}^{-}=4.17$ [W/m^2]

(3) 투과전력 : $P_{2av}^{+}=12.5$ [W/m^2], 반사율 $R_r=\Gamma^2=25\,\%$, 투과율 $R_p=\dfrac{P_{2av}^{+}}{P_{1av}^{+}}=75\,\%$

12-22 $\eta_1 = 188.5\ [\Omega]$, $\eta_2 = 377\ [\Omega]$ (1) $\Gamma = \dfrac{\eta_2 - \eta_1}{\eta_2 + \eta_1} = \dfrac{1}{3}$, (2) $S = \dfrac{1+|\Gamma|}{1-|\Gamma|} = 2$

(3) $u_1 = 0.75 \times 10^8\ [\text{m/s}]$, $u_2 = 1.5 \times 10^8\ [\text{m/s}]$, $\beta_1 = \dfrac{\omega}{u_1} = 209.4\ [\text{rad/m}]$

$\beta_2 = \dfrac{\omega}{u_2} = 104.7\ [\text{rad/m}]$

12-23 철의 유전율을 $\varepsilon_0\,[\text{F/m}]$로 놓을 수 있으며〔식 (5.6) 참조〕, $\sigma \gg \omega\varepsilon_0$이므로 표 12-2에서

$\dot{\eta}_1 = 377\ [\Omega]$, $\dot{\eta}_2 = \sqrt{\dfrac{\omega\mu}{2\sigma}}(1+j) = 0.4(1+j)\ [\Omega]$

(1) $\dot{\Gamma} = \dfrac{\dot{\eta}_2 - \dot{\eta}_1}{\dot{\eta}_2 + \dot{\eta}_1} = 0.998\underline{/179°}$, $\Gamma = 99.8\ \%$, (2) $\dot{\Gamma}_t = \dfrac{2\dot{\eta}_2}{\dot{\eta}_1 + \dot{\eta}_2} = 0.003\underline{/45°}$

(3) $S = \dfrac{1+|\Gamma|}{1-|\Gamma|} = 999$, (4) $R_r = \Gamma^2 = 0.996 = 99.6\%$

(5) $R_t = \dfrac{4\eta_1\eta_2}{(\eta_2 + \eta_1)^2} = 0.006 = 0.6\ \%$

12-24 생략

12-25 (1) $\Gamma = \dfrac{E_{x10}^-}{E_{x10}^+} = 0.2$, $S = \dfrac{1+|\Gamma|}{1-|\Gamma|} = 1.5$, (2) $\Gamma = 0.5$, $S = 3.0$, (3) $\Gamma = 0.8$, $S = 3.6$

(4) $\Gamma = 1.0$, $S = \infty$

12-26 그림 풀이 12-26 : 이 경우 투과파는 없으므로 입사파와 반사파를 그림 풀이 12-26과 같이 취하면 점 $P(x, 0, z)$에서의 입사파 $\boldsymbol{E}_{si} = \boldsymbol{E}_{si0}\, e^{-j\beta s} = E_{si0}\, e^{-j\beta(x\cos\theta_1 + z\cos\theta_1)}\, \boldsymbol{a}_y\,[\text{V/m}]$, $P'(x, 0, z)$의 반사파 $\boldsymbol{E}_{sr} = -E_{sir}\, e^{-j\beta(-x\cos\theta_r - z\sin\theta_r)}\, \boldsymbol{a}_y\,[\text{V/m}]$. 한편 $x=0$의 yz 면에 경계조건을 적용하면 예제 12-16에서와 같이 $\theta_r = \theta_i$, $E_{sr0} = E_{sri} = E_{s0}\ [\text{V/m}]$가 되므로 $\cos\theta_i = n_x$, $\sin\theta_i = n_z$로 놓으면 매질 중의 합성전계는 $\boldsymbol{E}_s = \boldsymbol{E}_{si} + \boldsymbol{E}_{sr} = -2jE_{s0}\boldsymbol{a}_y \sin(\beta n_x x)e^{-j\beta n_z z}$ [V/m]가 된다. 따라서 $x = \dfrac{m\pi}{\beta n_x} = \dfrac{m\lambda}{2n_x}$ [m] ($m = 1, 2, 3, \cdots$)인 평면에서 $\boldsymbol{E}_s = 0$이 되는 노드가 발생하므로 합성전계는 정재파가 된다. 이 경우 $n_x = \cos\theta_i < 1$이므로 $\theta_i = 0$인 수직입사 때의 정재파 노드 간격 $\lambda/2\,[\text{m}]$에 비하여 노드간 거리가 약간 멀어진다. 한편 합성전계 $\boldsymbol{E}_s\,[\text{V/m}]$에 따른 합성자계는 식 (12.12c)에서

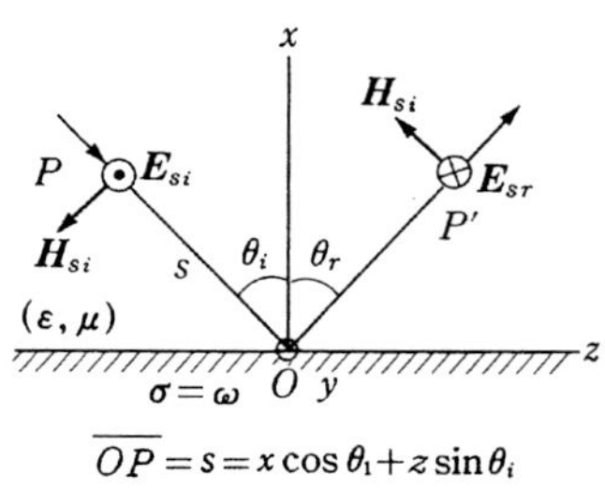

그림 풀이 12-26

$$\boldsymbol{H}_s = -2E_{x0}\sqrt{\frac{-\varepsilon}{\mu}}[n_x \cos(\beta n_x x)\boldsymbol{a}_z + jn_z \sin(\beta n_x x)\boldsymbol{a}_y]e^{-j\beta n_z z}\,[\mathrm{A/m}]$$

가 된다.

12-27 비자성 매질인 경우 각 매질의 절대굴절률은 식 (12.52b)에서 $n_1 = \sqrt{\varepsilon_{r1}}$, $n_2 = \sqrt{\varepsilon_{r2}}$이므로 굴절률 및 투과율은 식 (12.49a, b)에서

$$R_r = \left(\frac{\eta_2 - \eta_1}{\eta_2 + \eta_1}\right)^2 = \left(\frac{n_1 - n_2}{n_1 + n_2}\right)^2,\ R_t = \frac{4\eta_1\eta_2}{(\eta_2 + \eta_1)^2} = \frac{4n_1 n_2}{(n_1 + n_2)^2}$$

가 된다. 따라서 $n_1 = 1$, $n_2 = 4/3$일 때 $R_r = 0.02$, $R_t = 0.98$이 된다.

12-28 $\sigma \gg \omega\varepsilon$인 양도체 내에서는 $\alpha = \beta = \dfrac{1}{\delta}\,[\mathrm{m}^{-1}]$ (표 12-2), 식 (12.40b)에서

$$E_x = E_{x0}e^{-z/\delta}\cos\left(\omega t - \frac{z}{\delta}\right)[\mathrm{V/m}],\ H_y = \frac{\delta\sigma}{\sqrt{2}}E_{x0}e^{-z/\delta}\cos\left(\omega t - \frac{z}{\delta} - \frac{\pi}{4}\right)[\mathrm{A/m}]$$

$J_x = \sigma E_x\,[\mathrm{A/m^2}]$, $z = 0$ 평면의 $bl\,[\mathrm{m^2}]$에서 유입하는 평균전력(Poynting vector)

$$R_{0av} = \frac{bl}{T}\int_0^T E_x H_y dt = \frac{bl}{4}\sigma\delta E_{x0}^2 e^{-z/\delta}\Big|_{z=0} = \frac{1}{4}\frac{\delta}{\sigma}J_{x0}^2 bl\,[\mathrm{W}]$$

한편 도체 내의 x 방향 전전류는 $I_x = \displaystyle\int_{z=0}^{\infty}\int_{y=0}^{b} J_x dy dz = \frac{\delta b}{\sqrt{2}}J_{x0}\cos\left(\omega t - \frac{\pi}{4}\right)[\mathrm{A}]$

가 된다. 따라서 $I_x\,[\mathrm{A}]$가 표피깊이 내의 면적 $Obd\delta O$에 균일하게 분포된 경우의 전류밀도

$$J_x' = \frac{I_x}{\delta b} = \frac{J_{x0}}{\sqrt{2}}\cos\left(\omega t - \frac{\pi}{4}\right)[\mathrm{A/m^2}]$$

따라서 체적 $bl\delta\,[\mathrm{m^3}]$ 내에서의 전체 전력손실의 평균값은 식 (8.39b)에서

$$P_{\delta av} = \frac{1}{T}\int_0^T \frac{(J_x')^2}{\sigma} bl\delta dt = \frac{1}{4}\frac{\delta}{\sigma}J_{x0}^2 bl\,[\mathrm{W}] \quad \therefore\ P_{0av} = P_{\delta av}\ \text{Q.E.D.}$$

한편 표피깊이 내의 전전류 $I_x\,[\mathrm{A}]$의 실효값

$$I_{x\mathrm{eff}} = \frac{1}{\sqrt{2}}\left(\frac{\delta b}{\sqrt{2}}J_{x0}\right) = \frac{\delta b}{2}J_{x0}\,[\mathrm{A}],\ P_{\delta av} = \left(\frac{\delta b}{2}J_{x0}\right)^2\frac{l}{\sigma\delta b} = (I_{x\mathrm{eff}})^2 R_e\,[\mathrm{W}]$$

가 되어 식 (11.15c)의 표피깊이에 대한 등가실효저항 $R_e = \dfrac{l}{\sigma\delta b}\,[\Omega]$가 얻어진다.

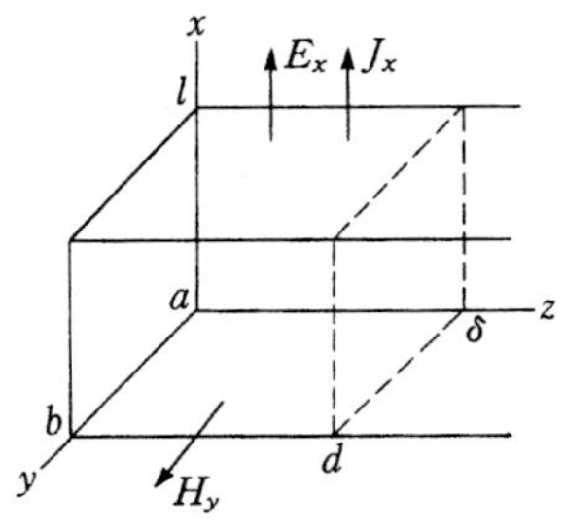

그림 풀이 12-28

12-29 생략

13-1 전자계의 퍼텐셜함수의 관계식 (13.3a, b), (13.2a, b), (9.54)에서

(1) $\nabla \times \boldsymbol{E} + \dfrac{\partial \boldsymbol{B}}{\partial t} = -\left(\nabla \times \nabla V + \dfrac{\partial}{\partial t} \nabla \times \boldsymbol{A}\right) + \dfrac{\partial}{\partial t} \nabla \times \boldsymbol{A} = 0 \quad (\because \ \nabla \times \nabla V \equiv 0)$

$\therefore \ \nabla \times \boldsymbol{E} = -\dfrac{\partial \boldsymbol{B}}{\partial t}$

(2) $\nabla \times \boldsymbol{H} - \dfrac{\partial \boldsymbol{D}}{\partial t}$

$= \dfrac{1}{\mu} \nabla \times \boldsymbol{B} - \varepsilon \dfrac{\partial \boldsymbol{E}}{\partial t} = \dfrac{1}{\mu}(\nabla \cdot \nabla \cdot \boldsymbol{A} - \nabla^2 \boldsymbol{A})$

$+ \varepsilon\left(\nabla \dfrac{\partial V}{\partial t} + \dfrac{\partial^2 \boldsymbol{A}}{\partial t^2}\right) = \dfrac{1}{\mu} \nabla\left(\nabla \cdot \boldsymbol{A} + \mu\varepsilon \dfrac{\partial V}{\partial t}\right) - \dfrac{1}{\mu}\left(\nabla^2 \boldsymbol{A} - \mu\varepsilon \dfrac{\partial^2 \boldsymbol{A}}{\partial t^2}\right) = \boldsymbol{J}$

$\therefore \ \nabla \times \boldsymbol{H} = \boldsymbol{J} + \dfrac{\partial \boldsymbol{D}}{\partial t}$

(3) $\nabla \cdot \boldsymbol{D} = \varepsilon \nabla \cdot \boldsymbol{E} = \varepsilon \nabla\left(-\nabla V - \dfrac{\partial \boldsymbol{A}}{\partial t}\right) = -\varepsilon \nabla^2 V - \varepsilon \dfrac{\partial}{\partial t} \nabla \boldsymbol{A}$

$= -\varepsilon\left(\nabla^2 V - \varepsilon\mu \dfrac{\partial^2 V}{\partial t^2}\right) = \rho$

(4) $\nabla \cdot \boldsymbol{B} = \nabla \cdot \nabla \times \boldsymbol{A} \equiv 0$

의 4개의 Maxwell의 방정식이 유도된다.

13-2 $V = \dfrac{[Q]}{4\pi\varepsilon_0 R} = \dfrac{2\times10^{-6}}{4\pi\varepsilon_0 R} \cos \omega\left(t - \dfrac{R}{c}\right) = 18 \cos\left(2\pi\times10^6 t - \dfrac{20}{3}\pi\right) [\mathrm{V}]$

$t=0$: $V = 18 \cos\left(\dfrac{-20}{3}\pi\right) = -9\ [\mathrm{V}]$, retarded time $\tau = \dfrac{R}{c} = 3.33\ [\mu\mathrm{s}]$

13-3 $[\rho_l] = 2\varepsilon_0 \cos \omega\left(t - \dfrac{R}{c}\right) = 2\varepsilon_0 \cos\left(\omega t - \dfrac{\omega}{c} R\right) [\mathrm{C/m}]$

$V_{(0,0,1)} = \dfrac{1}{4\pi\varepsilon_0} \oint \dfrac{[\rho_l]}{R} dl = \dfrac{1}{\sqrt{2}} \cos\left(\omega t - \dfrac{\omega}{c}\sqrt{2}\right) [\mathrm{V}]$

retarded time : $\tau = 4.7\times10^{-9}\ [\mathrm{s}]$, 위상차(lag) : $f = 1\ [\mathrm{MHz}]$, $\dfrac{\omega}{c} R = 1.7°$

13-4 $[t] = t - \dfrac{R}{c}\ [\mathrm{s}]$

$[I] = \dfrac{1}{2}\left(t - \dfrac{R}{c}\right)^2 = \dfrac{1}{2}\left(t^2 - 2\dfrac{t}{c} R - \dfrac{1}{c^2} R^2\right) [\mathrm{A}]$, $R = 1 - z$, $dz = -dR\ [\mathrm{m}]$:

(1) $A_z = \dfrac{\mu_0}{4\pi} \displaystyle\int_{-2}^{0} \dfrac{[I]}{R} dz = \dfrac{\mu_0}{4\pi\times2} \int_{3}^{1} \dfrac{1}{R}\left(t^2 - 2\dfrac{t}{c} R + \dfrac{1}{c^2} R^2\right) dR\ [\mathrm{Wb/m}]$

$\therefore \ \boldsymbol{A}_{(0,0,1)} = \dfrac{\mu_0}{8\pi}\left(\dfrac{4}{c^2} - \dfrac{4}{c} t + t^2 \ln 3\right) \boldsymbol{a}_z\ [\mathrm{Wb/m}]$

(2) $t=0$, $I=0$, $\boldsymbol{A} = \dfrac{4\mu_0}{8\pi c^2} \boldsymbol{a}_z = \dfrac{2}{9}\times10^{-23} \boldsymbol{a}_z\ [\mathrm{Wb/m}]$

13-5 $\boldsymbol{A}=A_0\cos\omega t\cos kz\boldsymbol{a}_y\,[\text{Wb/m}]$:

(1) $\boldsymbol{H}=\dfrac{1}{\mu_0}\boldsymbol{B}=\dfrac{1}{\mu_0}\nabla\times\boldsymbol{A}=-\dfrac{1}{\mu_0}\dfrac{\partial A_y}{\partial z}\boldsymbol{a}_x=\dfrac{kA_0}{\mu_0}\cos\omega t\sin kz\boldsymbol{a}_x\,[\text{A/m}]$

(2) $\nabla\times\boldsymbol{H}=\dfrac{\partial\boldsymbol{D}}{\partial t}$: $\boldsymbol{E}=\dfrac{1}{\varepsilon_0}\int\nabla\times\boldsymbol{H}\cdot dt=\dfrac{k^2A_0}{\omega\mu\varepsilon}\sin\omega t\cdot\cos kz\boldsymbol{a}_y\,[\text{V/m}]$

$\nabla\times\boldsymbol{E}=-\dfrac{\partial\boldsymbol{B}}{\partial t}$: $\boldsymbol{H}=-\dfrac{1}{\mu_0}\int\nabla\times\boldsymbol{E}dt=\dfrac{k^3A_0}{\omega^2\mu_0\varepsilon_0}\cos\omega t\cdot\sin kz\boldsymbol{a}_x\,[\text{A/m}]$

(3) (1), (2)에서 $\dfrac{kA_0}{\mu_0}=\dfrac{k^3A_0}{\omega^2\mu_0\varepsilon_0}$: $k=\omega\sqrt{\varepsilon_0\mu_0}=\beta\,[\text{m}^{-1}]$

(4) $\nabla\cdot\boldsymbol{A}=\dfrac{\partial A_y}{\partial y}=0,\ \nabla\cdot\boldsymbol{A}=-\varepsilon_0\mu_0\dfrac{\partial V}{\partial t}\quad\therefore\ V=0$

13-6 Lorentz 조건 $\nabla\cdot\boldsymbol{A}=-\mu_0\varepsilon_0\dfrac{\partial V}{\partial t}$과 $c=\dfrac{1}{\sqrt{\mu_0\varepsilon_0}}$ [m/s]를 이용하면 된다.

13-7 (1) $\boldsymbol{H}=\dfrac{1}{\mu}[\nabla\times\boldsymbol{A}]\,[\text{A/m}]$에 식 (9.31)과 식 (13.7), 식 (13.6b)를 적용하면 식 (13.8)이 얻어진다.

(2) $\nabla\times\boldsymbol{H}=\dfrac{\partial\boldsymbol{D}}{\partial t}\rightarrow\nabla\times\boldsymbol{H}_s=j\omega\varepsilon\boldsymbol{E}_s$ 식 (13.8)의 phasor 자계를 취하면

$$H_{\phi s}=\frac{I_0d}{4\pi}e^{j\beta r}\left(j\frac{\beta}{r}+\frac{1}{r^2}\right)\sin\theta\,[\text{A/m}],\ H_{rs}=H_{\theta s}=0$$

가 되므로 이 phasor 자계를 $\boldsymbol{E}_s=\dfrac{1}{j\omega\varepsilon}\nabla\times\boldsymbol{H}_s$에 적용하면 식 (9.31)에서

$$E_{rs}=\frac{1}{j\omega\varepsilon}\frac{1}{r\sin\theta}\frac{\partial}{\partial\theta}(H_{\phi s}\sin\theta)=\frac{I_0d}{2\pi\omega\varepsilon}e^{-j\beta r}\left(\frac{\beta}{r^2}-\frac{j}{r^3}\right)\cos\theta\,[\text{V/m}]$$

$$\therefore\ E_r=E_{rs}e^{j\omega t}=\frac{[I]d}{2\pi\omega\varepsilon}\left(\frac{\beta}{r^2}-\frac{j}{r^3}\right)\cos\theta\,[\text{V/m}]$$

E_θ도 마찬가지로 구해진다.

13-8 고찰점이 전류선소에서 비교적 가까운 경우 식 (13.8)에서 $\dfrac{1}{r^2}$ 만을 채택하면 된다.

13-9 식 (13.13)에서 $P_{\text{rad}}=\left(\dfrac{I_ed}{\lambda}\right)^2\eta_0\cdot\dfrac{2\pi}{3}=80\pi^2\left(\dfrac{5\times5}{300}\right)^2=5.48$ [W]

$R_{\text{rad}}=80\pi^2\left(\dfrac{d}{\lambda}\right)^2=0.219$ [Ω]

13-10 $R_{\text{rad}}=80\pi^2\left(\dfrac{d}{\lambda}\right)^2=7.9$ [Ω]

$R_{\text{loss}}=1$ [Ω] : 안테나의 공급실효전류 I_e[A]라 하면 안테나의 출력(복사전력)

$P_{\text{out}}=R_{\text{rad}}I_e^2$ [W], 입력 $P_{\text{in}}=(R_{\text{rad}}+R_{\text{loss}})I_e^2$ [W]

$$\eta\%=\frac{P_{\text{out}}}{P_{\text{in}}}=\frac{R_{\text{rad}}}{R_{\text{rad}}+R_{\text{loss}}}=\frac{7.9}{7.9+1}=89\ \%$$

13-11 식 (13.13c) : $P_{\text{rad}}=\left(\dfrac{I_e d}{\lambda}\right)^2\times 80\pi^2=10^5$ [W] ($\lambda=300$ [m]), $I_e d=3.370\times10^3$ [A·m] ;

(1) 식 (13.10) : $E_{\theta 0}=\dfrac{I_e d}{2\lambda r}\eta_0\sin\theta\Big|_{\theta=90°}=2.12$ [V/m], $P=\dfrac{(E_{\theta e})^2}{\eta_0}=11.92$ [mW/m^2]

(2), (3) 생략

13-12 $\lambda=\dfrac{c}{f}=1.714$ [m] : $P_{\text{rad}}=\left(\dfrac{I_e d}{\lambda}\right)^2\times 80\pi^2=150$ [kW], $I_e d=23.624$ [A·m]

$E_{\theta e}=\dfrac{I_e d}{2\lambda r}\eta_0\sin\theta=0.113$ [V/m], $P=\dfrac{E_{\theta e}^2}{\eta_0}=0.34$ [μW/m^2]

13-13 식 (12.12b)의 x성분 $\dfrac{\partial H_{zs}}{\partial y}-\dfrac{\partial H_{ys}}{\partial z}=j\omega\varepsilon E_{xs}$, 식 (12.12c)의 y성분 $\dfrac{\partial E_{xs}}{\partial z}=-j\omega\mu E_{xs}$에서 $E_{xs}\left(j\omega\varepsilon+\dfrac{j}{\omega\mu}\dfrac{\partial^2}{\partial z^2}\right)=\dfrac{\partial H_{zs}}{\partial y}$가 얻어지는데, 여기에 식 (13.17f)에서 얻어진 $\dfrac{\partial}{\partial z}=-r$와 식 (13.17k), 식 (13.19a)에서 얻어지는 $r^2+\omega^2\varepsilon\mu=\omega_c^2\varepsilon\mu$의 관계와 식 (13.18)에서 식 (13.21a, b)가 구해진다.

13-14 문제 13-13과 같은 방법으로 구한다.

13-15 (1) 도파관의 전달전력은 복소 Poynting vector(예제 12-13에서)

$\boldsymbol{R}_{av}=\dfrac{1}{2}R_e[\boldsymbol{E}_s\times\boldsymbol{H}_s^x]$ [W/m^2]에서 z 성분만을 취하면

$R_{zav}=\dfrac{1}{2}R_e[E_{xs}H_{ys}^x-E_{ys}H_{xs}^x]$ [W/m^2]

가 되므로, 식 (13.21a, b)의 각 성분을 적용한다. 여기서 H_{xs}^x, H_{ys}^x는 H_{xs}, H_{ys}의 공액복소수(complex conjugate)이다.

$$E_{xs}\cdot H_{ys}^x=\left(-j\frac{n\pi}{b}\right)\frac{\omega\mu}{\omega_c^2\varepsilon\mu}H_0e^{-j\beta_{mn}z}\cos\left(\frac{m\pi x}{a}\right)\sin\left(\frac{n\pi y}{b}\right)\times\left(+j\frac{n\pi}{b}\right)\frac{\omega\mu}{\omega_c^2\varepsilon\mu}$$

$$H_0e^{+jj_{mn}z}\cos\left(\frac{m\pi x}{a}\right)\cdot\sin\left(\frac{n\pi y}{b}\right)$$

$$=\left(\frac{n\pi}{b}\right)^2\frac{\omega\mu\beta_{mn}H_0^2}{(\omega_c^2\varepsilon\mu)^2}\cos^2\left(\frac{m\pi x}{a}\right)\sin^2\left(\frac{n\pi y}{b}\right)\ [\text{W/m}^2]$$

가 되며, 한편 $E_{ys}\cdot H_{xs}^x=-\left(\dfrac{m\pi}{a}\right)^2\dfrac{\omega\mu\beta_{mn}H_0^2}{(\omega_c^2\varepsilon\mu)^2}\sin^2\left(\dfrac{m\pi x}{a}\right)\cos^2\left(\dfrac{n\pi y}{b}\right)$가 된다.

그런데 $\displaystyle\int_0^a\sin^2\left(\frac{m\pi x}{a}\right)dx=\frac{a}{2}$, $\displaystyle\int_0^a\cos^2\left(\frac{m\pi x}{a}\right)dx=\frac{a}{2}$가 되므로, 도파관을 통과하는 TE파의 평균전력은

$P_{zav}=\displaystyle\int_{y=0}^b\int_{x=0}^a R_{zav}\,dx\,dy=\frac{1}{2}\frac{\omega\mu\beta_{mn}}{(\omega_c^2\varepsilon\mu)^2}H_0^2\left[\left(\frac{m\pi}{a}\right)^2+\left(\frac{n\pi}{b}\right)^2\right]\times\frac{ab}{4}$ [W]가 된다.

한편 식 (13.19a)에서 $\left(\dfrac{m\pi}{a}\right)^2+\left(\dfrac{n\pi}{b}\right)^2=\dfrac{\omega_c^2}{c^2}=\omega_c^2\varepsilon\mu$의 관계가 있으므로

$P_{zav}=\dfrac{\omega\mu ab\beta_{mn}}{8\omega_c^2\varepsilon\mu}H_0^2$ [W]가 되며, 한편 m 또는 $n=0$, 즉 TE_{10} 모드에서는

$$P_{zav}=\frac{\omega\mu ab\beta_{mn}}{4\omega_c^2\varepsilon\mu}H_0^2\ [\mathrm{W}]$$

가 된다(Markus Zahn : *Electromagnetic Field Theory*, 1979, p. 641).

(2) (a) 식 (12.59a)에서

$$w_e=\frac{1}{2}\varepsilon|\boldsymbol{E}_s|^2=\frac{\varepsilon}{2}(E_{xs}^2+E_{ys}^2)$$

$$=\frac{\varepsilon}{2}\left\{\left(\frac{n\pi}{b}\right)^2\left(\frac{\omega\mu}{\omega_c^2\varepsilon\mu}\right)^2\cos^2\left(\frac{m\pi x}{a}\right)\sin^2\left(\frac{n\pi y}{b}\right)\right.$$

$$\left.+\left(\frac{m\pi}{a}\right)^2\left(\frac{\omega\mu}{\omega_c^2\varepsilon\mu}\right)^2\sin^2\left(\frac{m\pi x}{a}\right)\cos^2\left(\frac{n\pi y}{b}\right)\right\}H_0^2\ [\mathrm{J/m^3}]$$

$$\therefore\ W_e=\int_0^b\int_0^a w_e\,dx\,dy=\frac{\varepsilon}{2}\left(\frac{\omega\mu}{\omega_c^2\varepsilon\mu}\right)^2H_0^2\times\frac{ab}{4}\left\{\left(\frac{n\pi}{b}\right)^2+\left(\frac{m\pi}{a}\right)^2\right\}$$

$$=\frac{\omega^2\mu ab}{8\omega_c^2}H_0^2\ [\mathrm{J/m}]$$

(b) 식 (13.21b)에서

$$w_m=\frac{1}{2}\mu|H_s|^2=\frac{\mu}{2}(H_{xs}^2+H_{ys}^2+H_{zs}^2)$$

$$=\frac{\mu}{2}\left\{\left(\frac{m\pi}{a}\right)^2\left(\frac{\beta_{mn}}{\omega_c^2\varepsilon\mu}\right)^2H_0^2\sin^2\left(\frac{m\pi x}{a}\right)\cos^2\left(\frac{n\pi y}{b}\right)+\left(\frac{n\pi}{b}\right)^2\left(\frac{\beta_{mn}}{\omega_c^2\varepsilon\mu}\right)^2\right.$$

$$\left.H_0^2\cos^2\left(\frac{m\pi x}{a}\right)\sin^2\left(\frac{n\pi y}{b}\right)+H_0^2\cos^2\left(\frac{m\pi x}{a}\right)\cos^2\left(\frac{m\pi y}{b}\right)\right\}[\mathrm{J/m^3}]$$

식 (13.9c)에서 $\beta_m^2=\varepsilon\mu(\omega^2-\omega_c^2)$

$$W_m=\int_0^b\int_0^a w_m\,dx\,dy=\frac{ab}{4}\frac{\mu}{2}H_0^2\left(\frac{\beta_m}{\omega_c^2\varepsilon\mu}\right)^2\left\{\left(\frac{m\pi}{a}\right)^2+\left(\frac{n\pi}{b}\right)^2+\left(\frac{\omega_c^2\varepsilon\mu}{\beta_{mn}}\right)^2\right\}$$

$$=\frac{\omega^2\mu ab}{8\omega_c^2}H_0^2\ [\mathrm{J/m}]\quad\therefore\ W_e=W_m$$

13-16 식 (13.19a)의 f_c가 min 되기 위한 조건 :

(1) 그림 13-6 : $a=10$, $b=4$ [cm]일 때 $m=1$, $n=0$

$\therefore$ $TE_{10}(H_{10})$ mode ; $f_c=1.5$ [GHz], $\lambda_c=2a=20$ [cm]

(2) $a=4$, $b=10$ [cm]일 때 $m=0$, $n=1$ $\therefore$ TE_{01} mode : $f_c=3.75$ [GHz], $\lambda_c=8$ [cm]

(3) TE_{11} 모드 : $f_c=4.04$ [GHz], $\lambda_c=7.43$ [cm]

13-17 (1) 전송파(기본파) $\lambda=\dfrac{3\times10^{10}}{4\times10^9}=7.5$ [cm], 식 (13.19a)에서 $\lambda_c>\lambda$이어야 하므로

$$\left(\frac{m\pi}{a}\right)^2+\left(\frac{n\pi}{b}\right)^2<\left(\frac{2\pi}{\lambda}\right)^2$$

가 되어야 한다. 따라서 $a=10$, $b=4$ [cm]일 때 가장 많은 모드가 얻어진다. 즉 $\left(\frac{m}{10}\right)^2+\left(\frac{n}{4}\right)^2<\left(\frac{1}{37.5}\right)^2$의 조건을 만족하는 m, n의 값은 $(m=1,\ n=0)$, $(m=2,\ n=0)$, $(m=0,\ n=1)$이므로 전송 모드는 TE_{10}, TE_{20}, TE_{01}뿐이다.

(2) 전송파에 대한 관내 파장은 식 (13.19d)에서 구해지며 각 모드의 위상속도, 군속도는 다음과 같다.

모드	f_c [GHz]	λ_g [cm]	u_p [m/s]	u_g [m/s]
TE_{10}	1.5	8.09	3.24×10^8	2.78×10^8
TE_{20}	3.0	11.3	4.54×10^8	1.98×10^8
TE_{01}	3.75	21.6	8.62×10^8	1.04×10^8

13-18 문제 3-17의 각 모드에 대한 전송각은 식 (13.26b)에서
TE_{10} : 22°, TE_{20} : 48.6°, TE_{01} : 69.6°

13-19 생략

찾아보기

영문편

ㄱ

ㅈ

ㅊ

ㅋ, ㅌ

ㅍ

ㅎ

전기자기학

초 판 발 행 | 2005년 2월 25일
초판13쇄발행 | 2026년 3월 11일

저 자 | 우형주
발 행 인 | 이성범
발 행 처 | 문운당
주 소 | 서울시 종로구 혜화로5길 16 (명륜1가 45-3)
전 화 | (02)762-6010
팩 스 | 영업 (02)745-0265 / 편집 (02)762-8758
홈페이지 | http://munundang.co.kr
이 메 일 | 영업 munun2@daum.net
편집 mundundang@naver.com

ISBN 978-89-7393-329-7 93560

정가 27,000원